Auto-Reparaturanleitung Band 1297

Mercedes-Benz ML

Serie163
(1997–2004)
Serie164
(ab 2005)

3.0-Liter CDI-Diesel
2.3-, 3.2-, 3.5-,3.7-
und
5.0-Liter Benziner

Impressum

IMPRESSUM

ISBN 978-3-7168-2106-2

Auto-Reparaturanleitung
Band 1297

Redaktion,Texte und Abbildungen: Peter Russek Publications Ltd.,
High Wycombe,
Bucks, England

Lektorat:
Myrta Baumberger
Herstellung:
IPa, D-71665 Vaihingen/Enz
Druck:
Druck- & Medienzentrum
D-70839 Gerlingen

Bindung:
K. Dieringer
D-70839 Gerlingen

Gewerbestrasse 10
CH-6330 Cham
Postadresse:
Postfach 4161
CH-6304 Zug
Telefon: ++41 (0)41 741 77 55
Telefax: ++41 (0)41 741 71 15
www.bucheli-verlag.ch

1. Auflage 2009

Inhalt

Inhalt

Folgende Symbole verdienen im Laufe der Arbeit besondere Beachtung:

Sichtprüfung
Teil genau ansehen; besonders beachten.

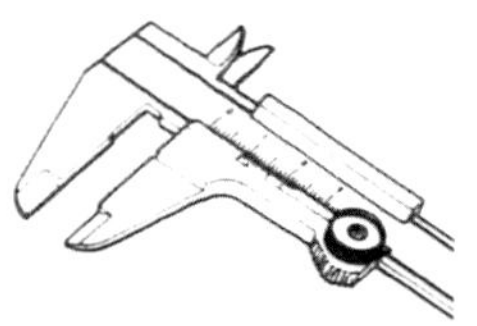

Messen
Schieblehre oder anderes Messwerkzeug nötig.

Achtung
Besondere Vorsicht geboten; Sicherheitshinweise beachten!

Tipp
Wertvoller Hinweis für einfacheres Schrauben; Erläuterung von Bauteilen und Begriffen.

1 Allgemeines

Einleitung

Diese Reparaturanleitung befasst sich mit den bereits 1997/1998 vorgestellten Mercedes-Benz ML-Fahrzeugen mit Vierradantrieb mit den nachfolgend genannten Benzin- und Dieselmotoren. Ursprünglich wurde die Serie bis zum Ende des Baujahres 2004 als Serie 163 gebaut. Im Baujahr 2005 wurde die neue Serie 164 vorgestellt. Die folgenden Fahrzeuge sind in dieser Reparaturanleitung behandelt:

Modelle der Baujahre 1998 bis 1999 (Serie 163)
ML 230, 2.3-Liter-Benzinmotor: Vierzylindermotor, 2295 ccm mit 16 Ventilen und einer Leistung von 150 PS (110 kW) bei 3800/min. Der Motor ist auch bei anderen Mercedes-Benz-Modellen eingebaut (zum Beispiel in Personenwagen der E-Klasse) und trägt die Motorbezeichnung 111.977. Modellkennzeichnung 163.163. Das Fahrzeug ist mit einem Schaltgetriebe (717.644) oder einem automatischen Getriebe (722.660) mit fünf Gängen ausgerüstet.
ML 320, 3.2-Liter-Benzinmotor: V6-Motor mit 18 Ventilen und einer Leistung von 219 PS (160 kW) bei 5600/min. Der Motor trägt die Motorbezeichnung 112.942. Modellkennzeichnung 163.154. Das Fahrzeug ist mit einem automatischen Getriebe (722.662) mit fünf Gängen ausgerüstet.
ML 430, 4.3-Liter-Benzinmotor: V8-Motor mit 24 Ventilen und einer Leistung von 272 PS (200 kW) bei 5750/min. Der Motor trägt die Motorbezeichnung 113.942. Modellkennzeichnung 163.172. Das Fahrzeug ist mit einem automatischen Getriebe (722.963) mit fünf Gängen ausgerüstet.

Modelle der Baujahre 2000 bis 2001 (Serie 163)
Modelle ML 230, ML320 und ML 430 wurden bis Ende Baujahr 2000 wie vorher hergestellt. Der Bau des ML 230 wurde Ende 2001 eingestellt.

Modelle der Baujahre 2002 bis 2003 (Serie 163)
ML 320, 3.2-Liter-Benzinmotor: V6-Motor mit 18 Ventilen und einer Leistung von 219 PS (160 kW) bei 5600/min. Der Motor trägt die Motorbezeichnung 112.942. Modellkennzeichnung 163.154. Das Fahrzeug ist mit einem automatischen Getriebe (722.662) mit fünf Gängen ausgerüstet.
ML 500, 5.0-Liter-Benzinmotor: V8-Motor mit 24 Ventilen und einer Leistung von 292 PS (215 kW) bei 5600/min. Der Motor trägt die Motorbezeichnung 113.964. Modellkennzeichnung 163.175. Das Fahrzeug ist mit einem automatischen Getriebe (722.660) mit fünf Gängen ausgerüstet.

Modelle der Baujahre 2002 bis 2004 (Serie 163)
ML 350, 3.7-Liter-Benzinmotor: V6-Motor mit 18 Ventilen und einer Leistung von 234 PS (172 kW) bei 3000/min. Der Motor trägt die Motorbezeichnung 112.970. Modellkennzeichnung 163.157. Das Fahrzeug ist mit einem automatischen Getriebe (722.674) mit fünf Gängen ausgerüstet.
ML 500, 5.0-Liter-Benzinmotor: V8-Motor mit 24 Ventilen und einer Leistung von 292 PS (215 kW) bei 5600/min. Der Motor trägt die Motorbezeichnung 113.964. Modellkennzeichnung 163.175. Das Fahrzeug ist mit einem automatischen Getriebe (722.660) mit fünf Gängen ausgerüstet.

Modelle der Baujahre ab 2005 (Serie 164)
ML 350, 3.5-Liter-Benzinmotor: V6-Motor mit 24 Ventilen und einer Leistung von 272 PS (200 kW) bei 6000/min. Der Motor trägt die Motorbezeichnung 272.967. Modellkennzeichnung 164.186. Das Fahrzeug ist mit einem automatischen Getriebe (722.906 oder 722.944) mit sieben Gängen ausgerüstet.
ML 500, 5.0-Liter-Benzinmotor: V8-Motor mit 24 Ventilen und einer Leistung von 306 PS (225 kW) bei 5600/min. Der Motor trägt die Motorbezeichnung 113.964. Modellkennzeichnung 164.175. Das Fahrzeug ist mit einem automatischen Getriebe (722.901) mit sieben Gängen ausgerüstet.
ML 280 CDI, 3.0-Liter-Dieselmotor: V6-Motor mit 24 Ventilen, CDI-Dieselmotor mit Common Rail-Einspritzung (CDI) und einer Leistung von 190 PS (140 kW) bei einer Drehzahl von 3800/min. Motorkennzeichnung 642.940. Modellkennzeichnung 164.120. Das Fahrzeug ist mit einem automatischen Getriebe mit 7 Gängen versehen (Getriebetyp 722.902).

Bild 1 Fahrzeugkennzeichnung: Auf der linken Seite bei Serie 163, auf der rechten Seite bei Serie 164.

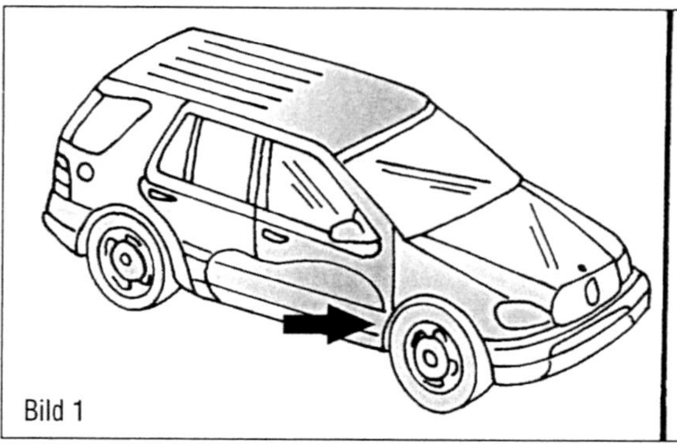

Bild 1

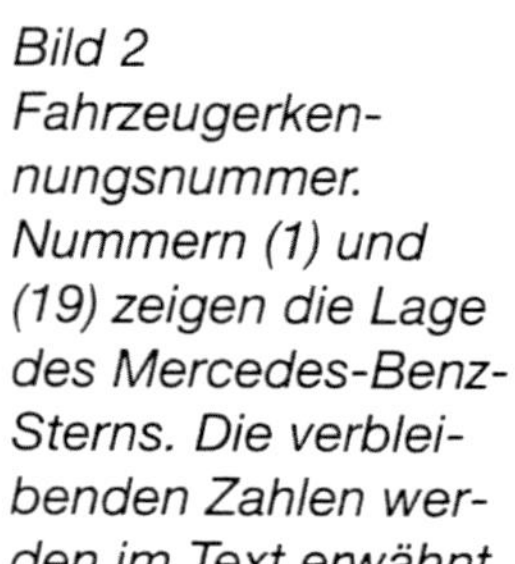

Bild 2 Fahrzeugerkennungsnummer. Nummern (1) und (19) zeigen die Lage des Mercedes-Benz-Sterns. Die verbleibenden Zahlen werden im Text erwähnt.

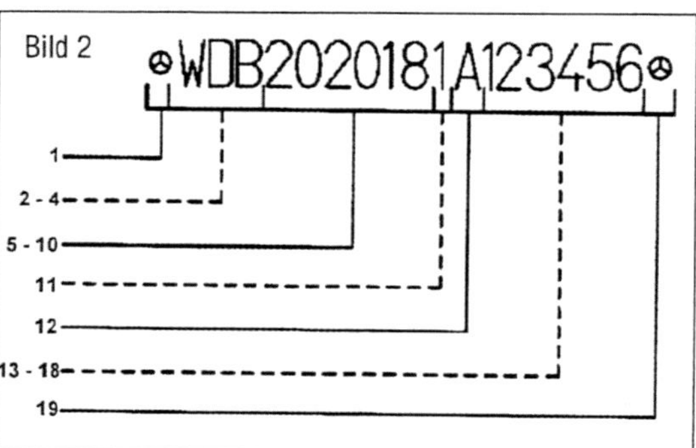

Bild 2

ML 320 CDI, 3.0-Liter-Dieselmotor: V6-Motor mit 24 Ventilen, CDI-Dieselmotor mit Common Rail-Einspritzung (CDI) und einer Leistung von 224 PS (165 kW) bei einer Drehzahl von 3800/min. Motorkennzeichnung 642.940. Modellkennzeichnung 164.122. Das Fahrzeug ist mit einem automatischen Getriebe mit 7 Gängen versehen (Getriebetyp 722.906 oder 722.944).

Bei der Serie 163 wird bis zum Ende der Serie eine Vorderradaufhängung mit Doppelquerlenkern mit Torsionsfederstäben und Teleskopstoßdämpfern eingebaut. Die Torsionsfederstäbe wurden ab Baujahr 2005 bei der Serie 164 durch Schraubenfedern ersetzt.
Die unabhängige Hinterradaufhängung setzt sich bei der Serie 163 aus Doppelquerlenkern mit Schraubenfedern, Stoßdämpfern und einem Kurvenstabilisator zusammen.
Mit Einführung der Serie 164 wurde die Hinterradaufhängung geändert und besteht aus vier Querlenkern mit Schraubenfedern und Stoßdämpfern. Der Kurvenstabilisator wurde beibehalten.
Scheibenbremsen an allen Rädern, eine Zweikreisbremsanlage und ein Bremskraftverstärker bilden die Hauptteile der Bremsanlage. Die Handbremse wirkt auf die Hinterräder.
Eine Zahnstangenlenkung mit Servounterstützung ist serienmäßig eingebaut.

Fahrzeugkennzeichnung

Das Typenschild des Fahrzeuges befindet sich auf der rechten Seite des Fahrzeuges an der in Bild 1 gezeigten Stelle (linke Ansicht Serie 163, rechte Ansicht Serie 164 ab 2005). Alle Fahrzeugkennnummern beginnen mit dem Mercedes-Benz-Stern und haben 19 Nummern. Bild 2 zeigt ein Beispiel einer Kennnummer. Die Zahlen beziehen sich auf Hersteller-Code (2 bis 4), Modellbezeichnung (3 bis 10), Lenkung (11), Herstellerwerk (12) und Produktionsnummer (13 bis 18).

Alle anderen Typenschilder können Sie der Betriebsanleitung entnehmen, wie zum Beispiel Fahrgestellnummer, zulässiges Gewicht, zulässige Belastung der Vorder- und Hinterachse, Lacknummer, usw.
Die Motornummer ist auf der Seite des Anlassers unmittelbar unter dem Ansaugrohr in den Zylinderblock eingeschlagen. Beim Bestellen von Ersatzteilen ist es äußerst wichtig, die vollständigen Fahrgestell- und Motornummern anzugeben. Getriebe, Hinterachse und Lenkung haben auch eine Seriennummer, die in das Gehäuse eingeschlagen ist.

☞ Diese Codebuchstaben und -zahlen müssen beim Bestellen von Teilen angegeben werden. Die wichtigen Nummern aufschreiben und zum Ersatzteilhändler mitnehmen. Dies erspart Zeit und verhindert außerdem den Einbau von falschen Teilen. Vor allem daran denken, dass wir es mit zwei unterschiedlichen Bauserien zu tun haben, nämlich Serie 163 und 164.

⚠ Nachdem die Motorhaube geöffnet ist, könnten einige Teile im Motorraum sehr heiß sein. Wenn der Motor läuft oder der Zündschlüssel in Stellung »2« steht, besteht Gefahr von den drehenden Teilen des Motors oder hohen elektrischen Spannungen von Teilen der elektrischen Anlage oder den entsprechenden Teilen bei einem Dieselmotor.

Abklemmen der Batterie

Bei allen mit der elektrischen Anlage verbundenen Arbeiten muss man die Batterie abklemmen. Im modernen Automobilbau ist dies jedoch mit einigen Vorsichtsmaßnahmen verbunden, um elektronische Bauteile nicht zu stören. Bei jeglichen Arbeiten ist deshalb zu beachten:

- Die Plus- und Minusleitung der Batterie kann man leicht verwechseln. Im Zweifelsfall die Polarität bis zur Batterie verfolgen und die Leitung kennzeichnen.
- Als Erstes das Minuskabel der Batterie abschrauben.
- Ist ein Autoradio mit Diebstahl-Code eingebaut, sollten Sie den Code zur Hand haben, ehe die Batterie abgeklemmt wird. Der zum Betrieb des Radios wichtige Code wird durch das Abklemmen der Batterie gelöscht und muss neu eingegeben werden.
- Bestimmte Alarmeinrichtungen ertönen beim Abklemmen der Batterie. Aus diesem Grund sollten Sie wissen, wie man den Alarm neutralisieren kann, ehe die Batterie aus dem Stromkreis genommen wird.
- Eine eingebaute elektrische Zeituhr verliert ihre Daten. Ebenfalls gehen voreingestellte Radiosender verloren.

Allgemeine Anweisungen bei Reparaturen

Die Beschreibungen in dieser Reparaturanleitung sind in einfacher Weise und allgemein verständlich gehalten. Wenn dem Text und den Abbildungen bei der Arbeit Schritt für Schritt gefolgt wird, dürften keine Schwierigkeiten auftreten.
Die auf den blauen Seiten gedruckte Maß- und Einstelltabelle am Ende des Buches ist hierbei ein wichtiger Teil und muss bei allen Reparaturarbeiten am Fahrzeug hinzugezogen werden. Innerhalb der einzelnen Anleitungen werden die notwendigen Maßangaben oder Einstellwerte nicht immer angeführt, weshalb in der genannten Tabelle nachzuschlagen ist. Lesen Sie unbedingt unter dem in Frage kommenden Modell nach.
Einfache Handgriffe, wie z. B. »Motorhaube öffnen« vor Arbeiten im Motorraum oder »Radmuttern lösen« vor Arbeiten an den Radbremsen, werden nicht immer erwähnt, da diese als selbstverständlich vorausgesetzt werden.
Dagegen befasst sich der Text ausführlich mit schwierigen Arbeiten, die in Einzelheiten beschrieben sind.

Eine Reihe wichtiger Hinweise, die bei jeder Reparaturarbeit beachtet werden sollten:

- Schrauben und Muttern sind in sauberem Zustand und leicht eingeölt zu verwenden. Mutternflächen und Gewindegänge immer auf Beschädigung untersuchen und vorhandene Grate entfernen. Im Zweifelsfall neue Schrauben oder Muttern verwenden. Einmal gelöste, selbstsichernde Muttern sollten immer erneuert werden. Auf keinen Fall dürfen Muttern und Schrauben entfettet werden.
- Stets die in der Anziehdrehmoment-Tabelle angeführten Anziehdrehmomente beachten. Diese Werte sind nahezu in den gleichen Gruppen zusammengefasst, die auch die Kapitel dieser Reparaturanleitung bilden und lassen sich somit leicht auffinden.
- Alle Dichtscheiben, Dichtungen, Sicherungsbleche, Sicherungsscheiben, Splinte und O-Dichtringe (Rundschnurringe) sind beim Zusammenbau zu erneuern. O-Dichtringe (Radialdichtringe, Simmerringe) sollten ebenfalls erneuert werden, sofern die Welle aus dem Dichtring genommen wurde. Die Lippe eines Dichtringes ist vor dem Zusammenbau mit Fett einzuschmieren. Man muss darauf achten, dass sie beim Einbau in die Richtung weist, aus welcher Öl oder Fett austreten kann.
- Bei Hinweisen auf die linke oder rechte Seite des Fahrzeuges wird angenommen, dass man aus der Fahrtrichtung bei Vorwärtsfahrt die Seitenbezeichnung ableiten kann, analog der Begriffe »vorn« und »hinten«. Im Zweifelsfall wird im Text nochmals eine Erläuterung gegeben.
- Ganz besonders ist darauf zu achten, dass zu Arbeiten an den Bremsen, an der Radaufhängung oder allgemein an der Unterseite des Fahrzeuges für eine sichere Abstützung des hochgebockten Wagens gesorgt ist. Das entsprechende Kapitel sollte durchgelesen werden, ehe man das Fahrzeug aufbockt. Der Bordwagenheber ist nur

Bild 3
Dreibeinige Unterstellböcke sind die beste Lösung zum Aufbocken eines Fahrzeuges. Wichtig dabei ist, dass der zum Verstellen der Höhe benutzte Bolzen kräftig genug ist, um das Fahrzeug zu tragen.

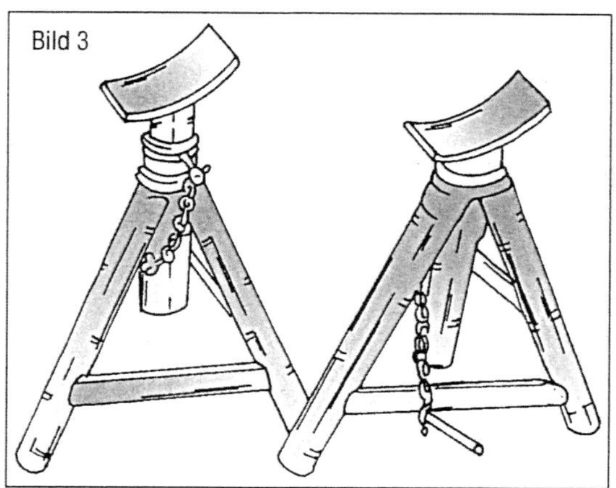
Bild 3

Bild 4
Ein Rollwagenheber eignet sich am besten zum Anheben des Fahrzeuges.

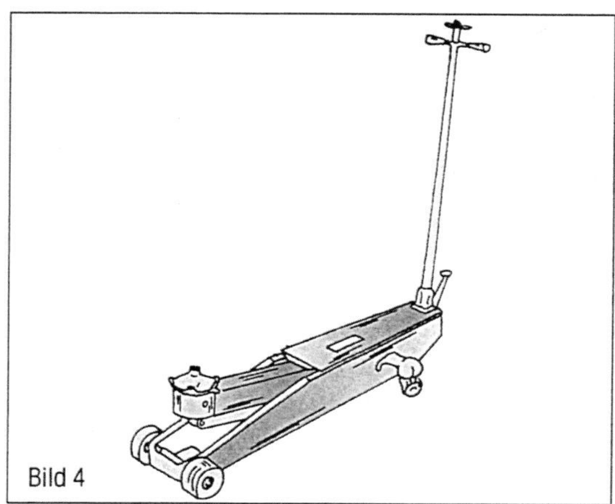
Bild 4

für den Radwechsel unterwegs vorgesehen. Falls er dennoch bei Reparaturen zu Hilfe genommen wird, ist lediglich der Wagen damit anzuheben und dann auf geeignete Montageböcke abzulassen. Derartige, dreibeinige Unterstellböcke (Bild 3) sollen zur Sicherheit auch unter dem Fahrzeug platziert werden, wenn ein Garagenwagenheber zur Verfügung steht. Ziegelsteine sollten zum Unterbauen nicht verwendet werden, allenfalls Hohlblocksteine wegen ihren größeren Auflageflächen, doch sind dann zwischen Fahrzeug und Steine noch genügend starke Bretter zu legen. Die beste Lösung zum Anheben ist ein Rollwagenheber, wie er in Bild 4 gezeigt ist.

■ Fette, Öle, Unterbodenschutz und alle mineralischen Substanzen wirken auf die Gummiteile des Fahrwerks und der Bremsanlage aggressiv. Besonders von Teilen der hydraulischen Anlage sind solche Mittel, zu denen auch Kraftstoff gehört, fern zu halten. Für Reinigungsarbeiten an der Bremsanlage soll nur Bremsflüssigkeit oder Spiritus verwendet werden. Vorsicht: Bremsflüssigkeit ist giftig und wirkt z. B. auf lackierte Flächen ätzend.

■ Zur Erzielung der besten Reparaturergebnisse ist die Verwendung von Original-Ersatzteilen Voraussetzung. Um späteren Schwierigkeiten aus dem Wege zu gehen, muss der Einbau irgendwelcher Fremdprodukte unterbleiben. Ausnahmen sind nur bei Teilen der elektrischen Anlage gegeben oder falls das Herstellerwerk entsprechende Freigaben macht.

■ Beim Bestellen von Ersatz- und Austauschteilen müssen die genaue Modellbezeichnung mit Fahrgestellnummer, gegebenenfalls die Motornummer und das Baujahr angegeben werden. Damit beschleunigt man die Bestellung und das Beziehen von falschen Teilen wird verhindert.

■ Alle Arbeiten am Auto, besonders solche an der Bremsanlage und an der Lenkung sowie Radaufhängung, sind mit Sorgfalt und Umsicht durchzuführen. Die Verkehrssicherheit des Fahrzeuges muss nach jeder Reparatur ohne Ausnahme gewährleistet sein.

Arbeitsbedingungen und Werkzeuge

Um Reparaturarbeiten durchzuführen, benötigt man einen sauberen, gut beleuchteten Arbeitsplatz, der mit einer Werkbank und Schraubstock versehen ist. Es soll auch genügend Raum vorhanden sein, um die verschiedenen Teile auszulegen und zu ordnen, ohne dass man sie immer wieder wegräumen muss. In einer gut ausgerüsteten Werkstatt lässt sich gemütlich und ohne Hast arbeiten, die Maschine kann in einer sauberen Umgebung zerlegt und wieder zusammengebaut werden. Leider verfügt aber nicht jeder über einen solchen idealen Arbeitsplatz und dementsprechend muss auch da und dort improvisiert werden. Um diesen Nachteil auszugleichen, muss besonders viel Zeit und Sorgfalt aufgewendet werden.

Als Weiteres benötigt man einen möglichst vollständigen Satz Qualitätswerkzeuge. Qualität ist hier oberstes Gebot, da billiges Werkzeug auf lange Sicht teuer werden kann, falls man damit abrutscht oder es zerbricht und dabei teuren Schrott baut. Ein gutes Qualitätswerkzeug wird sich lange verwenden lassen und rechtfertigt in jedem Falle die Anschaffungskosten.

Die Grundlage des Werkzeugsatzes ist ein Satz Gabelschlüssel, die sich an jedem gut

zugänglichen Teil des Fahrzeuges ansetzen lassen. Ein Satz Ringschlüssel stellt einen wünschenswerten Zusatz dar, die sich besonders bei festsitzenden Schrauben und Muttern verwenden lassen, oder wo die Platzverhältnisse ungünstig sind.
Um die Kosten tief zu halten, kann man sich auch mit einem Satz kombinierter Ringgabelschlüssel behelfen, diese tragen an einem Ende eine Gabelöffnung und am anderen einen Ring von der gleichen Weite. Bild 5 zeigt derartige Schlüssel zusammen mit den bereits genannten Gabelschlüsseln, auch Maulschlüssel genannt. Stecknüsse (-einsätze) stellen ebenfalls eine lobenswerte Investition dar. Vorausgesetzt, dass der Außendurchmesser der Nüsse nicht allzu groß ist, können auch sehr versteckt oder in Vertiefungen sitzende Muttern und Schrauben gelöst werden.
Weitere benötigte Werkzeuge sind ein Satz Kreuzschlitzschraubendreher, Zangen und ein Hammer. Im Automobilbau werden mehr und mehr Schrauben mit so genannten Torx-Köpfen verwenden. Bild 6 zeigt, wie die Köpfe dieser Schrauben aussehen. Zum Lösen derartiger Schrauben wird ein spezieller Stecknusssatz benutzt, der wie normale Sechskant-Stecknusssätze Einsätze verschiedener Größe hat, die vor der Größenangabe den Buchstaben »T« tragen.
Zusätzlich zur Grundausrüstung kann man sich noch ein paar speziellere Werkzeuge beschaffen, die sich meistens als unschätzbare Hilfe erweisen, besonders wenn man gewisse Reparaturen immer wieder durchführen muss. Als Beispiel sei hier einmal der Schlagschraubendreher erwähnt, ohne den sich die maschinell angezogenen Kreuzschlitzschrauben kaum lösen lassen, ohne dass man sie dabei beschädigt. Selbstverständlich kann er auch zum Anziehen verwendet werden, um einen gasdichten Sitz zu gewährleisten. Ebenfalls oft benötigt werden Seegerringzangen, da Getrieberäder, Wellen und ähnliche Teile meist durch Sicherungsringe gehalten werden, die sich mit einem Schraubenzieher nur schwer entfernen lassen. Es sind zwei Typen von Seegerringzangen erhältlich, einer für die Außensicherungsringe (Bild 7) und eine für Innensicherungsringe. Sie sind mit geraden oder abgewinkelten Klauen erhältlich. Abgesehen von diesen Zangen, schaffen Sie sich Zangen der in Bild 8 gezeigten Ausführun-

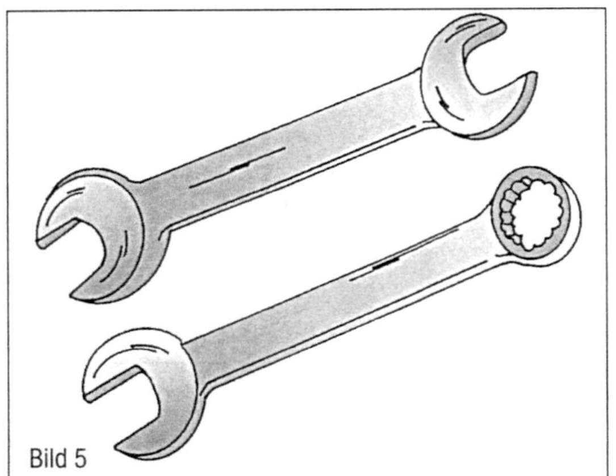

Bild 5
Ansicht eines doppelseitigen Gabelschlüssels (oben) und eines Ringgabelschlüssels (unten). Immer darauf achten, dass die Schlüsselweite der Größe der Mutter oder des Schraubenkopfes entspricht.

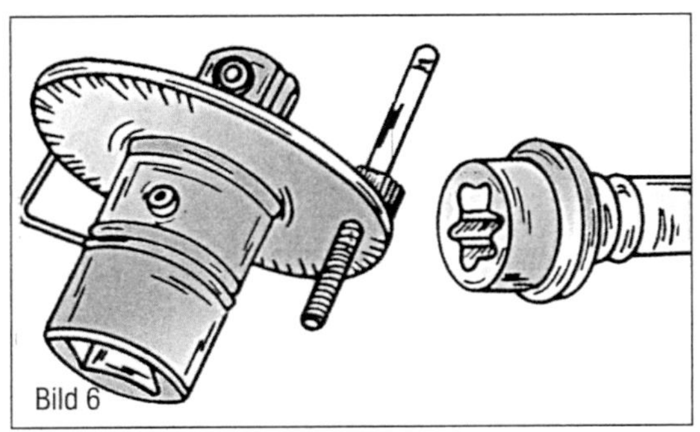

Bild 6
Eine Gradscheibe (links) wird zum Winkelanzug von Schrauben und Muttern benutzt. Schrauben mit »Torx«-Köpfen haben das rechts gezeigte Aussehen.

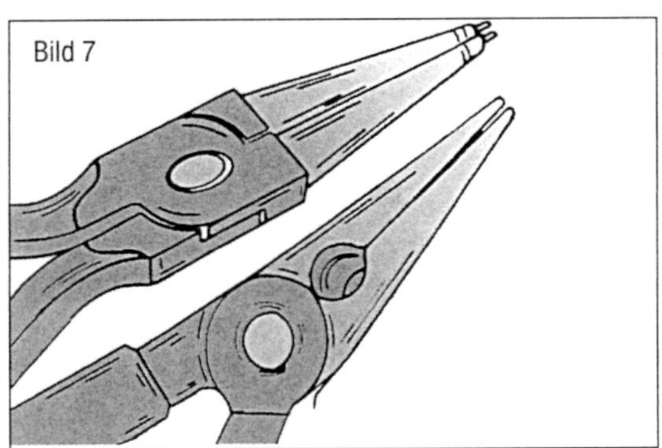

Bild 7
Seegerringzangen (oben). Die gezeigte Ausführung öffnet Außensprengringe. Das untere Bild zeigt eine manchmal erwähnte Spitzzange.

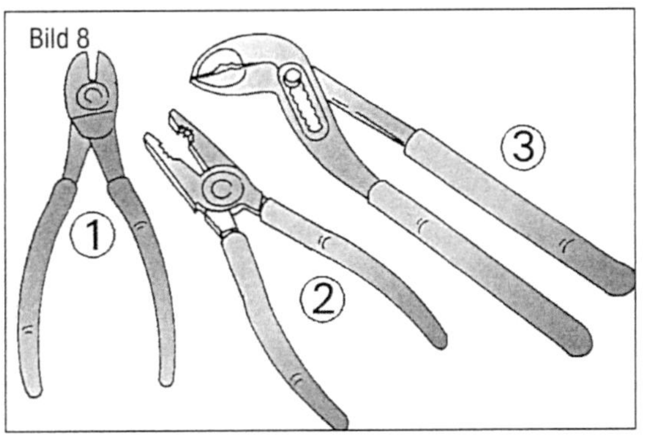

Bild 8
Ohne die gezeigten Zangen werden Sie kaum in der Lage sein irgendwelche Arbeiten am Fahrzeug durchzuführen.
1 Seitenschneider
2 Kombizange
3 Wasserpumpenzange

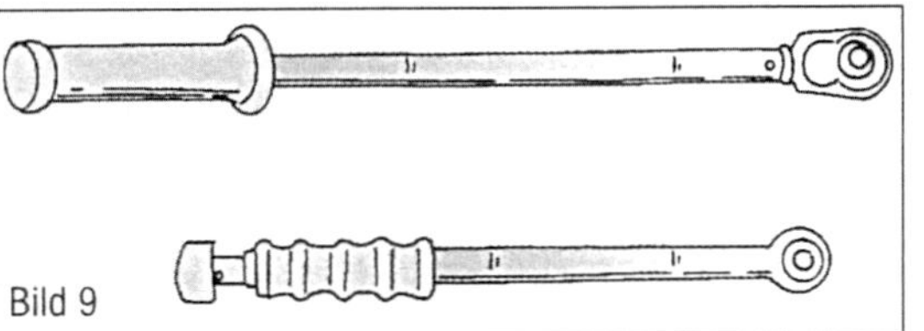

Bild 9
Drehmomentschlüssel sind in einer der gezeigten Formen erhältlich.

Bild 10
Vorgeschlagene Werkzeuge und Hilfswerkzeuge zur Pflege und Reparatur Ihres Fahrzeuges.
1 Hydraulischer Heber
2 Ölkanne
3 Unterstellböcke
4 Elektrische Handlampe
5 Prüflampe (12 Volt)
6 Drehmomentschlüssel
7 Mini-Säge
8 Drahtbürste
9 Blattfühlerlehren
10 Reifendruckprüfer
11 Reifenprofilmesser
12 Kolbenringspannband

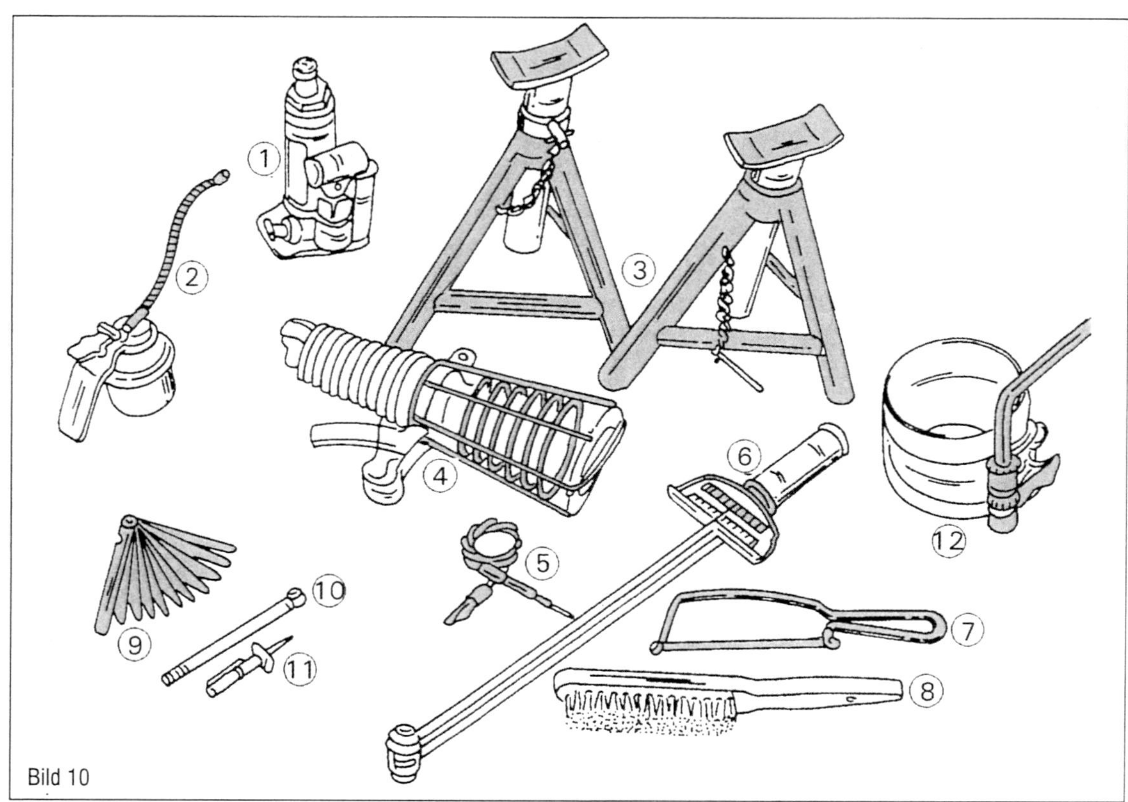

Bild 10

gen an, d. h. Seitenschneider, Kombizange und Wasserpumpenzange.
Eines der nützlichsten Werkzeuge ist der Drehmomentschlüssel, eigentlich eine Art Schraubenschlüssel, der so eingestellt werden kann, dass er durchrutscht, wenn ein gewisses Anziehdrehmoment einer Schraube oder Mutter erreicht ist. Derartige Schlüssel sind ebenfalls mit einem Zeiger erhältlich, welcher das erreichte Drehmoment anzeigt. Anziehdrehmomente werden in jedem modernen Werkstatthandbuch oder jeder Reparaturanleitung aufgeführt, so dass auch besonders komplexe Baugruppen oder Komponenten, wie z. B. ein Zylinderkopf, angezogen werden können, ohne dass man Beschädigungen oder Lecks infolge Verzugs befürchten muss. Bild 9 zeigt zwei der gebräuchlichsten Ausführungen von Drehmomentschlüsseln.
Viele Schrauben und Muttern müssen um einen bestimmten Winkel nachgezogen werden (man spricht von einem Winkelanzug). Um den genauen Winkel zu erhalten, eignet sich eine Gradscheibe am besten. Eine solche hat das im linken Teil von Bild 6 gezeigte Aussehen.
Je höher entwickelt ein Automodell ist, desto mehr Werkzeuge benötigt man, um es im Do-it-yourself-Verfahren immer im bestmöglichen Zustand zu halten. Leider lassen sich aber einige ganz spezielle Arbeiten nicht ohne die richtige Ausrüstung durchführen, für die man meist tief in die Tasche greifen muss, wenn man diese Arbeiten nicht einem Spezialisten übergeben will. Hier ist auch eine gewisse Vorsicht am Platz: Es gibt nun einfach verschiedene Arbeiten, die man am besten einem Fachmann überlässt. Obwohl ein Vielfachmessgerät zum Aufspüren von elektrischen Schäden eine große Hilfe darstellt, kann es in ungeübten Händen enormen Schaden anrichten.
Obschon in dieser Reparaturanleitung gezeigt wird, wie sich verschiedene Komponenten auch ohne Spezialwerkzeuge aus- und wieder einbauen lassen, empfiehlt sich die Anschaffung der gebräuchlichsten Spezialwerkzeuge. Dies wird sich besonders dann lohnen, wenn man das Auto über längere Zeit behalten will. In Bild 10 sind einige der gebräuchlichsten Werkzeuge und Hilfswerkzeuge gezeigt.
Auch mit den vorgeschlagenen, improvisierten Methoden und Werkzeugen lassen sich verschiedene Teile ohne Gefahr von Beschädigung aus- und einbauen. In jedem Fall lässt sich mit den Spezialwerkzeugen, die vom Hersteller produziert und verkauft werden, eine Menge Zeit (und Ärger) sparen.

Lesen Sie die folgenden Hinweise gründlich durch, ehe Sie irgendwelche Arbeiten an einem Fahrzeug durchführen, damit Sie vor allen Verletzungen, gleich welcher Art, bewahrt werden:

- Auf einen einzelnen Wagenheber kann man sich nie hundertprozentig verlassen. Immer zusätzliche Böcke unterstellen. Zwei übereinandergelegte, abgeschraubte Räder kann man z. B. auf der Seite der Reparatur unterlegen, falls keine Böcke zur Verfügung stehen. Ein abrutschender Wagen wird dann wenigstens auf den Rädern landen.
- Niemals die Räder oder Achsmuttern anziehen, wenn das Fahrzeug aufgebockt ist.
- Niemals den Verschluss der Kühlanlage bei heißem Motor öffnen. Falls es unumgänglich ist, einen dicken Lappen um den Deckel legen und diesen bis zur ersten Raste lösen, damit der Dampf entweichen kann. Niemals das Motoröl ablassen, wenn das Fahrzeug bis zum letzten Moment gefahren wurde. Motoröl entsprechend den geltenden Vorschriften entsorgen.
- Keine Bremsflüssigkeit oder Frostschutzmittel auf Lackstellen tropfen lassen. Die hinterlassenen Flecke lassen sich nur schwer oder nicht entfernen.
- Keinen Bremsstaub einatmen. Obwohl Beläge und Bremsklotzmaterial jetzt asbestfrei hergestellt sind, schadet dies trotzdem Ihrer Gesundheit. Falls Sie Pressluft zum Ausblasen von Bremsen benutzen, den Kopf von der Staubstelle wegdrehen. Erkundigen Sie sich über die Erhältlichkeit von Sprays, mit denen man die Bremsteile absprüht, um die Staubentwicklung zu vermeiden (Autozubehörgeschäft oder Werkstatt).
- Öl- oder Fettreste sofort vom Boden abwischen, ehe Sie selbst oder andere Leute darauf ausrutschen.
- Keine Schlüssel falscher Schlüsselweite oder ausgeweitete Schlüssel zum Lösen von festsitzenden Muttern oder Schrauben benutzen. Ein Abrutschen bedeutet in den meisten Fällen eine Verletzung. Offene Wunden auf jeden Fall »verpflastern« lassen, ehe Schmutz oder Öl usw. eindringen kann.
- Krawatten haben bei Arbeiten am Auto keinen Platz. Ebenfalls lange Hemdsärmel oder andere lose Kleidungsstücke fern von sich bewegenden Teilen halten. Lange Haare während der Arbeit festbinden. Fingerringe und Armbanduhren am besten abziehen. Abgesehen davon, dass man daran hängen bleiben kann, bieten sie auch einen Leiter für die elektrische Anlage.
- Den Arbeitsplatz von unnötigen Teilen befreien. Ein Stolpern wird dadurch offensichtlich weitgehend verringert.
- Arbeiten Sie möglichst niemals allein an einem Fahrzeug. Familie oder Bekannte können öfters mal kurz nachschauen, ob alles in Ordnung ist.
- Niemals eine Arbeit überhastet zu Ende führen. Viele Radmuttern wurden lose gelassen, um das Fahrzeug wieder schnell zum Fahren zu bringen.
- Niemals in der Nähe des Fahrzeuges rauchen. Werden Kraftstoffleitungen abgeschlossen, sollte man die Batterie abklemmen. Mit Metallgegenständen hergestellte Kurzschlüsse könnten zu Funkenbildung führen. Halten Sie sicherheitshalber einen Handfeuerlöscher bereit. Besonders bei Benzinmotoren ist dies zu beachten.
- Eine Handlampe niemals auf den Motor auflegen. Bestimmte Handlampen entwickeln große Wärme und könnten Teile am Motor verbrennen, obwohl man annimmt, dass sie durch den Drahtkäfig geschützt werden. Am besten hängt man eine Handlampe bei Arbeiten im Motorraum an der geöffneten Motorhaube an.

Falls Sie die angeführten Hinweise sorgfältig beachten, sollten bei den im Buch beschriebenen Arbeiten keine Verletzung Ihrer Person oder Beschädigung des Fahrzeuges auftreten.

Schlechtes Werkzeug führt in den meisten Fällen zu Verletzungen oder Beschädigung von Muttern, Schrauben usw. Die Anschaffung einer hochwertigen Werkzeugausrüstung ist ein guter Anfang zur Selbstpflege des Autos.

Falls Sie sich die unten genannten Werkzeuge und/oder Hilfswerkzeuge besorgen, werden Sie bald zum Profi:

- Ein Sortiment Schraubendreher mit rutschfestem Griff für Schlitz-, Kreuzschlitz- und Torxschrauben.
- Innensechskantschlüssel (Inbusschlüssel) am Ring in den Größen 2-8 Millimeter. Hinweis: Diese Schlüssel nutzen sich gern an den Kanten ab. Wenn der Schlüssel mehr als einmal abrutscht, ohne dass er seinen Zweck verrichtet, wird es Zeit, dass man sich einen neuen Satz anschafft.

Sichtprüfung Messen

■ Mit einem Radkreuzschlüssel lösen Sie auch fest sitzende Radschrauben/Muttern.
■ Kombizange, Wasserpumpenzange (Länge mindestens 240 mm) und Seitenschneider biegen, halten, drehen und trennen so ziemlich alle Materialien an Ihrem Fahrzeug. Die entsprechenden Zangen wurden bereits in Bild 8 gezeigt.
■ Der Schlosserhammer (empfohlenes Gewicht ca. 300 g) wird als Schlagwerkzeug benutzt, um beispielsweise mit einem Durchschlag festsitzende Bolzen aus Verbindungen zu lösen. Empfindliche Bauteile wie Lager, gegossene oder gehärtete Teile sollten dagegen nur mit einem Kunststoff- oder Gummihammer bearbeitet werden. Bei Richtarbeiten an der Blechstruktur hilft ein Ausbeulhammer.
■ Ein Körner hilft bei Bohrarbeiten an Metallen. Bringen Sie die gehärtete Spitze exakt an die gewünschte Bohrstelle. Mit einem leichten Hammerschlag auf den Schaft des Körners erzeugen Sie an der Oberfläche eine kleine Vertiefung, an der Sie den Metallbohrer ansetzen.
■ Ein Durchschlag (Durchmesser 3 und 6 mm) ist bei Montage- und Demontagearbeiten an Fahrwerk, Motor und Bremsen universell einsetzbar. Wenn Sie damit Haltebolzen entfernen: Achten Sie darauf, dass die Auflagefläche des Durchschlags etwa der Größe der Bolzen entspricht, da diese sich sonst verformen. In Bild 11 geben wir Ihnen weitere Beispiele von Teilen, die im Werkzeugsatz unerlässlich sind.

⚠ **Hier ein Wort der Warnung:** Nach mehrmaliger Benutzung eines Durchschlags bilden sich durch das Aufschlagen mit dem Hammer Grate, welche wie Ausfransungen aussehen. Ohne Vorwarnung kann es also passieren, dass sich ein Stück des breit geschlagenen Materials löst und in die Augen springt. Arbeiten Sie also nur mit Durchschlägen, welche auf der Aufschlagseite noch einwandfrei aussehen. Als Abhilfe kann man einen solchen Dorn kurz nachschleifen lassen.

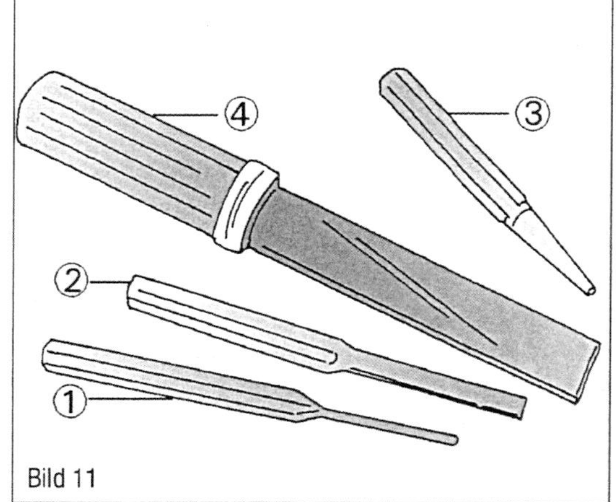

Bild 11

Bild 11
Zum Schlagen, Ausschlagen und Abschlagen gehören diese Werkzeuge in den Kasten.
1 Durchschlag (vorgeschlagen ca. 3 mm)
2 Durchschlag (vorgeschlagen ca. 6 mm)
3 Körner für Bohrungsarbeiten
4 Flachmeißel mit gehärteter Schneide

■ Mit einem Flachmeißel (gehärtete Schneide, siehe Bild 11) werden Sie zur Not auch mit deformierten oder festgerosteten Schraubverbindungen fertig, indem Sie die Mutter samt dem Gewindebolzen abmeißeln. An »weichen« Stellen sollten Sie jedoch von einem Helfer einen Hammer an der Schlagstelle unterhalten lassen, damit es keine Verbiegungen gibt. Lassen Sie keine Grate an der Aufschlagstelle »wachsen«, da Splitter in die Augen springen können.
■ Für Arbeiten im Motorraum und unter dem Fahrzeug empfiehlt sich die Anschaffung eines Steckschlüsselsatzes mit den Einsätzen 10 - 32 Millimetern und einer Umschaltknarre mit 1/2-Zoll-Antrieb. Ein komplettes Set ist billiger als der Kauf der jeweils benötigten Einzeleinsätze. Hier gehören auch die bereits genannten Sets der Torx-Einsätze dazu.
■ Für Arbeiten im Innenraum ist ebenfalls ein Steckschlüsselsatz sinnvoll, allerdings mit kleinerem 1/4-Zoll-Antrieb. Neben Kreuz-, Torx-, Schlitzschrauben und Kunststoffclips verbauen die Hersteller hier oft Schrauben mit SW 6 bis 13 Millimeter.
■ Für Arbeiten an der Elektrik sind zu empfehlen: eine isolierte Kombizange, eine Quetschzange für Steckeranschlüsse und Kabelverbindungen, ein isolierter Schraubendreher und eine Phasenprüflampe mit Nadelspitze und separatem Massekabel.

☞ Überprüfen Sie Ihr Bordwerkzeug. Die beste Grundausstattung in der Garage nützt nichts, wenn Ihnen bei einer Panne unterwegs die Hilfsmittel fehlen. Sind Wagenheber, Radkreuz und Schraubendreher an Bord? Bei einem Wackelkontakt oder einer gelösten Kabelverbindung helfen Elektrokombizange, ein paar Drähte und Isolierband. Ebenfalls sinnvoll: ein Lampenset und Ersatzsicherungen, Abschleppseil, Starthilfekabel und Taschenlampe. Und vergessen Sie nicht, dass man bei Reparaturen schmutzige Hände bekommt. Papierhandtücher sollten immer einen Platz im Fahrzeug haben, falls Sie eine längere Fahrt antreten.

Aufbocken des Fahrzeuges

Beim Aufbocken des Fahrzeuges muss man sich davon überzeugen, dass der zum Anheben benutzte Wagenheber dem Gewicht des Fahrzeuges genügt. Achten Sie darauf, dass keine zusätzlichen Lasten im Kofferraum oder in der Innenseite des Fahrzeuges liegen.
Die Vorderseite wird angehoben, indem man einen Wagenheber unter den Querträger für den Vorderachsträger untersetzt, wie es in Bild 12 (links) gezeigt ist, ohne dabei die Verkleidung unter dem Motorraum zu beschädigen.
Zum Anheben der Rückseite des Fahrzeuges den Wagenheber unter die Querbrücke des Hinterachsträgers untersetzten, ähnlich wie man es in Bild 12 auf der rechten Seite sehen kann.
Das Fahrzeug kann ebenfalls auf einer Seite angehoben werden. In diesem Fall den Kopf des Wagenhebers unter den Hartgummieinsatz in der Nähe der Räder untersetzen (Bild 13). Niemals einen Wagenheber unter die Ölwanne oder das Getriebe untersetzen.
Nach Aufbocken des Fahrzeuges sichere und für das Fahrzeuggewicht ausreichende Unterstellböcke links und rechts unter die Achse setzen (Bild 3).
Die Höhe der Böcke wird durch Versetzen der Bolzen in den verschiedenen Löchern eingestellt. Bei der Herstellung wird die Festigkeit der Bolzen der Tragkraft der Böcke angepasst. Erfahrungen haben jedoch gezeigt, dass die mit den Bolzen verbundenen Ketten manchmal reißen und die Bolzen verloren gehen. Auf keinen Fall irgendwelche Schrauben geeigneten Durchmessers anstelle der Bolzen verwenden, es sei denn, dass diese aus Stahl hergestellt sind und die notwendige Tragkraft haben.
Vor dem Aufbocken des Fahrzeuges immer die Beschaffenheit des Bodens kontrollieren, da ein weicher Boden nachgibt und der Wagenheber einsinken kann.
Falls man annimmt, dass die verwendeten Unterstellböcke nicht hundertprozentig sicher sind, kann man z. B. eine Seite des Fahrzeuges aufbocken und das abgenommene Rad unter der freien Aufhängung unterlegen. Sollte das Fahrzeug abrutschen, verbleibt immer noch ein Raum der Stärke des Reifens zwischen Wagen und Boden und gibt Ihnen zusätzliche Sicherheit.

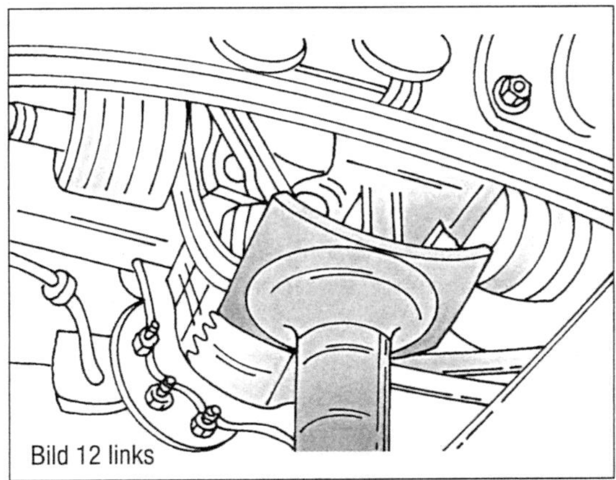
Bild 12 links

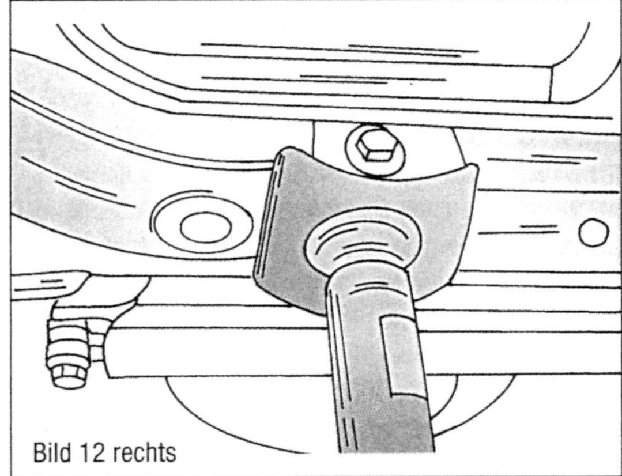
Bild 12 rechts

Bild 12
Anheben der Vorderseite des Fahrzeuges auf der linken Seite. Der Wagenheber wird an der gezeigten Stelle untergesetzt. Die rechte Ansicht zeigt das Anheben der Rückseite des Fahrzeuges. Der Wagenheber wird unter die Mitte der Achse untergesetzt.

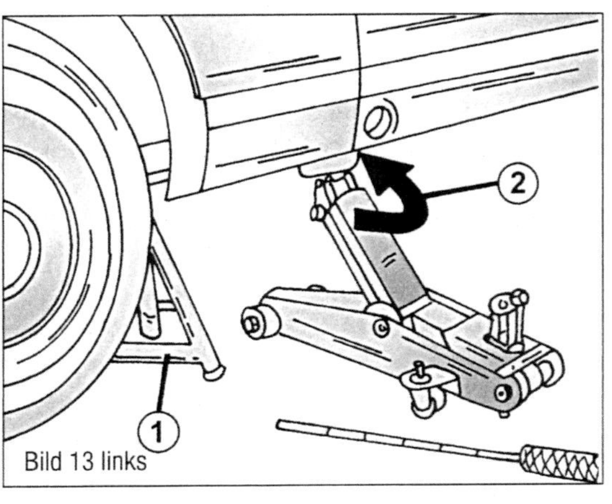

Bild 13 links

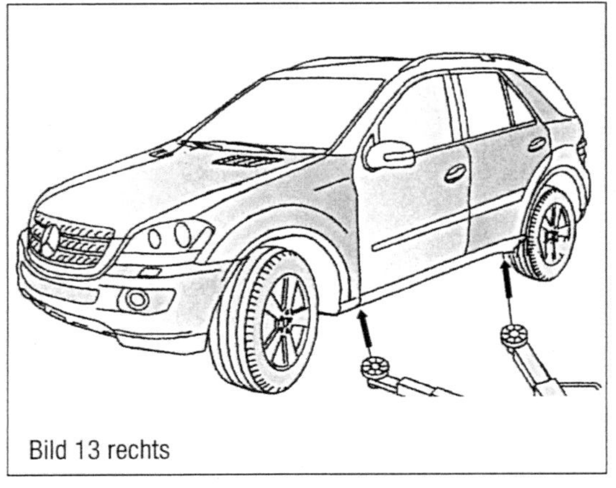
Bild 13 rechts

Bild 13
Anheben einer Seite des Fahrzeuges. Den Wagenheber (2) in gezeigter Weise unter die Seite der Karosserie untersetzen. Unterstellböcke (1) wie gezeigt untersetzen. In der rechten Ansicht wird das Anheben eines Fahrzeuges der Serie 164 gezeigt.

⚠ Unbedingt sicherstellen, dass das Fahrzeug nicht vom Wagenheber oder den Unterstellböcken rutschen kann. Falls man nur einen kurzen Handgriff unter dem Fahrzeug durchführen muss, ist es immer verlockend dies ohne untergestellte Böcke zu tun. Fahrzeug jedoch immer auf Böcke setzen, ganz gleich wie lange die Arbeit dauert.
Beim Ausbau von größeren Aggregaten wie z. B. Motor, Vorderachsträger, Achsen, usw. immer einen Helfer hinzuziehen.

⚠ Es ist immer schwierig das Fahrzeug zuerst auf einer Seite und danach auf der anderen Seite anzuheben. Unbedingt darauf achten, dass das Fahrzeug dabei nicht umkippen kann. Ein Helfer sollte unbedingt hinzugezogen werden um das Fahrzeug entsprechend zu beobachten.

Schmiermittel, Dichtungsmasse, »Loctite«

Jeder Autohersteller empfiehlt die Verwendung von bestimmten Schmiermitteln, die während der Produktion auf das Fahrzeug abgestimmt wurden. Aus diesem Grund halten wir uns bei Reparaturen an die von MB angegebenen Schmieröle, Fette und dergleichen. Oft wird »Loctite« erwähnt. Bei diesem handelt es sich um eine Sicherungsflüssigkeit für Muttern- und Schraubengewinde, die ein Lösen von angezogenen Verbindungen verhindern. Es stehen verschiedene Ausführungen zur Verfügung, Ihr MB-Ersatzteillager wird Sie über die Erhältlichkeit dieser Sicherungsmittel unterrichten.
Oftmals kommt es jedoch vor, dass andere, ebenfalls geeignete Mittel zum Sichern von Gewindeverbindungen benutzt werden. Auch hier sollten Sie in der Lage sein, dies in der Werkstatt zu erfahren.

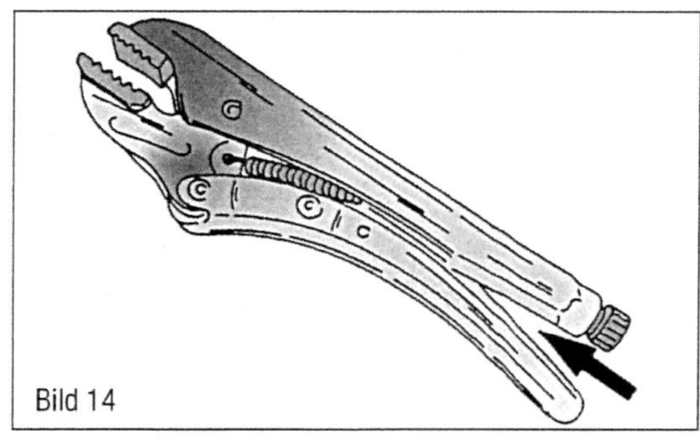

Bild 14

Bild 14
Ansicht einer verstellbaren Gripzange. Beim Zusammendrücken der beiden Griffenden nicht die Finger an die Pfeilstelle bringen, da die Zange »zuschnappt«.

Das Gleiche trifft auch auf Graphitfett und Dichtungsmasse zu. Erkundigen Sie sich, welche Fettart und Dichtungsmasse verwendet wird, um zu gewährleisten, dass die Arbeiten einwandfrei durchgeführt werden können.

Umgang mit Gewinden, Schrauben, Muttern

Bei einem ziemlich neuen Fahrzeug, bzw. Motor wird man keine Schwierigkeiten mit dem Lösen von Schrauben, Muttern, Stiftschrauben, usw. haben. Ist das Fahrzeug jedoch älter, kommen schon mal Probleme beim Lösen von Gewindeverbindungen vor. Die folgenden Hinweise sollten Ihnen helfen, diese Probleme aus dem Weg zu räumen.

- Beim Lösen von Muttern auf Stiftschrauben immer das herausstehende Gewinde mit einer Drahtbürste reinigen, um Schmutz oder auch Rost zu entfernen. Man erspart sich dadurch, dass die Mutter über die Schmutzstellen geschraubt werden muss. Die Verbindungsstelle jetzt mit einem Rostlösesprühmittel behandeln. Hier gibt es verschiedene Produkte, den Gebrauchsanweisungen folgen.
- Falls eine in eine Schweißmutter eingedrehte Schraube gelöst werden soll (meistens in der Karosserie), möglichst die Gewindestelle von der Rückseite mit dem Rostlösemittel einsprühen. Schraubenköpfe derartiger Verbindungen reißen gern ab oder man löst die Schweißmutter.
- Schrauben mit Schlitz- oder Kreuzschlitzköpfen lassen sich manchmal nur sehr schwer lösen. Kreuzschlitzschraubenzieher rutschen gern aus dem Kreuzschlitz heraus und beschädigen diesen dabei. Um diesem vorzubeugen, kann man einen Schraubenzieher oder Kreuzschlitzschraubenzieher mit einem durchgehenden Schaft an der Schraube ansetzen und durch einen kurzen Schlag mit einem Hammer »behandeln«. In den meisten Fällen löst sich der Schraubenkopf von der Verbindung, und die Schraube kann leicht herausgedreht werden.
- Im modernen Automobilbau werden mehr und mehr Schrauben mit Spezialköpfen verwendet, die ähnlich wie Kreuzschlitzköpfe aussehen aber keine sind. Weiter oben wurde bereits auf diese eingegangen.
- Innensechskantschrauben (»Inbuskopf«) oder Schrauben mit »Polygon«-Kopf (Vielverzahnung, meistens 12 Ecken) können

ebenfalls Schwierigkeiten beim Lösen bringen. Als Erstes die Öffnung des Innensechskants einwandfrei reinigen (mit einem kleinen Schraubenzieher zum Beispiel), um den Innensechskantschlüssel oder Vielzahnschlüssel anzusetzen. Falls möglich sollte man hier auch einen Steckeinsatz benutzen. Vor Lösen der Schrauben kann man einen Hammerschlag auf den Steckeinsatz geben, um das Beharrungsvermögen der Schraube zu lösen. Manchmal ist jedoch ein abgewinkelter Inbusschlüssel erforderlich. Durch dessen Winkelstellung wird das Lösen oftmals zum Problem. Wir schlagen vor: Den Schlüssel in die Schraube einsetzen und einen kleinen Ringschlüssel über das lange Ende des Inbusschlüssels schieben. Den Schlüssel jetzt gut gerade halten und die Schraube durch Druck auf den Ringschlüssel lösen. Dadurch vermeidet man, dass sich der Winkelschlüssel bei festsitzenden Schrauben innerlich verdreht.

- Kleine, jedoch zugängliche Inbusschraubenköpfe kann man auch mit einer Gripzange erfassen (Bild 14) und auf diese Weise die Schraube herausdrehen, vor allem, wenn das Innensechskant abgerundete Kanten erhalten hat. Beim Zusammendrücken der Gripzange nicht die Finger einquetschen.
- Schwierigkeiten können auch manchmal beim Lösen von Muttern oder Schrauben auftreten, deren Kanten bereits durch unvorschriftsmäßige Verwendung der falschen Schlüsselgröße abgerundet sind (aus Erfahrung gesprochen bei Zweithandwagen manchmal anzutreffen). Mit der bereits erwähnten Gripzange kann man versuchen die Mutter oder Schraube zu lösen. Je nach Lage der Mutter kann man diese auch aufmeißeln oder am Gewinde entlang aufsägen. In diesem Zusammenhang möchten wir auch den Mutternspalter erwähnen, falls man zu dessen Benutzung genügend Arbeitsraum hat. Das Werkzeug arbeitet in der in Bild 15 gezeigten Weise, d. h. man zieht die Schraube an, bis die Mutter platzt. Ein Vorteil ist dabei, dass man das Gewinde der Schraube nicht beschädigt.
- Im Text werden oftmals selbstsichernde Muttern erwähnt. Wie der Name besagt, werden diese durch ihre eigene Sicherungsfähigkeit gesichert, welche nach dem Lösen meistens zerstört wird. Selbstsichernde Muttern sollte man immer erneuern.

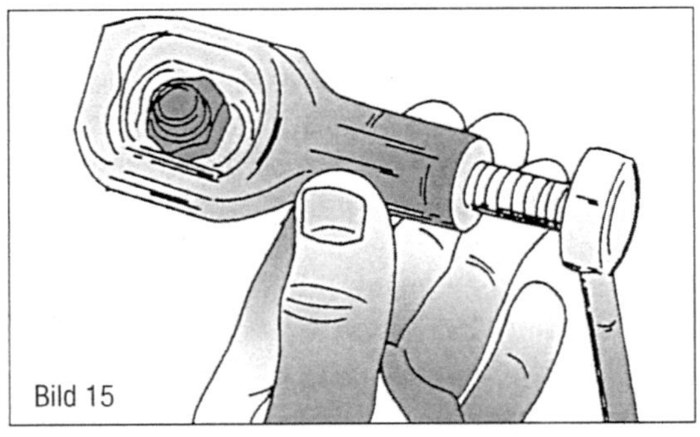
Bild 15

Bild 15
Benutzung eines Mutternspalters. Durch Anziehen der Schraube wird die Mutter in zwei Teile gespalten und kann abgenommen werden.

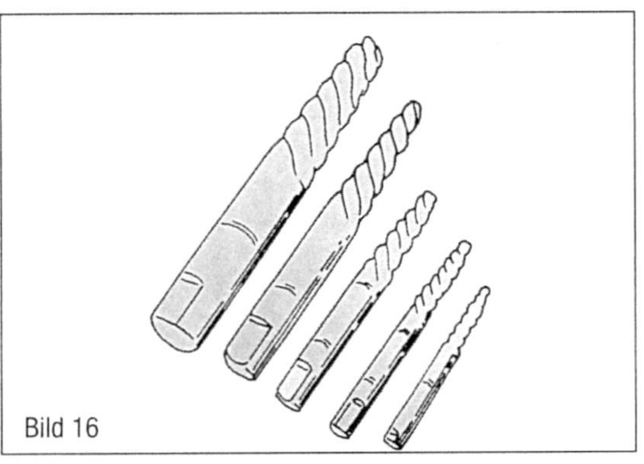
Bild 16

Bild 16
Ansicht von »Linksgewindeziehern« zum Entfernen von abgescherten Schrauben oder Stehbolzen.

- Manchmal passiert es und eine Schraube reißt am Kopf ab. Um das verbleibende Gewindestück aus der Bohrung zu bekommen, bohrt man ein Loch in der Mitte der »Schraube« und benutzt einen so genannten »Linksgewindezieher« (Bild 16). Diese sind in Autozubehörgeschäften erhältlich und werden wie eine Schraube in das gebohrte Loch eingesetzt. Durch Anziehen schneidet sich das Werkzeug in das Schraubenstück ein und hoffnungsvoll zieht man es heraus. Die einzige andere Lösung ist ein Aufbohren auf den ungefähren Gewindedurchmesser der Schraube (etwas weniger) und das Nachschneiden mit einem Gewindeschneider.
- Stehbolzen werden mit zwei gegeneinander gekonterten Muttern herausgedreht. Beim Herausdrehen den Schlüssel an der inneren Mutter ansetzen, zum Hineinschrauben den Schlüssel an der äußeren Mutter ansetzen.
- In Aluminiumteile eingearbeitete Gewinde werden manchmal beim Anziehen von Schrauben beschädigt. In Ihrer Werkstatt erhalten Sie Gewindeeinsätze unter der Markenbezeichnung »Heli-Coil«. Diese können entsprechend der Gebrauchsanweisung in das alte Gewindeloch eingezogen werden, oder man bringt das beschädigte Teil zur Erneuerung des Gewindes in eine Werkstatt (empfohlen).

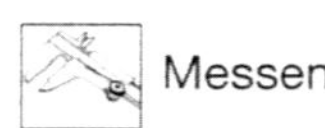

Anziehdrehmomente

Die Anziehdrehmomente werden für die Schrauben und Muttern der wichtigsten Teile angegeben. Um die Anziehdrehmomente einzuhalten, muss man eine Stecknuss der passenden Schlüsselweite sowie einen Drehmomentschlüssel, manchmal mit einer Verlängerung, benutzen. In vielen Fällen ist es aber einfach nicht möglich an eine Schraube oder Mutter heranzukommen, um einen Drehmomentschlüssel anzusetzen. Oder das Drehmoment ist zu klein, um es am Drehmomentschlüssel abzulesen. Hier gilt es, das Drehmoment zu schätzen. Unter Berücksichtigung des Gewindedurchmessers der Schraubenverbindung heißt dies in der Mechanikersprache »gut anziehen«, wobei Gefühl eine wichtige Rolle spielt, besonders bei Gewindedurchmessern von 6 oder 7 mm.

2 Motoren

In diesem Abschnitt werden die in der ML-Serie 163 und 164 eingebauten Motoren zusammengefasst, welche in der Bauweise in vielerlei Hinsicht unterschiedlich aufgebaut sind. Die folgenden Informationen geben Ihnen einige Hinweise über die Benzinmotoren, d. h. den Vierzylindermotor des Typs M111, die V6-Motoren des Typs M112 und den V8-Motor des Typs M113 in der Serie 163. Darin inbegriffen sind die Modelle ML230, ML320, ML350, ML430 und ML500. In die Serie 164 mit Benzinmotor werden die Motoren M272 (ML350) und M113 (ML500) eingebaut. Obwohl unterschiedlich in der Leistung, wird der gleiche Motor mit der Bezeichnung 642.940 in die Modelle ML280 CDI und ML320 CDI der Serie 164 eingebaut. Die Informationen gelten im Allgemeinen für alle Motoren.
Achten Sie darauf, dass Sie sich mit dem in Frage kommenden Motor befassen. Das »M« wird bei der Erwähnung der Motoren in den meisten Fällen weggelassen.

Die Bauteile des Motors
Um Ihnen einen kurzen Überblick über das Innenleben des Motors zu geben, führen wir die Hauptteile des Motors kurz an:
Motorblock oder Zylinderblock. Hier sind die beweglichen Teile gelagert. Der Motorblock, auch als Kurbelgehäuse bekannt, trägt auch Aggregate wie Lichtmaschine, Anlasser und die Teile der Kraftstoffeinspritzanlage.
Zylinderkopf. Schließt den Zylinder nach oben ab. Er enthält Kanäle für Frisch- und Abgas, Ventilsitze, Lager und Führungen für Teile der Ventilsteuerung, Wasserkanäle und den eigentlichen Brennraum. Die Zylinderkopfdichtung zwischen den Metallflächen von Zylinderkopf und Zylinderblock verhindert, dass an dieser Stelle Luft und Kühlwasser in den Zylinder gelangen. Die beiden Nockenwellen (oder die vier Nockenwellen, je nach Motor) sind ebenfalls in den Zylinderkopf eingebaut.
Zylinder. Bilden zusammen mit dem Zylinderkopf den Verbrennungsraum. Sie sind glatt ausgeschliffen (gehont) und exakt auf den Kolbendurchmesser abgestimmt. Für die Kühlung sorgt Wasser, das durch Kanäle in der Zylinderwand fließt.
Kolben. Nehmen den Verbrennungsdruck auf und geben ihn über die Pleuel an die Kurbelwelle weiter. Bei den Dieselmotoren sind spezielle Kolben eingebaut, die eine sternförmige Vertiefung in der Kolbenmulde haben. Die Hauptbestandteile sind Kolbenboden, Ringzone mit Kolbenringen, Schaft und Bolzenaugen. Die Kolbenbolzen werden mit Sicherungsringen in den Bohrungen des Kolbens gehalten. Die beiden oberen Kolbenringe (Verdichtungsringe) verhindern, dass Gas aus dem Verbrennungsraum ins Kurbelgehäuse entweicht. Der untere Ring (Ölabstreifring) führt überschüssiges Schmieröl von der Zylinderwand in die Ölwanne zurück.
Pleuel. Verbinden den Kolben mit der Kurbelwelle. Ihre Bestandteile: Pleuelkopf (umschließt den Kolbenbolzen), Pleuelschaft, Pleuelfuß und Pleueldeckel (umschließen den Kurbelzapfen).
Kurbelwelle. Wandelt das Auf und Ab der Kolben in eine Drehbewegung um. Ihre Teile: Wellenzapfen (für Lagerung im Kurbelgehäuse), Kurbelzapfen, Kurbelwangen (verbinden Kurbelzapfen und Wellenzapfen). Bei allen Motoren ist die Kurbelwelle an mehreren Stellen im Motorblock in auswechselbaren Gleitlagerschalen gelagert. Die Kurbelwelle hat je nach Motor eine unterschiedliche Anzahl von Lagern.
Ventile. Lassen Frischgas ein- und Abgas ausströmen. Sämtliche Teile, die am Öffnen und Schließen der Ventile beteiligt sind, nennt man zusammenfassend »Ventiltrieb«.
Nockenwelle(n). Öffnen und schließen die Ventile im richtigen Zeitpunkt. Jedes Ventil wird über hydraulische Stößel mit eingebauten Ausgleichselementen für das Aufheben des Ventilspiels von einer Nocke betätigt. Die Nockenwelle wird über eine endlose Steuerkette von der Kurbelwelle angetrieben.
Schwungrad. Der Motor ist mit einem Zweimassen-Schwungrad ausgestattet. Sinn dieser Einrichtung ist es, die bei Motorlauf an der Kurbelwelle bestehenden Drehschwingungen – sie entstehen durch die nacheinander zündenden Zylinder – nicht an den Antrieb weiterzugeben. So werden die durch die Schwingungen entstehenden Geräusche vermieden. Der Aufbau des Zweimassen-Schwungrades sieht folgendermaßen aus: Fest mit der Kurbelwelle ist der vordere Teil des Schwungrades verschraubt.

Sichtprüfung Messen

Darauf ist ein Drehschwingungsdämpfer montiert, der aus einem ausgeklügelten Feder-/Dämpfersystem besteht. Der hintere Teil des Schwungrades ist an diesem Schwingungsdämpfer befestigt, hat also keinerlei starre Verbindung zum Vorderteil und damit zur Kurbelwelle. Schon die hier montierte Kupplung ist also schwingungsmäßig vom Motor getrennt.

Allgemeiner Aufbau der Motoren

- Der 2.3-Liter-Motor (Motortyp 111.977) wurde am Anfang der Bauserie 163 in den **ML 230** eingebaut. Bau wurde Ende Baujahr 2001 eingestellt.
- Der 3.2-Liter V6-Motor mit 18 Ventilen wurde bis zum Ende der Serie 163 in den **ML 320** (Motortyp 112.942) oder **ML 350** (Motortyp 112.970) eingebaut.
- Der 4.3-Liter V8-Motor mit 24 Ventilen wurde bis zum Ende der Serie 163 in den **ML 430** (Motortyp 113.942) eingebaut.
- Der 5.0-Liter V8-Motor mit 24 Ventilen wurde bis zum Ende der Serie 163 und in der Serie 164 in den **ML 500** (Motortyp 113.965 oder 113.964) eingebaut.
- Der 3.5-Liter-V6-Motor mit 24 Ventilen wurde ab Baujahr 2005 in die Serie 164 in den **ML 350** (Motortyp 242.967) eingebaut.
- Der 3,0 Liter V6-Diesel-Motor mit 24 Ventilen wurde ab Baujahr 2005 in die Serie 164 in den **ML 280** oder **ML320** (Motortyp 642.940) eingebaut.
- Je nach Motor ist eine verschiedene Anzahl von Nockenwellen eingebaut. Die Lager der Nockenwellen sind nicht direkt in den oder die Zylinderköpfe eingearbeitet.

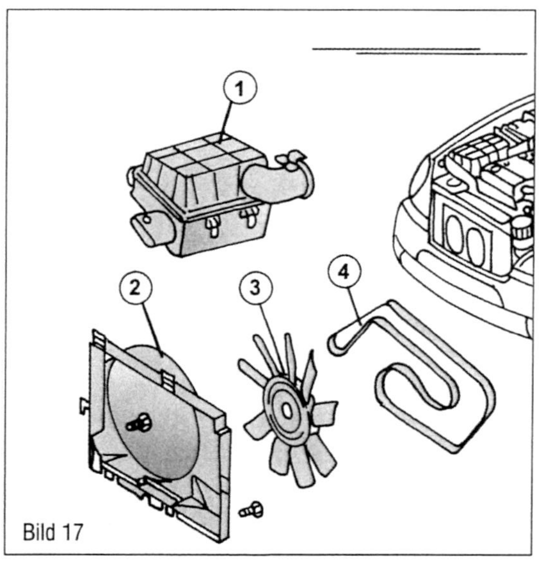

Bild 17 Einzelheiten zum Aus- und Einbau des M111-Motors (ML230). Die Zahlen werden im Text erwähnt.

- Die Ventilstößel sind zwischen die Nockenwellen und die Enden der Ventile eingesetzt. Die Nocken drücken gegen die Enden der Stößel um die Ventile zu betätigen. Die Stößel werden aufgrund ihrer Form als Tassenstößel bezeichnet.
- Eine Einstellung der Ventile ist nicht länger erforderlich. Hydraulische Ausgleichselemente sind eingebaut, welche das Ventilspiel jederzeit auf dem richtigen Wert halten.

⚠ Bei allen Arbeiten am Motor sind die folgenden Hinweise zu beachten, besonders wenn der Motor läuft.

- Der Motor ist mit elektronischen Komponenten versehen, welche eine hohe Spannung entwickeln. Aus diesem Grund niemals elektrische oder elektronische Bauteile anfassen, wenn der Motor läuft oder angelassen wird.
- Personen mit Herzschrittmachern sollten keine Arbeiten an elektrischen/elektronischen Bauteilen durchführen.

Aus- und Einbau des Motors

Zum Ausbau des Motors wird ein geeignetes Hebezeug oder ein Handkran benötigt. Lesen Sie die nachfolgenden Anweisungen gut durch und entscheiden danach, ob Sie in der Lage sind das Antriebsaggregat in Heimarbeit auszubauen. Es gilt zu bedenken, dass das Gewicht ca. 200 kg beträgt und der empfohlene Kettenflaschenzug oder der zu benutzende Wagenheber dieses Gewicht aushalten muss. Der Motor wird je nach Motorausführung folgendermaßen ausgebaut.

111-Motor, ML230

Der Ausbau von vielen der angeführten Teile wird in getrennten Abschnitten beschrieben, welche entsprechend durchzulesen sind. Als Erstes die Batterie abklemmen und die Kühlanlage ablassen.

- Motorhaube öffnen und in senkrechte Lage bringen.
- Fahrzeug auf sichere Unterstellböcke setzen, wenn Arbeiten an der Unterseite durchgeführt werden.
- Die in Bild 17 gezeigten Teile ausbauen. Dies sind der Visko-Lüfter (3), die Lüfterverkleidung (2) und der Luftfilter (1). Falls eine Klimaanlage eingebaut ist, muss man ein

Schutzschild von 400 x 680 mm vor dem Kühler und dem Kondensapparat einschieben. Dieses kann man aus Kunststoff oder Blech von 1 mm Stärke herstellen. Das Schild schützt die Teile vor Beschädigung.

- Keilrippenriemen ausbauen.
- Das Betätigungsgestänge der Drosselklappenbetätigung verfolgen und an Stelle (1) in Bild 18 abschließen. Die beiden in Bild 18 mit (2) und (3) bezeichneten Unterdruckschläuche abschließen. Einer davon führt zum Bremskraftverstärker.
- Kraftstoffleitung verfolgen und am Sechskantanschluss abschließen. Der Kraftstoff steht unter Druck. Aus diesem Grund vorher den Tankverschlussdeckel öffnen.
- Dehngefäß der Kühlanlage ausbauen. Dieses ist an zwei Stellen an der Oberseite in Höhe der Verschlusskappe befestigt.
- Alle Kabelanschlüsse vom Motor abschließen: Kabel von der Drehstromlichtmaschine, Abdeckungen des Sicherungs- und Relaismoduls ausbauen, ein Massekabel vom Motor abschließen, in dem geöffneten Sicherungs- und Relaismodul zwei Kabelstecker abziehen, einen Kabelstecker vom Steuergerät der Einspritzanlage abschließen (Achtung: dazu Verriegelarm öffnen), ein Kabel an der Außenkante des Relaismoduls abschrauben, ein Massekabel zwischen Motor und Karosserie abschrauben und die Kabel vom Anlasser (1) in Bild 19 abschließen. Dies sind die Kabel von den Klemmen »30« und »50«.
- Die nächsten Arbeiten unter Bezug auf Bild 20 durchführen. Die Lenkhilfspumpe (7) ausbauen ohne die Schläuche abzuschließen. Die Pumpe auf eine Seite schieben und mit einem Stück Draht festbinden. Die Befestigungsschrauben beim Einbau der Pumpe mit 20 Nm anziehen.
- Die Befestigungsschrauben des Getriebes (11) an der Oberseite ausschrauben. Beim Einschrauben den untenstehenden Hinweis beachten.
- Anlasser ausbauen.
- Das Auspuffrohr (Abgasrohr) vom Auspuffkrümmer abschrauben, einen Haltebügel vom Auspuffrohr abschrauben und herausnehmen. Ebenfalls den Auspuffhaltebügel von der Unterseite des Getriebes abschrauben.
- Bei eingebauter Klimaanlage den Kompressor (6) abschrauben und mit angeschlossenen Leitungen auf eine Seite des Motorraums schieben und festbinden.

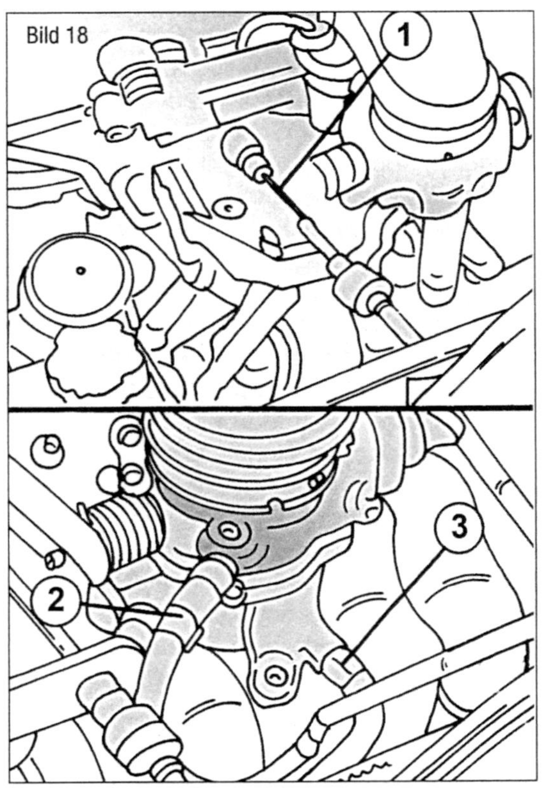

Bild 18 Drosselklappengestänge (1) und die beiden Unterdruckschläuche (2) und (3) beim M111-Motor abschließen.

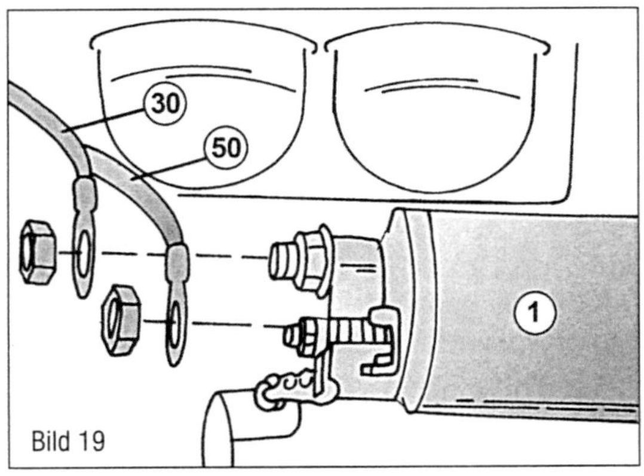

Bild 19 Kabelklemmen »30« und »50« müssen vom Anlasser abgeklemmt werden.

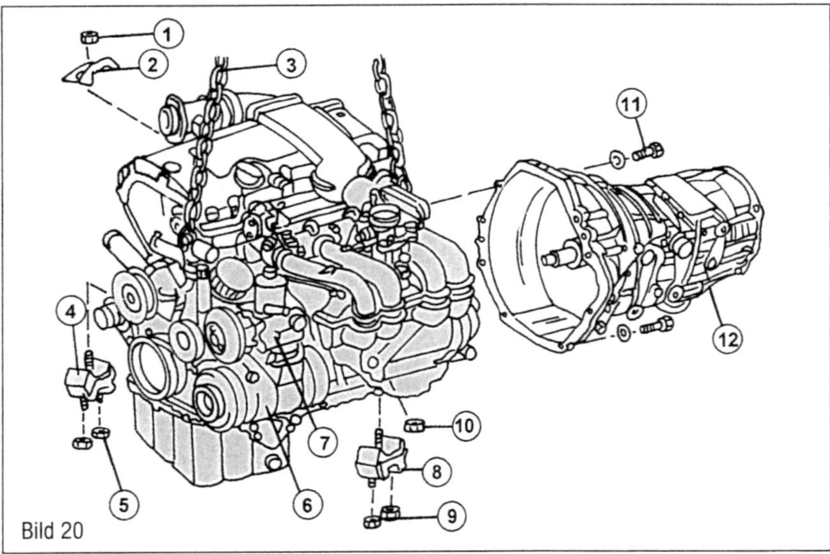

Bild 20 Zum Ausbau des Motors beim ML 230. Die Zahlen werden im Text erwähnt.

■ Auf der linken und rechten Seite die vordere Motoraufhängung (4) abschrauben. Die Schrauben Aufhängung/Fahrzeugrahmen mit 35 Nm anziehen, Schrauben Aufhängung/Aufhängungsträger mit 65 Nm.

■ Der Motor wird jetzt mit einem geeigneten Hebezeug oder Flaschenzug mit an den Hebeösen angehängten Ketten (3) oder Seilen aus den Aufhängungen gehoben. Motor vorsichtig anheben ohne dabei irgendwelche Teile zu beschädigen. Wie bereits erwähnt, wird in der Werkstatt ein Schutzschild zwischen dem Motor und dem Kühler/Kondensapparat eingeschoben, um dazwischenliegende Teile zu schützen.

■ Einen Rollwagenheber mit einer geeigneten Auflageplatte unter das Getriebe untersetzen und das Getriebe (12) anheben, bis es soeben unter Spannung steht. Die Befestigungsschrauben der Aufhängung vom Motor auf der rechten Seite ausschrauben. Zu beachten ist, dass die Aufhängungen nicht auf beiden Seiten gleich sind, d. h. man muss sie entsprechend kennzeichnen.

■ Die verbleibenden Befestigungsschrauben (11) des Getriebes aus dem Motorflansch herausdrehen.

■ Der Motor wird jetzt vorsichtig herausgehoben. Ständig darauf achten, dass dabei keine Leitungen, Kabel, usw. beschädigt werden.

Der Einbau geschieht in umgekehrter Reihenfolge wie der Ausbau unter Beachtung der bereits angegebenen Punkte und Anziehdrehmomente.

☞ Beim Anziehen der Schrauben des Getriebes am Motor ist zu beachten: M10-Schrauben mit einer Länge von 40 mm werden mit 55 Nm angezogen, falls sie eine gelbe Farbe haben. Anderenfalls mit 40 Nm anziehen. M10-Schrauben mit einer Länge von 90 mm werden mit 45 Nm angezogen, falls sie eine gelbe Farbe haben. Anderenfalls mit 40 Nm anziehen.

Nach Auffüllen der Kühlanlage den Motor anlassen und auf etwaige Leckstellen überprüfen. Ebenfalls auf etwaige Leckstellen an den Kraftstoffleitungen achten. Die folgenden Punkte müssen ebenfalls beachtet werden:

■ Motoraufhängungen, Öl- und Kraftstoffleitungen vor Wiederverwendung auf Schäden kontrollieren und ggf. erneuern.

■ Ölstand im Motor und im Getriebe kontrollieren und ggf. berichtigen. Falls das Motoröl abgelassen wurde, den Motor wieder mit der erforderlichen Menge des empfohlenen Motoröls füllen.

■ Vor dem Füllen der Kühlanlage kontrollieren, dass alle Ablassstellen geschlossen wurden.

■ Alle Schrauben und Muttern mit dem vorgeschriebenen Anziehdrehmoment anziehen.

■ Nach fertigem Einbau das Fahrzeug eine kurze Strecke fahren und auf Geräusche aus der Gegend der Auspuffanlage achten.

112- und 113-Motor, ML320, ML350, ML430, ML 500 (Serie 163)

Im Allgemeinen findet der Aus- und Einbau der V6- und V8-Motoren in ähnlicher Weise statt. Irgendwelche Unterschiede werden angegeben. Bei den Arbeiten wird auf Bilder 21 und 22 verwiesen.

■ Massekabel der Batterie abschließen.

■ Beim ML430 das Luftleitblech (7) ausbauen.

■ Kühlanlage ablassen. Den Kühlmittelschlauch (13) zwischen Wasserpumpe und Kühler abschließen.

■ Motoröl ablassen. Den Ablassstopfen mit 30 Nm anziehen.

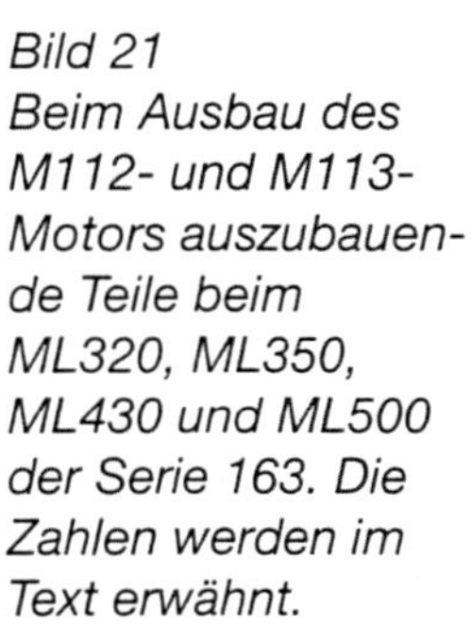

Bild 21
Beim Ausbau des M112- und M113-Motors auszubauende Teile beim ML320, ML350, ML430 und ML500 der Serie 163. Die Zahlen werden im Text erwähnt.

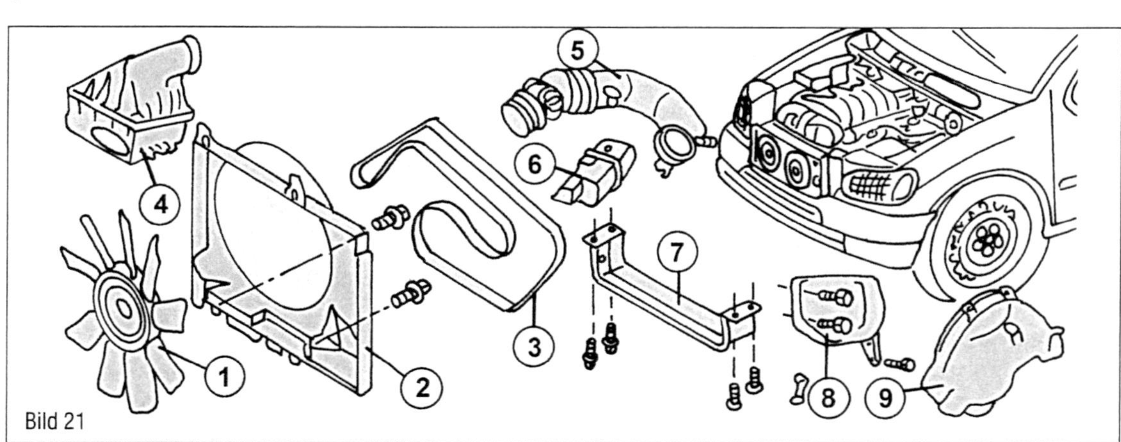

Den Visko-Lüfter (1) ausbauen. Beim ML500 (Motor 113.965) hat die Schraube Rechtsgewinde (siehe Aus- und Einbau des Lüfters).

Die Lüfterverkleidung (2) ausbauen. Die Schrauben müssen an der Unterseite gelöst werden. Beim ML500 den elektrischen Lüfter ausbauen.

Falls eine Klimaanlage eingebaut ist, muss man ein Schutzschild von 400 x 680 mm vor dem Kühler und dem Kondensapparat einschieben. Dieses kann man aus Kunststoff oder Blech von 1 mm Stärke herstellen. Das Schild schützt die Teile vor Beschädigung.

Dehngefäß der Kühlanlage ausbauen.

Luftfiltergehäuse (4) ausbauen und das Ansaugrohr (5) vom Resonanzkasten (6) abschließen. Dazu den Kabelstecker für den Heißfilmluftmassenmesser abziehen und das Rohr vom Zylinderkopf abschrauben. Das Rohr ist an der Rückseite des Ansaugkrümmers mit einer Kunststoffplatte befestigt (Motoren 112 und 113.942/965).

Die Kühlmittelleitung (12) von der Wasserpumpe und die Leitung (11) vom Thermostatgehäuse abschließen.

Beim 113-Motor den Kühler ausbauen (siehe betreffendes Kapitel).

Unterdruckleitung zum Bremskraftverstärker an der Rückseite des Luftansaugrohres abschließen. Unmittelbar rechts davon, etwas weiter oben, eine weitere Unterdruckleitung abschrauben.

Den Vorratsbehälter für die Servolenkung (19) mit einer Handpumpe entleeren und die Rücklaufleitung und die Druckleitung von der Pumpe abschließen.

Kraftstoffleitung (1, Bild 23) abschließen. Die Anlage muss druckfrei sein. Überwurfmutter mit 38 Nm anziehen.

Kühlmittelleitung (14) abschließen.

Alle elektrischen Kabelverbindungen vom Motor abschließen. Eventuell Anschlussstellen kennzeichnen, um das Anschließen zu erleichtern.

Keilrippenriemen ausbauen, wie es für die entsprechenden Motoren beschrieben wird.

Kabelstecker vom Kompressor der Klimaanlage (18) abziehen und den Kompressor vom Steuergehäusedeckel abschrauben. Den Kompressor an der Unterseite des Motorraums mit angeschlossenen Leitungen und Kabeln festbinden. Die Kompressorschrauben mit 20 Nm anziehen.

Bei eingebautem 113-Motor die Verkleidung (9) in der Innenseite des linken Kotflügels ausbauen. Ebenfalls bei diesem Motor die Abdeckung (8) ausbauen.

Auspuffrohre (11) vom Auspuffkrümmer abschrauben. Die Verbindung beim Einbau mit 20 Nm anziehen. Den Auspuff von unten halten und den Haltebügel (15) abschrauben.

Den Drehmomentwandler vom Anlasserzahnkranz (Antriebsscheibe) abschrauben (3 Schrauben). Die Schrauben werden beim Einbau mit 42 Nm angezogen.

Die Stecker der linken Lambda-Sonde (17) vor dem Katalysator und der rechten Lambda-Sonde (10) abziehen. Kabelbinder lösen.

Anlasser ausbauen ohne die Kabel abzuschließen (Schrauben mit 42 Nm anziehen).

Die Befestigungsschrauben des Getriebes aus dem Zylinderblock ausschrauben. Bei eingebautem 112.942- oder 112.970-Motor (ML320 und ML350) die beiden oberen Schrauben noch nicht vollkommen ausschrauben, bei eingebautem Motor 113.942 und 113.965 (ML430 und ML500) die beiden unteren Schrauben nicht vollkommen ausschrauben. Die Schrauben werden mit 40 Nm angezogen.

Die Muttern (20) von den Motoraufhängungen abschrauben. Die Muttern wer-

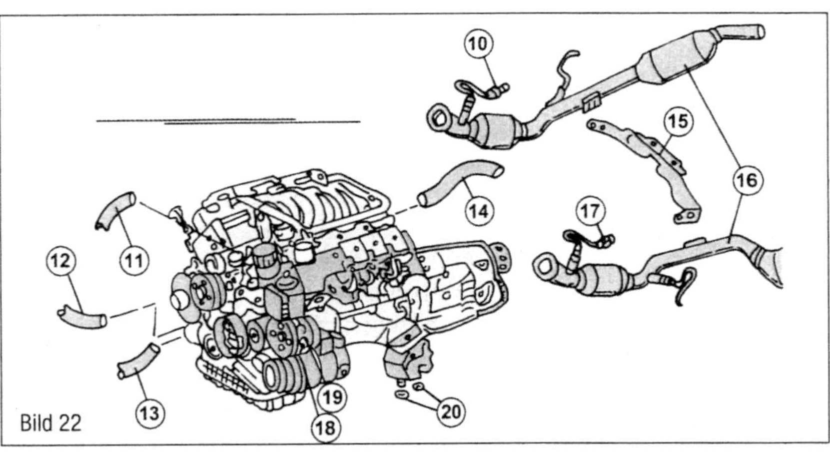

Bild 22
Beim Ausbau des M112- und M113-Motors auszubauende Teile beim ML320, ML350, ML430 und ML500 der Serie 163. Die Zahlen werden im Text erwähnt.

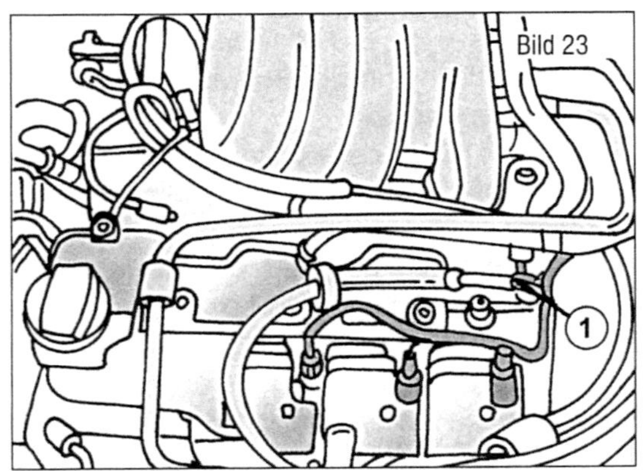

Bild 23
Die Kraftstoffleitung an Stelle (1) abschließen.

den mit 35 Nm am Vorderachsträger angezogen.

- Das Flüssigkeitseinfüllrohr auf der rechten Seite der Zylinderkopfhaube abschrauben.
- Der Motor wird jetzt mit einem geeigneten Hebezeug oder Flaschenzug mit an den Hebeösen angehängten Ketten oder Seilen aus den Aufhängungen gehoben. Motor vorsichtig anheben ohne dabei irgendwelche Teile zu beschädigen. Wie bereits erwähnt, wird in der Werkstatt ein Schutzschild zwischen dem Motor und dem Kühler/Kondensapparat eingeschoben, um dazwischenliegende Teile zu schützen.
- Einen Rollwagenheber mit einer geeigneten Auflageplatte unter das Getriebe untersetzen und das Getriebe anheben, bis es soeben unter Spannung steht.
- Die beiden verbleibenden oberen Schrauben des Getriebes oder die beiden unteren Schrauben aus Getriebe und Motor herausdrehen, je nach Motor.
- Der Motor wird jetzt vorsichtig nach vorn herausgehoben. Ständig darauf achten, dass dabei keine Leitungen, Kabel, usw. beschädigt werden.

Der Einbau geschieht in umgekehrter Reihenfolge wie der Ausbau unter Beachtung der bereits angegebenen Punkte und Anziehdrehmomente.

Nach Auffüllen der Kühlanlage den Motor anlassen und auf etwaige Leckstellen überprüfen. Ebenfalls auf etwaige Leckstellen an den Kraftstoffleitungen achten. Die folgenden Punkte müssen ebenfalls beachtet werden:

- Motoraufhängungen, Öl- und Kraftstoffleitungen vor Wiederverwendung auf Schäden kontrollieren und ggf. erneuern.
- Motor mit der erforderlichen Menge des empfohlenen Motoröls füllen. Darauf achten, dass die Ölfüllmenge nicht bei allen Motoren gleich ist, aber ca. 8,0 Liter beträgt. Die genaue Ölmenge kann der Betriebsanleitung entnommen werden.
- Vor dem Füllen der Kühlanlage kontrollieren, dass alle Ablassstellen geschlossen wurden.
- Alle Schrauben und Muttern mit dem vorgeschriebenen Anziehdrehmoment anziehen.
- Nach fertigem Einbau das Fahrzeug eine kurze Strecke fahren und auf Geräusche aus der Gegend der Auspuffanlage achten.

642-Dieselmotor in Modellen 280 CDI und 320 CDI (Serie 164)

Der Aus- und Einbau des Motors findet ihn ähnlicher Weise statt, wie es oben beschrieben wurde.

Es ist jedoch erforderlich das automatische Getriebe zusammen mit dem Drehmomentwandler auszubauen, um den Motor herauszuheben. Die folgende Beschreibung gibt eine Zusammenfassung der Arbeiten, jedoch möchten wir darauf hinweisen, dass der Ausbau des Motors keine leichte Arbeit ist.

- Motorhaube öffnen und in senkrechte Lage bringen.
- Fahrzeug auf sichere Unterstellböcke setzen, wenn Arbeiten an der Unterseite durchgeführt werden.
- Massekabel der Batterie abklemmen.
- Die Abdeckbleche vom Zylinderkopf abmontieren, wie es später für den 642-Motor beschrieben wird.
- Die Luftfiltergehäuse auf der linken und rechten Seite ausbauen.
- Die unteren Teile der Geräuschverkapselung unter dem Motorraum abmontieren.
- Kühlanlage ablassen (Kapitel »Kühlanlage«).
- Die Einbaulage des Ladeluftkühlers ausfindig machen und die Ladeluftschläuche (Bild 24) abschließen. Zum Ausbau die Schlauchschellen lösen und die Schläuche (1) und (2) abziehen. Zustand der Schlauchschellen vor Wiederverwendung kontrollieren. In ähnlicher Weise einen Schlauch auf der anderen Seite abschließen. Dieser Schlauch ist mit (3) in der rechten Abbildung gezeigt.
- Die Unterdruckleitung für den Bremskraftverstärker vom Anschluss an der Unterdruckpumpe abschließen. Zum Abschließen die beiden Klemmstücke zusammendrücken und den Schlauch abziehen.
- Die beiden Kühlmittelschläuche (einen großen und einen kleinen) vom Thermostatgehäuse nach Lösen der Schlauchschellen abziehen. Vor Wiederverwendung Schläuche und Schlauchschellen auf Schäden kontrollieren.
- An der Unterseite der Ölwanne einen Haltebügel für die Leitung der Lenkungsflüssigkeit abschrauben. Schraube des Bügels beim Einbau mit 10 Nm anziehen. Der Flüssigkeitsbehälter sollte mit einer Handpumpe entleert werden, um Auslaufen von Flüssigkeit zu vermeiden.

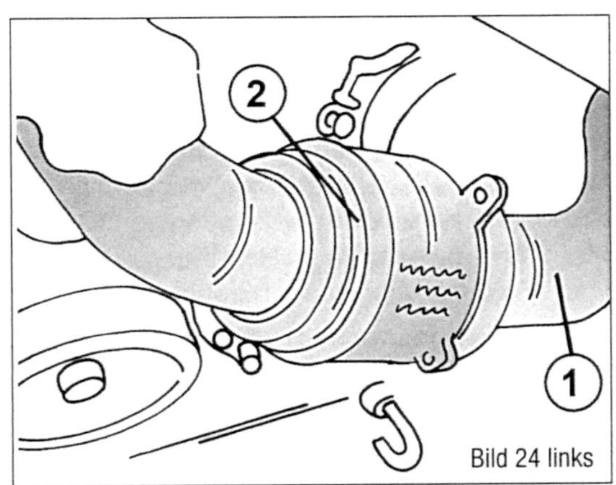

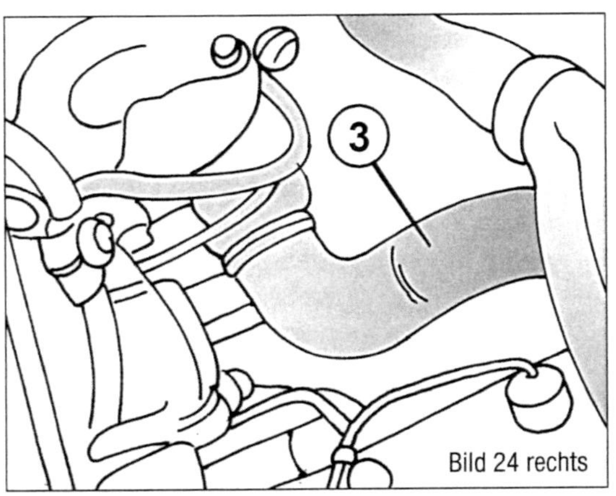

Bild 24
Ladeluftschlauch (1) und Ladeluftrohr (2) auf der gezeigten Seite und den Ladeluftschlauch (3) auf der gegenüberliegenden Seite abschließen.

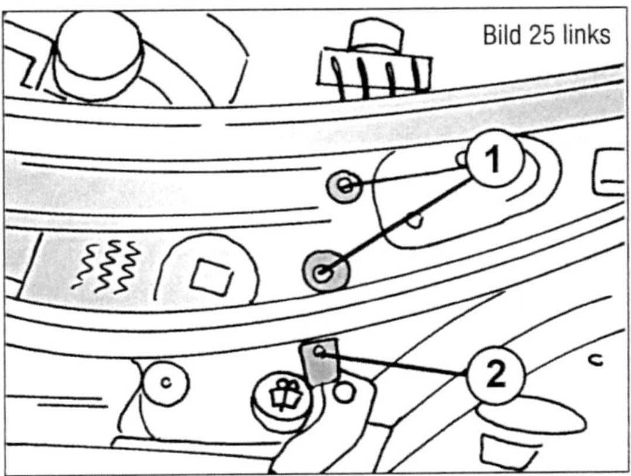

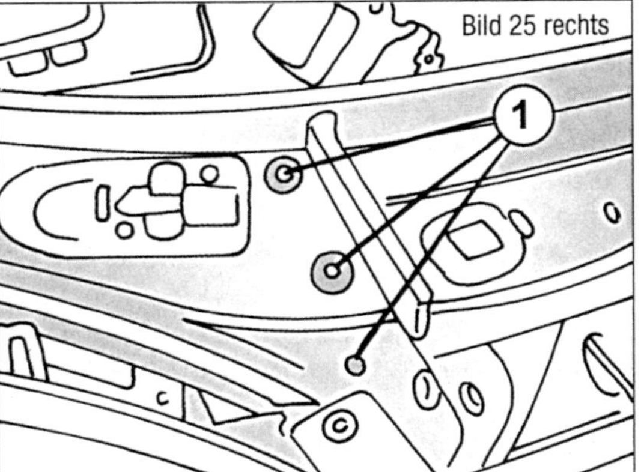

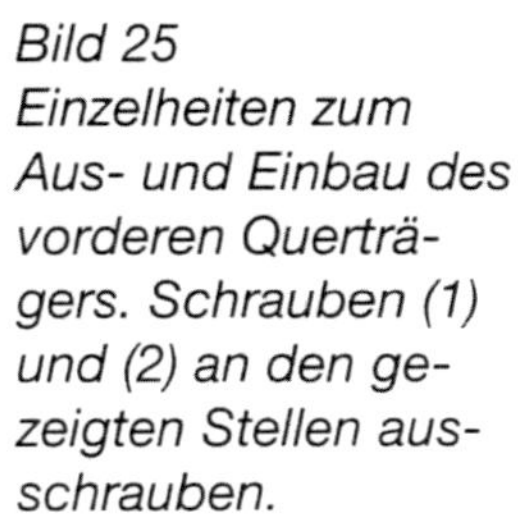
Bild 25
Einzelheiten zum Aus- und Einbau des vorderen Querträgers. Schrauben (1) und (2) an den gezeigten Stellen ausschrauben.

- An der Lenkhilfspumpe eine Hohlschraube der Druckleitung von der Pumpe lösen. Offenes Ende in geeigneter Weise verschließen. Die Hohlschraube wird beim Einbau mit 45 Nm angezogen. Ebenfalls den Hydraulikschlauch vom Vorratsbehälter abschließen. Schlauchende in geeigneter Weise verschließen.
- Den Poly-Antriebsriemen ausbauen, wie es für diesen Motor beschrieben wird (Kapitel »Kühlanlage«).
- In der Nähe der Halteschelle für die Flüssigkeitsleitung der Lenkung an der Unterseite der Ölwanne die beiden Kühlmittelschläuche abschließen. Ein weiterer Kühlmittelschlauch ist am Wärmeaustauscher an der Stirnwand des Motorraums angeschlossen, welcher ebenfalls abzuschließen ist. Zustand der Schläuche und Schlauchschellen vor Wiederverwendung kontrollieren.
- Der obere Querträger, d. h. der Querträger für den Kühler, muss ausgebaut werden. Hinweis: Die Anweisungen gelten ebenfalls für den ML350 und ML500 ab 2005 (Serie 164) und sollen deshalb etwas näher erklärt werden, vor allem da der Querträger ebenfalls bei anderen Arbeiten ausgebaut werden muss. Zuerst den quer über den Quer-

Bild 26
Die Niete (1) und Clips (2) müssen zum Ausbau des Querträgers entfernt werden.

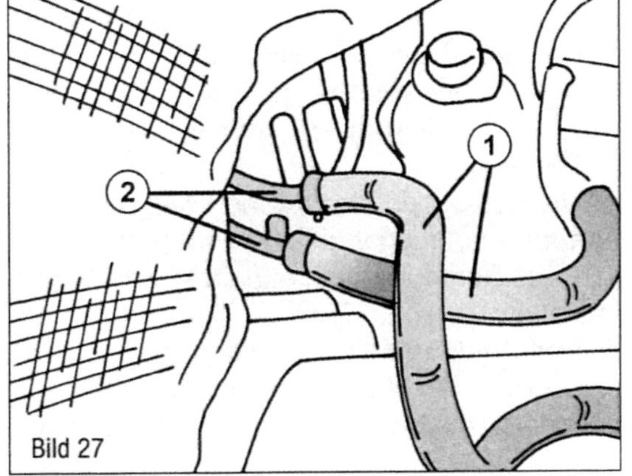

Bild 27
Kraftstoffschläuche (1) und Kraftstoffleitungen (2) an den gezeigten Stellen abschließen. Vorsicht beim Umgang mit Kraftstoff – Feuergefahr.

Sichtprüfung Messen

träger eingesetzten Abdichtstreifen nach oben ziehen und abnehmen. Die Schrauben des Querträgers jetzt lösen. Diese sitzen an den in Bild 25 mit (1) und (2) gezeigten Stellen. Die Schrauben werden beim Einbau mit 10 Nm angezogen.

- An der Innenseite des Kühlers die Kabelstecker abziehen (links und rechts), zwei Halteschellen trennen und zwei sichtbare Schrauben an der Unterseite lösen.
- Auf der Vorderseite des Querträgers sieht man eine quadratische Platte. Am unteren Ende zwei Niete entfernen. Den Querträger etwas anheben und das Zugseil des Motorhaubenverschlusses an der rechten Haubensperre von den Halterungen befreien. Die Befestigungsweise ist in Bild 26 gezeigt. Der Querträger kann jetzt herausgehoben werden. Der Einbau erfolgt in umgekehrter Reihenfolge. Es soll nochmals erwähnt werden: Alle gelösten Schrauben werden mit 10 Nm angezogen.
- Den elektrischen Lüfter ausbauen, wie es im Kapitel »Kühlanlage« für diesen Motor beschrieben ist.
- Alle Kabelverbindungen vom Motor abschließen. Anschlüsse kennzeichnen, falls Zweifel vorhanden sind. Kabelstrang über dem Motor ablegen.
- Komplette Auspuffanlage ausbauen.
- Getriebe zusammen mit dem Drehmomentwandler ausbauen.
- Den Kompressor der Klimaanlage vom Steuergehäusedeckel abschrauben. Ein Kabelstecker muss abgezogen werden. Leitungen/Schläuche nicht abschließen. Der Kompressor wird mit den angeschlossenen Leitungen an der Unterseite des Motorraums festgebunden. Kompressorschrauben beim Einbau mit 20 Nm anziehen.
- Kraftstoffschläuche von den Kraftstoffleitungen abschließen (Bild 27). Auslaufenden Kraftstoff in einem untergehaltenen Behälter auffangen. Enden der Leitungen in geeigneter Weise verschließen und mit einer Kabelschelle oder dergleichen am Abgaskrümmer festbinden.
- Die Befestigungsschrauben der vorderen Motoraufhängung vom Vorderachsträger lösen. Die Schrauben beim Einbau mit 53 Nm anziehen.
- Der Motor wird jetzt mit einem geeigneten Hebezeug oder Flaschenzug mit an den Heböseen angehängten Ketten oder Seilen aus den Aufhängungen gehoben. Motor vorsichtig anheben ohne dabei irgendwelche Teile zu beschädigen. Wie bereits bei den anderen Motoren erwähnt, wird in der Werkstatt ein Schutzschild zwischen dem Motor und dem Kühler/Kondensapparat eingeschoben, um dazwischenliegende Teile zu schützen. Den Motor in waagerechte Lage bringen und nach vorn aus dem Motorraum herausheben.

Der Einbau geschieht in umgekehrter Reihenfolge. Die bei den anderen Motoren angegebenen Hinweise gelten ebenfalls für diesen Motor.

113-Motor, ML500, Serie 164 (Modell 164.175)
272-Motor, ML350, Serie 164 (Modell 164.186)

Wir möchten darauf hinweisen, dass wir den Aus- und Einbau in Eigenregie nicht empfehlen. Die Arbeiten sind ziemlich kompliziert, werden aber dennoch beschrieben. Wiederum ist bei nicht beschriebenen Arbeiten im betreffenden Kapitel nachzulesen. Der Aus- und Einbau findet bei beiden Ausführungen in ähnlicher Weise statt, jedoch ist es beim ML350 nicht vorgeschrieben die beiden Gelenkwellen auszubauen.

- Motorhaube öffnen und in senkrechte Lage bringen.
- Fahrzeug auf sichere Unterstellböcke setzen, wenn Arbeiten an der Unterseite durchgeführt werden.
- Massekabel der Batterie abklemmen.
- Die Abdeckung des Motors unter Bezug auf Bild 28 ausbauen. Die Montageklemmschellen (1) und (2) entsperren, indem man die Abdeckung in Richtung der Pfeile (A) etwas nach oben anhebt, aber nur in der Gegend der Klemmschellen (sonst kann die Abdeckung brechen). Bei der Serie 164 verweisen wir auf Bild 54 und die entsprechende Beschreibung. Ebenfalls wird Bild 55 dabei helfen.
- Klemmschellen (1) und (2) entsperren, indem man die Abdeckung in Richtung der Pfeile (B) zieht. Die Abdeckung kann jetzt abgehoben werden.
- Die Kraftstoffleitung vom Kraftstoffverteilerrohr abschließen. Achtung, der Kraftstoff steht unter Druck. Beim Anschließen die Überwurfmutter mit 38 Nm anziehen.
- Mit einer Handpumpe die Flüssigkeit aus dem Vorratsbehälter der Lenkungsflüssigkeit aussaugen.
- Kühlanlage ablassen.

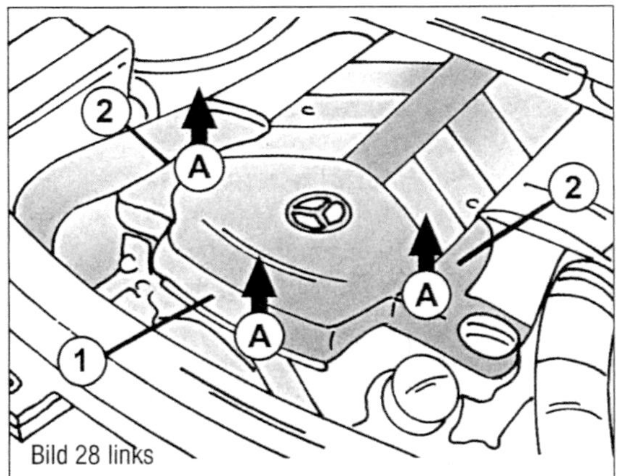

Bild 28 links

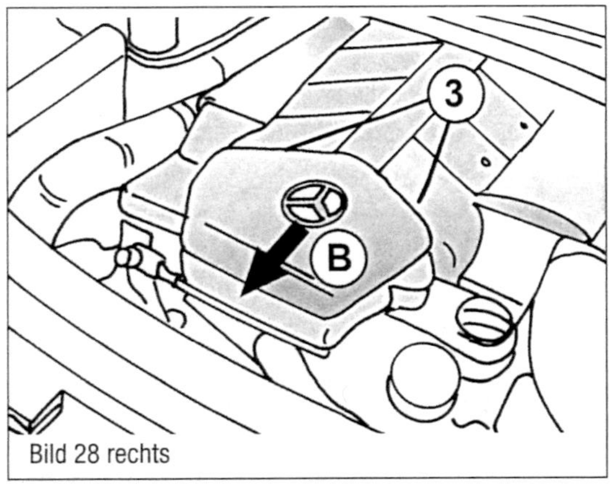

Bild 28 rechts

Bild 28
Zum Ausbau der Motorabdeckung beim M113-Motor (Serie 164), siehe Beschreibung.

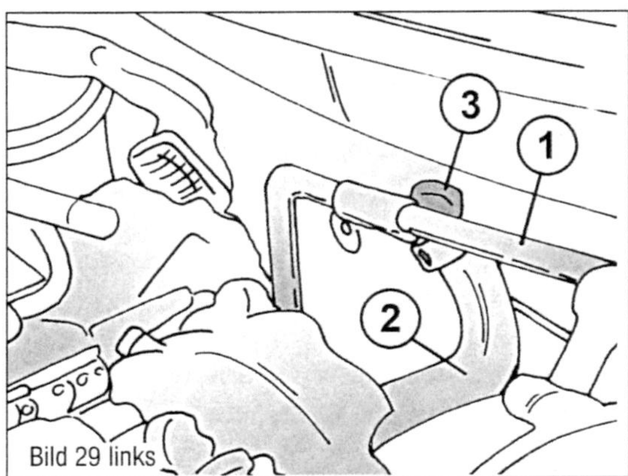

Bild 29 links

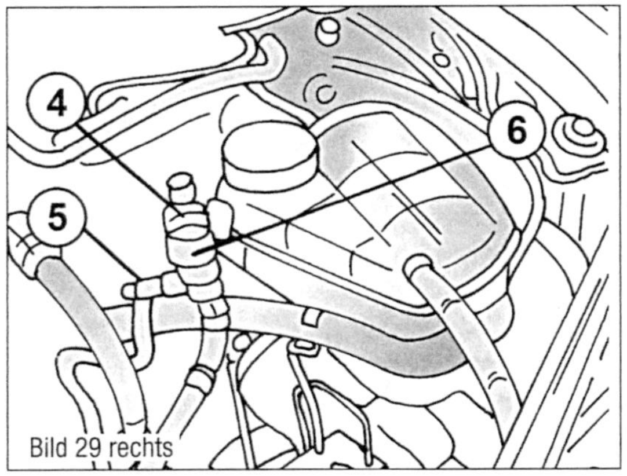

Bild 29 rechts

Bild 29
Zum Aus- und Einbau des M113-Motors (Serie 164). Die Zahlen werden im Text erwähnt.

- Kühlmittelschlauch von der Leitung am Thermostatgehäuse abschließen und zwei weitere Schläuche an der Ober- und Unterseite der Wasserpumpe abschließen. Zustand der Schläuche und Schlauchschellen vor Wiederverwendung kontrollieren.
- Lüfterverkleidung zusammen mit dem Lüfter ausbauen.
- Keilrippenriemen ausbauen.
- Eine Hohlschraube aus dem Hochdruckschlauch an der Lenkhilfspumpe lösen. Offene Anschlüsse gegen Eindringen von Schmutz schützen. Die Schraube beim Einbau mit 40 Nm anziehen.
- Die nächsten Arbeiten unter Bezug auf Bild 29 durchführen. Zuerst die Unterdruckleitung für den Bremskraftverstärker (1) an der gezeigten Stelle abschließen. Den Kühlmittelschlauch (2) des Wärmeaustauschers vom Anschluss (3) an der Spritzwand abschließen. In der rechten Ansicht den mit (4) bezeichneten Kabelstecker abziehen und die Leitung (5) vom Regelventil (6) abschließen. Das Ventil jetzt von der Gummilagerung abmontieren und mit der noch angeschlossenen Leitung auf dem Motor ablegen.
- Alle Kabelverbindungen vom Motor abschließen.
- Abdeckung unter dem Motorraum ausbauen.
- Kompressor der Klimaanlage ausbauen. Der Kompressor sitzt bei diesem Motor an der in Bild 30 gezeigten Stelle. Den ausgebauten Kompressor mit den angeschlossenen Leitungen/Schläuchen an der Unterseite des Motorraums ablegen. Schrauben beim Einbau mit 20 Nm anziehen.
- Auspuffanlage komplett ausbauen.
- Hintere Gelenkwelle vom Reduktionsgetriebe nach Kennzeichnung der Flansche abschließen. Flanschschrauben werden mit 55 Nm angezogen. Am Reduktionsgetriebe zwei Kabelstecker abziehen.
- Auf der rechten Seite des Getriebes zwei Schrauben lösen und den Haltebügel der Auspuffanlage abnehmen. Mit 20 Nm anziehen.
- An der Seite des Getriebes einen Deckel (Wärmeschutzschild) abschrauben und danach den Kabelstecker vom Steuergerät des Getriebes abziehen. Die Deckelschrauben mit 9 Nm anziehen.
- An der in Bild 31 gezeigten Stelle (1) den Deckel abschrauben und durch die freigelegte Öffnung den Drehmomentwandler von der Antriebsscheibe abschrauben. Kurbelwelle dabei durchdrehen, um an alle

Bild 30
Ansicht der Vorderseite des Motors mit Lage einiger Teile.
1 Kraftstoffschlauch
2 Verbindungsleitung zum Thermostat
3 Untere Verbindungsleitung an der Wasserpumpe
4 Vorratsbehälter der Lenkungsflüssigkeit
5 Kompressor, Klimaanlage

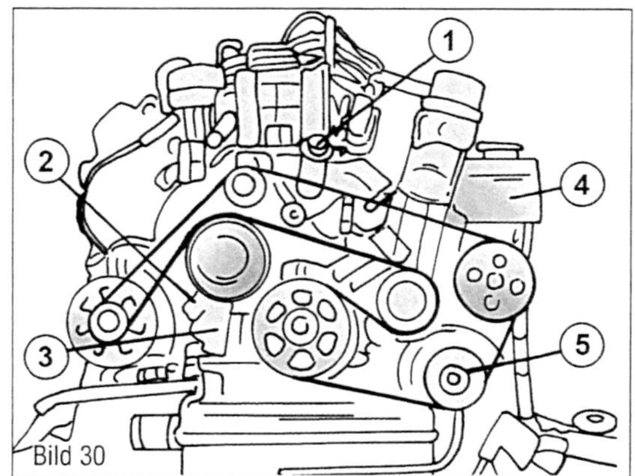

Bild 30

Schrauben zu kommen. Schrauben beim Einbau mit 42 Nm anziehen.

- Die Schraube (4) der Doppelklemmschelle in Bild 31 am Aufhängungsbügel der Drehstromlichtmaschine (5) entfernen. Klemmschelle mit 8 Nm anziehen.
- Eine Schraube aus der Halterung für die Ölkühlerleitung an der Ölwanne ausschrauben. Mit 8 Nm anziehen.
- Die Ölkühlerleitungen (3) in Bild 31 vom Getriebe abschließen und von der Ölwanne abnehmen, auf eine Seite schieben ohne sie dabei zu verbiegen. Offene Enden in geeigneter Weise verschließen. Leitung mit 9 Nm anziehen.
- Einen Wagenheber mit einer geeigneten Abstützplatte unter das Getriebe untersetzen. In der Werkstatt wird natürlich eine Spezialvorrichtung benutzt.
- Den Motoraufhängungsquerträger unter Bezug auf Bild 32 ausbauen. Dazu die Schrauben (1) und (2) herausdrehen und den Querträger (3) abnehmen. Die Schrauben müssen erneuert und beim Einbau mit 20 Nm (Aufhängung an Getriebe) bzw. 55 Nm (Querträger an Karosserie) angezogen werden.
- Vordere Gelenkwelle nach Kennzeichnung der Einbaulage der Flansche ausbauen. Beim Einbau die Kennzeichnung wieder ausrichten und die Schrauben mit 55 Nm anziehen.
- Schrauben zwischen Motor und Getriebe lösen. Ebenfalls eine Schraube an der Belüftungsleitung entfernen und die Leitung abziehen. Vorsicht: Der Anlasser kann nach Lösen der Schrauben herunterfallen.
- Das Getriebe von der Unterseite aus herausziehen. Dabei darauf achten, dass der Drehmomentwandler nicht herunterfallen kann.
- Die Schrauben der vorderen Motoraufhängung vom Aufhängungsträger lösen. Die Schrauben beim Einbau mit 53 Nm am Träger festziehen.
- Der Motor wird jetzt mit einem geeigneten Hebezeug oder Flaschenzug mit an den Hebeösen angehängten Ketten oder Seilen aus den Aufhängungen gehoben. Motor vorsichtig anheben ohne dabei irgendwelche Teile zu beschädigen. Wie bereits bei den anderen Motoren erwähnt, wird in der Werkstatt ein Schutzschild zwischen dem Motor und dem Kühler/Kondensapparat eingeschoben, um dazwischenliegende Teile zu schützen. Den Motor in waagerechte Lage bringen und nach vorn aus dem Motorraum herausheben.

Der Einbau geschieht in umgekehrter Reihenfolge. Die bei den anderen Motoren angegebenen Hinweise gelten ebenfalls für diesen Motor.

Zerlegung und Zusammenbau des Motors

Alle Motoren sind sehr empfindlich gegen Schmutz. Bei irgendwelchen Arbeiten am Motor muss unbedingt darauf geachtet werden, dass kein Schmutz oder sonstige Fremdkörper in Leitungen, Anschlüsse und dergleichen gelangen können. Am besten ist es, wenn man alle Kraftstoffanschlüsse und andere Öffnungen sofort mit Klebband abdeckt.

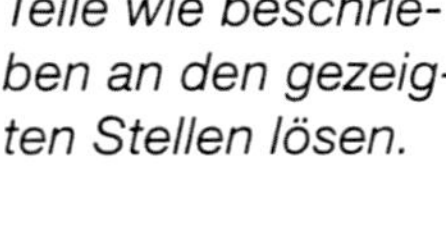
Bild 31
Teile wie beschrieben an den gezeigten Stellen lösen.

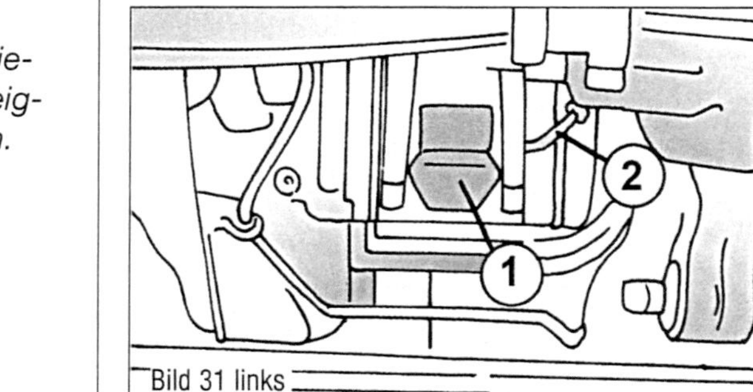

Bild 31 links

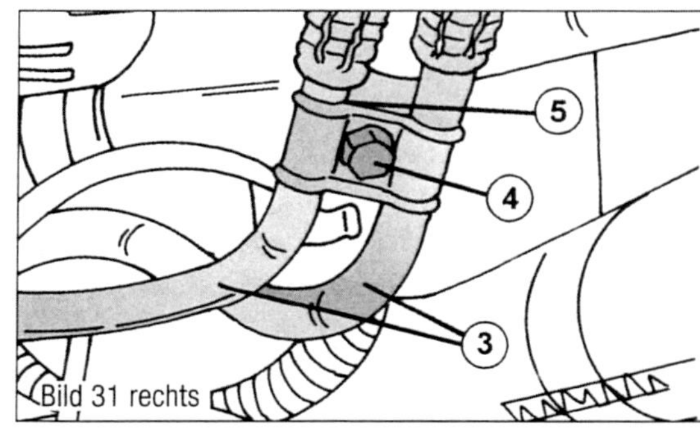

Bild 31 rechts

Vor Beginn der Arbeiten die Außenflächen des Motors gründlich reinigen. Alle Öffnungen des Motors vorher mit einem sauberen Putzlappen abdecken, damit keine Fremdkörper in die Innenseite des Motors gelangen können.
Das Zerlegen des Motors wird in Einzelheiten in nachfolgenden Kapiteln beschrieben. Auf diese Weise können wir Arbeiten beschreiben, die entweder bei eingebautem oder ausgebautem Motor durchgeführt werden können, ohne dass bestimmte Zerlegungsarbeiten zweimal beschrieben werden. Falls eine komplette Zerlegung durchgeführt werden soll, braucht man nur die einzelnen Arbeitsgänge miteinander zu kombinieren, und zwar in der angeführten Reihenfolge.

Im Allgemeinen sollte man beim Zerlegen daran denken, dass alle sich bewegenden oder gleitenden Teile vor dem Ausbau zu zeichnen sind, um sie wieder in der ursprünglichen Lage einzubauen, falls sie wieder verwendet werden. Dies ist besonders bei Kolben, Ventilen, Lagerdeckeln und Lagerschalen wichtig. Die Teile so ablegen, dass man sie nicht durcheinander bringen kann. Lager- und Dichtflächen auf keinen Fall mit einer Reißnadel oder gar Schlagzahlen zeichnen. Viele Teile sind aus Aluminium hergestellt und sind entsprechend zu behandeln. Falls Hammerschläge zum Trennen bestimmter Teile erforderlich sind, nur einen Gummi-, Plastik- oder Hauthammer verwenden.
Bei der folgenden Beschreibung beziehen wir uns auf alle Motoren im Allgemeinen, es sei denn, dass wir auf einen bestimmten Motor hinweisen. Alle Unterschiede werden getrennt erwähnt, falls sie wichtig sind.

Falls irgendwelche Arbeiten bei den Benzinmotoren und den Dieselmotoren gleich sind, werden diese zusammengefasst, um eine Wiederholung zu vermeiden.

Zylinderkopf

Der Zylinderkopf ist aus einer Leichtmetalllegierung gegossen. Motorkühlmittel, Motoröl, die Luft zur Verbrennung des Kraftstoffs und die Abgase strömen durch verschiedene Bohrungen bzw. Kanäle im Kopf. Die Ventilfedern und die Ventilstößel sind im Zylinderkopf montiert. Ebenfalls im Kopf gelagert sind die Nockenwellen. Der Auspuff-

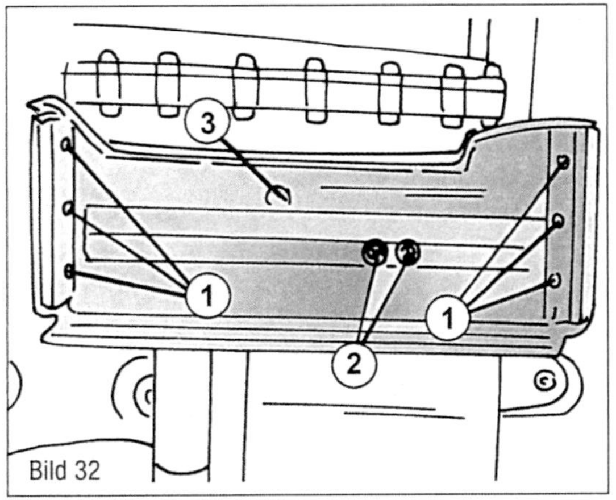

Bild 32
Zum Ausbau des Motoraufhängungsquerträgers.

krümmer und die Saugrohre, sozusagen der Ansaugkrümmer, sind an der Außenseite des Zylinderkopfes verschraubt. Der Kraftstoff strömt auf der einen Seite des Zylinderkopfes ein und verlässt ihn auf der anderen Seite.
Der Zylinderkopf ist mit verschiedenen Gebern, Fühlern und Schaltventilen versehen, welche alle bestimmte Funktionen der Temperaturregulierung usw. übernehmen.
Da der Zylinderkopf aus Leichtmetall hergestellt ist, kann er sich leicht verziehen, wenn man zum Beispiel die Reihenfolge zum Lösen und Anziehen der Zylinderkopfschrauben nicht beachtet. Ebenfalls darf man einen Zylinderkopf nicht ausbauen, wenn der Motor heiß ist.
Im eingebauten Zustand kann man einen Zylinderkopf nicht überprüfen. Passieren kann es, dass die Zylinderkopfdichtung durchbrennt. Eine kurze Kontrolle kann man nach Öffnen des Verschlussdeckels des Dehngefäßes, auch als Ausgleichsbehälter bekannt, für die Kühlanlage durchführen. Falls bei heißem Motor Luftblasen im Vorratsbehälter zu sehen sind, kann man annehmen, dass die Dichtung durchgebrannt ist. Weitere Anzeichen einer durchgebrannten Dichtung sind weißer Auspuffrauch, Öl im Kühlmittel oder Kühlmittel im Öl. Letzterer Schaden kann am herausgezogenen Ölmessstab gesehen werden. Hat die Ölmarke am Messstab ein weiß-graues Aussehen, kann man annehmen, dass die Dichtung Schaden genommen hat.
Nachfolgend werden einige Arbeiten beschrieben, welche am Zylinderkopf durchgeführt werden können.

Wir müssen darauf hinweisen, dass die Gefahr der Entzündung des Kraftstoffs besteht, d. h. keine nackten Flammen benutzen oder bei der Arbeit rauchen. Kraftstoff nur in geeignete Behälter laufen lassen. Augen und Hände dürfen nicht mit Kraftstoff in Verbindung kommen.

⚠ Beim Öffnen der Kühlanlage darf der Motor keine Temperatur von mehr als 90 °C haben. Kappe des Ausgleichsbehälters langsam öffnen und den Druck entweichen lassen. Dabei sollten Lederhandschuhe benutzt werden.

111-Motor, ML230

Aus- und Einbau der Zylinderkopfhaube – 111-Motor

Als Erstes die Zylinderkopfhaube ausbauen. Bild 33 zeigt die am Zylinderkopf und am Motor sitzenden Teile, welche als Erstes auszubauen sind.

Ehe der Ausbau des Zylinderkopfes begonnen wird, sollte man sich die folgenden Hinweise durchlesen. Bild 34 zeigt den Zylinderkopf mit der Lage einiger Teile.

- Die Nockenwellenlager sind an den Lagerdeckeln (1) mit den Zahlen von 1 bis 10 gezeichnet. Die Zahlen sind ebenfalls in die Seite des Zylinderkopfes eingeschlagen.
- Die Schrauben der Lagerdeckel (2) haben einen Torx-Kopf. Zum Lösen ist aus diesem Grund ein entsprechender Steckschlüssel erforderlich. Die Schrauben werden beim Einbau mit 21 Nm angezogen.
- Die Zylinderkopfschrauben sind an Stelle (3) unterhalb der Nockenwellenlagerdeckel eingesetzt und haben einen Innensechskantkopf (Inbuskopf). Bei jedem Anziehen der Schrauben werden diese gestreckt. Aus diesem Grund müssen sie in der Länge ausgemessen werden. Sind sie länger als 105 mm, muss man neue Zylinderkopfschrauben verwenden. Das Anziehen der Schrauben geschieht in drei Stufen, d. h. ein Voranzug und zwei Durchgänge im Winkelanzug. Vier Schrauben in der Steuerkettenkammer dienen ebenfalls zur Befestigung des Kopfes.
- Die 16 Becherstößel sind an Stellen (4) eingesetzt. Zur Schmierung der Becherstößel sind an Stellen (5) zwei Ölschmierungsbohrungen eingearbeitet, insgesamt sind 16 Bohrungen im Kopf vorhanden.
- Die Nockenwellen werden in der Werkstatt gegen Verdrehung gesperrt. Dazu werden zwei Sperrstifte (111 589 01 15 00) benutzt, die an den in Bild 35 gezeigten Stellen eingesetzt werden. Falls diese nicht zur Verfügung stehen, muss man gewährleisten können, dass sich die Nockenwellen nicht verdrehen können, nachdem man sie in die richtige Lage gebracht hat (siehe auch Bild 36).
- Die Führungsschiene für die Steuerkette muss ausgebaut werden. Der Lagerbolzen der Führungsschiene sitzt sehr fest im Zylinderkopf und muss herausgezogen werden. Dazu schraubt man einen Gewindeeinsatz ein, an dessen Ende man einen Schlaghammer anbringt.
- Der gelöste Kopf wird mit einem Hebezeug und geeigneten Ketten vom Motor abgehoben. Die Ketten sind an den Hebeösen vorn und hinten am Kopf anzubringen. Den Kopf nach oben herunterheben.

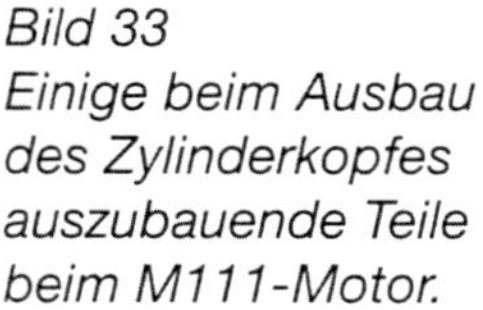

Bild 33
Einige beim Ausbau des Zylinderkopfes auszubauende Teile beim M111-Motor.

Der Ansaugkrümmer wird ausgebaut und zusammen mit den daran angeschlossenen Kabeln auf eine Seite gedrückt, bis er von den Stiftschrauben frei kommt.

Neue Zylinderkopfdichtungen sind in Plastik eingeschweißt und dürfen erst unmittelbar vor dem Auflegen aufgebrochen werden.

Aus- und Einbau des Zylinderkopfes – 111-Motor

Beim Aus- und Einbau folgendermaßen vorgehen. Wiederum werden beim Einbau zu beachtende Punkte jeweils nach jedem Arbeitsschritt erwähnt. Folgende Arbeiten durchführen.

- Massekabel der Batterie abklemmen.
- Kühlanlage ablassen, wie es später beschrieben wird. Das Dehngefäß der Kühlanlage ausbauen.
- Die Zylinderkopfhaube ausbauen.
- Die Auspuffanlage vom Auspuffkrümmer abschrauben und das Rohr wegdrücken. Falls ein Haltebügel am Getriebe angeschraubt ist, muss er abgeschraubt werden.
- Den Deckel vom Thermostatgehäuse abschrauben.
- Alle elektrischen Kabelstecker vom Zylinderkopf abziehen.
- Den Ansaugkrümmer vom Zylinderkopf abmontieren und auf die Seite drücken, bis er vom Kopf frei ist. Die Dichtung abnehmen. Die Teile der Haube sind in Bild 33 zu sehen.
- Unter der Flanschverbindung von Ansaugkrümmer und Zylinderkopf einen Belüftungsschlauch abschließen.
- Falls eingebaut den in Bild 33 gezeigten Halter abschrauben. Ebenfalls im Bild gezeigten Kühlmittelschlauch an der Rückseite des Zylinderkopfes nach Lösen der Schlauchschelle abschließen.
- Den vorderen Deckel ausbauen. Dies ist der Deckel, welcher das Kettengehäuse an der Vorderseite des Zylinderkopfes verschließt und dessen Teile entsprechend Bild 37 auszubauen sind. Zum Ausbau das Thermostatgehäuse (6) ausbauen, an der Seite des Kopfes – falls eingebaut – ein Schaltventil abschrauben, und den Deckel (5) an der Oberseite abschrauben und abnehmen. Beim Einbau die M6-Schrauben (3), 22 mm lang, mit 10 Nm und die M8-Schrauben (1), 35 mm lang, mit 25 Nm anziehen. Der Deckel wird beim Einbau mit »Omnifit FD 10«-Dichtungsmasse abgedichtet. Die Deckelfläche muss gut gesäubert werden.

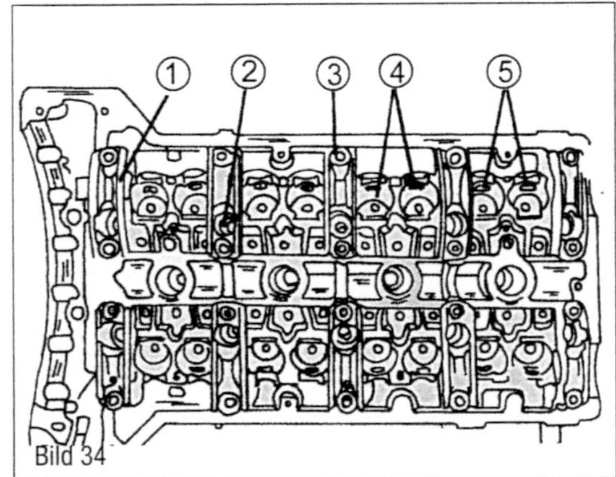

Bild 34
Ansicht des Zylinderkopfes eines M111-Motors von der Oberseite.
1 Lagerdeckel der Nockenwellen
2 Lagerdeckelschrauben
3 Zylinderkopfschrauben
4 Ventilstößel
5 Schmierungsbohrungen der Ventilstößel

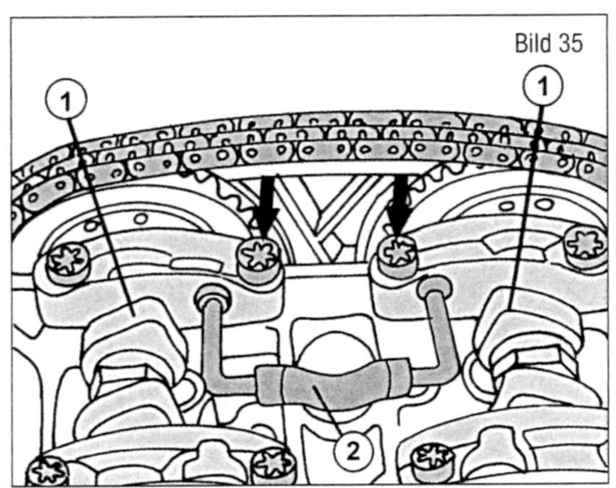

Bild 35
Die beiden Sperrstifte des Spezialwerkzeuges (2) werden in der gezeigten Weise von der Rückseite in die Nockenwellensteuerräder (1) eingeschoben.

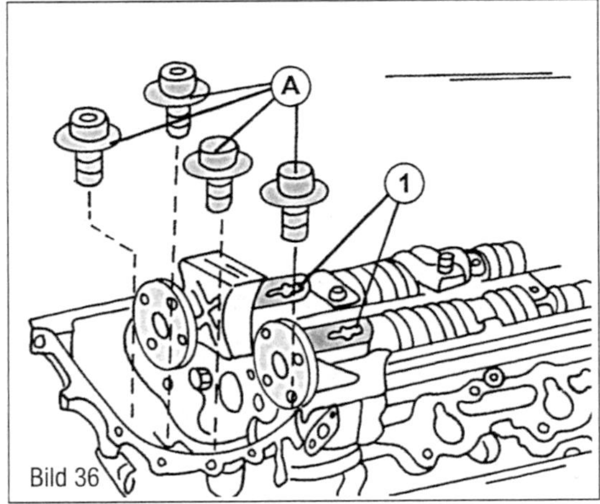

Bild 36
Die vier Schrauben (A) dienen zur Befestigung des Zylinderkopfes. Die Sperrstifte (1) sind in die Rückseite der Nockenwellen eingesetzt.

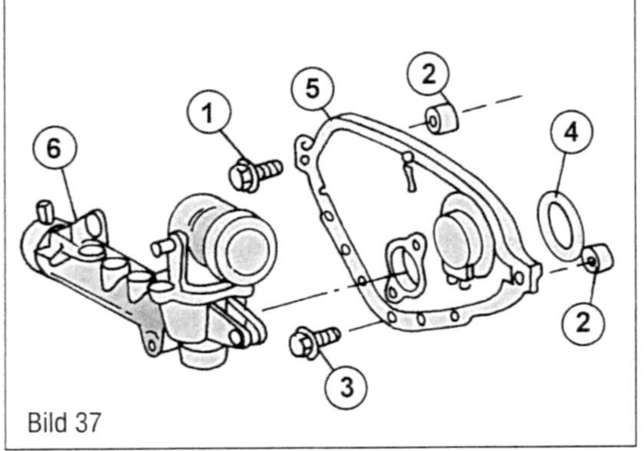

Bild 37
Zum Aus- und Einbau des vorderen Deckels am Zylinderkopf.
1 M8 x 35 mm Schraube
2 Passhülse
3 M6 x 22 mm Schraube
4 O-Dichtring
5 Deckel
6 Thermostatgehäuse

Bild 38
Die Kurbelwelle durchdrehen, bis der Zapfen an der Stirnseite des Motors gegenüber der langen Linie in der Gradeinstellung steht.

Bild 39
Grundstellung der Nockenwellen beim Vierzylindermotor. Dazu die Kurbelwelle auf 20° nach OT Zündzeitpunkt des ersten Zylinders verdrehen und die Nockenwellen durch Einschieben der Stifte in die Bohrungen (A) arretieren.
1 Auslassnockenwelle
2 Stift, M5-Gewinde
3 Schrauben
4 Einlassnockenwelle
A Bohrungen (6,5 mm Durchmesser im Lagerdeckel, 6 mm in Wellen)

Bild 40
Ansicht des Zylinderkopfes. Die Bohrungen (1) dienen zum Arretieren der Nockenwellen in der Grundstellung.
1 Bohrungen
2 Ölbohrungen
3 Ölrücklaufbohrungen durch Steuergehäuse
4 Zündkerzenrohre

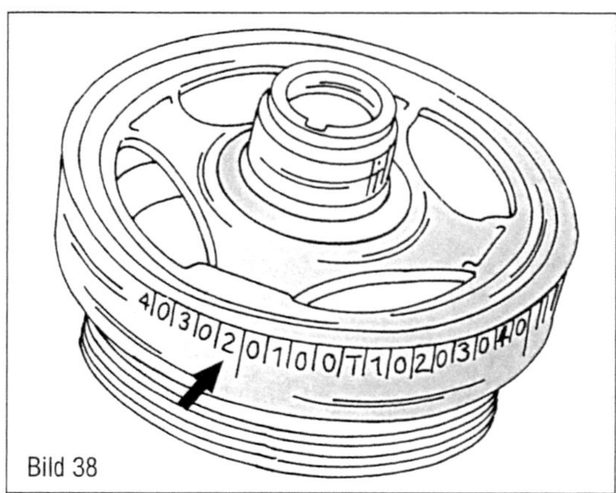
Bild 38

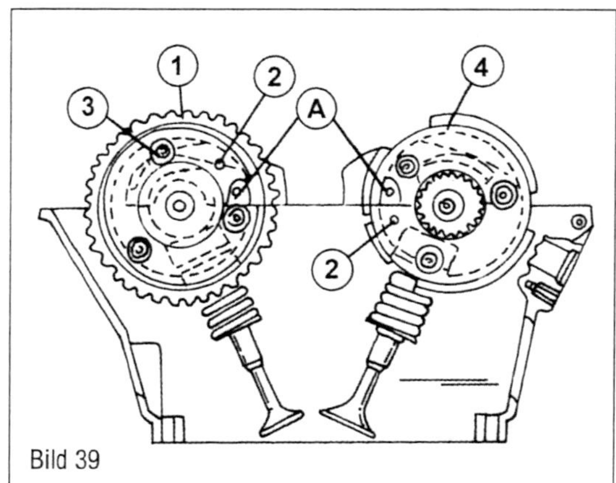

Bild 39

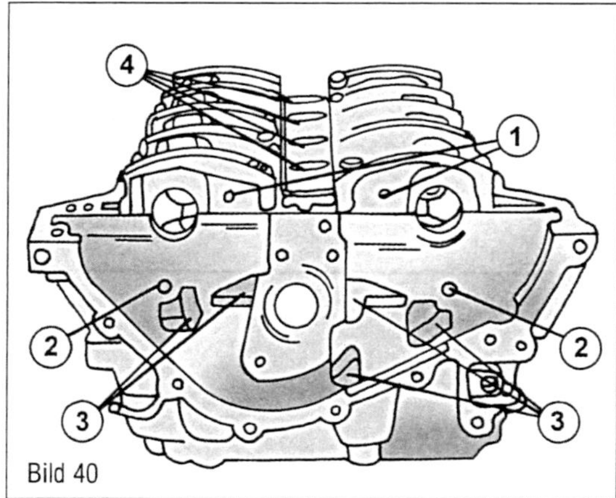

Bild 40

■ Die Schraube lösen, die das Führungsrohr des Ölmessstabs am Zylinderkopf hält. Falls ein automatisches Getriebe eingebaut ist, das Führungsrohr für den Flüssigkeitsmessstab an der Rückseite (rechts) des Zylinderkopfes abschrauben (eine Schraube, siehe Bild 33 zwecks Lage).

■ Die Kurbelwelle durchdrehen, bis die Gradeinstellung an der Riemenscheibe der Kurbelwelle die in Bild 38 gezeigte Stellung eingenommen hat. Die Gradeinstellung hat an der 20°-Marke eine längere Linie. In dieser Stellung steht der Kolben des ersten Zylinders in der vorschriftsmäßigen Stellung zum Ausbau der Steuerungsteile. Zum besseren Verständnis ist die Scheibe in eingebautem Zustand gezeigt.

■ Die Nockenwellen müssen jetzt in der Einbaustellung gehalten werden. Wie bereits erwähnt, werden dazu in der Werkstatt Sperrstifte benutzt. Diese werden in der in Bildern 35 bzw. 36 gezeigten Weise in den Zylinderkopf eingeschoben. Die Ansicht in Bild 39 gibt Ihnen eine weitere Hilfe. Die Grundstellung der Nockenwellen wird durch die 6,5-mm-Bohrungen (1) in Bild 40 festgelegt. Falls man die Sperrstifte nicht zur Verfügung hat, muss man die Nockenwellen auf jeden Fall gegen Verdrehung sichern. Nichtbeachtung bedeutet spätere Motorschäden. Steuerräder und Steuerkette an gegenüberliegenden Stellen mit Farbe kennzeichnen, um den Einbau zu erleichtern.

■ Den Kettenspanner ausbauen.

■ Den Lagerbolzen für die Führungsschiene der Steuerkette am Zylinderkopf ausbauen. Dazu schraubt man ein Gewindestück in den Bolzen ein und befestigt an diesem einen Schlaghammer. Durch Betätigen des Schlaghammergewichts nach außen kommt der Bolzen heraus (Bild 41). Andernfalls eine Schraube in den Bolzen hineindrehen und versuchen den Bolzen mit einer Zange oder dergleichen herauszuziehen.

 Den Bolzen beim Wiedereinbau mit Dichtungsmasse (0029890020 10) einschmieren.

■ Das Steuerrad der Auslassnockenwellen ausbauen. Beim Einbau neue Schrauben verwenden. Mit 20 Nm + 90° anziehen.

■ Je nach eingebautem Motor das Steuerrad der Einlassnockenwelle oder den Nockenwellenversteller ausbauen.

■ Die vier in Bild 36 gezeigten Kombischrauben aus der Innenseite des Steuergehäuses herausdrehen. Dies sind die in Bild 42 mit (A) bezeichneten Schrauben. Beim Einbau werden sie mit 18 Nm + 90° angezogen. Zum Lösen wird ein Innensechskantschlüssel benutzt.

■ Die Zylinderkopfschrauben in umgekehrter Nummernreihenfolge von Bild 42 in mehreren Stufen lockern, d. h. nicht jede einzeln Schraube lockern und herausschrauben, sondern die Schrauben, an Nr. 10 angefangen, in Reihenfolge Stück für Stück herausdrehen, bis sie locker sind. Zum Lösen der Schrauben wird ein Steckeinsatz mit Spezialform benutzt. Der in der Werkstatt benutzte Einsatz trägt die Nummer 617 589 00 10 00.

- Die beiden Schrauben des ersten Lagerdeckels für die Auslassnockenwelle lösen (auf die Nockenwellen gesehen ist dies die linke Welle) und den Deckel abnehmen. An dessen Stelle muss man jetzt einen Hebebügel anbringen, ähnlich wie der Bügel auf der gegenüberliegenden Seite des Kopfes, und mit den Lagerdeckelschrauben befestigen. Wie bereits erwähnt, ist ein »Torx T40«-Steckeinsatz erforderlich, um die Schrauben zu lösen und anzuziehen.
- Den Zylinderkopf jetzt mit einem Seil oder einer Kette, an den beiden Hebebügeln befestigt, an einen Handkran oder Flaschenzug hängen und vom Motor abheben. Aufgrund des Gewichts wird es sonst sehr schwer sein den Kopf abzuheben. Falls der Kopf hängen sollte, kann man ihn mit einem Gummi- oder Kunststoffhammer beschlagen, während er gleichzeitig angehoben wird. Den Zylinderkopf auf einer Werkbank ablegen.

Sofort kontrollieren, dass die beiden Führungsstifte für den Kopf in der Zylinderblockfläche sitzen. Falls sie mit dem Kopf herausgekommen sind, müssen sie vor dem Kopfeinbau in den Block übertragen werden.

- Die Zylinderkopfdichtung abnehmen.
- Die Zylinderkopffläche und die Blockfläche gründlich reinigen. Wurde der Kopf aufgrund einer durchgebrannten Zylinderkopfdichtung abgenommen, muss man ihn auf Verzug kontrollieren, wie es später beschrieben ist. Die Gewindebohrungen für die Zylinderkopfschrauben müssen frei von Öl oder Wasser sein, damit sich beim Anziehen der Schrauben keine hydraulischen Polster bilden können.

Vor dem Einbau des Kopfes die Länge der Zylinderkopfschrauben zwischen der Unterseite des Kopfes und dem Ende des Gewindes ausmessen. Alle Schrauben, welche länger als 105 mm sind, müssen in jedem Fall erneuert werden, auch wenn es nur eine Schraube ist. Neue Schrauben haben eine Länge von 102 mm, d. h. aus der Länge kann man ersehen, wie weit sich die Schraubenschäfte gestreckt haben.

Beim Einbau des Zylinderkopfes in umgekehrter Reihenfolge zum Ausbau vorgehen. Die folgenden Anweisungen befassen sich in der Hauptsache mit den Anziehdrehmomenten:

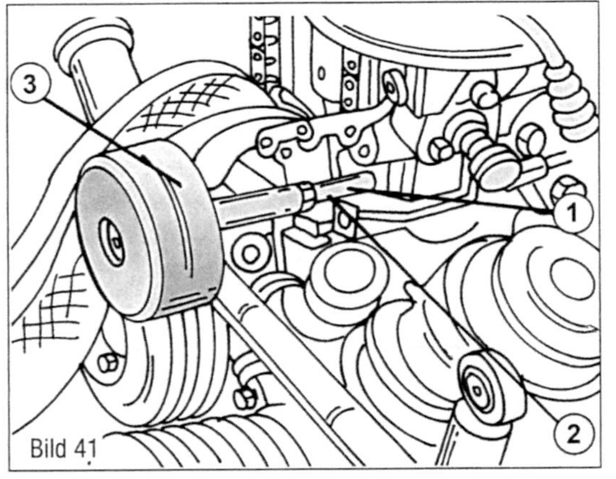

Bild 41
Ausbau des Lagerbolzens (1) für die Führungsschiene der Steuerkette am Zylinderkopf. Das Gewindestück (2) einschrauben und mit einem Schlaghammer (3) herausziehen.

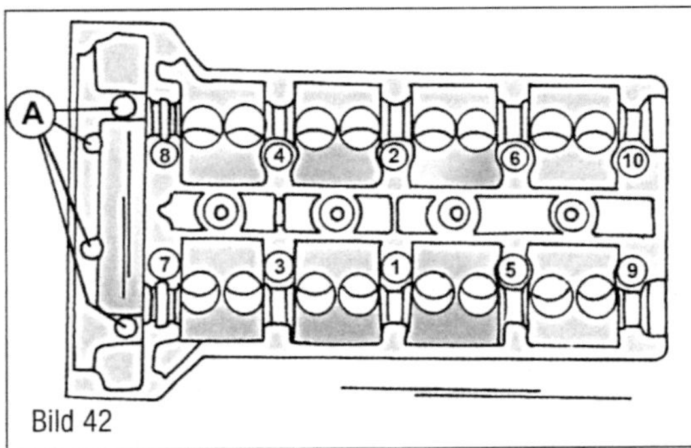

Bild 42
Anziehreihenfolge der Zylinderkopfschrauben beim Vierzylindermotor. Die mit (A) bezeichneten Schrauben sitzen im Steuergehäuse.

- Die Zylinderkopfdichtung auf die Blockfläche auflegen.
- Den Zylinderkopf wieder mit dem Handkran oder Flaschenzug auf den Zylinderblock senken. Wie bereits erwähnt, müssen die beiden Passstifte auf einer Seite in der Zylinderblockfläche sitzen. Den Kopf über die Stifte führen und gut auf den Block anlegen.
- Die Gewinde und die Unterseite der Zylinderkopfschrauben mit Öl einschmieren.
- Die Schrauben in die Bohrungen eindrehen und in der Reihenfolge des Anziehdiagramms in Bild 42 in mehreren Durchgängen mit einem Drehmoment von 55 Nm anziehen.
- Die Schrauben jetzt ohne Verwendung des Drehmomentschlüssels um weitere 90° (Viertelumdrehung) nachziehen. Man kann zum Beispiel den Knebel quer zum Kopf ansetzen und die Schrauben anziehen, bis der Knebel parallel mit dem Kopf steht, oder man setzt in längs zum Kopf an und zieht die Schrauben an, bis der Knebel quer zum Kopf steht.
- Nachdem alle Schrauben in Reihenfolge angezogen wurden, die gleiche Arbeit nochmals entsprechend der Anziehreihenfolge von Bild 42 durchführen, d. h. jede Schraube um weitere 90° anziehen.

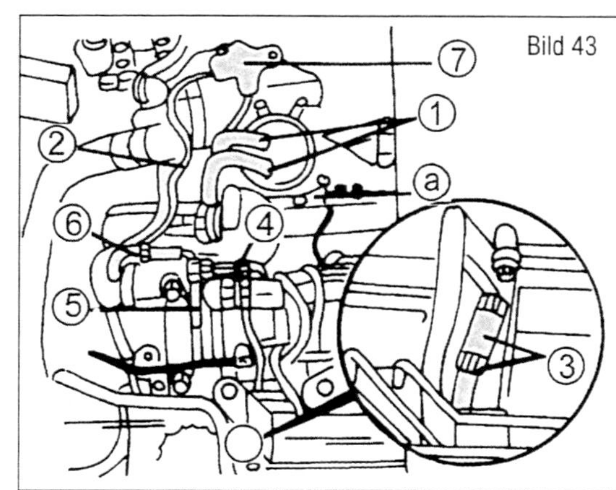

Bild 43
Einzelheiten zum Ausbau und Einbau des Ladeluftverteilerrohres.
1 Kraftstoffleitungen
2 Leckölleitung
3 Kraftstoffleitungen
4 Leckölleitung am Verteilerrohr
5 Kraftstoffleitung
6 Kraftstoffzufuhrleitung
7 Leckölleitung
a Verbindungskabel

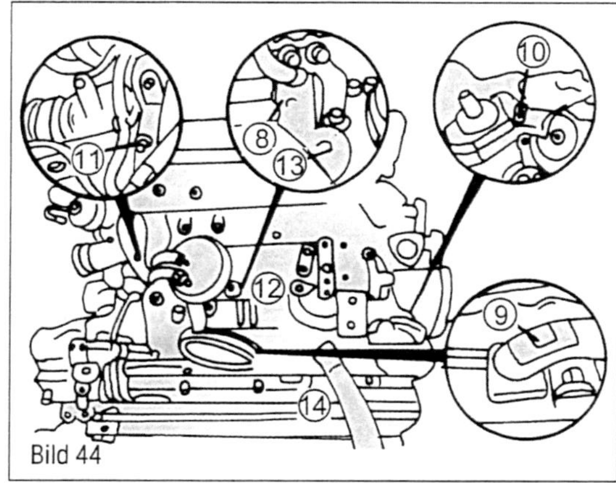

Bild 44
Zum Ausbau des Ladeluftverteilerrohres. Die Zahlen werden im Text erwähnt.

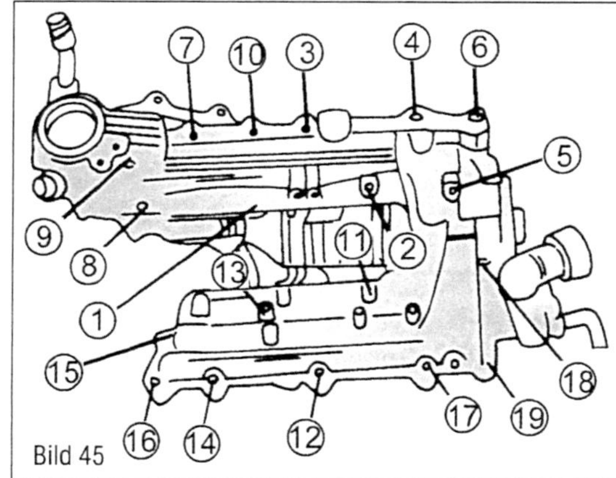

Bild 45
Aussehen und Anziehreihenfolge des Ladeluftverteilerrohres.

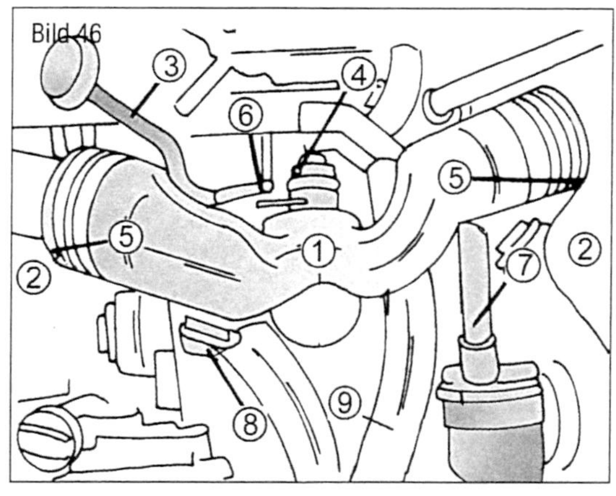

Bild 46
Einzelheiten zum Ausbau des Luftansaugrohres. Die Zahlen werden im Text erwähnt.

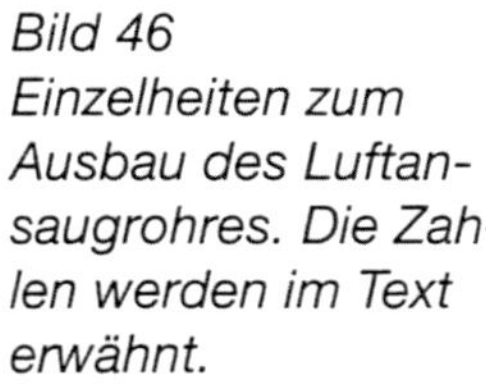

- Die vier Schrauben im Steuergehäuse (»A« in Bild 42) mit 18 Nm anziehen (Inbusschlüssel) und danach um eine weitere Viertelumdrehung.
- Das Steuerrad der Nockenwelle montieren und die Schraube mit 20 Nm anziehen. Aus dieser Stellung die Schraube um weitere 90° anziehen (Viertelumdrehung).
- Den Hebebügel vom Lager 1 der Nockenwelle abschrauben und den Deckel wieder aufsetzen.
- Die beiden Deckelschrauben einschrauben und abwechselnd auf ein Anziehdrehmoment von 21 Nm anziehen. Nur den »Torx T40«-Steckeinsatz zum Anziehen der Schrauben benutzen.

Torx-Stecknusssätze sind in den meisten Autozubehörgeschäften erhältlich. Schrauben mit diesen Köpfen werden im modernen Automobilbau häufig verwendet und wir schlagen vor, dass Sie sich einen derartigen Stecknusssatz anschaffen.

642-Dieselmotor in Modellserie 164

Zu beachten ist, dass nicht alle Motoren die gleiche Zylinderkopfdichtung haben, da dieser Motor mit oder ohne Unterdruckpumpe gebaut wird. Beim Bezug einer neuen Zylinderkopfdichtung immer das Fahrzeugmodell und die Motorausführung angeben.

Die folgenden Teile müssen ausgebaut werden ehe man einen Zylinderkopf ausbauen kann: Als Erstes die Batterie abklemmen und die Kühlanlage ablassen. Der linke und rechte Zylinderkopf können getrennt ausgebaut werden. Wir müssen darauf hinweisen, dass Aus- und Einbau ziemlich kompliziert sind. Es wird sehr schwer sein, die in der Beschreibung erwähnten Teile aufzufinden.

Luftladeverteilerrohr – Aus- und Einbau

Bilder 43 und 44 zeigen die am Motor abzubauenden Teile. Außerdem die Kühlmittelleitung vom Thermostatgehäuse abschließen, die Mischkammer und den Turbolader ausbauen, die Ölzufuhrleitung vom Turbolader abschließen und das linke Kraftstoffverteilerrohr ausbauen. Bild 45 zeigt das Aussehen des Ladeluftverteilerrohres.

- Unter Bezug auf Bild 43 die Überwurfmutter lösen, um die Leitung an Stelle (a) abzuschließen. Ende der Leitung in geeigneter Weise verschließen, um Eindringen von Schmutz zu vermeiden.

■ Kraftstoffleitung (1) vom Kraftstofffilter und die Leckölleitung (2) von der Kraftstoffleitung abschließen. Die Leitung (3) muss ebenfalls abgeschlossen werden – Achtung: Vorsichtsmaßnahmen bei Arbeiten mit Kraftstoff beachten.

■ Die Kraftstoffzufuhrleitung (6) aus der Hochdruckpumpe herausziehen.

■ Schrauben der Kühlmittelleitung (5) herausdrehen und die Kraftstoffleitungen abnehmen

■ Den Kraftstofffilter mit dem Käfig vom Ladeluftverteiler abmontieren. Mit 12 Nm anziehen.

■ Kabelstrang des Motors an Stelle (12) in Bild 44 abschließen.

■ Am linken Zylinderkopf die Glühkerzenverbindungskupplung und die Verbindung für die Einspritzdüsen trennen.

■ Verbindung (8) vom Absperrmotor des Ansaugkanals und die Verbindung (10) entfernen. Letztere ist mit einem Drucksensor der Auspuffanlage verbunden.

■ Den linken Stellungsregler der Abgasrückführungsanlage, mit (14) bezeichnet, ausbauen.

■ Untere Schraube (11) aus dem Thermostatgehäuse ausschrauben. Den Motorkabelstrang (12) jetzt auf eine Seite schieben, wo er nicht im Weg sein kann.

■ Die Befestigungsschrauben (Bild 45) des Ladeluftverteilerohres lösen. Zu beachten ist die Anziehreihenfolge beim Einbau: Beim Anziehen alle Schrauben mit 15 Nm und danach Schrauben 1 bis 11 nochmals mit 16 Nm nachziehen.

■ Das Ladeluftverteilerrohr jetzt herausheben. Die Abdichtung muss immer erneuert werden.

Der Einbau findet unter Beachtung der bereits angeführten Punkte in umgekehrter Reihenfolge statt.

Aus- und Einbau des Zylinderkopfes

Bei abgeklemmter Batterie und geöffneter Motorhaube wie unter den einzelnen Überschriften beschrieben vorgehen. Zu beachten sind die unterschiedlichen Arbeiten an der rechten und linken Zylinderkopfhaube. Wir müssen darauf hinweisen, dass ein Schlaghammer und eine Ausziehschraube zum Ausbau der Zylinderkopfhauben erforderlich sind.

Aus- und Einbau des Ansaugluftrohres

■ Unter Bezug auf Bild 46 den Luftansaugkanal vom Luftfilter abschließen. Im Bild wird dieser mit (1) bezeichnet. Das Luftfiltergehäuse (2) auf der rechten Seite muss dazu ausgebaut werden.

■ Den Kabelstecker vom linken Heißfilmluftmassenmesser (7) und vom rechten Heißmassenluftmesser (8) abziehen. Ein weiterer Stecker muss vom Heizelement der Belüftungsleitung (6) abgeschlossen werden.

■ Schlauch (3) des Belüftungssystems für das Kurbelgehäuse abschließen.

■ Schlauchschelle (4) am Turbolader lockern und eine weitere Schlauchschelle (5) vom Luftfiltergehäuse (2) auf der linken Seite entfernen.

■ Das Luftansaugrohr (1) nach vorn und vom Luftfilter abziehen.

Der Einbau findet in umgekehrter Reihenfolge statt. Zu beachten ist, dass die Gummidichtung am Luftansaugrohr erneuert werden muss, wenn ein neues Heizelement eingebaut werden soll.

Aus- und Einbau des Ladeluftrohres

Damit ist Teil (9) in Bild 46 gemeint, welches vom Turbolader abzuschließen ist. Das Rohr wird an der Oberseite mit einer Schraube befestigt. Schraube herausdrehen und das Rohr abnehmen. Die Schraube beim Einbau mit 12 Nm anziehen.

Linke und rechte Zylinderkopfhauben aus- und einbauen

■ Stellelement der Abgasrückführungsanlage ausbauen.

■ Einspritzdüsen und Kraftstoffverteilerrohr ausbauen, wie es später beschrieben wird.

■ Auf der linken Seite der Zylinderkopfhaube den Vorratsbehälter der Servolenkung ausbauen. Die Kraftstoffleitung an einem Ende der linken Zylinderkopfhaube ausfindig machen und abschließen. Die Kraftstoffleitung muss zusammen mit dem flexiblen Zufuhr- und Rücklaufschlauch ausgebaut werden, damit man den Vorratsbehälter herausheben kann.

■ An der linken Zylinderkopfhaube einen Haltebügel einer Unterdruckleitung abschrauben. Haltebügel beim Einbau mit 9 Nm anziehen. Ebenfalls die Schrauben der linken Zylinderkopfhaube herausdrehen. Zu beachten: M6 x 20 mm Schrauben mit 4 Nm, M6 x 35 mm-Schrauben mit 9 Nm anziehen.

Linke Zylinderkopfhaube abnehmen. Die in Bild 47 gezeigten Werkzeuge sind dazu erforderlich.

Die rechte Zylinderkopfhaube wird folgendermaßen ausgebaut:

- Unterdruckpumpe und den so genannten Zyklone-Abscheider ausbauen. Letztgenannter sitzt in der Mitte der Haube. An der Außenseite der Haube wird man zwei Anschlüsse finden, welche auszubauen sind. Der O-Dichtring und der Radialdichtring müssen erneuert werden.
- In der Mitte der Haube den Kabelstecker des Hallgebers für die Nockenwelle abziehen.
- Die Schrauben der Zylinderkopfhaube ausschrauben, wobei wiederum die in Bild 47 gezeigten Werkzeuge erforderlich sind. Die Zylinderkopfhaube abnehmen. Die Anziehdrehmomente entsprechen den Angaben der linken Zylinderkopfhaube.

Der Einbau erfolgt in umgekehrter Reihenfolge unter Beachtung der oben angegebenen Punkte.

Beim weiteren Ausbau des Kopfes folgendermaßen vorgehen:

- Ölfiltergehäuse ausbauen (siehe »Motorschmierung«).
- Nockenwellensteuerräder und Nockenwellen ausbauen, wie es im Abschnitt über den Steuermechanismus beschrieben ist.

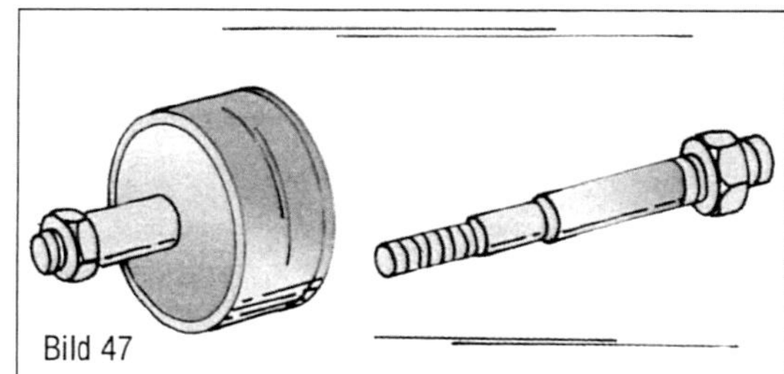
Bild 47

Bild 47 Schlagausziehers (116 5898 20 33 00) auf der linken Seite und der Gewindebolzen (102 589 00 34 00) auf der rechten Seite, welche zum Ausbau der Zylinderkopfhauben und Gleitschienen der Steuerkette erforderlich sind.

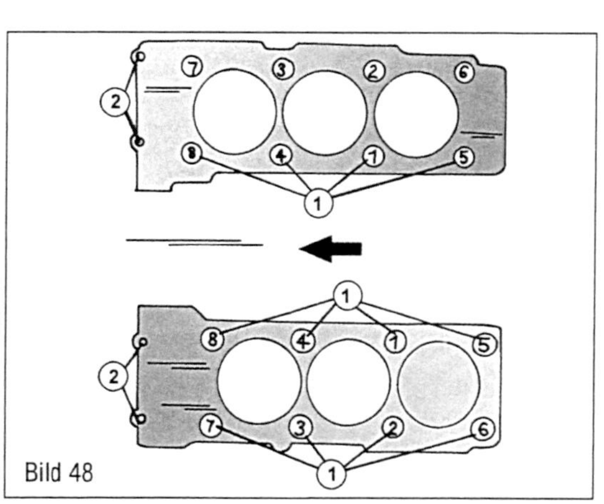

Bild 48

Bild 48 Zylinderkopfschrauben (1) in der angegebenen Reihenfolge anziehen. In umgekehrter Reihenfolge lockern. Die Schrauben (2) halten den Kopf auf der Steuerseite.

- Wärmeschutzschild über den Auspuffkrümmern ausbauen.
- Die Bolzen für die Gleitschiene aus dem Ende des Zylinderkopfes herausziehen, wiederum wie es im Abschnitt über den Steuermechanismus beschrieben ist. Die in Bild 47 gezeigten Spezialwerkzeuge, d. h. Schlagauszieher und Bolzen werden dazu gebraucht. Drei Bolzen müssen herausgezogen werden, zwei rechts und einer links.

Endgültiger Ausbau des Zylinderkopfes

- Die Zylinderkopfschrauben (2) in Bild 48 aus dem Steuergehäusedeckel ausschrauben und danach die Schrauben (1) in mehreren Stufen entgegengesetzt der angegebenen Nummernreihenfolge lockern.
- Zylinderkopf herunterheben und die Zylinderkopfdichtung abnehmen. Eine Kette kann an den Hebeösen angebracht werden, um den Ausbau zu erleichtern. Der Auspuffkrümmer kann abgeschraubt werden.

Der Einbau des Zylinderkopfes geschieht folgendermaßen. Die bereits angegebenen Hinweise sind zu beachten:

Die Länge der M12-Schrauben zwischen Unterkante des Kopfes und dem Ende des Gewindes ausmessen. Die Nennlänge beträgt 205 mm. Falls die Schrauben länger als 207 mm sind müssen sie erneuert werden.

- Gewinde und Unterseite der Schraubenköpfe einölen. Die Bohrungen im Zylinderblock müssen ölfrei sein.
- Eine neue Zylinderkopfdichtung über die Passstifte auflegen und den Zylinderkopf aufsetzen. Mit einem Gummihammer anschlagen. Zylinderkopfschrauben eindrehen und handfest anziehen.
- Die Schrauben werden jetzt folgendermaßen festgezogen. Bild 48 zeigt die Anziehreihenfolge. Schrauben (2) sind Innensechskantschrauben (M8-Gwinde), Schrauben (1) haben einen Torx-Kopf, d. h. ein passender Steckschlüssel muss zur Verfügung stehen. Die Schrauben werden in fünf Stufen angezogen.

– Schrauben (1) mit 10 Nm in der gezeigten Reihenfolge und danach nochmals mit 60 Nm anziehen – Stufen 1 und 2.

– Schrauben (2) mit 20 Nm anziehen.

– Schrauben (1) um weitere 90° in der gezeigten Reihenfolge anziehen (Stufe 3) und das Drehmoment der Schrauben (2) nochmals nachprüfen.

– Schrauben (1) nochmals um weitere 90° in der gezeigten Reihenfolge anziehen (Stufe 4) und danach erneut um weitere 90° (Stufe 5). Abschließend das Drehmoment der Schrauben (2) nochmals nachprüfen.
Ein Nachziehen der Zylinderkopfschrauben ist später nicht erforderlich.
Alle anderen Arbeiten in umgekehrter Reihenfolge durchführen.

112- und 113-Benzinmotor in Modellserie 163

Der Aus- und Einbau gilt für die Modelle ML320, ML350, ML430 und ML500. Die Anweisungen sind allgemein für alle Modelle gegeben. Wir versuchen, irgendwelche Abweichungen anzugeben.
Einige Spezialwerkzeuge sind beim Ausbau erforderlich, welche während der Beschreibung angegeben werden. Obwohl der Aus- und Einbau bei erstem Hinsehen schwierig aussehen könnte, kann der Kopf mit einiger Erfahrung ausgebaut werden. Folgendermaßen vorgehen. Die Zahlen beziehen sich auf Bilder 49 und 50:

- Massekabel der Batterie abklemmen und die Vorderseite des Fahrzeuges auf Böcke setzen oder über eine Hebebühne fahren.
- Bei einem ML430 die Luftführung (1) ausbauen.

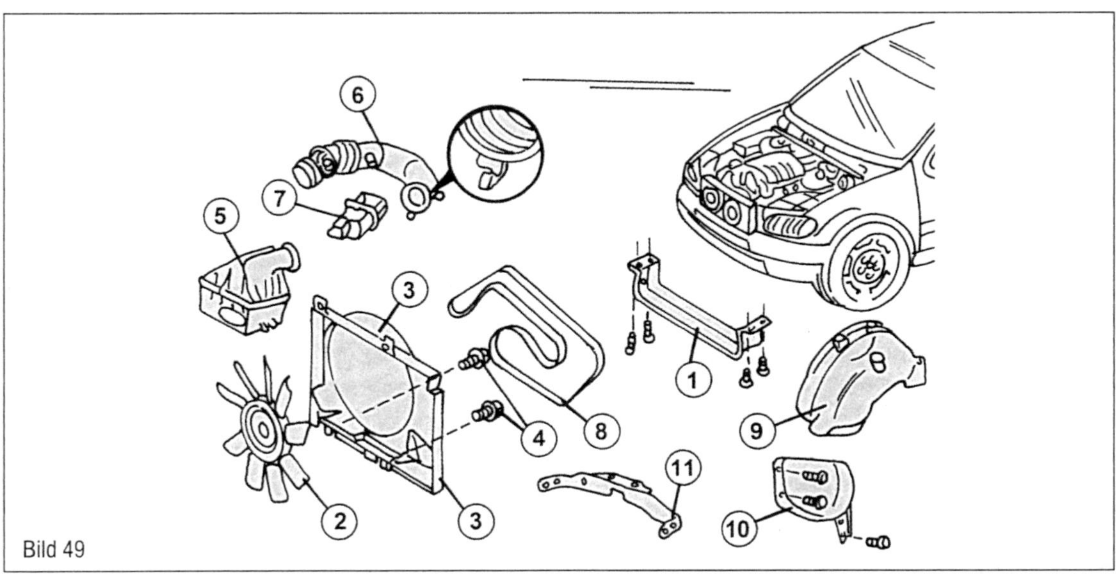

Bild 49
Einzelheiten zum Aus- und Einbau des Zylinderkopfes bei einem M112- und M113-Motor der Serie 163. Die Zahlen werden im Text erwähnt.

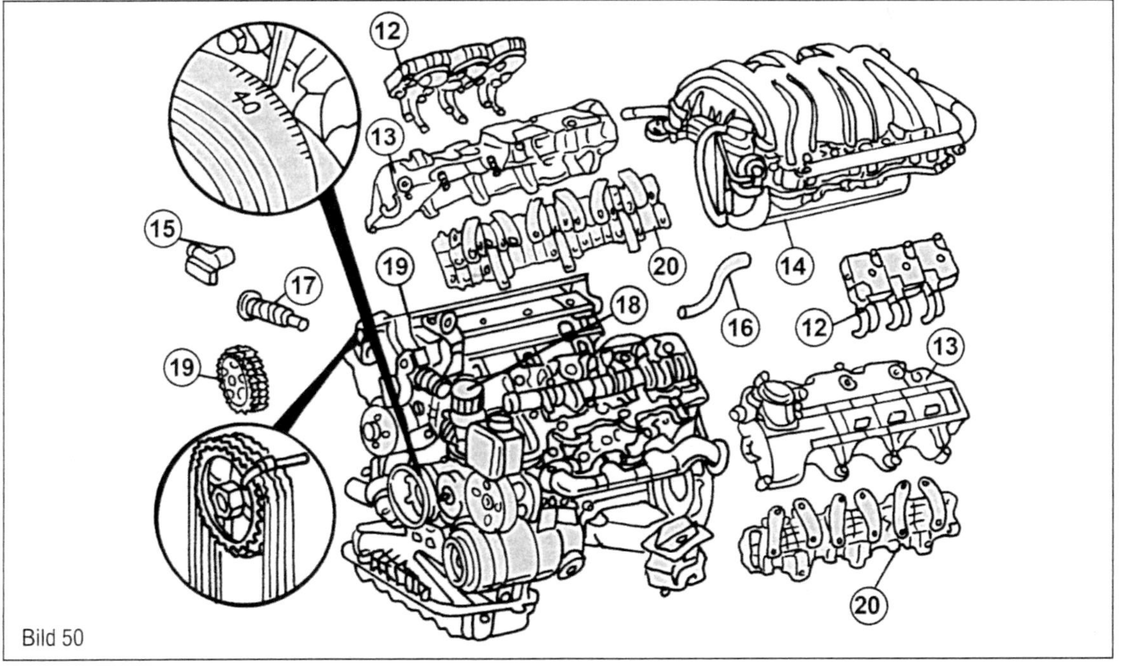

Bild 50
Einzelheiten zum Aus- und Einbau des Zylinderkopfes bei einem M112- und M113-Motor der Serie 163. Die Zahlen werden im Text erwähnt und sind eine Fortsetzung von Bild 49.

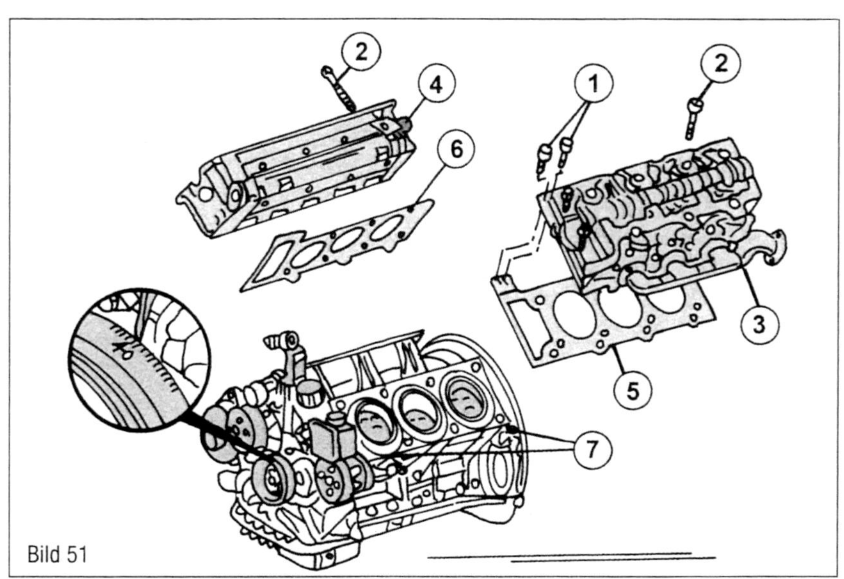

Bild 51
Aus- und Einbau des Zylinderkopfes (V6, Serie 163).
1 *Schrauben im Steuergehäusedeckel*
2 *M11-Zylinderkopfschrauben*
3 *Linker Zylinderkopf*
4 *Rechter Zylinderkopf*
5 *Linke Zylinderkopfdichtung*
6 *Rechte Zylinderkopfdichtung*
7 *Passhülsen*

▪ Kühlanlage ablassen und die Abdeckung über dem Motor abmontieren.
▪ Visko-Lüfter (2) ausbauen, aber nicht bei allen Modellen. Ausgenommen davon ist z. B. der ML500. Bei diesem Modell wird der elektrische Lüfter ausgebaut.
▪ Lüfterverkleidung (3) ausbauen. Ist mit Schrauben (4) an der Unterseite befestigt.
▪ Da eine Klimaanlage eingebaut ist, muss man ein Schutzschild von 400 x 680 mm vor dem Kühler und dem Kondensapparat einschieben. Dieses kann man aus Kunststoff oder Blech von 1 mm Stärke herstellen. Das Schild schützt die Teile vor Beschädigung.
▪ Das Luftfiltergehäuse (5) ausbauen.
▪ Das Luftansaugrohr (6) mit dem Resonanzgehäuse (7) ausbauen.
▪ Kraftstoffleitung am Kraftstoffverteilerrohr abschließen.

⚠ Der Kraftstoff steht unter Druck. In der Werkstatt wird zur Entlastung des Drucks ein Spezialventil benutzt – Feuergefahr.

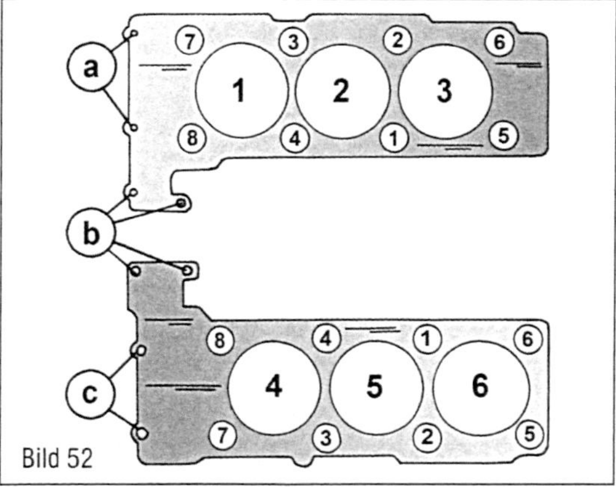

Bild 52
Anziehreihenfolge der Zylinderkopfschrauben eines V6-Motors der Serie 163. Schrauben (a) und (b) sind in das Steuergehäuse eingeschraubt.

▪ Linke und rechte Zündspule (12) ausbauen. Schrauben beim Einbau mit 8 Nm anziehen.
▪ Linke und rechte Zylinderkopfhaube (13) ausbauen, wie es untenstehend getrennt beschrieben wird.
▪ Den Ansaugkrümmer (14) zusammen mit dem Kraftstoffverteilerrohr ausbauen.
▪ Den Sensor für die Nockenwellenstellung (15) ausschrauben, falls der rechte Zylinderkopf ausgebaut wird.
▪ Keilrippenriemen (8) ausbauen, wie es in einem getrennten Abschnitt beschrieben wird.
▪ Die Kühlmittelleitung (16) auf der linken Seite vom Zylinderkopf abschließen.
▪ Beim ML 430 und ML500 das Abdeckblech in der Innenseite des Kotflügels (8), das Schutzschild (10) und den Haltebügel der Auspuffanlage (11) ausbauen. Auspuffanlage von unten abstützen und die Auspuffrohre vom Krümmerflansch abschrauben. Flanschverbindung beim Einbau mit 20 Nm anziehen.
▪ Die beiden Nockenwellen ausbauen, wie es später beschrieben ist. Dies schließt den Ausbau der Nockenwellensteuerräder (19) und Lagerbrücken (20) ein. Ebenfalls den Kettenspanner (17) ausbauen.
▪ Ölfiltergehäuse (18) ausbauen. Beim ML430 und ML500 zusammen mit dem Öl-Wasser-Wärmeaustauscher.
▪ Die Schrauben (1) in Bild 51 lösen. Diese halten den Zylinderkopf am Steuergehäusedeckel.
▪ Die Zylinderkopfschrauben entgegengesetzt der Zahlenreihenfolge von Bild 52 in mehreren Durchgängen lockern, bis alle Schrauben locker sind, wobei der Unterschied zwischen dem linken Zylinderkopf (3) und dem rechten Kopf (4) zu beachten ist. Der Kopf kann jetzt heruntergehoben werden. Ein kleiner Handkran und eine Kette können dazu benutzt werden. Hebeösen dazu am Zylinderkopf anschrauben.
▪ Zylinderkopfdichtungen abnehmen und die Zylinderkopf- und Zylinderblockflächen sofort reinigen. Falls die Führungsstifte aus dem Block herausgekommen sind, muss man sie wieder in den Block einschlagen. Beim Bestellen einer neuen Dichtung unbedingt den genauen Motor angeben. Dichtungen sind z. B. im Zylinderbohrungsdurchmesser unterschiedlich.
Obwohl der Einbau der Zylinderköpfe in umgekehrter Reihenfolge erfolgt, soll er untenstehend beschrieben werden.

■ Die Zylinderkopffläche kann vielleicht nachgeschliffen werden, jedoch werden Sie mehr darüber in einer Motorenwerkstatt erfahren.
■ Kontrollieren, dass die Kurbelwelle in der richtigen Stellung steht, die 40°-Marke im Schwingungsdämpfer muss wie in Bild 51 gezeigt fluchten. Der Kolben des ersten Zylinders steht dabei auf dem oberen Totpunkt im Verdichtungshub.
■ Zylinderkopfdichtung auflegen und den Kopf aufsetzen. Die Passstifte müssen in Eingriff kommen. Kopf mit einem Gummi- oder Kunststoffhammer anschlagen, bis er ringsherum einwandfrei sitzt.

Die Länge der Zylinderkopfschrauben (M11-Gwinde) zwischen der Unterseite des Schraubenkopfes bis zum Gewindeende ausmessen. Neue Schrauben haben eine Länge von 141,5 mm. Aus der eigentlichen Länge kann man ersehen, ob sie sich gestreckt haben. Falls sie länger als 144,5 mm sind, müssen sie erneuert werden.

■ Gewinde und Unterseite der Schraubenköpfe einölen. Die Bohrungen im Zylinderblock müssen ölfrei sein. Schrauben einschrauben und handfest anziehen.
■ Die Zylinderkopfschrauben in der Zahlenreihenfolge von Bild 52 mit 10 Nm anziehen, d. h. an Schraube (1) anfangen (bei beiden Köpfen an der Innenseite). Ein Torx-Kopf-Steckschlüssel und ein Drehmomentschlüssel werden gebraucht. Nachdem alle Schrauben angezogen sind, werden sie erneut angezogen, aber dieses Mal mit 30 Nm, jedoch in der gleichen Reihenfolge. Das Drehmoment danach abnehmen.
■ Der Reihe nach alle Schrauben in der in Bild 52 gezeigten Reihenfolge ohne Drehmomentschlüssel eine Viertelumdrehung (90°) weiter anziehen. Der Knebel kann z. B. längs zum Kopf aufgesetzt werden und man zieht an, bis er quer steht. Nachdem alle Schrauben angezogen wurden, wird die gleiche Arbeit nochmals wiederholt. Die Schrauben in der Innenseite des Steuerkettengehäuses mit 20 Nm anziehen.
■ Die verbleibenden Arbeiten jetzt in umgekehrter Reihenfolge durchführen. Abschließend den Ölstand in der Ölwanne kontrollieren.

Ein nachträgliches Anziehen der Zylinderkopfschrauben ist nicht erforderlich.

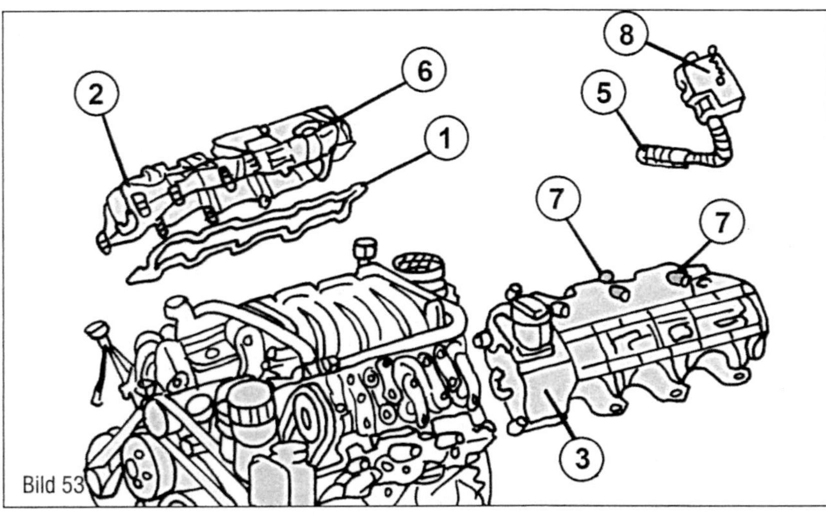

Bild 53
Einzelheiten zum Aus- und Einbau der Zylinderkopfhauben beim V6-Motor (Serie 163). Die Zahlen werden im Text erwähnt.

Zylinderkopfhaube – Aus- und Einbau – M112/M113 V6-Motor

Bestimme Vorsichtsmaßnahmen sind zu beachten, wenn die Zylinderkopfhaube(n) ausgebaut wird. In Kapitel »Zündanlage« wird darauf eingegangen. Beim Ausbau folgendermaßen vorgehen. Bild 53 gibt einige Einzelheiten.
■ Luftfiltergehäuse ausbauen.
■ Kabelstecker der Zündspulen der Zylinder 1 bis 6 abziehen. Markieren, falls man nicht sicher ist, wo sie hinkommen.
■ Die Kabelstecker (5) von den Zündkerzen abdrücken. In der Werkstatt wird dazu ein doppelseitiger Gabelschlüssel benutzt.
■ Zündspulen (8) ausbauen. Drei Schrauben halten die Spulen. Beim Einbau werden sie mit 8 Nm angezogen.
■ Am Anschluss (6) in gleicher Weise den Schlauch (7) von der linken Haube abschließen.
■ Schraube der Zylinderkopfhaube am Führungsrohr für die Flüssigkeit des automatischen Getriebes ausschrauben. Rohr auf eine Seite schieben, um die Haube abzunehmen.

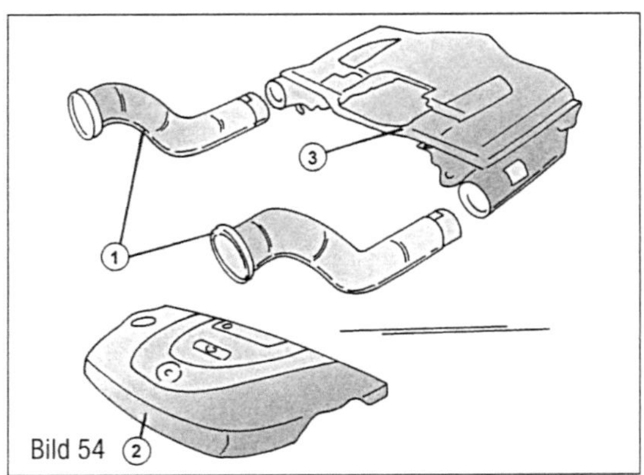

Bild 54
Beim Ausbau des Zylinderkopfes beim M272-Motor (Serie 164) als Erstes die gezeigten Teile ausbauen.
1 Ansaugrohre
2 Vordere Motorabdeckung
3 Luftfiltergehäuse

■ Schrauben der rechten Zylinderkopfhaube (2) und der linken Haube (3) ausschrauben. Schrauben werden mit 8 Nm angezogen. Die beiden Hauben abheben.
Der Einbau geschieht in umgekehrter Reihenfolge. Die Dichtung (1) muss immer erneuert werden. Darauf achten, dass die Dichtung einwandfrei in der Dichtnut an der Rückseite der Haube sitzt. Zündkabel unbedingt an den richtigen Stellen anschließen.

272-Benzinmotor in Modellserie 164
Der linke und rechte Zylinderkopf können getrennt ausgebaut werden. Wie bei den anderen V6-Motoren ist der Aus- und Einbau ziemlich kompliziert, da man wiederum die verschiedenen auszubauenden oder abzuschließenden Teile auffinden muss. Man muss einfach wissen, wo die verschiedenen Teile sitzen. In der Hauptsache bezieht sich die Beschreibung auf das Anziehen der Zylinderkopfschrauben. Alle anderen Arbeiten sind in ähnlicher Weise durchzuführen, wie es beim Motor 112 und 113 weiter vorn beschrieben wurde.

Aus- und Einbau des linken Zylinderkopfes
■ Massekabel der Batterie unter Beachtung der Vorsichtsmaßnahmen abschließen.
■ Fahrzeug aufbocken und auf sichere Unterstellböcke aufsetzen.
■ Kühlanlage ablassen.
■ Unterschutz unter dem Motorraum ausbauen.
■ Die folgenden Teile unter Bezug auf Bild 54 ausbauen. Die beiden Saugrohre (1) vom Luftfiltergehäuse (3) abschließen und die Motorabdeckung (2) ausbauen. Zum Ausbau der Abdeckung diese von den Gummilagerungen abheben, am Luftfiltergehäuse aus dem Eingriff bringen und nach vorn herausziehen.
■ Steuergerät der Einspritzanlage ausbauen.
■ Die nächsten Arbeiten unter Bezug auf Bild 55 durchführen. Den Heißfilmluftmassenmesser (1) und das Luftansauggehäuse (2) ausbauen. Die Unterdruckleitung für den Bremskraftverstärker (3) am Ansaugkrümmer abschließen, die Belüftungsleitung (5) vom Steuerventil (4) von der Unterdruckleitung der Kurbelgehäusebelüftung (6) abschließen.
■ Alle elektrischen Kabelverbindungen vom Motor abschließen. Eventuell die Anschlussstellen entsprechend kennzeichnen.
■ Am Zylinderkopf, in der Nähe eines der Kühlmittelschläuche, den Kabelstecker vom Temperatursensor für das Kühlmittel abziehen.
■ Die Kraftstoffleitung verfolgen und den Anschluss am Kraftstoffverteilerrohr abschrauben. Die Überwurfmutter beim Einbau mit 20 Nm anziehen.
■ Ansaugkrümmer ausbauen.
■ Vorratsbehälter für die Servolenkung mit einer Handpumpe entleeren und die Niederdruckleitung vom Behälter abschließen. Klemmschelle erneuern falls erforderlich. Den Behälter danach ausbauen. Beim Einbau mit 9 Nm am vorderen Deckel anschrauben.
■ Keilrippenriemen ausbauen und die Spannvorrichtung des Riemens abmontieren. Ebenfalls auszubauen ist die Führungsrolle des Riemens von der Wasserpumpe.

Bild 55

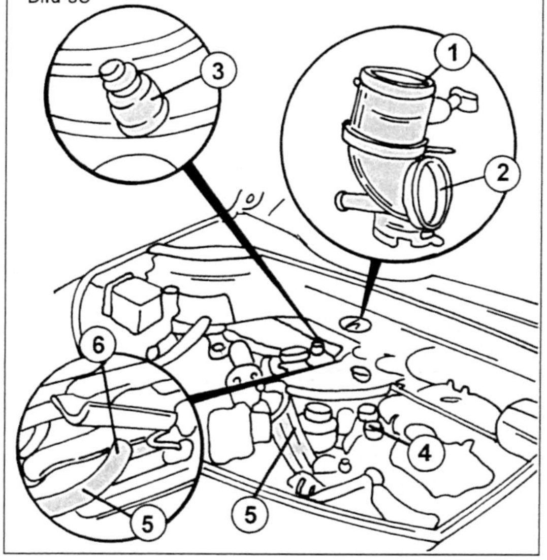

Bild 55
Zum Ausbau des linken Zylinderkopfes eines M272-Motors (Serie 164).
1 Heißfilmluftmassenmesser
2 Ansaugluftgehäuse
3 Unterdruckleitung, Bremskraftverstärker
4 Steuerventil
5 Belüftungsleitung
6 Unterdruckleitung

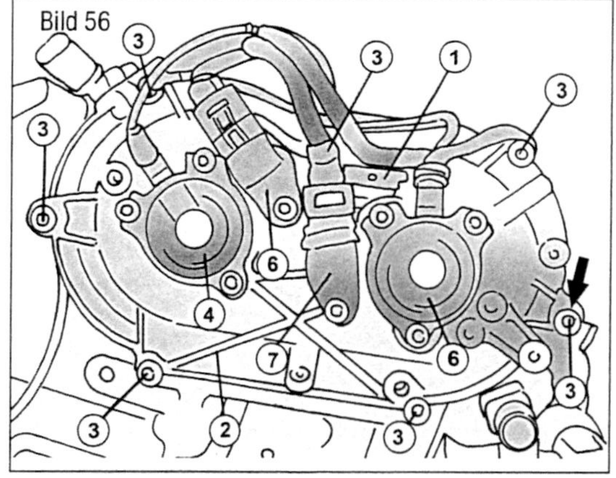

Bild 56
Einzelheiten zum Ausbau des linken vorderen Zylinderkopfdeckels beim M272-Motor (Serie 164). Die Zahlen werden im Text erwähnt.

Die Schraube wird mit 35 Nm angezogen.

- Das Ölfiltergehäuse zusammen mit dem Öl/Wasser-Wärmeaustauscher ausbauen. Gelöste Schrauben beim Einbau mit 20 Nm anziehen.
- Ein Absperrventil und den Zwischenflansch vom linken Zylinderkopf abmontieren. Alle gelösten Schrauben beim Einbau mit 14 Nm anziehen.
- Einen Kühlmittelschlauch vom Anschluss am Wärmeaustauscher abschließen und eine Kühlmittelleitung vom Thermostatgehäuse abschließen. Danach das Thermostatgehäuse ausbauen. Näheres in Kapitel »Kühlanlage«. Schrauben werden mit 25 Nm angezogen.
- Den vorderen Deckel vom Zylinderkopf abschrauben. Die Arbeiten kann man nur unter Bezug auf Bild 56 durchführen. Zuerst die Kabelstecker vom Hallgeber der linken Einlassnockenwelle (6) und linken Auslassnockenwelle (7) abschließen. Ebenfalls die Stecker vom Solenoid der linken Einlassnockenwelle (4) und der linken Auslassnockenwelle (5) trennen. Die Schrauben (3) aus dem Deckel (2) ausschrauben und den Deckel nach vorn zu abziehen. Zu beachten sind die Pfeilstellen, da an diesen Stellen Passhülsen eingesetzt sind. Beim Einbau die Deckelfläche mit »Loctite 5970« oder ähnlicher Dichtungsmasse einschmieren. Die Schrauben werden mit 9 Nm angezogen, die Hallgeber und die Solenoid-Ventile mit 8 Nm.
- Ölabscheider von der Zylinderkopfhaube abschrauben. Schrauben mit 12 Nm anziehen.
- Zündspulen der Zylinder Nr. 4 bis 6 ausbauen. Die Spulen mit 9 Nm an der Zylinderkopfhaube anschrauben.
- Zylinderkopfhaube ausbauen. Die Haube hat das in Bild 57 gezeigte Aussehen. Ein Massekabel muss von der Zylinderkopfhaube abgeschraubt werden. Ebenfalls die linke, hintere Motorhebeöse ausbauen. Nach Lösen der Schrauben entgegen der im Bild gezeigten Reihenfolge (Nr. 18 wird Nr. 1) kann die Haube vorsichtig heruntergehoben werden. Beim Einbau die gut gereinigten Dichtflächen mit einer Wulst »Loctite 5970« einschmieren (nicht breiter als 1,0 mm). Die Schrauben beim Einbau der Haube mit 12 Nm in der in Bild 57 gezeigten Nummernreihenfolge anziehen und danach in gleicher Reihenfolge um weitere 90° (Viertelumdrehung).

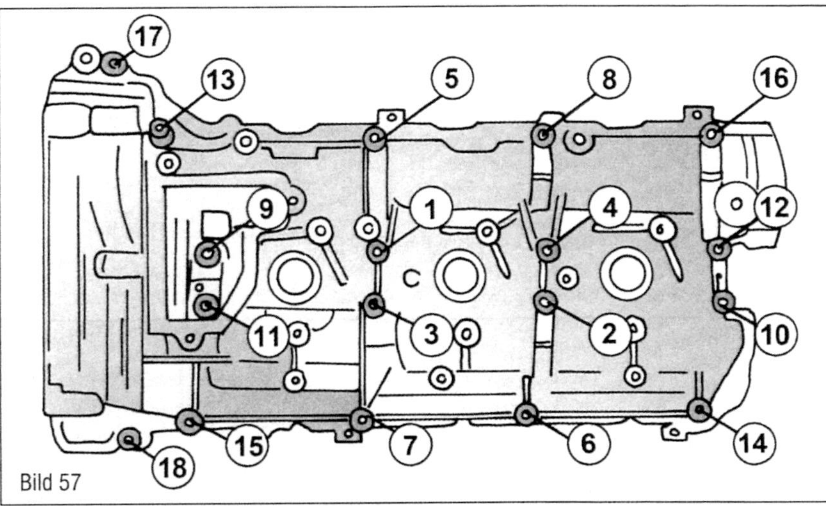

Bild 57
Anziehreihenfolge der Schrauben der linken Zylinderkopfhaube.

- Kontrollieren, dass die Kurbelwelle in der richtigen Stellung steht, die 40°-Marke im Schwingungsdämpfer muss wie in Bild 51 gezeigt fluchten. Der Kolben des ersten Zylinders steht dabei auf dem oberen Totpunkt im Verdichtungshub.
- Drehstromlichtmaschine ausbauen. Schraube mit 20 Nm am Steuergehäusedeckel festziehen.
- Kettenspanner ausbauen und die beiden Nockenwellenversteller ausbauen. Die Arbeiten werden beim Ausbau des Steuermechanismus beschrieben.
- Die Bolzen für die Gleitschiene aus dem Ende des linken Zylinderkopfes herausziehen, wiederum wie es im Abschnitt über den Steuermechanismus beschrieben ist. Die in Bild 47 gezeigten Spezialwerkzeuge, d. h. Schlagauszieher und Bolzen werden dazu gebraucht. Zwei Bolzen müssen herausgezogen werden, deren Lage in Bild 58 mit (3) im Zylinderkopf (1) gezeigt sind. Ebenfalls im Bild kann man die beiden Nockenwellenversteller (2) sehen.
- Die Schrauben (9) in Bild 59 lösen. Diese halten den Zylinderkopf am Steuergehäusedeckel.

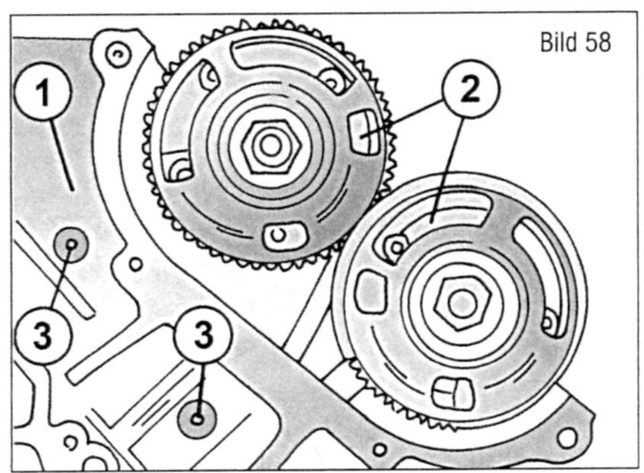

Bild 58
Ansicht des Zylinderkopfes (1) zusammen mit den Nockenwellenverstellern (2) und den Lagerbolzen der Gleitschiene (3).

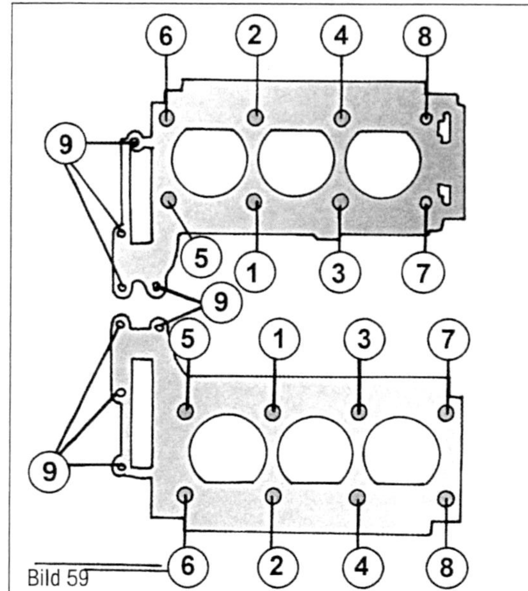

Bild 59 Anziehreihenfolge der Zylinderkopfschrauben (beide Zylinderköpfe).

Die Zylinderkopfschrauben entgegengesetzt der Zahlenreihenfolge von Bild 59 in mehreren Durchgängen lockern, bis alle Schrauben locker sind, wobei der Unterschied zwischen dem linken Zylinderkopf und dem rechten Kopf zu beachten ist. Der Kopf kann jetzt heruntergehoben werden. Ein kleiner Handkran und eine Kette können dazu benutzt werden. Hebeösen dazu am Zylinderkopf anschrauben.

Zylinderkopfdichtung abnehmen und die Zylinderkopf- und Zylinderblockflächen sofort reinigen. Falls die Führungsstifte aus dem Block herausgekommen sind, muss man sie wieder in den Block einschlagen. Beim Bestellen einer neuen Dichtung unbedingt den genauen Motor angeben.

Obwohl der Einbau der Zylinderköpfe in umgekehrter Reihenfolge erfolgt soll er untenstehend beschrieben werden.

Kontrollieren dass die Kurbelwelle in der richtigen Stellung steht, die 40°-Marke im Schwingungsdämpfer muss wie in Bild 51 gezeigt fluchten. Der Kolben des ersten Zylinders steht dabei auf dem oberen Totpunkt im Verdichtungshub.

Zylinderkopfdichtung auflegen und den Kopf aufsetzen. Die Passstifte müssen in Eingriff kommen. Kopf mit einem Gummi- oder Kunststoffhammer anschlagen, bis er ringsherum einwandfrei sitzt.

Die Länge der Zylinderkopfschrauben (M11-Gwinde) zwischen der Unterseite des Schraubenkopfes bis zum Gewindeende ausmessen. Neue Schrauben haben eine Länge von 170,0 mm. Aus der eigentlichen Länge kann man ersehen, ob sie sich gestreckt haben. Falls sie länger als 172 mm sind, müssen sie erneuert werden.

Gewinde und Unterseite der Schraubenköpfe einölen. Die Bohrungen im Zylinderblock müssen ölfrei sein. Schrauben einschrauben und handfest anziehen.

Die Zylinderkopfschrauben in der Zahlenreihenfolge von Bild 59 mit 20 Nm anziehen, d. h. an Schraube (1) anfangen (bei beiden Köpfen an der Innenseite). Ein Torx-Kopf-Steckschlüssel und ein Drehmomentschlüssel werden gebraucht. Nachdem alle Schrauben angezogen sind, werden sie erneut angezogen, aber dieses Mal mit 40 Nm, jedoch in der gleichen Reihenfolge. Das Drehmoment danach abnehmen.

Der Reihe nach alle Schrauben in der in Bild 59 gezeigten Reihenfolge ohne Drehmomentschlüssel eine Viertelumdrehung (90°) weiter anziehen. Der Knebel kann z. B. längs zum Kopf aufgesetzt werden und man zieht an, bis er quer steht. Nachdem alle Schrauben angezogen wurden, wird die gleiche Arbeit nochmals wiederholt. Die Schrauben in der Innenseite des Steuerkettengehäuses mit 25 Nm anziehen.

Die verbleibenden Arbeiten jetzt in umgekehrter Reihenfolge durchführen. Abschließend den Ölstand in der Ölwanne kontrollieren.

Aus- und Einbau des rechten Zylinderkopfes

Viele Arbeiten werden in gleicher Weise wie beim linken Zylinderkopf durchgeführt und entsprechende Hinweise sind in der Beschreibung angegeben.

Alle Arbeiten wie beim linken Zylinderkopf durchführen, bis der Ansaugkrümmer ausgebaut wurde.

Das Führungsrohr für den Ölmessstab vom Zylinderkopf abschrauben.

Keilrippenriemen ausbauen und die Führungsrolle des Riemens von der Wasserpumpe abschrauben. Die Schraube wird mit 35 Nm angezogen.

Ein Absperrventil vom rechten Zylinderkopf abmontieren. Alle gelösten Schrauben beim Einbau mit 14 Nm anziehen.

Die elektrische Luftpumpe ausbauen (Schrauben mit 14 Nm am Kopf anziehen) und das Umschaltventil für die Pumpe ausbauen.

Zündspulen der Zylinder Nr. 1 bis 3 ausbauen. Die Spulen mit 9 Nm an der Zylinderkopfhaube anschrauben.

Die so genannte Zentrifuge von der Zylinderkopfhaube abschrauben. Deckelschrauben und Zentrifuge am Steuerrad der Nockenwelle mit 6 Nm + 90° am anziehen.

Den vorderen Deckel vom Zylinderkopf abschrauben. Die Arbeiten kann man nur unter Bezug auf Bild 60 durchführen. Zuerst den Kabelstecker vom Umschaltventil (1) abziehen. Die beiden Schrauben (3) lösen und den Haltebügel (2) zusammen mit dem Umschaltventil der Luftpumpe (7) auf eine Seite schieben. Den Schlauch (3) abschließen. Kabelstecker vom Hallgeber der rechten Einlassnockenwelle (5) und rechten Auslassnockenwelle (6) abschließen. Ebenfalls die Stecker vom Solenoid der rechten Einlassnockenwelle (8) und der rechten Auslassnockenwelle (9) trennen. Die 6 Schrauben aus dem Deckel ausschrauben und den Deckel nach vorn abziehen. Wie bei der linken Haube sind wiederum Passhülsen an der Außenseite eingesetzt. Beim Einbau die Deckelfläche mit »Loctite 5970« oder ähnlicher Dichtungsmasse einschmieren. Die Schrauben werden mit 9 Nm angezogen, die Hallgeber und die Solenoid-Ventile mit 8 Nm.

Zylinderkopfhaube ausbauen. Die Haube hat das in Bild 61 gezeigte Aussehen. Nach Lösen der Schrauben entgegen der im Bild gezeigten Reihenfolge (Nr. 18 wird Nr. 1) kann die Haube vorsichtig heruntergehoben werden. Beim Einbau die gut gereinigten Dichtflächen mit einer Wulst »Loctite 5970« einschmieren (nicht breiter als 1,0 mm). Die Schrauben beim Einbau der Haube mit 12 Nm in der in Bild 61 gezeigten Nummernreihenfolge anziehen und danach in gleicher Reihenfolge um weitere 90° (Viertelumdrehung).

Kontrollieren, dass die Kurbelwelle in der richtigen Stellung steht, die 40°-Marke im Schwingungsdämpfer muss wie in Bild 51 gezeigt fluchten. Der Kolben des ersten Zylinders steht dabei auf dem oberen Totpunkt im Verdichtungshub.

Drehstromlichtmaschine ausbauen. Schraube mit 20 Nm am Steuergehäusedeckel festziehen.

Kettenspanner ausbauen und die beiden Nockenwellenversteller ausbauen. Die Arbeiten werden beim Ausbau des Steuermechanismus beschrieben.

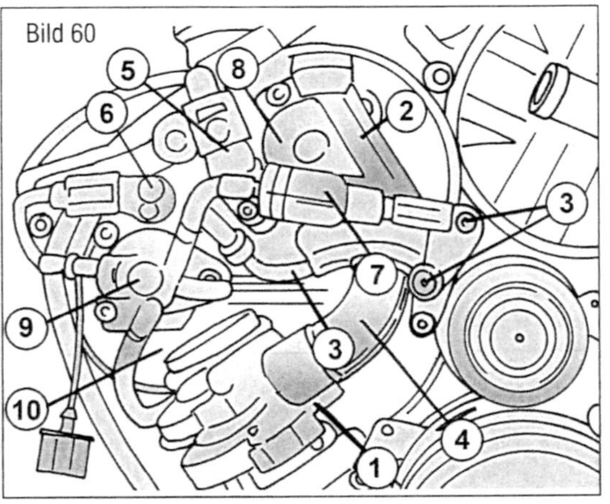

Bild 60
Einzelheiten zum Ausbau des rechten vorderen Zylinderkopfdeckels beim M272-Motor (Serie 164). Die Zahlen werden im Text erwähnt.

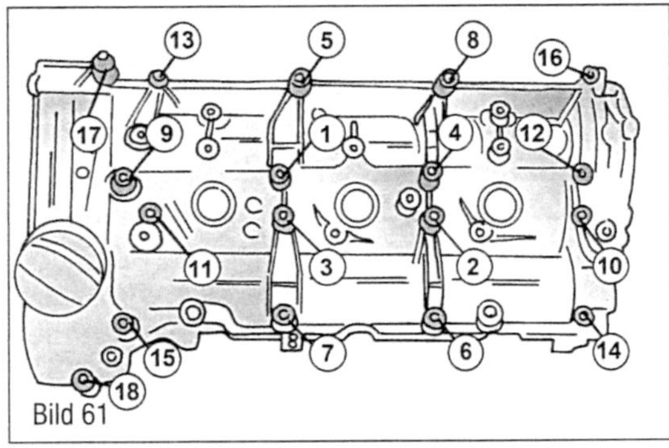

Bild 61
Anziehreihenfolge der Schrauben der rechten Zylinderkopfhaube.

Die Bolzen für die Gleitschiene aus dem Ende des rechten Zylinderkopfes herausziehen, wiederum wie es im Abschnitt über den Steuermechanismus beschrieben ist. Die in Bild 47 gezeigten Spezialwerkzeuge, d. h. Schlagauszieher und Bolzen werden dazu gebraucht. Zwei Bolzen müssen herausgezogen werden, deren Lage ähnlich wie in Bild 58 mit (3) im Zylinderkopf (1) gezeigt sind. Ebenfalls im Bild kann man die beiden Nockenwellenversteller (2) sehen, mit dem Unterschied, dass die gegenüberliegende Seite des Kopfes gezeigt ist.

Die Schrauben (9) in Bild lösen. Diese halten den Zylinderkopf am Steuergehäusedeckel.

Die Zylinderkopfschrauben entgegengesetzt der Zahlenreihenfolge von Bild 59 in mehreren Durchgängen lockern, bis alle Schrauben locker sind, wobei der Unterschied zwischen dem linken Zylinderkopf und dem rechten Kopf zu beachten ist. Der Kopf kann jetzt heruntergehoben werden. Ein kleiner Handkran und eine Kette können dazu benutzt werden. Hebeösen dazu am Zylinderkopf anschrauben.
Zylinderkopfdichtung abnehmen und die Zylinderkopf- und Zylinderblockflächen sofort reinigen. Falls die Führungsstifte aus

dem Block herausgekommen sind, muss man sie wieder in den Block einschlagen. Beim Bestellen einer neuen Dichtung unbedingt den genauen Motor angeben.
Der Einbau des Zylinderkopfes, d. h. das Anziehen der Zylinderkopfschrauben erfolgt in gleicher Weise wie es beim linken Kopf beschrieben wurde. Die Anziehreihenfolge ist in Bild 59 gezeigt.

Zylinderkopf zerlegen
Im folgenden Text wird angenommen, dass der Zylinderkopf erneuert werden soll. Falls nur eine Überholung der Ventile fällig ist, kann man die zusätzlichen Arbeiten übersehen. Bei der folgenden Beschreibung wird vorausgesetzt, dass der Zylinderkopf ausgebaut wurde. Die Ventilschaftabdichtungen können bei eingebautem Motor ausgetauscht werden, jedoch schlagen wir vor, dass man diese Arbeit in einer Werkstatt durchführen lässt, da die Ventile in ihrer Lage gehalten werden müssen, wenn man die Ventilkegelhälften herausnimmt. Dazu werden verschiedene Spezialwerkzeuge gebraucht. Die Erneuerung der Ventilschaftabdichtungen bei ausgebautem Motor wird getrennt beschrieben. Bild 62 zeigt die Teile bei einem V6-Motor. Ähnliche Teile werden beim V8-Motor eingebaut, wie man in Bild 63 am Beispiel eines Zylinderkopfes sehen kann.

Bild 62
Montagebild des Zylinderkopfes eines V6-Motors. Ähnliche Teile werden beim Vierzylindermotor verwendet.
1 Becherstößel
2 Ventilkegelhälften
3 Oberer Ventilteller
4 Äußere Ventilfeder
5 Innere Ventilfeder
6 Ventilschaftdichtring
7 Ventilsitzring

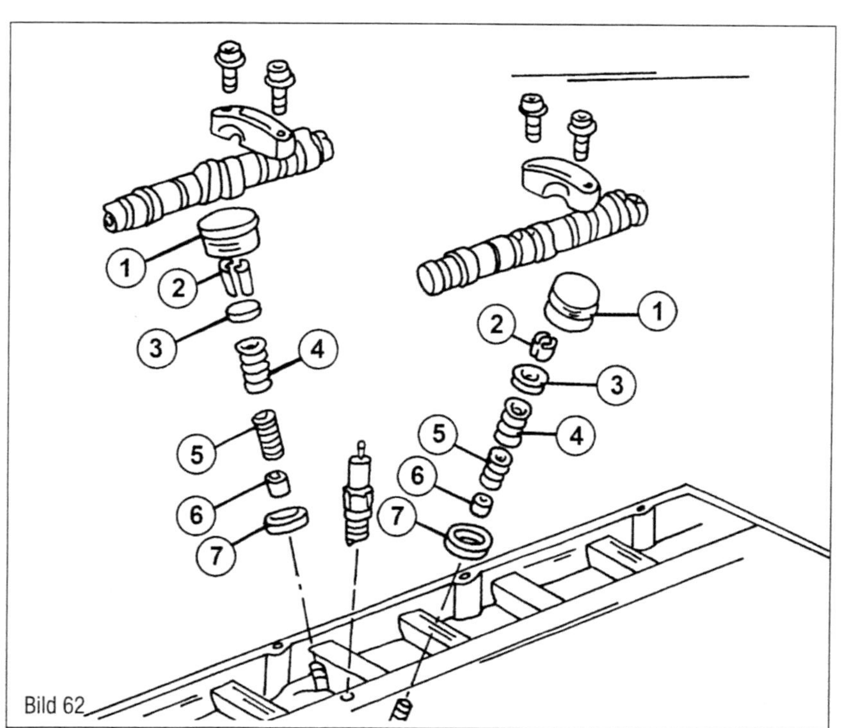

Beim Zerlegen des Zylinderkopfes folgendermaßen vorgehen (allgemein für alle Motoren):

- Alle Nebenteile vom Zylinderkopf abmontieren, d. h. Sensoren, Thermoschalter, Auspuffkrümmer, Zündkerzen, etc.
- Die Nockenwellen ausbauen (siehe getrennte Beschreibung).
- Zum Ausbau der Ventile ist ein Ventilheber erforderlich. Bild 64 zeigt einen solchen Ventilheber, wie er in der Werkstatt benutzt wird. Die Ventilfedern zusammendrücken und die Ventilkegelhälften (2) mit einer Spitzzange oder einem kleinen Stabmagnet (1) herausnehmen.

Falls das Spezialwerkzeug nicht zur Verfügung steht, den Kopf mit der Dichtfläche so auf eine Werkbank auflegen, dass das jeweilige Ventil gut von unten mit einer Unterlage abgestützt wird. Jetzt ein Stück Rohr, etwas kleiner als der Ventilfederdeckel, auf die Oberseite des Federdeckels aufsetzen und mit einem Hammerschlag den Deckel nach unten schlagen. Die Kegelhälften springen dabei aus der Nut des Ventilschaftes und werden in der Innenseite des Rohrstückes aufgefangen. Der Hammer ist in Verbindung mit dem Rohr zu halten, damit die Kegelhälften nicht davonfliegen.

- Ventilfederdeckel und Ventilfeder abnehmen. Die Ventilfedern sind mit einem Farbpunkt gezeichnet und nur Federn mit den gleichen Farbkennzeichnungen dürfen beim Zusammenbau verwendet werden. Ein Druckring ist unter den Ventilfedern eingesetzt, welcher nach Abnehmen der Feder heruntergenommen werden kann.
- Die Ventilschaft-Öldichtringe (1) in der linken Ansicht von Bild 65 vorsichtig mit einem Schraubendreher abdrücken oder einer Zange (2) abziehen.
- Die Ventile der Reihe nach aus den Führungen herausziehen und in Einbaureihenfolge durch ein Stück Pappe stoßen. Die Ventilnummer vor das jeweilige Ventil einzeichnen, falls sie wieder eingebaut werden sollen.

Zylinderkopf überholen
Wir können eine komplette Überholung des Zylinderkopfes aus praktischen Gründen nicht empfehlen. Es ist weitaus besser, den ausgebauten Zylinderkopf (oder beide Köpfe) in einer Motorenwerkstatt fachmännisch überholen zu lassen. Der Kopf oder die Köpfe können dann ohne weitere Arbeiten

wieder eingebaut werden. Nachstehend finden Sie einige Hinweise, falls Sie die Absicht hat einige Arbeiten am Kopf selbst durchzuführen. In diesem Fall alle Teile des Zylinderkopfes auf Verschleiß kontrollieren. Zylinderkopffläche gut reinigen (manchmal von alten Dichtungsresten). Die Prüfungen und Kontrollen sind entsprechend den folgenden Anweisungen durchzuführen. Die Arbeiten sind bei allen Motoren ähnlich.

Ventilfedern

Hat der Motor bereits eine hohe Kilometerleistung, sollte man die Federn im Satz erneuern. Zur einwandfreien Kontrolle der Ventilfedern sollte ein vorschriftsmäßiges Federprüfgerät verwendet werden. Falls dieses nicht zur Verfügung steht, kann eine gebrauchte Feder mit einer neuen Feder verglichen werden. Dazu beide Federn in einen Schraubstock einspannen und diesen langsam schließen. Falls beide Federn um den gleichen Wert zusammengedrückt werden, ist dies eine sichere Anzeige, dass sie ungefähr die gleiche Spannung haben. Lässt sich die alte Feder jedoch weitaus kürzer als die neue Feder zusammendrücken, ist dies ein Zeichen von Ermüdung und die Federn sollten im Satz erneuert werden.

Die Federn der Reihe nach so auf eine glatte Fläche aufstellen (Glasplatte), dass sich die geschlossene Wicklung an der Unterseite befindet. Einen Stahlwinkel neben der Feder aufsetzen. Den Spalt zwischen der Feder und dem Winkel an der Oberseite ausmessen, welcher nicht mehr als ca. 2,0 mm betragen darf. Andernfalls ist die Feder verzogen und zu ersetzen.

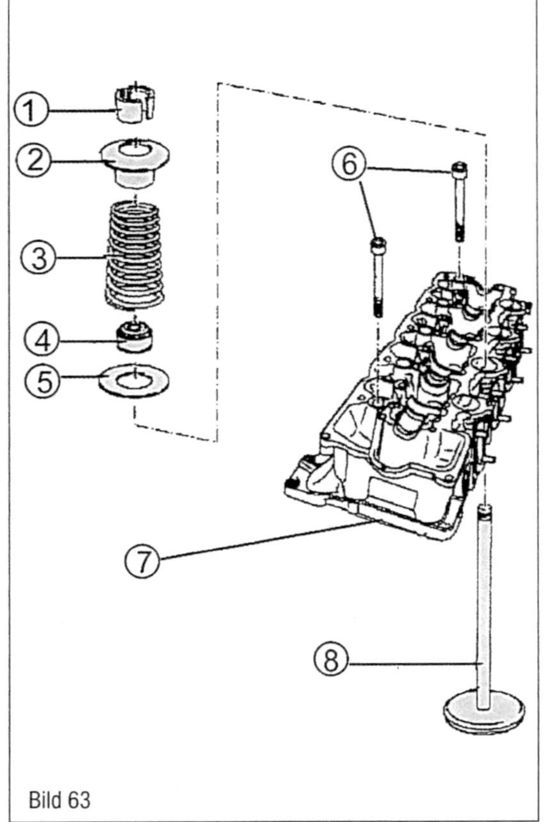

Bild 63

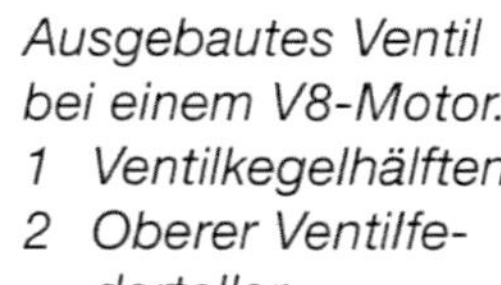

Bild 63
Ausgebautes Ventil bei einem V8-Motor.
1 Ventilkegelhälften
2 Oberer Ventilfederteller
3 Ventilfeder
4 Ventilschaftdichtring
5 Unterer Ventilfedersitz
6 Zylinderkopfschrauben
7 Zylinderkopf
8 Ventil

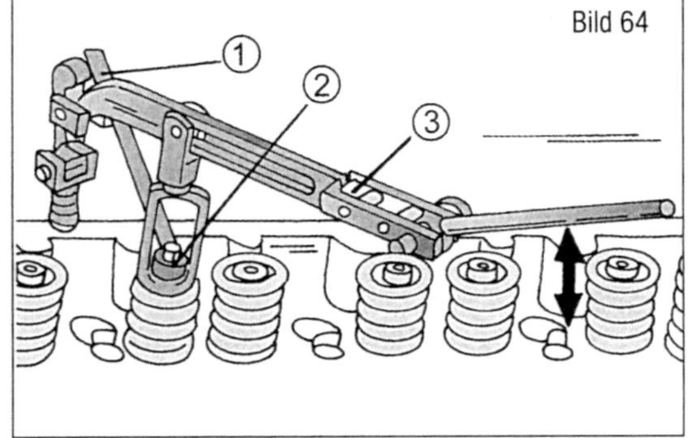

Bild 64

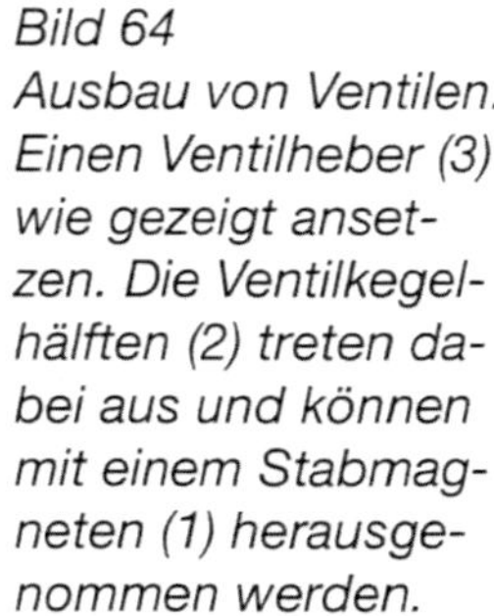

Bild 64
Ausbau von Ventilen. Einen Ventilheber (3) wie gezeigt ansetzen. Die Ventilkegelhälften (2) treten dabei aus und können mit einem Stabmagneten (1) herausgenommen werden.

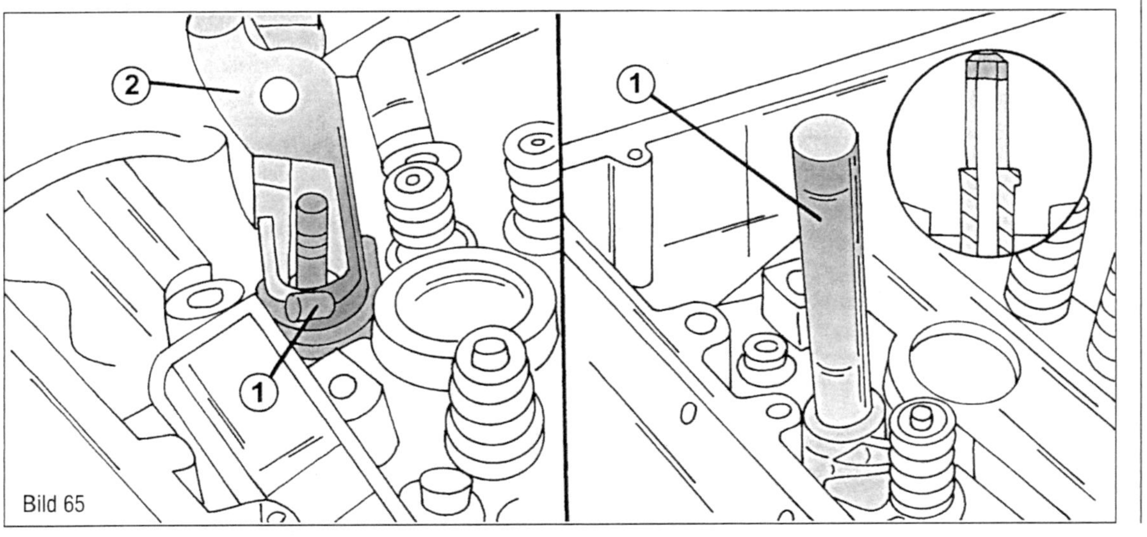

Bild 65

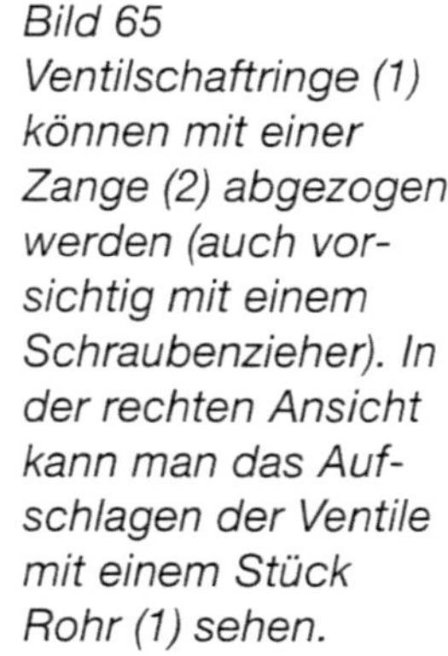

Bild 65
Ventilschaftringe (1) können mit einer Zange (2) abgezogen werden (auch vorsichtig mit einem Schraubenzieher). In der rechten Ansicht kann man das Aufschlagen der Ventile mit einem Stück Rohr (1) sehen.

Sichtprüfung

Messen

Ventilführungen

Die Ventilführungen reinigen, indem man einen in Benzin getränkten Lappen durch die Führungen hin- und herzieht. Die Ventilschäfte lassen sich am besten reinigen, indem man eine rotierende Drahtbürste in eine elektrische Bohrmaschine einspannt und den Schaft gegen die Drahtbürste hält.

Der Innendurchmesser der Führungen muss mit einem Innenmikrometer ausgemessen werden. Da ein solcher nicht immer zur Verfügung steht, kann man die Ventile in die Führungen einschieben und herausziehen, bis der Ventilteller ungefähr in einer Höhe mit der Zylinderkopffläche liegt. Ventil in dieser Stellung hin- und herbewegen und das Spiel kontrollieren. Obwohl keine genauen Werte zur Verfügung stehen, kann man annehmen, dass ein Spiel von 1,0 bis 1,2 mm nicht überschritten werden darf. Mercedes-Werkstätten benutzen einen Kontrolldorn zur Verschleißkontrolle der Führungen. Lässt sich die Ausschussseite in die Bohrung einschieben, muss die Führung erneuert werden.

Ventile müssen beim Einbau von neuen Führungen erneuert werden. Ventilsitze müssen nachgeschnitten werden. Falls es offensichtlich ist, dass Ventilsitze im augenblicklichen Zustand nicht nachgefräst werden, müssen neue Ventilsitzringe eingezogen werden. Wiederum ist dies eine Arbeit für die Spezialwerkstatt.

Ventilsitze

Falls die Nockenwellenlager ausgeschlagen sind, kann ein Austauschzylinderkopf verwendet werden. In diesem Fall brauchen keinerlei Arbeiten an den Ventilsitzen durchgeführt werden.

Alle Ventilsitze auf Zeichen von Verschleiß oder Narbenbildung kontrollieren. Leichte Verschleißerscheinungen können mit einem 45°-Fräser entfernt werden. Falls diese Arbeit einwandfrei durchgeführt wird, braucht man die Ventile nicht einschleifen. Falls der Sitz jedoch bereits zu weit eingelaufen ist, müssen die Ventilsitzringe erneuert werden. Diese sind in den Zylinderkopf eingepresst, und die Werkstatt wird in der Lage sein eventuell Reparaturstufen-Ventilsitzringe einzubauen.

Ventilsitze können eingeschliffen werden. Dazu die Ventilsitzfläche mit etwas Schleifpaste einschmieren und das Ventil in den entsprechenden Sitz einsetzen. Einen Sauger am Ventil anbringen, wie man es in Bild 66 sehen kann, und das Ventil hin- und herbewegen. Hin und wieder das Ventil um eine Viertelumdrehung weiterdrehen und dann weiter einschleifen. Falls erforderlich, weitere Schleifpaste auftragen.

Nach dem Einschleifen alle Teile gründlich von Schmutz und Schleifpaste reinigen und den Ventilsitz an Ventilteller und Sitzring kontrollieren. Ein ununterbrochener, matter Ring muss an beiden Teilen sichtbar sein und gibt die Breite des Ventilsitzes an.

Mit einem Bleistift einige Striche auf dem »Ring« am Ventilteller anzeichnen. Die Striche sollten ungefähr in Abständen von 1 mm ringsherum eingezeichnet werden. Danach Ventil vorsichtig in die Führung und den Sitz fallen lassen und das Ventil um 90° verdrehen, wobei jedoch ein gewisser Druck auf das Ventil auszuüben ist.

Das Ventil wieder herausnehmen und kontrollieren, ob die Bleistiftstriche vom Sitzring entfernt wurden. Falls sich die Ventilsitzbreiten innerhalb der angegebenen Angaben befinden, kann der Kopf wieder eingebaut werden. Andernfalls die Ventilsitze nacharbeiten lassen oder in schlimmen Fällen einen Austauschkopf einbauen.

Bild 66

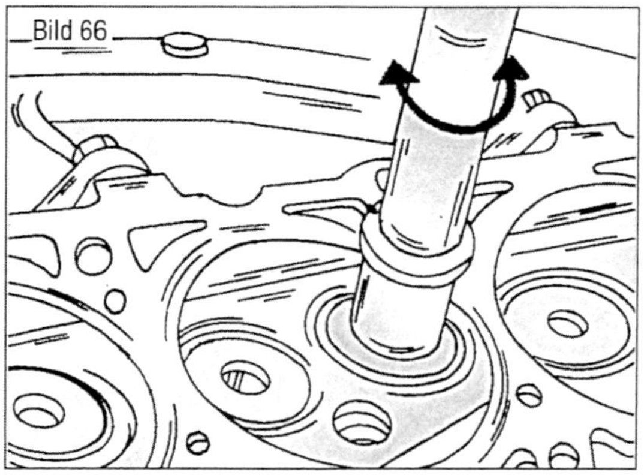

Bild 66
Um Ventile wieder verwendungsfähig zu machen, kann man sie in der gezeigten Weise in die Sitze einschleifen.

Ventile

Aufgrund der Verwendung von hydraulischen Ausgleichselementen zum Einstellen des Ventilspiels sind die Enden der Ventilschäfte sowohl von Einlassventilen als auch von Auslassventilen speziell behandelt worden, um der höheren Beanspruchung standzuhalten. Auslassventile dürfen nicht einfach in den Schrott geworfen werden, da sie mit Natrium gefüllt sind. Alte Ventile aus diesem Grund in eine Werkstatt bringen, wo sie vorschriftsmäßig entsorgt werden.

Kleinere Beschädigungen der Ventiltellerflächen können durch Einschleifen der Ventile in die Sitze des Zylinderkopfes berichtigt werden, wie bereits oben beschrieben wurde. Falls die Ventile an den Sitzflächen nicht mehr einwandfrei aussehen, kann man sie in einer Ventilschleifmaschine nachschleifen. Bei einem geschliffenen Ventil, welches sich sonst in gutem Zustand befindet, muss die Stärke der Ventiltellerkante bei den Einlassventilen noch 0,5 - 0,7 mm und bei den Auslassventilen 0,5 - 0,6 mm betragen. Beim Bestellen von Ventilen immer angeben um welchen Motors es sich handelt und ob Einlassventile oder Auslassventile gebraucht werden. Manchmal ist es möglich, dass nur die Auslassventile erneuert werden müssen, wenn sie zum Beispiel an den Kanten ausgebrannt sind.

Zylinderkopf

Die Dichtflächen von Zylinderkopf und Zylinderblock einwandfrei reinigen und die Zylinderkopffläche auf Verzug kontrollieren. Dazu ein Messlineal auf den Kopf auflegen und mit einer Fühlerlehre den Lichtspalt längs, quer und diagonal zur Zylinderkopffläche ermitteln. Falls sich eine Blattlehre von mehr als 0,10 mm Stärke einschieben lässt, wenn man den Zylinderkopf in Längsrichtung vermisst, kann man die Kopffläche in einer Mercedes-Werkstatt nachschleifen lassen (nicht bei allen Motoren möglich). Diese besitzt die erforderlichen Unterlagen über die Mindesthöhe des Zylinderkopfes. Wird der Zylinderkopf quer gemessen, d. h. das Messlineal wird quer auf den Zylinderkopf aufgelegt, darf kein Lichtspalt zwischen Lineal und Kopffläche vorhanden sind.

Nockenwellen

Der folgende Text beschreibt nur die an der Nockenwelle durchzuführenden Prüfungen.

Die Nockenwelle mit den beiden Endlagerzapfen in Prismen einlegen oder zwischen die Spitzen einer Drehbank spannen, wie es in Bild 67 gezeigt ist, und eine Messuhr am mittleren Lagerzapfen ansetzen. Die Nockenwelle langsam durchdrehen und die Anzeige an der Messuhr ablesen. Falls die Anzeige mehr als 0,01 mm beträgt, ist die Welle verbogen und sollte erneuert werden.

Ventilschaftabdichtungen erneuern (Zylinderkopf zusammengebaut)

Ventilschaftabdichtungen sind im Reparatursatz erhältlich. Zum Aufdrücken der Ventilschaftabdichtungen wird normalerweise ein Spezialwerkzeug benutzt, wie es in der rechten Ansicht von Bild 65 zu sehen ist. Falls dieses nicht zur Verfügung steht, und man verwendet ein Stück dünnes Rohr, muss man sehr vorsichtig vorgehen, um die Dichtlippe oder die Ringfeder nicht zu beschädigen. Beim Erneuern der Abdichtungen müssen die Ventilfederkeile und die Ventilfedern ausgebaut werden. Um zu verhindern, dass die Ventile dabei in den Verbrennungsraum fallen, muss sich der entsprechende Kolben auf dem oberen Totpunkt befinden. Folgende Arbeiten durchführen:

- Motor durchdrehen, bis der Kolben des ersten Zylinders auf dem oberen Totpunkt steht.
- Die Nockenwellen ausbauen (siehe getrennte Beschreibung).
- Die Ventilkegelhälften des ersten Zylinders ausbauen, wie es oben beschrieben wurde.
- Alte Ventilschaftabdichtungen mit einer Zange herunterziehen, wie es oben beschrieben wurde (Bild 65 links). Dabei den Ventilschaft oder die Stößelbohrungen nicht beschädigen.
- Neue Abdichtungen gut einölen und vorsichtig über den Ventilschaft nach unten drücken. Die Schutzhülse über den Einlassventilschaft aufsetzen. Die Abdichtungen auf die Ventilführungen aufdrücken, bis sie einwandfrei sitzen.

Ventilfedern mit der Farbmarkierung nach unten weisend aufstecken und die Ventilfederkeile wieder montieren. Unbedingt darauf achten, dass sie einwandfrei sitzen.

Bild 67 Ausmessen einer Nockenwelle auf Schlag.

■ Das Nockenwellenrad etwas anheben, um die Kette nicht aus dem Eingriff zu bringen, und die Kurbelwelle durchdrehen, bis die beiden Ventile des nächsten Zylinders geschlossen sind. Wie bereits erwähnt, muss diese Arbeit sorgfältig durchgeführt werden. Beide Ventile müssen in der gleichen Höhe liegen, ehe man die Ventilfederkeile ausbauen kann.

☞ Den Ventilfederzusammendrücker sehr langsam betätigen, da die Ventilkegelhälften manchmal an den Schäften hängen. Es muss unbedingt verhindert werden, dass man durch schnellen Druck die Ventilteller in die Kolben drückt. Nur die Ventilfedern dürfen sich nach unten bewegen.

Zylinderkopf zusammenbauen

Der Zusammenbau findet in umgekehrter Reihenfolge unter Beachtung der folgenden Punkte statt.

■ Zum Einbau der Ventile diese gut einölen und der Reihe nach in die entsprechenden Ventilführungen einsetzen.

■ Die Ventilschaftabdichtungen müssen sich für den in Frage kommenden Motor eignen. Der Reparatursatz enthält Montagehülsen, welche beim Einbau durch Abdichtungen zu benutzen sind, wie oben beschrieben wurde.

■ Ventilfeder und Ventilfederteller auf das Ventil aufsetzen und den Ventilheber zum Zusammendrücken der Feder benutzen. Ventilkegelstücke mit einer Spitzzange einsetzen und den Ventilfederheber zurücklassen. Kontrollieren, dass die Ventilkegelstücke ringsherum eingerastet haben. Zur Kontrolle einen leichten Schlag mit einem Hauthammer auf jedes Ventil geben. Nicht richtig sitzende Ventilkegelstücke werden herausspringen – man legt einen Lappen über das Ventil, falls es vorkommen sollte.

■ Nockenwellen einbauen, wie es später beschrieben wird. Alle anderen Arbeiten in umgekehrter Reihenfolge zur Zerlegung durchführen.

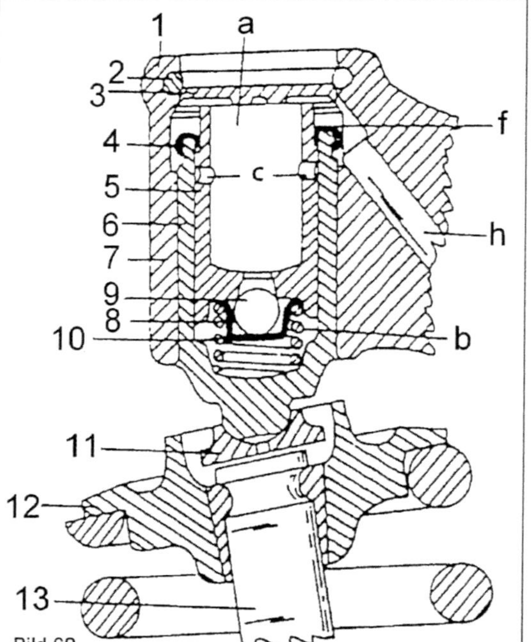

Bild 68
Schnitt durch ein Ausgleichselement.
1 Kipphebel
2 Sprengring
3 Scheibe
4 Verschlusskappe
5 Druckstift
6 Führungshülse
7 Kugelführung
8 Druckfeder
9 Kugel, 4 mm
10 Druckfeder
11 Kugelpfanne
12 Ventilfederteller
13 Ventil
a Ölkammer
b Arbeitskammer
c Rücklaufbohrungen
f Ringnut
h Ölkanal

Hydraulische Stößelausgleichselemente

Die Aufgabe der Ausgleichselemente ist es das Ventilspiel auszugleichen, welches sich unter anderem durch Wärmeausdehnung der Teile und Verschleiß verändert. Der Kipphebel ist in dauerhafter Verbindung mit der Nockenwelle, sodass Geräusche vom Ventilmechanismus sehr niedrig gehalten werden. Damit man den Mechanismus besser verstehen kann, soll eine kurze Beschreibung gegeben werden. Bild 68 hilft bei der folgenden Erklärung:
Die hydraulischen Ausgleichselemente sind in die Kipphebel eingesetzt und betätigen die Ventile direkt über eine Kugelpfanne (11). Die Elemente bestehen aus den folgenden Hauptteilen:

■ Druckstift (5) mit Ölkammer (a) und den Rücklaufbohrungen sowie dem Kugelventil (Rückschlagventil), d. h. Teile (9), (7) und (10). Das Kugelventil trennt die Ölkammer von der Arbeitskammer.

■ Führungshülse (6) mit Arbeitskammer (b), Druckfeder (8) und Verschlusskappe (4).

■ Bei abgestelltem Motor, wenn das Element vom Nocken unter Spannung gehalten wird, kann sich das Element vollkommen zurückziehen. Das aus der Arbeitskammer (b) herausgedrückte Öl fließt durch den Ringspalt, d. h. den Spalt zwischen der Führungshülse und dem Druckstift, zur Ölkammer (a).

■ Wenn sich die Nockenspitze am Kipphebel vorbeigedreht hat, ist der Druckstift (5) ohne Belastung. Die Druckfeder (8) drückt den Stift nach oben, bis der Kipphebel gegen den Nocken anliegt. Der durch die Aufwärtsbewegung des Druckstiftes in der Arbeitskammer hergestellte Unterdruck öffnet das Kugelventil, und das Öl kann aus der Ölkammer in die Arbeitskammer fließen. Das Kugelventil schließt sich, wenn der Kipphebel gegen den Nocken drückt und der Druckstift dabei unter Belastung kommt. Das Öl in der Arbeitskammer wirkt jetzt als eine feste hydraulische Verbindung und öffnet das betreffende Ventil.

- Bei laufendem Motor und je nach Motordrehzahl und Stellung des Nockens wird der Druckstift nur etwas nach unten gedrückt.
- Das zum Betrieb der Ausgleichselemente erforderliche Öl wird durch eine über die Länge des Zylinderkopfes verlegte Ölleitung sowie die zu den Kipphebellagerböcken führenden Querbohrungen geliefert. Von da läuft das Öl zu der Kipphebelwelle und durch eine Bohrung (h) im Kipphebel zum betreffenden Element. Die Ölzufuhr zu der Ölkammer erfolgt durch Schlitze in der Scheibe (3). Die Ölmenge in der Ölkammer (a) ist ausreichend, um die Arbeitskammer (b) unter allen Betriebsbedingungen zu füllen. Öl oder Lecköl, welches nicht gebraucht wird, oder eingeschlossene Luft können durch den Ringspalt zwischen der Scheibe (3) und dem Kipphebel austreten. Das aus der Arbeitskammer ausgestoßene Öl fließt über den Ringspalt zwischen der Führungshülse und dem Druckstift und die beiden Rücklaufbohrungen (c) wieder in die Ölkammer.

Falls die Stößel ausgebaut werden, muss man die folgenden Punkte beachten:

- Stößel immer aufrecht stehend lagern, d. h. mit der offenen Seite nach oben.
- Nach dem Ausbau eines Stößels die Zylindernummer und die Stößelbohrung bei der Ablage entsprechend vermerken.

Kontrolle der Stößel

Da die Stößel in ständigem Kontakt mit der Nockenwelle sind, ist das Stößelgeräusch kaum wahrnehmbar. Falls man jedoch Geräusche aus dieser Gegend hört, kann man die folgende Prüfung durchführen:

- Motor 5 Minuten lang mit einer Drehzahl von 3000/min. laufen lassen.
- Die Zylinderkopfhaube abmontieren.
- Den Nocken des betreffenden Stößels durch Drehen der Kurbelwelle mit dem Nockenrücken gegen den Stößel bringen, d. h. die Nockenspitze muss nach oben weisen.

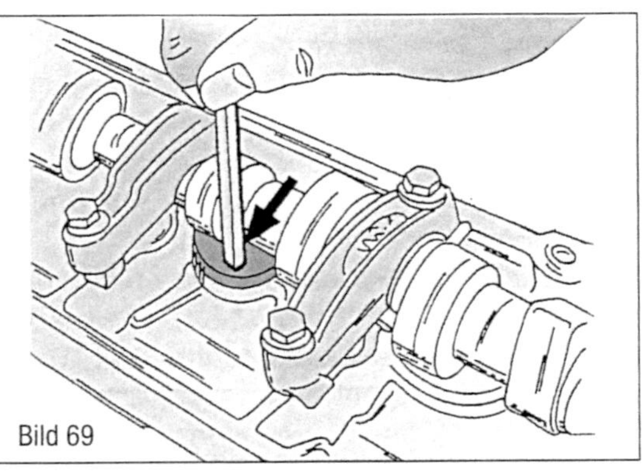
Bild 69

Bild 69 Kontrolle eines Stößels auf unzureichende Ölzufuhr oder andere Schäden.

- Mit einem Dorn den Stößel nach innen drücken (Bild 69) oder versuchen den Stößel mit der Hand zu bewegen.
- Falls sich der Stößel leicht hineindrücken lässt oder Spiel zwischen dem Stößel und dem Nockenrücken vorhanden ist, baut man am besten einen neuen Stößel ein. Dieser wird mit dem hydraulischen Ausgleichselement in der Innenseite geliefert. Obwohl man den Stößel wieder in seine Grundstellung bringen kann, raten wir von dieser Arbeit ab, da sie mit vielen komplizierten Messungen verbunden ist.

Aus- und Einbau der Stößel

- Nockenwellen ausbauen.
- Den oder die Stößel der Reihe nach mit einem Sauger aus den Bohrungen ziehen und sofort deren Zugehörigkeit in geeigneter Weise kennzeichnen.

Beim Einbau die Stößel in die ursprünglichen Bohrungen einsetzen, falls sie wieder verwendet werden. Die Nockenwellen einbauen und alle anderen Arbeiten in umgekehrter Reihenfolge wie beim Ausbau durchführen.

Kolben und Pleuelstangen

Ausbau

Die Kolben werden aus einer besonderen Leichtmetall-Legierung hergestellt.

Im Oberteil jedes Kolbens sind drei Kolbenringe eingesetzt, welche federnd gegen die Zylinderwandungen drücken. Die beiden oberen Ringe sind so genannte Verdichtungsringe, d. h. sie verwehren dem im Zylinder vorhandenen Druck den Rückweg in das Kurbelgehäuse. Der untere Ring ist der Ölabstreifring, welcher übermäßiges Öl von der Zylinderwandung abstreift, sodass dieses nicht in den Verbrennungsraum gelan-

gen kann. Der obere Ring besitzt einen rechteckigen Querschnitt, der mittlere Ring hat eine Innenfase, der Ölabstreifring ist an der Außenseite verchromt. Nur diese Einbauweise gewährleistet, dass die Kolbenringe ihre Funktion erfüllen können.
Die Pleuelstangen verbinden die Kolben mit der Kurbelwelle. Ein Kolbenbolzen verbindet den Kolben mit der Pleuelstange. Bild 70 zeigt wie die Teile bei einem Vierzylindermotor miteinander verbunden sind.

Bild 70
Zum Aus- und Einbau der Kolben und Pleuelstangen beim M111-Motor. Einbaurichtung von Kolben und die Kennzeichnung der Pleuelstangen und Lagerdeckel sind mit den Pfeilen gezeichnet.
1 Pleuellagerdeckel
2 Pleuelstange
3 Pleuellagerschraube, Anziehweise und Drehmoment beachten (siehe Text)
4 Kolben
5 Kolbenbolzensicherungsring
6 Kolbenbolzen

Beim Motor M111 – Serie 163

Kolben und Pleuelstangen werden mit einem Hammerstiel von der Innenseite des Zylinderblocks nach oben herausgestoßen, nachdem die Pleuellagerdeckel und Lagerschalen abmontiert wurden. Vor der Durchführung dieser Arbeiten sind die nachstehenden Anweisungen betreffend Kennzeichnung, Einbaurichtung usw. zu beachten:

- Der Motor sollte ausgebaut sein, obwohl die Arbeiten auch bei eingebautem Motor durchgeführt werden können. Ölwanne, Ölpumpe und Zylinderkopf müssen abmontiert werden.
- Die Kolben und Zylinderbohrungen sind innerhalb bestimmter Toleranzgruppen in drei Durchmessergruppen unterteilt und werden durch Buchstaben gekennzeichnet. Die Gruppennummer ist neben die Zylinderbohrung in die Zylinderblockfläche eingeschlagen. Die Gruppennummer des Kolbens muss immer identisch mit der Nummer neben der Zylinderbohrung sein.

Bild 70

- Jeder Kolben trägt einen Pfeil, um anzugeben, in welcher Richtung der Kolben einzubauen ist, wie es im oberen Kreisausschnitt von Bild 70 zu sehen ist. Der Pfeil weist in Fahrtrichtung.
- Jeden Kolben und die dazugehörige Pleuelstange mit der Nummer des Zylinders versehen, aus welchem sie ausgebaut wurden. Dies kann man am besten durchführen, indem man die Zylindernummer mit Farbe auf den Kolbenboden aufzeichnet. Ebenfalls einen zur Vorderseite des Motors weisenden Pfeil in den Kolbenboden einzeichnen, da der eingezeichnete Pfeil durch die angesetzte Ölkohle nicht mehr sichtbar ist.
- Beim Ausbau eines Kolbens mit der Pleuelstange die genaue Einbaurichtung des Pleuellagerdeckels beachten und sofort nach dem Ausbau den Pleuel und den Lagerdeckel auf der Auspuffseite mit der Zylindernummer zeichnen. Dies lässt sich am besten mit einem Körner oder Farblinie durchführen (Zylinder Nr. 1 einen Körnerschlag, Nr. 2 zwei Körnerschläge, usw.), wie man es in Bild 70 im unteren Kreisausschnitt sehen kann. Pleuelstange und Pleuellagerdeckel sind aufeinander angepasst und dürfen unter keinen Umständen verwechselt werden.
- Lagerschalen entsprechend der Pleuelstange und zum Lagerdeckel zeichnen. Die oberen Lagerschalen sind mit einer Ölbohrung (zur Schmierung des Kolbenbolzens) versehen.
- Die Kurbelzapfen können bis zu viermal nachgeschliffen werden. Lagerschalen stehen in entsprechenden Größen in Abstufung von je 0,25 mm zur Verfügung.
- Lagerdeckel und Schalen entfernen und die Teile wie oben erwähnt herausstoßen. Falls erforderlich, den Ölkohlering an der Oberseite der Zylinderbohrungen mit einem Schaber abkratzen.
- Kolbenbolzen herausdrücken, nachdem die Sicherungsspangen entfernt wurden. Ein Einschnitt im Kolbenauge ermöglicht das Ansetzen eines Schraubenziehers, sodass man die Sicherungsspangen heraushebeln kann (siehe Bild 71). Den Bolzen mit einem passenden Dorn herauspressen.
- Kolbenringe mit einer Kolbenringzange der Reihe nach über den Kolbenboden abnehmen, wie es Bild 72 zeigt. Sollen die Ringe wieder verwendet werden, sind sie entsprechend zu zeichnen. Falls keine Kolbenringzange zur Verfügung steht, können

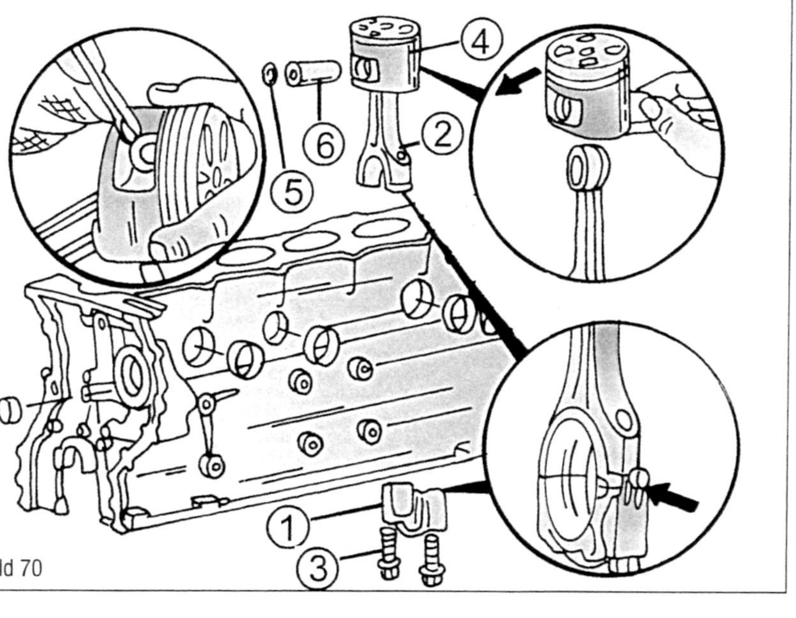

Metallstreifen an gegenüberliegenden Seiten des Kolbens unter den Ring geschoben werden, wie es Bild 73 zeigt. Einen Streifen unbedingt unter das Ende des Ringes unterlegen, um Kratzer zu vermeiden.

Die folgenden Hinweise sind beim Ausbau der Kolben des M112, M113 und M272 in Serien 163 und 164 und beim Dieselmotor 642 in Serie 164 zu beachten. Wie weisen auf die einzelnen Versionen hin.

Bei den Motoren M112, M113 im ML320, ML350 und ML430 – Serie 163

- Bei der Serie 163 muss der Motor ausgebaut werden. Das automatische Getriebe vom Motor trennen.
- Oberteil der Ölwanne, den Zylinderkopf und die Ölpumpe ausbauen. Beim Ausbau der Ölpumpe den Kettenspanner zurückdrücken und die Kette abheben.
- Der Ausbau der Kolben geschieht in der beim M111-Motor beschriebenen Weise (auf der linken oder rechten Zylinderbank). Bild 74 zeigt wie ein Kolben an der Kurbelwelle befestigt ist.

Beim Motor M113 im ML500 – Serie 164

- Motor ausbauen und das automatische Getriebe vom Motor trennen.
- Oberteil der Ölwanne, den Zylinderkopf und die Ölpumpe ausbauen. Beim Ausbau der Ölpumpe den Kettenspanner zurückdrücken und die Kette abheben.
- Der Ausbau der Kolben geschieht in der beim M111-Motor beschriebenen Weise (auf der linken oder rechten Zylinderbank). Bild 74 zeigt wie ein Kolben an der Kurbelwelle befestigt ist.

Beim Motor M272 im ML350 – Serie 164

- Motor ausbauen.
- Das Unterteil der Ölwanne, danach die gesamte Ölwanne sowie die Ölpumpe ausbauen.
- Ölleitblech an der Unterseite des Kurbelgehäuses ausbauen.
- Den Ansaugkrümmer ausbauen.
- Die beiden Zylinderköpfe ausbauen, wie es für diesen Motor beschrieben wurde.
- Der Ausbau der Kolben geschieht in der beim M111-Motor beschriebenen Weise (auf der linken oder rechten Zylinderbank). Bild 74 zeigt wie ein Kolben an der Kurbelwelle befestigt ist.

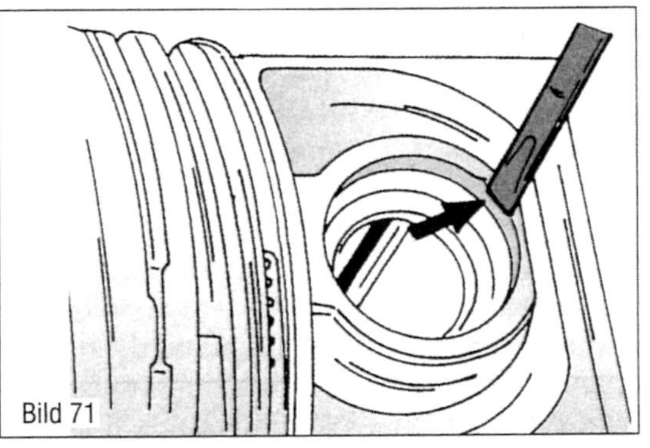

Bild 71
Aushebeln des Sicherungsringes eines Kolbenbolzens. Den Schraubendreher an der Trennstelle des Ringes einsetzen.

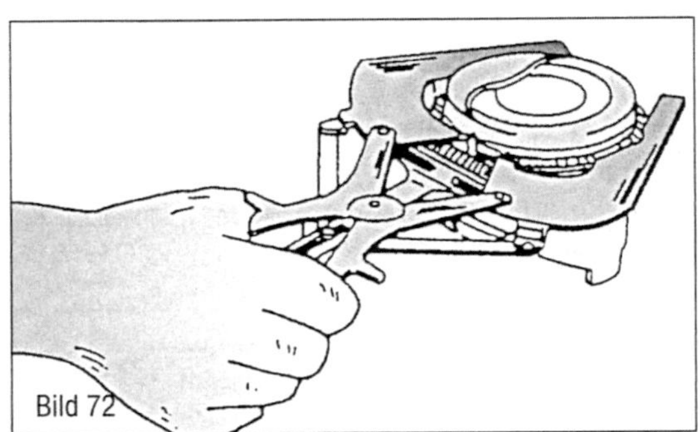

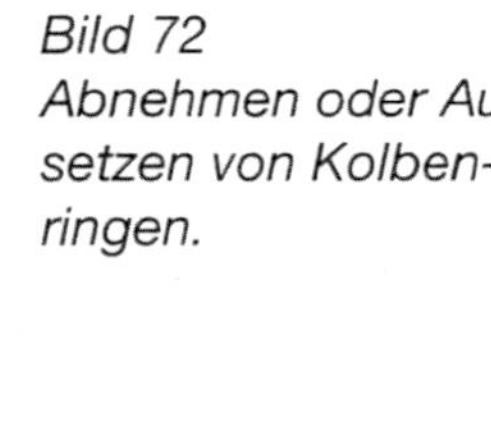

Bild 72
Abnehmen oder Aufsetzen von Kolbenringen.

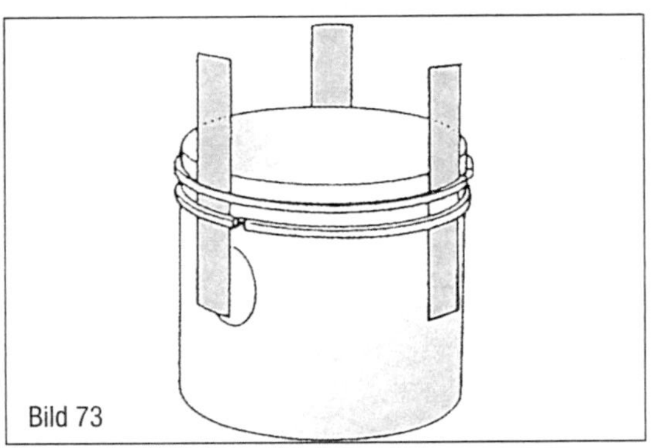

Bild 73
Benutzung von Metallstreifen zum Abstreifen oder Aufsetzen von Kolbenringen. Einen Streifen unbedingt unter den Stoß des Ringes unterlegen, um ein Zerkratzen des Kolbens zu vermeiden.

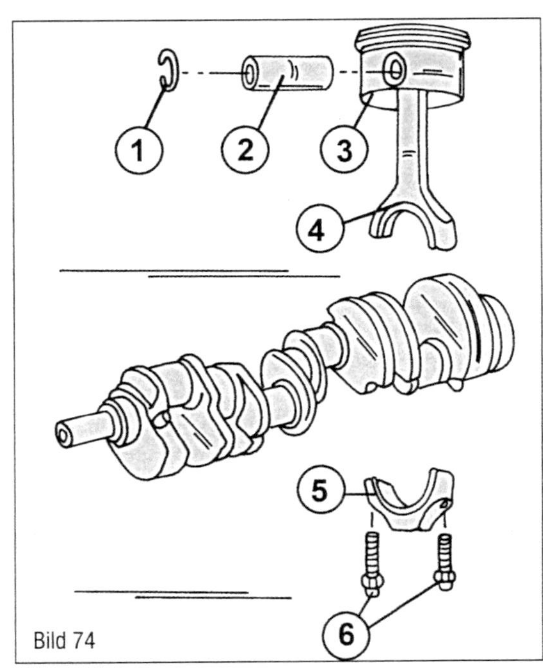

Bild 74
Kolben und Pleuelstangen beim V8-Motor (M113).
1 Sicherungsring
2 Kolbenbolzen
3 Kolben
4 Pleuelstange
5 Pleuellagerdeckel
6 Lagerdeckelschrauben

Beim Motor M642 im ML280 CDI und ML320 CDI – Serie 164

Die komplizierteste Arbeit innerhalb der Bauserie. Der Motor muss zusammen mit dem Vorderachsträger ausgebaut werden, das Getriebe muss zusammen mit dem Drehmomentwandler ausgebaut werden. Den Motor danach vom Vorderachsträger trennen und in einen Montagestand einspannen. Zylinderkopf, Ölwanne und Ölpumpe ausbauen. Linke und rechte Kolben in geeigneter Weise kennzeichnen, da man sie nicht verwechseln darf, falls sie wieder eingebaut werden sollen. Kolben in der beim M111-Motor beschriebenen Weise ausbauen, aber wiederum linke und rechte Pleuelstangen entsprechend der Einbaulage kennzeichnen.

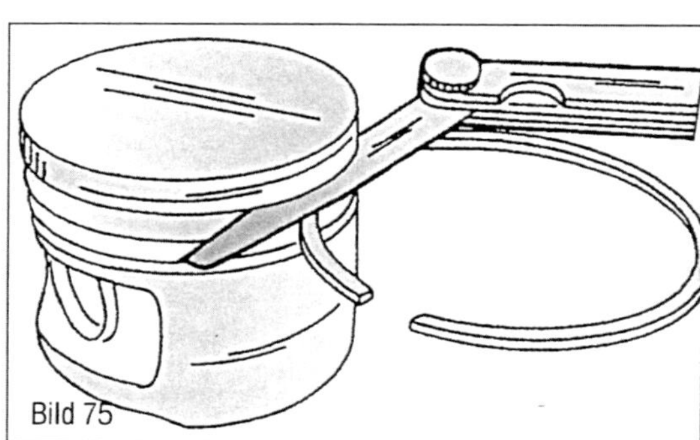

Bild 75
Das Höhenspiel der Kolbenringe mit Fühlerlehren ausmessen. Die Ringnuten müssen einwandfrei gereinigt werden. Falls man einen alten, abgebrochenen Kolbenring besitzt, kann man diesen zum Reinigen benutzen.

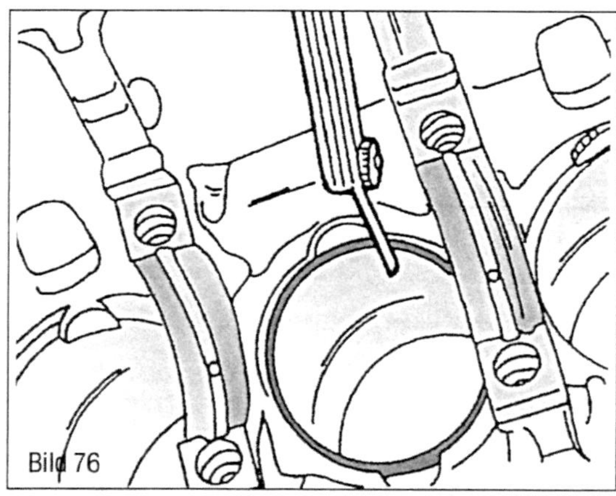

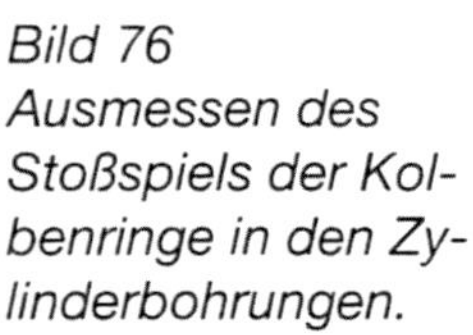

Bild 76
Ausmessen des Stoßspiels der Kolbenringe in den Zylinderbohrungen.

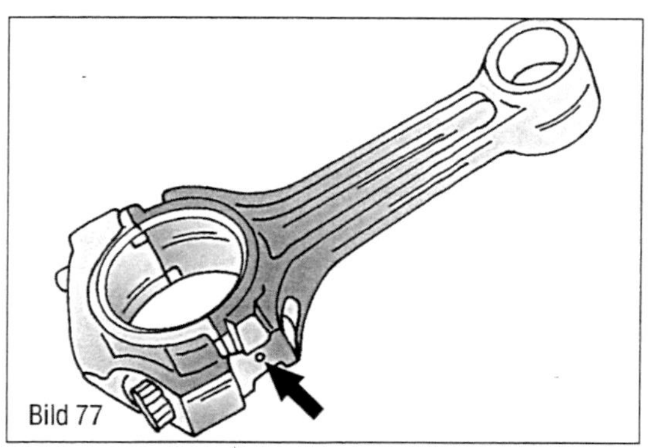

Bild 77
Die Pfeile zeigen, wo die Gewichtskategorie in Pleuelstange und Lagerdeckel eingezeichnet ist.

Zylinderbohrungen ausmessen

Zum Ausmessen der Zylinderbohrungen ist eine Zylindermessuhr erforderlich, mit der es möglich ist, die Mitte und die Unterseite der Bohrung auszumessen. Wir empfehlen, den Zylinderblock zum Ausmessen der Bohrungen in eine Werkstatt zu bringen. Die Werkstatt kann den Zylinderblock ausbohren und neue Kolben einbauen, sollte dies erforderlich sein.

Kolben und Pleuelstangen überprüfen

Alle Teile gründlich kontrollieren. Falls Teile Anzeichen von Fressern, Kratzern oder Verschleiß aufweisen, müssen sie erneuert werden.

Das Höhenspiel der Kolbenringe in den Nuten des Kolbens ausmessen, indem man die Kolbenringe der Reihe nach in die jeweilige Nut einsetzt. Mit einer Fühlerlehre den Spalt zwischen der Ringfläche und der Kolbennutenfläche ermitteln, ähnlich wie man es in Bild 75 sehen kann. Falls die Spalte der Ringe den in den technischen Daten angegebenen Wert überschreiten, sind entweder die Ringe oder der Kolben abgenutzt.

- Als Nächstes der Reihe nach alle Kolbenringe von der Unterseite des Kurbelgehäuses in die Zylinderbohrungen einsetzen. Mit einem umgekehrten Kolben die Ringe ca. 20 mm nach unten drücken. Dadurch sitzen sie gerade in der Bohrung. Eine Fühlerlehre in den Spalt zwischen den beiden Ringenden einschieben (siehe Bild 76), um das Kolbenringstoßspiel auszumessen. Die Verschleißgrenze der Ringe ist in den technischen Daten angegeben.
- Die Kolbenbolzen und Pleuelstangenbüchse auf Verschleiß oder Fressstellen kontrollieren. Falls nur eine Pleuelstange nicht mehr einwandfrei ist, kann diese getrennt erneuert werden, jedoch muss das Gewicht dem ursprünglichen Pleuel entsprechen, da der Unterschied des Pleuelgewichts in einem Motor nicht mehr als 5 g betragen darf. Die Pleuelstangen sind entweder mit einem oder zwei Körnerschlägen an der in Bild 77 gezeigten Stelle gezeichnet, und nur eine Pleuelstange mit der gleichen Kennzeichnung darf eingebaut werden. Wir schlagen vor, diese Arbeit in einer Motorenwerkstatt durchführen zu lassen.
- Pleuelstangen ebenfalls in einem Pleuelrichtgerät auf Verdrehung oder Verbiegung

kontrollieren, welche nur minimal sein dürfen. Auch hier ist eine Motorenwerkstatt besser in der Lage die Kontrolle durchzuführen.
Die folgenden Anweisungen betreffen ebenfalls die Pleuelstangen:

- Pleuelstangen, welche aufgrund von Lagerschäden überhitzt wurden (blau angelaufen), dürfen nicht wieder verwendet werden.
- Pleuelstangen und Lagerdeckel sind aufeinander angepasst und müssen dementsprechend eingebaut werden.
- Neue Pleuelstangen kommen mit vorgeriebenen Pleuelaugenbüchsen und eignen sich zum sofortigen Einbau.
- Falls der Pleuel noch in einwandfreiem Zustand ist, der Kolbenbolzen jedoch zu viel Spiel in der Pleuelaugenbohrung hat, kann man die alte Büchse erneuern lassen.

Pleuellagerlaufspiel ausmessen
Diese Arbeit wird im Zusammenhang mit der Kurbelwelle beschrieben.

Kolben und Pleuelstangen zusammenbauen

- Vor dem Zusammenbau die Oberfläche des Kolbenbodens kontrollieren (falls neue Kolben eingebaut werden). Der Kolbendurchmesser, die Gruppennummer und die beiden letzten Zahlen der Ersatzteilnummer sind in den Kolben eingeschlagen und müssen entsprechend stimmen. Werden die ursprünglichen Kolben eingebaut, muss man sie entsprechend der Zylindernummer montieren.
- Werden neue Pleuelstangen eingebaut, die Seite des Pleuellagerdeckels kontrollieren. Wie in Bild 77 gezeigt, wird man da eine oder zwei Punktmarkierungen finden.
- Einen passenden Dorn besorgen, der sich in die Innenseite des Kolbenbolzens einsetzen lässt.
- Bolzen gut einölen und mit Handdruck in den Kolben und die Pleuelstange eindrücken. Der Pfeil im Kolbenboden muss zur Vorderseite des Motors weisen.
- Sicherungssprengringe auf beiden Seiten des Kolbens einsetzen und kontrollieren, dass sie einwandfrei in den Nuten sitzen.
- Kontrollieren, dass sich der Kolben nach dem Zusammenbau einwandfrei auf der Pleuelstange hin- und herkippen lässt.
- Mit einer Kolbenringzange der Reihe nach die Kolbenringe in die Nuten einsetzen (Bild 72). Die beiden Verdichtungsringe könnte man verwechseln und aus diesem Grund ist deren Querschnitt zu betrachten, ehe sie angebracht werden. In Bildern 78 und 79 sind die Ringe gezeigt und sie sind entsprechend zu montieren. Die Ringe sind mit »Top« gekennzeichnet oder der Name des Herstellers kann nach Einbau von oben gelesen werden. Die Stöße der Verdichtungsringe um jeweils 120° zueinander versetzen. Der Ölabstreifring ist entsprechend der Anordnung oben links anzuordnen.

Kolben und Pleuelstangen einbauen

- Zylinderbohrungen gut einölen.
- Alle Pleuel entsprechend den Zylindernummern auslegen. Die Kennzeichnungen an Pleuellagerdeckel und Pleuel müssen gegenüberliegen (Bild 70, unten rechts). Die Pfeile in den Kolbenböden müssen zur Vorderseite des Motors weisen (Bild 70, oben rechts).
- Kolbenringstöße der Verdichtungsringe in gleichmäßigen Abständen von 120° auf dem Umfang des Kolbens verteilen. Den mehrteiligen Ölabstreifring um 180° versetzt zum Ringstoß anordnen.
- Kurbelwelle durchdrehen, bis zwei der Kurbelzapfen an der Unterseite liegen.
- Ein Kolbenringspannband um die Kolbenringgegend legen (Bild 80) und die Kolbenringe in die Nuten drücken. Kontrollieren, dass sie einwandfrei eingedrückt sind.
- Pleuel von oben in die Bohrung einschieben. Den Motor dazu auf die Seite legen,

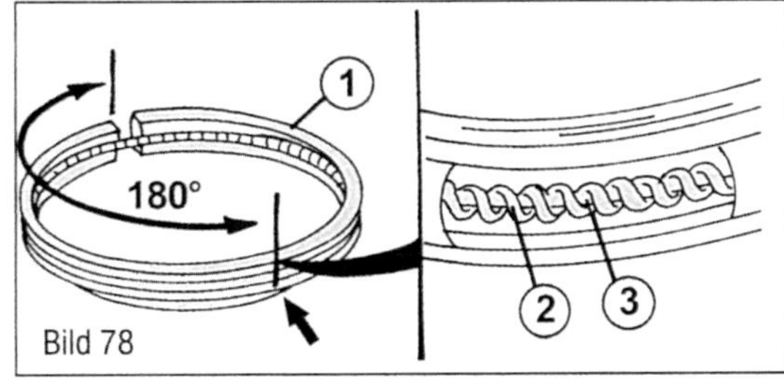

Bild 78
Richtiger Einbau des mehrteiligen Ölabstreifringes (alle Motoren).
1 Angeschrägter Ring mit Federeinsatz
2 Runde Feder
3 Federeinsatz

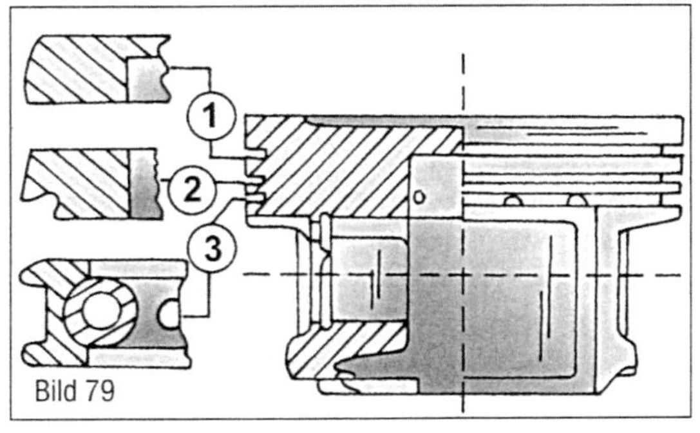

Bild 79
Schnitt durch einen Kolben und die Kolbenringe (alle Motoren).
1 Oberer Verdichtungsring
2 Zweiter Verdichtungsring
3 Mehrteiliger Ölabstreifring

Bild 80
Zum Einbau der Kolben ein Ringspannband verwenden. Kolben in die Bohrung drücken, bis das Spannband abgenommen werden kann.

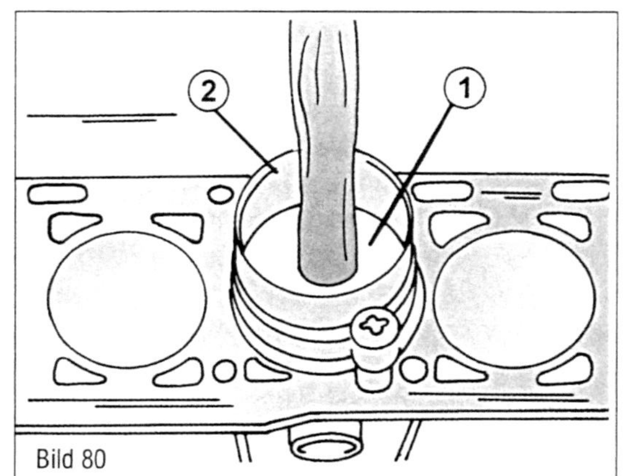

Bild 80

Bild 81
Anziehen der Pleuellagerdeckelschrauben beim M642-Motor. Die Anziehreihenfolge unbedingt beachten.

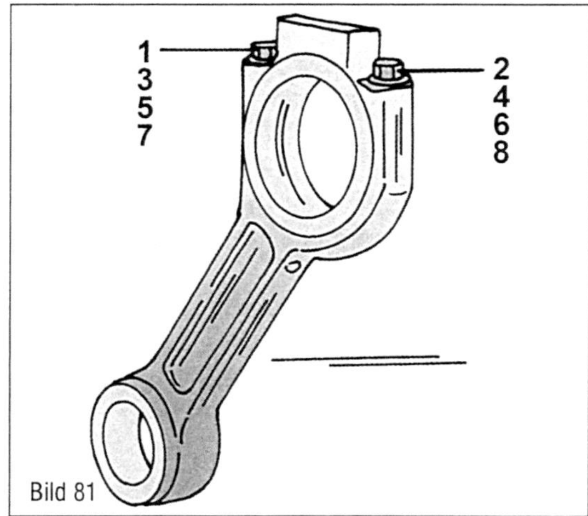

Bild 81

damit die Pleuelstange auf den Lagerzapfen geführt werden kann und die Bohrung oder den Pleuelzapfen nicht zerkratzt. Die Pleuellagerschale sollte sich bereits im Pleuel befinden. Nicht die Lagerschalen verwechseln.

- Kolben hineinschieben, bis die Ringe der Reihe nach in die Bohrung rutschen und der Pleuelfuß auf dem Kurbelzapfen aufsitzt.
- Zweite Lagerschale in den Lagerdeckel einlegen, mit der Führungsnase auf der linken Seite, und die Schale gut einölen. Den Deckel auf die Pleuelstange drücken und leicht anschlagen. Unbedingt darauf achten, dass die Kennzeichnungen gegenüberliegen, da man im letzten Moment noch einen Fehler machen kann.
- Die Anlageflächen der Pleuelschrauben auf dem Pleuellagerdeckel einölen.

Außer 642-Motor

- Die Pleuelschrauben abwechselnd auf ein Anziehdrehmoment von 5 Nm anziehen und nochmals mit 25 Nm (20 Nm beim 272-Motor) nachziehen. Aus der Endstellung um weitere 90°, d. h. um eine Viertelumdrehung anziehen.

642-Motor (ML 280 CDI, 320 CDI) – Serie 164

Das Anziehen der Pleuellagerdeckelschrauben erfolgt bei diesem Motor vollkommen unterschiedlich. Die Schrauben werden in 8 Stufen angezogen, welche von Mercedes-Benz als »Kurzarmstufe« und »Langarmstufe« bezeichnet werden. Bild 81 zeigt eine Pleuelstange mit der Erklärung der Anziehmethode. Die Zahlen weisen auf die Anziehstufen. Folgendermaßen vorgehen – Fehler vermeiden.

- Schraube – Kurzarmstufe (1) mit 15 Nm anziehen.
- Schraube – Langarmstufe (2) mit 20 Nm anziehen.
- Schraube – Kurzarmstufe (3) mit 30 Nm anziehen.
- Schraube – Langarmstufe (4) mit 40 Nm anziehen.
- Schraube – Kurzarmstufe (5) mit 40 Nm anziehen und aus der Endstellung um eine weitere Viertelumdrehung.
- Schraube – Langarmstufe (6) um eine weitere Viertelumdrehung nachziehen.
- Schraube – Kurzarmstufe (7) um eine weitere Viertelumdrehung nachziehen.
- Schraube – Langarmstufe (8) um eine weitere Viertelumdrehung nachziehen.

Alle Motoren

- Nach Einbau des Pleuels die Kurbelwelle einige Male durchdrehen, um Klemmer sofort festzustellen.

 Kennzeichnung aller Pleuel nochmals kontrollieren und ebenfalls überprüfen, ob die Kolben in die richtige Richtung weisen und ob die Kolben entsprechend der Zylindernummer eingebaut wurden, falls man die ursprünglichen Teile wieder verwendet.

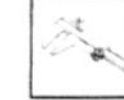 Mit einer Fühlerlehre das Seitenspiel jedes Pleuellagers auf dem Kurbelzapfen ausmessen. Dieses beträgt bei neuen Teilen 0,11 - 0,23 mm. Die Verschleißgrenze liegt bei 0,50 mm.

Alle anderen Arbeiten in umgekehrter Reihenfolge durchführen.

Zylinderblock

Bei einer Ganzzerlegung den Zylinderblock einwandfrei reinigen und alle Fremdkörper aus Hohlräumen und Ölkanälen entfernen.

Besonders auch darauf achten, dass Reinigungsflüssigkeiten vollkommen entfernt werden. Falls möglich mit Pressluft trocken blasen. Alle anderen Arbeiten am Block sollten einer Werkstatt überlassen werden.

Die Zylinderblockfläche wird in ähnlicher Weise wie ein Zylinderkopf auf Verzug kontrolliert. Den Block in Längsrichtung, Querrichtung und Diagonalrichtung vermessen. Eine Fühlerlehre von mehr als 0,05 mm Stärke darf sich nicht einschieben lassen.

Kurbelwelle und Schwungrad

Die Kurbelwelle hat die Aufgabe, die geradlinige Bewegung der sich auf- und abbewegenden Kolben in eine Drehbewegung zum Antrieb umzuwandeln. Um eine Verbiegung der Kurbelwelle zu vermeiden, muss diese im Zylinderblock gut abgestützt werden, d. h. neben jedem Pleuellager muss sich rechts und links ein Motorlager befinden. Aus diesem Grund haben die in dieser Ausgabe behandelten Motoren eine unterschiedliche Anzahl von Kurbelwellenlagern. Bild 82 zeigt die Kurbelwelle des 111-Motors. Bild 83 zeigt, wie dies beim V6-Motor aussieht. Die Welle des V8-Motors ist in Bild 84 gezeigt.

Auf der Getriebeseite der Kurbelwelle ist das Schwungrad oder bei eingebauter Getriebeautomatik die Mitnehmer- oder Antriebsscheibe für den Drehmomentwandler angeschraubt. Beide Teile sind mit einem Zahnkranz zum Eingriff für das Ritzel des Anlassers versehen.

Auf dem vorderen Ende der Kurbelwelle sitzen zwei Zahnräder, einmal zum Antrieb der Steuerkette und zum anderen Mal für die Ölpumpe. Diese Teile sind nicht sichtbar, da sie durch den Steuerdeckel verdeckt werden. Sichtbar auf dem Ende der Welle ist jedoch die Kurbelwellenriemenscheibe, welche mit dem Antriebsriemen, einem so genannten Poly-Riemen zum Antrieb der einzelnen Aggregate versehen ist. Je nach eingebauter Ausstattung können Lichtmaschine, Wasserpumpe, Lenkhilfspumpe oder Kompressor einer Klimaanlage angetrieben werden. Ein Schwingungsdämpfer ist zwischen die Riemenscheibe und die Nabe der Riemenscheibe eingesetzt.

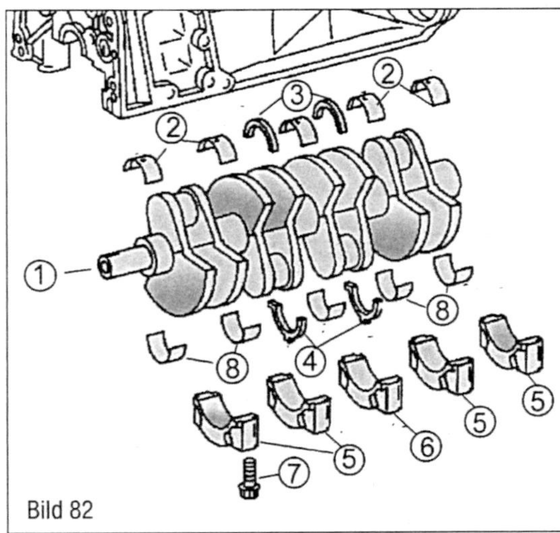
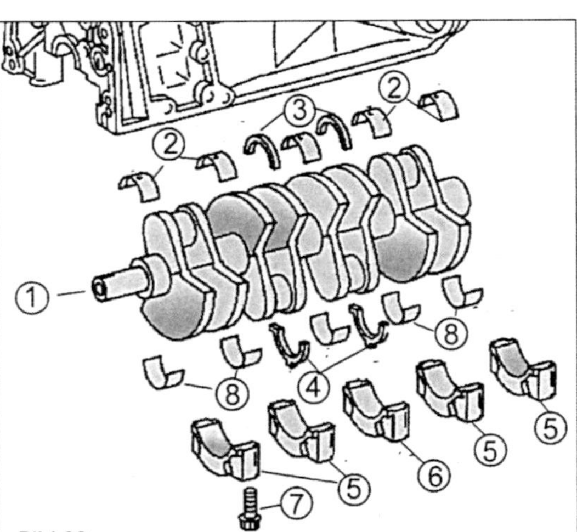
Bild 82

Bild 82
Kurbelwelle und Lagerteile beim Vierzylindermotor (M111).
1 Kurbelwelle
2 Lagerschalen im Kurbelgehäuse
3 Anlaufscheiben
4 Anlaufscheiben in Lagerdeckeln
5 Hauptlagerdeckel
6 Passlager
7 Lagerdeckelschraube, M11
8 Lagerschalen in Lagerdeckeln

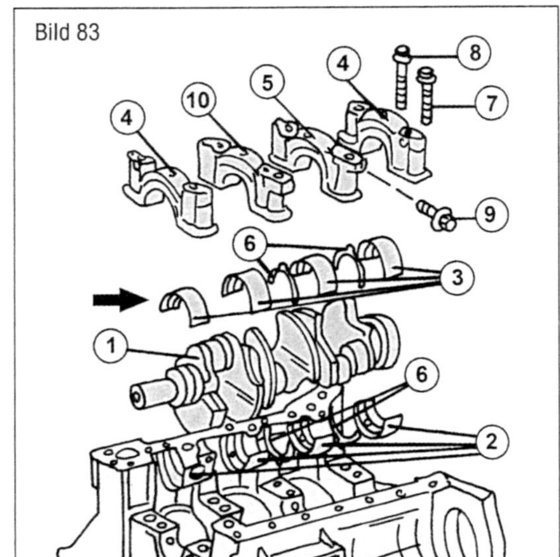
Bild 83

Bild 83
Kurbelwelle und Lagerteile beim V6-Motor.
1 Kurbelwelle
2 Lagerschalen im Kurbelgehäuse
3 Lagerschalen in Hauptlagerdeckeln
4 Hauptlagerdeckel an Außenseite
5 Passlager
6 Anlaufscheiben
7 Lagerdeckelschraube, M8 x 75
8 Lagerdeckelschraube, M10 x 90
9 Seitenschraube, M8 x 40
10 Hauptlagerdeckel

Ausbau der Kurbelwelle

Zum Ausbau der Kurbelwelle muss der Motor ausgebaut sein. Die Arbeiten werden bei allen Motoren in ähnlicher Weise durchgeführt, werden aber wie erforderlich getrennt beschrieben.

- Nach Ausbau des Motors die Ölwanne und die Ölpumpe ausbauen (unterschiedlich, je nach Motor), den hinteren Deckel für den Öldichtring abmontieren, den Zylinderkopf ausbauen und den Steuergehäusedeckel abmontieren. Falls nur die Kurbelwelle ausgebaut werden soll, können Kolben und Pleuelstangen im Zylinderblock verbleiben. Andernfalls die Kolben und Pleuelstangen ausbauen, wie es bereits beschrieben wurde. Falls die Pleuel und Kolben im Block verbleiben, der Reihe nach die Pleuellagerdeckel zeichnen und abnehmen und mit den Schalen zusammenhalten.
- Die Arbeiten sind jeweils unter getrennten Überschriften beschrieben.

Bild 84
Kurbelwelle und Lagerteile beim V8-Motor.
1 *Kurbelwelle*
2 *Lagerschalen in Kurbelgehäuse*
3 *Lagerschalen in Hauptlagerdeckeln*
4 *Hauptlagerdeckel an Außenseite*
5 *Passlager*
6 *Anlaufscheiben*
7 *Lagerdeckelschraube, M8 x 75*
8 *Lagerdeckelschraube, M10 x 90*
9 *Seitenschraube, M8 x 40*
10 *Hauptlagerdeckel*

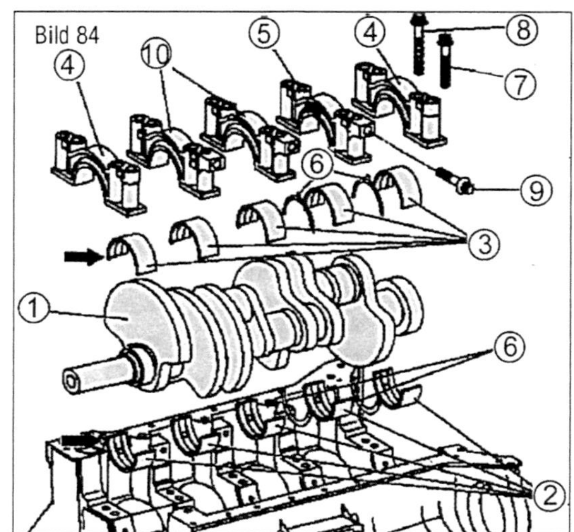

Bild 85
Kontrolle des Axialspiels der Kurbelwelle.

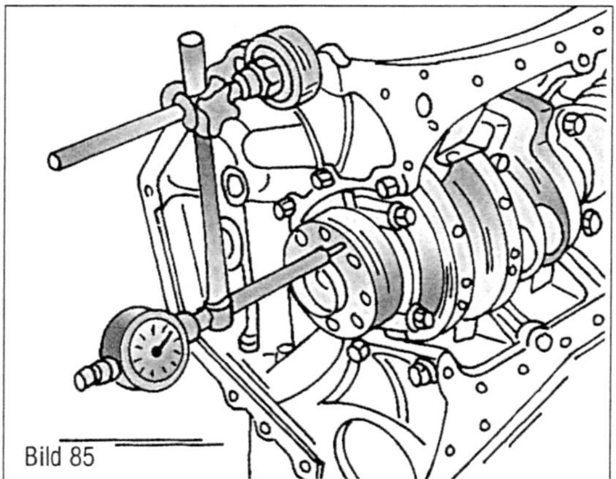

- Das Schwungrad in geeigneter Weise gegenhalten und die Kupplungsschrauben gleichmäßig über Kreuz lösen. Die Schrauben lassen sich auch meistens mit einem abgewinkelten Inbusschlüssel lösen, ohne das Schwungrad gegenzuhalten. Dazu den Schlüssel im rechten Winkel aufsetzen, eine Verlängerung auf das Ende des Schlüssels aufstecken und mit der Hand auf das Ende des Schlüssels schlagen. Durch die Schlagwirkung lösen sich die Schrauben in den meisten Fällen. Vor dem Abbau der Kupplung mit einem Körner in die Druckplatte und das Schwungrad schlagen, um die Teile miteinander zu zeichnen. Von der Vorderseite des Motors die Schraube der Kurbelwellenriemenscheibe lösen, solange man das Schwungrad gegenhalten kann. Eine Antriebsscheibe eines automatischen Getriebes in gleicher Weise lösen.

Das Axialspiel der Kurbelwelle vor Ausbau kontrollieren. Dazu eine Messuhr mit einem Ständer so vor die Vorderseite des Zylinderblocks setzen, dass der Messfinger auf dem Endzapfen der Kurbelwelle aufsitzt (Bild 85). Mit einem Schraubendreher die Kurbelwelle nach einer Seite drücken, die Messuhr auf Null stellen und die Welle auf die andere Seite drücken. Die Anzeige der Uhr ist das Axialspiel der Kurbelwelle und ist für den späteren Zusammenbau aufzuschreiben. Wenn es mehr als 0,30 mm beträgt, muss dies bei der Montage berücksichtigt werden. Das mittlere Lager ist mit zwei Anlaufscheiben links und zwei rechts versehen (siehe Bilder 82 bis 84 zwecks Lage), um das Axialspiel aufzunehmen. Falls dieses zu groß ist, können neue Scheiben eingebaut werden, jedoch muss auf beiden Seiten die gleiche Scheibenstärke verwendet werden.

- Schrauben des Dichtungsflansches an der Rückseite des Motors abschrauben und den Flansch vorsichtig vom Zylinderblock abdrücken.

Die Welle kann jetzt folgendermaßen ausgebaut werden.

Vierzylinder (111-Motor)

Bild 82 zeigt die ausgebaute Kurbelwelle mit der Lagerung der Welle.

- Getriebe vom Motor abflanschen. Beim Abheben des Getriebes die Kupplungswelle nicht verbiegen.
- Lagerdeckelschrauben (7) der Kurbelwelle gleichmäßig über Kreuz lösen und der Reihe nach die Deckel (5 und 6) abnehmen. Kontrollieren, dass die Deckelnummern gut sichtbar sind. Die Deckel sind in der Mitte mit den Nummern 1 bis 5 gezeichnet. Deckel Nr. 1 befindet sich auf der Riemenscheibenseite.
- Lagerschalen (8) von den Lagerzapfen abnehmen und mit den entsprechenden Lagerdeckeln zusammenhalten. Alle Lagerschalen auf dem Rücken mit der entsprechenden Lagernummer kennzeichnen. Ebenfalls die Anlaufscheiben (4) entfernen. Wiederum kennzeichnen, wo sie eingesetzt sind.
- Kurbelwelle (1) vorsichtig aus dem Zylinderblock herausheben und die verbleibenden Schalen (2) und die Anlaufscheiben (3) aus dem Kurbelgehäuse herausnehmen und mit den anderen Schalen und Deckeln zusammenhalten. Diese Lagerschalen sind mit einer Ölbohrung und einer Ölschmiernut versehen, und beim Zusammenbau müssen diese wieder in das Kurbelgehäuse kommen.

V6- und V8-Motor (M112 und M113)

Die Arbeiten werden bei beiden Motorenausführungen in ähnlicher Weise durchgeführt. Die Anweisungen gelten für den V6-Motor (siehe Bild 82), jedoch sind die Teile des V8-Motors in Bild 84 gezeigt.

- Die Schrauben der Hauptlagerdeckel in umgekehrter Reihenfolge der Zahlen in Bild 86 (beim V6) oder Bild 87 (V8) lockern. Zu beachten sind die unterschiedlichen Längen und Durchmesser der Schrauben. Jeder Lagerdeckel wird auf jeder Seite mit zwei Schrauben von oben gehalten und die Seite jedes Deckels wird zusätzlich durch eine von der Seite eingesetzte Schraube befestigt. Jeder Deckel und die Einbaulage muss nach Ausbau gezeichnet werden.
- Lagerdeckel (4), Lagerdeckel (10) und das Passlager (5) abnehmen. Deckel (10) und (5) sitzen sehr fest und müssen vorsichtig abgehebelt werden. Lagerschalen (2) von den Lagerzapfen abnehmen (könnten ebenfalls an den Deckeln festkleben) und sofort auf der Rückseite mit der entsprechenden Lagernummer kennzeichnen.
- Die Kurbelwelle (1) aus dem Zylinderblock herausheben und die verbleibenden Anlaufscheiben (6) vom mittleren Lager sowie die verbleibenden Lagerschalen aus dem Kurbelgehäuse herausnehmen. Schalen mit den unteren Lagerschalen und den Lagerdeckeln zusammenhalten. Diese Schalen haben eine Ölbohrung und müssen immer in das Kurbelgehäuse eingesetzt werden, wenn die Welle eingebaut wird.

Überprüfung der Teile

Haupt- und Pleuellagerzapfen müssen mit Präzisionsinstrumenten ausgemessen werden, um den genauen Durchmesser zu ermitteln. Lagerzapfen können je nach Motor bis zu viermal nachgeschliffen werden, um Reparaturgröße-Lagerschalen einzubauen. Aus diesem Grund empfehlen wir, den Zylinderblock und die Kurbelwelle zum Ausmessen und Erneuern der Lagerschalen in eine Motorenwerkstatt zu bringen, wenn man der Ansicht ist, dass die Lager verschlissen sind.

Kurbelwelle einbauen

Vierzylindermotor

- Lagerbohrungen im Kurbelgehäuse gut reinigen und die Lagerschalen mit den Ölbohrungen in die Lagerbohrungen einlegen.

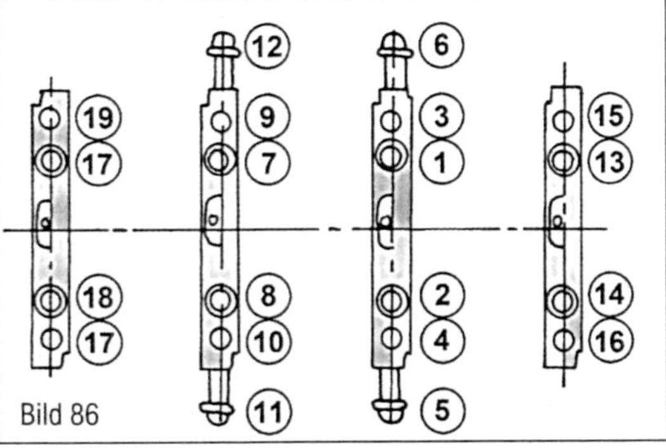

Bild 86

Bild 86 Anziehreihenfolge der Hauptlagerdeckel beim V6-Motor. Auf unterschiedlichen Durchmesser und Länge der Schrauben achten (siehe Bild 83).

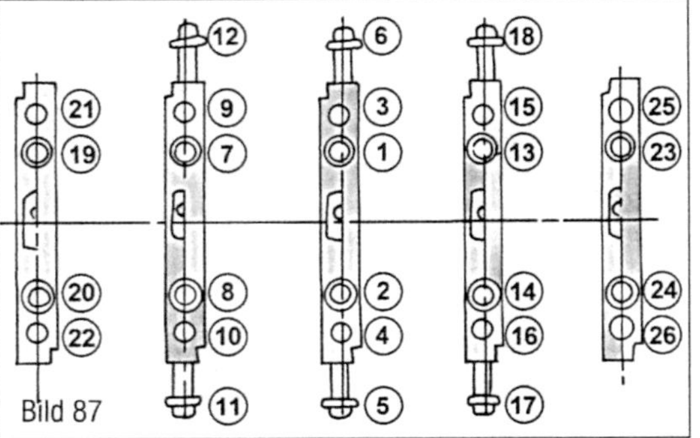

Bild 87

Bild 87 Anziehreihenfolge der Hauptlagerdeckel beim V8-Motor. Auf unterschiedlichen Durchmesser und Länge der Schrauben achten (siehe Bild 84).

Die Nasen der Schalen müssen in Eingriff kommen. Anlaufscheiben mit den Ölschmiernuten nach außen weisend am mittleren Lager einsetzen.

- Mit den Zeigefingern wie in Bild 88 gezeigt die beiden Anlaufscheiben gegen die Kurbelwelle drücken und in die richtige Lage bringen.
- Kurbelwelle einsetzen mit den eingesetzten Lagerschalen (Schalen wieder eingeölt und Nasen in Eingriff) in die richtige Lage heben. Die beiden Anlaufscheiben am mittleren Lagerdeckel ansetzen, wieder mit den Ölschmiernuten nach außen weisend. Lagerdeckel aufsetzen, wobei die Anlaufscheiben geführt werden müssen, damit sie nicht verrutschen können. Wiederum mit den Fingern halten (siehe Bild 88).
- Die Zahlenkennzeichnung der Lagerdeckel entsprechend Bild 89 überprüfen und mit den eingesetzten Lagerschalen aufsetzen. Mit einem Gummihammer anschlagen. Die Deckel können nur in einer Lage aufgesetzt werden, jedoch müssen die Deckelnummern beachtet werden.
- Die Schrauben von der Mitte nach außen vorgehend in mehreren Stufen auf 55 Nm anziehen und aus der Endstellung um weitere 90° nachziehen.
- Kurbelwelle einige Male durchdrehen, um sie auf Klemmschellen zu kontrollieren.
- Axialspiel der Kurbelwelle kontrollieren, wie es vorher beschrieben wurde.

Bild 88
Einbau eines Hauptlagerdeckels zusammen mit der Anlaufscheibe.

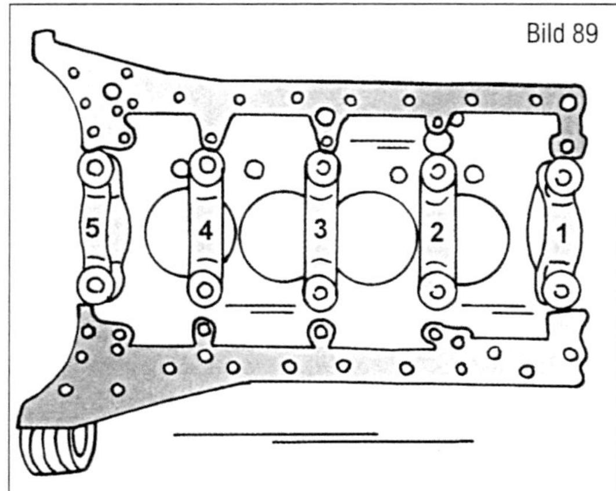

Bild 89
Die Nummern sind in die Mitte der Lagerdeckel eingestanzt.

Der verbleibende Einbau geschieht in umgekehrter Reihenfolge. Die verschiedenen Kapitel beschreiben die erforderlichen Arbeiten, d. h. Einbau der Kolben und Pleuelstangen, hinterer Öldichtringflansch, Steuermechanismus, Schwungrad und Kupplung (falls eingebaut), Ölpumpe, Ölwanne und Zylinderkopf.

V6- und V8-Motoren

Wiederum sind die Anweisungen für den V6-Motor gegeben. Falls die Kurbelwelle eines V8-Motors eingebaut wird, kann man sich auf Bild 84 beziehen, da der einzige Unterschied der zusätzliche Hauptlagerdeckel ist.

- Lagerbohrungen im Kurbelgehäuse gut reinigen und den Lagerdeckel (4), Lagerdeckel (10), Passlager (5) und die Lagerschalen im Kurbelgehäuse (2) sowie die Lagerschalen (3) und die Lagerschalen (2) im Kurbelgehäuse mit Motoröl einschmieren.
- Lagerschalen mit den Ölbohrungen in die Lagerbohrungen einlegen, Führungsnasen müssen eingreifen. Anlaufscheiben (6) mit den Ölschmiernuten nach außen weisend einsetzen. Die Zahlenangaben beziehen sich auf Bild 83.
- Mit den Zeigefingern wie in Bild 88 gezeigt die Anlaufscheiben gegen den Lagerdeckel drücken und den Deckel aufsetzen.
- Kurbelwelle in die Lagerbohrungen einsetzen und die Lagerdeckel mit den vorschriftsmäßig eingelegten Lagerschalen aufsetzen. Die beiden Anlaufscheiben am mittleren Lagerdeckel ansetzen, wieder mit der Ölschmiernut nach außen weisend. Lagerdeckel aufsetzen, wobei die Anlaufscheiben wieder entsprechend Bild 88 zu führen sind, damit sie nicht verrutschen können.
- Alle verbleibenden Lagerdeckel entsprechend der Nummerierung mit den eingelegten Lagerschalen aufsetzen und mit einem Gummihammer anschlagen. Die Deckel können nur in einer Stellung aufgesetzt werden, jedoch ist die Deckelnummerierung zu beachten.

Die Schrauben jetzt in der in Bild 86 (V6) oder Bild 87 (V8) gezeigten Reihenfolge anziehen, wobei jedoch auf die Länge und den Durchmesser der Schrauben zu achten ist.

- Die M8-Schrauben (7) mit 20 Nm anziehen und aus der Endstellung um eine weitere Viertelumdrehung anziehen.
- Die M8-Schrauben (9) in die Seite der Lagerdeckel einschrauben und mit 30 Nm anziehen.
- Die M10-Schrauben (8) werden in drei Stufen angezogen. Zuerst mit 5 Nm anziehen und im zweiten Durchgang mit 30 Nm. Aus der Endstellung um eine weitere Viertelumdrehung anziehen. Das Anziehen kann nur einwandfrei durchgeführt werden, wenn man die genaue Lage der Schrauben entsprechend Bildern 83 oder 84 bestimmt.
- Kurbelwelle einige Male durchdrehen, um Klemmstellen festzustellen. Das Axialspiel der Welle kontrollieren, wie es bei den Ausbauanweisungen beschrieben wurde.

Der verbleibende Einbau geschieht in umgekehrter Reihenfolge. Die verschiedenen Kapitel beschreiben die erforderlichen Arbeiten, d. h. Einbau der Kolben und Pleuelstangen, hinterer Öldichtringflansch, Steuermechanismus, Schwungrad und Kupplung (falls eingebaut), Ölpumpe, Ölwanne und Zylinderkopf.

Schwungrad oder Antriebsscheibe (Getriebeautomatik)

Der Motor ist mit einem Zweimassen-Schwungrad ausgestattet. Sinn dieser Einrichtung ist es, die bei Motorlauf an der Kurbelwelle bestehenden Drehschwingungen –

sie entstehen durch die nacheinander zündenden Zylinder – nicht an den Antrieb weiterzugeben. So werden die durch die Schwingungen entstehenden Geräusche vermieden.
Das Schwungrad oder die Antriebsscheibe bei einem automatischen Getriebe kann ohne Ausbau der Kurbelwelle ausgebaut werden. Der Motor kann ebenfalls im Fahrzeug verbleiben. Bild 90 zeigt das Schwungrad und die Antriebsscheibe. Zu beachten ist, dass die beiden Abstandscheiben (2) auch beim Schwungrad eingebaut sind (ML 230), ähnlich wie in der Abbildung bei der Antriebsscheibe gezeigt. Die Antriebsscheibe dagegen hat nur eine Abstandscheibe an der Außenseite. Die Anweisungen für das Schwungrad sind nur für ein Fahrzeug mit Schaltgetriebe gültig (ML230). Die anderen Modelle haben eine Antriebsscheibe.
Das Schwungrad oder die Antriebsscheibe, zusammen mit dem Anlasserzahnkranz, kann ausgetauscht werden, ohne dass die Kurbelwelle ausgewuchtet werden muss.
Der Zahnkranz einer Antriebsscheibe und auch eines Schwungrades können erneuert werden, jedoch sollte man diese Arbeit vielleicht in einer Werkstatt durchführen lassen.
Folgendermaßen ausbauen:

- Schaltgetriebe oder automatisches Getriebe ausbauen.
- Den Kunststoffdeckel an der Rückseite der Ölwanne abschrauben und die beiden darunterliegenden Schrauben ausdrehen.
- Schwungrad oder Antriebsscheibe in geeigneter Weise gegenhalten, indem man eine Schraube in ein Flanschloch des Zylinderblocks einsetzt und einen kräftigen Schraubendreher in die Zähne des Zahnkranzes. Das Schwungrad in dieser Weise gegenhalten und die Schrauben der Kupplung lösen. Kupplung abnehmen, nachdem man die Einbaulage zum Schwungrad gekennzeichnet hat. Die acht Schrauben des Schwungrades oder der Antriebsscheibe der Reihe nach lösen. Dabei wird man feststellen, dass zwischen zwei der Schrauben ein Loch in das Schwungrad eingebohrt ist. Dieses Loch liegt in Flucht mit einem ähnlichen Loch im Kurbelwellenflansch und beim Einbau des Schwungrades oder der Antriebsscheibe müssen sich beide Löcher wieder decken.
- Das Schwungrad oder die Antriebsscheibe abnehmen. Distanzscheiben sind entsprechend der obigen Angaben eingelegt, welche ebenfalls abzunehmen sind. Die Schrauben können sofort weggeworfen werden, da sie erneuert werden müssen.

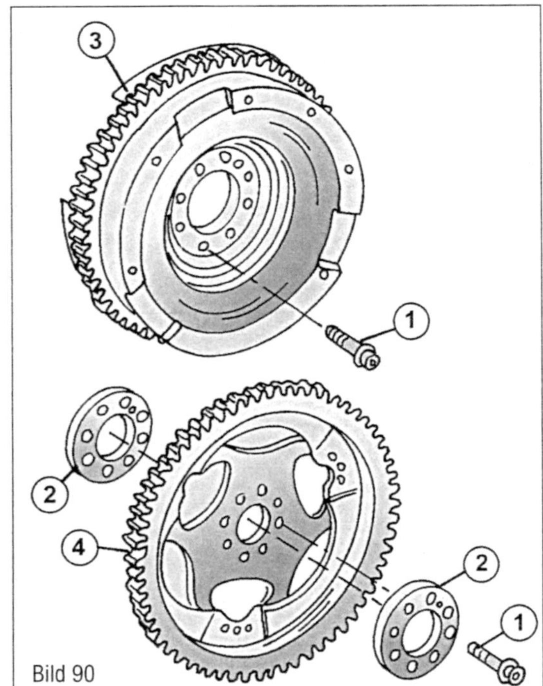

Bild 90
Ansicht von Schwungrad und Antriebsscheibe.
1 Schraube, immer erneuern
2 Distanzscheibe, Schwungrad oder Antriebsscheibe
3 Schwungrad, Schaltgetriebe
4 Antriebsscheibe, Automatik

Wird ein neues Schwungrad oder eine neue Antriebsscheibe bezogen, muss man den Motor und das Fahrzeugmodell angeben.
Falls ein Schwungrad Zeichen von Brandstellen oder Verschleiß aufweist, kann man es nacharbeiten lassen. Ihre Mercedes-Werkstatt besitzt die notwendigen Maßangaben darüber. Der Anlasserzahnkranz kann ebenfalls da erneuert werden.

Führungslager im Schwungrad erneuern

In das Ende des Schwungrads ist ein Führungslager eingesetzt. Zum Erneuern des Lagers muss dieses aus dem Schwungrad ausgepresst werden (Presse erforderlich). Beim Einpressen des neuen Lagers das Schwungrad in der in Bild 91 gezeigten Weise auf den Pressentisch auflegen, das Lager in die Öffnung des Schwungrads einsetzen und das Lager einpressen. Nach Einbau das Lager gut einschmieren.

Einbau der Antriebsscheibe beim V8-Motor

- Antriebsscheibe am Kurbelwellenflansch ansetzen und verdrehen, bis die beiden Fluchtlöcher in eine Linie kommen und der Passstift eingreift. Eine Distanzscheibe auf die Oberseite der Antriebsscheibe auflegen.

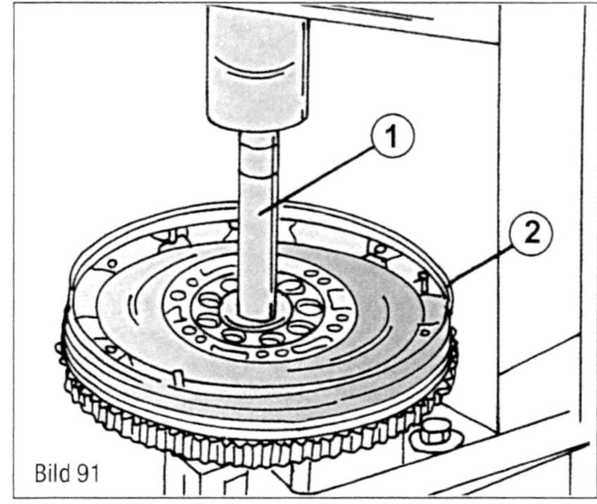

Bild 91
Bild 91
Einpressen des Führungslagers in das Schwungrad (2). Ein Pressdorn (1) wird zum Einpressen benutzt.

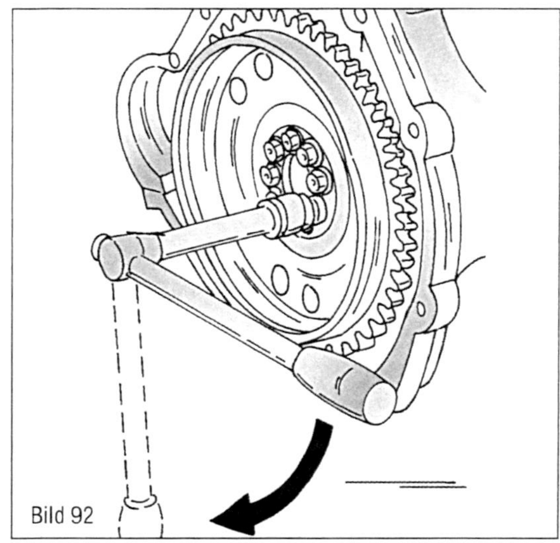

Bild 92
Bild 92
Stecknuss und Verlängerung werden in der gezeigten Weise angesetzt, um die Schrauben um eine Viertelumdrehung anzuziehen.

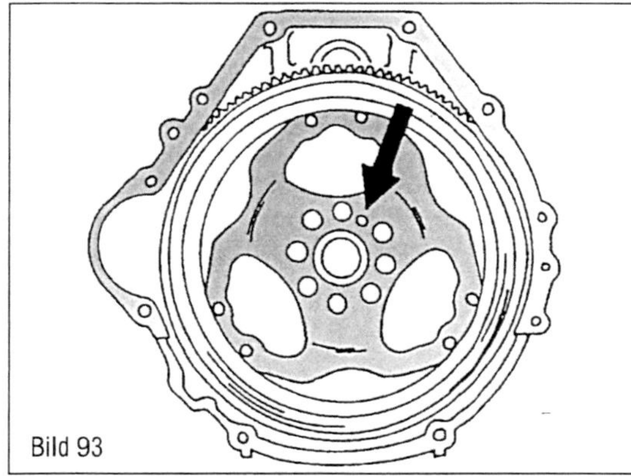

Bild 93
Bild 93
Die Fluchtbohrung der Antriebsscheibe befindet sich an der gezeigten Stelle.

■ Die Schrauben eindrehen und auf ein Anziehdrehmoment von 45 Nm anziehen. Ein Innensechskantschlüssel ist dazu erforderlich. Aus dieser Stellung um weitere 90° nachziehen, d. h. um ca. eine Viertelumdrehung. Den Winkel unbedingt einhalten, um den Dehnschrauben ihre Wirkung zu geben. Bild 92 zeigt, wie dies bei einem Schwungrad aussieht. Das Gleiche trifft auf die Antriebsscheibe zu.

Einbau des Schwungrades oder der Antriebsscheibe beim Vierzylindermotor

■ Die Schwungradschrauben müssen vom Ende des Gewindes bis zur Unterseite des Schraubenkopfes ausgemessen werden. Entweder kurze Schrauben oder lange Schrauben werden verwendet. Die langen Schrauben (ca. 50 mm lang) braucht man nicht ausmessen. Falls die kurzen Schrauben länger als 22,5 mm sind, müssen sie erneuert werden.

■ Schwungrad oder Antriebsscheibe am Kurbelwellenflansch ansetzen und verdrehen, bis die beiden Fluchtlöcher in eine Linie kommen, wie es in Bild 93 bei der Antriebsscheibe gezeigt ist, und der Passstift eingreift. Die Distanzscheiben entsprechend Bild 90 über die Oberseite und an der Unterseite der Antriebsscheibe auflegen (siehe Erklärung eingangs des Kapitels).

■ Die Schrauben eindrehen und auf ein Anziehdrehmoment von 45 Nm anziehen. Ein Innensechskantschlüssel ist dazu erforderlich. Aus dieser Stellung um weitere 90° nachziehen, d. h. um ca. eine Viertelumdrehung, wie man es in Bild 92 sehen kann. Zu beachten ist, dass bei bestimmten Motoren Torx-Kopfschrauben verwendet werden.

Kurbelwellenriemenscheibe und Nabe

Vierzylindermotor M111

Der Motor ist mit einer einteiligen Riemenscheibe/Schwingungsdämpfereinheit versehen. Der Schwingungsdämpfer wird mithilfe einer Scheibenfeder auf der Kurbelwelle geführt und durch eine Schraube an der Welle gehalten. Die Schnittansicht in Bild 94 zeigt das vordere Ende des Motors mit Lage der in Frage kommenden Teile. Teile folgendermaßen ausbauen.

■ Lüfterkupplung ausbauen (falls eingebaut) und die Lüfterverkleidung (5) ausbauen (Kapitel »Kühlanlage«).

■ Den Antriebsriemen des Kompressors (7) ausbauen, falls eine Klimaanlage eingebaut ist, und den Keilrippenriemen (8) ausbauen (Kapitel »Kühlanlage«).

■ Motor durchdrehen, bis der Kolben des ersten Zylinders auf dem oberen Totpunkt steht, d. h. die lange Linie in der Kurbelwellenriemenscheibe muss gegenüber dem Zeiger stehen, wie man es in Bild 94 in der oberen, linken Ecke sehen kann.

■ Die Kurbelwelle gegen Mitdrehen sichern.

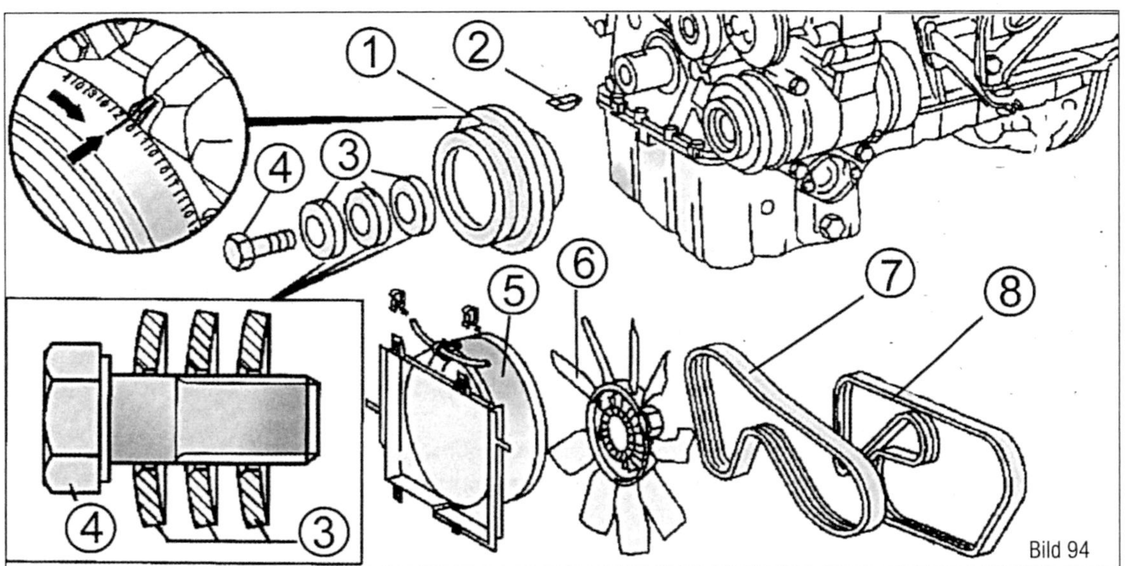

Bild 94
Beim M111-Motor auszubauende Teile.
1 Riemenscheibe mit Schwingungsdämpfer
2 Scheibenfeder
3 Formscheibe
4 Mittlere Schraube, 300 Nm
5 Lüfterverkleidung
6 Kühlungslüfter
7 Antriebsriemen des Kompressors
8 Keilrippenriemen

Dazu kann man einen Gang einlegen und die Handbremse anziehen. Andernfalls den Anlasser ausbauen und den Zahnkranz des Schwungrades oder der Antriebsscheibe (Automatik) in geeigneter Weise gegenhalten.

- Die Schraube (4) der Riemenscheiben/Schwingungsdämpfereinheit lösen und ausschrauben. Die Schraube ist sehr fest angezogen (300 Nm), eine entsprechende Stecknuss muss dazu benutzt werden.
- Unterlegscheibe (3) abnehmen.
- Die Federscheiben unter der Schraube abnehmen, jedoch darauf achten, wie sie aufgelegt sind. Alle drei Scheiben sind gewölbt und werden mit der gewölbten Seite nach außen weisend aufgesetzt werden.
- Die Kurbelwellenriemenscheibe mit dem Schwingungsdämpfer herunterziehen. Eine sehr fest sitzende Scheibe kann mit einem geeigneten Zweiklauenabzieher heruntergezogen werden.

Beim Einbau von Riemenscheibe und Schwingungsdämpfer folgendermaßen vorgehen:

- Kurbelwelle durchdrehen, bis die Scheibenfeder sichtbar wird und Riemenscheibe/Schwingungsdämpfer mit der Nut über die Scheibenfeder und das Ende der Kurbelwelle schieben. Überzeugen, dass die Scheibenfeder eingegriffen hat.
- Die drei Federscheiben wie oben erwähnt über die mittlere Schraube schieben, das Schraubengewinde einölen und die Schraube eindrehen. Mit 300 Nm anziehen.
- Antriebsriemen wie beschrieben montieren.
- Alle anderen Arbeiten in umgekehrter Reihenfolge durchführen.

V6- und V8-Motoren (M112, M113, M272, M642)

Obwohl die Arbeiten nicht bei allen Motoren gleich sind, kann man sie miteinander verbinden. Bild 95a zeigt die auszubauenden Teile bei einem M112-Motor. Bild 95b zeigt eine Draufsicht auf die Vorderseite des Motors beim M272-Motor, wie er beim ML 350 der Serie 164 eingebaut ist.

- Schutzabdeckung unter dem Motorraum ausbauen.
- Oberseite des Motors freilegen, d. h. falls erforderlich die Motorabdeckung abnehmen.
- Visko-Lüfter (1), die Lüfterverkleidung (3) und den Keilrippenriemen (2) ausbauen.
- Die Kurbelwelle gegen Mitdrehen sichern. Dazu kann man einen Gang einlegen und die Handbremse anziehen. Andernfalls den Anlasser ausbauen und den Zahnkranz der Antriebsscheibe (Automatik) in geeigneter Weise gegenhalten.

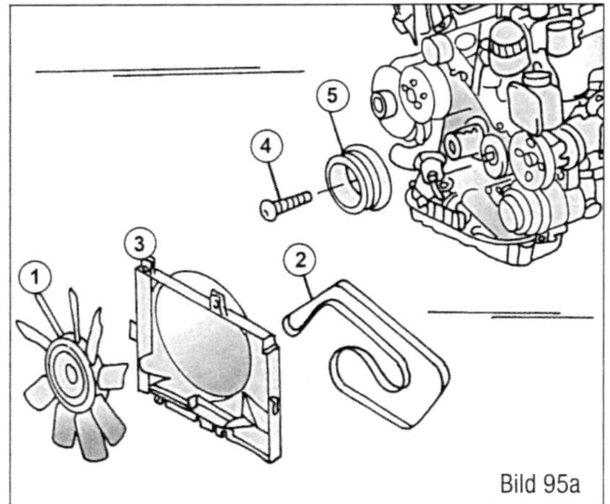

Bild 95a
Zum Aus- und Einbau der Kurbelwellenriemenscheibe bei einem M112-Motor.
1 Visko-Kupplung
2 Keilrippenriemen
3 Lüfterverkleidung
4 Mittelschraube
5 Schwingungsdämpfer/Riemenscheibe

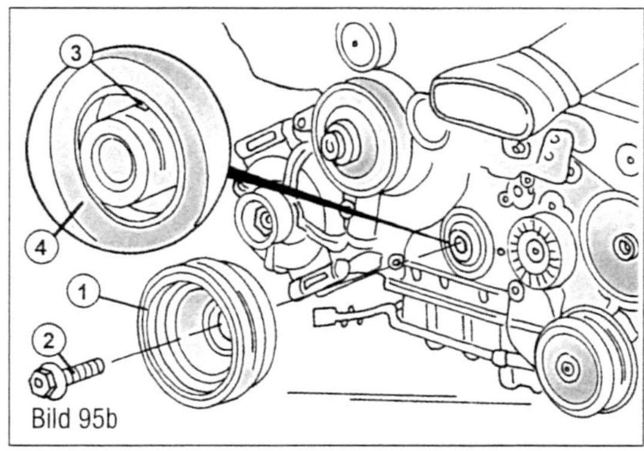

Bild 95b

Bild 95b
Zum Aus- und Einbau der Kurbelwellenriemenscheibe bei einem M272-Motor.
1 Schwingungsdämpfer/Riemenscheibe
2 Mittelschraube
3 Scheibenfeder
4 Kurbelwellendichtring

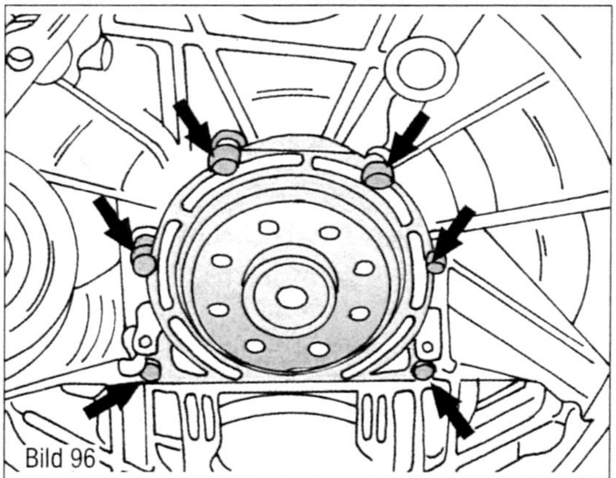
Bild 96

Bild 96
Die Pfeile zeigen die Lage der Schrauben des Deckels für den Öldichtring. Schrauben entsprechend der im Text angegebenen Reihenfolge anziehen.

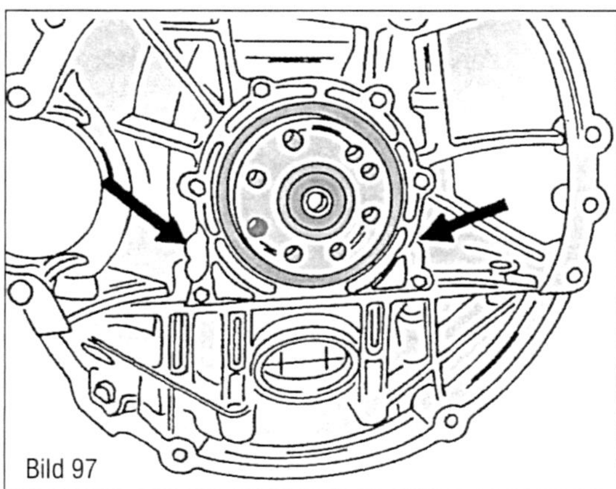
Bild 97

Bild 97
Zum Abdrücken des Dichtringflansches einen Schraubenzieher vorsichtig und abwechselnd unter die Ansätze untersetzen.

- Die Schraube (4) der Riemenscheiben/Schwingungsdämpfereinheit lösen und ausschrauben. Die Schraube ist sehr fest angezogen (200 Nm), eine entsprechende Stecknuss muss dazu benutzt werden.
- Die Kurbelwellenriemenscheibe mit dem Schwingungsdämpfer herunterziehen. Eine sehr fest sitzende Scheibe kann mit einem geeigneten Zweiklauenabzieher heruntergezogen werden.

Beim Einbau folgendermaßen vorgehen:

- Kurbelwelle durchdrehen, bis die Scheibenfeder sichtbar wird, und Riemenscheibe/Schwingungsdämpfer mit der Nut über die Scheibenfeder und das Ende der Kurbelwelle schieben. Überzeugen, dass die Scheibenfeder eingegriffen hat.
- Das Schraubengewinde einölen und die Schraube eindrehen. Mit 200 Nm anziehen und aus der Endstellung um weitere 95° (bei einem M112- oder M113-Motor) oder 90° bei den anderen Motoren anziehen.
- Die verbleibenden Arbeiten in umgekehrter Reihenfolge durchführen.

Hinterer Kurbelwellendichtring und Dichtringflansch

Vierzylindermotor

Der hintere Kurbelwellendichtring wird in einem Deckel geführt, welcher an der Rückseite des Kurbelgehäuses angeschraubt ist. Deckel und Dichtring sind ein Teil, müssen zusammen erneuert werden. Zwei Passstifte, einer auf jeder Seite des Deckels, führen den Deckel mittig an der Kurbelwelle. Bild 96 zeigt wie der Deckel an der Rückseite des Zylinderblocks angebracht ist (6 Schrauben, Pfeilstellen). Der Deckel wird mit »Loctite«-Dichtungsmasse an der Ölwannendichtung abgedichtet.

Bei Erneuerung des Deckels/Dichtringes folgendermaßen vorgehen:

- Das Getriebe ausbauen und das Motoröl ablassen.
- Schwungrad oder Antriebsscheibe des Drehmomentwandlers ausbauen.
- Falls nur der Dichtring erneuert werden soll, kann er vorsichtig mit einem Schraubendreher ausgehebelt werden, ohne dabei den Flansch zu beschädigen. Falls der Deckel abgeschraubt wird, die Schrauben an der Außenseite und zwei Schrauben von unten lösen. Zwei Schraubendreher unter die in Bild 97 mit den Pfeilen gezeigten Ansatzstellen untersetzen und den Deckel vom Zylinderblock abdrücken. Der Dichtring kann danach von innen nach außen ausgeschlagen werden.
- Flächen des Zylinderblocks und Deckels einwandfrei reinigen und einen neuen Dichtring einschlagen. Die Dichtlippe eines neuen Dichtringes ist versetzt, sodass sie nicht an der gleichen Stelle der Welle laufen kann. Den Raum zwischen Dichtlippe und Schutzlippe mit Fett einschmieren.
- Deckelfläche mit Dichtungsmasse einschmieren, wo sie gegen die Ölwannendichtung ansitzt. Den Deckel mit dem Dichtring gegen den Zylinderblock ansetzen, sodass

die Passstifte in Eingriff kommen. Den Deckel vorsichtig aufschlagen. Die Arbeiten sehr vorsichtig durchführen.

- Die beiden unteren Schrauben und danach die verbleibenden Schrauben einsetzen. Zuerst die beiden unteren und dann die anderen Schrauben mit 10 Nm anziehen.
- Alle anderen Arbeiten in umgekehrter Reihenfolge wie beim Ausbau durchführen. Motoröl einfüllen.

V6- und V8-Motoren

Siehe nachfolgenden Hinweis vor Beginn der Arbeiten. Der Deckel ist in ähnlicher Weise wie beim Vierzylindermotor befestigt. Der Dichtringflansch ist wie in Bild 98 gezeigt an der Rückseite des Kurbelgehäuses verschraubt. Der Aus- und Einbau findet in ähnlicher Weise wie beim Vierzylinder statt, mit dem Unterschied, dass der Dichtringflansch ausgebaut werden muss, ehe man den Dichtring erneuern kann. Niemals den Dichtring bei eingebautem Flansch ausdrücken. Das Gleiche gilt für den Einbau. Zuerst den Flansch montieren und danach den Dichtring mit einem geeigneten Rohrstück einschlagen. Beim Anziehen zuerst die beiden unteren Schrauben (6) und danach die von vorn eingesetzten Schrauben (5) anziehen. Das Anziehdrehmoment der von unten eingesetzten Schrauben hängt vom Gewindedurchmesser ab. M6-Schrauben mit 9 Nm, M8-Schrauben mit 20 Nm anziehen. Schrauben beim Dieselmotor mit 10 Nm anziehen.

Wichtiger Hinweis: Bei einigen Motoren kann der Dichtring nicht getrennt erneuert werden (der Flansch des Dieselmotors M272 muss z. B. immer mit dem Dichtring erneuert werden). Informieren Sie sich in der Werkstatt unter Angabe des Motortyps, Baujahres, usw. darüber.

Vorderer Kurbelwellendichtring

Der vordere Dichtring der Kurbelwelle sitzt im Steuerdeckel und kann bei eingebautem Motor erneuert werden, falls Ölleckstellen festgestellt werden. Unbedingt vorher sicherstellen, dass das Öl nicht aus der Steuerdeckeldichtung heraustropft. In diesem Fall den Deckel neu abdichten.

- Riemenscheibe/Schwingungsdämpfer ausbauen, wie es bereits beschrieben wurde.

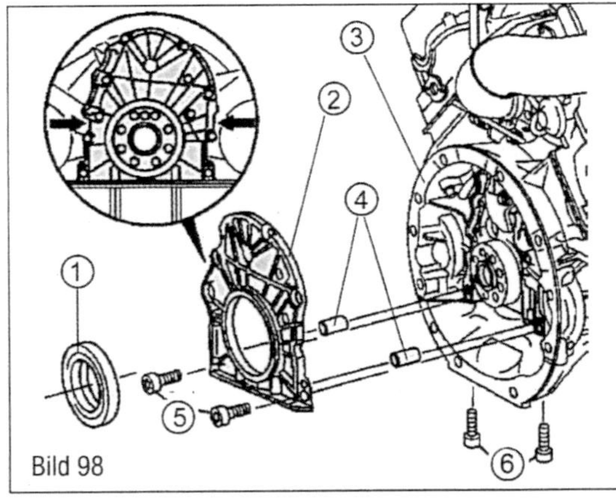

Bild 98

Bild 98
Die Pfeile weisen auf die Befestigungsschrauben des Öldichtringträgers. Schrauben wie im Text angegeben anziehen (V6- und V8-Motor).
1 Hinterer Kurbelwellendichtring
2 Öldichtringträger
3 Kurbelgehäuse
4 Passhülsen
5 Schrauben
6 Von unten eingesetzte Schrauben

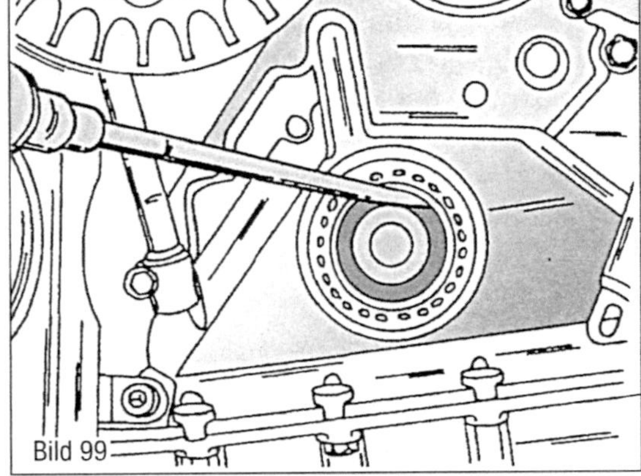
Bild 99

Bild 99
Aushebeln des vorderen Dichtringes aus dem eingebauten Steuerdeckel.

- Dichtring mit einem Schraubendreher aus dem Steuerdeckel herausdrücken. Einen dicken Lappen unter die Schraubenzieherklinge unterlegen, um den Deckel oder die Kurbelwelle nicht zu beschädigen (Bild 99).
- Falls erforderlich den Deckel abschrauben.
- Alle Teile gründlich reinigen; falls erforderlich die Kante der Deckelbohrung entgraten.
- Flächen des Zylinderblocks und Deckels einwandfrei reinigen.
- Einen neuen Dichtring in den Deckel einschlagen. Die Dichtlippe des neuen Dichtringes ist um 3 mm versetzt, sodass sie nicht wieder auf der gleichen Stelle der Kurbelwelle laufen kann. Den Raum zwischen der Dichtlippe und der Staubschutzlippe mit ca. 1 g Dauerfett füllen.
- Falls der Deckel ausgebaut wurde, die Deckelfläche mit Dichtungsmasse einschmieren und den Deckel gegen den Zylinderblock ansetzen, sodass die Passstifte eingreifen. Den Deckel vorsichtig aufschlagen. Mercedes-Werkstätten verwenden dazu ein Einziehwerkzeug (Nr. 611 589 00 14 00). Die Arbeiten aus diesem Grund sehr vorsichtig durchführen.

- Die beiden Schrauben von unten und danach die verbleibenden Schrauben einsetzen. Zuerst die beiden unteren und dann die anderen Schrauben mit 10 Nm anziehen.
- Alle anderen Arbeiten in umgekehrter Reihenfolge wie beim Ausbau durchführen.

Steuermechanismus – 111-Motor (ML 230)

Die folgende Beschreibung befasst sich mit der Steuerung des Motors. Die endlose Steuerkette läuft über die Kettenräder der Nockenwellen und das Kettenrad der Kurbelwelle. Die Kette wird durch Gleitschienen geführt. Die Spannung der Kette wird über einen hydraulischen Kettenspanner konstant gehalten, welcher im Steuerschutzdeckel sitzt und auf eine Leichtmetall-Spannschiene drückt.

Die Nockenwellenräder werden durch eine Schraube an der Welle gehalten und durch eine Scheibenfeder geführt.
Eine zweite, kleinere Kette dient zum Antrieb der Ölpumpe. Diese ist um ein zweites Rad auf der Kurbelwelle (ein Doppelkettenrad ist eingebaut) und das Kettenrad der Ölpumpe gelegt und besitzt ihren eigenen Spannmechanismus.
Bild 100 zeigt die Lage der Teile der Steuerung von vorn gesehen.

Aus- und Einbau des Kettenspanners
Die Lage des Kettenspanners ist in Bild 100 mit Position 20 gezeigt. Der Kettenspanner ist seitlich an der in Bild 101a gezeigten Stelle auf der rechten Seite in den Zylinderkopf eingeschraubt. Bild 101b zeigt eine Schnittansicht des Kettenspanners. Die Spannung des Kettenspanners setzt sich

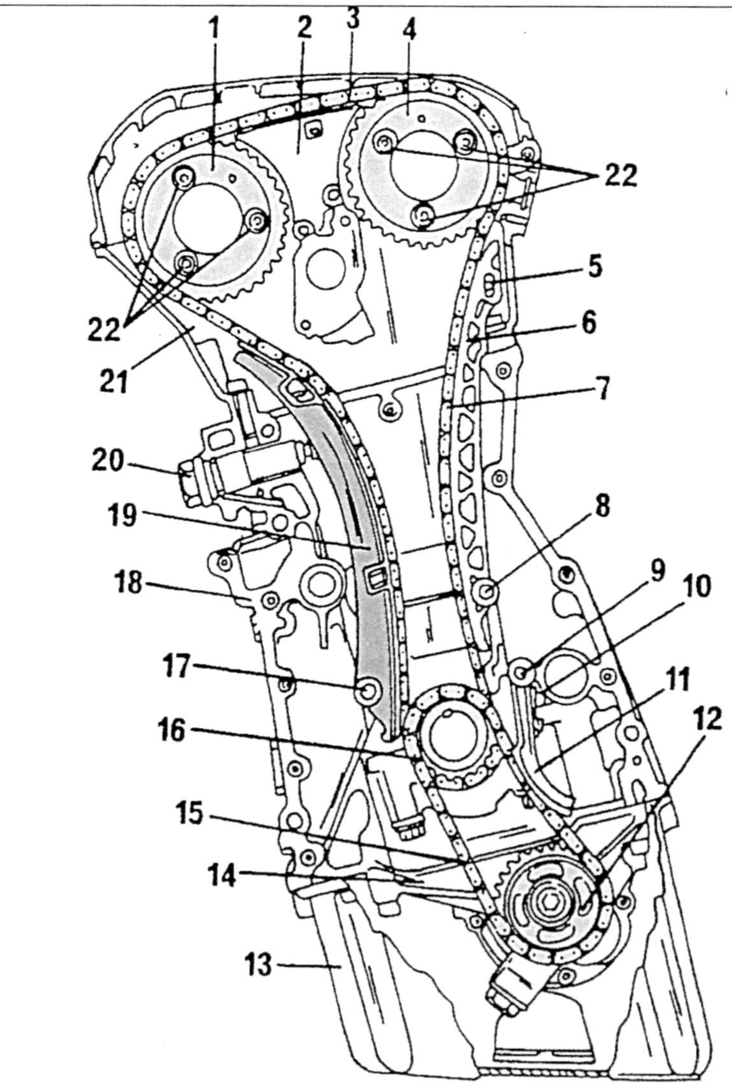

Bild 100

Bild 100
Verlegung der Steuerkette und Kette des Ölpumpenantriebs beim Vierzylindermotor M111.
1 Kettenrad der Auslasswelle
2 Halterung
3 Führungsschiene
4 Kettenrad der Einlasswelle
5 Lagerbolzen der Führungsschiene
6 Führungsschiene
7 Doppelrollenkette
8 Stiftschraube, M10 x 40
9 Stiftschraube, M8 x 60
10 Drehfeder
11 Spannschiene
12 Antriebsrad der Ölpumpe
13 Ölwanne
14 Ölpumpe
15 Einzelrollenkette (Ölpumpe)
16 Kettenrad der Kurbelwelle
17 Stiftschraube, M10 x 40
18 Zylinderblock
19 Spannschiene
20 Kettenspanner
21 Zylinderkopf
22 Bundschrauben, immer erneuern

aus der Kraft der eingebauten Feder und dem Druck des Motoröls zusammen. Das im Kettenspanner befindliche Öl hat außerdem die Aufgabe, stoßartige Belastungen beim Schlagen der Kette abzudämpfen. Ein Kettenspanner kann zur Reparatur nicht zerlegt werden, ist also immer zu erneuern, falls er seine Funktion nicht mehr verrichtet. Der Kettenspanner wird beim Anlassen mit Öl versorgt, um ein »Rattern« des Kettenmechanismus zu vermeiden.

Falls der Kettenspanner aus irgendeinem Grund gelockert wurde, muss er immer ausgebaut werden, da der eingebaute Druckbolzen durch die Feder nach vorn geschoben wird. Eine eingesetzte Sperrfeder verhindert, dass der Bolzen in seine Ausgangslage zurückgedrückt werden kann, wenn man den Bolzen anzieht. Dies würde zum Überspannen der Steuerkette führen. Der Ausbau der Steuerkette findet bei abmontierter Zylinderkopfhaube statt. Ebenfalls muss die Ventilatorverkleidung ausgebaut werden.

- Die Kurbelwelle durchdrehen, wie es beschrieben wurde, um den Kolben des ersten Zylinders in die richtige Stellung zu bringen.
- Die **Auslassnockenwelle** durch Einsetzen des Arretierbolzens gegen Verdrehung sichern.
- Die Drehstromlichtmaschine mithilfe eines dicken Putzlappens abdecken.
- Den Endstopfen des Kettenspanners um ca. eine Umdrehung lockern und den Kettenspanner komplett ausbauen.

Zum Einbau:

- Den Endstopfen mit dem Dichtring aus dem ausgebauten Kettenspanner ausschrauben.
- Den Füllstift und die Druckfeder aus dem Kettenspanner herausziehen. Die Einzelheiten darüber sind in Bild 101 gezeigt. Den Druckstift und die Sperrfeder nach vorn aus dem Kettenspannergehäuse herausdrücken.
- Das Kettenspannergehäuse mit dem Öldichtring einschrauben. Das Gehäuse wird beim Einbau mit 80 Nm angezogen.
- Den Druckbolzen mit der Sperrfeder, der Druckfeder und dem Füllstift in das Kettenspannergehäuse einsetzen.
- Den Endstopfen mit einem neuen Dichtring in das Kettenspannergehäuse einschrauben und mit 40 Nm anziehen.

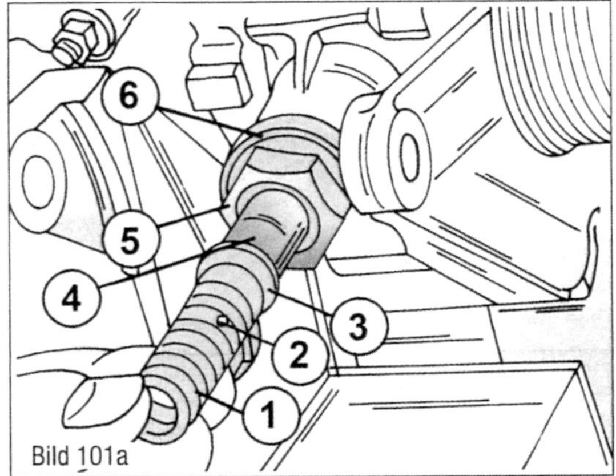

Bild 101a
Einzelheiten zum Aus- und Einbau des Kettenspanners beim Vierzylindermotor (M111).
1 Füllkolben
2 Druckfeder
3 Sperrfeder
4 Druckbolzen
5 Kettenspannergehäuse
6 Dichtring

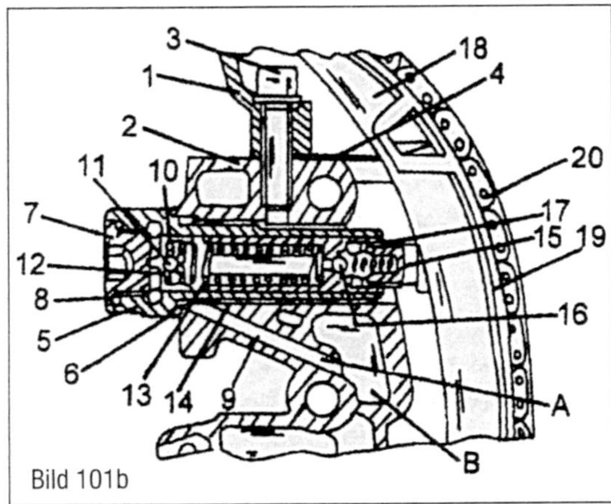

Bild 101b
Schnittansicht des Kettenspanners eines Vierzylindermotors (M111).
1 Zylinderkopf
2 Steuergehäusedeckel
3 Kombischraube, M8 x 35, 21 Nm
4 Zylinderkopfdichtung
5 Kettenspannergehäuse
6 Dichtring (Aluminium)
7 Endstopfen, 40 Nm
8 Dichtring (Aluminium)
9 Druckbolzen
10 Druckfeder
11 Kugel, 5 mm
12 Kugelführung
13 Druckfeder
14 Füllstift
15 Druckelement
16 Kugel, 5 mm
17 Druckfeder
18 Spannschiene
19 Abdeckung
20 Steuerkette
A Zulaufbohrung
B Ölvorratsraum

- Den Ölstand in der Ölwanne kontrollieren und ggf. berichtigen und den Motor anlassen. In der Gegend des Kettenspanners auf Leckstellen kontrollieren.

Aus- und Einbau der Steuerkette

Die getriebenen Teile werden durch die Kurbelwelle über eine endlose Duplexkette angetrieben. Eine Gleitschiene und eine Spannschiene führen die Kette im Steuergehäuse, eine Spannschiene, auf die der Kettenspanner drückt, übt auf der anderen Seite einen Druck auf die Kette aus.

Die Erneuerung der Steuerkette ist praktisch außerhalb einer Mercedes-Werkstatt nicht möglich, da neun verschiedene Spezialwerkzeuge zum Trennen der alten Kette, Einziehen der neuen Kette, Vernieten der neuen Kette sowie Einbau der neuen Kette erforderlich sind. Die folgenden Beschreibungen sind deshalb auf Arbeiten begrenzt, bei denen man die Kette nicht ausbauen muss.

Außerdem muss der Motor ausgebaut werden, um die Spannschiene und die Gleitschiene im Steuergehäusedeckel zu erneuern.

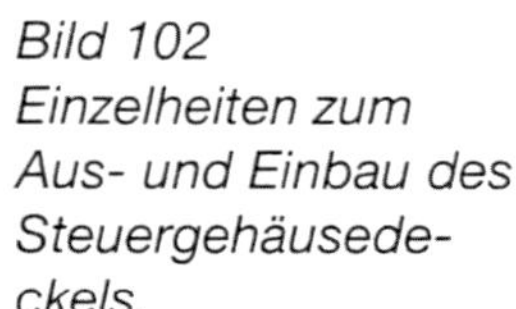

Bild 102
Einzelheiten zum Aus- und Einbau des Steuergehäusedeckels.
1 *Sperrstifte in Rückseite der Nockenwellenräder*
2 *Nockenwellensteuerrad*
3 *Nockenwellensteuerrad*
4 *Konsole der Drehstromlichtmaschine*
5 *Riemenscheibe*
6 *Schraube*
7 *Unterlegplatte*
8 *Dichtung*
9 *Sicherungsplatte*
10 *Vorratsbehälter*
11 *Halter*
12 *Schraube*

Die Steuerkette kann natürlich bei ausgebautem Motor entsprechend den bereits beschriebenen Arbeiten beim Ausbau von Zylinderkopf, Nockenwellen, usw. und den nachfolgenden Arbeiten erneuert werden.

Aus- und Einbau des Steuergehäusedeckels
Ehe der Steuergehäusedeckel abgenommen werden kann, müssen verschiedene Vorbereitungsarbeiten durchgeführt werden. Die folgenden Arbeiten werden in weiteren Einzelheiten in den entsprechenden Kapiteln beschrieben. Daran denken, dass man die beiden Nockenwellen gegen Verdrehung sichern muss, nachdem die Kurbelwelle in die zum Ausbau erforderliche Stellung gedreht wurde. Einzelheiten zum Aus- und Einbau des Deckels sind in Bild 102 gezeigt. Die Kühlanlage muss leer sein.

- Visko-Kupplung des Kühlungsventilators ausbauen.
- Den oberen Steuergehäusedeckel ausbauen, wie es nachstehend beschrieben ist.
- Die Spannvorrichtung der Antriebsriemen ausbauen und die Riemen abnehmen.
- Die Wasserpumpe ausbauen.
- Die Ölfilterpatrone ausbauen.
- Die Ölwanne ausbauen.
- Die Drehstromlichtmaschine ausbauen und den Aufhängungsbügel der Drehstromlichtmaschine abschrauben.
- Die Riemenscheibe der Lenkhilfspumpe ausbauen. Zum Lösen der Riemenscheibe muss man diese in geeigneter Weise gegen Mitdrehen gegenhalten. Die im Bild gezeigten Befestigungsschrauben lösen und die Halter ausbauen. Diese haben mit und ohne Klimaanlage eine unterschiedliche Form. Die gegenüber der Riemenscheibe gezeigten Schrauben entfernen und die Lenkhilfspumpe abnehmen. Die Pumpe an den Leitungen hängend auf eine Seite legen.
- Die Kurbelwelle durchdrehen, bis der lange Strich in der Kurbelwellenriemenscheibe gegenüber dem Zeiger steht, wie es bereits in weiter vorn in Bild 38 gezeigt ist. Dies bringt den Kolben des ersten Zylinders auf den oberen Totpunkt.
- Die beiden Nockenwellen jetzt durch Einschieben von Sicherungsstiften von der Rückseite sichern, wie es bereits vorher beschrieben wurde (siehe auch Bild 35). Die Nockenwellen dürfen sich auf keinen Fall verdrehen können, nachdem die Steuerkette abgenommen wurde.
- Die beiden Kettenräder der Nockenwellen und die Steuerkette an gegenüberliegenden Stellen mit Farbe kennzeichnen.
- Den Kettenspanner ausbauen, wie es weiter oben beschrieben wird.
- Kettenrad der Auslassnockenwelle in geeigneter Weise gegenhalten und die Schraube lösen. Das Steuerrad herunterziehen. In gleicher Weise das Steuerrad der Einlasswelle lösen.
- Falls eingebaut, den Nockenwellenversteller ausbauen.
- Den oberen Lagerbolzen der Führungsschiene für die Steuerkette ausbauen, wie es bereits beim Ausbau des Zylinderkopfes beschrieben wurde (siehe auch Bild 97). Den Bolzen beim Einbau mit Dichtungsmasse einschmieren.
- Die vier Schrauben in der Innenseite des Steuergehäusedeckels herausdrehen (Schrauben sind in Bild 36 zu sehen). Die Schrauben beim Einbau mit 21 Nm anziehen.
- Den Schwingungsdämpfer (Riemenscheibe) der Kurbelwelle ausbauen.
- Die Befestigungsschrauben des Steuerdeckels lösen und den Deckel abnehmen. Der Deckel wird mit zwei Passstiften geführt und muss vorsichtig abgedrückt werden. Dabei nicht die Zylinderkopfdichtung an den Pfeilstellen in Bild 103 beschädigen. Die Schrauben beim Einbau mit 25 Nm anziehen. Zu beachten ist, dass nicht alle

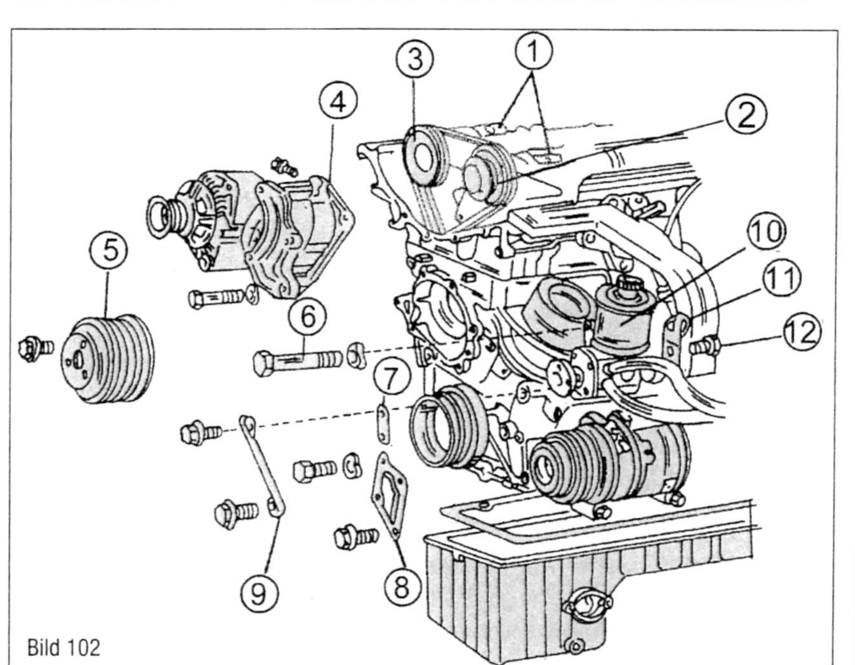

Bild 102

Schrauben die gleiche Länge haben. Die Einbaulage entsprechend kennzeichnen.

- Sofort den Radialdichtring im Steuerdeckel kontrollieren und ggf. erneuern.

Der Einbau des Steuerdeckels geschieht in umgekehrter Reihenfolge des Ausbaus. Die Deckelfläche und die Fläche am Zylinderblock gründlich reinigen. Die beiden O-Dichtringe in der Rückseite des Deckels erneuern. Die Deckelfläche mit Dichtungsmasse (Omnifit FD) einschmieren. Darauf achten, dass diese nicht in den Ölraum (»C«, Bild 103) für den Kettenspanner kommen kann.
Der Einbau des Deckels geschieht jetzt weiterhin in umgekehrter Ausbaureihenfolge. Den oben angegebenen Drehmomenten folgen. Die geflanschte Welle an der Nockenwelle und die beiden Kettenräder mit 20 Nm anziehen und danach um weitere 60° nachziehen (Torx T40-Steckeinsatz ist erforderlich).

Oberer (vorderer) Steuergehäusedeckel
Zum Ausbau des oberen Steuergehäusedeckels müssen die Zylinderkopfhaube und das Thermostatgehäuse ausgebaut sein. Der Deckel deckt das Kettengehäuse an der Oberseite ab und wird mit Dichtungsmasse (Omnifit FD1O) montiert. Falls eingebaut, befinden sich die magnetischen Elemente für die Nockenwellenverstellung am Deckel. Bild 104a zeigt die zum Ausbau des Deckels abzubauenden Teile. In Bild 104b wird die Außenseite des Deckels gezeigt.
In der Innenseite des Deckels befindet sich ein Kühlmittelrohr (1, Bild 105), welches durch einen O-Dichtring (2) in der Rille des Zylinderkopfes abgedichtet wird. Beim Ausbau des Deckels nach Abmontieren der Zylinderkopfhaube und des Thermostatgehäuses folgendermaßen vorgehen:

- Links außen (von vorn gesehen) eine Schraube herausdrehen und die verbleibenden Schrauben des Deckels entfernen.
- Den Deckel abnehmen. Der Deckel sitzt auf zwei Passhülsen und muss von diesen heruntergezogen werden.
- Die Dichtfläche von Deckel und Zylinderkopf gründlich reinigen.
- Die Deckelfläche mit der oben genannten Dichtungsmasse einschmieren. Den in Bild 105 gezeigten Dichtring (2) immer erneuern, wenn man den Deckel abmontiert hat.
- Die M6-Schrauben mit 9 Nm, die M8-Schrauben mit 21 Nm anziehen.

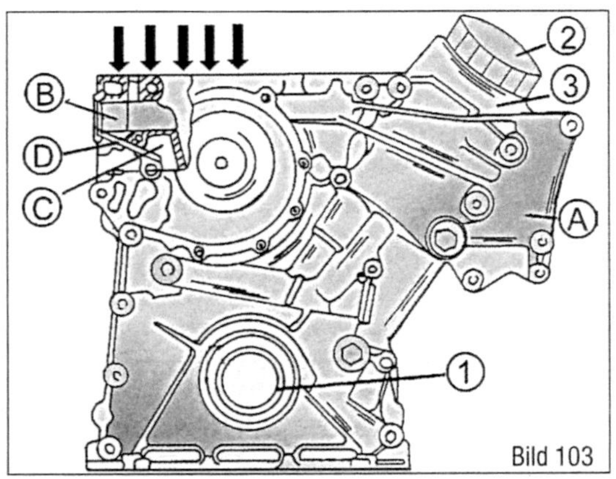

Bild 103
Der Steuergehäusedeckel von der Außenseite gesehen. Die Zylinderkopfdichtung an den Pfeilstellen (oben) nicht beschädigen.
1 Radialdichtring (Kurbelwelle)
2 Ölfilterabdeckung (Kunststoff)
3 Ölfiltergehäuse
A Konsole für Lenkhilfspumpe
B Gewindebohrung für Kettenspanner
C Ölraum für Kettenspanner
D Ölkanal zum Kettenspanner

Kettenspannschiene – Aus- und Einbau
Der Motor muss ausgebaut werden, um die Spannschiene zu erneuern. Um an die Spannschiene in der Innenseite des Steuerkettengehäuses zu gelangen, muss die Vorderseite des Motors freigelegt werden. Der Zylinderkopf muss ebenfalls ausgebaut werden. Die Anweisungen zum Ausbau der verschiedenen Teile, d. h. Zylinderkopf, Nockenwellen, Nockenwellenkettenräder sind entsprechend zu befolgen. Bild 102 zeigt einige der auszubauenden Teile.

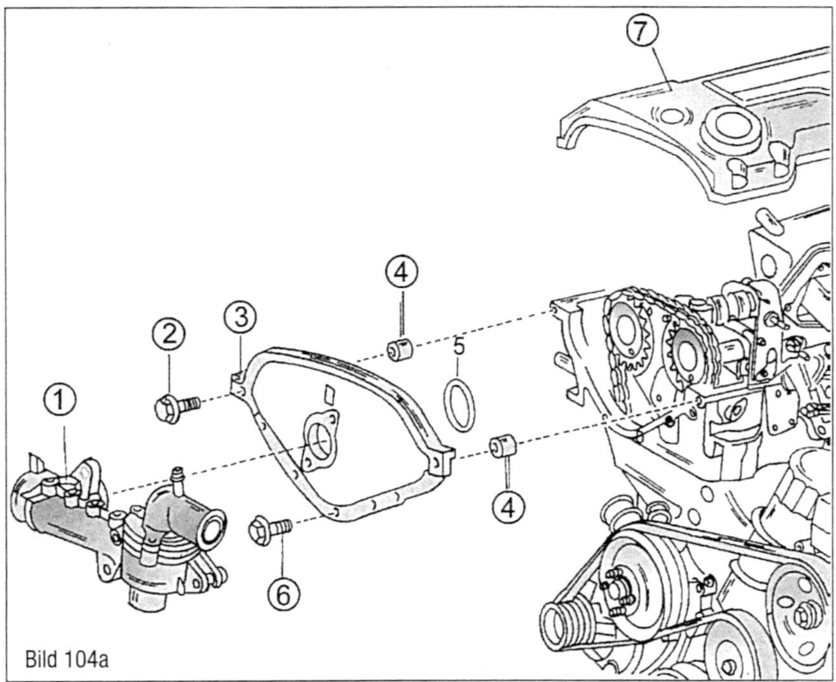

Bild 104a
Einzelheiten zum Ausbau des oberen Steuergehäusedeckels. Gezeigte Teile müssen ausgebaut werden, um den Deckel auszubauen.

1 Thermostatgehäuse
2 Kombischraube, M8 x 35
3 Deckel
4 Passstifte
5 Dichtring
6 Kombischraube, M8 x 22
7 Zylinderkopfhaube

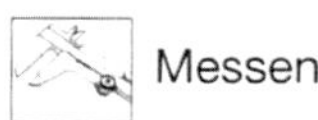

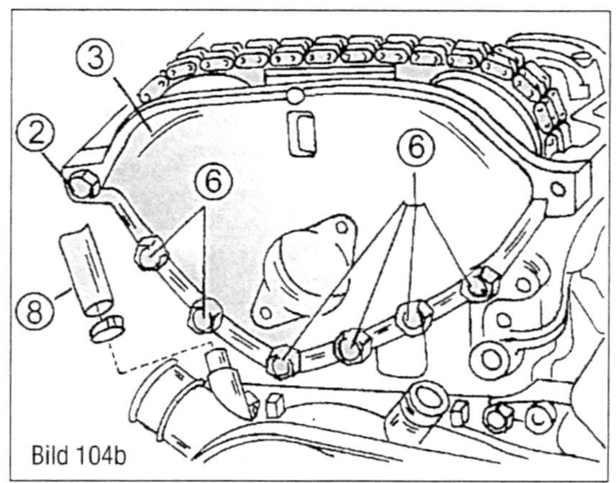

Bild 104b
Ansicht des oberen Steuergehäusedeckels von der Außenseite. Die Zahlen entsprechen Bild 104a. Außerdem ist der abzuschließende Kühlmittelschlauch (8) gezeigt.

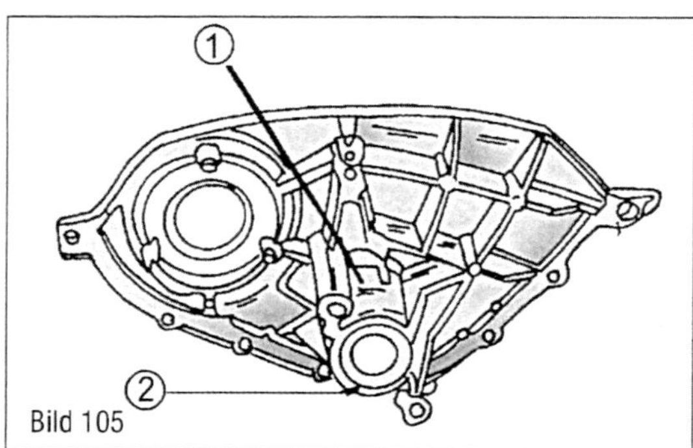

Bild 105
Ansicht des oberen Steuergehäusedeckels von der Innenseite. Siehe Text.

Die Spannschiene ist am unteren Ende mit einem Lagerbolzen befestigt, welcher in gleicher Weise aus dem Kurbelgehäuse herauszuziehen ist, wie es beim Ausbau des Zylinderkopfes beschrieben wurde. In Bild 97 sind eine Ausziehschraube und ein Schlaghammer gezeigt, um einen derartigen Bolzen herauszuziehen.

Der Einbau der Spannschiene erfolgt in umgekehrter Reihenfolge. Anweisungen für Nockenwellenkettenräder, oberen und unten Steuergehäusedeckel, Zylinderkopf, usw. sind getrennt beschrieben.

Kettenführungsschiene im Zylinderkopf – Aus- und Einbau

Die Führungsschiene sitzt im Zylinderkopf zwischen den beiden Nockenwellensteuerrädern unterhalb des oberen Steuergehäusedeckels. Letztgenannter muss ausgebaut werden, um an die Schiene heranzukommen. Die Schiene wird mit zwei Schrauben gehalten.

- Oberen Steuergehäusedeckel ausbauen wie beschrieben.
- Die Kurbelwelle durchdrehen, bis der Schwingungsdämpfer die in Bild 38 gezeigte Lage eingenommen hat. Die Spitzen der Nocken für den ersten Zylinder müssen nach oben weisen.
- Die beiden Nockenwellen in der in Bild 35 gezeigten Weise gegen Verdrehung sperren.
- Den Kettenspanner ausbauen und die Gleitschiene nach Lösen der beiden Schrauben herausnehmen.

Der Einbau erfolgt in umgekehrter Reihenfolge. Die beiden Schrauben der Schiene mit 10 Nm anziehen.

Nockenwellen

Grundstellung der Nockenwellen überprüfen

Wie bereits erwähnt, darf man die Nockenwellen und andere damit verbundene Teile nur ausbauen, wenn die Nockenwellen in ihrer Grundstellung stehen. Die Zylinderkopfhaube muss ausgebaut sein. Die folgenden Arbeiten durchführen.

- Den Kolben des ersten Zylinders auf 20° nach dem oberen Totpunkt im Zündzeitpunkt bringen. Dazu die Kurbelwelle durchdrehen, bis die lange Strichlinie an der Riemenscheibe (Schwingungsdämpfer) der Kurbelwelle mit der Kante in Bild 38 in einer Linie steht.
- Wie in Bild 35 gezeigt, von der Rückseite der beiden Nockenwellenräder jetzt zwei Arretierbolzen durch die Löcher der Nockenwellenlagerdeckel Nr. 1 und Nr. 6 in die Löcher der Nockenwellenflansche einschieben. Falls man sich die Bolzen (Nr. 111 589 01 15 00) nicht besorgen kann, muss man passende Bolzen an deren Stelle einschieben.

Einstellen der Grundstellung der Nockenwellen

Falls man die beiden Nockenwellen in ihre Grundstellung bringen muss, können sie verdreht werden, ohne dass die Kolben gegen die Ventile anschlagen, vorausgesetzt, dass der Kolben des ersten Zylinders in oben beschriebene Lage gebracht wurde (siehe ebenfalls Bild 38).

Falls eine Neueinstellung erforderlich ist:

- Den oberen Deckel ausbauen.
- Den Kettenspanner ausbauen (siehe betreffendes Kapitel).
- Das Steuerrad der Auslassnockenwelle ausbauen.
- Die Steuerkette vom Steuerrad der Einlassnockenwelle abheben.
- Die Nockenwellen durch Verdrehen in die

richtige Lage bringen und mit den beiden Arretierbolzen sperren, wie es im letzten Abschnitt beschrieben wurde.

- Die Steuerkette wieder auf das Kettenrad der Einlassnockenwelle auflegen.
- Das Kettenrad der Auslassnockenwelle in Eingriff mit der Steuerkette bringen und an der Nockenwelle anbringen. Die Schrauben des Kettenrades müssen immer erneuert werden. Mit 20 Nm anziehen und im Winkelanzug um 60° nachziehen.
- Kettenspanner wieder einbauen.
- Grundstellung der Nockenwellen nochmals überprüfen.

Nockenwellen aus- und einbauen

Bild 106 zeigt die beiden Nockenwellen und deren Befestigung. Beim Ausbau der Nockenwellen folgendermaßen vorgehen:

- Den oberen Deckel ausbauen.
- Die Kurbelwelle durchdrehen, wie es vorher beschrieben wurde (unbedingt an Bild 38 halten). Nur in dieser Kurbelwellenstellung kann man die Nockenwellen verdrehen, ohne dass es zu Kontakt Kolben/Ventile kommt.
- Die beiden Kettenräder und die Steuerkette an gegenüberliegenden Stellen mit Farbe kennzeichnen. Die Farbe trocknen lassen, ehe man die Kette herunterhebt.
- Den Kettenspanner ausbauen (siehe betreffendes Kapitel).
- Das Kettenrad der Auslasswelle lösen und aus dem Eingriff mit der Steuerkette bringen.
- Die Steuerkette vom Kettenrad der Einlasswelle abheben.
- Einen Gabelschlüssel an den Sechskanten der beiden Wellen ansetzen und die Wellen verdrehen, bis die runden Seiten der Nocken, d. h. die Nockenfersen, gegen die Flächen der Stößel anliegen. Dadurch werden die Nockenwellen in den Lagern spannungsfrei gemacht.
- Die Lagerdeckel der Nockenwellen in mehreren Stufen lockern, bis sie frei sind und abgenommen werden können.
- Die beiden Nockenwellen aus den Lagerbohrungen herausheben. Falls erforderlich, können die Becherstößel ausgebaut werden. In Einbaureihenfolge ablegen.

Beim Einbau der Nockenwellen folgendermaßen vorgehen:

- Die Becherstößel einölen und in die ursprünglichen Bohrungen einschieben.

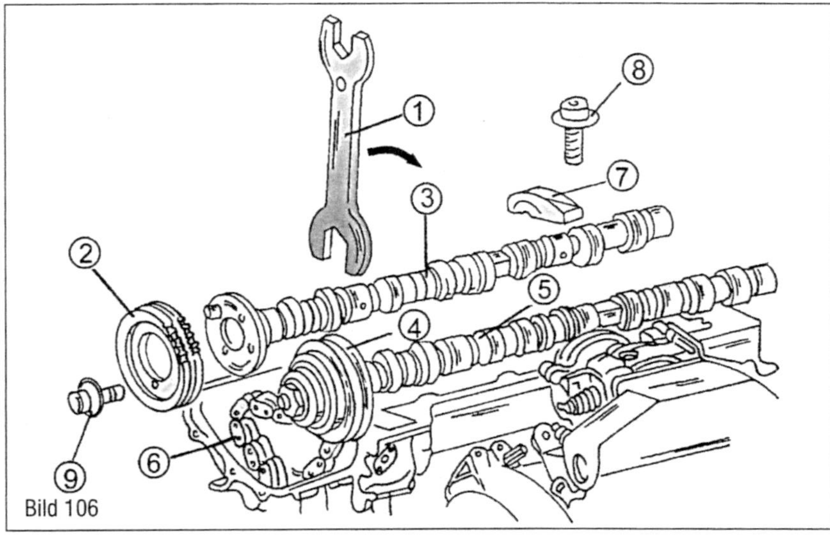

Bild 106
Einzelheiten zum Aus- und Einbau der Nockenwellen.
1 Gabelschlüssel
2 Kettenrad der Auslassnockenwelle
3 Auslassnockenwelle
4 Kettenrad der Einlassnockenwelle
5 Einlassnockenwelle
6 Steuerkette
7 Nockenwellenlagerdeckel
8 Schrauben, 21 Nm
9 Schraube des Kettenrades

- Die Lagerzapfen der Nockenwellen einölen, die Wellen in die Lagerbohrungen einlegen und verdrehen, sodass die runden Seiten aller Nocken so gut wie möglich gegen die Stößelflächen anliegen. Man muss dabei versuchen die beste Stellung zu erhalten, da nicht alle Nockenfersen anliegen können.
- Die Lagerdeckel entsprechend der Nummerierung aufsetzen. Die Deckel und der Zylinderkopf sind mit einer Zahl gezeichnet.
- Die Deckel von der Mitte nach außen zugehend langsam und in mehreren Stufen auf 21 Nm anziehen.
- Die Steuerkette auf das Steuerrad der Einlasswelle und die obere Gleitschiene auflegen. Kontrollieren, dass die Farbkennzeichnungen genau fluchten.
- Das Kettenrad der Auslasswelle entsprechend der Farbkennzeichnung in die Steuerkette einlegen und das Steuerrad an der Nockenwelle anbringen. Die zur Befestigung verwendeten Bundschrauben müssen immer erneuert werden. Die Schrauben unter Verwendung eines Torx T40-Steckeinsatzes mit 20 Nm anziehen und danach im Winkelanzug um 60° weiter anziehen. Die Nockenwelle dabei am Sechskant gegenhalten.
- Den Kettenspanner wieder montieren.
- Nach dem Einbau die Grundstellung der beiden Nockenwellen kontrollieren,wie es bereits beschrieben wurde. Falls erforderlich entsprechende Korrekturen vornehmen.

Nockenwellen – Wichtige Hinweise

Die Kennnummer der Nockenwellen ist an der in Bild 107 gezeigten Stelle eingraviert. Da die Steuerung der Ventile durch die Nockenwellen bestimmt wird, dür-

Bild 107
Der Pfeil zeigt, wo man die Kennzeichnung einer Nockenwelle finden kann.

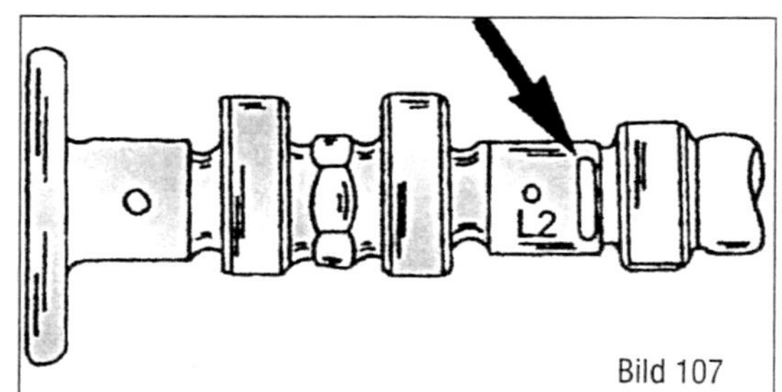

Bild 107

Bild 108
Zum Aus- und Einbau des Kurbelwellenkettenrades.
1 *Kurbelwellenkettenrad*
2 *Scheibenfeder (Keil)*
3 *Antriebskette der Ölpumpe*
4 *Spannarm der Kette*
5 *Steuerkette*

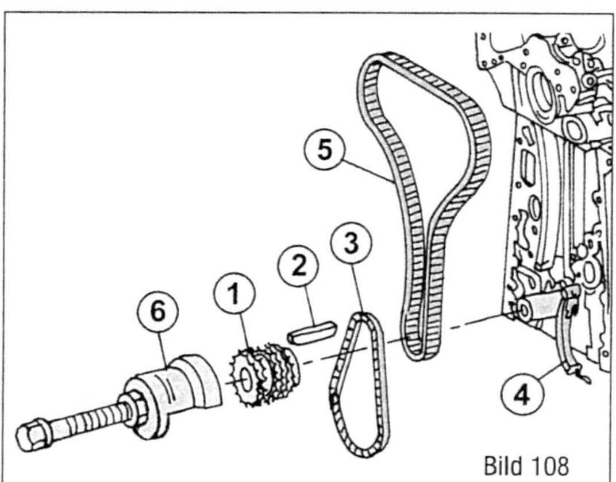

Bild 108

fen nur Wellen mit gleicher Kennzeichnung eingebaut werden. Nockenwellen sind bruchempfindlich. Aus diesem Grund dürfen sie nur in der oben beschriebenen Weise aus- und eingebaut werden, d. h. jegliche Spannungen müssen beim Abschrauben der Lagerdeckel entnommen werden.
Die Lagerbohrungen der Nockenwellenlager sind fortlaufend von 1 bis 10 nummeriert. Nummern sind in die Lagerdeckel eingeschlagen und in den Zylinderkopf eingegossen. Nr. 1 befindet sich an der Vorderseite der Auslassnockenwelle. Beim Einbau unbedingt die Nummernreihenfolge beachten. Die Einlassnockenwelle kann mit oder ohne Steuerrad bzw. Nockenwellenversteller aus- und eingebaut werden.

Aus- und Einbau des Kurbelwellensteuerrades

■ Alle Teile ausbauen, die den Zugang zur Stirnseite des Motors versperren. Dazu die Ölwanne und das Antriebsrad der Hochdruckpumpe ausbauen, wie es unter getrennten Überschriften beschrieben ist. Nachdem die genannten Teile ausgebaut wurden, ergibt sich das in Bild 108 gezeigte Bild.
■ Den Spannarm (4) gegen die Spannung der Feder nach unten drücken und die Antriebskette der Ölpumpe (3) herunterheben. Die Kette muss erneuert werden, falls sie nicht mehr einwandfrei aussieht.
■ Die Steuerkette (5) vom Kurbelwellensteuerrad (1) herunterheben. Zum Abziehen des Kettenrades eignet sich der mit (6) bezeichnete Abzieher oder ein ähnlicher auf dem gleichen Prinzip arbeitender Abzieher. Beim Abziehen den Spannarm (4) gegen die Spannung der Feder nach unten drücken, um das Abziehen zu erleichtern.
■ Den Zustand der Scheibenfeder im Ende der Kurbelwelle kontrollieren. Falls sie nicht mehr einwandfrei aussieht, mit einem Seitenschneider herausziehen. Die Scheibenfeder für die Nabe der Riemenscheibe kann in gleicher Weise behandelt werden.
Das Kettenrad folgendermaßen montieren:
■ Die Scheibenfeder (1) in die Kurbelwelle einschlagen. Die Fläche muss genau parallel mit der Kurbelwelle fluchten.
■ Das Steuerrad der Kurbelwelle (1) mit einem Stück Rohr auf die Kurbelwelle aufschlagen. Kontrollieren, ob die Scheibenfeder in ihrer Lage sitzt und sich nicht verschoben hat. Falls das Kettenrad einen festen Presssitz haben sollte, kann man es anwärmen.
■ Den Motor einige Male durchdrehen und kontrollieren, dass die Steuerzeichen an der Oberseite der Nockenwelle stimmen.
■ Den Spannhebel der Ölpumpenkette (5) wieder montieren.
■ Den Steuerdeckel und Zylinderkopf wieder montieren.
■ Alle anderen Arbeiten in umgekehrter Reihenfolge wie beim Ausbau durchführen.

Steuermechanismus 112/113-Motoren (V6 und V8)

Nockenwellen

Grundstellung der Nockenwellen überprüfen

Wie bereits erwähnt: Nockenwellen und damit verbundene Teile können nur ausgebaut, wenn die Wellen in der Grundstellung stehen. Die Werkstatt benutzt eine Arretierplatte, welche in eine Nut in der Nockenwelle eingeschoben wird, jedoch kann man durch genaues Verdrehen der Kurbelwelle diese Maßnahme vermeiden. Die Zylinderkopfhauben müssen ausgebaut werden. Bild 109 zeigt die auszubauenden Teile am Beispiel des M112 V6-Motors. Folgendermaßen vorgehen:

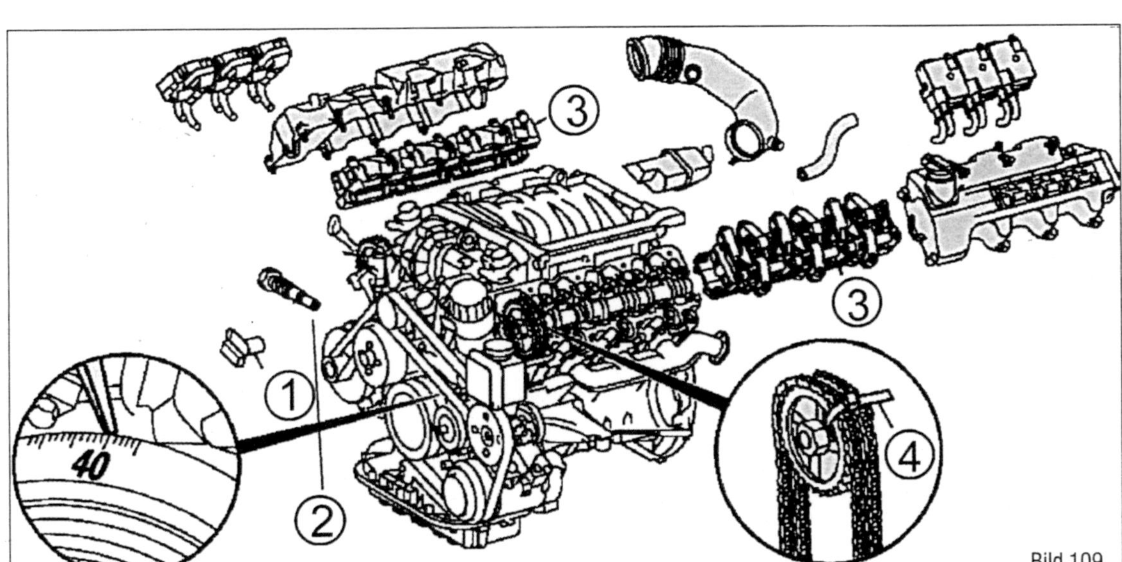

Bild 109

Bild 109
Einzelheiten zum Aus- und Einbau des oberen Steuergehäusedeckels bei einem V6- oder V8-Motor.
1 Hallgeber der Nockenwelle
2 Kettenspanner
3 Nockenwellenlagerbrücke
4 Kabelbinder

▪ Kurbelwelle durchdrehen, bis die 40°-Marke im Schwingungsdämpfer gegenüber dem Zeiger steht, wie man es links unten im Kreisausschnitt sehen kann (Kolben Nr. 1 auf OT). Kurbelwelle nur in Drehrichtung verdrehen.

▪ Anhand von Bild 110 kontrollieren, dass der Stift im Kurbelgehäuse und eine Kerbe in der Ausgleichswelle in der gezeigten Weise gegenüberliegen (V6-Motor).

Einstellen der Grundstellung der Nockenwellen

Um die beiden Nockenwellen in die Grundstellung zu bringen, können sie durchgedreht werden, ohne dass die Gefahr besteht, dass die Kolben gegen die Ventile anschlagen. Voraussetzung: Der Kolben Nr. 1 muss auf OT stehen, wie es bereits beschrieben wurde (siehe ebenfalls Bilder 109 und 110). Falls eine Einstellung erforderlich ist:

▪ Kettenspanner und Hallgeber der Nockenwelle ausbauen.

▪ Linkes und rechtes Nockenwellensteuerrad ausbauen. Die Nockenwellen werden dabei mit einem Gabelschlüssel gegengehalten. Steuerkette von den beiden Steuerrädern abheben. Kette nicht in den Kettenkasten fallen lassen (festbinden).

▪ Nockenwellen in die richtige Stellung drehen, wie es oben beschrieben wurde.

▪ Steuerkette über die beiden Steuerkettenräder legen und die Kettenräder an den Nockenwellen anbringen. Die Schrauben müssen immer erneuert werden. Mit 50 Nm anziehen und aus der Endstellung um eine weitere Viertelumdrehung.

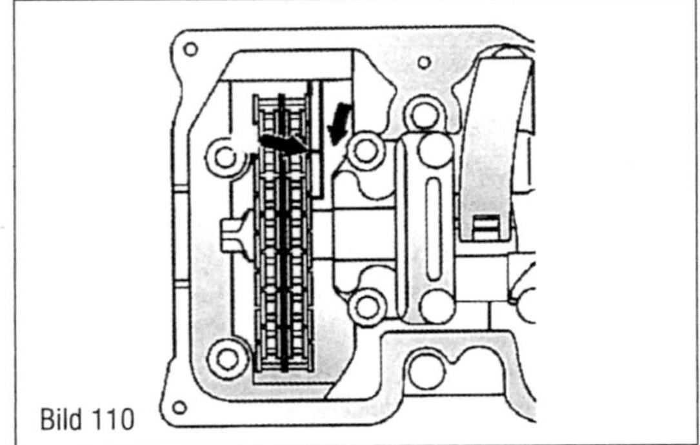
Bild 110

Bild 110
Ausfluchtung der Ausgleichswelle.

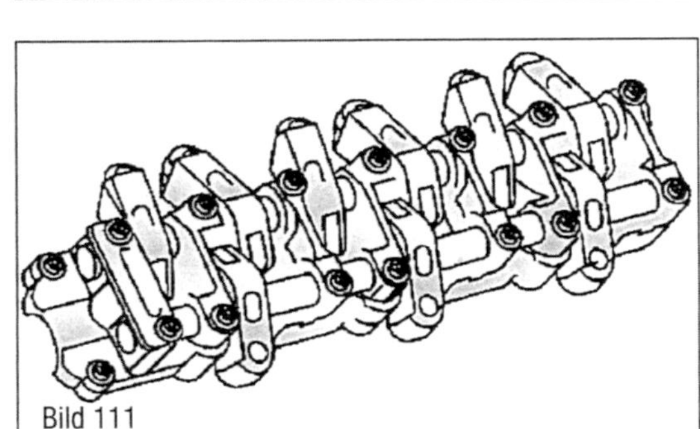
Bild 111

Bild 111
Ansicht einer Nockenwellenlagerbrücke.

▪ Hallgeber wieder einbauen (8 Nm) und Kettenspanner montieren. Die Grundstellung der Nockenwellen nochmals überprüfen, wie es oben beschrieben wurde.

Aus- und Einbau der Lagerbrücken

Beim Ausbau der Nockenwelle(n) müssen die Lagerbrücken ausgebaut werden. Nach Ausbau der Lagerbrücke kann die Welle herausgehoben werden.

Bild 111 zeigt eine der Lagerbrücken. Der Unterschied zwischen den Motoren ist eine zusätzliche Brücke beim V8-Motor. Folgendes beachten:

Bild 112
Anziehreihenfolge der Nockenwellenlagerbrücken beim V6-Motor. Auf die unterschiedliche Anzahl Schrauben bei der linken und rechten Brücke achten.

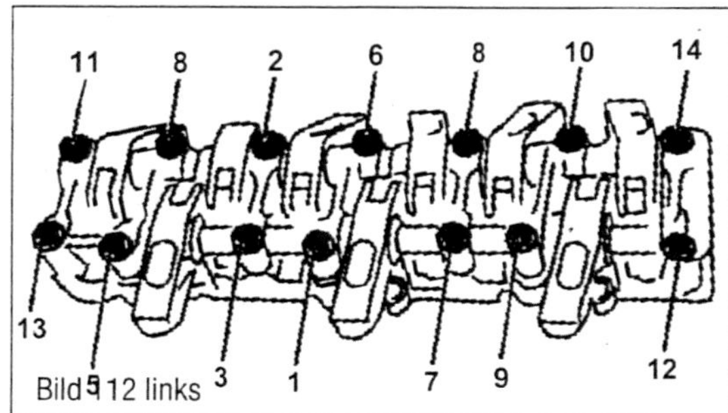

Bild 112 links

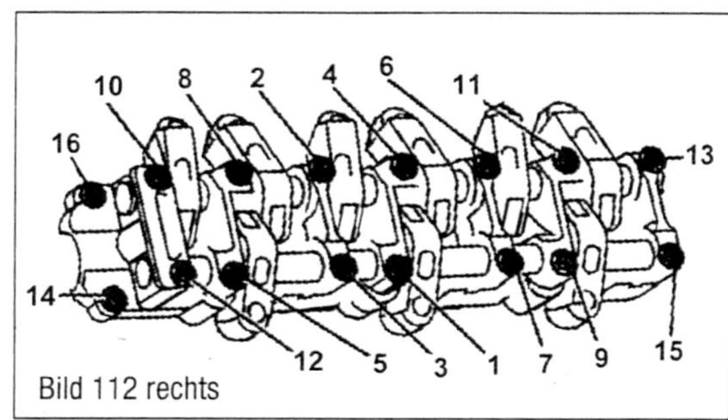

Bild 112 rechts

Bild 113
Anziehreihenfolge der Nockenwellenlagerbrücken beim V8-Motor. Auf die unterschiedliche Anzahl Schrauben bei der linken und rechten Brücke achten.

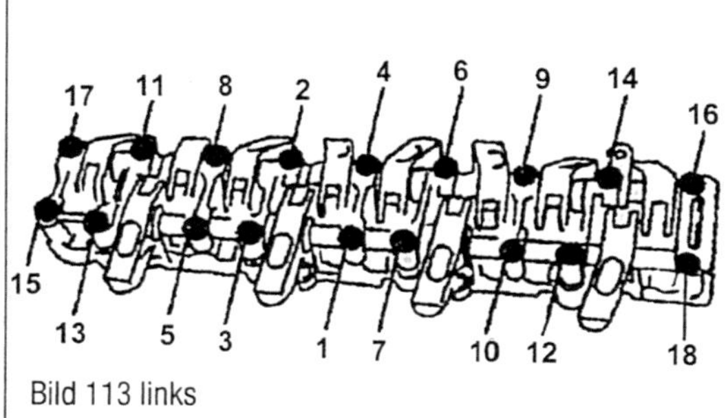

Bild 113 links

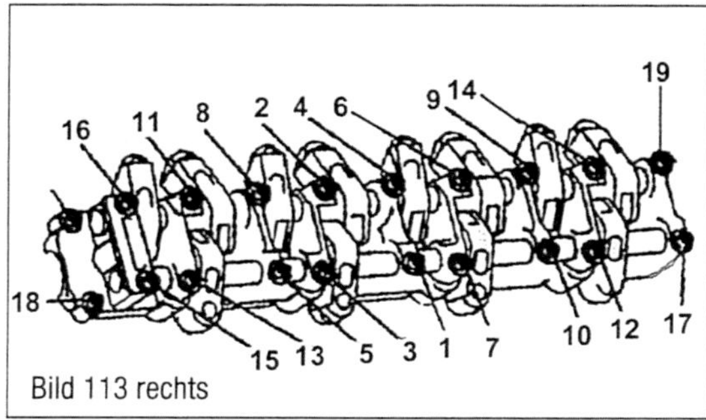

Bild 113 rechts

- Nockenwellenlager vor Einbau der Wellen gut einölen. Die Nockenwellen dürfen nicht einzeln erneuert werden.
- Falls eine Lagerbrücke beschädigt ist, muss der Zylinderkopf mit den Lagerbrücken erneuert werden. Die M7-Schrauben immer erneuern. Die Schrauben werden entsprechend den Bildern 112 und 113 angezogen (je nach Motor).

Der Ausbau einer Lagebrücke erfolgt nach Ausbau der Zylinderkopfhaube. Kolben des ersten Zylinders auf den oberen Totpunkt setzen (40° nach OT, siehe Bild 109). Nach Ausbau des Kettenspanners die Schrauben entgegengesetzt der Nummernreihenfolge in Bildern 112 oder 113 lockern (je nach Motor). Zu beachten ist, dass einige Schrauben 45 mm lang sind und andere 84 mm. Kennzeichnen, wo sie sitzen.
Der Einbau geschieht in umgekehrter Reihenfolge. Schrauben entsprechend der Länge eindrehen und in Reihenfolge des Anziehdiagramms in Bildern 112 oder 113 anziehen, je nachdem, welche Brücke ausgebaut wurde. Zu beachten ist, dass eine Brücke 14 Schrauben und die andere 16 Schrauben hat (V6) oder 18 und 20 Schrauben (V8). Die Schrauben werden folgendermaßen angezogen:

- Die 45 mm langen Schrauben werden mit 15 Nm angezogen, die 84 mm langen Schrauben mit 10 Nm und danach um eine weitere Viertelumdrehung.

Aus- und Einbau der Nockenwellen

- Steuerrad der linken und rechten Nockenwelle ausbauen. Ein Gabelschlüssel kann zum Gegenhalten der Nockenwellen angesetzt werden (an einem Sechskant). Steuerkette wie durch (4) in Bild 109 gezeigt am Steuerrad festbinden und die Kettenräder abziehen.
- Lagerbrücken ausbauen und die Nockenwellen herausheben. Wie bereits erwähnt, die Wellen können nicht einzeln erneuert werden.

Der Einbau findet in umgekehrter Reihenfolge statt. Schrauben der Kettenräder mit 50 Nm anziehen und danach um eine weitere Viertelumdrehung.

Kettenspanner – Aus- und Einbau

Der Kettenspanner ist in den Steuergehäusedeckel eingesetzt, von vorn gesehen auf der linken Seite der Riemenscheibengruppe. Der Visko-Lüfter, die Lüfterverkleidung, der Keilrippenriemen und die Drehstromlichtmaschine müssen ausgebaut werden, um den Kettenspanner auszuschrauben.
Ein Dichtring unter dem Kettenspanner muss beim Einbau erneuert werden. Den Kettenspanner mit 80 Nm anziehen. Die Schrauben der Lichtmaschine werden mit 57 Nm angezogen.

Steuerkette – Aus- und Einbau

Die Erneuerung der Steuerkette ist praktisch außerhalb einer Mercedes-Werkstatt nicht

möglich, da neun verschiedene Spezialwerkzeuge zum Trennen der alten Kette, Einziehen der neuen Kette, Vernieten der neuen Kette sowie Einbau der neuen Kette erforderlich sind.
Die Steuerkette kann natürlich bei ausgebautem Motor entsprechend den bereits beschriebenen Arbeiten beim Ausbau von Zylinderkopf, Nockenwellen, usw. ausgebaut und erneuert werden.

Ausgleichswelle – Aus- und Einbau
Bild 114 zeigt Einzelheiten zum Aus- und Einbau der Ausgleichswelle beim V6-Motor. Der Motor muss zum Ausbau ausgebaut sein. Folgendermaßen ausbauen:

- In folgender Reihenfolge das Schwungrad, den Enddeckel, die Ölpumpe und den Steuergehäusedeckel (1) ausbauen, wie es bereits beschrieben wurde.
- Kurbelwelle durchdrehen, bis der erste Kolben auf OT steht. Die in Bild 110 gezeigte Flucht muss erhalten werden.
- Steuerkettenrad der rechten Nockenwelle (2) ausbauen, wie es beim Ausbau der Nockenwelle beschrieben wurde, und die Steuerkette am Steuerrad befestigen, wie es mit (4) in Bild 109 gezeigt ist. Die Kurbelwelle darf nach Abnehmen des Steuerrades nicht mehr durchgedreht werden. Die Schraube des Kettenrades wird mit 50 Nm + 90° angezogen.
- Die Schraube (4) der Befestigung des Gegengewichts an der Welle an der Rückseite des Motors herausdrehen. Eine Bohrung im Gegengewicht ermöglicht ein Einsetzen eines Dorns um die Welle gegen Mitdrehen zu halten. Gegengewicht (3) abziehen. Die Schraube beim Einbau mit 20 Nm anziehen und aus der Endstellung um eine weitere Viertelumdrehung.
- An der Vorderseite des Motors Schraube (5) herausdrehen, das Sicherungsblech (6) abnehmen und die Welle nach vorn herausziehen. Schraube beim Einbau mit 15 Nm anziehen.

Der Einbau findet in umgekehrter Reihenfolge statt.

Nach Einbau die Flucht anhand von Bild 110 nachprüfen, der Stift (2) im Kurbelgehäuse und die Nut (1) im Gegengewicht müssen in einer Linie liegen.

Steuerungsteile/Nockenwellen – M272 V6-Motor, ML350

Der Ausbau der Nockenwellen ist bei diesem Motor mit 24 Ventilen praktisch unmöglich für den normalen Heimwerker. Verschiedene Teile sind auszubauen, z. B. das Mittelventil (für Einlass- und Auslassnockenwellen), Impulsräder (für Einlass- und Auslassnockenwellen), Nockenwellenversteller (für Einlass- und Auslassnockenwellen) und eine so genannte Zentrifuge (ein Deckel ist über dieser angebracht) und andere Teile. Aus diesem Grund können wir keine weiteren Anweisungen geben.

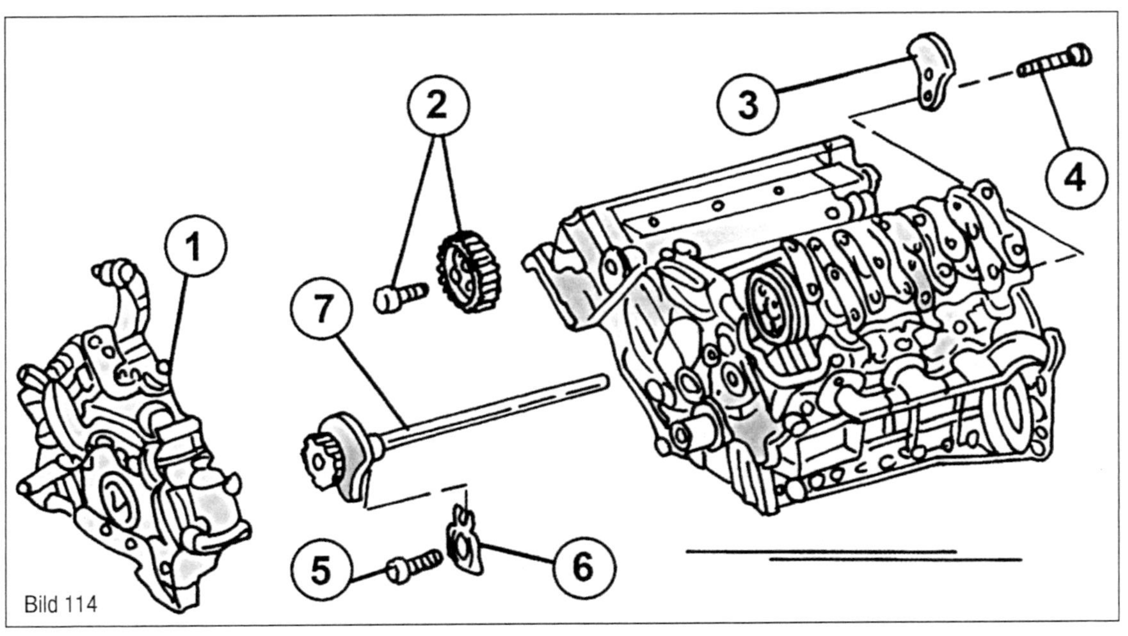

Bild 114 Einzelheiten zum Aus- und Einbau der Ausgleichswelle. Die Zahlen werden im Text erwähnt.

Steuermechanismus – 642-Diesel (ML280/320 CDI) – Serie 164

Steuergehäusedeckel – Aus- und Einbau
Das Fahrzeug muss auf sicheren Unterstellböcken sitzen, da viele Arbeiten von der Unterseite aus durchzuführen sind.

Wir weisen darauf hin, dass man die Mischkammer ausbauen muss. Überlegen Sie sich gut, ob Sie diese Arbeit selbst durchführen können.

- Abdeckung über dem Motor erfassen, nach oben ziehen und danach nach hinten ziehen, um sie von den Stiften zu befreien.
- Keilrippenriemen ausbauen, wie es später beschrieben ist, und ebenfalls die Spannvorrichtung des Riemens auf der rechten Seite (von vorn gesehen). Auf der gegenüberliegenden Seite die Führungsriemenscheibe (Rolle) ausbauen.
- Mischkammer ausbauen.
- Kolben des ersten Zylinders auf OT setzen. Die Markierung an der Kurbelwellenriemenscheibe muss mit der Linie am Steuergehäusedeckel fluchten.
- Von der Unterseite aus das Unterteil der Geräuschverkapselung ausbauen.

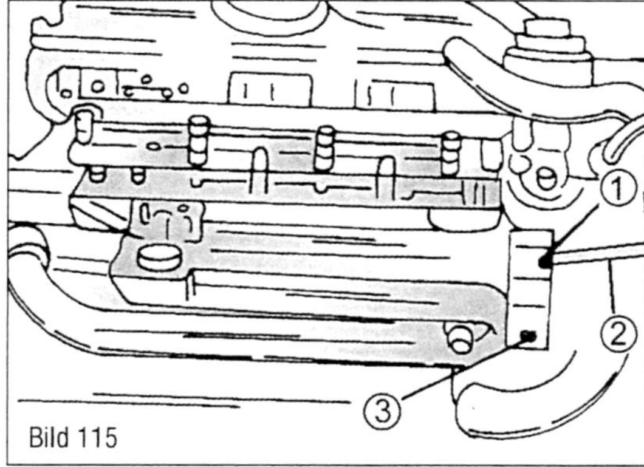

Bild 115 Einzelheiten zum Aus- und Einbau des Kettenspanners beim 642-Motor. Zahlen werden in der Beschreibung erwähnt.

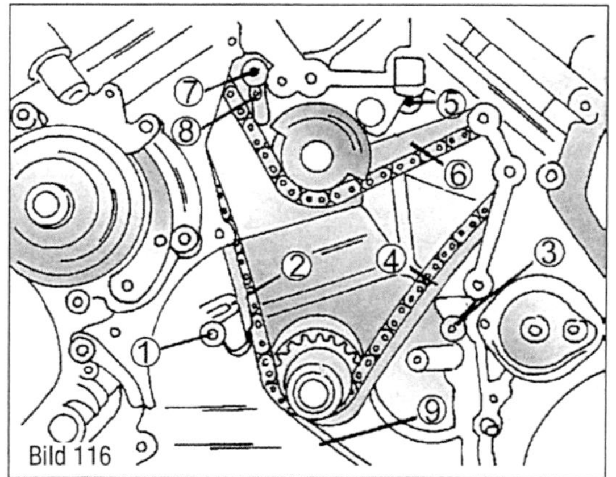

Bild 116 Einzelheiten zum Aus- und Einbau der Gleitschienen und der Spannschiene. Die Zahlen werden in der Beschreibung erwähnt.

- Motoröl ablassen und auffangen. Der Dichtring des Ablassstopfens muss immer erneuert werden. Stopfen mit 30 Nm anziehen.
- Unterteil der Ölwanne ausbauen (Kapitel »Motorschmierung«). Die Ölwannenschrauben werden mit 14 Nm angezogen.
- Kurbelwellenriemenscheibe/Schwingungsdämpfer ausbauen, wie es bereits beschrieben wurde.

Vor weiteren Arbeiten nochmals die OT-Stellung nachprüfen (der Steuergehäusedeckel kann sonst nicht ausgebaut werden).

- Befestigungsschrauben des Steuergehäusedeckels ermitteln. Einige sind um die Riemenscheiben herum eingesetzt, 5 sind nebeneinander an der Unterseite zu finden. Der Steuergehäusedeckel kann jetzt abgezogen werden. Am unteren Ende wird man zwei Führungshülsen finden. *Diese müssen herausgezogen und weggeworfen werden,* da sie nur beim ersten Zusammenbau verwendet werden und nicht wieder einzusetzen sind, da sonst die während dem Einbau aufgetragene Dichtungsmasse nicht einwandfrei abdichten kann.
- Der Öldichtring im Steuergehäusedeckel kann erneuert werden.

Der Einbau erfolgt in umgekehrter Reihenfolge. »Loctite 5970«-Dichtungsmasse auf die Dichtfläche auftragen und den Deckel anbringen. Die Werkstatt benutzt eine Zentrierhülse zum Einbau des Deckels, um den Dichtring nicht zu beschädigen. Mit Vorsicht vorgehen.
Zuerst die unteren Schrauben und danach alle Schrauben mit 9 Nm anziehen. Die Spannvorrichtung des Keilrippenriemens wird mit 57 Nm angezogen. Abschließend den Motor mit Öl füllen (8,5 Liter). Nur Öl für Dieselmotoren verwenden.

Kettenspanner – Aus- und Einbau
Der Kettenspanner ist auf der rechten Seite des Zylinderkopfes eingeschraubt, wie man es in Bild 115 sehen kann. Die Spannungswirkung des Kettenspanners wird aus einer Kombination der eingesetzten Druckfeder und des Motoröls erhalten. Ein Kettenspanner kann nicht repariert werden und ist im Schadenfall zu erneuern.
Die Abdeckung des Motors, das Ansaugrohr auf der rechten Seite und das Luftfiltergehäuse auf der rechten Seite müssen ausgebaut werden. Den Kabelbinder (3) vom Kabel (2) entfernen und den Kettenspanner

aus der Seite des Motors ausschrauben. Der Dichtring muss immer erneuert werden. Kettenspanner beim Einbau mit 80 Nm anziehen. Der Druckbolzen des Spanners drückt gegen die Spannschiene.

Steuerkette

Wie bei den anderen Motoren kann man die Kette nicht bei eingebautem Motor erneuern.

Aus- und Einbau der Spannschiene und Gleitschiene in der Innenseite des Steuergehäusedeckels

Die Lage der Spannschiene und der drei Gleitschienen im Steuergehäusedeckel ist in Bild 116 gezeigt. Die Teile können wie folgt aus- und eingebaut werden.

 Die Arbeiten sind kompliziert und wir raten Ihnen, die Anweisungen vorher durchzulesen.

Es wird angenommen, dass der Motor eingebaut ist. Ein Schlaghammer sowie eine M6-Schraube von 100 mm Länge sind zum Ausbau der Lagerbolzen der Gleitschiene erforderlich, wie es bereits in Bild 47 gezeigt wurde. Die M6-Schraube wird in das Ende des Lagerbolzens eingeschraubt und der Schlaghammer wird am Ende der Schraube angebracht. Vorausgesetzt, dass man derartige Werkzeuge zur Verfügung hat, folgendermaßen vorgehen:

- Abdeckung über dem Motor entfernen, die Mischkammer ausbauen und den linken Zylinderkopf ausbauen (siehe Ausbau des Zylinderkopfes).
- Ölfilter und Hochdruckpumpe ausbauen und den Kolben des ersten Zylinders auf OT bringen.
- Unterteil der Geräuschverkapselung ausbauen und das Motoröl ablassen. Stopfen mit neuem Dichtring einschrauben (30 Nm).
- Schwingungsdämpfer/Kurbelwellenriemenscheibe ausbauen.
- Ölwanne, Steuergehäusedeckel und Kettenspanner ausbauen.
- Die beiden Lagerbolzen der Gleitschienen (4), (6) und (8) mit dem Schlaghammer und dem Gewindeeinsatz herausziehen, wie es in Bild 117 gezeigt ist, und die Gleitschienen abnehmen. Falls kein Schlaghammer zur Verfügung steht, kann man Folgendes versuchen: Ein Stück Rohr über den Lagerbolzen setzen und eine Scheibe darüber legen. Eine M6-Schraube einschrauben und festziehen. Sobald die Scheibe gegen das Rohrstück drückt, sollte der Lagerbolzen herauskommen und kann herausgezogen werden.

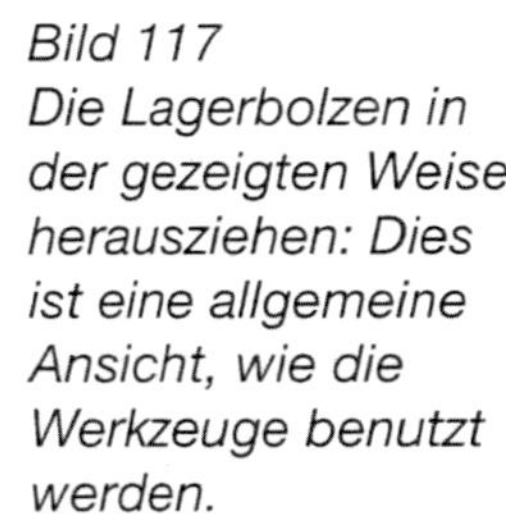
Bild 117
Die Lagerbolzen in der gezeigten Weise herausziehen: Dies ist eine allgemeine Ansicht, wie die Werkzeuge benutzt werden.

- Die Schraube (1) aus der Spannschiene (2) ausschrauben. Schraube beim Einbau mit 12 Nm anziehen. Die Spannschiene wird nach unten herausgezogen.
- Kettenrad der Auslassnockenwelle ausbauen. Die Steuerkette und das Kettenrad an gegenüberliegenden Stellen mit einem Klecks Farbe kennzeichnen. Steuerkette abheben und an der Oberseite festbinden. Die Kette kann im Steuergehäuse herunterhängen.
- Die Schraube (3) aus der Gleitschiene (4) ausschrauben – mit 12 Nm anziehen.
- Die gegen die Kette der Ölpumpe wirkende Spannschiene (9) entgegen der Federspannung nach oben drücken und die Gleitschiene (4) nach unten ziehen. Danach die Schraube (5) aus der Gleitschiene (6) ausschrauben und die Schiene nach unten abnehmen. Die gleiche Arbeit beim Ausbau der Gleitschiene (8) durchführen, nachdem man die Schraube (7) gelöst hat. Schrauben mit 12 Nm anziehen.

Der Einbau findet in umgekehrter Reihenfolge unter Beachtung der angegebenen Anziehdrehmomente statt. Abschließend den Motor mit Öl füllen.

Aus- und Einbau des Kurbelwellensteuerrades

Der Aus- und Einbau geschieht in ähnlicher Weise, wie es bereits bei einem der Motoren beschrieben wurde.

Aus- und Einbau der Nockenwellensteuerräder und Nockenwellen

 Die Nockenwellen sind nicht auf beiden Seiten des Zylinderkopfes gleich.

Eine in die Nockenwelle eingeschlagene Zahl gibt an, zu welchem Zylinderkopf die Nockenwelle gehört. Einlassnockenwelle linker Zylinderkopf A 642 10, rechter Zylinderkopf A 642 09, Auslassnockenwelle linker Zylinderkopf A 642 12, rechter Zylinderkopf A 642 11. Der Motor muss also mit der richtigen Nockenwelle versehen werden.
Die Nockenwellen sind in den Zylinderkopf eingebaut und werden mit Haltebrücken befestigt. Die Nockenwellen werden nach oben herausgehoben, nachdem die unten erwähnten Teile ausgebaut wurden. Wir müssen darauf hinweisen, dass eine Klemmbrücke mit dem in Bild 119 gezeigten Aussehen zum Ausbau gebraucht wird. Die Anordnung der vier Nockenwellen ist in Bild 118 gezeigt. Aus- und Einbau sind nicht leicht.

- Abdeckung über den Zylinderkopfhauben ausbauen, wie es vorher beschrieben wurde.
- Nockenwellensteuerräder folgendermaßen ausbauen. Die in Bild 119 gezeigte Klemmbrücke in gezeigter Weise auf der rechten Seite ansetzen. Die Brücke wird in der Mitte der Nockenwellen aufgesetzt und dient sozusagen als Nockenwellenlager, um die Belastung auf die Nockenwellenhalterungen an beiden Enden der Welle zu entlasten.
- Kolben des ersten Zylinders auf OT setzen.

Bild 118

Bild 118
Der Nockenwellenantrieb des 642-Motors (Diesel).
1 Kettenspanner
2 Nockenwellen

Die Markierungen der Nockenwellensteuerräder kontrollieren. Die Markierungen an der Innenseite der Steuerräder müssen gegenüber liegen. Die anderen Markierungen müssen bündig mit der Zylinderkopffläche auf der linken Seite fluchten (siehe ebenfalls Bild 120). Außerdem muss die Markierung im Schwingungsdämpfer der Kurbelwelle gegenüber der Rippe am Steuergehäusedeckel liegen.

- Kurbelwelle um genau eine Umdrehung (in Drehrichtung) durchdrehen und die UNTEREN Befestigungsschrauben aus dem Kettenrad ausschrauben. Die Schrauben werden mit 18 Nm angezogen.
- Kurbelwelle nochmals eine Umdrehung durchdrehen und den Kolben des ersten Zylinders wieder genau auf OT setzen. Flucht der Steuerzeichen nochmals kontrollieren.
- Steuerkette in geeigneter Weise am Kettenrad festbinden (z. B. mit einem Kabelbinder) und die OBEREN Schrauben des Kettenrades ausschrauben. Schrauben ebenfalls mit 18 Nm anziehen.
- Kettenrad vom Ende der Nockenwelle abziehen.

Zum Ausbau der Nockenwellen

Zum Ausbau der Nockenwellen die Klemmbrücke abschrauben, die Befestigungshalterungen an beiden Enden der Welle lösen und die Welle(n) herausheben. Die hydraulischen Ausgleichselemente können ausgebaut werden.
Während dem Einbau die Ausgleichselemente und die Lagerzapfen mit Motoröl einschmieren und die Nockenwelle(n) einlegen. Steuerzeichen der Nockenwellensteuerräder überprüfen, wie es oben beschrieben wurde und falls notwendig in die richtige Stellung bringen. Klemmbrücken und die Befestigungshalterungen wieder anschrauben und mit 8 Nm anziehen. Die Klemmbrücken können jetzt wieder abgeschraubt werden.

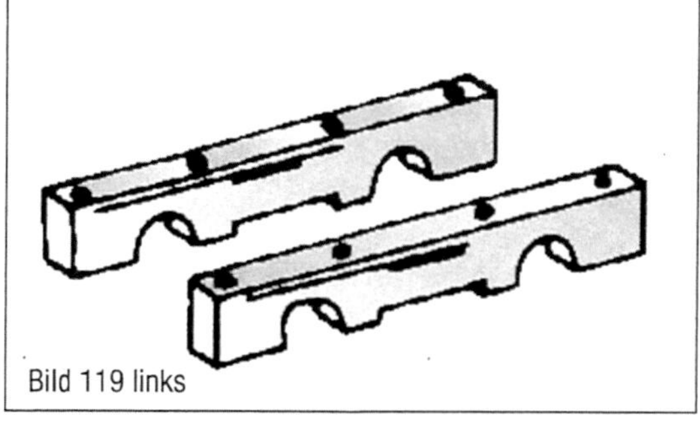
Bild 119 links

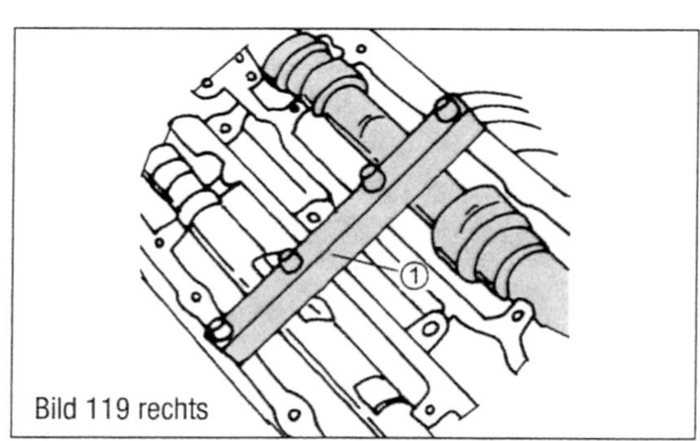

Bild 119 rechts

Bild 119
Die linke Ansicht zeigt die Klemmbrücken für die Nockenwellen (Nr. 642 589 000 31 00). Die rechte Ansicht zeigt, wo eine der Brücken in der Mitte des Zylinderkopfes aufgelegt wird.

Steuerräder der Nockenwelle und die Zylinderkopfhauben montieren. Abschließend die Motorabdeckung wieder einbauen.

Überprüfung der Nockenwellensteuerung
Wie bereits erwähnt: Nockenwellen und dazugehörige Teile können nur ausgebaut werden, wenn die Nockenwellen in der Grundstellung stehen. Um nochmals zu wiederholen: Es wird vorausgesetzt, dass die Zylinderkopfhauben und die Mischkammer ausgebaut sein.

- Kolben des ersten Zylinders auf OT setzen. Die Markierungen der Nockenwellensteuerräder kontrollieren. Die Markierungen an der Innenseite der Steuerräder müssen gegenüber liegen. Die anderen Markierungen müssen bündig mit der Zylinderkopffläche auf der linken Seite fluchten (siehe Bild 120). Außerdem muss die Markierung im Schwingungsdämpfer der Kurbelwelle gegenüber der Rippe am Steuergehäusedeckel liegen.

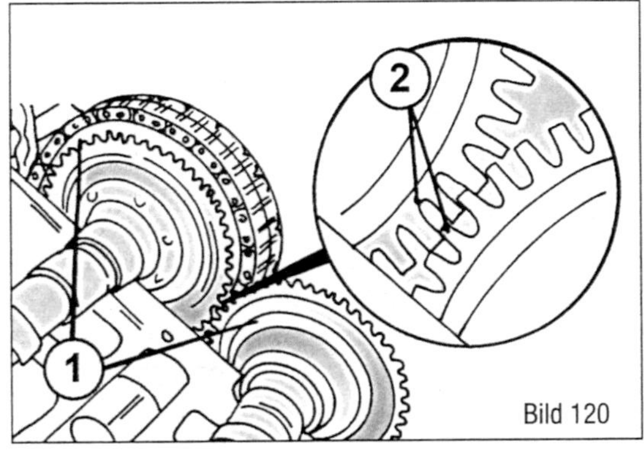

Bild 120
Ausrichten der Steuerzeichen an den Nockenwellenrädern. Zeichen (1) und (2) müssen an beiden Kettenrädern ausgefluchtet sein.

- Eine weitere Überprüfung an der Ausgleichswelle durchführen. Am Antriebsrad dieser Welle (unmittelbar über dem Kettenrad der Kurbelwelle) wird man eine Markierung finden, welche sich senkrecht an der Oberseite befinden muss.

3 Motorschmierung

Kurze Beschreibung der Anlage
Eine Zahnradpumpe liefert den zur Schmierung erforderlichen Druck. Die Pumpe wird durch eine getrennte Einzelrollenkette von einem Kettenrad auf der Kurbelwelle angetrieben. Die Kette hat ihre eigene Spannvorrichtung.
Die Ölpumpe kann bei eingebautem Motor nach Ausbau der Ölwanne erneuert werden. Die Arbeiten zum Aus- und Einbau der Ölwanne sowie der Ölpumpe sind jedoch nicht bei allen Motoren gleich und werden nachfolgend getrennt beschrieben.
Der Ölfilter ist in senkrechter Lage an der Seite des Zylinderblocks montiert. Der Filtereinsatz wird durch eine Schraubkappe an der Oberseite des Filtergehäuses im Filter gehalten. In der Werkstatt wird ein spezieller Aufsteckschlüssel zum Lösen dieser Kappe benutzt, die aber auch mit einfacheren Mitteln gelöst werden kann. Ein Öldruckschalter ist in die Seite des unteren Filtergehäuses eingesetzt.
Der Motor ist mit einer Leichtmetall-Ölwanne versehen, welche an der Seite mit einem Sensor für den Ölstand versehen ist. Je nach Motor besteht die Ölwanne aus einem Teil oder zwei Teilen.

Bild 121
Einzelheiten zum Aus- und Einbau der Ölwanne beim M111-Motor. Die Zahlen werden im Text erwähnt.

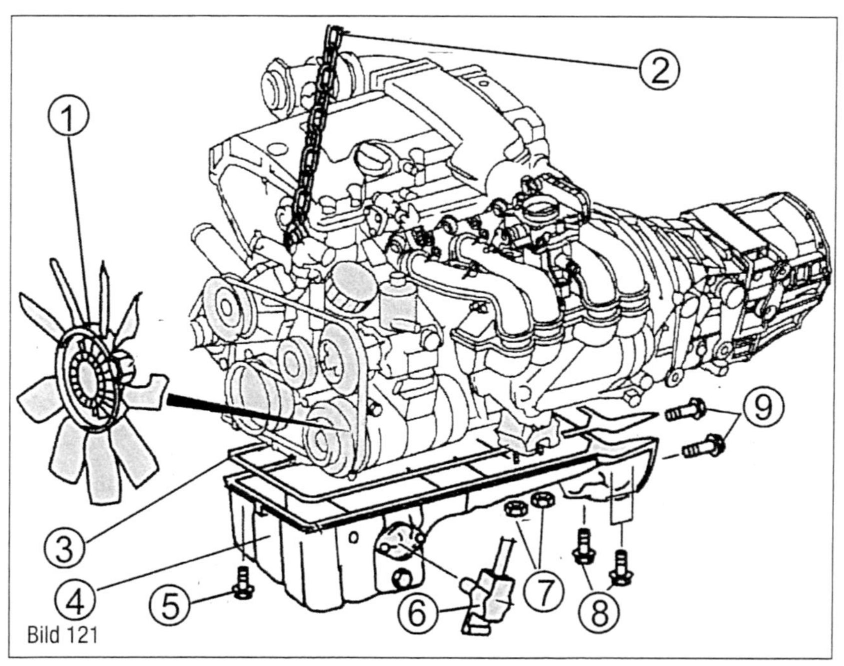

Aus- und Einbau der Ölwanne

Bei eingebautem M111-Motor (ML 230)
Die Ölwanne kann bei eingebautem Motor ausgebaut werden. Eine einteilige Ölwanne ist eingebaut. Verschiedene Teile müssen ausgebaut werden, welche in Bild 121 gezeigt sind. Der Motor muss aus den Aufhängungen gehoben werden, da man die vorderen Motoraufhängungen vom Fahrzeugrahmen abschrauben muss. Ein geeignetes Hebezeug muss also zur Verfügung stehen.

- Massekabel der Batterie abklemmen und das Fahrzeug vorn auf Unterstellböcke setzen.
- Das Unterteil der Geräuschverkapselung ausbauen.
- Einen geeigneten Behälter unterstellen und die Ölablassschraube herausdrehen. Das Öl vollkommen in den Behälter laufen lassen. Den Öleinfüllverschluss herausschrauben, damit das Öl besser ablaufen kann. Das Öl sollte außerdem dünnflüssig sein, d. h. wenn man den Motor kurz vorher eine Weile laufen lassen kann, wird das Ablassen des Öles erleichtert. Den Ölablassstopfen wieder einschrauben (neuen Dichtring verwenden, um eine gute Abdichtung zu gewährleisten, 30 Nm).
- Visko-Lüfter (1) ausbauen.
- Das Dehngefäß der Kühlanlage nach Lösen der beiden Schrauben von der Stirnwand abnehmen (Schläuche nicht abschließen).
- Die Schrauben (7) der beiden Motoraufhängungen an der gezeigten Stelle abschrauben.
- Motor in geeigneter Weise mithilfe einer an der vorderen Hebeöse angehängten Kette (2) aus den Aufhängungen heben, ohne dabei irgendwelche Teile zu beschädigen.
- Den Kabelstecker vom Ölstandgeber (6) abziehen.
- Die Schrauben (5), (8) und (9) aus der Ölwanne ausschrauben. Sofort auf die Länge und den Durchmesser der Schrauben achten. Schrauben sind von unten und zwei weitere auf der Getriebeseite eingeschraubt. M6-Schrauben mit 10 Nm, M8-Schrauben mit 25 Nm, M10-Schrauben (9) mit 40 Nm anziehen, wenn die Ölwanne eingebaut wird.
- Die Ölwanne (4) nach unten absenken. Ölwannendichtung (3) abnehmen.

Der Einbau der Ölwanne geschieht in umge-

kehrter Reihenfolge wie der Ausbau unter Beachtung der folgenden Punkte:
– Die Ölwannendichtung mit etwas Dichtungsmasse an der Dichtfläche der Ölwanne ankleben.
– Die Schrauben entsprechend der obigen Angaben anziehen.
– Die Rückseite der Ölwanne muss gegen die Fläche des Getriebes gedrückt werden ehe man mit dem Anziehen der Schrauben beginnt.
– Beim Anziehen der Motoraufhängungen den Motor langsam absenken, bis der Motor in Verbindung mit den Aufhängungen kommt, und die Muttern aufschrauben. Danach den Motor vollkommen absenken und die Muttern mit 35 Nm festziehen.
– Den Motor anlassen und eine Weile laufen lassen und die Verbindung Ölwanne/Kurbelgehäuse auf Ölleckstellen kontrollieren.

Bei eingebautem M112/M113-Motor
Die folgenden Anweisungen gelten für den V6-Motor (z. B. ML320, ML350) und den V8-Motor (z. B. ML 430). Die Ölwanne kann bei eingebautem Motor ausgebaut werden, jedoch muss der Motor vor Ausbau des unteren Ölwannenteils aus den Aufhängungen gehoben werden, um die Motoraufhängungen links und rechts zu lösen. Eine geeignete Hebevorrichtung muss deshalb zur Verfügung stehen. Die Ölwanne besteht aus einem Oberteil und einem Unterteil (Bild 122). Die folgenden Anweisungen beziehen sich auf den Ausbau der kompletten Ölwanne. Das Unterteil kann getrennt ohne Ausbau des Oberteils ausgebaut werden (falls man z. B. nur die Ölpumpe ausbauen will). Beim Ausbau des Unterteils braucht man den Motor nicht anheben. Motoröl in allen Fällen sofort ablassen. Vor Ausbau des Unterteils sollte man sich die nachstehenden Anweisungen durchlesen.

Aus- und Einbau der kompletten Ölwanne
- Unterteil der Ölwanne ausbauen, wie es nachstehend beschrieben ist.
- An der Seite der Ölwanne den Kabelstecker für den Ölstandgeber abziehen und die danebenliegende Ölleitung vom Ölmessstab ausbauen. Den Dichtring erneuern. Die Befestigungsschraube mit 8 Nm anziehen.
- Das Oberteil der Ölwanne vom Kurbelgehäuse abschrauben und die Ölwanne in Fahrtrichtung nach vorn herausziehen. Dabei eventuell die Kurbelwelle durchdrehen, um an allen Teilen vorbeizukommen. Die Schrauben sind nicht alle von gleicher Länge und gleichem Durchmesser. Bild 123 zeigt, wie die Schrauben ringsherum angeordnet sind. Das Ende der Ölwanne muss beim Einbau bündig mit der Fläche des Getriebes abschneiden. Die unterschiedlichen Schraube entsprechend der Abbildung einsetzen und festziehen. M6-Schrauben werden mit 9 Nm, M8-Schrauben mit 20 Nm angezogen. Alle Schrauben gleichmäßig ringsherum anziehen.
- Gut gereinigten Ablassstopfen einschrauben und mit 30 Nm anziehen. Abschließend den Motor mit Öl füllen.

Aus- und Einbau des Ölwannenunterteils
Die folgenden Arbeiten unter Bezug auf Bild 124 durchführen.
- Visko-Lüfter (4) ausbauen (Kapitel »Kühlanlage«). Achtung: Die Schraube hat Rechtsgewinde. Bei Modellen ML320 und ML350 die Lüfterverkleidung (5) ausbauen. Dazu die Schrauben (8) an der Unterseite lösen. Bei einem ML430 die Luftführung (9) ausbauen.
- Abdeckung unter dem Motorraum ausbauen und das Öl ablassen.
- Die Muttern (7) der Motoraufhängung am Vorderachsträger herausdrehen. Mit 35 Nm

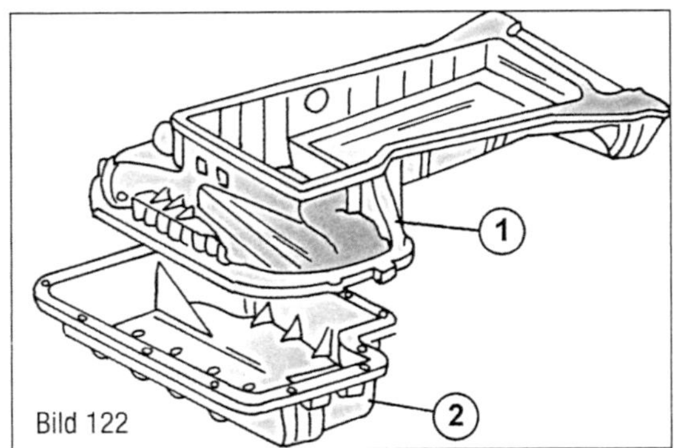

Bild 122

Bild 122
Die Ölwanne besteht aus einem Oberteil (1) und einem Unterteil (2). Beide können wie erforderlich getrennt ausgebaut werden.

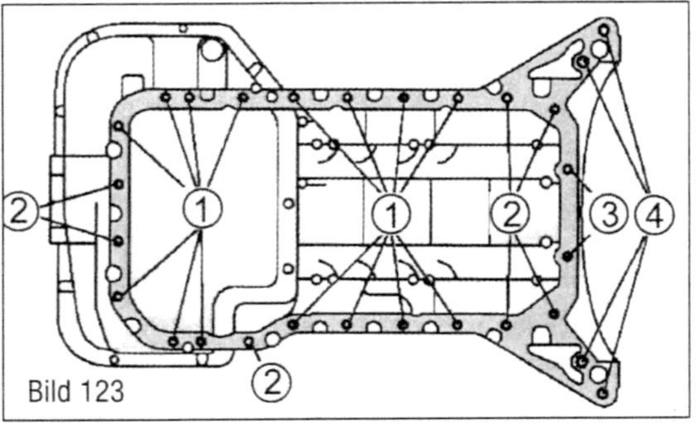

Bild 123

Bild 123
Lage der Schrauben bei der Ölwanne eines M112- und M113-Motors.
1 Schrauben, M6 x 20 mm
2 Schrauben, M6 x 40 mm
3 Schrauben, M6 x 90 mm
4 Schrauben, M8 x 30 mm

Bild 124
Einzelheiten zum Aus- und Einbau des Unterteils der Ölwanne beim M112- und M113-Motor.
1 Luftfiltergehäuse
2 Resonanzeinheit
3 Resonanzrohr
4 Visko-Lüfter
5 Lüfterverkleidung
6 Ölwannenunterteil
7 Muttern
8 Schrauben
9 Luftleitblech
10 Kette

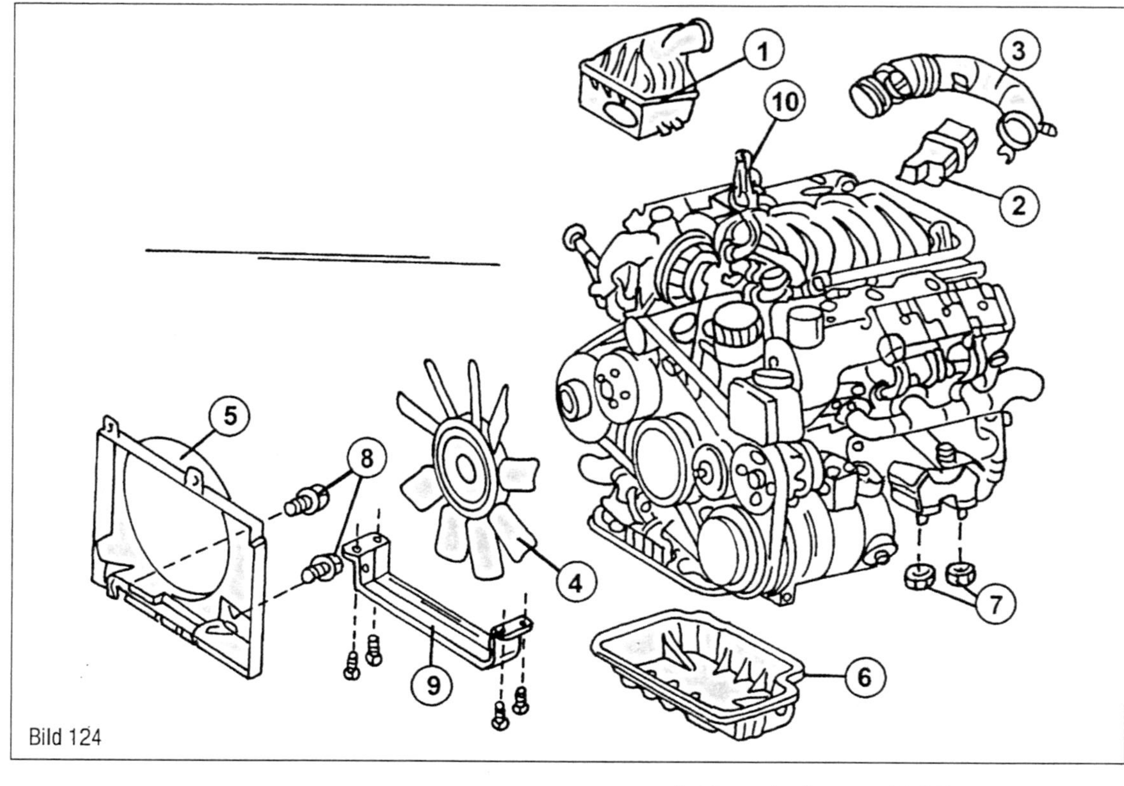

Bild 124

Bild 125
Auftragen der Dichtungsmasse. In der linken Ansicht für das Oberteil der Ölwanne (1), in der rechten Ansicht für das Unterteil. Den Anweisungen beim Auftragen genau folgen.

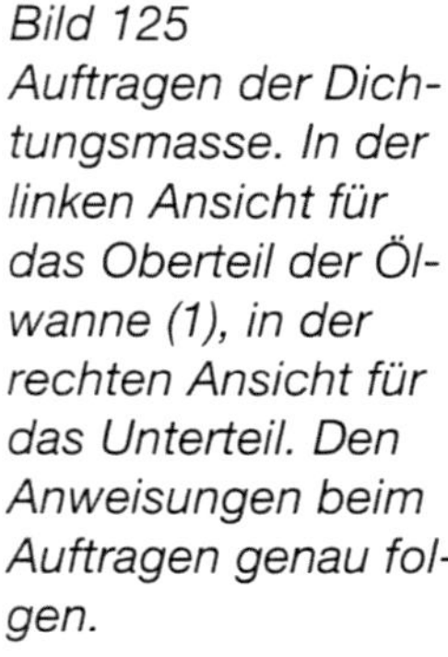

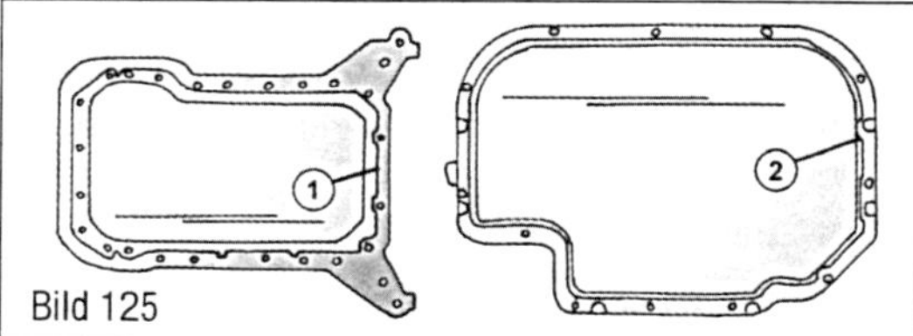

Bild 125

anziehen. Vor Abschrauben der linken Motoraufhängung muss die Flüssigkeitsleitung für die Lenkhilfspumpe aus der Halterung gedrückt werden.

- Bei allen V6-Motoren und beim V8-Motor im ML430 und ML 500 das Resonanzrohr (3) zusammen mit dem Resonanzanschluss (2) ausbauen. Das Rohr wird an der Rückseite des Ansaugkrümmers mit einer Kunststoffplatte angebracht. Den Kabelstecker vom Heißfilmluftmassenmesser abziehen und das Resonanzrohr von der Zylinderkopfhaube abschrauben.
- Motor in geeigneter Weise mithilfe einer an der vorderen Hebeöse angehängten Kette (10) aus den Aufhängungen heben, ohne dabei irgendwelche Teile zu beschädigen.
- Unterteil der Ölwanne abschrauben.

Der Einbau findet in umgekehrter Reihenfolge statt. Vor Ansetzen der Ölwanne die Flächen von Ölwanne und Kurbelgehäuse gründlich reinigen. Die Dichtflächen in Bild 125 müssen mit »Loctite 5907«-Dichtungsmasse eingeschmiert werden und die Ölwanne ist innerhalb von 10 Minuten nach Auftragen der Dichtungsmasse zu montieren. Die Breite der Dichtungsmassenwulst darf 2,0 mm nicht überschreiten. Das Bild zeigt einen V6-Motor, jedoch sieht es beim V8-Motor ähnlich aus.
Ölwannenschrauben gleichmäßig ringsherum mit 14 Nm anziehen. Ölablassstopfen einschrauben und mit 30 Nm anziehen. Abschließend den Motor mit der vorgeschriebenen Menge Motoröl füllen.

Bei eingebautem 642-Motor (280/320 CDI) und 272-Motor (ML 350) – Serie 164)
Die Ölwanne setzt sich aus einem Oberteil und einem Unterteil zusammen, jedoch können wir den Ausbau des Oberteils nicht empfehlen. Der Ausbau des Unterteils findet in ähnlicher Weise statt, wie es beim obigen V6-Motor beschrieben wurde, mit den folgenden Unterschieden beim Dieselmotor:

- Führungsrohr des Ölmessstabs ausbauen und die Vorderseite des Fahrzeuges auf Böcke setzen.
- Unterschutz unter dem Fahrzeug ausbauen und das Öl ablassen. Stopfen mit 30 Nm anziehen.
- Motor wie oben beschrieben aus den Aufhängungen heben und die Motoraufhängungen lösen. Muttern werden mit 53 Nm angezogen werden.

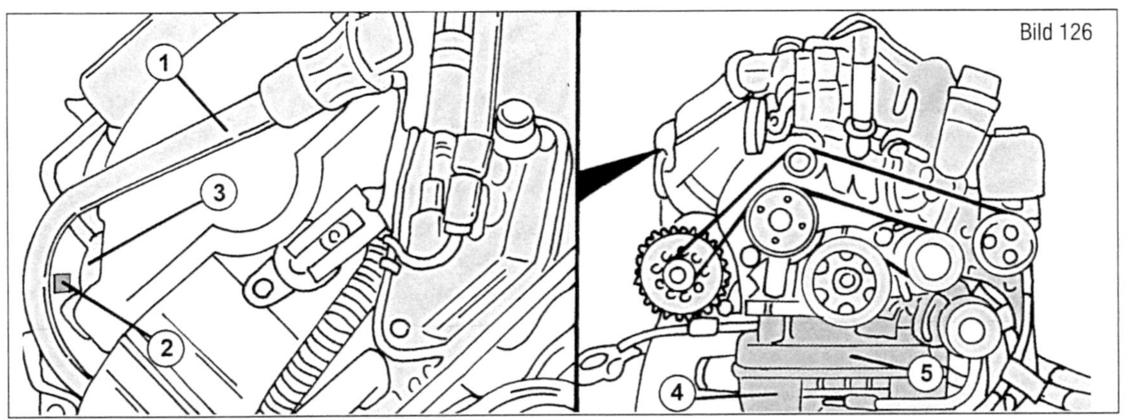

Bild 126 Einzelheiten zum Aus- und Einbau der Ölwanne beim Motor M113 in Serie 164. Auf die Zahlen wird im Text eingegangen.

- Kabelstecker vom Ölstandsgeber an der Seite der Ölwanne abziehen.
- Die weiteren Arbeiten entsprechen den Anweisungen beim beschriebenen V6-Motor (M112).

Der Einbau geschieht in umgekehrter Reihenfolge. Wiederum den Anweisungen beim M112/M113-Motor folgen.

Bei eingebautem 113-Motor (ML 500 – Serie 164)

Die Ölwanne setzt sich aus einem Oberteil und einem Unterteil zusammen. Der Ausbau der Ölwanne ist kompliziert, soll aber trotzdem beschrieben werden.

Ausbau der kompletten Ölwanne

- Motorabdeckung über dem Motor ausbauen.
- Unter Bezug auf Bild 126 das Führungsrohr des Ölmessstabs (1) von der Halterung (3) lösen. Die Schraube (2) an der Halterung (3) und das Führungsrohr (1) nach oben ziehen und auf eine Seite schieben.
- Heißfilmluftmassenmesser ausbauen. Dieser sitzt an der in Bild 127 gezeigten Stelle.
- Vorderseite des Fahrzeugs auf sichere Unterstellböcke setzen und die Schutzabdeckung unter dem Motorraum ausbauen. Dazu insgesamt 11 Schrauben an der Außenkante ausschrauben.
- Motoröl ablassen und in einem geeigneten Behälter auffangen. Daran denken, dass 8,5 Liter eingefüllt sind. Der Stopfen wird mit 30 Nm angezogen.
- Die komplette Auspuffanlage ausbauen.
- Unterteil der Ölwanne ausbauen, wie es nachstehend beschrieben wird.
- Ölpumpe ausbauen (siehe nachfolgende Beschreibung).
- Als Nächstes muss man eine Schraube

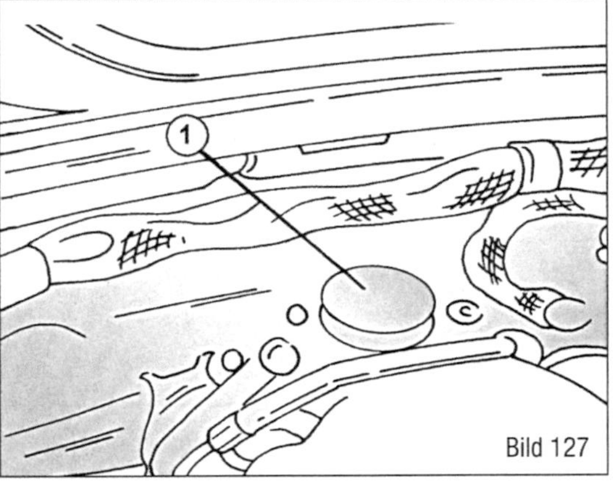

Bild 127 Der Heißfilmluftmassenmesser (1) sitzt an der gezeigten Stelle.

an der Belüftungsleitung des Reduktionsgetriebes ausfindig machen. Schraube herausdrehen und Halterung abnehmen.

- Die Schraube der Ölkühlerleitung am Halter an der Ölwanne entfernen. Schraube mit 9 Nm anziehen.
- Die Schraube (4) der Doppelklemmschelle in Bild 31 am Aufhängungsbügel der Drehstromlichtmaschine (5) entfernen. Klemmschelle mit 8 Nm anziehen.
- Die Schrauben der Motoraufhängung ausschrauben. Beim Einbau mit 53 Nm anziehen.
- Motor in ähnlicher Weise wie in Bild 121 oder 124 gezeigt anheben, ohne dabei Teile im Motorraum zu beschädigen.
- Das Oberteil der Ölwanne vom Kurbelgehäuse abschrauben und die Ölwanne in Fahrtrichtung nach vorn herausziehen. Dabei eventuell die Kurbelwelle durchdrehen, um an allen Teilen vorbeizukommen. Die Schrauben sind nicht alle von gleicher Länge und gleichem Durchmesser. Bild 128 zeigt, wie die Schrauben ringsherum angeordnet sind.

Beim Einbau Folgendes beachten:

- Die Dichtflächen in Bild 125 müssen mit »Loctite 5907«-Dichtungsmasse einge-

Bild 128
Anordnung der Ölwannenschrauben beim M113-Motor in Serie 164.
1 Schraube, M6 x 20 mm
2 Schraube, M6 x 40 mm
3 Schraube, M6 x 90 mm
4 Schraube, M8 x 30 mm
5 Schraube, M10 x 45 mm

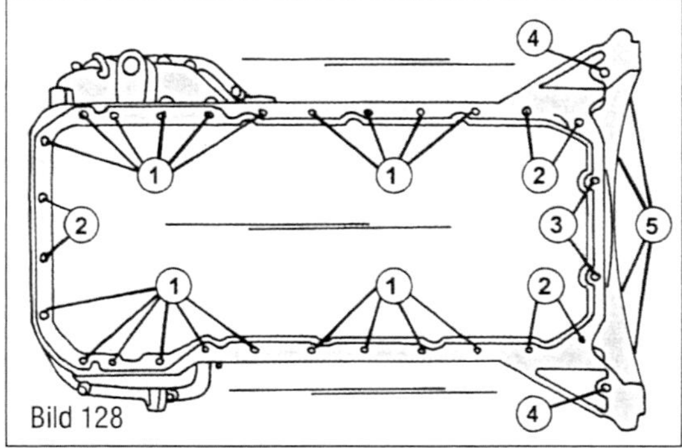

Bild 129
Einzelheiten zum Aus- und Einbau des Unterteils der Ölwanne beim M113-Motor in Serie 164. Die Zahlen werden im Text erwähnt.

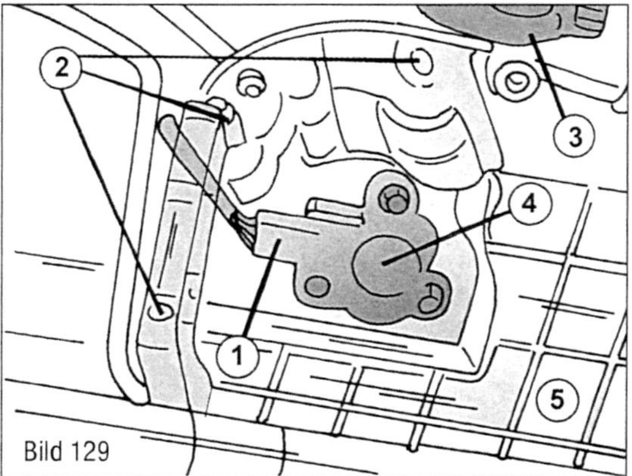

schmiert werden und die Ölwanne ist innerhalb von 10 Minuten nach Auftragen der Dichtungsmasse zu montieren. Die Breite der Dichtungsmassenwulst darf 2,0 mm nicht überschreiten.

▪ Das Ende der Ölwanne muss beim Einbau bündig mit der Fläche des Getriebes abschneiden. Die unterschiedlichen Schraube entsprechend Bild 128 einsetzen und festziehen. M6-Schrauben werden mit 9 Nm, M8-Schrauben mit 20 Nm angezogen. Alle Schrauben gleichmäßig ringsherum anziehen.

▪ Ölablassstopfen einschrauben und mit 30 Nm anziehen. Abschließend den Motor mit der vorgeschriebenen Menge Motoröl füllen.

Aus- und Einbau des Ölwannenunterteils

▪ Vorderseite des Fahrzeugs auf sichere Unterstellböcke setzen und die Schutzabdeckung unter dem Motorraum ausbauen. Dazu insgesamt 11 Schrauben an der Außenkante ausschrauben.

▪ Motoröl ablassen und in einem geeigneten Behälter auffangen. Daran denken, dass 8,5 Liter eingefüllt sind. Der Stopfen wird mit 30 Nm angezogen.

▪ Die Befestigungsschrauben der Montagebügel des Kurvenstabilisators auf beiden Seiten ausschrauben und die Bügel abnehmen. Stabilisator nicht ausbauen – nur nach unten hängen lassen. Die Schrauben werden mit 110 Nm am Vorderachsträger angezogen.

▪ Als Nächstes das Unterteil der Ölwanne anhand von Bild 129 studieren. Den Kabelstecker (1) am Geber für den Motorölstand, Temperatur, usw. (4) abziehen. Die Schrauben lösen und den Geber vom Ölwannenunterteil (5) abziehen. Schrauben beim Einbau mit 10 Nm anziehen.

▪ Die Schrauben der Halterung für die Flüssigkeitsleitung der Lenkhilfspumpe (3) lösen. Mit 10 Nm an der Ölwanne festschrauben.

▪ Schrauben (2) herausdrehen und das Unterteil der Ölwanne abnehmen.

Der Einbau findet in umgekehrter Reihenfolge statt. Die Dichtflächen in Bild 125 müssen mit »Loctite 5907«-Dichtungsmasse eingeschmiert werden (ähnlich bei diesem Motor) und die Ölwanne ist innerhalb von 10 Minuten nach Auftragen der Dichtungsmasse zu montieren. Die Breite der Dichtungsmassenwulst darf 2,0 mm nicht überschreiten. Alle Schrauben des Unterteils mit 13 Nm am Oberteil anziehen.

Abschließend den Motor mit der vorgeschriebenen Menge Motoröl füllen.

Ölpumpe

Aus- und Einbau der Ölpumpe

M111-Motor

Bild 130 zeigt Einzelheiten der Befestigung.

▪ Ölwanne ausbauen, wie es bereits beschrieben wurde.

▪ Die Schraube (3) in Bild 131 aus dem Kettenrad der Pumpe herausdrehen und zusammen mit der Scheibe abnehmen. Die Schraube beim Einbau mit 32 Nm anziehen. Das Kettenrad zusammen mit der Antriebskette (3) von der Kurbelwelle abziehen. Beim Abziehen des Kettenrades wird man feststellen, dass eine Seite des Kettenrades gewölbt ist. Diese Wölbung muss zur Ölpumpe weisen (Bild 132). Ebenfalls ist die Kettenradbohrung mit einem Profil versehen, welches richtig über die Pumpenwelle eingreifen muss.

▪ Befestigungsschrauben der Ölpumpe von der Unterseite des Kurbelgehäuses lösen

(Torxkopf-Stecknuss erforderlich) und die Ölpumpe abnehmen. Die Pumpe wird nach unten herausgezogen. Zu beachten ist, dass zwei Passhülsen die Pumpe führen.
Pumpenkettenrad und Antriebskette können im Satz erneuert werden. Eine Überholung der Pumpe ist nicht möglich.
Der Einbau geschieht in umgekehrter Reihenfolge unter Beachtung der folgenden Punkte:

- Pumpe vor dem Einbau mit Öl füllen. Beim Einbau darauf achten, dass die Passhülsen (2) in Bild 130 eingreifen. Schrauben einsetzen und mit 25 Nm anziehen (Torxkopf-Steckschlüssel erforderlich). Falls der Verstärkungsbügel (3) eingebaut ist, wird er mit 10 Nm angezogen.
- Ölpumpenkettenrad unter Bezug auf Bild 132 aufsetzen: Schraube einsetzen und anziehen.
- Die verbleibenden Arbeiten in umgekehrter Reihenfolge durchführen. Nach Zurücklassen des Kettenspanners (1) in Bild 131 wird die Kette richtig gespannt.

M112- und 113-Motor

Nach Ausbau des Unterteils der Ölwanne in der bereits beschriebenen Weise kann die Ölpumpe vom Kurbelgehäuse abgeschraubt werden. Folgende Punkte beim Einbau beachten:

- Saugsieb der Pumpe vor dem Einbau reinigen. Die Pumpe mit etwas Motoröl füllen, damit sie am Anfang sofort geschmiert wird.
- Pumpe am Zylinderblock ansetzen und die Schrauben eindrehen. Mit 20 Nm anziehen.
- Abschließend den Motor mit der vorgeschriebenen Ölmenge füllen, den Motor anlassen und eine Weile laufen lassen. Die Verbindung Ölwanne/Kurbelgehäuse auf Ölleckstellen kontrollieren.

M642-Motor (ML 280/320 CDI) und M272-Motor (ML 350) – Serie 164

Da die komplette Ölwanne ausgebaut werden muss um Zugang zur Ölpumpe zu erhalten, und da die Arbeiten zum Ausbau des Ölwannenoberteils bei eingebautem Motor nicht beschrieben wurden, muss man die Arbeiten in einer Werkstatt durchführen lassen. Ist der Motor ausgebaut, wird man schnell sehen, welche Teile ausgebaut werden müssen um die Ölpumpe vom Kurbelgehäuse zu lösen.

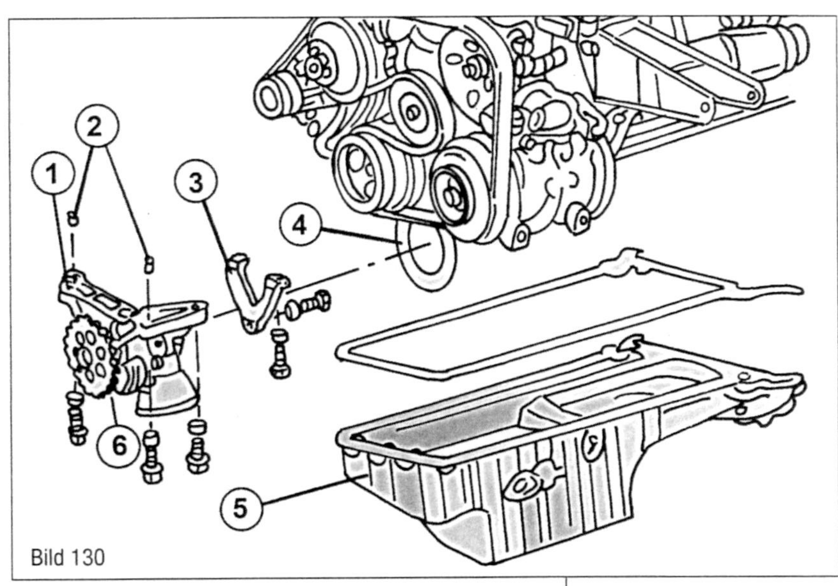

Bild 130
Befestigung der Ölpumpe und Ölwanne beim M111-Motor.
1 Ölpumpe
2 Passhülsen
3 Verstärkungsbügel
4 Ölpumpenkette
5 Ölwanne
6 Ölpumpenkettenrad

Reparatur der Ölpumpe

Ölpumpen sollten nicht repariert werden. Falls der Grund des Ausbaus fehlender Öldruck war, muss man die Ölpumpe erneuern. In diesem Fall die Antriebskette sowie das Kettenrad einer sorgfältigen Kontrolle unterziehen, um zu vermeiden, dass man eine neue Pumpe mit den alten Antriebsteilen einbaut.

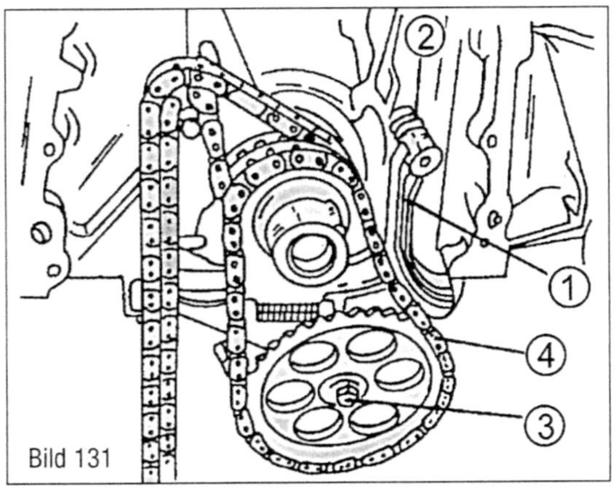

Bild 131
Ansicht des eingebauten Ölpumpenantriebs. Der Antrieb kann ebenfalls in Bild 100 gesehen werden.
1 Kettenspanner
2 Torsionsfeder
3 Schraube und Scheibe
4 Antriebskette

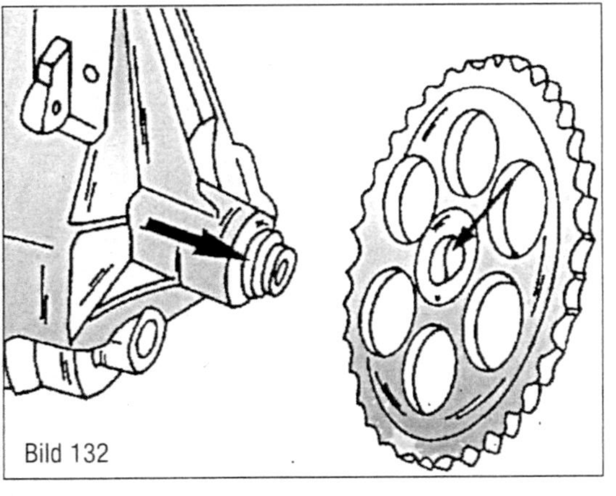

Bild 132
Die Befestigung des Kettenrades an der Ölpumpe (siehe Text).

Bild 133
Die Schraubkappe an der Oberseite des Ölfilters (1) wird mit dem Spezialwerkzeug (2) in der gezeigten Weise abgeschraubt. Eine alternative Methode kann dem Text entnommen werden.

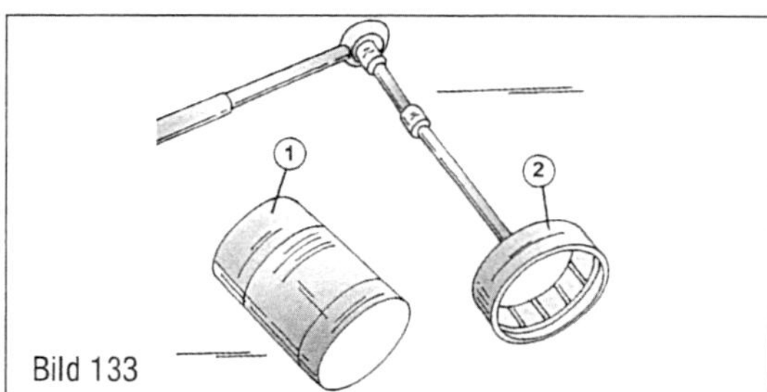

Bild 133

Bild 134
Eingebauter Filter (alle Motoren).
1 Filterkappe, 25 Nm
2 Filtereinsatz (Filterelement)
3 Dichtring

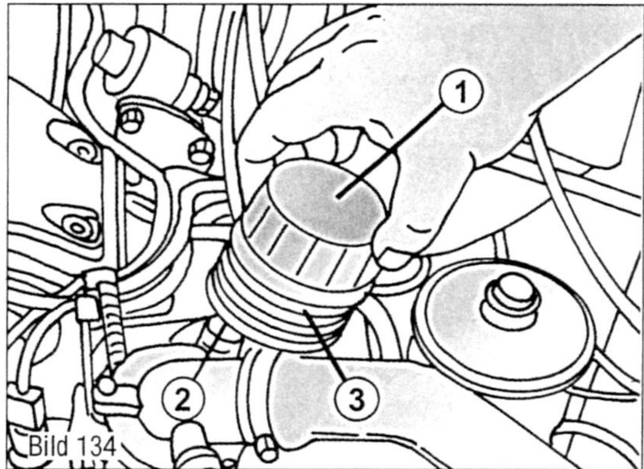

Bild 134

Sensor für Ölstandsüberwachung – Aus- und Einbau

Der Sensor in der Seite der Ölwanne kann bei eingebautem Motor aus- und eingebaut werden. Nach Ablassen des Motoröls den Kabelstecker vom Sensor abziehen und die beiden Schrauben lösen. Der unter dem Sensor liegende Dichtring muss beim Einbau erneuert werden.
Beim Einbau die Schrauben mit 12 Nm anziehen. Abschließend den Motor mit der vorgeschriebenen Ölmenge füllen.

Öldruckschalter – Aus- und Einbau

Der Schalter sitzt an der Vorderseite des Motors, auf der linken Seite über einer der Riemenscheiben. Der Schalter kann nach Abziehen des Kabelsteckers ausgeschraubt werden. Beim Einbau mit 20 Nm anziehen.

Aus- und Einbau des Ölfilters

Der Filter wird in der Werkstatt mit einem speziellen Filterschlüssel ausgebaut (Bild 133). Eine passende Stecknuss mit Verlängerung vervollständigen die gebrauchten Werkzeuge.
Bild 134 zeigt wo der Filter sitzt. Die folgende Beschreibung gilt im Allgemeinen für alle Motoren.

- Ölfilter abschrauben. Dazu die Schraubkappe (1) auf der Oberseite des Filters in Bild 134 abschrauben. Bei früher eingebauten Filtern war ein Sechskant in die Kappe eingearbeitet, die aber nicht mehr vorhanden ist. Die Werkstatt verwendet, wie bereits erwähnt, einen Spezialschlüssel, welcher auf die Kappe aufgesetzt wird. Eine große Zange kann auch verwendet werden. Der Spezialschlüssel hat die Nummer 103 589 02 09 00. Wenn man die Filterwartung ständig selbst durchführt, lohnt sich die Anschaffung des Schlüssels.
- Die Schraubkappe zusammen mit dem Filtereinsatz (Filterelement) aus dem Gehäuse herausziehen und den Dichtring abnehmen.
- Neuen Filtereinsatz (2) mit einem neuen Dichtring (3) montieren und den Filterverschluss wieder aufdrehen und festziehen (25 Nm). Darauf achten, dass die Dichtung einwandfrei sitzt.
- Ölstand in der Ölwanne berichtigen, falls nur der Filtereinsatz erneuert wurde. Andernfalls den Motor mit der vorgeschriebenen Ölmenge füllen.
- Motor anlassen und eine Weile laufen lassen. Nach Abschalten des Motors die Gegend der Filterverschraubung auf Ölleckstellen kontrollieren.

Bild 135
Der Ölkühler des 642-Dieselmotors (links) und des 272-Benzinmotors. Beide in Serie 164.
Linke Ansicht:
1 Ölkühler (Wärmeaustauscher)
2 Schraube, 12 Nm
3 Dichtungen
Rechte Ansicht:
1 Ölkühler (Wärmeaustauscher)
2 Schrauben (12 Nm)
3 Dichtung

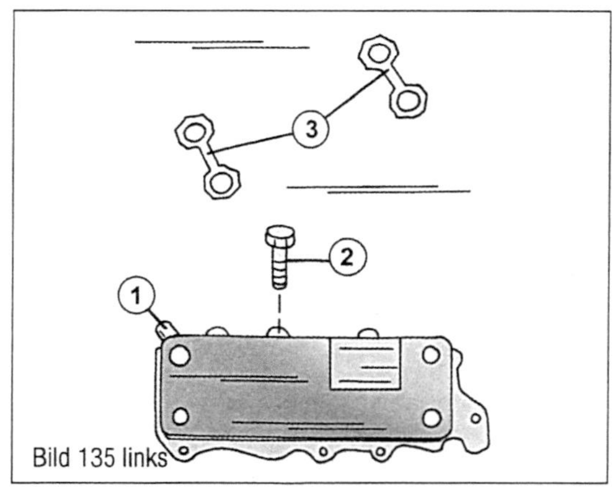

Bild 135 links

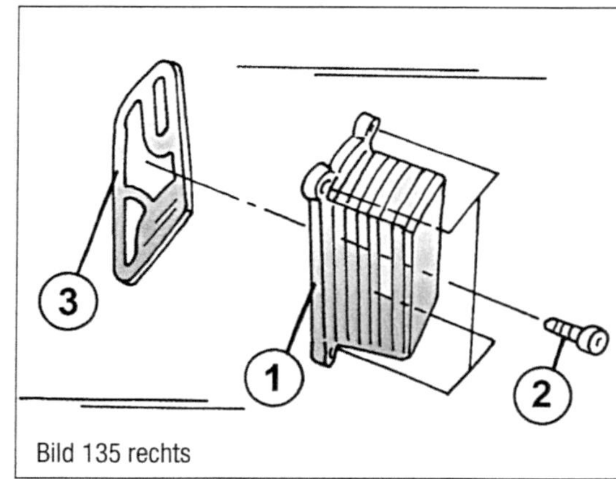

Bild 135 rechts

Ölkühler

Motor 642 – ML 280 CDI/ML 320 CDI (Serie 164)
Der Ölkühler, auch als Öl/Wasser-Wärmeaustauscher bekannt, sitzt in der Mitte an der Unterseite der »V«-Anordnung der Zylinder und hat das in Bild 135 (links) gezeigte Aussehen. Der Kühler kann nach Ausbau der Motorabdeckung und des Ladeluftrohres ausgebaut werden. Die Kühlanlage muss abgelassen werden. Die Schrauben lösen (2) und den Kühler (1) abheben. Zwei kleine Dichtungen (3) dichten den Kühler ab. Die Schrauben werden beim Einbau mit 12 Nm angezogen.

Motor 272 – ML 350 (Serie 164)
Bei diesem Motor ist der Ölkühler an der Seite des Ölfilters angeschraubt und hat das in Bild 135 (rechts) gezeigte Aussehen. Der Ausbau ist ziemlich umfangreich:
- Fahrzeug vorn auf Unterstellböcke setzen und die Schutzverkleidung unter dem Motorraum ausbauen. Kühlmittel ablassen.
- Die vordere Motorabdeckung ausbauen wie es in Kapitel »Motoren« beschrieben wurde (siehe Bild 54).
- Das linke Luftansaugrohr ausbauen.
- Den Vorratsbehälter für die Lenkungsflüssigkeit von der vorderen Motorabdeckung trennen.
- Schrauben (2) in Bild 135 (rechts) herausdrehen und den Ölkühler (1) vom Ölfiltergehäuse abziehen. Die untergelegte Dichtung (3) muss erneuert werden.

Der Einbau geschieht in umgekehrter Reihenfolge des Ausbaus. Die Schrauben mit 12 Nm anziehen.

Motoren M112 und M113 – Serie 163
Die auszubauenden Teile sind in Bild 136 gezeigt. Die Kühlanlage muss abgelassen werden, da man die beiden Kühlmittelschläuche (4) und (5) vom Ölkühler (6) abschließen muss. Die Schrauben (8) beim Einbau mit 11 Nm anziehen. Der Einbau findet in umgekehrter Reihenfolge statt.

Öldruck

Den Öldruck des Motors sollte man in einer Werkstatt kontrollieren lassen, da ein spezieller Anschluss zum Einschrauben anstelle des Öldruckschalters sowie ein Manometer gebraucht werden. Da der Öldruck im Allgemeinen nur kontrolliert werden muss, wenn die Öldruckkontrollleuchte nicht erlöscht, wird die Messung des Öldrucks kaum erforderlich sein.

Ölwechsel

Beim Ölwechsel folgendermaßen vorgehen (für diese Arbeit brauchen Sie die in der Maß- und Einstelltabelle angegebene Ölfüllmenge).
- Vor Beginn der Arbeit den Motor warm fahren (ca. 10 Minuten Fahrt).
- Das Fahrzeug vorn etwas anheben.
- Den Öleinfülldeckel von der Zylinderkopfhaube abnehmen.
- Die Ölablassschraube unten in der Ölwanne etwas lösen.
- Eine kleine Wanne unterschieben und Schraube vollends herausdrehen. Vorsicht, das heiße Öl kommt im Bogen schwungvoll herausgeflossen!
- Wenn das Öl ausgelaufen ist, Ablassschraube zusammen mit einem neuen Dichtring in die Ölwanne hineinschrauben. Behutsam festdrehen (30 Nm).
- Motor mit der entsprechenden Ölmenge füllen. Das Öl muss sich für den in Frage kommenden Motor eignen. Den Öleinfülldeckel wieder aufschrauben
- Anschließend Motor starten.
- Den Ölstand und Dichtheit an Ölablassschraube und am Ölfilter kontrollieren. Evtl. Ölfilter etwas nachziehen.

*Bild 136
Einzelheiten zum Aus- und Einbau des Ölkühlers (Wärmeaustauschers) beim M112/M113-Motor.*
1 Elektrischer Lüfter
2 Lüfterverkleidung
3 Ölfilterschraubkappe
4 Kühlmittelschlauch
5 Kühlmittelschlauch
6 Ölkühler (Wärmeaustauscher)
7 Dichtringe
8 Schrauben (11 Nm)

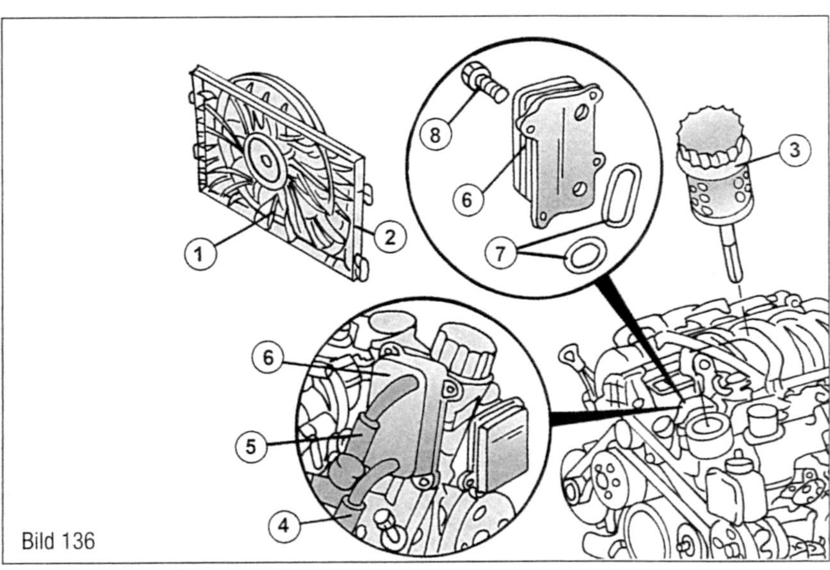

Bild 136

4 Kühlanlage – alle Motoren

Die Kühlanlage arbeitet mit einem Dehngefäß (Ausgleichsbehälter), welches auf der rechten Seite des Motorraums montiert ist. Ein Geber (Sensor) für den Kühlmittelstand ist in den Behälter eingesetzt. Falls der Kühlmittelstand aus irgendeinem Grund unter die »Min«-Marke abfällt, schließen sich die Schalterkontakte und eine Warnleuchte erhellt sich im Armaturenbrett. Eine regelmäßige Kontrolle des Kühlmittelstands ist deshalb nicht unbedingt notwendig.
Die Wasserpumpe ist an der Vorderseite des Motors an der Unterseite des Kurbelgehäuses montiert. Sie wird durch einen O-Dichtring abgedichtet und durch Schrauben gehalten. Die Pumpe kann nicht repariert werden und ist im Schadensfall zu erneuern.

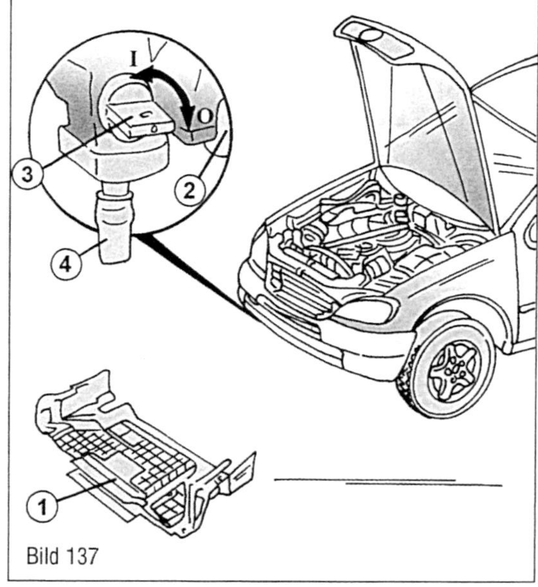

Bild 137

Bild 137
Ablassen der Kühlanlage (allgemeine Ansicht).
1 Vordere Geräuschverkapselung
2 Kühler
3 Ablasshahn
4 Ablassschlauch

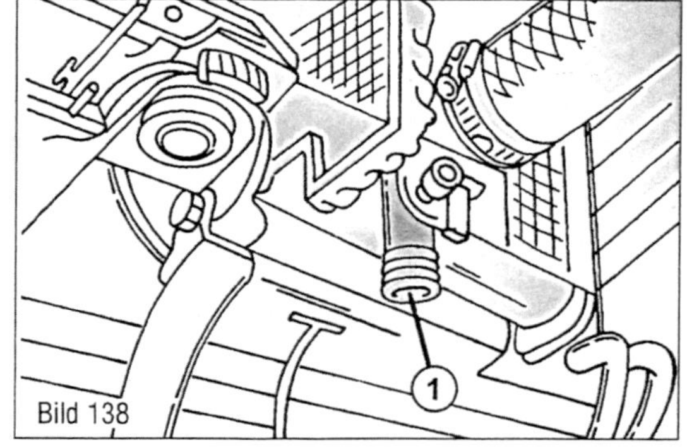

Bild 138

Bild 138
Den kleinen Anschluss (1) von der Unterseite gesehen, auf welchen der Ablassschlauch aufzuschieben ist, ehe man den Verschlussstopfen öffnet.

Ablassen und Auffüllen der Kühlanlage

⚠ Den Verschlussdeckel auf dem Ausgleichsbehälter oder Kühler nur bei einer Kühlmittel-Temperatur unter 90 °C öffnen. Den Deckel bis zur ersten Raste lösen, den Druckabbau abwarten und den Deckel vollends abnehmen.

☞ Zum Ergänzen kleiner Kühlmittelverluste normales Wasser verwenden. Mit völlig kalkfreiem Wasser, Regenwasser, destilliertem oder entsalztem Wasser tun Sie der Kühlanlage keinen Gefallen, weil diese Wasserarten korrosiver wirken.

Falls Sie unterwegs erhebliche Wassermengen aus dem Kühlsystem verloren haben, soll bei heißer Maschine kein kaltes Wasser nachgegossen werden, denn der Zylinderkopf kann sich verziehen oder gar Spannungsrisse bekommen. Kleinere Wassermengen dürfen aber auch bei warmem Motor nachgegossen werden.
Wenn im folgenden Text die Verschlusskappe erwähnt wird, kann dies entweder die Kappe des Kühlers oder Dehngefäßes sein.

- Falls der Motor heiß ist, die Verschlusskappe zum Einfüllen des Kühlmittels langsam öffnen, damit der Dampf entweichen kann. Das Kühlmittel muss auf jeden Fall eine Temperatur von weniger als 90 °C haben, wir empfehlen, das Kühlmittel bis auf 50 °C abkühlen zu lassen. In allen Fällen einen dicken Lappen über die Kappe legen. Zum Öffnen den Deckel bis zur ersten Raste öffnen, den Druck entweichen lassen und dann erst zur zweiten Raste öffnen.
- Abdeckblech (Geräuschverkapselung) unterhalb des Motors abschrauben und abnehmen.
- Das Kühlmittel an der Unterseite des Kühlers ablassen. Dazu einen Schlauch von 12 mm Durchmesser auf den Anschluss am Ablassstopfen schieben, ähnlich wie man es in Bild 137 sehen kann. Bild 138 zeigt eine Ansicht von der Unterseite. Den Schlauch in einen geeigneten Behälter halten und den Stopfen öffnen.
- Nach Ablaufen des Kühlmittels den Kühlerstopfen mit 15 Nm anziehen.

Um zu gewährleisten, dass die Kühlanlage ohne Luftpolster gefüllt wird, soll diese an sich einfache Arbeit beschrieben werden:

- Bei Fahrzeugen mit oder ohne Klimaanlage beide Heizungsschalter auf die höchste Heizstufe setzen; bei eingebauter automatischer Klimaregulierung den »DEF«-Knopf drücken.

- Das vorgemischte Frostschutzmittel (siehe unten) in das Dehngefäß einfüllen, bis es an der »Kalt«-Markierung steht. Die Verschlusskappe noch nicht aufschrauben.
- Motor anlassen und auf Betriebstemperatur bringen, d. h. der Thermostat muss geöffnet haben. Der Verschlussdeckel ist aufzuschrauben, wenn das Kühlmittel eine Temperatur von ca. 60 – 70 °C besitzt (kann man mit einem Thermometer prüfen).
- Kühlmittelstand überprüfen, nachdem der Motor kalt ist.
- Geräuschverkapselung wieder montieren.

Frostschutzmittel

Die Kühlanlage wird werkseitig mit Frostschutzmittel gefüllt und dieses sollte während des ganzen Jahres in der Anlage gelassen werden. Falls Frostschutzmittel gemischt wird, sind die folgenden Mischungsverhältnisse zwischen Frostschutz und Wasser zu beachten. Nur die Frostschutzmengen sind angegeben, die verbleibende Füllmenge ist Wasser. Wir empfehlen, das von Mercedes gehandelte Frostschutzmittel zu verwenden, da dessen chemische Zusammensetzung speziell für den Motor hergestellt wurde.

Bis -37 °C Gefriergrenze:
111-Motor - 5,25 Liter Frostschutz
112-Motor - 5,5 Liter Frostschutz
113-Motor - 6,0 Liter Frostschutz
272-Motor - 5,0 Liter Frostschutz
642-Motor – 5,0 Liter Frostschutz

Bis -45 °C Gefriergrenze:
111-Motor - 5,75 Liter Frostschutz
112-Motor - 6,0 Liter Frostschutz
113-Motor - 6,5 Liter Frostschutz
272-Motor - 5,5 Liter Frostschutz
642-Motor – 5,5 Liter Frostschutz

Kühler und Ventilator

Alle Modelle sind mit einem Leichtmetall-Querstromkühler ausgestattet. Die beiden Kunststoff-Wasserkästen sind hierbei seitlich links und rechts angeordnet. Die Kästen sind durch ein Mittelteil aus Leichtmetall miteinander verbunden. Darin ist eine Vielzahl von dünnwandigen Röhrchen untergebracht. Kühllamellen um diese Röhrchen verbessern den Wärmeaustausch. Die Kühler wie auch ihre Lüfterhauben sind unterschiedlich groß. Bei Fahrzeugen mit Automatik-Getriebe ist im rechten Wasserkasten noch ein Getriebeölkühler eingebaut. Unten am rechten Wasserkasten des Kühlers finden Sie die Ablassschraube für das Kühlmittel.
Gelegentlich sollten Sie die Kühlerlamellen von Insektenresten reinigen. Hierzu die Insektenteile mit einem eiweißlösenden Mittel einsprühen. Fragen Sie im Autozubehörhandel nach dem geeigneten Mittel. Anschließend abwaschen. Einen minimal undichten Kühler kann man in der Mercedes- oder in einer Kühlerwerkstatt abdichten lassen.

Kühlerverschlusskappe und Kühler prüfen

Die Kühlanlage arbeitet unter Druck. Der Dehngefäßverschlussdeckel ist mit einer Feder versehen, die so ausgewählt ist, dass eine Dichtung den Kühlungskreis abschließt und ihn öffnet, wenn der Druck auf den in der Kappe eingezeichneten Wert ansteigt. Aufgrund der Ausdehnung des Kühlmittels führt der zusätzliche Druck zur Erhöhung des Siedepunktes.
Zum Prüfen der Verschlusskappe ist eine Kühlerprüfpumpe erforderlich. Die Pumpe auf die Kappe schrauben und sie betätigen, bis das Ventil öffnet. Dies sollte innerhalb des oben angegebenen Drucks (1,4 bar) stattfinden. Falls dies nicht der Fall ist, muss die Verschraubung erneuert werden.
Mit derselben Abdrückpumpe kann die Kühlanlage in gleicher Weise auf Leckstellen kontrolliert werden, indem man die Pumpe am Dehngefäß anbringt (Bild 139). Den Druck auf 1,0 bar bringen und kontrollieren, dass der Druckmesser diesen Druck mindestens 5 Minuten lang hält. Falls dies nicht der Fall ist,

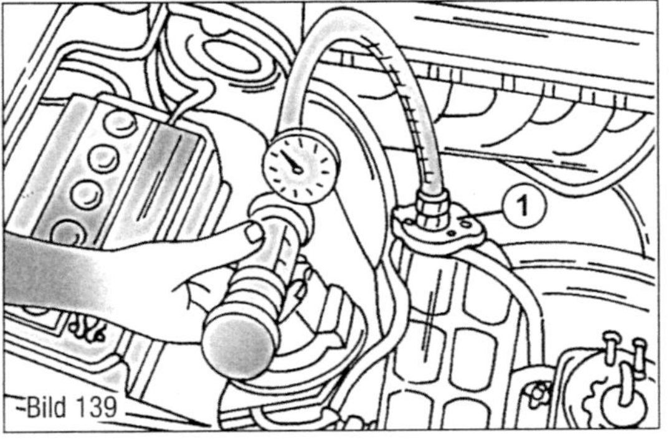

Bild 139 Benutzung einer Kühlerdruckpumpe (1) beim Abdrücken der Kühlanlage. Die Pumpe wird anstelle des Verschlussdeckels angeschlossen.

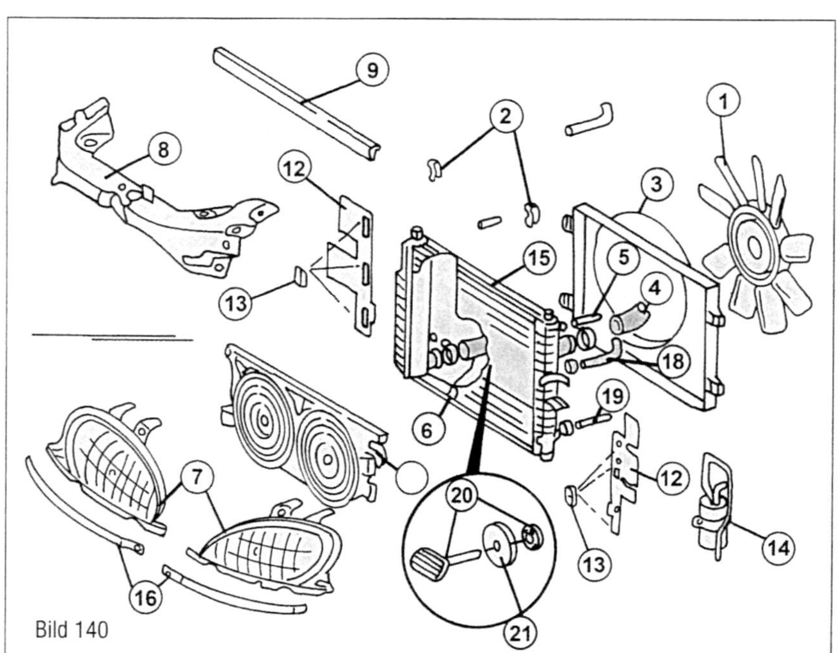

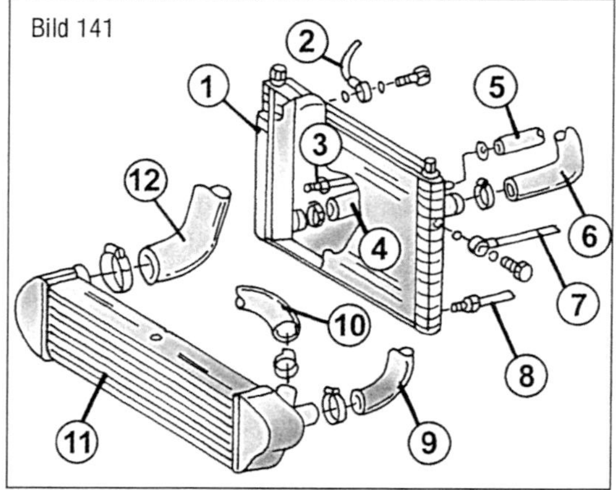

Bild 140
Ausbau des Kühlers im Fall des 111-Motors. Die Zahlen werden im Text erwähnt.

Bild 141
Einzelheiten zum Aus- und Einbau des Kühlers beim Dieselmotor. Die Zahlen werden im Text erwähnt.

befindet sich eine Leckstelle in der Kühlanlage, welche durch den im Kühler befindlichen Druck leichter herauszufinden ist (Auslaufen von Kühlmittel an der Leckstelle).

Kühler aus- und einbauen

Unterschiedliche Kühler werden je nach Ausführung eingebaut und deren Größe wird dementsprechend bestimmt. Beim Erneuern des Kühlers deshalb unbedingt darauf achten, dass der richtige Kühler bestellt wird. Beim Ausbau des Kühlers folgendermaßen je nach Fahrzeug und Motor vorgehen:

Benzinmotoren

Einzelheiten zum Aus- und Einbau des Kühlers sind in Bild 140 am Beispiel des 111-Motors im ML230 gezeigt. Bei allen Motoren erfolgt der Aus- und Einbau jedoch in ähnlicher Weise.

- Kühlanlage wie beschrieben ablassen.
- Den Kühlungslüfter (1) ausbauen (siehe später).
- Die Klemmbleche (2) von der Lüfterverkleidung (3) lösen. Diese werden mit Schrauben von der Unterseite der Verkleidung gelöst. Die Verkleidung herausheben.

Wichtiger Hinweis: Soll ein neuer Kühler eingebaut werden, hat dieser bestimmt einen integralen Kühler für die Lenkungsflüssigkeit. In diesem Fall muss auch eine neue Lüfterverkleidung eingebaut werden.

- Die Kühlmittelleitungen (4) und (6) abschließen. Die Schlauchschellen werden mit einem 6 mm- oder 7 mm-Sechskantschlüssel angezogen. Ebenfalls die Kühlmittelleitung (5) vom Kühler abschließen.
- Die Abdeckungen (16) und die Scheinwerfer (7) ausbauen.
- Den oberen Querträger für den Kühler (8) und die Gummieinlage (9) ausbauen.
- Bei einem nach Mai 1998 hergestellten Fahrzeug die Rücklaufleitung der Lenkungsflüssigkeit (18) und die Zufuhrleitung (19) abschließen.
- Das Ventilatorgitter (11) nach Abziehen des Kabelsteckers ausbauen.
- Bei einem Fahrzeug mit Klimaanlage den Kondensapparat ausbauen. Leitungen nicht abschließen. Bei diesen Fahrzeugen ebenfalls den Flüssigkeitsbehälter (14) vom Kühler (15) trennen. Abnehmen und auf einer Seite ablegen.
- Die Befestigungsteile (20) lösen und den Gummidämpfer (21) vom Kühler lösen.
- Die Luftführungen (12) nach Lösen der Klemmstücke (13) ausbauen und den Kühler (15) herausheben.

Der Einbau geschieht in umgekehrter Reihenfolge. Die Zapfen an der Unterseite des Kühlers werden in die Gummibüchsen im unteren Kühlerquerträger eingeführt. Abschließend die Kühlanlage auffüllen und den Motor anlassen. Alle Verbindungsstellen auf Leckstellen kontrollieren. Die Scheinwerfereinstellung in einer Werkstatt kontrollieren lassen.

642-Motor – ML 280/320 CDI – Serie 164

Die Arbeiten können unter Bezug auf Bild 141 durchgeführt werden. Vorbereitungsarbeiten sind das Entleeren des Vorratsbehälters der Lenkungsflüssigkeit, der Ausbau der beiden Scheinwerfer und des vorderen Querträgers, d. h. des Kühlerquerträger. Der elektrische Lüfter muss ebenfalls ausgebaut werden, wie es später beschrieben wird.

■ Unterteil der Geräuschverkapselung ausbauen und Kühlanlage ablassen.

■ Bei den nächsten Arbeiten unter Bezug auf Bild 141 den Ladeluftschlauch (12) des rechten Ladeluftkühlers (11) abschließen und den Ladeluftkühler ausbauen.

■ Den Belüftungsschlauch (5) und den Kühlmittelschlauch (6) vom Kühler abschließen. Ebenfalls die Flüssigkeitsschläuche (2) und (3) für das Getriebe vom Kühler trennen. Auslaufende Flüssigkeit auffangen. Beim Einbau mit 18 Nm anziehen. Neue Dichtringe müssen verwendet werden.

■ Flüssigkeitsleitung für die Kühlung der Lenkungsflüssigkeit (7) und (8) am Kühler abschließen. Hohlschraube mit 30 Nm anziehen.

■ Kühlmittelrücklaufschlauch (4), den Zulaufschlauch (6) und den Belüftungsschlauch (5) vom Kühler (1) abschließen. Ähnlich wie in Bild 140 gezeigt die Befestigungsteile (20) und den Gummidämpfer (21) vom Kühler lösen. Neue Clips (20) beim Einbau verwenden. Während dem Einbau ist es möglich, dass der Gummidämpfer herunterfällt – aufpassen.

■ Die Schrauben des Kondensapparats vom Kühler lösen. Nicht die Leitungen vom Kondensapparat abschließen und beim Herausheben keine Schäden anrichten. Den Apparat anheben und mit einer Drahtschlinge festbinden.

■ Kühler aus den Gummilagerungen herausheben. Beim Einbau darauf achten, dass der Kühler einwandfrei in die Aufhängungen eingreift.

Der Einbau geschieht in umgekehrter Reihenfolge. Abschließend die Kühlanlage füllen und alle Anschlussstellen auf Lecks überprüfen. Die Scheinwerfereinstellung in einer Werkstatt überprüfen und einstellen lassen.

Kühlmittelpumpe (Wasserpumpe) – Aus- und Einbau

111-Motor (ML 230)

Bild 142 zeigt die Wasserpumpe und deren Befestigung bei diesem Motor. Die Beschreibung bezieht sich auf die Zahlen im Bild.

■ Falls eingebaut die Visko-Kupplung (1) ausbauen (siehe unten).

■ Kühlmittel am Kühler und Zylinderblock ablassen.

■ Kühlmittelschläuche (3), (4) und (10) nach Lösen der Schlauchschellen (9) abziehen. Schellen und/oder Schläuche falls erforderlich erneuern.

■ Die Schrauben (7) mit den Scheiben herausdrehen und die Riemenscheibe der Wasserpumpe (8) herunterziehen. Schrauben beim Einbau mit 10 Nm anziehen.

■ Poly-Keilriemen (2) ausbauen.

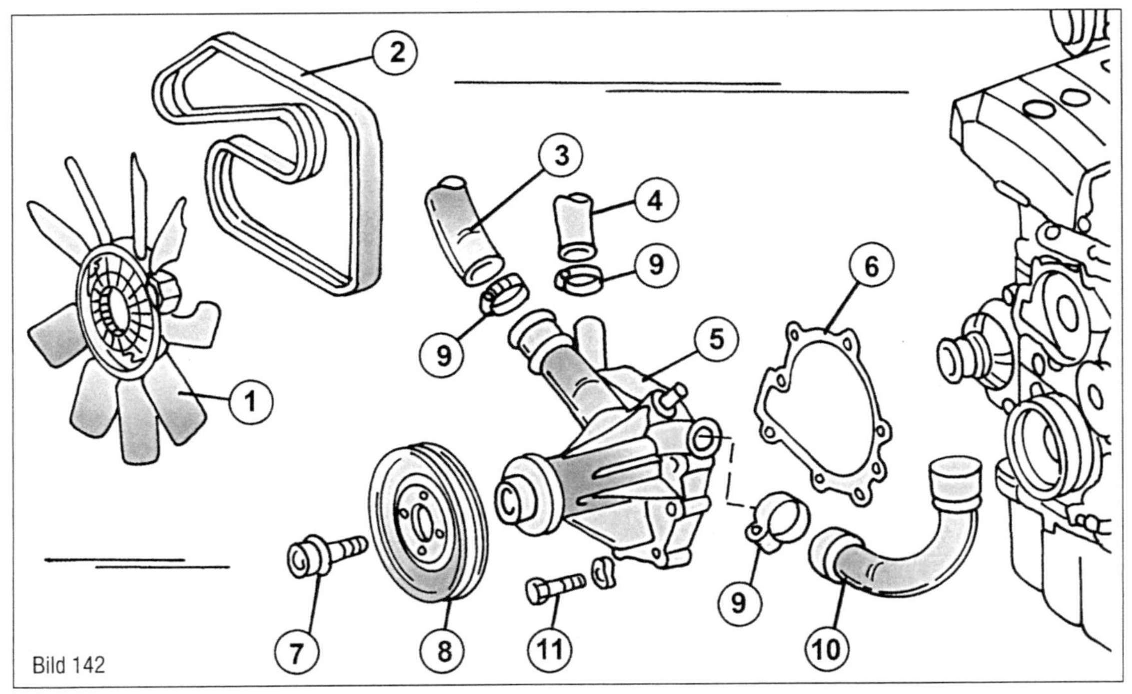

Bild 142
Zum Aus- und Einbau der Wasserpumpe beim Vierzylindermotor M111.
1 Visko-Lüfter
2 Poly-Keilriemen
3 Kühlmittelschlauch
4 Kühlmittelschlauch
5 Wasserpumpe
6 Wasserpumpendichtung
7 Schraube der Riemenscheibe
8 Wasserpumpenriemenscheibe
9 Schlauchschellen
10 Kühlmittelschlauch
11 Wasserpumpenschraube

■ Die Schrauben (11) lösen und die Wasserpumpe (5) abnehmen. Die Pumpendichtung (6) ist nicht bei allen Pumpen vorhanden.
Der Einbau findet in umgekehrter Reihenfolge statt. Dichtflächen einwandfrei reinigen. Falls keine Dichtung (6) vorhanden war, die Dichtfläche mit Dichtungsmasse einschmieren. Schrauben der Pumpe mit 10 Nm (M6) oder 25 Nm (M8) festziehen.

Bild 143
Zum Aus- und Einbau der Wasserpumpe beim V6- oder V8-Motor M112 oder M113.
1 Visko-Lüfter
2 Poly-Keilriemen
3 Lüfterverkleidung
4 Kühlmittelschlauch
5 Kühlmittelschlauch
6 Kühlmittelschlauch zum Öl/Wasserwärmeaustauscher
7 Riemenscheibe der Wasserpumpe
8 Kühlmittelpumpe
9 Wasserpumpendichtung

112- und 113-Motor (ML 320, ML350, ML430, ML500)
Einzelheiten des Ausbaus können Bild 143 entnommen werden. Auf die Zahlen wird in der Beschreibung eingegangen. Nicht erwähnte Teile werden bei den Motoren im ML nicht eingebaut.
■ Vorderseite des Fahrzeuges auf Unterstellböcke setzen.
■ Die Visko-Kupplung (1) ausbauen. Nicht bei allen Motoren erforderlich. Ausgenommen z. B. im ML 500.
■ Lüfterverkleidung (3) ausbauen und den Kühlungslüfter beim ML 500 ausbauen.
■ Kühlanlage ablassen, wie es bereits beschrieben wurde.
■ Poly-Antriebsriemen (2) ausbauen (nächster Abschnitt).
■ Riemenscheibe der Wasserpumpe (7) ausbauen. Riemenscheibe dabei gegen Mitdrehen halten, indem man eine Schraubendreherklinge zwischen eine der Schrauben und die mittlere Nabe einsetzt und die Schrauben der Riemenscheibe nacheinander löst. Riemenscheibe herunterziehen. Schrauben werden mit 9 Nm angezogen.

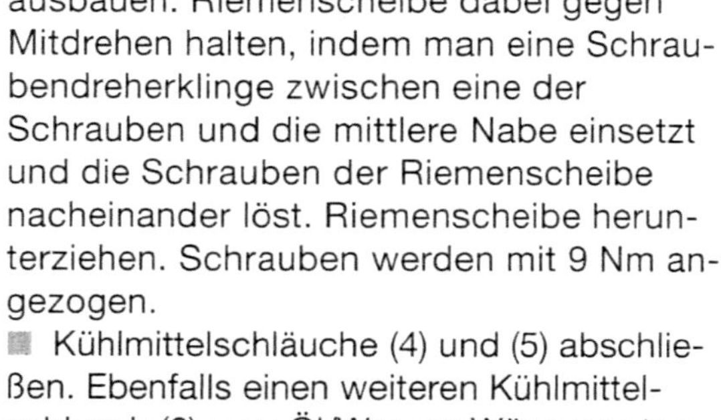

■ Kühlmittelschläuche (4) und (5) abschließen. Ebenfalls einen weiteren Kühlmittelschlauch (6) vom Öl/Wasser-Wärmeaustauscher abschließen. Schläuche und Schlauchschellen vor Wiederverwendung gut überprüfen.
■ Schrauben der Wasserpumpe am Zylinderblock lösen und die Pumpe nach unten herausnehmen. Auf die Länge der verschiedenen Schrauben achten.
Die Wasserpumpe muss im Schadensfall erneuert werden. Dichtflächen von Pumpe und Anlagefläche am Motor müssen frei von Öl und Fett sein. Eine neue Dichtung (9) mit einigen Tropfen Dichtungsmasse auf die Wasserpumpe auflegen. Die M6-Schrauben mit 14 Nm, die M8-Schrauben mit 35 Nm anziehen.
Abschließend die Kühlanlage auffüllen, den Motor anlassen und alle mit der Kühlanlage verbundenen Teile auf Leckstellen kontrollieren.

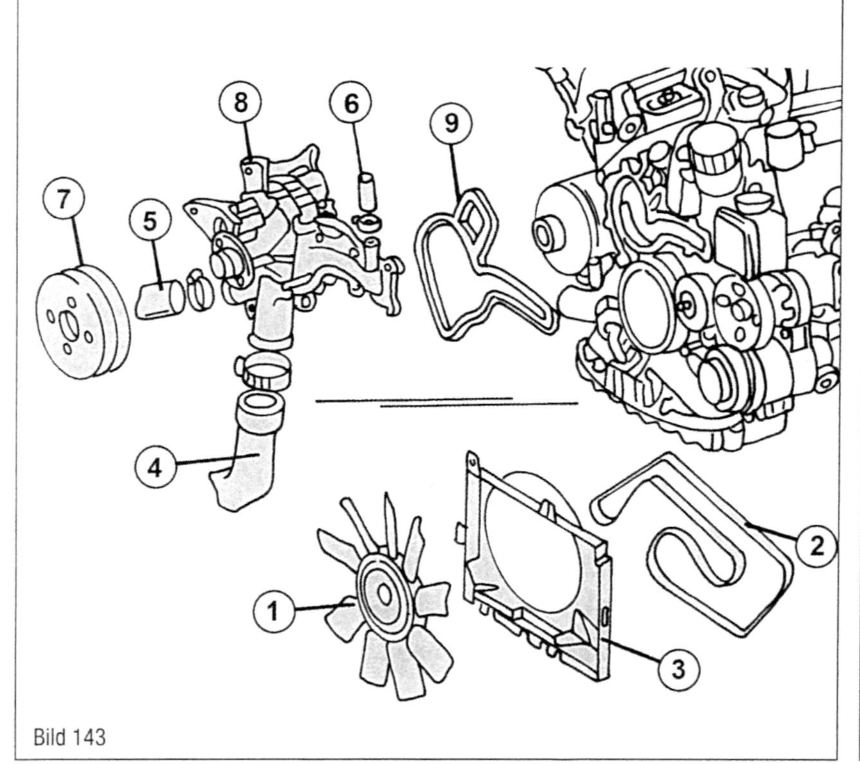

Bild 143

642-Motor – ML 280/320 CDI – Serie 164
Aus- und Einbau werden in ähnlicher Weise wie oben beschrieben durchgeführt. Die Abdeckung des Motorraums (siehe Bild 54) und die Mischkammer müssen nebst dem Poly-Keilriemen ausgebaut werden. Die Pumpe wird mit einem Dichtring abgedichtet (immer erneuern). Alle 5 Schrauben haben die gleiche Länge und werden mit 9 Nm angezogen. Flächen von Pumpe und Motor vor Einbau der Pumpe gut reinigen.

Aus- und Einbau des Poly-Keilriemens

Nur ein einzelner Riemen wird zum Antrieb aller Aggregate an der Stirnseite des Motors benutzt, dessen Verlegung jedoch bei Fahrzeugen ohne Klimaanlage und mit Klimaanlage unterschiedlich ist. Ist ein Kompressor eingebaut, wird dieser ebenfalls vom gleichen Riemen angetrieben. Bei allen Motoren ist der gleiche Riemenantrieb eingebaut und wird automatisch mit einer Riemenspann-

vorrichtung auf der richtigen Spannung gehalten. Unterschiedlich ist die Länge des Riemens. Wird der Riemen also erneuert, muss man die Ausführung des Antriebs angeben.
Zum Ausbau des Riemens ist ein Dorn oder Stift mit einem Durchmesser von 4 mm erforderlich, dessen Benutzung nachfolgend beschrieben ist. Nachdem die Vorderseite des Motors entsprechend freigelegt wurde, um an den Riemen zu kommen, sind die folgenden Arbeiten durchzuführen.

Vierzylindermotor (M111)

Die Spannvorrichtung dieses Motors ist in Bild 144 gezeigt. Das Gehäuse (1) und der Spannarm (2) sind aus Leichtmetalllegierung gegossen. Die Spannkraft auf den Spannarm wird durch eine Schraubenfeder zwischen dem Gehäuse und dem Spannarm erzeugt. Die Feder wird während der Herstellung vorgespannt. Die Riemenspannvorrichtung kann nicht zerlegt werden. Beim Aus- und Einbau des Riemens folgendermaßen vorgehen:

- Die Visko-Kupplung ausbauen.
- Vor dem Aus- und Einbau des Riemens einen Stift oder Dorn von 6 mm Durchmesser durch die beiden Fluchtlöcher (C) und (D) in Bild 144 einsetzen. Um diese Arbeit durchzuführen, muss man den Spannarm (2) so weit wie möglich nach rechts verdrehen.
- Den Spannarm (2) zusammen mit der Spannrolle (3) nach links verdrehen, indem man einen Schlüssel mit Torx-Form an der Schraube (4) ansetzt.
- Der Riemen kann jetzt von den einzelnen Riemenscheiben heruntergenommen werden.
- Den neuen Riemen unbedingt für den betreffenden Motor bestellen. Beim Auflegen des Riemens entsprechend der Zahlenreihenfolge in Bildern 145 und 146 vorgehen, d. h. an der Spannrolle anfangen.
- Den Spannarm wieder in die Ausgangsstellung zurückstellen. Die Einstellung ist jetzt anhand der beiden Markierungen (A) und (B) zu kontrollieren. Bei richtiger Einstellung muss die Markierung (B) im Einstellbereich (A) liegen.

V6/V8-Motoren (M112/M113)

Bild 147 zeigt Einzelheiten der Riemeninstallation.

- Massekabel der Batterie abschließen. Alle Vorsichtsmaßnahmen beachten.

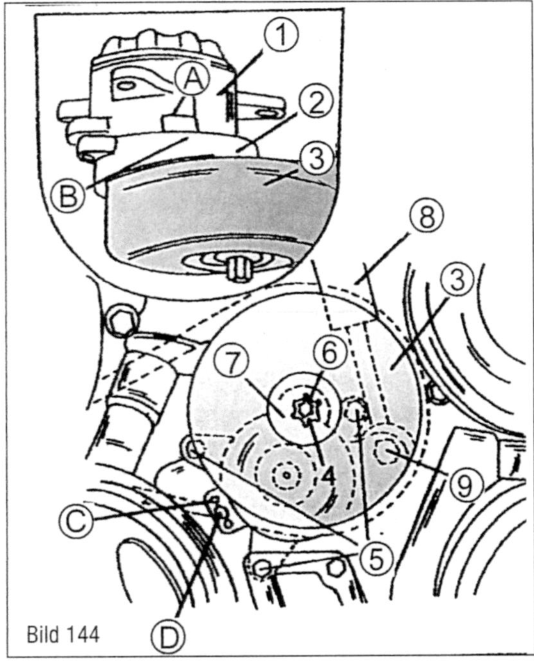

Bild 144

Bild 144
Einzelheiten zum Aus- und Einbau des Poly-Keilriemens beim M111-Motor. Ebenfalls sind die Teile der Spannvorrichtung gezeigt.
1 Spannvorrichtungsgehäuse
2 Spannarm
3 Spannrolle
4 Schraube mit Torx-Kopf (Linksgewinde, 25 Nm)
5 Schrauben, Spannvorrichtung an Steuerdeckel, 25 Nm
6 M11-Muttern (Spannrolle an Spannarm, 20 Nm)
7 Abdeckkappe (Kunststoff)
8 Stoßdämpfer
9 Schraube, Stoßdämpfer an Spannarm, 25 Nm
A Arbeitsbereich der Spannvorrichtung
B Markierung
C Fluchtloch
D Fluchtloch

- Unter Bezug auf Bild 148 das Vorderteil (1) der Spannvorrichtung entgegen der Federspannung verdrehen, wie es durch die Pfeilrichtung angezeigt wurde. Nachdem dies durchgeführt wurde, sieht man sich Bild 149 an. Den oben genannten Bolzen, Dorn oder Stift von 4 mm Durchmesser (2) in die jetzt in Flucht stehenden Bohrungen im Vorderteil (1) und im Gehäuse der Spannvorrichtung (3) einschieben. Dadurch wird die Riemenscheibe (4) ohne Federdruck gesperrt.
- Den Antriebsriemen vorsichtig der Reihe nach von allen Riemenscheiben herunterheben.
- Den ausgebauten Antriebsriemen überprüfen. Folgende Schäden können an einem Riemen aufgetreten sein: Abnutzung an den Riemenflanken, der Riemen ist bis auf das Material an der Innenseite der Rillen ver-

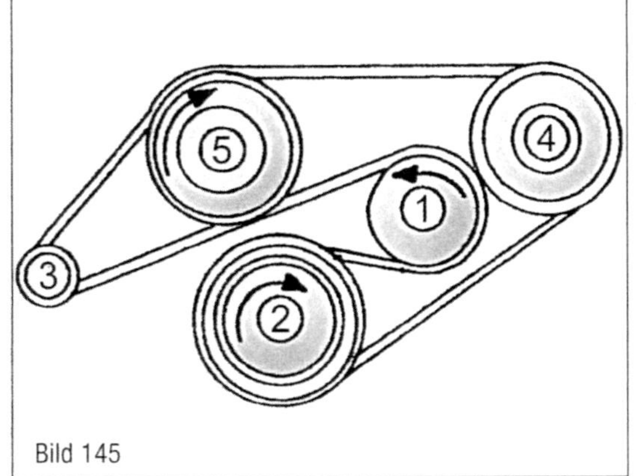

Bild 145

Bild 145
Verlegung des Poly-Keilriemens beim Vierzylinder mit Klimaanlage.
1 Spannrolle
2 Kurbelwelle
3 Drehstromlichtmaschine
4 Lenkhilfspumpe
5 Wasserpumpe

Bild 146
Verlegung des Poly-Keilriemens beim Vierzylinder ohne Klimaanlage.
1 Spannrolle
2 Kurbelwelle
3 Kompressor
4 Drehstromlichtmaschine
5 Lenkhilfspumpe
6 Wasserpumpe

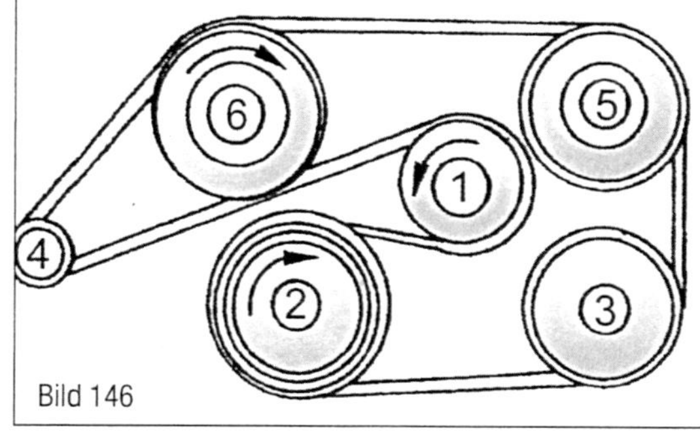

Bild 146

schlissen, Risse oder Einschnitte über die Außenseite des Riemenmaterials oder über die Rillen an der Innenseite des Riemens, Gummimaterial hat sich von der Rückseite des Riemens abgehoben, Schmutz oder andere Fremdkörper haben sich in das Riemenmaterial eingearbeitet. Irgendwelche festgestellten Schäden bedeuten die Erneuerung des Antriebsriemens.
Beim Einbau des Riemens folgendermaßen vorgehen:

- Den Poly-Riemen (1) in Bild 147 auflegen. Zuerst wird er über die Riemenscheibe der Spannvorrichtung (4) aufgelegt. Danach, je nach Ausführung, den Riemen über die verbleibenden Riemenscheiben in Bildern 150 und 151 auflegen.
- Der Riemen wird jetzt mithilfe der Abbildungen in Bild 152 gespannt. Zuerst das Vorderteil (1) in der linken Ansicht in Pfeilrichtung gegen die Federspannung verdrehen, bis der 4-mm-Stift (2) aus der Bohrung des Vorderteils (1) und des Gehäuses der Spannvorrichtung (3) herausgezogen werden kann. Die Riemenscheibe (4) sitzt darüber. Spannvorrichtung in dieser Lage halten und den Stift herausziehen. Das Vorderteil (1) wird jetzt langsam in Richtung des Pfeils in der rechten Ansicht verdreht, bis der Riemen automatisch durch die Federspannung gespannt wird. Dabei kontrollieren, dass der Riemen in alle Rillen der Riemenscheiben eingreift und auch mittig auf diesen aufsitzt. Motor einige Male durch Verdrehen der Kurbelwelle durchdrehen und den Riemenantrieb kontrollieren, ehe die ausgebauten Teile wieder montiert werden.

Bild 147
Einzelheiten zum Aus- und Einbau des Poly-Keilriemens beim 612-Motor.
1 Poly-Keilriemen
2 Spannvorrichtung
3 Stift, Bolzen oder Dorn, 4 mm Durchmesser
4 Riemenspannrolle

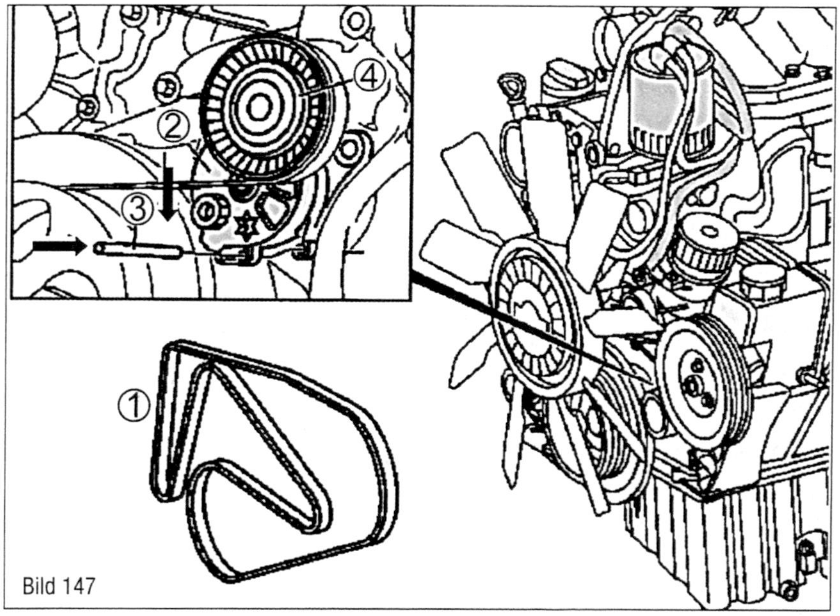

Bild 147

M272-Motor im ML350 und Dieselmotor (Serie 164)

Der Ausbau ist verhältnismäßig leicht. Die Abdeckung des Motors nach oben und aus den Befestigungen ziehen. Die Verlegung der einzelnen Riemenscheiben gut studieren. Von vorne gesehen wird man zwei größere Riemenscheiben sehen. Die untere gehört zum Kompressor, die unmittelbar darüber liegende zur Lenkhilfspumpe. Bild 153 zeigt, wie die verschiedenen Riemenscheiben angeordnet sind. Die kleinere Riemenscheibe in der Mitte ist die Spannrolle (2). Diese Riemenscheibe muss nach links verdreht werden, indem man eine Stecknuss am Sechskant unter der Riemenscheibe ansetzt. Antriebsriemen abnehmen, sobald er locker ist. Auf genaue Verlegungsweise achten.
Die Spannvorrichtung muss jetzt verriegelt werden. Dazu die Stecknuss am Sechskant ansetzen und nach links verdrehen, bis man einen Steckdorn in die sichtbare Bohrung einschieben kann, um die Vorrichtung in entsperrter Lage zu halten.
Der Einbau geschieht in umgekehrter Reihenfolge. Die Befestigungsschraube der Spannvorrichtung wird mit 35 Nm angezogen.

Thermostat – Aus- und Einbau

Benzinmotoren

Der Thermostat eines Vierzylindermotors ist unter einem Deckel eingesetzt, an welchem der große Kühlmittelschlauch angeschlossen ist, wie man es in Bild 154 sehen kann. Wie bereits erwähnt, kann der Thermostat nicht getrennt erneuert werden, d. h. ein kompletter neuer Deckel muss eingebaut

werden. Auch der Thermostat des V6- und V8-Motor befindet sich unter einem Deckel. Aus- und Einbau finden bei allen Motoren in ähnlicher Weise statt.
Der Thermostat kann nach Ablassen der Kühlanlage ausgebaut werden. Die Schläuche (2) und (4) vom Gehäusedeckel (3) abschließen, nachdem die Schlauchschellen gelöst wurden. Der Deckel kann jetzt zusammen mit dem Thermostat abgenommen werden.
Der Einbau findet in umgekehrter Reihenfolge statt. Der O-Dichtring (6) muss erneuert werden. Die Gehäuseschrauben beim Vierzylindermotor mit 9 Nm, beim V6- und V8-Motor mit 14 Nm anziehen.

Besonderer Hinweis für M272-Motor

Um an den Thermostat zu kommen, muss man den Poly-Riemen und die Führungsriemenscheibe (3) in Bild 153 ausbauen, nachdem man den Kühlmittelschlauch vom Thermostatgehäuse abgeschlossen hat. Den Schlauch danach auf eine Seite schieben. Unter dem Thermostatgehäuse sitzt vielleicht ein Kabelstecker. Diesen abziehen. Schrauben des Thermostatgehäuses herausdrehen und das Gehäuse mit dem integrierten Thermostat abziehen.
Der O-Dichtring (6) in Bild 154 (und die Dichtung beim M272-Motor) müssen immer erneuert werden. Folgende Anziehdrehmomente beachten: Thermostatgehäuse V6 und V8 = 14 Nm, M111-Motor = 9 Nm, M272-Motor = 25 Nm. Bei diesem Motor die Führungsriemenscheibe mit 35 Nm anziehen.
Der Thermostat kann nicht repariert werden und ist im Schadensfall zu erneuern.

642-Motor (280/320 CDI) – Serie 164

Die Arbeiten unter Bezug auf Bild 155 durchführen.
Die Kühlanlage muss abgelassen werden.

- Das Ladeluftquerrohr ausbauen (siehe Ausbau des Zylinderkopfes).
- Den Kühlmittelschlauch (3) vom Thermostatgehäuse (2) abschließen. Schlauch und Schlauchschelle (4) vor Wiedereinbau kontrollieren. Eine Leckölleitung muss vom Thermostatgehäuse gelöst werden.
- Thermostatgehäuse zusammen mit dem Thermostat ausbauen. Der O-Dichtring (1) muss erneuert werden. Die Gehäuseschrauben mit 9 Nm anziehen.

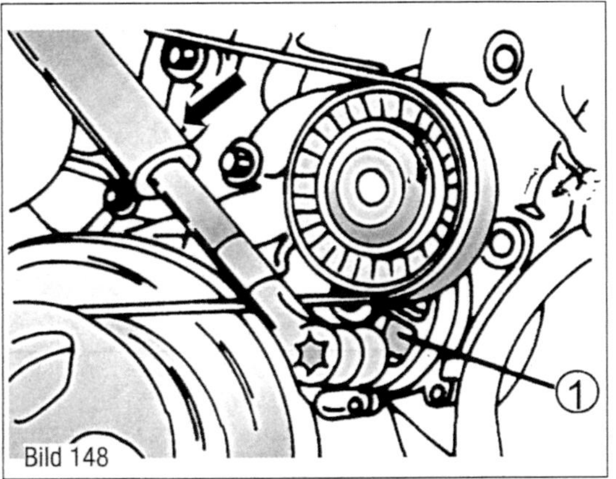

Bild 148

Bild 148
Das Vorderteil der Spannvorrichtung (1) in Pfeilrichtung verdrehen, um die Federspannung auf die Spannrolle zu entlasten.

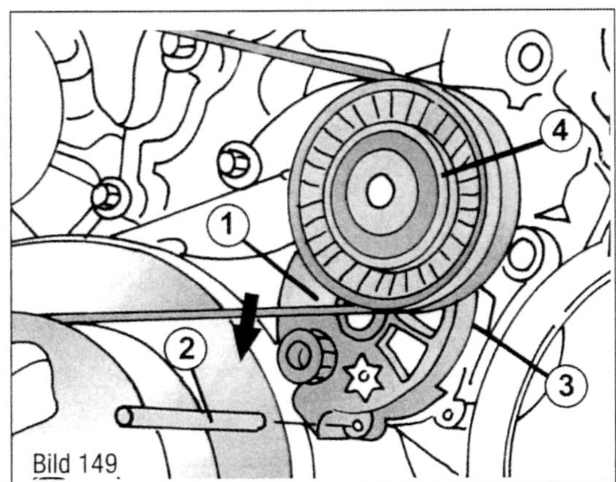

Bild 149

Bild 149
Zum Abnehmen des Riemens den 4-mm-Stift (2) in die Bohrungen im Vorderteil der Spannvorrichtung (1) und das Gehäuse (3) einschieben, wobei die Spannrolle (4) in ihrer Stellung gehalten wird.

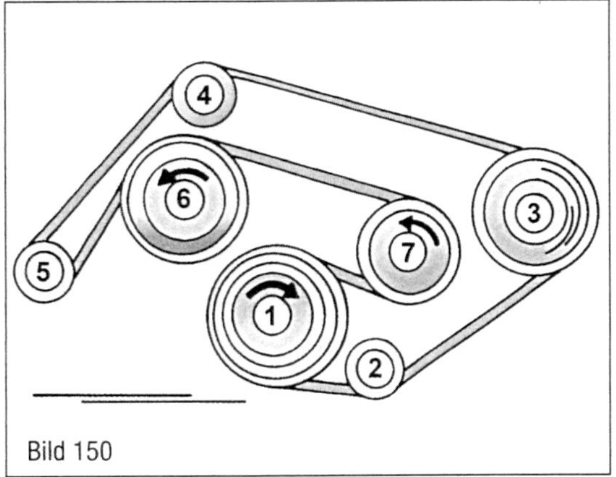

Bild 150

Bild 150
Verlegung des Poly-Keilriemens bei einem Fahrzeug ohne Klimaanlage beim V6- und V8-Motor.
1 Kurbelwelle
2 Führungsriemenscheibe 2
3 Lenkhilfspumpe
4 Führungsriemenscheibe 1
5 Drehstromlichtmaschine
6 Wasserpumpe
7 Spannrolle

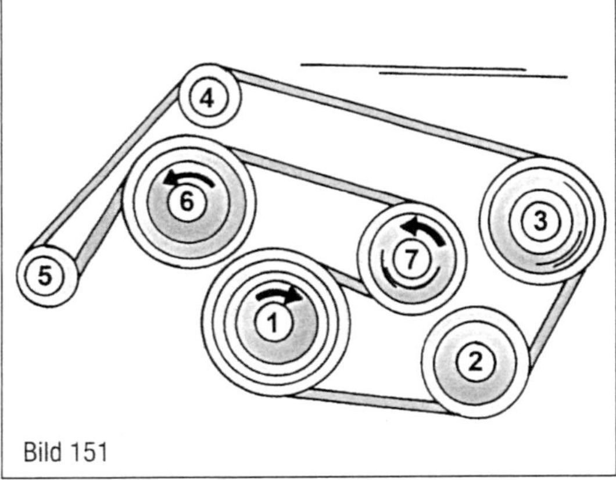

Bild 151

Bild 151
Verlegung des Poly-Keilriemens bei einem Fahrzeug mit Klimaanlage beim V6- und V8-Motor.
1 Kurbelwelle
2 Kompressor, Klimaanlage
3 Lenkhilfspumpe
4 Führungsriemenscheibe 1
5 Drehstromlichtmaschine
6 Wasserpumpe
7 Spannrolle

Bild 152
Einbau des Poly-Keilriemens. Auf die Zahlen wird im Text eingegangen.

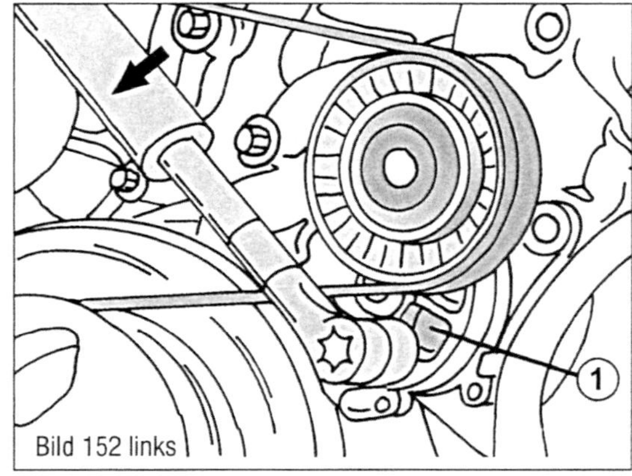

Bild 152 links

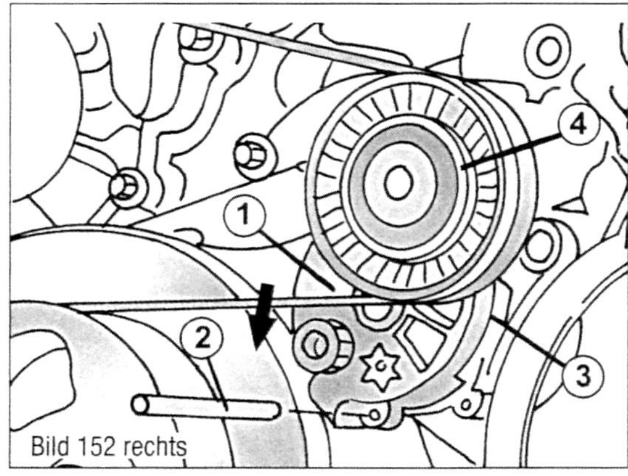

Bild 152 rechts

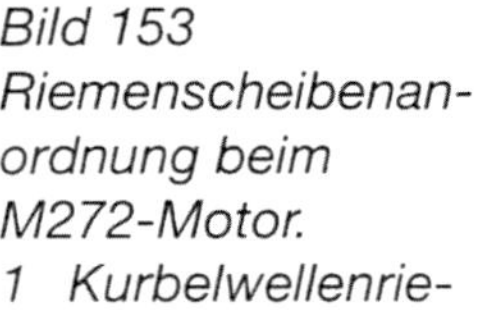

Bild 153
Riemenscheibenanordnung beim M272-Motor.
1 *Kurbelwellenriemenscheibe*
2 *Spannrolle*
3 *Führungsriemenscheibe*
4 *Wasserpumpenriemenscheibe*
5 *Riemenscheibe der Drehstromlichtmaschine*
6 *Führungsriemenscheibe*
7 *Riemenscheibe der Lenkhilfspumpe*
8 *Riemenscheibe des Kompressors*

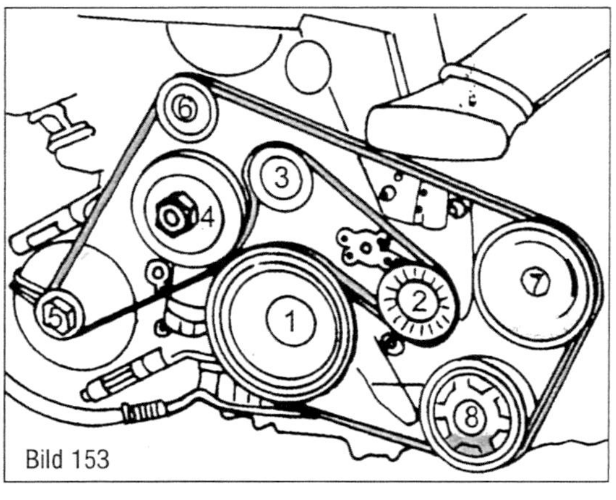

Bild 153

Bild 154
Einzelheiten zum Aus- und Einbau des Thermostats beim M111 (Vierzylindermotor). Ähnlich bei anderen Motoren, jedoch auf die Unterschiede achten.
1 *Deckelschraube*
2 *Schlauch zum Dehngefäß*
3 *Thermostatgehäusedeckel*
4 *Schlauch zum Kühler*
5 *Thermostat*
6 *Dichtring*
7 *Thermostatgehäuse*

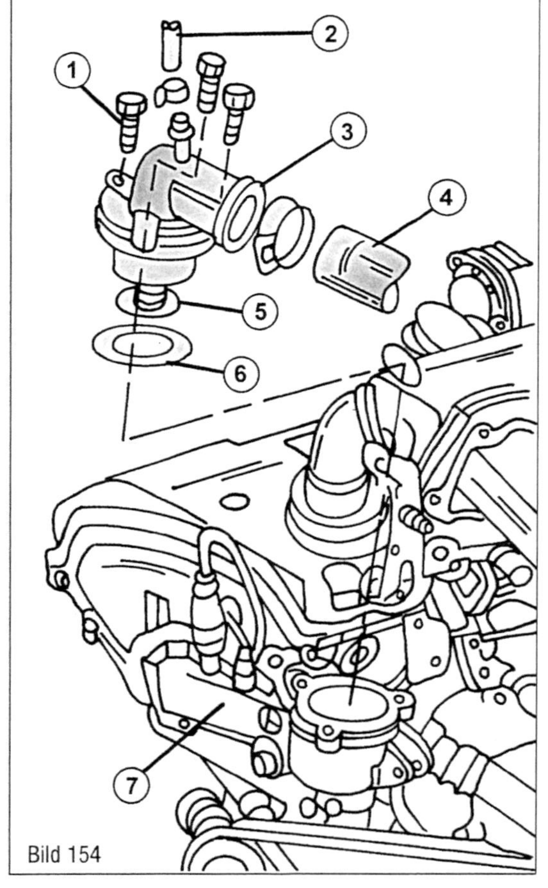

Bild 154

Störungen am Thermostat

Der Thermostat öffnet nicht, weil er klemmt oder eine Ventilplatte festklebt. Obwohl die Temperaturanzeige schon die rote Marke überschritten hat, fühlt sich dann der Kühler immer noch kalt an. Falls Sie mit geschlossenem Thermostat weiterfahren, riskieren Sie einen gewaltigen Motorschaden. So kann die Zylinderkopfdichtung durchbrennen, der Zylinderkopf kann sich hoffnungslos verziehen oder gar Risse bekommen.

Der Thermostat schließt nicht mehr richtig, weil ihn ein Fremdkörper verklemmt hat. In diesem Fall wird der Kühler nach dem Kaltstart gleich warm wie beispielsweise das Thermostatgehäuse. Die Fahrzeugheizung kommt nur langsam in Schwung. Ersetzen Sie baldmöglichst den Thermostat, denn auf Dauer ist es unwirtschaftlich und für den Motor schädlich, wenn er seine Arbeitstemperatur nicht mehr erreicht.

Visko-Lüfterkupplung

Vierzylindermotor 111 (ML 230)

Die Kupplung ist wartungsfrei und es sollten keine Störungen auftreten. Zum Aus- und Einbau werden einige Spezialwerkzeuge gebraucht, welche in Bild 156 gezeigt sind. Die Kupplung folgendermaßen unter Bezug auf das Bild ausbauen.

- Massekabel der Batterie abschließen.
- Die Mutter (3) an der Rückseite der Visko-Kupplung im Uhrzeigersinn lösen, da die Mutter Linksgewinde hat. Dazu ist der im Bild gezeigte Schlüssel (1) erforderlich, welcher in die Riemenscheibe eingesetzt wird. Das Werkzeug ist eine Art Zapfenschlüssel. Die Zapfen werden in die Riemenscheibe einge-

setzt, wie man es in Bild 157 sehen kann. Vielleicht ist es möglich die Riemenscheibe am Mitdrehen zu hindern, indem man gegen den Poly-Riemen drückt. Die Mutter wird mit 40 Nm angezogen – Achtung Linksgewinde.

- Visko-Kupplung (5) abnehmen. Falls erforderlich die drei Schrauben (4) des Lüfterflügels (6) lösen und den Lüfterflügel abnehmen. Der Lüfterflügel kann nur in einer bestimmten Lage aufgesetzt werden. Die Schrauben werden mit 9 Nm angezogen.
- Während dem Einbau die Riemenscheibe gegenhalten, wie es in Bild 157 gezeigt ist, und die Mutter anziehen. Falls kein Drehmomentschlüssel vorhanden ist, muss man das Drehmoment schätzen.

V6/V8-Motoren (Benzin)

Der Aus- und Einbau ist ziemlich einfach, nachdem die Vorderseite des Motors freigelegt wurde. Die Visko-Kupplung ist in ähnlicher Weise wie in Bild 156 gezeigt befestigt, jedoch hat die Mutter (3) RECHTSGEWINDE. Die Werkstatt benutzt einen Spezialschlüssel zum Lösen der Mutter und zum Ansetzen eines Drehmomentschlüssels, wie es oben beim Vierzylindermotor erklärt wurde. Anderenfalls muss man das Drehmoment schätzen. Folgendermaßen vorgehen:

- Massekabel der Batterie abschließen.
- Riemenscheibe der Wasserpumpe mit dem erwähnten Gegenhalter gegen Mitdrehen halten (Bild 157).
- Die Mutter an der Rückseite der Visko-Kupplung entsprechend Bild 156 lösen, aber dieses Mal in der gewohnten Weise, da die Mutter Rechtsgewinde hat, und das Lüfterrad (5) aus dem Motorraum herausheben.
- Falls erforderlich die Lüfterflügel von der Visko-Kupplung abschrauben.

Der Einbau findet in umgekehrter Reihenfolge statt. Die Einbaulage der Visko-Kupplung im Verhältnis zum Lüfterflügel wird durch eine Rippe am Lüfterflügel bestimmt. Lüfterflügel mit 10 Nm anziehen, die Mutter mit 45 Nm anziehen, dieses Mal nach rechts. Die Riemenscheibe der Wasserpumpe muss wieder gegen Mitdrehen gehalten werden.

Elektrischer Lüfter – ML 280/320 CDI – Serie 164

Die Arbeiten sind etwas komplizierter. Die Batterie muss abgeklemmt und der rechte Luftansaugkanal muss ausgebaut werden.

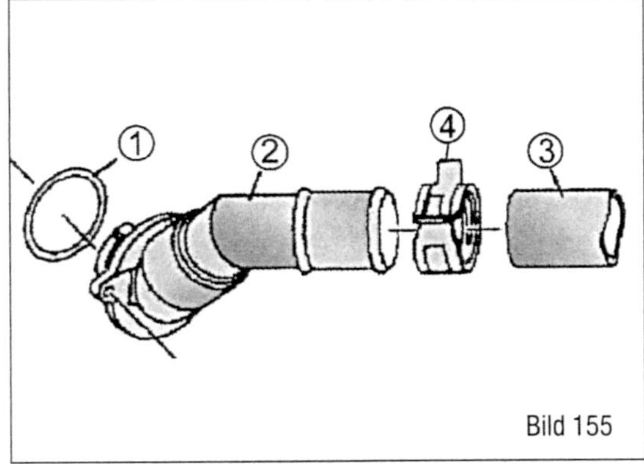

Bild 155
Die Thermostatgehäuse und die dazugehörigen Teile bei eingebautem Dieselmotor.
1 Dichtring
2 Thermostatgehäuse
3 Kühlmittelschlauch
4 Schlauchschelle

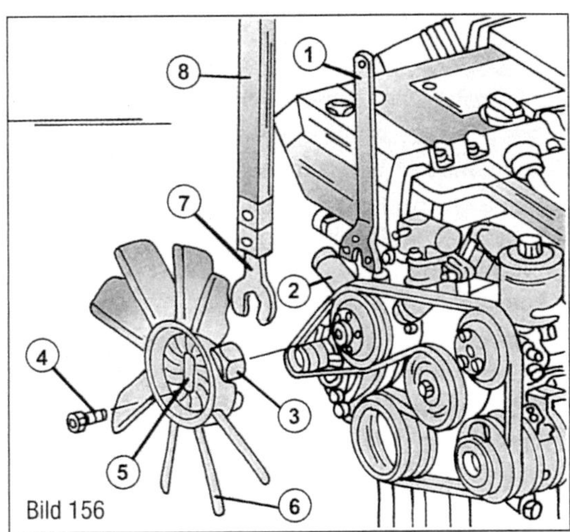

Bild 156
Einzelheiten zum Aus- und Einbau der Visko-Kupplung beim Vierzylindermotor. Ähnlich beim V6- und V8-Motor. Beachten, wie die genannten Spezialwerkzeuge angesetzt werden.
1 Werkzeug zum Gegenhalten
2 Riemenscheibe
3 Mutter, 40 Nm
4 Innensechskantschraube
5 Visko-Kupplung
6 Lüfter
7 Gabelschlüssel für große Mutter
8 Verlängerung für Drehmomentschlüssel

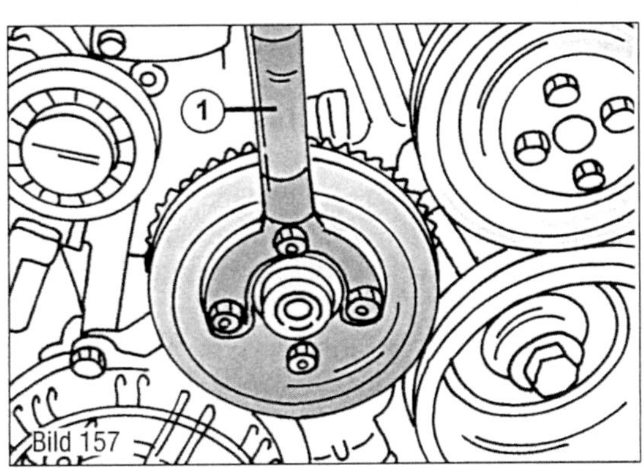

Bild 157
Die Riemenscheibe der Wasserpumpe kann in der gezeigten Weise mit dem Gegenhalter (1) gegen Mitdrehen gehalten werden.

- Eine Kühlmittelleitung an der Verkleidung des elektrischen Lüfters vom Clip befreien und einen Kabelstecker vom Lüfter abziehen.
- Auf den Lüfter gesehen auf der rechten Seite die Ölleitung des Getriebes aus dem Kühler herausheben und auf eine Seite drehen.
- Befestigungsschrauben lösen und den Lüfter zusammen mit der Lüfterverkleidung nach oben herausheben.

Der Einbau erfolgt in umgekehrter Reihenfolge.

5 Die Dieseleinspritzanlage

Der Motor arbeitet mit einer elektronisch geregelten Kraftstoffeinspritzanlage, die unter der Bezeichnung »Common Rail«-Einspritzanlage bekannt ist. Die hauptsächlichsten Bauteile sind eine über die Steuerkette von einem Kettenrad angetriebene Hochdruckeinspritzpumpe, die Einspritzdüsen, die Einspritzleitungen zwischen Hochdruckpumpe und Einspritzdüsen, das Kraftstoffverteilerrohr, d. h. das »Common Rail«-Verteilerrohr und ein elektronisches Steuergerät, um nur einige zu erwähnen. Außerdem handelt es sich bei der Anlage um eine Direkteinspritzanlage. Wie der Name »Hochdruckeinspritzpumpe« besagt, arbeitet die Anlage unter sehr hohem Druck. Auf der Rückseite des Motors, an der Oberseite des Zylinderkopfes, ist das Druckregelventil für den Druck der Anlage eingebaut. Der Sensor zum Aufspüren des Drucks im »Common Rail«-Rohr dagegen befindet sich unmittelbar über dem Ölfilter an der Vorderseite des Motors.
Das Steuergerät reguliert die einzuspritzende Kraftstoffmenge entsprechend den durch die Stellung des Fahrpedals bedingten Anforderungen und den allgemeinen Anforderungen des Motors. Der Förderbeginn hängt vom Betriebszustand des Motors ab.
Die Kraftstoffzufuhr und der Förderbeginn werden durch die vom Steuergerät regulierte Hochdruckeinspritzpumpe entsprechend gesteuert:
Das Abstellen des Motors, d. h. das Abschneiden der Kraftstoffzufuhr, wird durch ein elektrisch arbeitendes Kraftstoffabsperrventil an der Stirnseite des Motors reguliert.
Die Glühkerzen werden durch ein getrenntes Steuergerät mit Nachglühfunktion in Betrieb gebracht.
Einspritzventile sind mithilfe einer Klemmbrücke am Zylinderkopf befestigt.
Ein Abgasturbolader sowie ein Ladeluftkühler sind serienmäßig eingebaut.
Die Einspritzanlage ist mit einem Speicher zur Aufzeichnung von Störungen versehen. Irgendwelche aufgetretenen Störungen verbleiben im Speicher, auch wenn die Zündung ausgeschaltet oder die Batterie abgeklemmt wird. Bei ernsthaften Störungen leuchtet eine Lampe im Armaturenbrett auf.

Ernsthafte Störungen können in den folgenden Bauteilen auftreten:

- Stellungsgeber der Kurbelwelle
- Einspritzpumpe
- Kraftstoffabsperrventil
- Rücklaufventil

Abgasentgiftung beim Diesel
Im Auspuffsystem des Dieselmotors ist ein so genannter Oxidationskatalysator (entspricht ungeregeltem Kat) eingebaut. Er verringert die Emissionen von Kohlenwasserstoffen und Kohlenmonoxid um bis zu 50 Prozent. Der Katalysator ist zwar kein Rußfilter, trotzdem spielt er auch bei der Reduktion der Rußpartikel eine wichtige Rolle. Die gasförmigen Kohlenwasserstoffe lagern sich nämlich normalerweise an die festen Rußteilchen an und erhöhen so die ausgestoßene Partikelmenge. Da die Kohlenwasserstoffe aber bereits im Katalysator oxidieren, können sie sich nicht mehr mit dem Ruß verbinden.

AGR – einfach, aber wirksam
Die Abgasrückführungsanlage dient der Verminderung des Stickstoffoxids in den Auspuffgasen (laut Abgasvorschrift EG 96, 94/12). Aus den Abgasen wird durch ein über ein Ventil geregeltes System ein bestimmter Teil abgezweigt und wieder dem Ansaugrohr zurückgeleitet. Da das Abgas in diesem Zustand wenig verbrennbares Gas enthält, bewirkt dies eine Verringerung der Temperaturen im Verbrennungsraum und damit eine Verringerung des Stickstoffoxidanteils.
Funktion und Regulierung des Abgasrückführungssystems werden durch die Selbstdiagnose der eingebauten Einspritzanlage überwacht.

Vorsichtsmaßnahmen bei Arbeiten an der Einspritzanlage

Bei allen Reparaturen an der Einspritzanlage ist größte Sauberkeit erforderlich. Die folgenden Anweisungen sind jederzeit zu beachten, jedoch möchten wir auch besonders auf die durch den Einbau der elektronischen Anlage bedingten Vorsichtsmaßnahmen hinweisen:

- Immer die Zündung ausschalten, ehe Kabel der Einspritzanlage oder Vorglühanlage abgeschlossen oder angeschlossen werden.

- Manchmal muss der Motor mit Anlassdrehzahl durchgedreht werden (z. B. bei einer Kompressionsdruckprüfung). Um ein Anspringen des Motors zu vermeiden, den Steckverbinder des Kraftstoffabsperrventils abziehen.
- Die Batterie nur abklemmen, wenn die Zündung ausgeschaltet ist, um die Anlage nicht zu beschädigen. Beim Abklemmen der Batterie daran denken, dass das Radio einen Diebstahl-Sicherheits-Code haben könnte.
- Alle Arbeiten an der Einspritzanlage dürfen nur unter saubersten Verhältnissen durchgeführt werden. Arbeiten im Freien sollten nur an windfreien Tagen vorgenommen werden, um die Möglichkeit von Staubbildung zu vermeiden.
- Alle Anschluss-Überwurfmuttern müssen vor dem Lösen sauber mit einem Lappen abgewischt werden. Beim Abschrauben von Leitungen das daruntersitzende Anschlussstück mit einem Gabelschlüssel gegenhalten.
- Alle ausgebauten Teile auf einer sauberen Werkbank oder dergleichen ablegen und mit Papier oder einem Plastikbogen abdecken. Keine flusenden Lappen zum Abdecken verwenden.
- Alle geöffneten oder teilweise zerlegten Bauteile der Einspritzanlage müssen entsprechend abgedeckt oder in einer verschlossenen Schachtel aufbewahrt werden, falls die Reparatur nicht unmittelbar durchgeführt werden kann.
- Vor dem Einbau alle Teile auf größte Reinlichkeit kontrollieren.
- Wenn Teile der Anlage geöffnet sind, keine Pressluft zum Abblasen irgendwelcher Teile des Motors benutzen.
- Fahrzeug möglichst nicht wegschieben, während Teile der Einspritzanlage ausgebaut sind.
- Darauf achten, dass Dieselkraftstoff nicht an die Kühlerschläuche gelangen kann. Falls dies der Fall ist, diese sofort reinigen. Durch Dieselkraftstoff verschmutzte und damit beschädigte Schläuche müssen immer erneuert werden. Die Hochdruckpumpe kann nicht repariert oder überholt werden und im Schadensfall ist eine Austauschpumpe oder neue Pumpe einzubauen.

Wir schlagen vor, alle anfallenden Arbeiten in einer Werkstatt durchführen zu lassen. Andernfalls können Sie von den unten stehenden Beschreibungen abgeleitet werden. Wir möchten darauf hinweisen, dass bei allen beschriebenen Arbeiten keine Spezialwerkzeuge erforderlich sind, jedoch sollte man einige Erfahrung mit der Motormechanik haben. Viele Arbeitsgänge werden nur erwähnt, werden aber unter den entsprechenden Abschnitten erklärt.

Aus- und Einbau der Hochdruckeinspritzpumpe

Da man bei den folgenden Arbeiten mit Kraftstoff in Berührung kommen kann, sind die notwendigen Vorsichtsmaßnahmen zu beachten. Unter keinen Umständen mit nackten Flammen arbeiten oder bei der Arbeit rauchen. Der Aus- und Einbau ist verglichen mit anderen Arbeiten ziemlich einfach: Die Pumpe sitzt an der Stirnseite des Motors und wird nach Öffnen der Motorhaube und Ausbau der Motorabdeckung sichtbar.

- Massekabel der Batterie abschließen.
- Von vorn auf die Pumpe gesehen, oben rechts, die Druckleitung abschließen. Beim Lösen der Überwurfmutter das darunterliegende Sechskant mit einem Gabelschlüssel gegenhalten, damit sich das Anschlussstück nicht mitdrehen kann. Leitungsende in geeigneter Weise verschließen. Überwurfmutter beim Einbau mit 33 Nm anziehen. Anschlussstück gegenhalten.
- Auf der gleichen Seite der Pumpe, jedoch an der Unterseite, einen Kabelstecker vom Mengenregelventil abschließen. Auch auf dieser Seite, in der Mitte, den Kabelstecker vom Kraftstofftemperaturfühler abziehen.
- Die drei Befestigungsschrauben der Pumpe ausschrauben und die Pumpe abziehen. Die Schrauben müssen immer erneuert werden und werden beim Einbau mit 14 Nm angezogen.

Bild 158
Zum Aus- und Einbau der Einspritzleitungen.
1 Kabelstecker
2 Sicherung
3 Ölleckleitung
4 Überwurfmuttern
5 Kraftstoffverteilerrohr (Rail)
6 Einspritzleitung

Der Einbau geschieht in umgekehrter Reihenfolge wie der Ausbau. Die Dichtflächen der Pumpe gut reinigen, den O-Dichtring erneuern und mit Motoröl einschmieren. Nach Einbau der Pumpe die Zündung mindestens 15 Sekunden lang ausschalten, ehe der Motor angelassen wird, da man anderenfalls die Pumpe beschädigen kann.

 Die Hochdruckpumpe darf nicht geöffnet werden.

Einspritzleitungen – Aus- und Einbau

Die Vorsichtsmaßnahmen müssen beachtet werden. Der Aus- und Einbau kann nach Ausbau von Motorabdeckung, Luftfiltergehäuse sowie Ansaugluftrohr nach dem Luftfilter durchgeführt werden. Bild 158 zeigt eine Seitenansicht des Motors mit einigen der auszubauenden Teile.

- Die zu den Einspritzdüsen führende Leckölleitung (3) von den Einspritzdüsen abschließen. Dazu die Sicherungen (2) nach oben ziehen und die Leitung trennen.
- Auf der mit dem Pfeil angezeigten Seite (rechts) eine Schraube ausfindig machen und lösen. Ebenfalls die Halterung des Motorkabelstrangs verfolgen und vom Motor abschrauben.
- Die Überwurfmuttern der Einspritzleitungen (4) von den Einspritzdüsen und am Kraftstoffverteilerrohr (6) abschrauben. Dabei das Sechskant an den Einspritzdüsen (Pfeilstelle) mit einem Gabelschlüssel gegenhalten. Beim Anziehen die Überwurfmuttern am Verteilerrohr mit 27 Nm und an den Einspritzdüsen mit 33 Nm anziehen. Drehmoment unbedingt beachten, da es sonst vorkommen kann, dass das Sechskant beim nächsten Lösen der Leitung ausgeschraubt wird.
- Die Einspritzleitungen (6) ausbauen. Leitungsenden in geeigneter Weise verschließen um Eindringen von Schmutz zu vermeiden. Leitungen beim Ausbau nicht verbiegen oder knicken. Diese haben die in Bild 159 gezeigte Form (für einen anderen Motor gezeigt). Beim Einbau auf gute und spannungsfreie Verlegung achten. Dazu das Kraftstoffverteilerrohr (5) lockern und erst wieder anziehen, nachdem alle Leitungen festgezogen wurden.
- Die Hochdruckleitung zur Hochdruckpumpe verfolgen und eine Halteschelle lösen. Die Leitung danach von der Pumpe und dem Kraftstoffverteilerrohr abschließen. Offene Enden gegen Eindringen von Fremdkörpern schützen. Beim Einbau wiederum auf die Anziehdrehmomente achten. Druckleitung an der Hochdruckpumpe mit 33 Nm, Druckleitung am Kraftstoffverteilerrohr mit 27 Nm anziehen.

Der Einbau erfolgt in umgekehrter Reihenfolge unter Beachtung der bereits angegebenen Punkte.

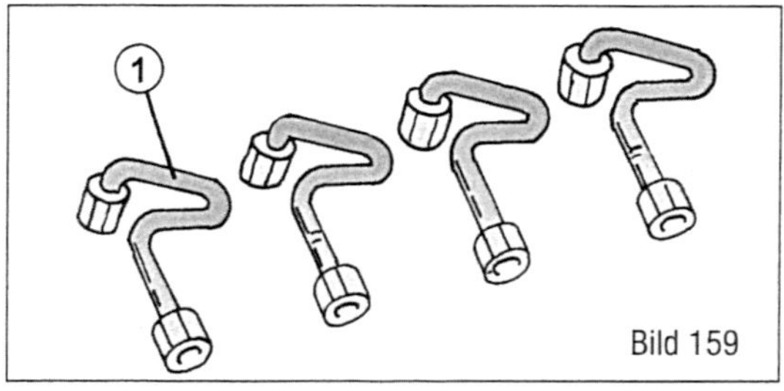

Bild 159

Bild 159
Ansicht der Einspritzleitungen (1, allgemeine Ansicht bei einem Vierzylindermotor). Die Überwurfmuttern genau auf das angegebene Anziehdrehmoment anziehen.

Einspritzdüsen

Schadhafte Einspritzdüsen können folgende Störungen hervorrufen:

- Fehlzündungen
- Klopfen in einem oder mehreren Zylindern
- Überhitzung des Motors
- Leistungsverlust
- Schwarzer Auspuffrauch
- Hoher Kraftstoffverbrauch
- Sehr blauer Auspuffrauch beim Anlassen eines kalten Motors

Eine nicht arbeitende Einspritzdüse kann man herausfinden, indem man die Einspritzleitungen der Reihe nach an den Einspritzdüsen lockert, während der Motor im schnellen Leerlauf läuft. Läuft der Motor nach Abschließen einer bestimmten Einspritzleitung mit dem gleichen Geräusch weiter, ist die schadhafte Düse gefunden.

Einspritzdüsen aus- und einbauen
Die Düsen haben einen festen Sitz, in der Werkstatt wird ein Abzieher zum Herausziehen der Düsen benutzt. Der Ausbau einer Düse erfolgt entsprechend Bild 158. Die nachstehenden Anweisungen beziehen sich auf diese Abbildung. Die bereits gegebenen Vorsichtsmaßnahmen müssen beachtet werden.

☞ Beim Einbau von neuen Düsen muss man eine Werkstatt aufsuchen, um die neuen Düsen mit dem Steuergerät der Einspritzanlage kalibrieren zu lassen.

- Motorabdeckung ausbauen.
- Die Einspritzleitung (6) ausbauen, wie es oben beschrieben wurde.
- Die Kabelstecker (1) von der Einspritzdüse abziehen.
- Die Dehnschrauben herausdrehen und die Spannklaue abnehmen. Die Dehnschraube ist in Bild 160 mit (4), die Spannklaue mit (3) bezeichnet. Die Schrauben müssen immer erneuert werden. Schrauben mit 7 Nm anziehen und danach im Winkelanzug um eine weitere halbe Umdrehung nachziehen.
- Die Einspritzdüse(n) jetzt herausziehen. Falls eine Düse festsitzt, wird in der Werkstatt ein Klauenabzieher benutzt (Nr. 667 589 03 63 00), dessen Klaue (No. 611 589 01 33 00) man anstelle der Spannklaue ansetzt. Werden Einspritzdüsen erneuert, muss man den Motor angeben, da nicht alle Motoren die gleichen Einspritzdüsen haben. Der Einbau findet in umgekehrter Reihenfolge statt. Der bereits beim Festziehen der Einspritzleitungen gegebene Hinweis ist zu beachten. Der Dichtring unter der Einspritzdüse muss immer erneuert werden.

Aus- und Einbau der Mischkammer

Der Ausbau ist ziemlich kompliziert, da viele Teile auszubauen sind, ehe man Zugang zur Mischkammer erhält. Die Mischkammer ist am Ladeluftverteilerrohr angebracht. Bild 161 zeigt eine Ansicht der Vorderseite des Motors mit Lage einiger der auszubauenden Teile. Da man die Mischkammer jedoch ausbauen muss, um an andere Teile heranzukommen, sollen die Arbeiten trotzdem beschrieben werden.

- Motorabdeckung ausbauen.
- Das rechte Ansaugluftrohr über dem Luftfilter und den Ansaugluftschlauch an der Unterseite des Ladeluftkühlers ausbauen. Das zum Turbolader führende Luftansaugrohr muss ebenfalls ausgebaut werden. Dies ist das mit (4) in Bild 161 bezeichnete Teil.
- Die Befestigungsschrauben des Geräuschdämpfers in der Nähe des Turboladers ausschrauben und den Dämpfer abnehmen. Hilfestellung: Sitzt in der oberen Ecke links, in der rechten Ansicht. Ein untergelegter Dichtring muss im Schadensfall erneuert werden.
- Führungsrohr für den Ölmessstab abschrauben.
- Die Schrauben des Halters für den Betätiger des Drosselklappenventils an Stelle (5) in Bild 161 abschrauben (9 Nm).
- Den Kabelstecker von der Glühkerzenausgangsstufe sowie den Stecker vom Ladedrucksensor abziehen.
- Die Kühlmittelleitung ausclipsen und den Halter der Glühkerzenausgangsstufe vom Zylinderkopf abschrauben.
- Die Schrauben (1) der Mischkammer (3) in Bild 161 am Ladeluftverteilerrohr ausschrauben. Schrauben mit 9 Nm anziehen.

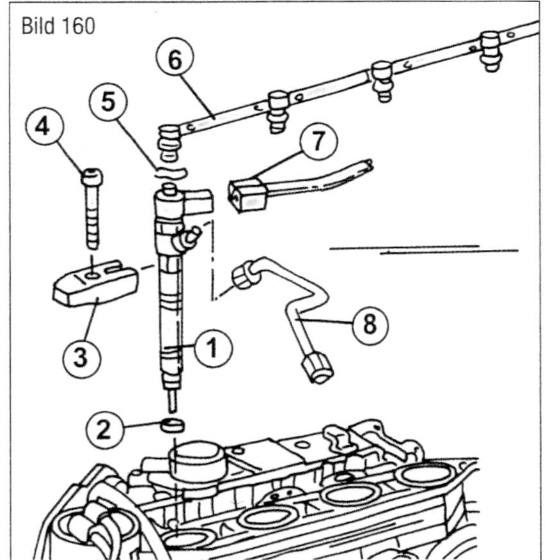
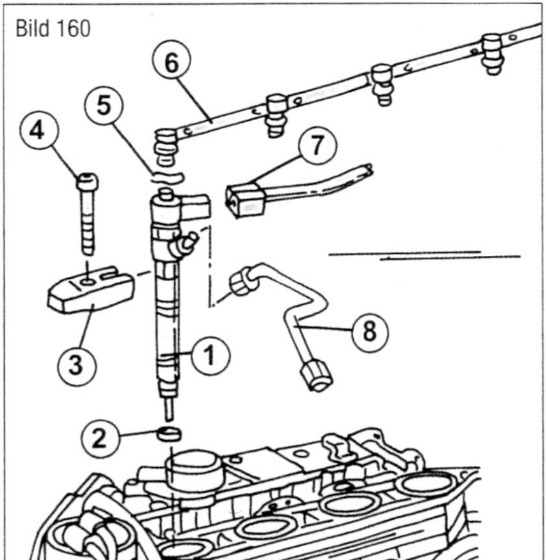

Bild 160
Zum Aus- und Einbau der Einspritzdüsen.
1 Einspritzdüse
2 Dichtring
3 Klemmstück
4 Dehnschraube, 7 Nm + 90°
5 Sicherungsspange
6 Leckölleitung
7 Kabelstecker
8 Einspritzleitung

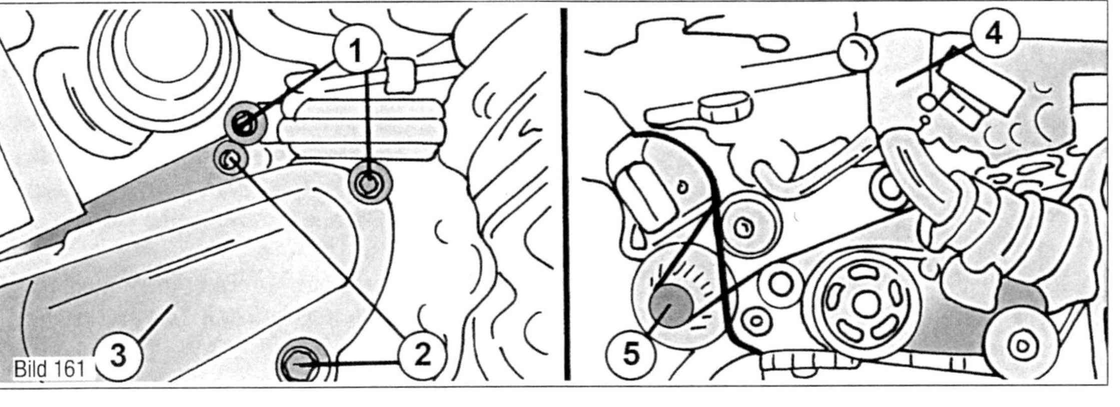

Bild 161
Zum Aus- und Einbau der Mischkammer.
1 Schrauben
2 Schrauben
3 Mischkammer
4 Ladeluftrohr am Turbolader
5 Stellelement des Drosselklappenventils

■ Einen Schlauchhalter und einen Rohrhalter am Mischkammerflansch nach oben ziehen und die Mischkammer nach oben herausheben. Die untergelegten Dichtringe müssen erneuert werden.
Der Einbau findet in umgekehrter Reihenfolge unter Beachtung der angegebenen Drehmomente statt.

Aus- und Einbau des Kraftstofffilters

Die Hochdruckeinspritzpumpe, die Einspritzdüsen und die dazugehörigen Leitungen sind gegen Verunreinigung empfindlich. Ein eingebauter Kraftstofffilter übernimmt die Reinigung des Dieselkraftstoffs. Alle 60 000 km sollte die Filterpatrone erneuert werden.
Nach Ausbau der Motorabdeckung wird man den Filter in der Mitte des Motors sehen. Das Luftansaugrohr muss ausgebaut werden, um an den Ölfilter zu kommen.
Zwei Kraftstoffschläuche müssen nach Lösen der Schlauchschellen abgezogen werden. Diese vor Wiederverwendung auf Tauglichkeit überprüfen und ggf. erneuern. Eine Schraube (5 Nm) hält den Filter. Filter nach oben zu herausnehmen.
Falls das Filtergehäuse entleert wurde, muss es vor dem Einbau mit Dieselkraftstoff gefüllt werden.

Aus- und Einbau des »Common Rail«-Verteilerrohres

Zwei Verteilerrohre sind in der Mitte des Motors eingebaut, eine für jede Zylinderbank. Der Ausbau kann unter Zuhilfenahme von Bild 162 durchgeführt werden. Die Motorabdeckung muss ausgebaut werden, um an die Teile zu kommen.

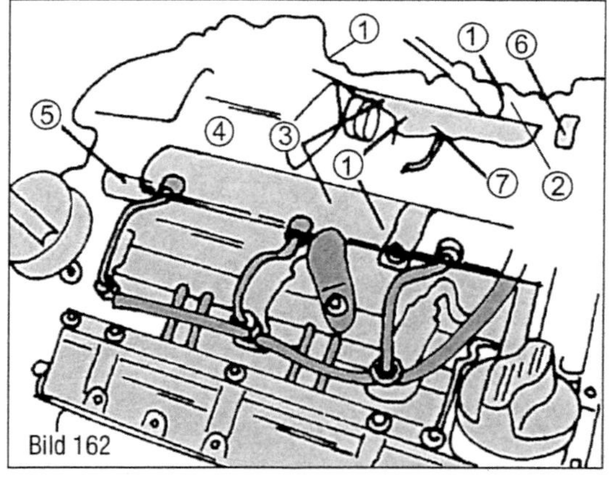

Bild 162
Aus- und Einbau des Kraftstoffverteilerrohres. Die Zahlen werden im Text erwähnt.

■ Nach Abschließen der Einspritzleitungen vom Verteilerrohr, muss man die Lage von zwei Kabelsteckern auffinden und diese abziehen. Den Stecker (5) vom Drucksensor am Verteilerrohr und den Stecker (6) vom Druckregelventil abziehen.
■ Die Rücklaufleitung (2) abschließen. Die Überwurfmuttern der Druckleitungen (in der Nähe der Rücklaufleitung) anschrauben. Die Anschlussstücke dabei mit einem Gabelschlüssel am Sechskant gegenhalten.
■ Die Überwurfmuttern (3) an der Verbindungsleitung (7) zwischen dem linken und rechten Verteilerrohr abschrauben. Die Enden der Leitung gegen Eintritt von Fremdkörpern schützen. Die Verbindungsleitung hat eine konisch zulaufende Dichtung, welche man erneuern muss, falls sie nicht mehr einwandfrei aussieht.
■ Die Schrauben (1) jetzt herausdrehen und das Verteilerrohr oder beide herausnehmen.
Der Einbau erfolgt in umgekehrter Reihenfolge. Zuerst die Überwurfmuttern (3) der Verbindungsleitung (7) und der Druckleitung handfest anziehen und die Schrauben (1) anziehen, um Verzug der Teile zu vermeiden. Folgende Anziehdrehmomente beachten: Verbindungsleitung zwischen den beiden Verteilerrohren und die Druckleitung von der Hochdruckpumpe an das Verteilerrohr= 27 Nm, Druckleitung an Hochdruckpumpe = 33 Nm.

Aus- und Einbau des Drucksensors im »Common Rail«-Verteilerrohr

Nach Ausbau der Motorabdeckung wird man die in Bild 162 gezeigte Ansicht erhalten, wobei man den Drucksensor (5) sehen kann. Einige Vorarbeiten sind erforderlich.
■ Das Luftansaugrohr nach dem Luftfilter ausbauen.
■ Den Kabelstecker vom Drucksensor abziehen.
■ Die Hebeösen des Motors abschrauben und den Drucksensor aus dem Kraftstoffverteilerrohr, d. h. der »Common Rail« ausschrauben. Darauf achten, dass kein Schmutz eintreten kann.
Der Einbau erfolgt in umgekehrter Reihenfolge. Den Drucksensor mit 14 Nm anziehen.

Aus- und Einbau des Luftfilters

Der Motor hat zwei Luftfilter, einen auf jeder Seite. Obwohl man annehmen sollte, dass man den Luftfiltereinsatz im Rahmen der Wartungsarbeiten selbst erneuern kann, ist es bei diesem Motor fast unmöglich, da man einfach wissen muss, wie das Filtergehäuse ausgebaut wird. Die Arbeiten werden jedoch trotzdem beschrieben.
Der Filtereinsatz kann folgendermaßen erneuert werden. Zuerst die Motorabdeckung in der Mitte des Motors ausbauen. Um Zugang zum Filtereinsatz zu erhalten, muss das Filtergehäuse ausgebaut werden.

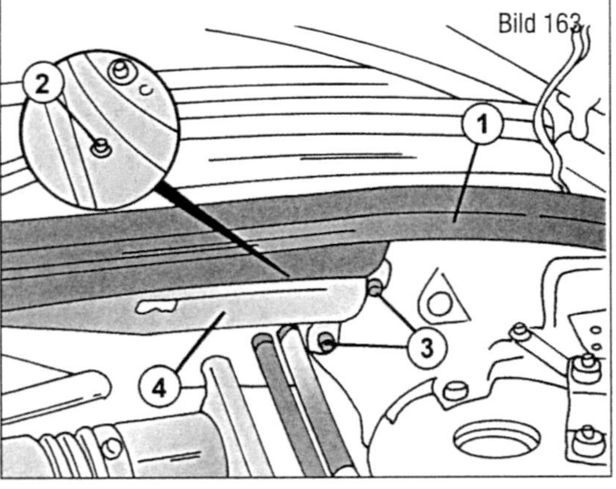

Bild 163
Zum Aus- und Einbau des linken Luftfiltergehäuses. Die Zahlen werden im Text erwähnt.

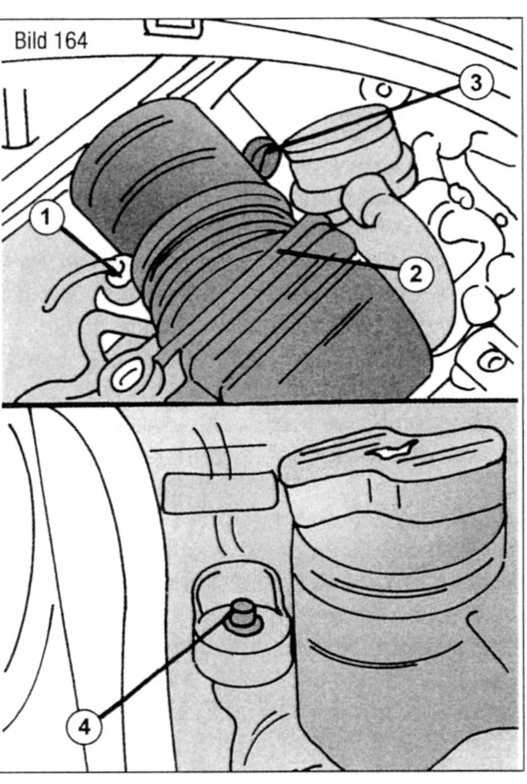

Bild 164
Zum Aus- und Einbau des rechten Luftfiltergehäuses. Die Zahlen werden im Text erwähnt.

Der Ausbau des linken Luftfiltergehäuses ist etwas kompliziert. Vor Beginn der Arbeiten die Anweisungen gut durchlesen. Anderenfalls den Filtereinsatz in einer Werkstatt erneuern lassen (empfohlene Maßnahme). Bild 163 wird dabei helfen.

- Die Abdichtung (1) an der Kante des Motorraums in der Nähe des großen Luftrohres ausbauen. Drei darunterliegende Befestigungsschrauben (2) und (3) einer Trennwand (4) über dem Ansaugluftrohr lösen und die Trennwand herausziehen.
- Die Klemmschelle des Luftrohres lösen, zwei Schrauben des Luftfiltergehäuses herausdrehen (9 Nm) und den Kabelstecker vom Sensor für die Lufttemperatur abziehen. Das Luftfiltergehäuse kann jetzt abgenommen werden.

Der Ausbau des rechten Luftfiltergehäuses ist weniger kompliziert. Bild 164 zeigt die zu lösenden Teile.

- Die Klemmschelle (1) des Luftansaugschlauchs (3) lockern und den Schlauch trennen.
- Die beiden Schrauben (3) und (4) des Luftfiltergehäuses von der Halterung lösen (9 Nm) und das Luftfiltergehäuse herausnehmen. Dazu muss man das Gehäuse zuerst etwas nach innen ziehen und danach nach vorn herausnehmen.
- Der Luftfiltereinsatz kann jetzt aus dem Gehäuse ausgebaut werden. Insgesamt müssen vier Schrauben gelöst werden, je zwei an den Außenseiten des Gehäuses. Bild 165 zeigt Einzelheiten des Ausbaus.

Der Einbau der ausgebauten Teile geschieht in umgekehrter Reihenfolge. Innenseite des Luftfiltergehäuses vor Einsetzen des Filtereinsatzes gut reinigen. Beim Einsetzen des Filtergehäuses die Führungen des Gehäuses an der Unterseite mit etwas Motoröl einschmieren.

Aus- und Einbau der Glühkerzen

Glühkerzen können nicht repariert werden und sind im Schadensfall zu erneuern.

Die Glühkerzen können nur im eingebauten Zustand auf Stromführung kontrolliert werden und außerdem wird ein mit Leuchtdiode ausgestattetes Prüfinstrument zur Kontrolle gebraucht. Glühkerzen sollten Sie aus diesem Grund in einer Werkstatt überprüfen lassen.

Bild 165
Ansicht des Luftfiltergehäuses (1) mit den Gehäuseschrauben (2) und dem Luftfiltereinsatz (3).

Falls man nach Ausschrauben einer Glühkerze feststellt, dass die Spitze fast abgebrannt ist, können Sie sofort eine Einspritzdüse verdächtigen. Ungenauer Förderbeginn der Einspritzpumpe wirkt sich auch auf die Lebensdauer der Kerzen aus. Beim Kauf einer Glühkerze immer den Motortyp und das Baujahr des Fahrzeuges angeben, da Glühkerzen manchmal abgeändert werden.
Ausfallende Glühkerzen machen sich normalerweise bei kaltem Motor bemerkbar. Der Kraftstoff in den »guten« Zylindern wird zünden, während der Zylinder mit der schlechten Kerze erst später dazukommt. Stotternder Motorlauf und blauer Auspuffrauch sind weitere Beweise dafür.
Das Vorglühzeitrelais bestimmt die Betriebszeit, d. h. die Glühzeit der Glühkerzen. Dieses Relais arbeitet durch einen Temperaturfühler, welcher die Außentemperatur »erfühlt«. Je tiefer die Temperatur ist, umso länger »beauftragt« das Relais die Kerzen vorzuglühen. Dies kann zum Beispiel 25 Sekunden bei –30 °C oder nur 2 Sekunden im Sommer betragen. Ist die Vorglühzeit erreicht, erlöscht die Warnleuchte im Armaturenbrett. Wird der Motor nicht sofort angelassen, schaltet sich der Strom zu den Kerzen durch eine Sicherheitsschaltung wieder ab. Erfolgt ein Anlassen nach dieser Zeit, schaltet sich die Vorglühanlage wieder zu. Dies geschieht über die Klemme »50« des Anlassers.
Durch die hohen Temperaturen ist es schon mal möglich, dass eine Glühkerze durchbrennt. Ebenfalls ist es möglich, dass Kerzen durch Störungen an den Einspritzdüsen, falsche Einspritzzeiten oder zu niedrigen Einspritzdruck ausfallen. In diesem Fall können sie ausgebaut und erneuert werden. Bild 166 zeigt wo die Glühkerzen (2) eingeschraubt sind. Zum Ausschrauben ist jedoch der mit (3) bezeichnete Steckschlüssel mit Gelenk erforderlich. Nach Abziehen des Kabelsteckers (1) wird in der Werkstatt eine Zange benutzt, mit welcher man den Stecker erfassen kann. Danach wird die Glühkerze mit dem gezeigten Steckschlüssel ausgeschraubt. Der Einbau findet in umgekehrter Reihenfolge statt. Die Kerzen werden mit 20 Nm angezogen.

☞ Bei Bestellung von neuen Glühkerzen unbedingt den Motortyp und das Baujahr angeben.

Bild 166
Aus- und Einbau der Glühkerzen (typische Ansicht).
1 Kabelstecker
2 Glühkerzen
3 Spezialschlüssel zum Ausschrauben der Glühkerzen

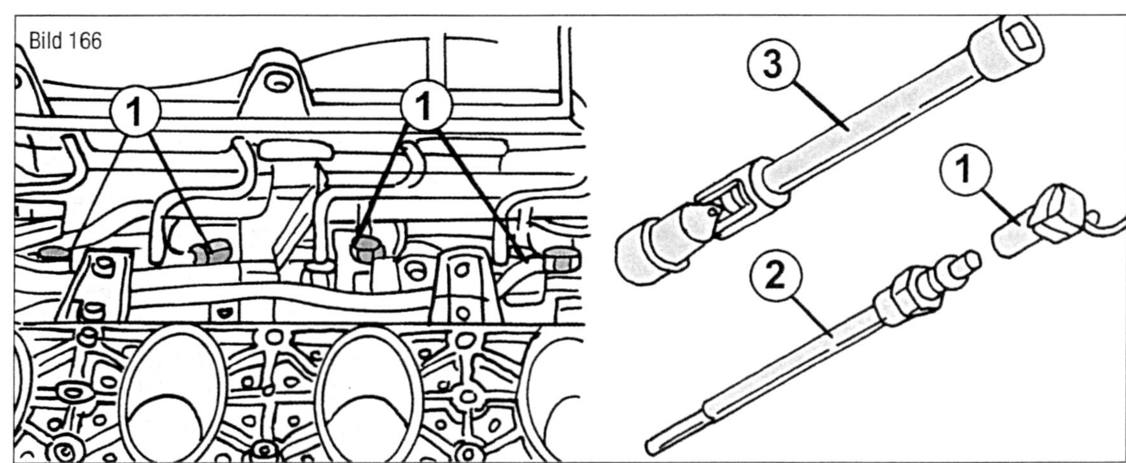

6 Benzineinspritz-anlage/Zündung

Verschiedene Einspritzanlagen sind in die in Frage kommenden Modelle eingebaut. Der Vierzylinder M111-Motor ist mit einem »HFM«-System versehen. Die V6- und V8-Motoren können entweder mit einer »ME-SF5«- oder »ME-SF1«-Einspritzanlage arbeiten. Je nach Motor sind vier, sechs oder acht Einspritzventile vorhanden. Alle Anlagen werden von Bosch hergestellt.

Einspritzanlagen – Allgemeines

Es ist offensichtlich, dass wir nicht auf alle eingebauten Anlagen in Einzelheiten eingehen können. Bild 167 zeigt eine allgemeine Ansicht der in der HMF-Anlage eingebauten Teile im Fall eines Sechszylindermotors. Bild 168 zeigt, wie das Ganze beim Vierzylindermotor aussieht.
Das elektronische Steuergerät der Anlage kalkuliert die Dauer der Einspritzung in Abhängigkeit von den Betriebserfordernissen des Motors. Die eingespritzte Kraftstoffmenge hängt deshalb von der Öffnungszeit der Einspritzventile ab, welche zwischen 1,5 Sekunden und 130 Millisekunden liegen kann. Die Einspritzmenge wird durch die folgenden Faktoren beeinflusst:

- Unterdruck im Ansaugkrümmer
- Motordrehzahl
- Temperatur des Kühlmittels
- Temperatur der Ansaugluft

Die Drehzahl des Motors wird durch einen Drehzahlbegrenzer begrenzt. Dadurch werden die Bauelemente des Antriebs geschützt. Falls der Motor mit einer Drehzahl von mehr als 5650/min läuft, wird die Kraftstoffzufuhr abgeschnitten, um ein Überdrehen der Gelenkwelle im fünften Gang zu vermeiden, wie dies zum Beispiel bei Bergabfahrt der Fall sein kann. Das Steuergerät nimmt wahr, wenn der fünfte Gang eingeschaltet ist, indem es die Fahrgeschwindigkeit mit der Motordrehzahl vergleicht.
Die Kraftstoffzufuhr wird ebenfalls beim Abbremsen des Motors unterbrochen, d. h. wenn dieser durch die Räder geschoben wird (wenn die Kühlmitteltemperatur mindestens 80 °C beträgt) und die folgenden Bedingungen auftreten:

- Die Drehzahl des Motors ist höher als für das eingebaute Getriebe festgelegt, d. h. mehr als 1700/min bei einem Schaltgetriebe oder 1950/min bei einer Getriebeautomatik.
- Der Leerlaufschalter ist geschlossen.
- Der Tempomat (falls eingebaut) ist ausgeschaltet.

Fällt die Motordrehzahl unter die Reaktionsdrehzahl von 1100/min ab, wird die Kraft-

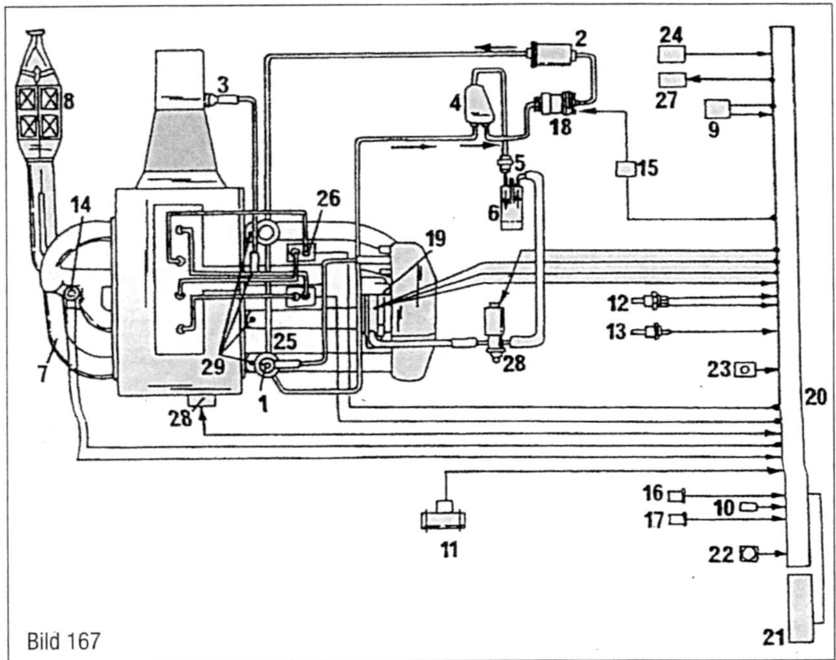

Bild 167
Schematisches Funktionsdiagramm der Einspritzanlage (Vierzylinder).

1. *Membrandruckregler*
2. *Kraftstofffilter*
3. *Unterdruckelement, Modulierdruck*
4. *Kraftstofftank*
5. *Belüftungsventil*
6. *Aktivkohlebehälter*
7. *Auspuffkrümmer*
8. *Katalysator*
9. *Kompressor (Klimaanlage)*
10. *Sensor (Klingeln des Motors)*
11. *Heißfilm-Luftmassenmesser*
12. *Sensor, Kühlmittel-Temperatur*
13. *Sensor, Ansauglufttemperatur*
14. *Lambda-Sonde*
15. *Relais, Kraftstoffpumpe*
16. *Sensor, Kurbelwellenstellung*
17. *Sensor, Nockenwellenstellung*
18. *Kraftstoffpumpe*
19. *Leerlaufregler*
20. *HFM-Steuergerät*
21. *ABS-Steuergerät*
22. *Widerstand für Steuergerät*
23. *CO-Potentiometer (ohne Katalysator)*
24. *Anlasssperrschalter/Schalter der Rückfahrleuchte*
25. *Zündspule (Zylinder 1 und 4)*
26. *Zündspule (Zylinder 2 und 3)*
27. *Umschaltventil (bei automatischem Getriebe)*
28. *Schaltventil für Aktivkohlefiltersystem*
29. *Einspritzventile*

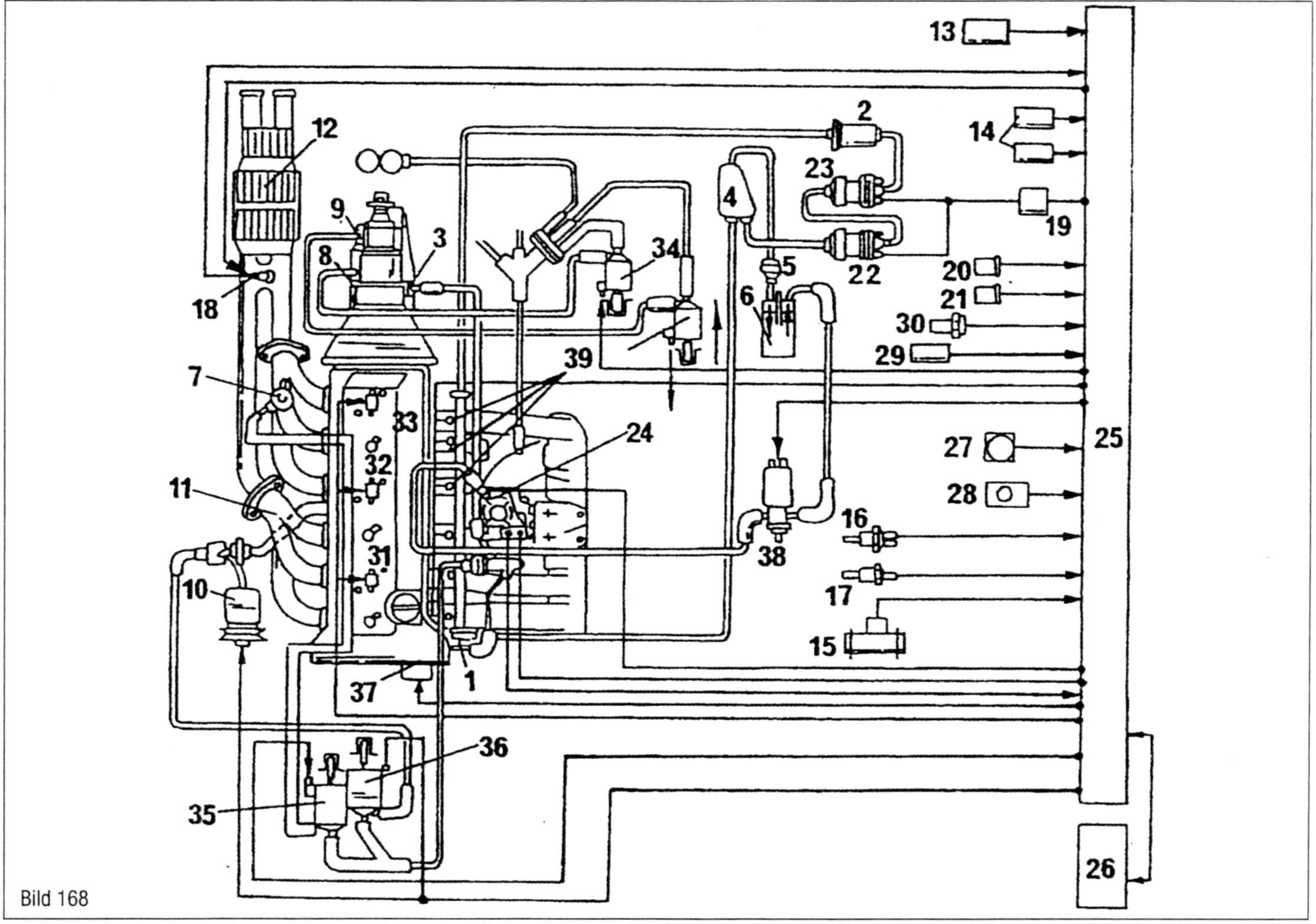

Bild 168

Bild 168
Schematisches Funktionsdiagramm der HMF-Einspritzanlage (Sechszylindermotor).

1 *Membrandruckregler*
2 *Kraftstofffilter*
3 *Unterdruckelement für Modulierdruck*
4 *Kraftstofftank*
5 *Belüftungsventil*
6 *Aktivkohlebehälter*
7 *Abgasrückführungsventil (falls eingebaut)*
8 *Unterdruckelement für Schaltungsverzögerung*
9 *Unterdruckelement für S- und E-Programm*
10 *Lufteinspritzpumpe*
11 *Auspuffkrümmer*
12 *Katalysator*
13 *Kompressor*
14 *Klopfsensor*
15 *Heißfilm-Luftmassen-Sensor*
16 *Sensor für Kühlmittel-Temperatur*
17 *Sensor für Ansaugluft-Temperatur*
18 *Beheizte Lambda-Sonde*
19 *Relais, Kraftstoffpumpe*
20 *Sensor, Kurbelwellenstellung*
21 *Sensor, Nockenwellenstellung*
22 *Kraftstoffpumpe*
23 *Kraftstoffpumpe*
24 *Leerlaufregler*
25 *HMF-Steuergerät*
26 *ABS-Steuergerät*
27 *Heißfilm-Bezugswiderstand*
28 *CO-Potentiometer (ohne Kat.)*
29 *Schalter, Anlassersperre, Rückfahrleuchte, Schalthebelstellung*
30 *Überlastungsschutzschalter, Getriebe*
31 *Zündspule, Zylinder 2 und 5*
32 *Zündspule, Zylinder 3 und 4*
33 *Zündspule, Zylinder 1 und 3*
34 *Umschaltventil, Schaltpunktverzögerung (mit Automatik)*
35 *Umschaltventil, Abgasrückführung (außer Europa)*
36 *Umschaltventil, Lufteinspritzpumpe*
37 *Elektro-magnetischer Auslöser, Nockenwellenverstellung*
38 *Umschaltventil, Aktivkohlefiltersystem*
39 *Einspritzventil*

stoffzufuhr wieder zugeschaltet und die Einspritzventile spritzen erneut jeweils in zwei Zylinder ein.

Die oben gegebene Kurzbeschreibung gibt nur einen Überblick über die Arbeitsweise der Kraftstoffeinspritzanlage. Im Allgemeinen sollte man an der Einspritzanlage keine Arbeiten selbst durchführen, da in den meisten Fällen Spezialinstrumente zum Einstellen, Messen von Werten, usw. erforderlich sind. Unvorsichtige Behandlung der Bauteile kann zu dauerhaften Schäden führen.

In der folgenden Beschreibung wollen wir jedoch auf die Funktion einiger Bauteile in der Anlage hinweisen. Da viele der Bauelemente in allen Einspritzanlagen die gleiche Funktion verrichten, werden sie in der folgenden Beschreibung zusammengefasst.

- **Das elektronische Steuergerät.** Zwischen den Eingangsinformationen (durch die verschiedenen Geber) und den Einspritzventilen steht das elektronische Steuergerät. Es teilt dem Motor – abhängig von den herrschenden Last- und Temperaturbedingungen – eine ganz bestimmte Kraftstoffmenge zu. Dazu verändert das Steuergerät die Öffnungsdauer der elektromagnetisch gesteuerten Einspritzventile. Da der Druck im Kraftstoffsystem stets annähernd konstant ist, kann die Einspritzmenge nur über die Einspritzzeit verändert werden. Das Steuergerät erhält die Informationen, nach denen es die Einspritzzeit festlegt, über verschiedene Geber oder Sensoren.
- **Temperaturgeber.** Er sitzt im Ansaugrohr und signalisiert die Temperatur der Ansaugluft.
- **Kühlmittel-Temperaturgeber.** Er liefert eine Vergleichsgröße für die Motortemperatur.
- **Drehzahlgeber.** Er übermittelt das Drehzahlsignal für Zündungs- und Einspritzungsteil der Einspritzanlage. Außerdem meldet er die Stellung der Kurbelwelle. Beim Vierzylinder wird über einen zusätzlichen Magnet auch die Zylinderzahl erkannt (vgl. nächster Punkt).
- **Geber für Zylindererkennung bzw. Nockenwellengeber.** Er meldet dem Steuergerät, welcher Zylinder mit dem Zünden bzw. Einspritzen dran ist. Das Startsignal kommt von der Zündschloss(Anlasser)-Klemme 50. Weitere Einflussgrößen stammen vom automatischen Getriebe, vom ABS-Steuergerät, von der Lambdasonde, vom Stellglied der Leerlaufregelung und von der Klimaanlage.
- **Die Einspritzventile.** Im Ansaugkanal eines jeden Motorzylinders sitzt ein Einspritzventil. Es misst dem jeweiligen Motorzylinder die momentan benötigte Kraftstoffmenge zu und sorgt gleichzeitig für die Feinzerstäubung des Benzins. Die Ventile werden mittels Elektromagnet betätigt. Dabei wird die Ventilnadel ungefähr 0,1 mm von ihrem Sitz abgehoben – der Kraftstoff kann durchfließen. Die Einspritzventile spritzen aus zwei Bohrungen ab. Dadurch bilden sich zwei Kraftstoffstrahlen, die fein zerstäubt auf beide Einlassventile spritzen. Elektrisch sind alle Einspritzventile mit Plusspannung verbunden. Das Steuergerät schaltet zum Einspritzen Masse zu.

Bild 169 zeigt ein Einspritzventil. Die rechte Ansicht ist eine Schnittansicht. Die Einspritzventile bestehen aus einem Ventilkörper (4) und einem Magnetkern (3). In der Innenseite des Einspritzventils befinden sich eine elektro-magnetische Spule und eine Führungsbohrung für die Ventilnadel. Falls die magnetische Spule keinen Strom erhält, drückt die Feder (2) die Ventilnadel gegen den Sitz und schließt die Kraftstoffzufuhr. Sobald der Strom wieder durch die magnetische Spule fließt, wird die Ventilnadel durch den Magnetkern (3) angehoben, welcher dabei gegen die Feder (2) drückt. Der Kraftstoff wird jetzt durch die beiden Bohrungen in der Mitte des Ventils eingespritzt und gelangt zu den Einlassventilen des Motors.

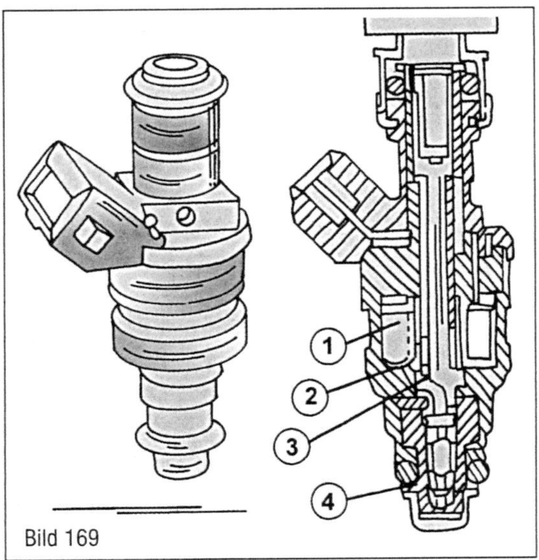

Bild 169
Ansicht eines Einspritzventils. Rechts eine Schnittansicht.
1 Elektro-magnetische Spule
2 Druckfeder
3 Magnet
4 Einspritzventil

Das Kraftstoffverteilerrohr. Es dient dazu, alle Einspritzventile gleichmäßig mit Kraftstoff zu versorgen. Außerdem wirkt das Verteilerrohr als Kraftstoffspeicher und verhindert damit Druckschwankungen.

Der Kraftstoffdruckregler. Er sitzt hinten am Kraftstoff-Verteilerrohr und muss den Druck im Verteilerrohr konstant auf dem gleichen Wert halten. Dies geschieht, indem mehr oder weniger Kraftstoff durch die Rücklaufleitung zum Tank zurückfließen kann. Läuft mehr Kraftstoff zurück, sinkt der Druck; bei geringerer Rücklaufmenge steigt er.

Durch einen Unterdruckanschluss weiß der Druckregler gleichzeitig über den Lastzustand des Motors Bescheid. Bei Volllast hebt er den Druck noch um etwa 0,5 bar an. Dadurch wird mehr Kraftstoff eingespritzt, was der Motor zum Erreichen der vollen Leistung dringend braucht.

Der Heißfilm-Luftmassenmesser. Dieser ist nur bei der HFM-Einspritzanlage eingebaut, die der Anlage auch den Namen gegeben hat: HFM = Heißfilm-Motorsteuerung. Er befindet sich im Ansaugkanal zwischen Luftfilter und Drosselklappe. Im Innern eines Messkanals sind eine Keramikscheibe mit verschiedenen Widerständen und eine Auswert-Elektronik untergebracht. Ein Widerstand sitzt im Luftstrom und wird auf konstant 160 °C erwärmt. Der dafür erforderliche Strom gibt ein Maß für die durch den Kanal strömende Luftmasse.

Die Drosselklappe. Weiter hinten im Ansaugluftstrom sitzt die Drosselklappe im Drosselklappenstutzen. Betätigt wird sie vom Gaspedal über den Gaszug. Sie öffnet oder verschließt den Luftweg zum Ansaugrohr und damit zu den Brennräumen des Motors. Seitlich neben der Drosselklappe ist das Stellglied der Leerlaufregelung angebracht. Dieses bewegt über einen Stellmotor die Drosselklappe und meldet die jeweilige Position.

Drosselklappen-Potentiometer. Das Drosselklappen-Potentiometer im Stellglied der Leerlaufregelung wird von der Drosselklappenwelle betätigt. Das Potentiometer erfasst die momentane Stellung der Drosselklappe und meldet sie in Form elektrischer Spannung dem Steuergerät. Das Steuergerät benötigt diese Lastinformationen unter anderem zur Leerlaufregelung, Zündkennfeldauswahl und zur Einspritzzeitberechnung.

Leerlaufregelung. Wie der Name schon sagt, sorgt die Leerlaufregelung für eine stets konstante Leerlaufdrehzahl – egal ob der Motor kalt oder warm ist oder ob kräftezehrende Verbraucher (Klimaanlage) eingeschaltet sind.

Das Stellglied an der Drosselklappe ist dabei nur ausführendes Organ. Kopf der Regelung ist das elektronische Steuergerät. Es vergleicht die Momentan- mit der Solldrehzahl und sorgt so für das fein abgestimmte Öffnen und Schließen der Drosselklappe zur Drehzahlanpassung. Wird der Drosselklappenspalt weiter geöffnet, wird mehr Luft angesaugt und vom Luftmassenmesser erfasst, was wiederum die Einspritzung dazu veranlasst, die nötige Mehrmenge an Kraftstoff beizusteuern. Resultat: die Motordrehzahl erhöht sich.

Notlauf. Die Einspritzanlage verfügt über Notlaufeigenschaften. Bei Ausfall des Temperaturgebers werden Ersatzwerte gebildet. Bei Ausfall der Luftmassenerfassung wird der Drosselklappenwinkel mit der Motordrehzahl verglichen. Die errechnete Einspritzmenge lässt ganz brauchbares Fahren bis zur Werkstatt oder nach Hause zu.

Arbeiten an der Kraftstoffeinspritzung – M111-Motor

Vorsichtsmaßnahmen bei Arbeiten an der Anlage

☞ Immer die unten angeführten Vorsichtsmaßnahmen beachten, wenn man Arbeiten an der Anlage und in diesem Zusammenhang an der Zündanlage durchführen will:

⚠ **Wichtiger Hinweis:** Personen mit Herzschrittmachern sollten keine Arbeiten an der Anlage durchführen.

- Zündung immer ausschalten und die Batterie abklemmen.
- Niemals irgendwelche Abschlüsse, Kabel, usw. bei laufendem Motor berühren. Dies gilt auch bei abgestelltem Motor und eingeschalteter Zündung.
- Niemals irgendwelche elektrischen Kabel bei laufendem Motor abziehen oder abschließen.

Kraftstoffverteilerrohr aus- und einbauen

Etwas Erfahrung mit Einspritzanlagen ist Voraussetzung. Bild 170 zeigt eine allgemeine

Ansicht der auszubauenden Teile. Da die Anlage unter Druck steht, sind die notwendigen Vorsichtsmaßnahmen zu treffen. Die Werkstatt benutzt ein spezielles Entlüftungsventil um den Druck aus dem Kraftstoffverteilerrohr zu entfernen, welches an Stelle (1) im Bild eingeschraubt wird. Das Verteilerrohr (8) nach Ausschrauben der Befestigungsschrauben (6) abnehmen. Die O-Dichtringe müssen immer erneuert werden. Beim Einbau etwas einölen.
Die Kraftstoffzufuhrleitung (4) an der gezeigten Stelle abschließen. Kraftstoff könnte hier ausspritzen. Die Überwurfmutter beim Einbau mit 24 Nm anziehen. Ebenfalls die Hohlschraube (7) der Kraftstoffrücklaufleitung (5) herausdrehen und das Rohr abschrauben. In diesem Fall die beiden Dichtringe erneuern.
Der Einbau geschieht in umgekehrter Reihenfolge wie der Ausbau.

Einspritzventile aus- und einbauen

Die Einspritzventile werden zusammen mit dem Kraftstoffverteilerrohr ausgebaut, wie es bereits beschrieben wurde. Nach Ausbau kann man die Ventile an den in Bild 171 gezeigten Stellen sehen (in diesem Fall bei einem Sechszylindermotor). Die Ventile werden an der Pfeilstelle durch eine Verdrehsperre gehalten, welche abzuziehen ist. Die untergelegten O-Dichtringe (1) und (4) müssen erneuert werden.

Luftfilter und Filtereinsatz

Die Installation des Filters ist in Bild 172 gezeigt. Der Filtereinsatz sollte ca. alle zwei Jahre erneuert werden. Der Aus- und Einbau kann unter Bezug auf die Abbildung durchgeführt werden. Der Luftansaugschlauch kann ausgebaut werden. Falls das Filtergehäuse ausgebaut wurde, müssen die Führungsstifte an der Unterseite mit den Bohrungen in der Karosserie eingreifen (Pfeilstelle). Stifte etwas einölen. Der Heißfilmluftmassenmesser muss ausgebaut werden, ehe man den Filter ausbauen kann.

Aus- und Einbau des Ansaugkrümmers

Dies ist eine umfangreiche Arbeit. Da der Krümmer jedoch oft zum Zweck anderer Arbeiten ausgebaut werden muss, beschreiben wir die erforderlich Arbeiten. Bild 173 wird dabei helfen. Die Batterie muss abgeschlossen sein.

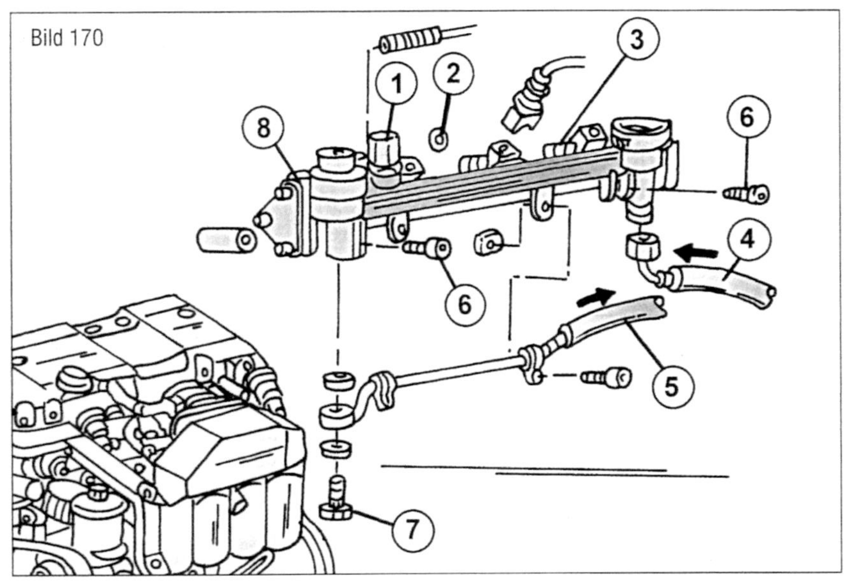

Bild 170
Zum Aus- und Einbau des Kraftstoffverteilerrohres.
1 Service-Ventil
2 O-Dichtringe
3 Einspritzventil
4 Kraftstoffzufuhrschlauch
5 Kraftstoffrücklaufleitung
6 Befestigungsschrauben
7 Hohlschraube
8 Kraftstoffverteilerrohr

- Kraftstoffverteilerrohr zusammen mit den Einspritzventilen ausbauen, wie es bereits beschrieben wurde.
- Alle Unterdruckleitungen und elektrischen Kabel am Motor abschließen. Falls erforderlich Anschlussstellen kennzeichnen.
- Kabelstecker aus dem Stellungssensor der Kurbelwelle und andere vorhandene Stecker abziehen.
- Kabel vom Anlasser abklemmen.
- Die Drosselklappenregulierung vom Krümmer abschrauben. Dazu die Schrauben (6) herausdrehen und das Drosselklappenseil ausclipsen. Das Verbindungsgestänge (5) trennen.

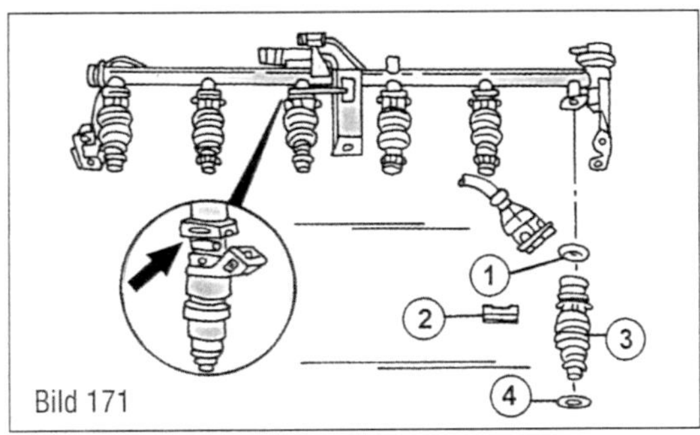

Bild 171
Ansicht des Kraftstoffverteilerrohres zusammen mit den Einspritzdüsen.
1 O-Dichtring
2 Verdrehsperre
3 Einspritzdüse
4 O-Dichtring

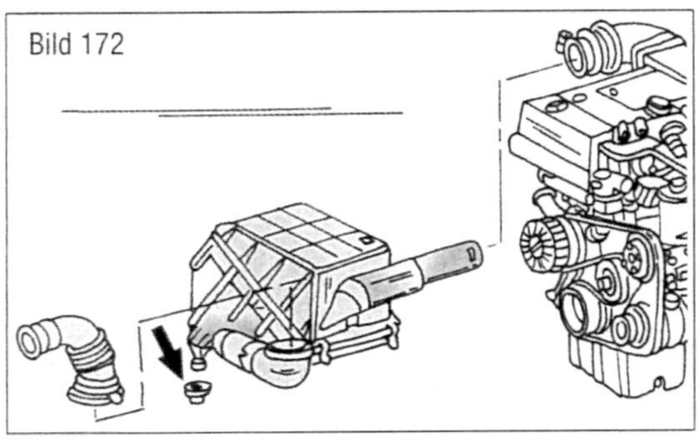

Bild 172
Befestigungsweise des Luftfilters beim M111-Motor.

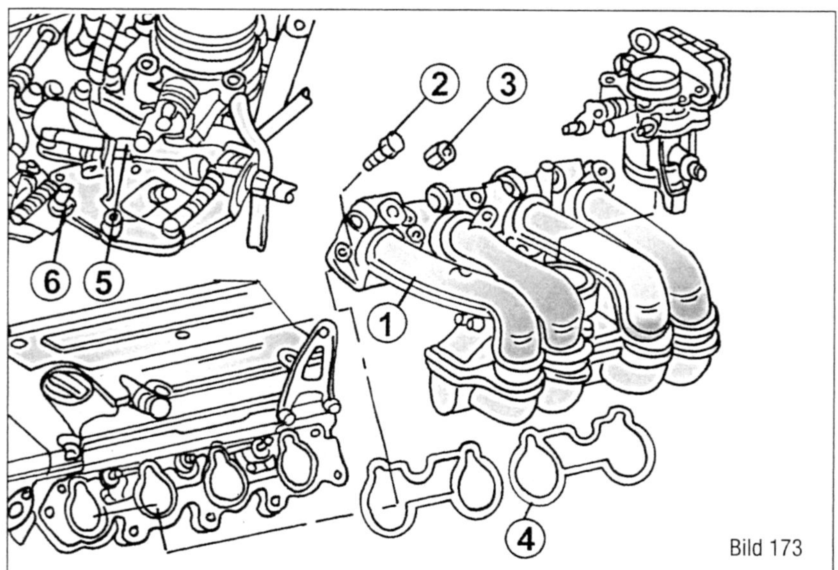

Bild 173
Zum Aus- und Einbau des Ansaugkrümmers beim M111-Motor.
1 Ansaugkrümmer
2 Schraube
3 Mutter
4 Dichtungen
5 Verbindungsgestänge
6 Schraube

■ Schrauben (2) und Muttern (3) lösen und den Krümmer (1) abziehen. Die Dichtung (4) sofort kontrollieren und ggf. erneuern.
Der Einbau findet in umgekehrter Reihenfolge statt. Muttern und Schrauben mit 20 Nm anziehen.

Es soll nochmals wiederholt werden: Wir raten Ihnen alle Arbeiten in einer Werkstatt durchführen zu lassen.

Arbeiten an der Kraftstoffeinspritzung – V-Motoren

Die folgenden Arbeiten kann man mit einiger Erfahrung durchführen. Die Anweisungen beziehen sich auf M112- und M113-Motoren.

Lambda-Sonde

In der Werkstatt wird ein Spezialschlüssel (Nr. 000 589 71 03 00) zum Ausschrauben der Sonde benutzt. Bei diesem handelt es sich um eine lange Stecknuss mit einem Schlitz auf einer Seite, welcher über das Kabel der Sonde geführt wird. Jeder Katalysator ist mit zwei Lambda-Sonden versehen, eine vor dem Katalysator und eine danach. Folgendermaßen ausbauen (Batterie muss abgeklemmt sein).

■ Dem Verlauf des Kabels zum Anschluss an der Lambda-Sonde folgen und die Kabelstecker abziehen. Vier Stecker müssen angezogen werden (falls man alle Sonden ausbauen will).

■ Die Sonde mit dem oben angegebenen Schlüssel herausdrehen oder einen Gabelschlüssel benutzen, welchen man am Sechskant ansetzen kann. Sonde herausziehen.

■ Gewinde der neuen Lambda-Sonde mit wärmebeständigem Fett einschmieren. Vielleicht ist es möglich, etwas in einer Werkstatt zu erhalten. Sonden werden mit 45 Nm angezogen.

■ Die verbleibenden Arbeiten in umgekehrter Reihenfolge durchführen.

Aus- und Einbau des Kraftstoffverteilerrohres

Bild 174 zeigt die in Frage kommenden Teile. Die Einspritzanlage muss druckfrei sein. In der Werkstatt wird ein Service-Ventil zur Druckentlastung benutzt, welches an Stelle (1) angeschlossen wird. Der eigentliche Ausbau bringt keine Probleme mit sich, schwieriger ist es, die einzelnen Teile zu finden. Wir versuchen zu erklären, wo man die Teile findet. Bei der Beschreibung wird davon ausgegangen, dass der Motor von der Seite zu sehen ist, wenn sich der Öleinfüllverschluss auf der rechten Seite befindet.

■ Batterie abklemmen.

■ Luftfiltergehäuse ausbauen.

■ Klemmschraube lösen und den Luftansaugschlauch vom Luftmassenmesser abschließen.

■ Kraftstoffleitung abschließen. Die Überwurfmutter wird mit 38 Nm angezogen.

■ Den Kabelstecker von der Zündspule abziehen (linke Seite des Motors).

■ Belüftungsschlauch von der rechten und linken Zylinderkopfhaube abschließen.

■ Kabelstecker vom Hall-Sensor der Nockenwelle abziehen. Gegen den Motor gesehen wird man den Sensor in der linken, unteren Ecke finden. In der gleichen Gegend wird man weitere Stecker finden. Ebenfalls abziehen.

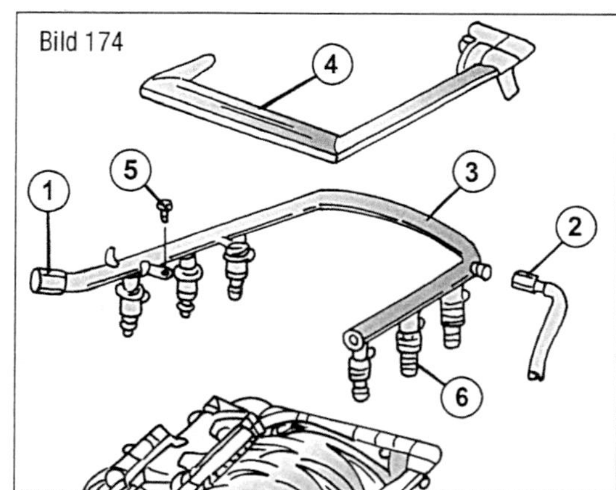

Bild 174
Einzelheiten zum Aus- und Einbau des Kraftstoffverteilerrohres. Die Zahlen werden im Text erwähnt.

■ Kabelbinder am Verteilerrohr (3) zerschneiden – immer erneuern.
■ Die Kunststoffabdeckung (4) vom Verteilerrohr abschrauben.
■ Die Schrauben (5) des Verteilerrohres (3) aus dem Ansaugkrümmer ausschrauben (10 Nm) und das Rohr zusammen mit den Einspritzventilen (6) nach oben herausheben. Kabelstecker von den Einspritzventilen abziehen und das Verteilerrohr abnehmen. Soll ein neues Verteilerrohr eingebaut werden, kann man die Einspritzventile in das neue Rohr einbauen.
Der Einbau findet in umgekehrter Reihenfolge unter Beachtung der angegebenen Anziehdrehmomente statt.

Aus- und Einbau der Einspritzventile
Die Ventile werden durch Sicherungsclips befestigt. Das Kraftstoffverteilerrohr muss ausgebaut sein. Die weiteren Arbeiten beziehen sich auf Bild 175. Nach Entfernen des Clips (1) das Einspritzventil (4) aus dem Verteilerrohr (3) herausziehen. Ein Dichtring (2) ist am Ende des Ventils eingesetzt und muss immer erneuert werden. Während dem Einbau die Dichtringe gut einölen und das Ventil oder die Ventile in die Bohrung(en) drücken. Die Verdrehsperre(n) an der Pfeilstelle muss in einen Ausschnitt im Einspritzventil eingreifen.

Aus- und Einbau des Ansaugkrümmers
Wiederum eine zeitraubende Angelegenheit. Da der Krümmer jedoch bei verschiedenen anderen Arbeiten ausgebaut wurden, muss soll eine kurze Beschreibung folgen. Bild 176 zeigt die Befestigung des Krümmers und wird beim Aus- und Einbau helfen. Wiederum muss die Einspritzanlage druckfrei sein. Batterie abschließen.
Da das Kraftstoffverteilerrohr und die Einspritzventile ausgebaut werden müssen, sind die entsprechenden Arbeiten durchzuführen. Außerdem den Heißfilmluftmassenmesser, das Luftansaugrohr und alle am Krümmer angeschlossenen Leitungen abschließen. Der Krümmer kann jetzt unter Bezug auf Bild 176 ausgebaut werden. Die Schrauben mit 20 Nm anziehen. Die Dichtungen (6) immer erneuern.

Luftfilter und Filtereinsatz
Der Aus- und Einbau findet in ähnlicher Weise statt, wie es bei den anderen Motoren

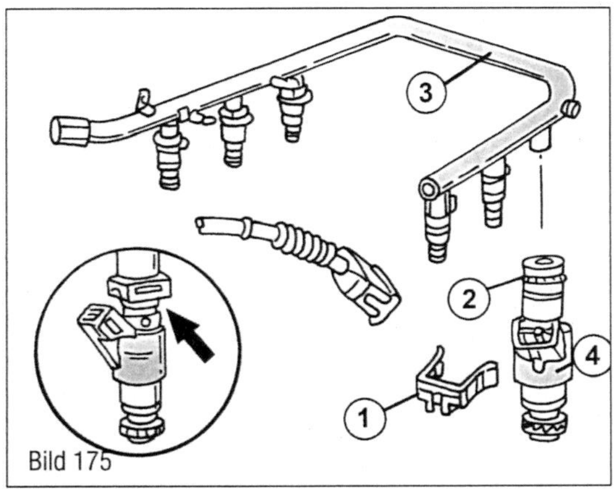

Bild 175
Zum Aus- und Einbau der Einspritzventile beim M112- und M113-Motor.
1 Verdrehsperre
2 Dichtring
3 Kraftstoffverteilerrohr
4 Einspritzventil

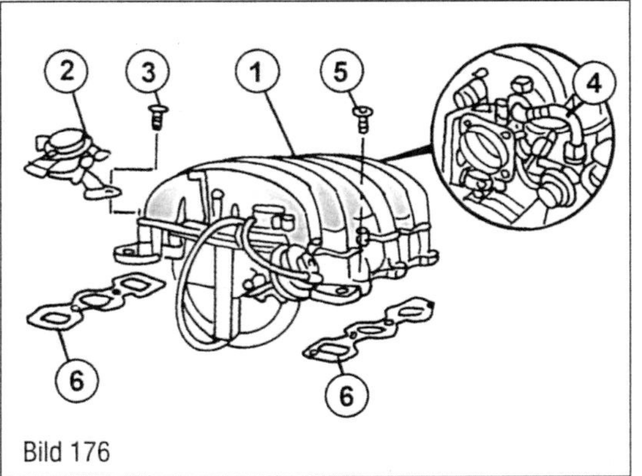

Bild 176
Befestigung des Ansaugkrümmers.
1 Ansaugkrümmer
2 Absperrventil
3 Schraube
4 Kraftstoffleitung, 38 Nm
5 Schraube
6 Krümmerdichtungen

beschrieben wurde. Der Ansaugschlauch kann nach Lösen der Klemmschraube am Filtergehäuse ausgebaut werden.

Die Zündanlage

Obwohl die Zündanlage mit der Einspritzanlage verbunden ist, soll kurz auf einige Einzelheiten eingegangen werden.
Die Zündstufe der Einspritzanlage entspricht beim M111-Motor im Grunde genommen der bereits bekannten »EZL«-Anlage, jedoch wurde der Hochspannungszündverteiler durch zwei, bzw. drei getrennte Zündspulen ersetzt. Die Zündspulen sitzen je nach Motor an den in Bildern 177 und 178 gezeigten Stellen.

Obwohl durch die ständige technische Entwicklung zum Zeitpunkt des Drucks vielleicht Änderungen vorliegen, gibt Ihnen die folgende Beschreibung einen guten Einblick in das Innenleben der Zündung.
■ **Kaltstart:** Um die Startwilligkeit unter 0 °C zu erhöhen, wird im Zündzeitpunkt mehrfach ganz kurz hintereinander gezündet, jedoch nur bis maximal 10° nach OT und einer Motordrehzahl bis 600/min.

Bild 177
Funktionsdiagramm der Zündanlage des Vierzylindermotors.
1 *Klopfsensor*
2 *Sensor, Kühlmitteltemperatur*
3 *Sensor, Ansauglufttemperatur*
4 *Sensor, Kurbelwellenstellung*
5 *Sensor, Nockenwellenstellung*
6 *Leerlaufregler*
7 *HFM-Steuergerät*
8 *Zündkerzen*
9 *HMF-Bezugswiderstand*
10 *Zündspule (Zyl. 1 und 4)*
11 *Zündspule (Zyl. 2 und 3)*
12 *Teststeckdose für Diagnose*

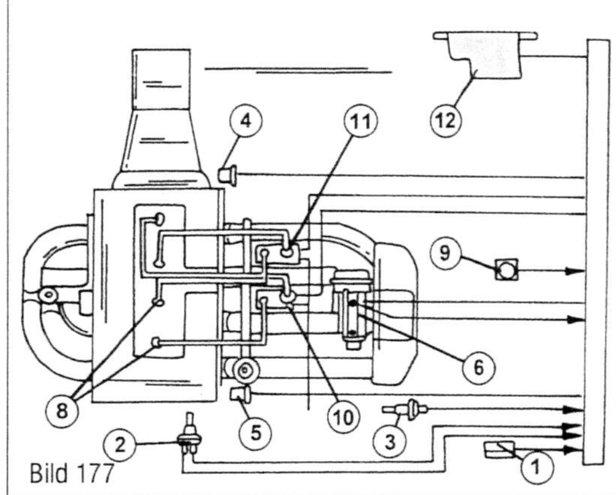

Bild 177

Erkennung des 1. Zylinders: Bei den ersten Motorumdrehungen vergleicht das Steuergerät die Signale des Gebers an der Nockenwelle und das Signal vom Positionsgeber der Kurbelwelle mit dem Magnetsegment zur Erkennung des Zündkreises für Zylinder 1.

Starten: Bis ca. 600/min ist der Zündzeitpunkt größtenteils fest vorgegeben. Erst ab ca. 800/min wird zum dem momentanen Betriebszustand entsprechenden Zündzeitpunkt übergegangen.

Zünden im Warmlauf: Je nach Motortemperatur und Belastung wird ein möglichst optimaler Zündzeitpunkt herausgesucht.

Zünden bei Vollgas: Der Zündzeitpunkt wird möglichst weit nach »früh« gestellt, aber nur, wenn sonst alles in Ordnung ist, um dem Motor mehr Drehmoment zu geben.

Zünden im Leerlauf: Je nach Getriebe (Schaltung oder Automatik) und Motortemperatur sind verschiedene Zündzeitpunkte möglich.

Ansauglufttemperatur-Korrektur: In Abhängigkeit von der Lufttemperatur und der Motorlast wird der Zündzeitpunkt in Richtung »spät« korrigiert – jedoch nur bei hoher Belastung: z. B. bei +35 °C um 3,5° später und maximal bei 65 °C mit 9,5° Spätverstellung.

Klopfregelung: Der Zündzeitpunkt ist auf optimale Leistungsausbeute ausgelegt. Sollte es unter bestimmten Betriebsbedingungen zu klopfender Verbrennung kommen, wird durch die Klopfregelung der klopfende Zylinder erkannt und der Zündzeitpunkt entsprechend verstellt:
Sofort wird der Zündzeitpunkt für den entsprechenden Zylinder, in dem die klopfende Verbrennung stattgefunden hat, um 3° Kurbelwinkel) in Richtung »spät« verstellt. Klopft es weiterhin, wird der Zündzeitpunkt um weitere 3° (bis maximal ca. 10°) in Richtung »spät« verstellt. Klopft es nicht mehr, wird der Zündzeitpunkt schrittweise um 0,35° je Zündung zurückgestellt. Sollte es zum Ausfall der Klopfsensoren oder Geber kommen, wird zum Schutz des Motors auf Spätzündung gestellt.

Katalysator-Aufheizung: Damit der Katalysator möglichst schnell Abgas umsetzt, wird die Abgastemperatur erhöht. Bei einer Motortemperatur bis 40 °C und im Leerlauf wird nach dem Start der Zündzeitpunkt ca. 30 Sekunden bis 8° in Richtung »spät« verstellt und die Leerlaufdrehzahl auf ca. 1200/min erhöht.

Überhitzungsschutz: Bei Motorbelastung und einer Temperatur über 100 °C erfolgt die Zündung bis 30 Sekunden später. Dies hilft gegen weiteren Temperaturanstieg. Wenn es draußen zudem recht heiß ist, wirkt zusätzlich die oben beschriebene Korrektur für die Ansaugluft. Dann können bis ca. 11° Spätzündung entstehen, welches wiederum der Fahrer als deutlichen Leistungsverlust (ungerechtfertigt) beklagen könnte.

Unterstützung bei der Leerlaufregulierung: Liegt eine unzulässige Leerlaufdrehzahl vor, versucht die Zündung zu helfen. Dazu kann der Zündzeitpunkt um bis zu 8° in Richtung »früh« oder »spät« verstellt werden.

Kraftstoffabschaltung: Zum Katalysatorschutz wird nach 16 Fehlzündungen in einem Zylinder dessen Einspritzventil abgeschaltet. Sind später ca. 200 Zündungen in Folge in Ordnung, wird es ggf. wieder eingeschaltet, wenn eine ganze Reihe weiterer Bedingungen gut sind. Folgende Fehler kann das Steuergerät durch eine Primärstromüberwachung erkennen: Leistungs-Endstufe defekt, Zündspule unterbrochen, Kurzschluss, Zündkerze defekt.

Bild 178
Lage der Zündspulen bei einem M112- und M113-Motor (V6 und V8).
1 *Schraube, 8 Nm*
2 *Zündspule, Nr. 1 bis 8*
3 *Zündkerzenstecker*

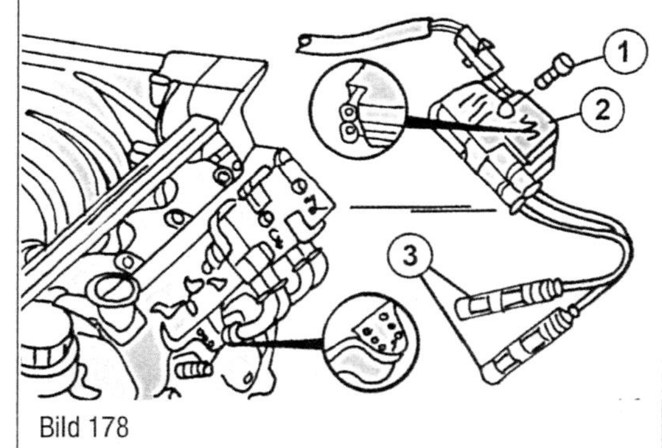

Bild 178

Das Zündungskennfeld

Bei der eingebauten Einspritzanlage bedarf es keiner zusätzlichen Einrichtung zur Verstellung des Zündzeitpunkts. Dem Steuergerät stehen alle möglichen Motordaten und -kennwerte zur Verfügung. Drehzahlgeber, Geber für Zylindererkennung und Geber für Motortemperatur machen's möglich. Aus all diesen Daten und Informationen errechnet die Motronic den für den jeweiligen Belastungszustand richtigen Zündzeitpunkt. Zeichnet man den Zündwinkel (Zündzeitpunkt) über dem Lastzustand des Motors und der Motordrehzahl auf, erhalten wir ein so genanntes Zündkennfeld. Das Kennfeld wird wegen seiner bizarren Form gerne gezeigt – es zeigt die Einflussnahme auf die Betriebszustände.

Die Geber der Anlage

Die Geber sind doppelt genutzt: Von der Einspritzanlage wie von der Zündanlage. Drehzahlgeber und der Geber für Zylindererkennung sind die wichtigsten. Beides sind so genannte Induktionsgeber.

- Der Drehzahlgeber funktioniert folgendermaßen: Spule und Magnet sind im Geber untergebracht. Das Gegenstück bilden Segmente am Zahnkranz der Schwungmasse hinten am Motor. Jedes Mal, wenn nun ein Segment am Geber vorbeiläuft, ändert sich das Magnetfeld des Dauermagneten, und in der Spule wird Spannung erzeugt. Dieses kleine Spannungssignal genügt zur Weiterverarbeitung im Steuergerät der Einspritzanlage. Die Information über die Drehzahl der Kurbelwelle und deren Stellung liegt somit vor.
- Fast identisch funktioniert der Nockenwellen-Positionsgeber. Er meldet dem Steuergerät, wann Zylinder 1 zünden muss.
- Weitere Geber übermitteln die Temperatur der Ansaugluft und des Kühlmittels.

⚠ Gegenüber den alten kontaktgesteuerten Zündungen sind die heutigen Zündsysteme ungleich leistungsfähiger. Die höhere Zündenergie kommt zwar dem Motorlauf und der Zuverlässigkeit zugute, doch sind die **hohen Zündspannungen** nun in den **für Menschen gefährlichen Bereich** gerückt. Schon in der dünnen Steuerleitung zu einer Zündspule können Spannungen bis zu 100 Volt auftreten, ganz zu schweigen von der Zündspannung, die mit über 30 000 Volt gefährlich hoch ist.

Vorsichtsmaßnahmen bei Arbeiten an der Anlage

Arbeiten an Zündanlage und der damit verbundenen Einspritzanlage sollten einer Werkstatt überlassen werden, um die empfindlichen und gleichzeitig kostspieligen Teile nicht kurzzuschließen, zu beschädigen oder auf andere Weise funktionsunfähig zu machen. Die in der Zündanlage entwickelte Hochspannung ist lebensgefährlich und ein entsprechender Warnaufkleber weist darauf hin, ohne dass wir dies noch einmal erwähnen müssen. Aus diesem Grund sind die folgenden Vorsichtsmaßnahmen durchzulesen, ehe man irgendwelche Arbeiten an der Zündanlage durchführt.

- Personen mit Herzschrittmacher dürfen unter keinen Umständen an der Zündanlage arbeiten.
- Keine Kabel der Zündanlage abziehen, während der Motor läuft. Dies gilt ebenfalls, wenn der Motor mit dem Anlasser durchgedreht wird.
- Arbeiten an der Zündanlage (zum Beispiel Kabel ab- und anschließen) nur bei stillstehendem Motor und ausgeschalteter Zündung durchführen.
- Alle Messgeräte nur bei stillstehendem Motor und ausgeschalteter Zündung an- und abschließen.
- Keine Prüflampen an der Klemme der Zündspule anklemmen.
- Motor nicht mit dem Anlasser durchdrehen, falls nicht alle Teile der Zündung angeschlossen sind.
- Beim Durchdrehen des Motors mit dem Anlasser oder bei laufendem Motor keine Prüfungen vornehmen, bei welchen irgendwelche Kabel gegen Masse gehalten werden, wie man dies bei anderen Motoren früher einmal durchgeführt hat. Ebenfalls die Enden von Kerzenkabeln unter diesen Umständen nicht gegen Masse halten.
- Die Zündanlage kann eine Spannung von bis zu 32 Kilo-Volt erzeugen – Lebensgefahr.

Zündspulen aus- und einbauen

Um an die Zündspulen zu kommen, muss man bei bestimmten Motoren das Luftfiltergehäuse ausbauen (M272-Motor soll erwähnt werden). Bei anderen Motoren (V6 oder V8) die Motorabdeckung ausbauen. Eine Spule kann nach Lösen der Schraube

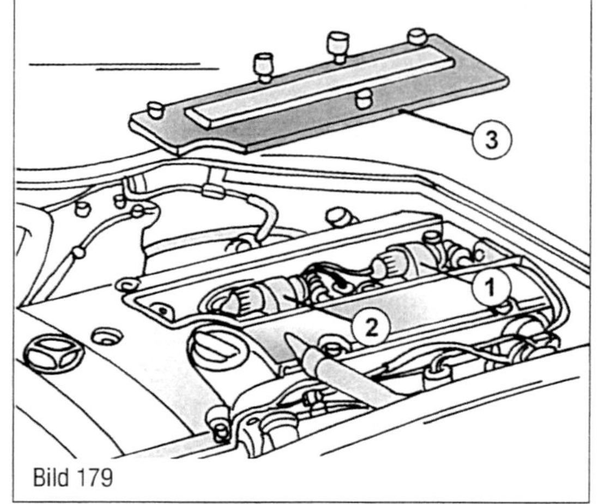

Bild 179

Bild 179
Lage der Zündspulen (1) und (2) beim M111-Motor. Die Abdeckung (3) muss vor Ausbau abgeschraubt werden.

(1) in Bild 178 ausgebaut werden. Bei einem M112- oder M113-Motor zuerst die Zündkerzenstecker (3) abziehen, beim M272-Motor die Zündspule zusammen mit dem Zündkerzenstecker ausbauen und danach den Stecker abziehen.
Die Zündspulen eines M111-Motors werden unter Bezug auf Bild 179 ausgebaut. Spule (1) liefert den Strom für Zylinder Nr. 1 und 4, Spule (2) für Zylinder Nr. 2 und 3. Die Abdeckung (3) muss ausgebaut werden, um an die Zündspulen heranzukommen.

Zündzeitpunkteinstellung

Der Zündzeitpunkt kann nicht eingestellt werden. Die Kontrolle und auch die Grundeinstellung der Zündungscharakteristika können nur unter Zuhilfenahme von Messgeräten durchgeführt werden und sind einer Werkstatt zu überlassen. Bei Störungen, welche man auf die Zündanlage zurückführen kann, können die folgenden Fehler vorliegen:

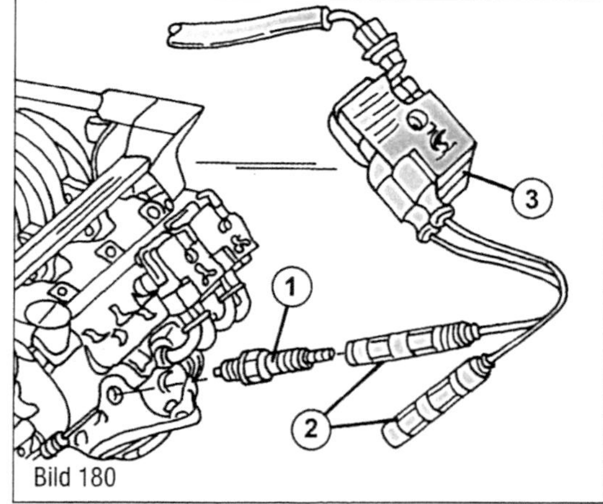

Bild 180

Bild 180
Zündkerzenstecker (2) vor Ausbau der Zündkerzen (1) ausbauen. Kabel sind wie gezeigt an der Zündspule angeschlossen.

- Falls der Motor schlecht läuft, kann der Fehler im Positionsanzeiger, in der Zündspule oder dem Steuergerät liegen.
- Falls der Motor überhaupt nicht läuft: Sind die Grundfunktionen der Zündanlage in Ordnung, muss man Fehler in der automatischen Zündverstellung vermuten. Die Ursachen dafür können in verschiedenen Abschnitten der Anlage liegen und nur die Werkstatt wird anhand des Fehleraufzeichnungsprogramms eine schnelle Abhilfe ermöglichen.

Zündkerzen

Die Zündkerzen haben einen Gewindedurchmesser von 14 mm. Vom Hersteller werden bestimmte Kerzen empfohlen, welche immer verwendet werden sollten. Die Kerzen haben einen flachen Sitz und werden mit Dichtringen eingeschraubt (25 - 30 Nm). Da Kerzen öfters geändert werden, sehen wir es nicht als angebracht, bestimmte Kerzen zu nennen. Ihr Ersatzteillager ist besser in der Lage, Ihnen anhand der letzten Verzeichnisse die richtigen Kerzen zu verkaufen. Der Elektrodenabstand der Kerzen beträgt 0,8 mm.

V6/V8-Motoren (M112/M113/M272)
Bild 180 zeigt eine Seite des Motors mit Lage der Zündkerzen (1), deren Stecker (2) und der Verbindung zur Zündspule (3). Beim M272-Motor müssen die Zündspulen ausgebaut werden, ehe man die Zündkerzen ausschrauben kann. Falls Kerzen ausgeschraubt werden, unbedingt darauf achten, dass kein Schmutz in die Bohrungen eindringen kann. In der Werkstatt wird ein spezieller Kerzenschlüssel (Nr. 112 589 91 09 00) zum Ausschrauben benutzt. Kerzengesichter mit einer Drahtbürste reinigen, falls sie wieder eingeschraubt werden sollen.

☞ Vor dem Ausschrauben der Kerzen kontrollieren, ob sich keine Fremdkörper in den Kerzenaufnahmevertiefungen befinden. Eine beim Ausschrauben der Kerze in die Kerzenbohrung fallende Scheibe, Schraube, ein Stein oder Ähnliches kann Ventile, Ventilsitze oder den Zylinderkopf beim ersten Lauf des Motors zerstören.
Zündkerzen sollten mindestens alle 30 000 km erneuert werden (laut Wartungsplan), können aber dazwischen mit einem Sandstrahlgebläse gereinigt werden. Dabei den Elektrodenabstand auf den entsprechenden

Wert stellen (1,0 mm). Beim Einstellen des Abstandes niemals die mittlere Elektrode verbiegen, da dadurch der Porzellanisolator platzen kann.
Beim Einbau werden die Kerzen mit 28 Nm angezogen (23 Nm beim M272-Motor).

Aus dem Kerzengesicht lassen sich Schlüsse auf Eignung und einwandfreies Arbeiten der Kerzen, die Einstellung der Einspritzanlage, den Gemischzustand und den Zustand des Motors (Kolben, Kolbenringe, etc.) ziehen. Der folgende Text gibt einige typische Fehleranzeigen der Kerzengesichter, aus welchen die entsprechenden Schlüsse zu ziehen sind:

Kerzen einwandfrei
Isolatorfuß mit schwachem, graugelben bis braunen, meist pulverförmigen Niederschlag bedeckt. Die Elektroden weisen, abgesehen von der Abbrandfläche, graugelben bis braunen pulverförmigen Belag auf. Das Gehäuseinnere hat hellbraunen oder gelblichen bis schwarzbraunen Belag. Der Motor ist in Ordnung. Der Wärmewert der Kerze ist richtig gewählt.

Kerze verrußt
Isolatorfuß, Elektroden und Gehäuseinneres mit meist dickerem, pulvrigen, schwarzgrauen, samtartigen Belag bedeckt. Die Ursache dafür liegt an zu fettem Gemisch, zu wenig Luft, zu großer Elektrodenabstand, Kerze hat zu hohen Wärmewert und bleibt im Betrieb zu kalt.

Kerze verölt
Isolatorfuß, Elektroden und Kerzengehäuse mit fettem, ölglänzendem Ruß bedeckt. Ölkohlebildung. Die Ursache dafür kann im Eindringen von Motoröl in den Verbrennungsraum oder an verschlissenen Zylindern und Kolben liegen.

Kerze überhitzt
Isolatorfuß mit dunkelbraunem bis grauschwarzem, glasigem oder rauem festgebackenem Niederschlag bedeckt, meist starke Krusten und Perlenbildung am Isolatorfußende. Elektroden, besonders Mittelelektrode, angegriffen. Oberfläche meist aufgeraut, aufgequollen oder zerfressen.
Als Ursache kann man ein zu mageres Gemisch, eine lose Kerze, schlecht schließende Ventile oder eine Kerze mit zu niedrigem Wärmewert verantwortlich machen, die dadurch zu heiß wird. Bei Verwendung von Kraftstoffen mit Bleizusatz ist der Isolatorfuß bei ordnungsgemäßem Zustand grau gebrannt. Ablagerungen zwischen dem Porzellanisolator der mittleren Elektrode und dem Kerzengehäuse sind möglichst durch Sandstrahl des Kerzenprüfgeräts zu reinigen.
Beim Einschrauben der Kerzen ist unbedingt darauf zu achten, dass das Kerzengewinde vorher gründlich gereinigt wird. Es soll nochmals erwähnt werden, dass man nur den Schlüssel aus dem Fahrzeug verwendet.

7 Die Kupplung

Allgemeines über die Kupplung

Nur der ML 230 wurde mit Benzinmotor mit einer Kupplung und einem Schaltgetriebe gebaut, jedoch ist zu beachten, dass zwei verschiedene Getriebe in die Fahrzeuge eingebaut wurden (Typ 716 und Typ 717), welche ein unterschiedliches Ausrücksystem für die Kupplung haben. In beiden Fällen sorgt eine hydraulische Anlage für die Betätigung der Kupplung. Durch den Tritt auf das Kupplungspedal wird in der Hydraulik ein Druck aufgebaut. Bei einem Getriebe des Typs 716 gelangt der Druck über den Kupplungsgeberzylinder am Kupplungspedal zu einer zentralen Ausrückeinheit in der Innenseite der Getriebeglocke, welche die Aufgabe des Kupplungsnehmerzylinders übernimmt. Daran ist das Ausrücklager befestigt, welches mit großer Kraft in Richtung Druckplatte bewegt wird. Dort drückt es gegen die Spitzen der Tellerfeder und übernimmt deren Anpresskraft. Bei einem Getriebe des Typs 717 sind ein getrennter Kupplungsnehmerzylinder und ein Kupplungsausrücklager eingebaut.

Zweimassenschwungrad

Das Schwungrad besteht aus zwei sich gegeneinander drehende Massen, ein Primärteil auf der Motorseite und ein Sekundärpart auf der Getriebeseite. Das Primärteil ist direkt an der Kurbelwelle verschraubt (mit einem Passstift zentriert). Die Kupplung ist am Sekundärteil angeschraubt. Das Drehmoment zwischen dem Primärteil und dem Sekundärteil wird durch einen Torsionsdämpfer übertragen. Der Torsionsdämpfer verringert die Torsionsvibrationen des Motors. Die Charakteristiken des Torsionsdämpfers hängen vom Motor und dessen Eigenschaften ab. Daher ist es möglich, dass ein unterschiedlicher Torsionsdämpfer mit dem gleichen Motor in einem anderen Fahrzeug benutzt wird.

Beim Ausbau der Kupplung kann man die Reibfläche des Sekundärteils kontrollieren. Das Zweimassenschwungrad kann nur mit Spezialgeräten auf Tauglichkeit kontrolliert werden. In den folgenden Fällen muss das Schwungrad erneuert werden:

- Offensichtliche Beschädigung, wie z. B. Überhitzung aufgrund von überbelasteter Kupplung, aus der Kupplungswelle ausgetretenes Fett, Kupplungsfedern gebrochen.
- Sensorring für Motordrehzahlverstellung arbeitet nicht (z. B. abgebrochener Zahn).
- Verschleiß der Reibfläche mehr als 0,5 mm (Fühlerlehre und Messlineal zur Messung benutzen).

Wartungsarbeiten an der Kupplung

Für richtiges Arbeiten der Kupplung muss der Bremsflüssigkeitsbehälter ausreichend gefüllt sein. Sinkt der Stand der Bremsflüssigkeit immer wieder bis zu dem Niveau ab, wo der Schlauch zur Kupplungsbetätigung mündet, das System auf Dichtheit prüfen. Alle Schlauchleitungen vom Vorratsbehälter bis zum Nehmerzylinder am Getriebe oder zentralen Ausrücker im Getriebe müssen dicht sein. Feuchtdunkle Stellen deuten auf Verluste hin. Trennt die Kupplung nicht und lässt sich das Pedal widerstandslos bewegen, ist Luft im Kupplungssystem.

Störungen an der Kupplung

Rutschende Kupplung

Eine durchrutschende Kupplung bemerkt man erst beim Fahren im höchsten Gang (wobei die vom Motor geforderte Leistung am größten ist), wenn bei Belastung der Motor »durchdreht«, also auffallend schneller dreht, als es der Fahrgeschwindigkeit entspricht. Beim Anfahren fällt das Nachlassen der Kupplung weniger auf. Folgeschäden können sein, dass neben der Mitnehmerscheibe auch die Reibfläche von Druckplatte und Schwungrad stark verschlissen werden. Meist muss dann beim Austausch der Mitnehmerscheibe noch eine neue Druckplatte montiert werden. Vorbeugend sollten Sie deshalb Ihre Kupplung prüfen oder prüfen lassen, wie es später beschrieben ist.

Eine tadellose Kupplung übersteht folgende Gewaltprüfung: Feststellbremse anziehen, 3. Gang einlegen, langsam einkuppeln und Gas geben. Jetzt müsste (bei einwandfreier Feststellbremse) der Motor abgewürgt werden.

Schlechtes Ausrücken der Kupplung

Wird der Schaltvorgang durch kratzende oder krachende Geräusche begleitet, so trennt die Kupplung nicht mehr richtig. Als Erstes sollte man kontrollieren, ob sich eingelegte Fußmatten nicht verschoben haben.

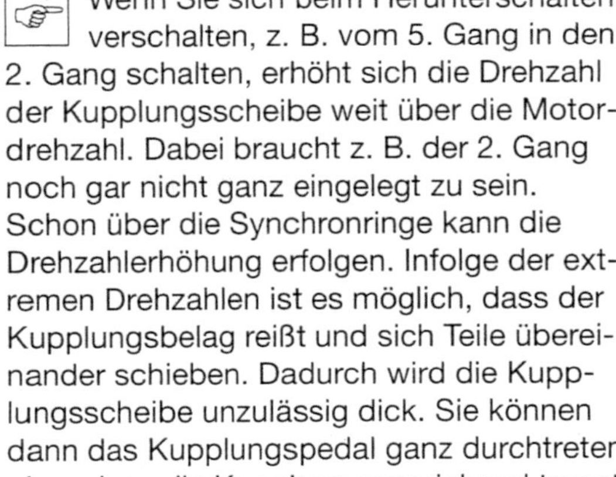

Wenn Sie sich beim Herunterschalten verschalten, z. B. vom 5. Gang in den 2. Gang schalten, erhöht sich die Drehzahl der Kupplungsscheibe weit über die Motordrehzahl. Dabei braucht z. B. der 2. Gang noch gar nicht ganz eingelegt zu sein. Schon über die Synchronringe kann die Drehzahlerhöhung erfolgen. Infolge der extremen Drehzahlen ist es möglich, dass der Kupplungsbelag reißt und sich Teile übereinander schieben. Dadurch wird die Kupplungsscheibe unzulässig dick. Sie können dann das Kupplungspedal ganz durchtreten, ohne dass die Kupplung ausreichend trennt.

Rupfende Kupplung

Bei rupfender Kupplung setzt sich der Wagen gewissermaßen stotternd in Bewegung. Die Übertragung der Motordrehzahl auf die Antriebsräder erfolgt nicht gleichmäßig weich. Für diesen Effekt können unterschiedliche Ursachen verantwortlich sein:

- Motor- oder Getriebeaufhängung ist defekt oder hat sich gelockert. Der Antriebsblock (Motor und Getriebe) gerät beim Einkuppeln ins Schwingen.
- Der Kupplungsbelag auf der Mitnehmerscheibe ist verbrannt und verhärtet. Meist die Folge übermäßiger Belastung.
- Die Druckplatte hat sich verzogen oder weist an ihrer Reibfläche wenige Verwerfungen in geringer Höhe auf.
- Das Schwungrad hat auf seiner Reibfläche wellige Unebenheiten.

Aus- und Einbau der Kupplung

Ausbau der Kupplung

Druckplatte und Tellerfeder können nicht zerlegt werden und sind bei Beschädigung zusammen zu erneuern. Von Mercedes-Benz hergestellte Kupplungen und Mitnehmerscheiben werden manchmal abgeändert, um bestimmte Eigenschaften weiterhin zu verbessern. Deshalb beim Einbau eines neuen Kupplungskörpers oder einer Mitnehmerscheibe immer die Art des

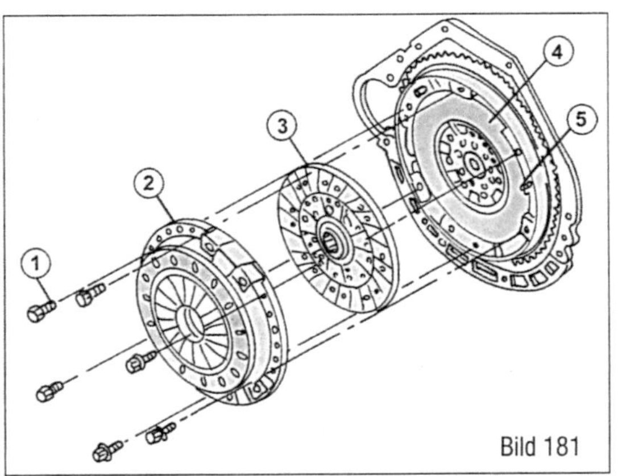

Bild 181
Die Einzelteile der Kupplung.
1 Befestigungsschrauben der Kupplung, 23 Nm
2 Kupplungsdruckplatte
3 Mitnehmerscheibe
4 Schwungrad
5 Passstifte (Pfeilstellen) im Schwungrad

Motors, die Fahrgestellnummer und auch die Modellbezeichnung angeben.
Die Kupplung kann ohne Ausbau des Motors aus dem Fahrzeug ausgebaut werden. Bei allen eingebauten Getrieben geschieht der Einbau in gleicher Weise. Bild 181 zeigt die Kupplung nach dem Ausbau.

- Getriebe ausbauen (Kapitel »Getriebe«).
- Einbaulage der Kupplung im Verhältnis zum Schwungrad kennzeichnen, falls man die Kupplung wieder einbauen will. Dazu verwendet man einen Körner, mit welchem man in das Schwungrad und die Kupplung schlägt.
- Die sechs Schrauben (1) der Kupplungsdruckplatte (2) gleichmäßig in mehren Stufen über Kreuz vom Schwungrad (4) lösen, bis der Federdruck entlastet ist. Danach die Schrauben der Reihe nach herausdrehen. Die Schrauben müssen immer erneuert werden.
- Die Kupplung abnehmen (2) und die Mitnehmerscheibe (3) herausnehmen. Zu beachten ist, dass die Kupplungsdruckplatte durch Passstifte (5) geführt wird, d. h. zum Trennen der Kupplung vielleicht mit einer Schraubendreherklinge nachhelfen. Vor Abnehmen der Mitnehmerscheibe vermerken, in welche Richtung das längere Ende der mittleren Nabe weist. Darauf achten, dass man Mitnehmerscheibe oder Kupplung nicht fallen lässt, falls man sie wieder einbauen will. Mit einem Lappen sofort die Innenseite des Schwungrades auswischen und die Reibfläche des Schwungrades überprüfen. Falls die Mitnehmerscheibe bis auf die Nietenköpfe abgenutzt ist, könnte es sein, dass sich die Niete in die Schwungradfläche oder die Fläche der Kupplungsdruckplatte eingearbeitet haben.
- Das Kupplungsausrücklager oder die zentrale Ausrückeinheit ist sofort zu überprüfen, ehe man das Teil wieder verwendet.

Bild 182
Ausmessen einer Mitnehmerscheibe auf Schlag.

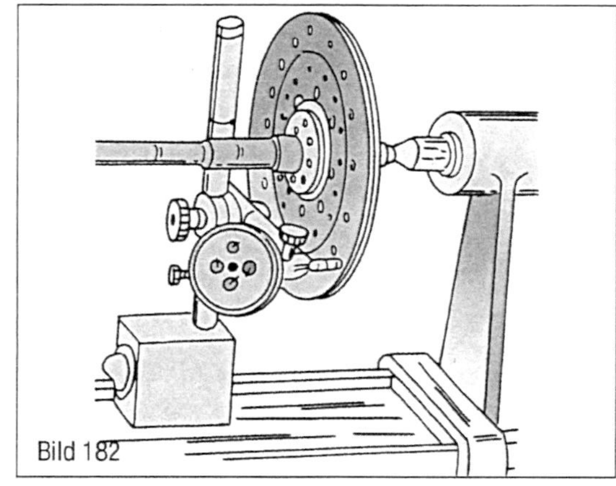

Bild 182

Bild 183
Die Finger der Tellerfeder unterliegen dem Verschleiß. Sie müssen alle auf der gleichen Höhe liegen.

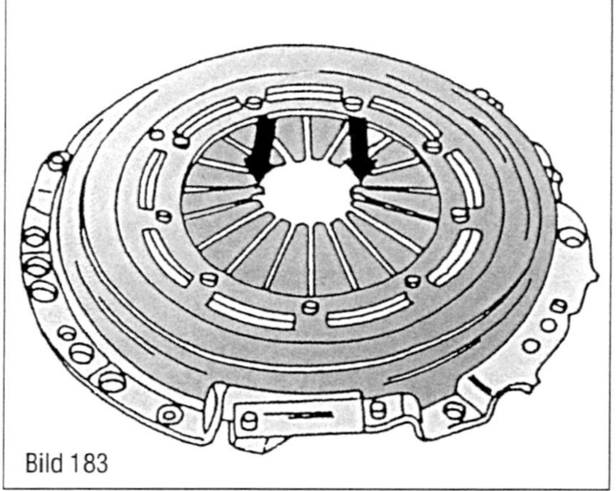

Bild 183

- Das Zweimassenschwungrad in der bereits beschriebenen Weise kontrollieren und ggf. erneuern.

Falls der Motor oder das Getriebe ausgebaut werden müssen, sollte die Kupplung immer abgeschraubt werden, sodass man die in Bild 181 gezeigten Teile kontrollieren kann.

Reparatur der Kupplung

- Druckplatte und Deckel auf Beschädigung oder Verzug kontrollieren. Bei Schäden beide Teile im Satz erneuern.
- Kontrollieren, ob die Federn der Mitnehmerscheibe noch einwandfrei sind und dass die Keilverzahnungen der Scheibe nicht übermäßig ausgeschlagen sind. Da verölte Kupplungsbeläge nicht gereinigt werden können, ist die Mitnehmerscheibe in derartigen Fällen zu erneuern. Aufnieten von neuen Belägen wird nicht länger durchgeführt.

Die Kupplungsbeläge auf Wiederverwendbarkeit kontrollieren, indem man mit einer Tiefenlehre von der Oberfläche der Beläge bis auf die Oberseite der Nietenköpfe ausmisst. Falls das Maß weniger als 0,30 mm beträgt, muss die Scheibe erneuert werden. Die Scheibe ebenfalls erneuern, falls das Maß bald erreicht ist.

- Um Mitnehmerscheibe auf Schlag zu kontrollieren, spannt man sie auf einem passenden Dorn oder einer Kupplungswelle zwischen die Spitzen einer Drehbank. Eine Messuhr mit einem geeigneten Halter neben der Scheibe so aufsetzen, dass der Messfinger gegen den Rand der Scheibe anliegt und zwar an der Außenkante der Scheibe (Bild 182). Die Scheibe langsam durchdrehen und die Anzeige der Messuhr ablesen. Ist die Anzeige größer als 0,5 mm, kann man die Scheibe vorsichtig mit einer Zange richten. Anderenfalls die Scheibe erneuern.
- Die Gleitpassung der Mitnehmerscheibennabe auf den Keilverzahnungen der Kupplungswelle kontrollieren. Dazu die Scheibe aufstecken und an der Außenkante zwischen Daumen und Zeigefinger erfassen. Die Scheibe im Drehsinn hin- und herbewegen. Falls ein Spiel von mehr als 0,4 mm festgestellt werden kann, liegt Verschleiß in den Keilverzahnungen vor. Die Ursache dafür ist meistens bei der Mitnehmerscheibe zu finden.

Falls man Zweifel über die Wiederverwendbarkeit der Mitnehmerscheibe, kann man die Stärke der Beläge mit einer Tiefenlehre ausmessen. Jeder Belag muss noch eine Stärke von mindestens 2,6 - 3,0 mm haben.

- Die inneren Enden der Tellerfeder an den in Bild 183 gezeigten Stellen auf Abnutzung hin kontrollieren. Werden tiefe Einlaufstellen festgestellt (mehr als 0,3 mm), muss man die komplette Kupplung erneuern. Die Finger der Tellerfeder müssen alle auf der gleichen Höhe liegen. Ist dies nicht der Fall, kann man sie mit einer Zange nachbiegen. Ebenfalls kann man einen Stahlstreifen mit einem Schlitz versehen und die Enden biegen.

Ein Messlineal über die Reibfläche der Druckplatte auflegen, wie es in Bild 184 gezeigt ist, und mit Fühlerlehren den Spalt ausmessen. Beträgt der Spalt innen mehr als 0,3 mm, muss die Kupplung erneuert werden.

Einbau der Kupplung

Der Einbau der Kupplung geschieht in umgekehrter Reihenfolge wie der Ausbau. Die Kupplung entsprechend der Körnerkennzeichnung am Schwungrad ansetzen, falls die ursprüngliche Kupplung wieder eingebaut wird. Die Mitnehmerscheibe ist unter Verwendung des Spezialzentrierdorns für

das eingebaute Getriebe oder einer alten Kupplungswelle in der Innenseite des Schwungrades auszurichten, indem man den Dorn durch die Nabe der Mitnehmerscheibe und das Ende des Führungslagers einschiebt, wie man es in Bild 185 sehen kann. Die Kupplung muss über die im Schwungrad (4) eingesetzten Passstifte (5) kommen. Die Schrauben gleichmäßig über Kreuz auf ein Anziehdrehmoment von 25 Nm anziehen.
Das Getriebe abschließend wieder einbauen. Nach dem Einbau der Kupplung das Kupplungspedal mindestens fünf Mal betätigen, ehe der Motor angelassen wird.

Kupplungs-Ausrückung

Das Aus- bzw. Einrücken der Tellerfederkupplung erfolgt über den in der Innenseite des Getriebes sitzenden Kupplungsnehmerzylinder mit dem integralen Kupplungsausrücklager, d. h. über die zentrale Ausrückeinheit, falls ein Getriebe des Typs 716 eingebaut ist. Ein getrenntes Ausrücklager wird bei einem Getriebe des Typs 717 eingebaut. Das System ist demnach spielfrei und stellt sich, dem Verschleiß der Mitnehmerscheibe entsprechend, automatisch nach.

Aus- und Einbau der hydraulischen Ausrückeinheit – Sechsganggetriebe
Das Ausrücklager wird beim Durchtreten des Kupplungspedals von der hydraulischen Ausrückeinheit in der Innenseite des Getriebes gegen die Spitzen der Tellerfeder gedrückt. Die Reibfläche der Druckplatte wird dabei entlastet und die Kupplungsscheibe kann frei umlaufen.
Das Getriebe muss ausgebaut sein, um an die Befestigung der Ausrückeinheit zu kommen. Bild 186 zeigt die Befestigungsweise. Nach Ausbau des Getriebes die vier Schrauben (1) lösen und die Ausrückeinheit (2) vom Getriebe (3) abziehen.
Der Einbau geschieht in umgekehrter Reihenfolge. Beim Einbau neue mikroverkapselte Schrauben (1) verwenden. Mit 10 Nm anziehen. Mercedes-Benz schreibt vor, dass man die Gewindebohrungen im Getriebe mit einem passenden Gewindeschneider nachschneidet, ehe die Ausrückeinheit wieder montiert wird. Abschließend das Getriebe wieder einbauen, wie es im Kapitel »Schaltgetriebe« beschrieben wird.

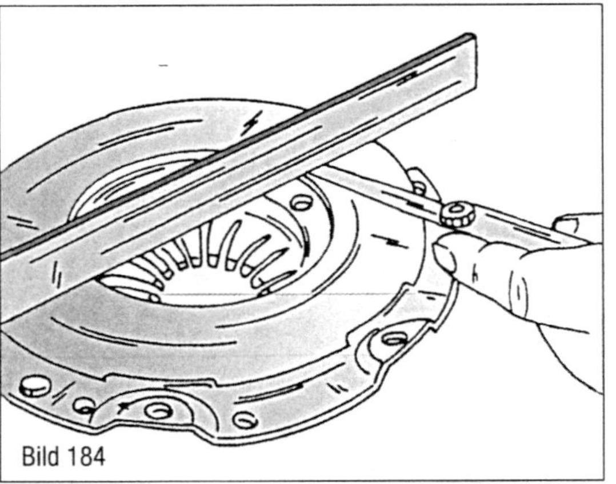
Bild 184

Bild 184
Kontrolle der Kupplungsdruckscheibe auf Verzug an der Innenseite.

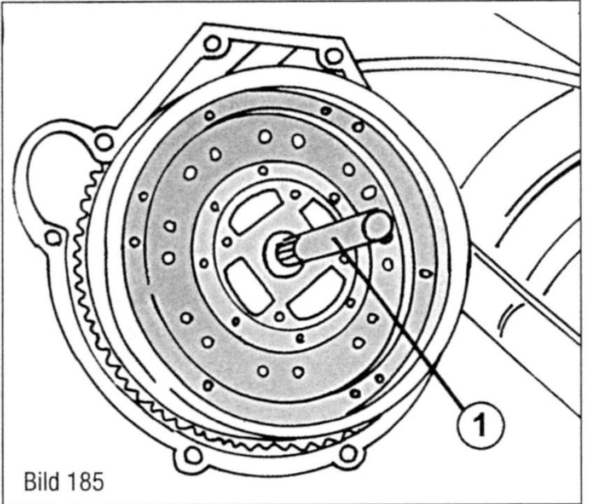

Bild 185

Bild 185
Zentrierdorn (1) durch die Mitnehmerscheibe in die Innenseite des Schwungrades einschieben, ehe die Kupplungsschrauben angezogen werden.

Aus- und Einbau der Kupplungsschwinge und des Ausrücklagers – Getriebetyp 717
Bei dieser Bauweise findet das Ein- und Ausrücken der Kupplung mithilfe eines Kupplungsnehmerzylinders statt. Ein Stößel im Zylinder wirkt auf den Kupplungsausrückhebel und verschiebt das Ausrücklager auf einem Führungsrohr auf der Kupplungswelle des Getriebes. Das Ausrücklager wird beim Durchtreten des Kupplungspedals vom Ausrückhebel gegen die Spitzen der Tellerfeder gedrückt. Die Reibfläche der Druckplatte wird dabei entlastet und die Kupplungsscheibe kann frei umlaufen.
Das Ausrücksystem ist spielfrei, da der Verschleiß der Kupplungsscheibenbeläge automatisch ausgeglichen wird. Das Kupplungsausrücklager ist wartungsfrei. Ein beschädigtes Lager kann man durch ungewöhnliche Geräusche beim Durchtreten des Kupplungspedals feststellen. Sind diese sehr leise, wird das Lager noch eine Weile halten.
Das Getriebe muss ausgebaut sein, um Teile des Ausrückmechanismus zu erneuern.
- Ausrücklager vom vorderen Getriebedeckel abziehen (Bild 187).

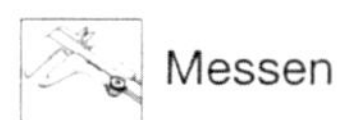

Bild 186
Befestigung der Hydraulikeinheit an der Innenseite des Getriebes.
1 Befestigungsschrauben, 10 Nm
2 Hydraulikeinheit, Nehmerzylinder und Ausrücklager

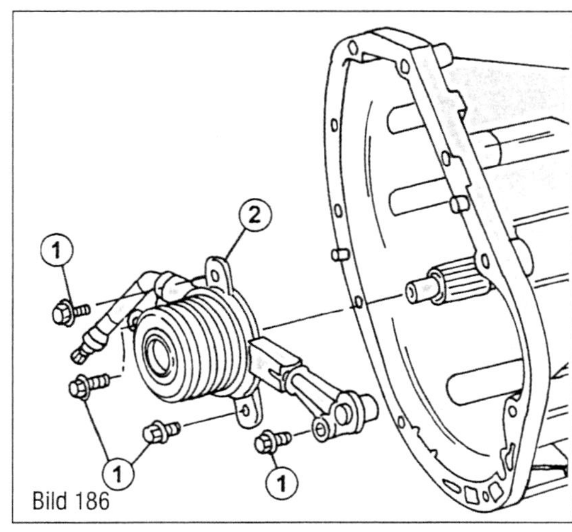

Bild 187
Ausrücklager der Kupplung aus- und einbauen (Getriebe mit außen angebrachtem Nehmerzylinder).
1 Ausrücklager
2 Ausrückschwinge

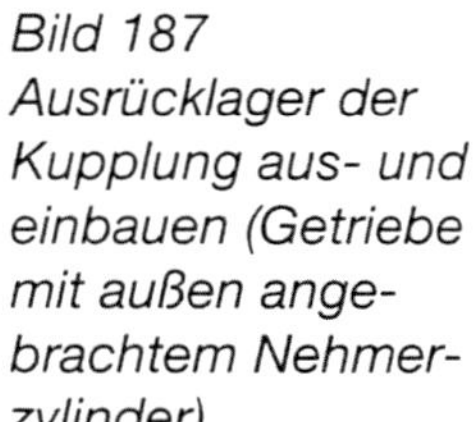

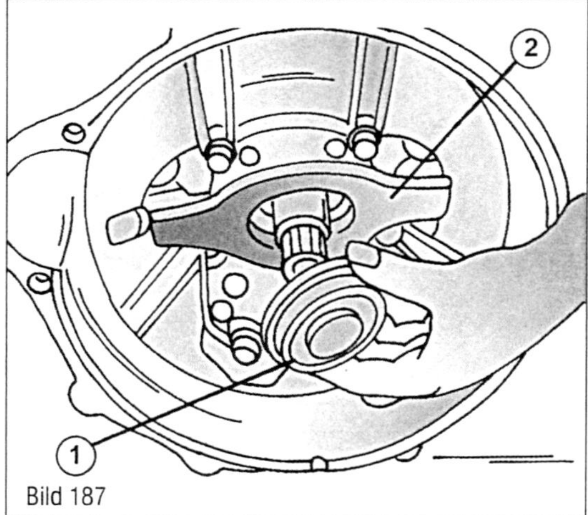

Bild 188
Ausrückschwinge aus- und einbauen.
1 Kugelbolzen
2 Ausrückschwinge

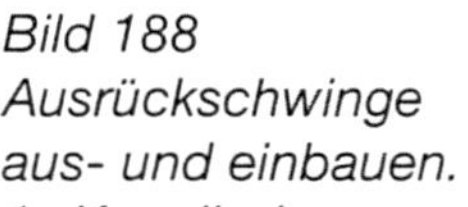

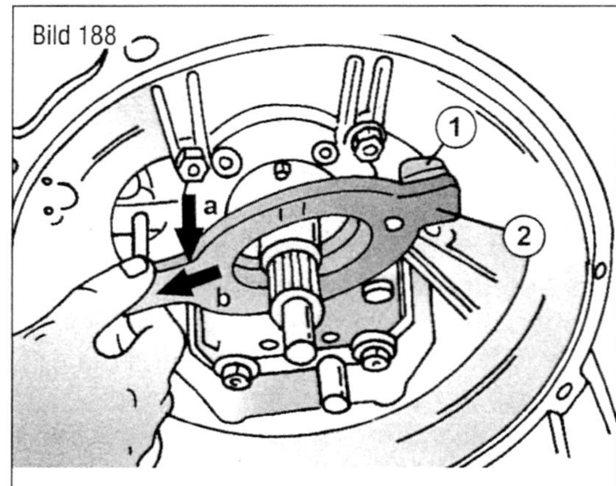

- Ausrückschwinge in Richtung des Pfeils (a) in Bild 188 bewegen und dann in Pfeilrichtung (b) vom Kugelbolzen am Kupplungsgehäuse abziehen und abnehmen.
- Das Lagerrohr am vorderen Getriebedeckel, den Kugelbolzen am Kupplungsgehäuse und alle Stellen an der Ausrückschwinge, die mit dem Ausrücklager in Berührung kommen, mit Dauerfett sorgfältig einfetten.
- Ausrückschwinge in umgekehrter Richtung des Pfeils (b) in Bild 188 auf den Kugelbolzen drücken, bis der Federbügel der Schwinge auf dem Kugelbolzen einrastet.
- Schwinge in umgekehrter Richtung des Pfeils (a) bewegen.
- Ausrücklagerkörper innen und an den beiden seitlichen Anfräsungen am hinteren Hülsenteil einfetten.
- Ausrücklager auf das Führungsrohr am vorderen Getriebedeckel aufschieben und so lange durchdrehen, bis es mit den seitlichen Anfräsungen in die Schwinge einschnappt.
- Getriebe wieder einbauen.

Kontrolle des Lagers: Um das Ausrücklager im ausgebauten Zustand zu kontrollieren, den Anpressring mit den Fingern durchdrehen. Dabei darf kein rauer oder hakender Lauf festgestellt werden. Das Lager sollte sich geschmeidig durchdrehen lassen.

Kupplungsnehmerzylinder aus- und einbauen, 717-Getriebe

Der Kupplungsnehmerzylinder sitzt an der Seite des Getriebes. Beim Aus- und Einbau des Zylinders folgendermaßen vorgehen:

- Die Flüssigkeitsleitung mit einem Gabelschlüssel vom Nehmerzylinder abschrauben. Das Leitungsende in geeigneter Weise verschließen, um ein Auslaufen der Flüssigkeit zu vermeiden.
- Die beiden Befestigungsschrauben des Zylinders am Kupplungsgehäuse abschrauben und den Zylinder herausziehen. Dabei auf die eingelegte Beilagscheibe achten.
- Beim Einbau die Beilagscheibe mit der Rillenseite gegen das Kupplungsgehäuse anlegen und in ihrer Lage halten.
- Den Nehmerzylinder zusammen mit der Druckstange so einführen, dass die Druckstange in der kugelförmigen Aussparung der Ausrückschwinge zu sitzen kommt, die beiden Schrauben eindrehen und festziehen.
- Leitung am Zylinder anschrauben und die Kupplungsanlage entlüften, wie es in untenstehend beschrieben ist.

Kupplungsgeberzylinder

Da der Aus- und Einbau des Zylinders eine komplizierte Arbeit ist und der Zylinder eine lange Lebensdauer hat, empfehlen wir, eine eventuelle Erneuerung einer Werkstatt zu überlassen.

Hydraulikleitung zur Hydraulikeinheit im Getriebe erneuern – 716-Getriebe

Da die hydraulische Anlage mit Bremsflüssigkeit gefüllt ist, sollte man sich die untenstehenden Vorsichtsmaßnahmen durchlesen, ehe man irgendwelche Arbeiten an der Anlage durchführt.

- Bremsflüssigkeit nur in einem verschlossenen Behälter aufbewahren, welchen man entsprechend kennzeichnen muss. Bremsflüssigkeit ist giftig, bereits 100 ccm können zum Tod führen.
- Haut und Augen sind vorzugsweise mit Handschuhen bzw. Schutzbrille zu schützen. Sollte Bremsflüssigkeit auf die Haut kommen, muss man diese sofort mit Wasser und Seife abwaschen. In die Augen gespritzte Bremsflüssigkeit sofort mit sauberem Wasser ausspülen. Falls keine sofortige Linderung auftritt, einen Arzt aufsuchen.
- Keine Bremsflüssigkeit auf lackierte Teile des Fahrzeuges tropfen lassen, da diese den Lack angreift. Sollte es einmal vorkommen, sofort mit sauberem Wasser abwischen.
- Bremsflüssigkeit ist in der Lage Feuchtigkeit aus der Luft aufzunehmen, wodurch der Siedepunkt verringert wird.
- Auch kleinste Anteile von Mineralöl in der Bremsflüssigkeit können zum Anschwellen der Gummiteile von hydraulischen Anlagen führen. Besonders bei farblosen oder gelben Flüssigkeiten ist ein Eindringen von Mineralöl schwer feststellbar. Falls Öl auf irgendeine Weise in die Anlage gekommen ist, muss man die Betätigungszylinder und den Vorratsbehälter der Kupplungsanlage sowie alle Gummiteile der gesamten Bremsanlage erneuern. Abschließend die Anlage mit frischer Bremsflüssigkeit durchspülen und entlüften. Deshalb – unbedingt darauf achten, dass kein Öl in die Anlage kommen kann.
- Niemals aus der Anlage beim Entlüften ausgepumpte Flüssigkeit wieder in die Anlage einfüllen.

Bild 189 zeigt wie die Leitung von einem Ende zum anderen verlegt ist. Um die Flüssigkeit in der Anlage zu halten, sollte man den Kupplungsflüssigkeitsschlauch mit einer geeigneten Abdrückzwinge vorsichtig zusammendrücken. Beim Aus- und Einbau folgendermaßen vorgehen. Dabei wird vorausgesetzt, dass das Fahrzeug sicher aufgebockt ist.

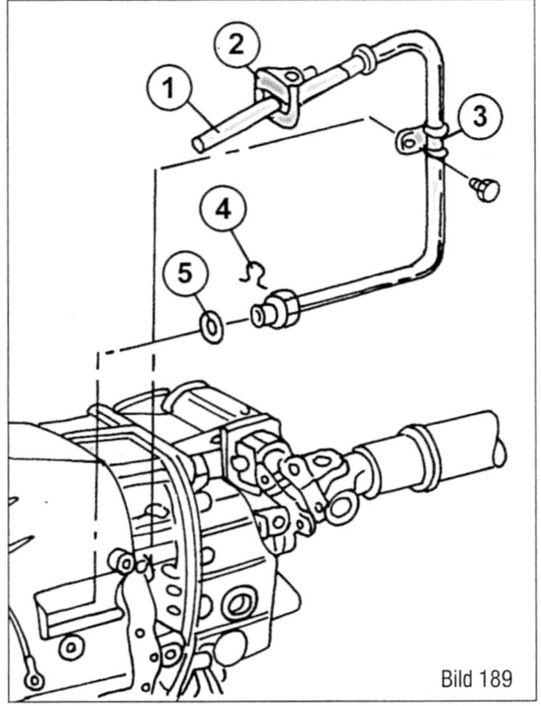

Bild 189

Bild 189
Zum Aus- und Einbau der Flüssigkeitsleitung und des Schlauchs zur Hydraulikeinheit im Getriebe.
1 Flüssigkeitsschlauch
2 Abdrückzwinge
3 Befestigungsschelle
4 Federspange
5 Dichtring

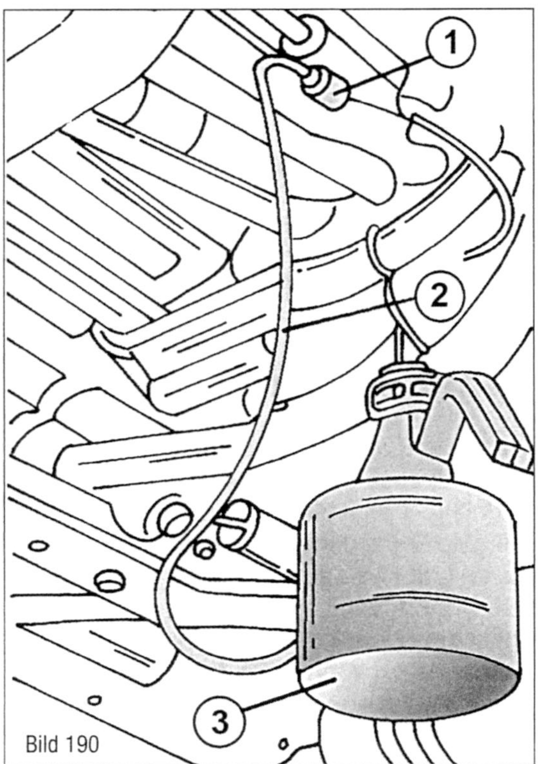

Bild 190

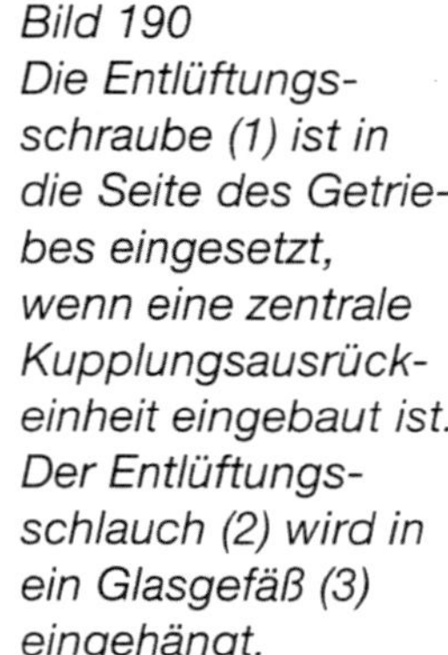
Bild 190
Die Entlüftungsschraube (1) ist in die Seite des Getriebes eingesetzt, wenn eine zentrale Kupplungsausrückeinheit eingebaut ist. Der Entlüftungsschlauch (2) wird in ein Glasgefäß (3) eingehängt.

- Den Schlauch der Flüssigkeitsleitung (1) mit der genannten Zwinge an Stelle (2) abdrücken (vorsichtig).
- Die Halteschelle (3) der Leitung vom Getriebe abschrauben.
- Die Federspange (4) herausziehen und die Leitung aus der Seite des Getriebes herausziehen. Der Dichtring (5) muss immer

Sichtprüfung

Messen

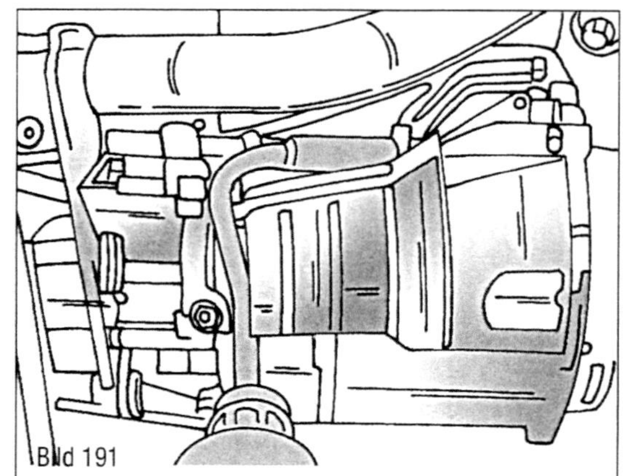

Bild 191
Die Entlüftungsschraube ist am Ende des Kupplungsnehmerzylinders eingesetzt, falls einer eingebaut ist.

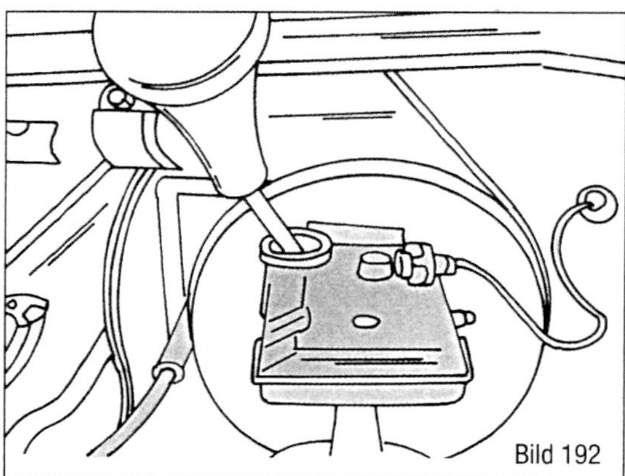

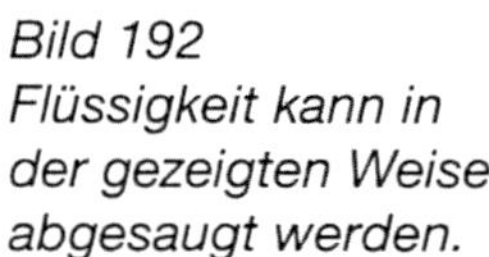

Bild 192
Flüssigkeit kann in der gezeigten Weise abgesaugt werden.

erneuert werden. Auf auslaufende Bremsflüssigkeit achten.
Der Einbau findet in umgekehrter Reihenfolge statt. Abschließend die Kupplungsanlage entlüften (siehe unten).

Hydraulische Anlage entlüften

Wenn die Kupplung richtig trennt, ist in jedem Fall auch die Kupplungshydraulik in Ordnung. Trennt sie dagegen schlecht oder fällt das Pedal ohne Widerstand durch, ist sicher Luft in die hydraulische Anlage geraten. Nur Entlüften hilft da nicht, die Leckstelle muss ausfindig gemacht und repariert werden. Jetzt können Sie entlüften.
Wer eine vorbeugende Untersuchung der Kupplungshydraulik vornehmen will, sucht nach Spuren von Bremsflüssigkeit am Geberzylinder (oben am Kupplungspedal), aber auch an der Unterseite des Getriebes, falls Flüssigkeit aus dem in der Innenseite sitzenden Nehmerzylinder (Hydraulikeinheit) herausläuft.
Ölfeuchte Kupplungszylinder sind undicht und müssen ausgetauscht werden, was natürlich bei der Hydraulikeinheit einen Ausbau des Getriebes erforderlich macht.
Werkstätten verwenden ein Entlüftungsgerät zum Entlüften der Kupplungsanlage. Bei der folgenden Beschreibung wird davon ausgegangen, dass die Anlage in normaler Weise entlüftet wird. Ein ca. 1 m langer, durchsichtiger Schlauch wird zum Entlüften benötigt.

- Bremsflüssigkeitsstand im Vorratsbehälter kontrollieren, wenn nötig nachfüllen.
- Die Staubschutzkappe in der seitlichen Öffnung des Getriebes abziehen, wie es in Bild 190 (mit zentralem Ausrücker) oder Bild 191 (bei eingebautem Nehmerzylinder) zu sehen ist. Den genannten Schlauch auf die Entlüftungsschraube aufschieben. Das Schlauchende in ein mit Bremsflüssigkeit gefülltes Glasgefäß halten und die Entlüftungsschraube lösen.
- Durch eine zweite Person das Kupplungspedal vorsichtig betätigen lassen, bis sich der Schlauch mit Bremsflüssigkeit gefüllt hat und keine Luftblasen mehr vorhanden sind. Entlüftungsschraube festziehen (16 Nm) und den Schlauch vom Ende der Schraube abziehen.
- Kupplungsbetätigung durch Einlegen des Rückwärtsganges bei laufendem Motor auf Funktion und Dichtheit prüfen.
- Bremsflüssigkeit im Vorratsbehälter nachfüllen, bis diese an der »Max«-Marke steht. Den Behälter auf keinen Fall überfüllen, da er sonst überlaufen kann. Sollte dies vorkommen, kann man etwas Flüssigkeit absaugen, wie man es in Bild 192 sehen kann.

8 Das Schaltgetriebe

Im Mercedes ML 230 CDI wird serienmäßig ein Fünfganggetriebe eingebaut, welches unter der Bezeichnung »717« geführt wird. Andere Modelle können mit einem Sechsganggetriebe des Typs »716« versehen sein.
Anhand dieser Angaben können Sie das richtige Getriebe beziehen, z. B. aus zweiter Hand, falls es einmal im Leben Ihres Fahrzeuges erneuert werden muss.

Das Getriebe wird durch einen im Fahrzeuginnenraum angebrachten Schalthebel geschaltet. Die Teile der Schaltung kann man Bild 194 entnehmen. In der Innenseite des Getriebes wird die Übertragung auf die einzelnen Gänge durch die Schaltschiene hergestellt, die mithilfe der einzelnen Schaltgabeln die Synchronschaltmuffen mit den einzelnen Gangrädern verbindet.
Zwei elektrische Bauteile sind am Getriebe zu finden: ein Geber für den Tachometer sowie der Schalter der Rückfahrleuchten. Das durch das Tellerrad des Differentials erzeugte Signal wird durch den Geber aufgenommen und an den Tachometer weitergeleitet. Der Tachometer wandelt die erhaltenen Impulse in die entsprechende Fahrgeschwindigkeit um, die dann am Tachometer angezeigt wird. Der Schalter für die Rückfahrleuchten wird direkt durch die Schaltgabel des Rückwärtsganges betätigt. Wird das Getriebe in den Rückwärtsgang geschaltet, wird der Schalterkontakt durch die eingesetzte Feder nach außen bewegt, schließt dabei den elektrischen Stromkreis und schaltet die Rückfahrleuchte ein.
Die Motorleistung gelangt über die Kupplung zur Hauptwelle im Getriebe. Auf dieser Welle sitzen die Zahnräder für die Vorwärtsgänge und ein Zahnrad für den Rückwärtsgang. Die Zahnräder stehen mit Zahnrädern auf einer Nebenwelle im Eingriff. Das Rückwärtsgang-Zahnrad greift in ein Zwischenrad, das die Drehrichtung umkehrt. Ist kein Gang eingelegt, können die Zahnräder frei umlaufen. Wird geschaltet, verbindet sich jeweils ein Zahnradpaar mit der Welle, und die Motorkraft gelangt entsprechend übersetzt an den Getriebeausgang. Das Verhältnis der Zähnezahlen des jeweiligen Zahnradpaares ergibt die betreffende Übersetzungsstufe. Alle Vorwärtsgänge sind synchronisiert. Die unterschiedlich schnell drehenden Getriebeteile werden durch die Synchronisation beim Gangwechsel auf Gleichlauf gebracht. Die Gänge lassen sich so leichter einlegen, und es kracht beim Schalten nicht. Reibelemente zwischen den drehenden Teilen besorgen die Anpassung. Sie bremsen die schnelleren Teile ab. Diese Anpassung dauert einen Sekundenbruchteil, deshalb den Schalthebel möglichst nicht schnell durchreißen, sondern eher gemütlich schalten.

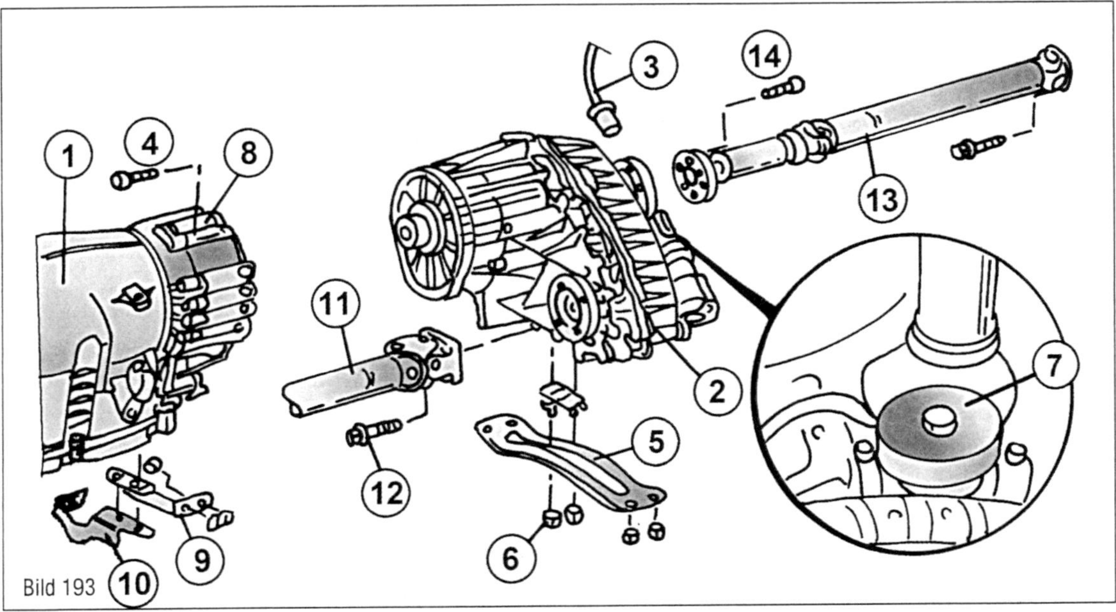

Bild 193 Einzelheiten zum Ausbau des Reduktionsgetriebes (alle Getriebe). Die Zahlen werden im Text erwähnt.

Bild 194
Zum Aus- und Einbau des 716-Getriebes.
1 Getriebe
2 Sicherungsschraube
3 Schaltgestänge
4 Schaltgestänge
5 Schalthebel
6 Hydraulikleitung
7 Sicherung der Leitung
8 Getriebeschrauben

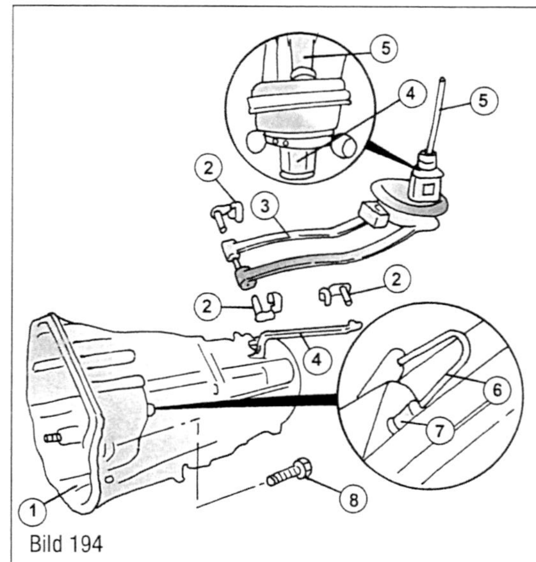

Bild 194

Aus- und Einbau des Getriebes

Das Getriebe ist schwer – die notwendigen Vorsichtmaßnahmen sind zu treffen, wenn es ausgebaut wird.

Das so genannte Reduktionsgetriebe, d. h. das Getriebe zwischen dem Schaltgetriebe und der Hinterachse, muss ausgebaut werden, ehe man das eigentliche Schaltgetriebe ausbauen kann.

Beim Ausbau des Reduktionsgetriebes folgendermaßen unter Bezug auf Bild 193 vorgehen. Bei allen eingebauten Getrieben findet der Ausbau in gleicher Weise statt:

- Massekabel der Batterie abklemmen.
- Vorderseite des Fahrzeuges auf sichere Unterstellböcke setzen und den hinteren Teil der Geräuschverkapselung unter dem Fahrzeug ausbauen.
- Den beiden Halterung (9) und (10) der Auspuffanlage abschrauben.
- Die Schrauben (14) herausdrehen und die Gelenkwelle (13) vom Reduktionsgetriebe (2) trennen. Die Schrauben beim Einbau mit 40 Nm anziehen, wenn die Gelenkwelle am Flansch der Hinterachse angeschraubt wird. Die Schrauben (12) jetzt lösen und die Gelenkwelle (11) vom Gehäuse trennen. Welle mit einer Drahtschlinge befestigen, auf eine Seite schieben und am Fahrzeugboden befestigen. Dabei darauf achten, dass das Kreuzgelenk und im Fall der Welle (13) das Gelenk und das mittlere Lager nicht beschädigt werden. Zu beachten ist, dass die Schrauben (12) beim Anschließen der Welle an die Vorderachse mit 50 Nm angezogen werden. In allen Fällen werden neue Schrauben verwendet.
- Den Kabelstecker (3) an der gezeigten Stelle abziehen.
- Einen Rollwagenheber oder anderen geeigneten Untersatz unter das Getriebe untersetzen und den hinteren Querträger (5) mit der Aufhängung ausbauen. Die Befestigungsschrauben (6) des Querträgers werden mit 40 Nm an der Karosserie angezogen. Das gleiche Drehmoment gilt beim Anziehen der Aufhängung.
- Das Getriebe etwas absenken und den Wagenheber unter das Reduktionsgetriebe untersetzen. In der Werkstatt wird eine spezielle Hebeplatte zum Anheben des Getriebes benutzt. Die Schrauben (4) herausdrehen und das Gehäuse vorsichtig vom Anbauteil (8) trennen und nach hinten herausziehen. Ein Helfer ist dazu unbedingt erforderlich.

Der Einbau des Reduktionsgetriebes findet in umgekehrter Reihenfolge statt. Die Schrauben (4) werden mit 20 Nm angezogen. Vor dem Einbau den Ölstand im Getriebe kontrollieren. Das Öl muss an der Unterkante des Einfüllstopfens stehen. Den Stopfen mit 30 Nm anziehen.

Beim weiteren Ausbau des Getriebes folgendermaßen unter Bezug auf Bild 194 vorgehen. Die Beschreibung gilt für das »716«-Getriebe:

- Die Sicherungen (2) herausziehen und das Schaltgestänge (3) vom Getriebe (1) trennen.
- Die Sicherung (2) aus dem Schaltgestänge (4) herausziehen und das Gestänge trennen. Auf der anderen Seite das Gestänge (4) vom Schalthebel (5) trennen.
- Auf einer Seite des Getriebes die Sicherung (7) herausziehen und die Hydraulikleitung (6) aus dem Getriebe herausziehen. Etwas Flüssigkeit wird dabei herauslaufen. Ende der Leitung in geeigneter Weise verschließen.
- Kabelstecker vom Schalter für die Rückfahrleuchten abziehen.
- Einen Wagenheber unter das Getriebe untersetzen und die Schrauben (8) aus dem Kurbelgehäuse ausschrauben. Das Getriebe vorsichtig vom Kurbelgehäuse abziehen und auf dem Wagenheber absenken.

Beim Einbau des Getriebes folgendermaßen vorgehen:

- Den Passstift und die Verzahnungen der Kupplungswelle mit Langzeit-Schmiermittel einschmieren. Das Getriebe anheben, bis es in waagerechter Lage gegen den Motor geschoben werden kann.

- Einen Gang einlegen und den Flansch am Getriebe leicht verdrehen, bis die Verzahnungen der Kupplungswelle mit der Nabe der Mitnehmerscheibe eingreifen. Danach das Getriebe gegen den Motor drücken, bis der Spalt geschlossen ist.
- Die Schrauben des Getriebes in den Motor einschrauben und mit 40 Nm anziehen.
- Anlasser wieder einbauen und die Anschlüsse herstellen.
- Die Schaltgestänge an den entsprechenden Anschlüsse anschließen und mit den Sicherungsclips (2) in Bild 194 befestigen.
- Die verbleibenden Arbeiten in umgekehrter Reihenfolge durchführen. Den Ölstand kontrollieren und ggf. berichtigen. Falls das Getriebe neu gefüllt wird, sind 1,5 Liter Getriebeöl erforderlich. Den Einfüllstopfen mit 35 Nm, den Ablassstopfen mit 50 Nm anziehen.

Getriebereparaturen

Eine vollkommene Zerlegung des Getriebes erfordert viele Spezialwerkzeuge. Ein beschädigtes Getriebe sollte man durch den Einbau eines Austauschgetriebes ersetzen.

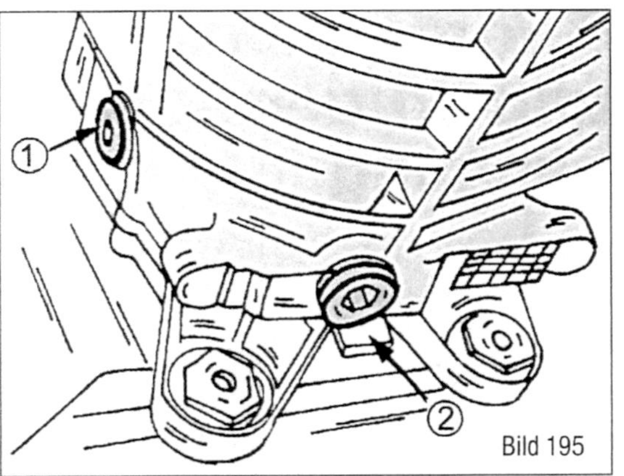

Bild 195
Lage des Öleinfüllstopfens (1) und Ölablassstopfens (2) im Getriebe.

Wenden Sie sich an eine Werkstatt um zu erfahren, ob ein Getriebe für das in Frage kommende Modell erhältlich ist.

Getriebeölstand

Das Getriebeöl wurde nach den ersten 10'000 km im Rahmen der Garantie gewechselt und bleibt auf Lebenszeit im Getriebe. Zur Kontrolle des Ölstands den Einfüllstopfen (1) in Bild 195 herausdrehen und die Fingerspitze in die Öffnung einführen. Erreicht man das Öl, stimmt der Ölstand. Falls erforderlich Öl mit einer Ölkanne nachfüllen. Unbedingt die Ölkanne von altem Öl reinigen (was noch in der Kanne sein könnte).

9 Vorderachse und Vorderradaufhängung

Eine unterschiedliche Vorderradaufhängung wurde bei den ab Beginn 2005 hergestellten Fahrzeugen der Serie 164 eingebaut. Modelle der Serie 163 sind mit oberen und unteren Dreiecksquerlenkern, Torsionsfederstäben, Teleskopstoßdämpfern und einem Kurvenstabilisator versehen. Die später hergestellten Fahrzeuge haben weiterhin die oberen und unteren Querlenker, jedoch wurden die Torsionsfederstäbe durch Schraubenfedern ersetzt.
Um nochmals zu wiederholen: Serie 163 bis Ende 2004, Serie 184 ab Baujahr 2005.

Aus- und Einbau der Vorderachse – Serie 163

Vorderachshälfte – Aus- und Einbau – Serie 163

Bild 196 zeigt Einzelheiten zum Aus- und Einbau einer Vorderachshälfte. Der Ausbau findet folgendermaßen statt.

- Vorderseite des Fahrzeuges auf sichere Unterstellböcke setzen und das Rad abschrauben.
- Die Bundmutter (8) vom Ende der Antriebswelle (Achswelle) abschrauben. Die Mutter ist mit einem sehr hohen Drehmoment angezogen (490 Nm).
- Linke oder rechte Vorderfeder (Torsionsfederstab) ausbauen, wie es später beschrieben wird.
- Die Verkleidung aus der Innenseite des Radkastens ausbauen und danach den Stoßdämpfer ausbauen, wie es später beschrieben wird.
- Den Drehzahlsensor an der Vorderradaufhängung auffinden (man folgt dem Kabel) und den Kabelstecker abziehen.
- Bremsschlauch von der Bremsleitung abschließen und Schlauch/Leitungsanschluss von der Halterung trennen. Enden von Schlauch und Leitung in geeigneter Weise verschließen, um Eindringen von Schmutz zu vermeiden. **Beim Einbau beachten:** Die Überwurfmutter wird mit 18 Nm angezogen, ohne dass sich der Schlauch dabei verdrehen kann. Nach dem Einbau das Lenkrad aus einem Anschlag in den anderen drehen lassen und kontrollieren, dass der Schlauch an keine Teile der Vorderradaufhängung anstößt.
- Die Mutter des Spurstangenkugelgelenks (6) entfernen und das Kugelgelenk mit einem geeigneten Abzieher vom Hebel trennen. Staubschutzkappe und Kugelgelenk sofort auf Beschädigung kontrollieren. Die Kugelgelenkmutter muss immer erneuert werden. Mit 55 Nm anziehen.
- Bei Fahrzeugen mit Xenon-Scheinwerfern ist ein Gestänge zwischen dem Höhenregler

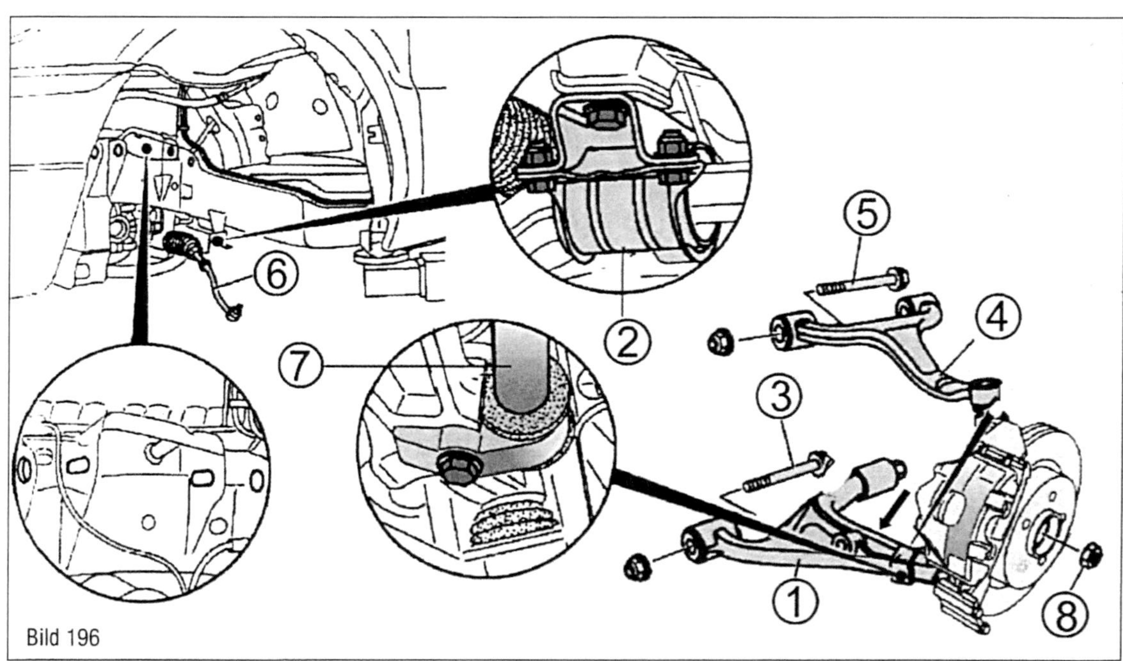

*Bild 196
Ansicht der Vorderradaufhängung auf einer Seite. Die Zahlen werden im Text erwähnt.*

und dem unteren, rechten Querlenker eingesetzt. An der Pfeilstelle rechts unten trennen.

■ Den oberen Dreiecksquerlenker (4) vom Fahrzeugrahmen lösen. Dazu die Schraube (5) und die Mutter auf der anderen Seite entfernen. **Hinweis beim Einbau:** Die Mutter wird zuerst handfest angezogen und wird mit 120 Nm angezogen, wenn das Fahrzeug wieder mit den Rädern auf dem Boden aufsitzt. Keine Gewichte dürfen im Fahrzeug sein.

■ Die Vorderachse aus dem Vorderachsflansch ausdrücken. Dazu wird ein Abzieher gebraucht, welcher nach dem im Bild 197 gezeigten Prinzip arbeitet. Der Abzieher wird an dem Flansch angeschraubt.

■ Einen Rollwagenheber unter den unteren Dreiecksquerlenker untersetzen, den Querlenker anheben und den Torsionsfederstab (7) vom Querlenker (1) abschrauben. Die Schraube beim Einbau mit 68 Nm anziehen.

■ Den unteren Querlenker (1) vom Vorderachsträger abschrauben. Beim Einbau die beim oberen Querlenker gegebenen Anweisungen befolgen, jedoch werden die vordere und hintere Befestigung auf ein unterschiedliches Anziehdrehmoment angezogen. Schraube (3) mit 135 Nm anziehen.

■ Die Klemmverbindung an der Rückseite des Querlenkers lösen und die Lagerschale (2) nach unten klappen. Neue Muttern beim Einbau entsprechend den beim oberen Querlenker gegebenen Anweisungen mit 30 Nm anziehen.

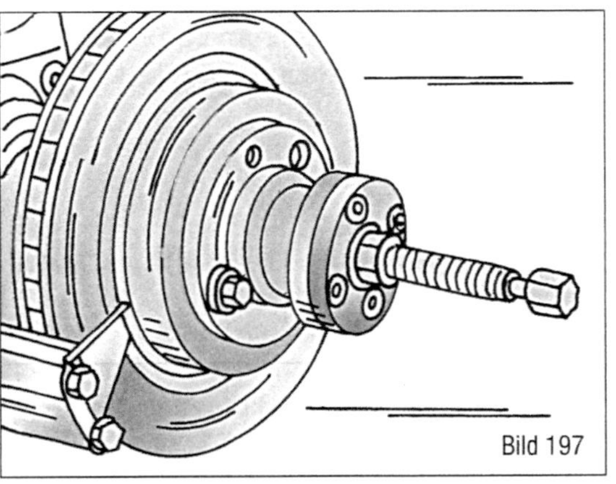
Bild 197

Bild 197
Ausziehen der vorderen Antriebswelle mit dem Spezialabzieher.

■ Alle Teile können jetzt herausgenommen werden.

Der Einbau findet in umgekehrter Reihenfolge statt. Den beim Ausbau gegebenen Anweisungen zum Anziehen der Teile ist zu folgen.

Vorderfedern (Torsionsfederstäbe) – Aus- und Einbau – Serie 163

Eine Tiefenlehre ist erforderlich, um die Vorspannung der Feder vor dem Ausbau auszumessen, da die Vorspannung während dem Einbau wieder hergestellt werden muss. Keine leichte Arbeit.

■ Vorderseite des Fahrzeuges auf sichere Unterstellböcke setzen.

Die anfänglichen Arbeiten werden unter Bezug auf Bild 198 durchgeführt. Die Vorspannung des Torsionsfederstabs (1) ausmessen, wie es oben rechts gezeigt wird, indem man die Tiefenlehre (6) in die Bohrung der Gegenplatte (2) einsetzt. Das

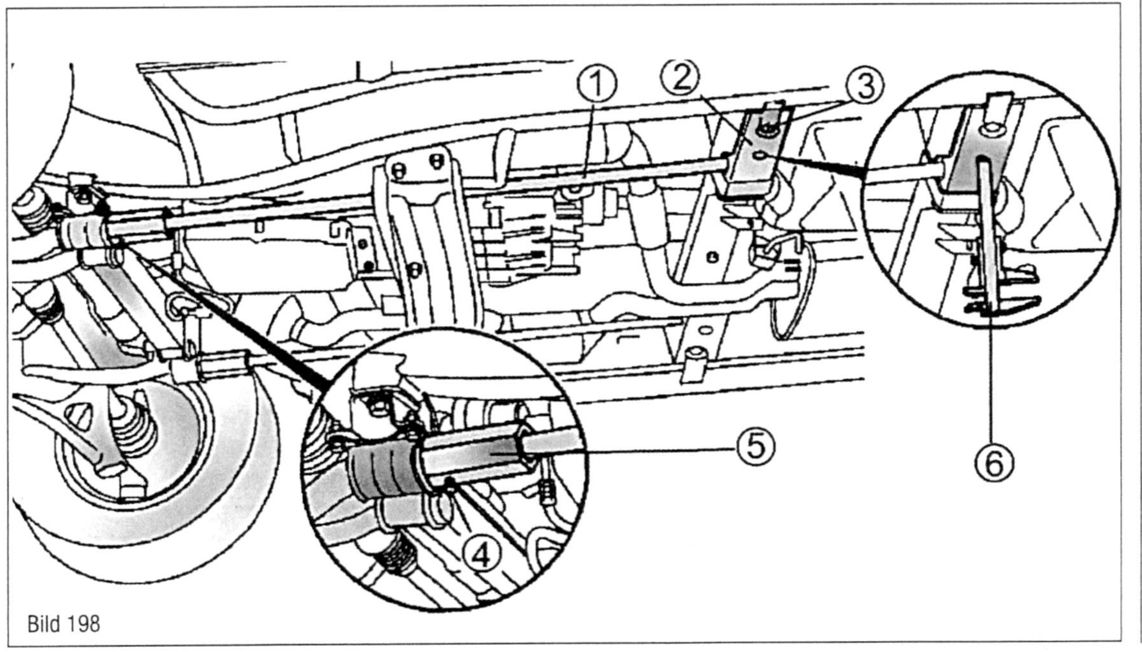

Bild 198

Bild 198
Einzelheiten zum Ausbau eines Torsionsfederstabs. Ansicht von der Unterseite des Fahrzeuges mit Lage einiger Teile.
1 Torsionsfederstab
2 Gegenplatte, 2 in Bild 199
3 Schraube, 3 in Bild 199
4 Schaube, 6 in Bild 199
5 Profilhülse, 5 in Bild 199
6 Tiefenlehre

Maß ablesen und aufschreiben. Die weiteren Arbeiten jetzt unter Bezug auf Bild 199 durchführen.

- Die Schraube (6) in der Profilhülse (5) herausdrehen. In Bild 198 kann man sehen, wo die Schraube sitzt (mit 4 bezeichnet). Die Hülse zurückschieben. Die Schraube beim Einbau mit 23 Nm anziehen.
- Den Torsionsfederstab herausnehmen. Dazu die Schraube (8) in Bild 199 entfernen (mit 23 Nm anziehen) und den Enddeckel (7) abnehmen. Der Torsionsstab (1) kann jetzt aus dem Klemmhebel (4) herausgezogen werden. Zu beachten ist, dass die Einbaulage des Torsionsstabs im Verhältnis zum Klemmhebel durch den Pfeil (rechts oben im Bild) angegeben wird. Die Kennzeichnung während dem Einbau beachten. Das verzahnte Profil muss eingefettet werden.

Der Einbau findet in umgekehrter Reihenfolge unter Beachtung der oben angegebenen Hinweise und Anziehdrehmomente statt.

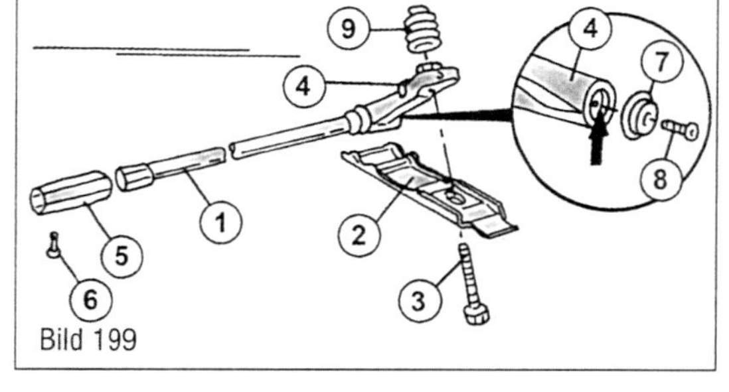

Bild 199
Einzelheiten beim Einbau eines Torsionsdrehstabs. Siehe Text.

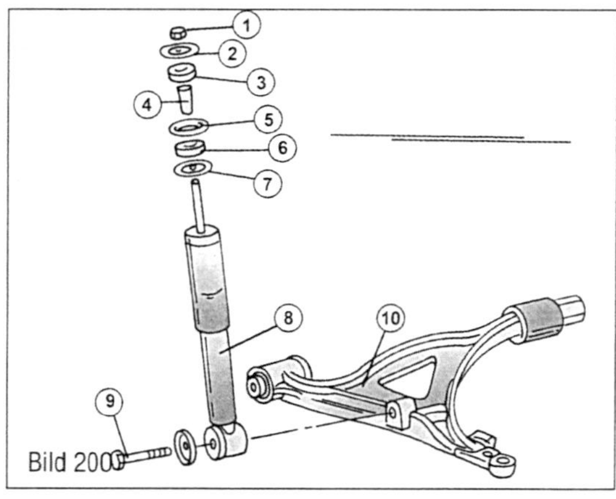

Bild 200
Ansicht eines Stoßdämpfers mit den Befestigungsteilen.
1. *Mutter*
2. *Montagescheibe*
3. *Oberes Gummilager*
4. *Abstandshülse*
5. *Obere Auflagescheibe*
6. *Unteres Gummilager*
7. *Untere Auflagescheibe*
8. *Stoßdämpfer*
9. *Stoßdämpferschraube*
10. *Unterer Querlenker*

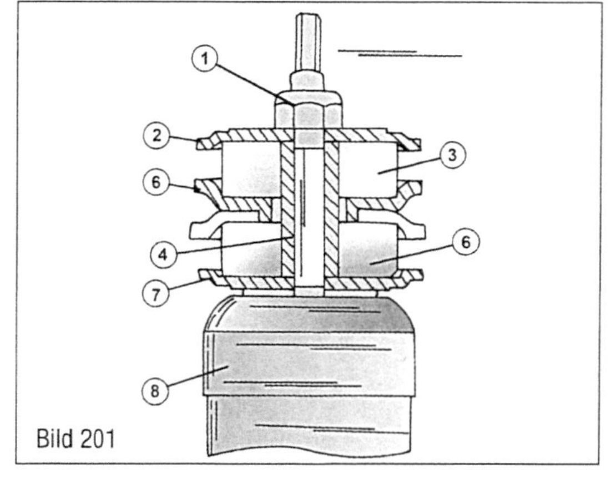

Bild 201
Anordnung der verschiedenen Teile an der Oberseite eines Stoßdämpfers. Die Zahlen werden im Text erwähnt.

Vorderer Stoßdämpfer –
Aus- und Einbau – Serie 163

Die vorderen Stoßdämpfer sind zwischen der Karosserie und dem unteren Querlenker eingesetzt. Die Befestigung an der Oberseite findet mithilfe einer Mutter und anderen Montageteilen statt, welche man in Bild 200 sehen kann. Bild 201 zeigt die Anordnung der verschiedenen Kleinteile. An der Unterseite wird der Dämpfer mit einer Schraube, Mutter und Scheibe gehalten.

Da die Kolbenstange sich beim Lösen der oberen Mutter mitdrehen könnte, muss man das Ende der Stange mit einem Gabelschlüssel gegenhalten. Ebenfalls muss das Fahrzeug auf den Rädern stehen, wenn die Mutter an der Oberseite gelöst und die Schraube an der Unterseite angezogen werden.

- Mutter (1) in Bild 200 lockern, während die Kolbenstange wie beschrieben gegengehalten wird.
- Vorderseite des Fahrzeuges auf Böcke setzen und das Rad sowie die Verkleidung in der Innenseite des Radkastens ausbauen.
- Mutter (1) vollkommen abschrauben und die einzelnen in Bild 200 gezeigten Teile abnehmen, aber dabei Folgendes beachten: Falls eine schwarze Ausführung des oberen und des unteren Gummilagers eingebaut ist, muss man deren Einbaulage zeichnen, da sie unterschiedlich sind. Falls die neueren Gummilager eingebaut sind: Das weiß überzogene Gummilager (härteres Gummilager) kommt an die Oberseite, das gelb überzogene Lager (weicher) an die Unterseite.

Der Einbau findet in umgekehrter Reihenfolge statt. Die folgenden Punkte müssen beachtet werden:

- Die in Bild 201 gezeigten Teile in Reihenfolge über die Kolbenstange schieben und den Stoßdämpfer von unten einsetzen. Schraube und Scheibe einschieben und die Schraube mit 135 Nm anziehen, wenn das Fahrzeug auf den Rädern steht.
- Gummilager und Formscheibe auf das obere Ende aufschieben, die Mutter aufschrauben und mit 30 Nm anziehen. Kolbenstange dabei wieder gegenhalten, falls sie sich mitdreht.

Komplette Vorderachse aus- und einbauen – Serie 163

Die komplette Vorderachse kann ausgebaut werden, wie es untenstehend beschrieben ist. Bild 202 zeigt eine Ansicht der kompletten Achse und wird dabei helfen. Das vordere Ende des Fahrzeuges muss auf sicheren Unterstellböcken sitzen.

- Die Vorderräder abschrauben, nachdem die Muttern der Stoßdämpfer an der Oberseite gelockert wurden. Die Stoßdämpfer ausbauen, wie es oben beschrieben wurde.
- Die Kabelstecker links und rechts von den Raddrehzahlsensoren abziehen.
- Den Bremsschlauch von der Bremsleitung abschließen. Dabei den Anweisungen beim Aus- und Einbau einer Vorderachshälfte folgen (siehe eingangs dieses Kapitels).
- Die Gelenkwelle vom Flansch des Vorderradantriebs abflanschen. Die Schrauben beim Einbau mit 40 Nm anziehen.
- Beide Vorderfedern (Torsionsfederstäbe) ausbauen, wie es bereits beschrieben wurde.
- Die Geräuschverkapselung unter dem Vorderwagen ausbauen und den Torsionsstab (8) vom Fahrzeugrahmen abschrauben. Lagerbügel mit 100 Nm beim Einbau anziehen.
- Oberen Querlenker (3) vom Fahrzeugrahmen abschrauben, wie es bereits beim Ausbau der Vorderachshälfte beschrieben wurde. Anweisungen beim Einbau und Anziehdrehmomente sind zu beachten.
- Die Halterung der Ölleitungen zwischen dem Getriebe und dem Ölkühler vom Vorderachsträger (1) trennen.
- Die Bremsleitung an der Rückseite des Vorderachsenquerträgers ausclipsen.
- Bei eingebauten Xenon-Scheinwerfern das Gestänge zwischen dem Höhenregler auf der rechten Seite und dem unteren Querlenker an der Unterseite abschließen. Die Befestigungsstelle ist in Bild 196 mit dem Pfeil (unten rechts) gezeigt.
- Flüssigkeit aus dem Vorratsbehälter der Servolenkung aussaugen. Dies kann man in der in Bild 192 (Kapitel »Kupplung«) gezeigten Weise durchführen.
- Lenkung in die Mittelstellung bringen und durch Abziehen des Zündschlüssels und Feststellen der Lenkung in dieser Stellung sperren.
- Die Mutter (6) und die Schraube aus der Lenkwellenkupplung (5) ausschrauben und die Lenkwelle (11) aus der Kupplung herausziehen. Der Klemmschlitz kann dabei etwas mit einer Schraubendreherklinge geöffnet werden, um den Ausbau zu erleichtern. Dabei nicht das Schutzstück (7) beschädigen. Während dem Einbau muss man die Zahnstangenlenkung (4) in die Mittelstellung bringen, ehe die Lenkungskupplung (5) angebracht wird. Die selbstsichernde Mutter (6) muss erneuert werden und wird mit 26 Nm angezogen.
- Rücklaufleitung (10) und den Hochdruckschlauch (9) von der Lenkung abschließen. Offene Enden in geeigneter Weise verschließen. Bei den Anschlüssen handelt es sich

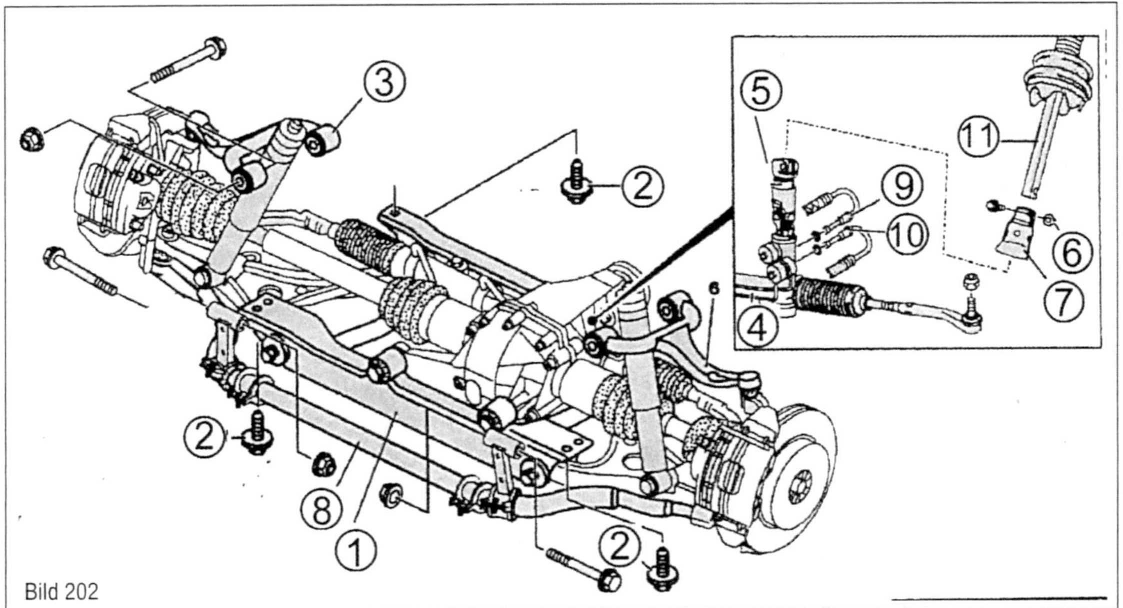

Bild 202
Ansicht der Vorderachse mit Einzelheiten zum Aus- und Einbau. Die Zahlen werden im Text erwähnt.

entweder um Schraubanschlüsse oder Hohlschrauben. Dichtringe müssen erneuert werden. Hohlschrauben werden mit 30 Nm angezogen, Schraubanschlüsse mit 15 Nm.

- Entlüftungsschlauch vom Differential abziehen.
- Einen Rollwagenheber unter den Vorderachsträger (1) untersetzen und anheben, bis er unter Spannung steht, und die Schrauben (2) aus dem Träger ausschrauben. Die Schrauben müssen erneuert werden. Unbedingt darauf achten, dass die Schrauben gut eingeschraubt sind, ehe man sie mit 200 Nm anzieht.
- Vorderachsträger langsam auf dem Wagenheber absenken, während alle Schläuche/Leitungen usw. vom Träger weggeschoben werden. Der Vorderachsträger ist mit Führungsstiften versehen, welche beim Einbau in Bohrungen in den Seitenträgern einzuführen sind.

Der Einbau findet in umgekehrter Reihenfolge statt.

Kurvenstabilisator – Aus- und Einbau Serie 163

Bild 203 zeigt die Befestigung des Kurvenstabilisators. Die obere Befestigung ist in der Abbildung mit (A) und (B) bezeichnet. Version (B) ist bei den in dieser Ausgabe behandelten ML-Modellen ab August 1998 eingebaut. Der Kurvenstabilisator kann folgendermaßen aus- und eingebaut werden.

- Vorderseite des Fahrzeuges auf sichere Unterstellböcke setzen und die Geräuschverkapselung unter dem Fahrzeug ausbauen.
- Die beiden Haltebügel (10) des Kurvenstabilisators (2) vom unteren Querlenker (1) abschrauben und außerdem die Bügel (4) abschrauben. Die Schrauben der Bügel (10) werden mit 100 Nm angezogen. Die Muttern oder Schrauben der Bügel (4), je nach der Ausführung, werden mit 50 Nm angezogen.
- Der Kurvenstabilisator kann jetzt herausgenommen werden. Vor dem Ausbau sollte man sich die Einbaulage der Stange vermerken.
- Die Gummilager (9) und (3) vom Kurvenstabilisator herunterziehen. Wiederum die genaue Einbaulage einprägen. Die Scheibe (7) abnehmen (ältere Ausführung).
- Die Klemmschelle (8) nach Lösen der Schraube und Mutter abnehmen. Mutter und Schraube werden mit 15 Nm angezogen.
- Die Halterung (5) am oberen Ende abnehmen. Zu beachten ist, dass die linke und rechte Halterung nicht gleich sind und entsprechend zu kennzeichnen sind. Die Schraube der Ausführungen (A) und (B) werden mit 100 Nm angezogen. Die Hülse (6) muss ausgepresst werden. Wird ein Reparatursatz für die Teile verwendet, werden alle Teile der letzten Ausführung entsprechen.

Der Einbau findet in umgekehrter Reihenfolge statt.

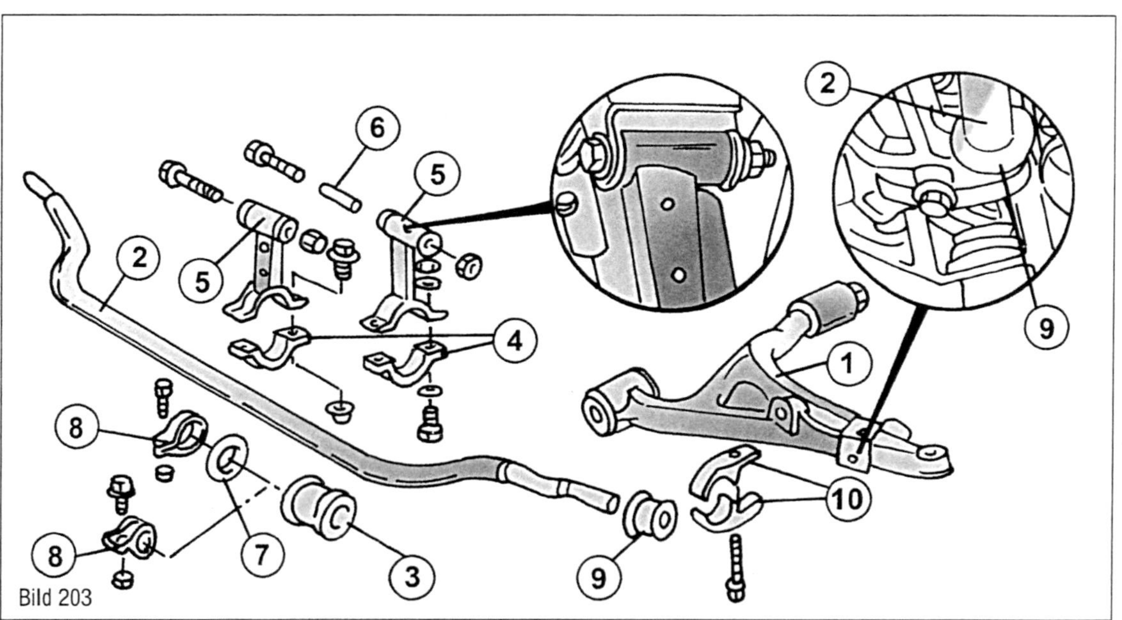

Bild 203 Einzelheiten zum Aus- und Einbau des Kurvenstabilisators. Die Zahlen werden im Text erwähnt.

Aus- und Einbau der Querlenker – Serie 163

Obere Querlenker –
Aus- und Einbau – Serie 163
Ein Zweiarmabzieher wird gebraucht, um das Kugelgelenk vom Achsschenkel abzuziehen. Aus- und Einbau sind verhältnismäßig einfach: Das vordere Ende des Fahrzeuges muss auf sicheren Unterstellböcken stehen, der Stoßdämpfer muss ausgebaut und die Halterung der Bremsleitung vom Achsschenkel abgeschraubt sein. Schrauben und Muttern des Querlenkers werden angezogen, wenn das Fahrzeug auf den Rädern steht.
Mutter des Kugelgelenks entfernen und das Kugelgelenk mit einem geeigneten Abzieher aus dem Achsschenkel herausziehen.
Schrauben und Muttern des Querlenkers vom Fahrzeugrahmen lösen und den Lenkerarm abnehmen. Der Achsschenkel muss nach dem Ausbau des Lenkerarms mit einer Drahtschlinge am Stoßdämpfer festgebunden werden, damit er nicht abkippen kann. Der Einbau findet in umgekehrter Reihenfolge statt. Kugelgelenkbolzen einführen und die Mutter mit 50 Nm anziehen. Die Muttern/Schrauben des Querlenkers mit 120 Nm anziehen, wenn die Räder wieder auf dem Boden aufsitzen.

Untere Querlenker –
Aus- und Einbau – Serie 163
Die meisten Arbeitsgänge wurden bereits in den vorausgegangenen Kapiteln beschrieben. Bild 204 zeigt, wo die einzelnen im Text angegebenen Teile befestigt sind. Zum Ausbau eines Querlenkers die Vorderfedern ausbauen, wie es bereits beschrieben wurde, und den Achsschenkel ausbauen, wie es nachfolgend beschrieben wird. Kurvenstabilisator an Stelle (6) vom Querlenker (1) lösen. Falls Xenon-Scheinwerfer eingebaut sind, muss das Gestänge an der in Bild 196 mit dem Pfeil gezeigten Stelle gelöst werden (Pfeil 5 in Bild 204). Danach den Querlenker vom vorderen Nebenrahmen abschrauben, d. h. Mutter (3) und Schraube (2) lösen. An der Rückseite des Querlenkers die Klemmverbindung abschrauben und die Lagerschale (4) herunterklappen.
Der Einbau findet in umgekehrter Reihenfolge statt. Zu beachten: Die Mutter (3) und Schraube (2) anziehen, wenn das Fahrzeug

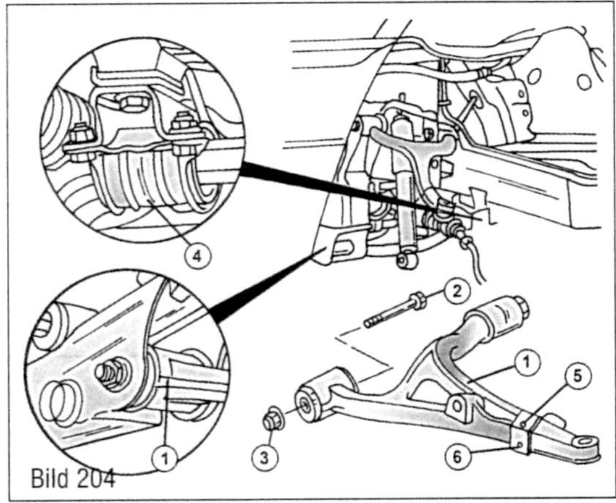

Bild 204
Einzelheiten zum Aus- und Einbau eines unteren Querlenkers.
1 Querlenker
2 Befestigungsschraube
3 Mutter
4 Klemmverbindung (Lagerschale)
5 Anschluss des Gestänges
6 Befestigung des Kurvenstabilisators

auf den Rädern steht. Mit 135 Nm anziehen. Die hintere Befestigung, d. h. die Lagerschale (4) mit 30 Nm anziehen. Der Kurvenstabilisator an Stelle (6) wird mit 68 Nm angezogen.

Achsschenkel – Aus- und Einbau – Serie 163

Das Fahrzeug muss sicher aufgebockt und das Vorderrad abgeschraubt sein. Bundmutter vom Ende der Antriebswelle abschrauben.

- Dem Verlauf des Kabels folgen und die Kabelstecker vom Raddrehzahlsensor und dem Verschleißanzeiger für den Bremsbelagverschleiß aus den Führungen frei machen. Der Halter des Raddrehzahlsensors muss vom Achsschenkel gelöst werden.
- Bremsscheibe ausbauen (Kapitel »Bremsanlage«).
- Mutter des Spurstangenkugelgelenks vom Hebel am Achsschenkel abschrauben und das Kugelgelenk mit einem geeigneten Abzieher vom Hebel trennen. Die Mutter wird beim Einbau mit 50 Nm angezogen.
- Ebenfalls mit einem geeigneten Abzieher den Kurbelbolzen des oberen Querlenkers vom Achsschenkel trennen, nachdem die Mutter gelöst wurde (50 Nm) und die gleiche Arbeit am Kugelgelenk des unteren Querträgers durchführen (85 Nm). Auf den Unterschied der Anziehdrehmomente achten.

⚠ **Vorsicht:** Der Achsschenkel kann nach Trennen der Kugelgelenke herunterfallen.

- Den Achsschenkel nach vorne herausziehen.

Der Einbau findet in umgekehrter Reihenfolge statt. Obere und untere Kugelgelenke auf

Verschleiß (übermäßiges Spiel) und die Gummischutzkappen auf Beschädigung kontrollieren. Wie erforderlich erneuern. Die Achswellenmutter wird mit 490 Nm angezogen.

Federbeine – Aus- und Einbau – Serie 164

Der Aus- und Einbau von Teilen der Vorderradaufhängung kann bei den Modellen der Serie 164 bei eingebauter Selbstnivellierungsanlage nicht unter Heimwerkerverhältnissen durchgeführt werden, da die Anlage entleert und wieder aufgeladen (gefüllt) werden muss. Einige in der nachfolgenden Beschreibung erwähnten Teile werden nur bei diesen eingebaut und können entsprechend übergangen werden. Wir möchten darauf hinweisen, dass man sich genau an die angegebenen Anziehdrehmomente der Schrauben und Muttern halten muss. Bilder 205 und 206 zeigen die Lage bestimmter Teile.

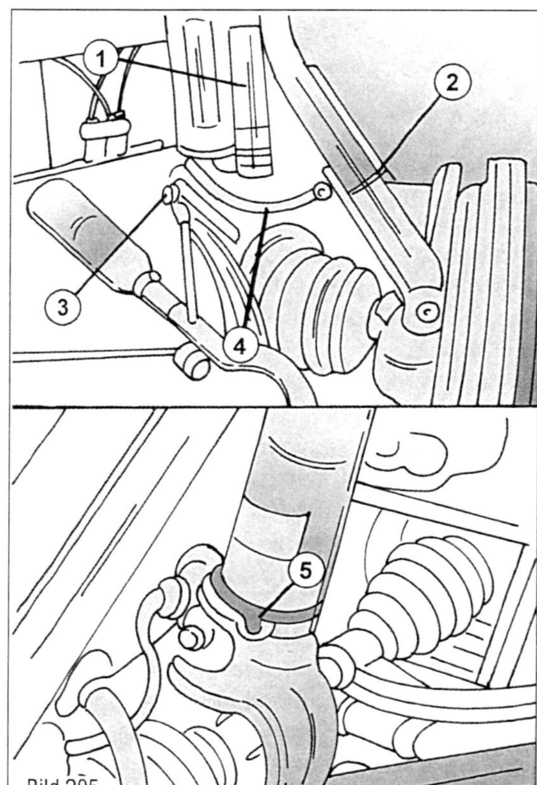

Bild 205
Einzelheiten zum Ausbau eines vorderen Federbeins bei der Serie 164.
1 Rechtes Federbein
2 Kabelbinder
3 Bremsschlauchhalterung
4 Bremsschlauch
5 Kabelbinder

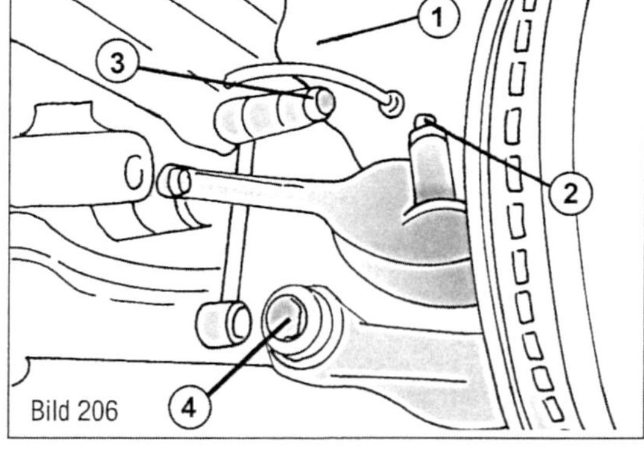

Bild 206
Gezeigte Teile beim Ausbau eines vorderen Federbeins lösen (Serie 164).
1 Rechtes Federbein
2 Mutter
3 Mutter
4 Mutter

- Vorderseite des Fahrzeuges auf sichere Unterstellböcke setzen und das Rad auf der betreffenden Seite abmontieren.
- An der Oberseite des Federbeins (Stoßdämpfers) die drei Befestigungsmuttern des Federbeins von der Karosserie abschrauben. Die Muttern werden beim Einbau in drei Stufen angezogen. Zuerst mit 30 Nm anziehen, danach um eine halbe Umdrehung lockern und danach mit 27 Nm anziehen.
- Vorderseite des vorderen Kotflügels in der Innenseite des Kotflügels ausbauen.
- Einen Kabelbinder am Achsschenkel zerschneiden (muss erneuert werden). Neben der Kabelschelle wird man den Haltebügel des Bremsschlauchs finden. Abschrauben und den Bremsschlauch frei machen, ohne ihn dabei zu beschädigen. In der Nähe der Unterseite des Federbeins sitzt ein weiterer Kabelbinder (in der Nähe der Antriebeswellenverbindung), welcher ebenfalls zu zerschneiden und abzunehmen ist (ebenfalls erneuern).
- Eine Mutter vom Ende des Spurstangengelenks vom Achsschenkel lösen und das Kugelgelenk mit einem geeigneten Abzieher trennen. Die Mutter beim Einbau mit 45 Nm anziehen und aus der Endstellung um eine Viertelumdrehung nachziehen.
- An der Oberseite des Federbeins eine Mutter entfernen und das Verbindungsgestänge vom Federbein abschließen. Mutter beim Einbau mit 200 Nm anziehen.
- Am unteren Ende des Federbeins eine Mutter entfernen und das Federbein vom Querlenker trennen. Diese Mutter beim Einbau mit 265 Nm anziehen.
- Am oberen Ende des Federbeins die Mutter der Querlenkerbefestigung vom Achsschenkel abschrauben und das Gelenk mit einem geeigneten Kugelbolzenabzieher trennen. Die Mutter des Kugelgelenks beim Einbau mit 20 Nm anziehen und aus der Endstellung um eine weitere Viertelumdrehung. Kugelgelenk und Gummikappe vor Einbau kontrollieren.

■ Querlenker nach unten ziehen, bis man das Federbein herausnehmen kann.
Der Einbau findet in umgekehrter Reihenfolge statt, jedoch muss man die verschiedenen Anziehdrehmomente beachten. Falls Teile erneuert werden, muss man die Einstellung der Vorderräder überprüfen lassen.

Erneuerung einer Schraubenfeder oder des Federbeins
Ein Federspanner ist zum Ausbau einer Schraubenfeder erforderlich. Da der in der Werkstatt benutzte Federspanner kaum zur Verfügung steht, kann man ohne weiteres einen Universal-Federspanner benutzen, dessen Klauen man über drei oder vier Federwicklungen legen kann. Wichtig ist, dass der Spanner kräftig genug für die Feder ist. Eine Feder kann bei ausgebautem Federbein folgendermaßen erneuert werden.
■ Federbein in einen Schraubstock einspannen und die Klauen des Federspanners über die Federwicklungen setzen. Feder zusammenspannen, bis sich das obere und untere Ende von den Federsitzen abgehoben hat.
■ Am oberen Ende des Federbeins eine Kappe entfernen und die darunterliegende Mutter entfernen, um den Stoßdämpfer zu lösen. Die Kolbenstange könnte sich dabei mitdrehen und ist entsprechend gegenzuhalten.
■ Teile vom oberen Ende des Federbeins abnehmen. Dies sind die obere Anschlagscheibe, der obere Federsitz, ein Anschlaggummi, eine Schutzmanschette und die zusammengespannte Feder. Vermerken wie die Teile eingebaut sind. Der Federspanner kann an der Feder verbleiben, falls die gleiche Feder und das Federbein wieder eingebaut werden sollen.
■ Alle ausgebauten Teile, welche mit Öl verschmutzt sind oder Risse oder andere Beschädigung zeigen, müssen erneuert werden.
Beim Einbau in umgekehrter Reihenfolge vorgehen. Beim Zurücklassen des Federspanners darauf achten, dass die beiden Federenden einwandfrei in ihre Sitze kommen und alle Teile in ihre ursprüngliche Lager. Die Kolbenstangenmutter mit 30 Nm anziehen.
Vorderradeinstellung und Scheinwerfereinstellung kontrollieren lassen, falls Teile erneuert wurden.

Querlenker – Aus- und Einbau – Serie 164

Unterschiede zwischen linker und rechter Seite sind zu beachten.

Linker, oberer Querlenker
Schrauben und Muttern müssen angezogen werden, wenn das Fahrzeug mit den Rädern auf dem Boden aufsitzt (betriebsbereit). Als Erstes die Motorabdeckung in der Mitte des Motors ausbauen.
■ Luftfiltergehäuse ausbauen.
■ Die Mutter des oberen Aufhängungskugelgelenks vom Achsschenkel abschrauben und das Gelenk mit einem geeigneten Abzieher trennen. Die Mutter beim Einbau mit 20 Nm anziehen und aus der Endstellung um eine weitere Viertelumdrehung.
■ Eine Schraube lösen und die Halterung des linken Sensors für die Selbstnivellierung vom Querlenker abnehmen (nur Fahrzeuge mit Selbstnivellierung).
■ Zwei Muttern und zwei Schrauben am vorderen Ende ausfindig machen und den Querlenker herausziehen: Schrauben und Muttern mit 61 Nm anziehen.
Der Einbau geschieht in umgekehrter Reihenfolge.

Rechter, oberer Querlenker
Der Aus- und Einbau findet in der oben beschriebenen Weise statt, mit dem Unterschied, dass die Plenumkammer auf dieser Seite ausgebaut werden muss. Die gleichen Anziehdrehmomente gelten.

Untere Querlenker
Schrauben und Muttern müssen angezogen werden, wenn das Fahrzeug mit den Rädern auf dem Boden aufsitzt (betriebsbereit). Selbstsichernde Muttern immer erneuern.
■ Vorderseite des Fahrzeuges aufbocken und sichere Unterstellböcke untersetzen.
■ Schutzabdeckung (Geräuschverkapselung) unter dem Motorraum ausbauen.
■ Die beiden Befestigungsschrauben der Montagebügel für den Kurvenstabilisator auf jeder Seite lösen und den Stabilisator nach unten bewegen – Achtung: Der Kurvenstabilisator steht unter Spannung. Die Schrauben des Montagebügels beim Einbau mit 50 Nm anziehen.
■ Die Einbaustellung des hinteren Monta-

gebügels des unteren Querlenkers hinsichtlich zum Vorderachsträger kennzeichnen und die Befestigungsschrauben auf beiden Seiten ausschrauben, um den Lenkerarm vom Vorderachsträger zu trennen. Falls neue Teile eingebaut werden, müssen die Kennzeichnungen auf die neuen Teile übertragen werden, um die ursprüngliche Stellung wieder herzustellen. Die Schrauben werden mit 250 Nm angezogen.

- Schrauben und Mutter des Querlenkers vom Vorderachsträger lösen. Ein Abstandsstück ist unter dem Schraubenkopf untergelegt und kommt an die Innenseite. Genau auf die Einbaurichtung achten. Mutter/Schraube mit 27 Nm anziehen.
- Die Befestigungsschraube des Federbeins am Querlenker lösen (unmittelbar neben der Manschette der Antriebswelle). Diese Schraube wird mit 265 Nm angezogen.
- Mutter des Aufhängungskugelgelenks an der Außenseite des Querlenkers lösen und das Gelenk mit einem geeigneten Abzieher trennen. Den Querlenker jetzt vom Achsschenkel abnehmen. Die Kugelgelenkmutter beim Einbau mit 230 Nm anziehen.

Der Einbau erfolgt in umgekehrter Reihenfolge. Die angegebenen Anziehdrehmomente genau einhalten, um Fehler zu vermeiden. Abstandsscheibe richtig herum an der Innenseite des Querlenkers anbringen. Falls Teile erneuert wurden, muss man die Radeinstellung der Vorderräder in einer Werkstatt kontrollieren und ggf. einstellen lassen.

Kurvenstabilisator – Aus- und Einbau – Serie 164

Der Kurvenstabilisator ist quer zum Fahrzeug an der Vorderseite eingebaut und wird mit Montageklemmschellen am Vorderachsträger befestigt. Die Enden des Kurvenstabilisators sind durch Verbindungsgestänge (Koppelstangen) mit den Federbeinen verbunden. Das Fahrzeug muss beim Ausbau auf sicheren Unterstellböcken ruhen. Muttern und Schrauben werden angezogen, wenn das Fahrzeug auf den Rädern ruht.

- Die Schutzabdeckung unter dem Motorraum ausbauen oder die Geräuschverkapselung abmontieren (CDI-Modelle).
- Die Befestigungsmuttern der Koppelstangen am Kurvenstabilisator abschrauben. Falls neue Koppelstangen eingebaut werden sollen, muss man sie ebenfalls vom Federbein lösen. Die Muttern in beiden Fällen mit 200 Nm anziehen.
- Auf jeder Seite des Kurvenstabilisators die Schrauben der Montageklemmschellen lösen und die Schellen abnehmen. Der Kurvenstabilisator steht unter Spannung. Aus diesem Grund beim Lösen der Klemmschellen mit Vorsicht vorgehen. Die Schrauben werden beim Einbau mit 110 Nm angezogen.
- Der Kurvenstabilisator wird ebenfalls an beiden Enden mit einem so genannten Torsionslager befestigt, ebenfalls mit Montageschellen gehalten. Soll ein neuer Kurvenstabilisator eingebaut werden, die Schrauben lösen und die Lager nach Kennzeichnung der Einbaustellung herausnehmen. Die Schrauben beim Einbau mit 35 Nm anziehen.

Einbau in umgekehrter Reihenfolge unter Beachtung der folgenden Punkte.

- Falls das Torsionslager erneuert wurde, die vorher eingezeichneten Markierungen auf den neuen Kurvenstabilisator übertragen. Die Muttern der Klemmschellen noch nicht festziehen.
- Kurvenstabilisator in die richtige Lage am Vorderachsträger bringen, die Montageklemmschellen anbringen und die Schrauben auf beiden Seiten einsetzen. Die angewinkelten Enden des Kurvenstabilisators müssen nach unten weisen, der Stabilisator muss zentriert sein. Die Schrauben der Montageschellen noch nicht festziehen.
- Koppelstangen am Kurvenstabilisator und an den Federbeinen anbringen und die Muttern aufschrauben, wiederum ohne sie anzuziehen.

Die genaue Einbaustellung des Stabilisators und Torsionslagers (falls ausgebaut) nochmals überprüfen, Fahrzeug auf die Räder anlassen und alle Teile in der angegebenen Reihenfolge mit den angegebenen Anziehdrehmomenten anziehen: Torsionslagerklemmschellen, Stabilisatorklemmschellen, Koppelstangenmuttern.

Vordere Antriebswellen – Aus- und Einbau

Serie 163

- Vorderseite des Fahrzeuges auf Böcke setzen und das Vorderrad abschrauben. Die Bundmutter (1) in Bild 207 lösen. Ein Helfer sollte dabei auf das Bremspedal treten.

■ Vorderen Bremssattel ausbauen ohne den Bremsschlauch abzuschließen. Den Bremssattel in geeigneter Weise am Achsschenkel festbinden. Nicht herunterhängen lassen.
■ Spurstangenkugelgelenk vom Hebel am Achsschenkel mit einem geeigneten Abzieher trennen (nach Lösen der Mutter). In gleicher Weise das Kugelgelenk des oberen Querlenkers vom Achsschenkel trennen.
■ Antriebswelle (2) aus dem Achsflansch ausdrücken, wie es bereits in Bild 196 gezeigt wurde. Achsschenkel auf eine Seite schieben und mit Draht festbinden.
■ Die Antriebswelle aus dem Antriebsrad im Differential des Achsenantriebs ausdrücken, ohne dabei das Schutzschild zu beschädigen, und die Welle herausziehen.
Der Einbau findet in umgekehrter Reihenfolge statt. Der Schlitz im Sprengring (3) muss nach unten weisen (Sprengring immer erneuern), wenn die Welle eingeschoben wird. Die Mutter des Kugelgelenks für den oberen Querlenker mit 50 Nm, die Mutter des Spurstangenkugelgelenks mit 55 Nm anziehen. Die Mutter der Antriebswelle wird mit 490 Nm angezogen.

Serie 164 – Aus- und Einbau der rechten Welle
Die Anweisungen gelten für die rechte Antriebswelle, da die linke Welle am linken Vorderachsflansch angeschlossen bleibt. Der Vorderachsantrieb muss ausgebaut werden, um die Welle auszubauen. Zu beachten ist besonders das Anziehdrehmoment der Achswellenmuttern. Folgende Arbeiten durchführen:
■ Vorderseite des Fahrzeuges auf Böcke setzen und das Vorderrad abschrauben. Die Bundmutter (1) in Bild 207 lösen. Ein Helfer sollte dabei auf das Bremspedal treten.
■ Schutzblech unter dem Motorraum oder die Geräuschverkapselung (CDI-Modelle) ausbauen.
■ Die elektrischen Kabel am Federbein ausfindig machen und von den Halterungen befreien. In der Nähe des Bremsschlauchhalters einen Kabelbinder zerschneiden (immer erneuern) und den Bremsschlauch von der Halterung befreien.
■ Die Antriebswelle aus dem Vorderachsflansch ausdrücken, wie es bereits in Bild 197 gezeigt wurde. Achsschenkel auf eine Seite schieben und mit Draht festbinden.
■ Rechtes Spurstangenkugelgelenk vom Hebel am Achsschenkel mit einem geeigneten Abzieher trennen (nach Lösen der Mutter). In gleicher Weise das Kugelgelenk des oberen Querlenkers vom Achsschenkel trennen. Achsschenkel auf eine Seite schieben, um mehr Platz zu erhalten. Mutter des Spurstangengelenks mit 45 Nm + Viertelumdrehung, Mutter des Querlenkergelenks mit 20 Nm + Viertelumdrehung anziehen.
■ Die rechte Antriebswelle aus dem Antriebsrad im Differential des Achsenantriebs ausdrücken und herausziehen. Etwas Öl könnte auslaufen.

Serie 164 – Aus- und Einbau der linken Welle
Die linke Welle wird folgendermaßen ausgebaut.
■ Den Bremsschlauch von der Halterung auf der linken Seite trennen und in der Nähe des Bremsschlauchs einen Kabelbinder zerschneiden (immer erneuern).
■ Linkes Spurstangenkugelgelenk vom Hebel am Achsschenkel mit einem geeigneten Abzieher trennen (nach Lösen der Mutter). In gleicher Weise das Kugelgelenk des oberen Querlenkers vom Achsschenkel trennen. Achsschenkel auf eine Seite schieben, um mehr Platz zu erhalten. Die Anziehdrehmo-

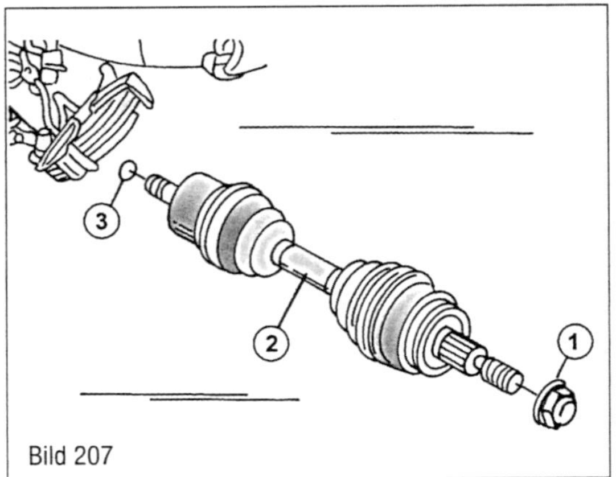

Bild 207
Zum Ausbau einer vorderen Antriebswelle.

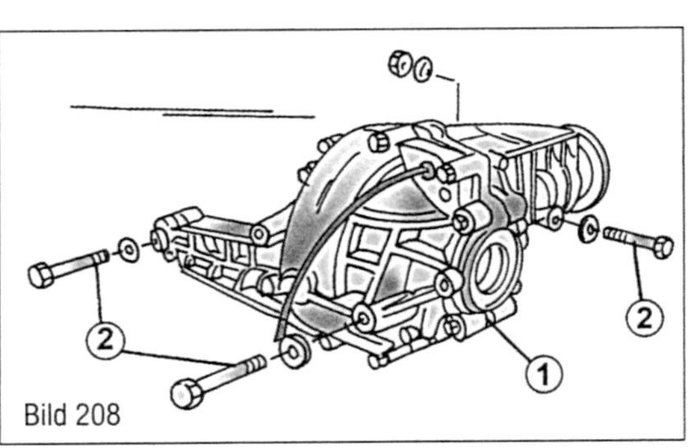

Bild 208
Der Vorderradantrieb.
1 Vorderradantrieb
2 Befestigungsschraube

Bild 209
Lage des Öleinfüllstopfens (1) und Ablassstopfens (2) im Vorderachsantrieb.

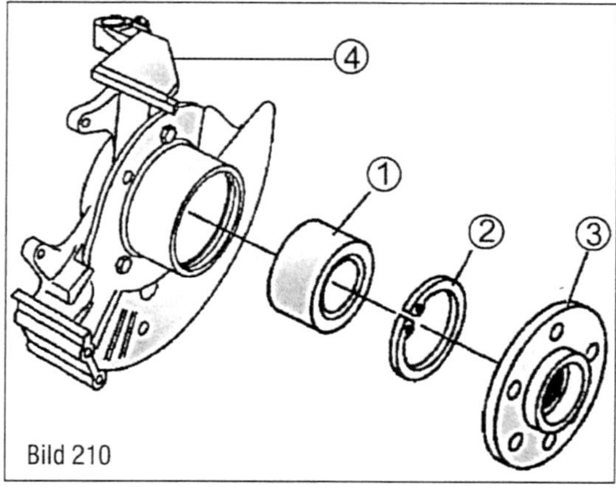

Bild 210
Teile eines Radlagers auf einer Seite.
1 Radlager
2 Lagersprengring
3 Antriebswellenflansch
4 Achsschenkel

mente entsprechen den Werten bei der rechten Welle.

- Die linke Antriebswelle aus dem Antriebsrad im Differential des Achsenantriebs ausdrücken und herausziehen. Die Welle verbleibt am Achsenflansch angeschraubt.
- Einbaustellung des Gelenkwellenflansches am Flansch des Achsantriebsgehäuses in geeigneter Weise kennzeichnen und den Gelenkwellenflansch vom Flansch am Antriebsgehäuse abschrauben.

Vorderradantrieb aus- und einbauen

Serie 163
Bild 208 zeigt die Befestigung des Antriebsgehäuses. Zum Ausbau müssen die beiden Antriebswellen in der beschriebenen Weise ausgebaut werden, die Gelenkwelle wird vom Achsenantriebsflansch abgeflanscht und das Öl wird abgelassen. Einen Entlüftungsschlauch abschließen und die Schrauben, Muttern und Scheiben (2) entfernen. Das Gehäuse (1) kann jetzt herausgenommen werden. Dabei das Gehäuse beim Absenken auf einem Rollwagenheber oder in ähnlicher Weise abstützen.
Der Einbau findet in umgekehrter Reihenfolge statt. Die Schrauben werden mit 135 Nm, der Gelenkwellenflansch mit 40 Nm angezogen.

Serie 164
Nach Ausbau der rechten Welle und Abflanschen des Gelenkwellenflansches der linken Welle folgende Arbeiten durchführen.

- Einen Schlauch vom Vorderradantriebsgehäuse abschließen (Schlauchende gegen Eindringen von Schmutz schützen).
- Einen Rollwagenheber mit einer geeigneten Abstützplatte unter das Antriebsgehäuse untersetzen und die Befestigungsschrauben des Gehäuses vom linken und vom rechten Vorderachsträger lösen. Das Gehäuse kann jetzt auf dem Wagenheber abgesenkt werden.

Der Einbau findet in umgekehrter Reihenfolge statt. Die folgenden Anziehdrehmomente sind zu beachten: Schrauben auf der linken Seite 93 Nm, Schrauben auf der rechten Seite nur 50 Nm. Die Achswellenmuttern werden bei diesen Modellen mit 520 Nm angezogen.

Ölwechsel im Vorderradantrieb
Der Antrieb ist mit 1,2 Liter Hypoid SAE 90 Öl gefüllt. Zum Ausschrauben des Ölablassstopfens und des Ölstands/Einfüllstopfens ist ein Innensechskantschlüssel (S/W 14 mm) erforderlich. Bild 209 zeigt die Lage des Einfüllstopfens (1) und Ablassstopfens (2). Öl folgendermaßen wechseln:

- Fahrzeug eine kurze Strecke fahren, damit sich das Öl erwärmen kann.
- Einen geeigneten Behälter unter den Antrieb untersetzen und den Ölablassstopfen

an der Unterseite der Achse ausschrauben. Der Einfüllstopfen kann sofort aus dem Deckel ausgeschraubt werden, damit das Öl besser auslaufen kann.

- Abwarten bis das Öl abgelaufen ist, den Ablassstopfen einwandfrei reinigen und wieder einschrauben (50 Nm).
- Achse mit der oben angegebenen Ölmenge füllen, bis das Öl an der Unterkante der Einfüllöffnung sichtbar ist. Stopfen einwandfrei reinigen und einschrauben. Mit 50 Nm anziehen.

Vorderradlager

Wir empfehlen, die Radlager in einer Werkstatt erneuern zu lassen. Man kann z. B. den Achsschenkel ausbauen und in eine Werkstatt bringen, um die Lager erneuern zu lassen. Falls man die Arbeit selbst durchführen will (Achsschenkel ausgebaut), den Flansch (3) in Bild 210 ausbauen und den Lagersprengring (2) mit einer Innensprengringzange herausnehmen. Das Lager (1) unter einer Presse aus dem Achsschenkel (4) auspressen. In der Werkstatt wird das Lager natürlich mit Spezialpressstücken ersetzt.

10 Hinterachse und Hinterradaufhängung

Die Hinterradaufhängung setzt sich aus Schraubenfedern, oberen und unteren Lenkerarmen, einem Kurvenstabilisator und Teleskop-Stoßdämpfern zusammen. Obwohl nicht identisch, ist die Hinterradaufhängungen bei Modellen der Serien 163 und 164 ziemlich gleich. Die folgenden Anweisungen beziehen sich in der Hauptsache auf die ältere Serie 163. Bild 211 zeigt die zusammengebaute Hinterradaufhängung auf einer Seite mit der Anordnung der einzelnen Teile. Ähnlich sieht es bei der Serie 164 aus.

Federbeine – Aus- und Einbau

Die Stoßdämpfer wirken als Rückschlagbegrenzung für die Hinterräder.
Wenn man zum Beispiel einen Stoßdämpfer erneuern will, muss man das entsprechende Federbein ausbauen. Die Arbeiten werden mithilfe der Bilder 211 und Bild 212 durchgeführt. Die Rückseite des Fahrzeuges muss auf sicheren Unterstellböcken ruhen. Nach Abschrauben des Rades folgende Arbeiten durchführen:

- Die Abdeckung (1) in Bild 211 abdrücken. Darauf achten wie sie eingebaut ist, damit sie beim Einbau wieder in die richtige Lage kommt.

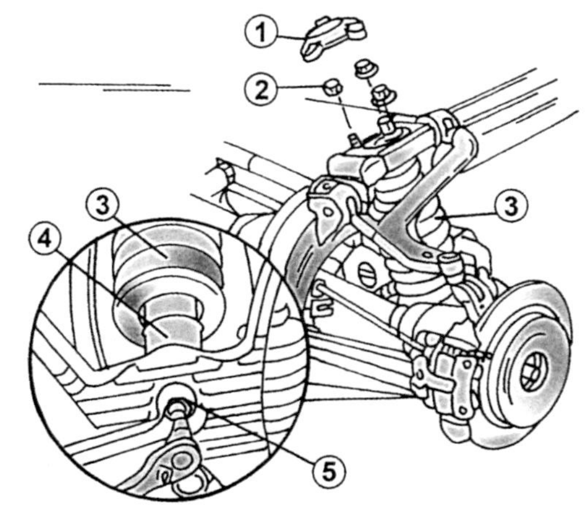

Bild 211

Bild 211 Ansicht der zusammengebauten Hinterradaufhängung auf einer Seite mit Einzelheiten zum Aus- und Einbau. Die Zahlen werden im Text erwähnt.

- Die Muttern (2) von der Oberseite des Federbeins abschrauben (Muttern 13, in Bild 212). Beim Einbau die Muttern gleichmäßig ringsherum mit 20 Nm anziehen.
- Die untere Befestigungsmutter (5) vom unteren Lenkerarm lösen. In Bild 212 kann man die Befestigung genauer sehen. Dies ist die Mutter (14). Das Gewindeende des Federbeins muss gegen Mitdrehen gegengehalten werden, indem man einen passenden Inbusschlüssel (Innensechskantschlüssel) in das Gewindeende einsetzt, wie es im Kreisausschnitt von Bild 211 zu sehen ist. Beim Einbau die Mutter unter Gegenhalten des Federbeinendes mit 85 Nm anziehen.
- Einen Rollwagenheber unter den unteren Lenkerarm untersetzen und den Arm anheben, bis er unter Spannung steht, d. h. die Antriebswelle muss waagerecht liegen. Der weitere Ausbau geschieht jetzt unter Bezug auf Bild 212.
- Das Verbindungsgestänge (1) zwischen dem unteren Lenkerarm (2) und dem Kurvenstabilisator (3) ausbauen, indem man die Lagerung durch Abschrauben der Mutter (8) löst. Das Gummilager (4), das Gummilager (5), die Abstandshülse (6) und das Gummilager (7) können abgenommen werden. Die Mutter (8) beim Einbau mit 28 Nm anziehen.
- Den unteren Lenkerarm (2) vom Hinterachsträger lösen. Schrauben (9) und Muttern (10) müssen dazu gelöst werden. Beim Einbau die Befestigung mit 135 Nm anziehen.
- Den Lenkerarm auf dem Wagenheber absenken, aus den Führungen herausziehen und nach unten absenken. Das Federbein wird jetzt nach oben herausgezogen, bis es vom Lenkerarm frei ist. Falls erforderlich einen Gummihammer oder Plastikhammer benutzen, bis das Federbein (12) vom Lenkerarm frei ist. Das Federbein wird zusammen mit der Schraubenfeder (11) herausgenommen.

Der Einbau erfolgt in umgekehrter Reihenfolge wie der Ausbau. Die angegebenen Anziehdrehmomente beachten. Der Lenkerarm wird angezogen, wenn die Antriebswelle in waagerechter Lage liegt.

Falls Teile erneuert wurden, muss die Scheinwerfereinstellung kontrolliert werden.

Der Ausbau der Hinterfedern bei einem Fahrzeug der Serie 164 ist unter getrennter Überschrift beschrieben, da sie nicht mit dem Federbein kombiniert ist.

Stoßdämpfer – Aus- und Einbau

Bei einem Fahrzeug der Serie 163 können der Stoßdämpfer oder die Schraubenfeder erneuert werden, nachdem man das Federbein ausgebaut hat, wie es im letzten Abschnitt beschrieben wurde. Der Stoßdämpfer eines Fahrzeuges der Serie 164 ist kein Teil des Federbeins, d. h. der Ausbau ist zwar leichter, jedoch ist der Zugang zu verschiedenen Teilen schwieriger (siehe nachfolgend). Diese Arbeiten überlässt man besser einer Werkstatt.

Serie 163

Eine Federspanner ist erforderlich, um die Schraubenfeder zu erneuern. Da der in der Werkstatt benutzte Spezialspanner (A, Bild 213) nicht zur Verfügung stehen wird, kann man einen handelsüblichen Federspanner benutzen, dessen Klauen über drei oder vier der Federwicklungen gelegt werden. Darauf achten, dass der Federspanner kräftig genug ist um den Druck auszuhalten. Die Feder danach folgendermaßen auswechseln:

- Das Federbein in einen Schraubstock einspannen, den Federspanner ansetzen und zusammenspannen, bis das obere und untere Ende der Feder von den Federsitzen frei ist.
- An der Oberseite des Federbeins die Mutter (6) abschrauben und die im Bild gezeigten Teile von der Oberseite des Federbeins abnehmen. Darauf achten, wie jedes Einzelteil aufgesetzt ist. Alle Montageteile gut auf Verschmutzung, Risse oder andere Beschädigungen überprüfen.
- Die Feder zusammen mit dem Federspanner herausnehmen, falls die gleiche Feder wieder eingebaut werden soll.

Der Einbau geschieht in umgekehrter Reihenfolge. Den Federspanner langsam zurücklassen und überprüfen, dass die Feder am oberen und unteren Ende einwandfrei sitzt. Die selbstsichernde Mutter (6) am oberen Ende mit 30 Nm anziehen.

Wird eine neue Feder eingebaut, unbedingt darauf achten, dass sie zu dem in Frage kommenden Modell gehört.

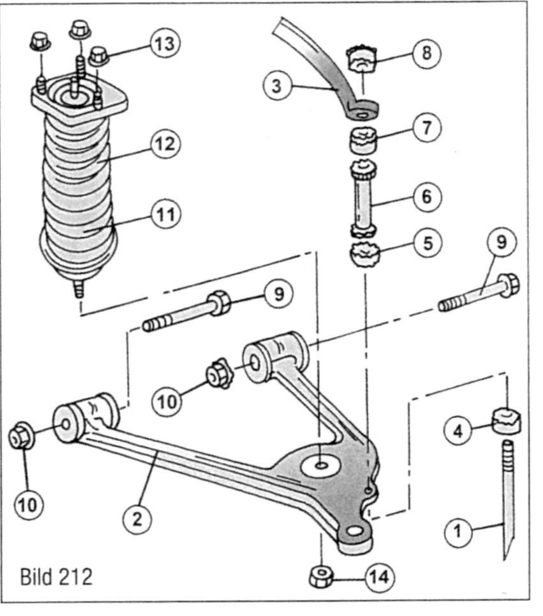

Bild 212
Zum Ausbau einer Hinterfeder. Siehe Text.

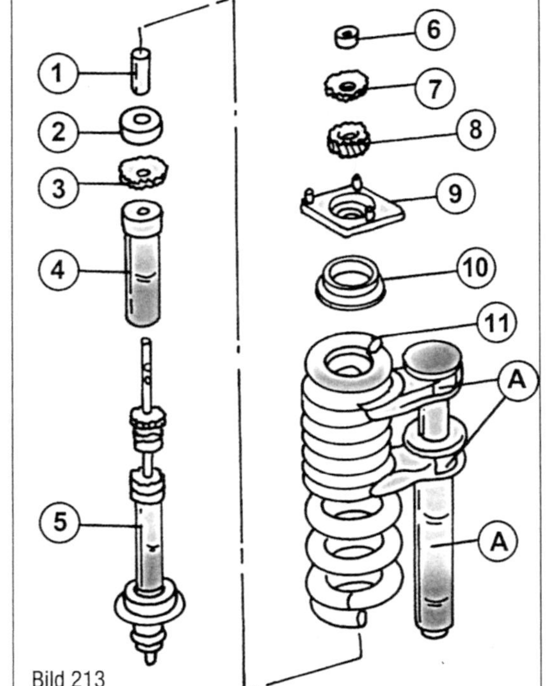

Bild 213
Einzelheiten zum Aus- und Einbau eines Stoßdämpfers zusammen mit der Schraubenfeder. Der Federspanner ist mit (A) bezeichnet.

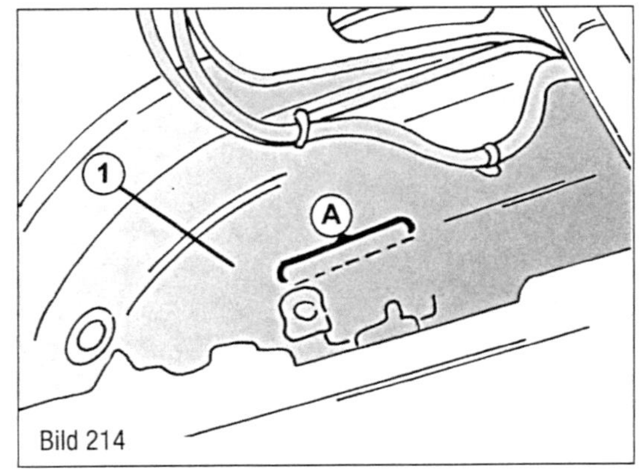

Bild 214
Ansicht der Isolierungsverkleidung (1) in der Innenseite des Fahrzeuges. An Stelle (A) muss der im Text beschriebene Schnitt stattfinden.

Serie 164
Aus- und Einbau eines Stoßdämpfers sind ziemlich einfach. Leider kann man dies nicht von den Vorarbeiten sagen. Die Verkleidungen in der Innenseite des hinteren Fahrzeugraumes müssen ausgebaut werden. Darunter sitzt eine geräuschdämmende Matte, die man in der Nähe der oberen Stoßdämpferbefestigung aufschneiden muss. Bild 214 veranschaulicht mit (A), wo der Schnitt in einer Länge von 12 cm stattfinden muss. Die Verkleidung in der Innenseite des hinteren Kotflügels muss ebenfalls ausgebaut werden. Diese Arbeit überlässt man am besten einer Werkstatt. Nach Durchführung der genannten Arbeiten ergibt sich dann das in Bild 215 gezeigte Bild. Der Stoßdämpfer ist am oberen Ende mit einer selbstsichernden Mutter befestigt (21 Nm) und am unteren Ende mit einer Mutter am Längslenker verschraubt (265 Nm). Der Längslenker muss angehoben werden, bis man die Muttern lösen kann, und ist danach abzusenken, bis sich der Stoßdämpfer gestreckt hat und herausgenommen werden kann.

Hinterfedern – Aus- und Einbau

Serie 163
Die Hinterfeder bei einem Fahrzeug der Serie 163 wird zusammen mit dem Federbein ausgebaut, wie es bereits beschrieben wurde, d. h. die Schraubenfeder muss zusammengespannt werden. Bild 213 zeigt die auszubauenden Teile. Soll eine neue Feder eingebaut werden, immer die Modellausführung, den Motor und das Baujahr angeben. So wird gewährleistet, dass man die richtige Feder erhält.

Serie 164
Eine Hinterfeder bei einem Fahrzeug der Serie 164 kann bei abgeschraubtem Hinterrad und untergesetzten Böcken ausgebaut werden. Jede Feder ist mit verschiedenen Teilen versehen (Bild 216): ein Gummieinsatz (1), eine obere Federplatte (2), zwei Abstandsstücke (3), ein Kunststoffring (4) und eine Gummimanschette (5). Alle Teile sind entsprechend zu kennzeichnen, ehe sie abgenommen werden, um den richtigen Zusammenbau zu gewährleisten. Zum Ausbau einer Feder ist ein Federspanner erforderlich. Feder in geeigneter Weise zusammenspannen, bis sie frei vom oberen und unteren Federsitz ist. Die Feder kann danach herausgenommen werden.
Hinterfedern müssen immer paarweise erneuert werden. Hinweise zum Einbau:

- Die untere Federauflage wurde abgeändert. Falls eine Feder erneuert wird, muss man auch diese Federauflage erneuern, welche jedoch ein unterschiedliches Aussehen hat. Das Neuteil wird eine Zunge haben, welche in eine Nut im unteren Längslenker eingreift.
- Der obere Federsitz und der Gummieinsatz müssen auf eventuelle Beschädigung kontrolliert und falls notwendig erneuert werden.

Der Einbau findet in umgekehrter Reihenfolge statt. Beim Zurücklassen des Federspanners auf einen einwandfreien Sitz der Feder im oberen und unteren Federsitz achten.

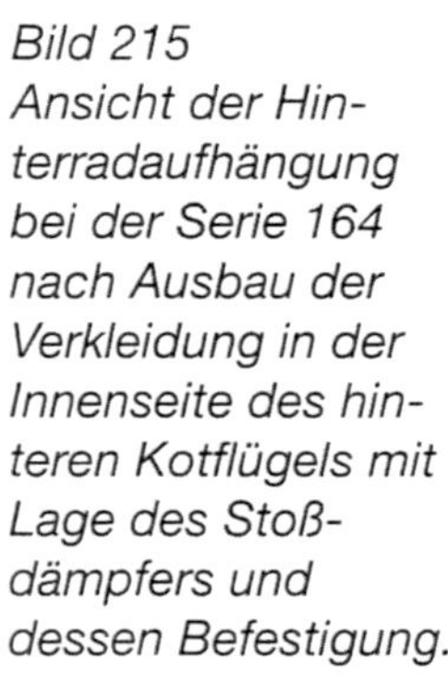
Bild 215
Ansicht der Hinterradaufhängung bei der Serie 164 nach Ausbau der Verkleidung in der Innenseite des hinteren Kotflügels mit Lage des Stoßdämpfers und dessen Befestigung.

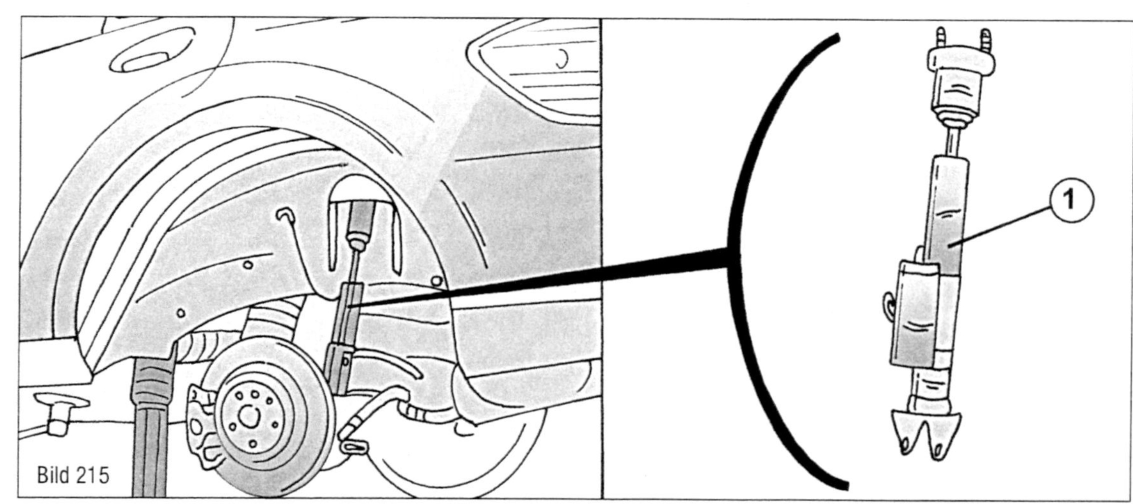

Kurvenstabilisator – Aus- und Einbau

Der Kurvenstabilisator (1, in Bild 217) bei einem Fahrzeug der Serie 163 wird durch ein Verbindungsgestänge (5), auch Koppelstange genannt, zwischen dem Lenkerarm (11) und dem Rahmenboden verbunden. Der Aus- und Einbau kann anhand der Abbildung erfolgen. Bei allen Ausführungen sieht es jedoch ähnlich aus. Die Rückseite des Fahrzeuges muss auf sicheren Unterstellböcken stehen. Beim Ausbau auf die Anordnung der einzelnen Teile achten. Die Mutter (10) ist gleichzeitig ein Gummilager und wird mit 21 Nm angezogen. Die beiden Schrauben auf jeder Seite der Stabilisatorstange werden mit 28 Nm angezogen, wenn man sie am Hinterachsträger anschraubt. Der Aus- und Einbau des Kurvenstabilisators bei einem Fahrzeug der Serie 164 geschieht in ähnlicher Weise, jedoch gelten unterschiedliche Anziehdrehmomente. Die Montageschellen des Kurvenstabilisators (Schrauben) werden mit 110 Nm, die Befestigungsmuttern der Koppelstangen an den Lenkerarmen und an den Enden des Kurvenstabilisators mit 180 Nm.

Lenkerarme der Hinterradaufhängung

Obere Lenkerarme – Aus- und Einbau

Die Anweisungen gelten für Fahrzeuge der Serie 163. 164-Modelle sind nachstehend getrennt behandelt.

Die Rückseite des Fahrzeuges muss beim Ausbau des oberen Lenkerarms auf sicheren Unterstellböcken stehen. Das Rad auf der betreffenden Seite abschrauben. Bild 218 zeigt Einzelheiten des Ausbaus. Der untere Lenkerarm ist an Stelle (5) befestigt.

- Rechten oder linken Raddrehzahlsensor (7) ausbauen.
- Bremssattel (6) ausbauen und mit einer Drahtschlinge an der Hinterradaufhängung festbinden. Nicht am Bremsschlauch herunterhängen lassen.
- Das Federbein (1) vom Längsträger des Rahmens trennen, nachdem die Muttern (9) gelöst wurden. Beim Einbau mit 20 Nm anziehen.

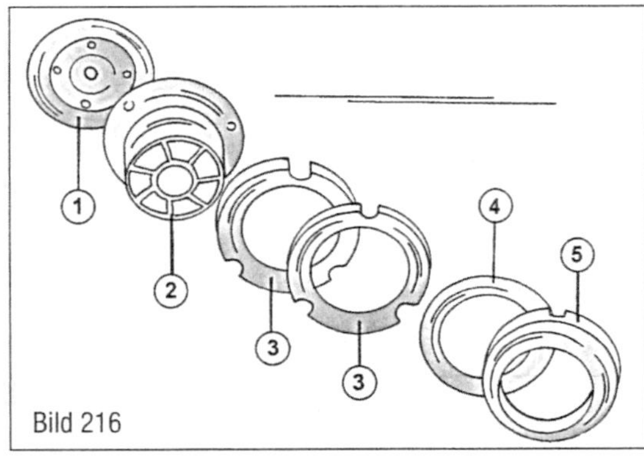

Bild 216

Bild 216
Die Teile an der Oberseite einer Schraubenfeder bei der Serie 164. Die Zahlen werden im Text erwähnt.

- Die Mutter des Kugelgelenks (3) vom Radträger lösen und das Kugelgelenk mit einem geeigneten Abzieher trennen. Während dem Einbau wird die Mutter mit 50 Nm angezogen.
- Die Hinterachse anheben, bis die Antriebswelle in waagerechter Lage liegt. Die Muttern (8) des oberen Lenkerarms (2) vom Rahmenträger lösen. Die Köpfe der Schrauben (4) müssen vor Ausbau in Einbaulage mit einem Farbklecks gezeichnet werden (Pfeilstellen im Bild oben).
- Die Schrauben (4) jetzt vorsichtig ausschlagen. Beim Entfernen der Schrauben muss die Lagerung des unteren Lenkerarms nach unten gedrückt werden, um die Schrauben an der Oberseite des Federbeins vorbeizuführen. Schrauben und Muttern werden mit 120 Nm angezogen, wenn die Antriebswelle waagerecht liegt.

Der Einbau findet in umgekehrter Reihenfolge statt. Die Gummilager des Lenkerarms können erneuert werden, jedoch sollte man dies in einer Werkstatt durchführen lassen. Die Anziehdrehmomente beachten.

Untere Lenkerarme – Aus- und Einbau

Die Anweisungen gelten für Fahrzeuge der Serie 163. 164-Modelle sind nachstehend getrennt behandelt.

Die Rückseite des Fahrzeuges muss beim Ausbau des unteren Lenkerarms auf sicheren Unterstellböcken stehen. Das Rad auf der betreffenden Seite abschrauben. Bild 219 zeigt einige Einzelheiten des Ausbaus. Die Abbildung zeigt zwei Versionen, die ältere Ausführung (A) und die neuere Ausführung (B). Zu beachten ist, dass die Scheiben (10) nur bei der älteren Version vorhanden sind. Falls ein neuer Lenkerarm eingebaut werden soll, muss man das Fahrzeugmodell, den Motor und das Baujahr wissen. Beim Ausbau folgendermaßen vorgehen:

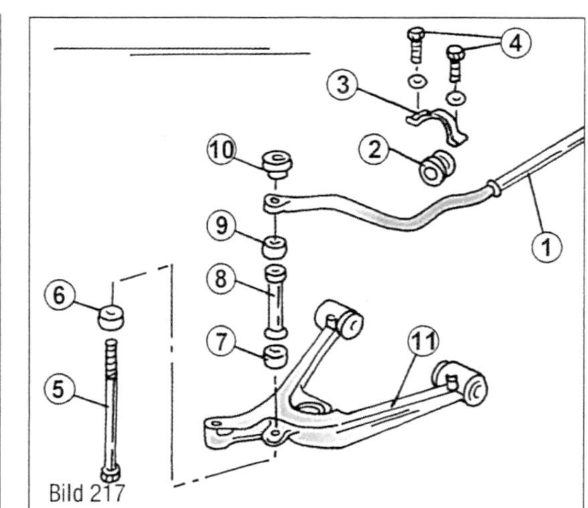

Bild 217
Befestigung des Kurvenstabilisators, gezeigt bei der Serie 163.
1 Stabilisatorstange
2 Gummilager
3 Montageschelle
4 Schrauben, 23 Nm
5 Koppelstange
6 Gummilager
7 Gummilager
8 Abstandshülse
9 Gummilager
10 Lager mit Mutter, 21 Nm
11 Lenkerarm

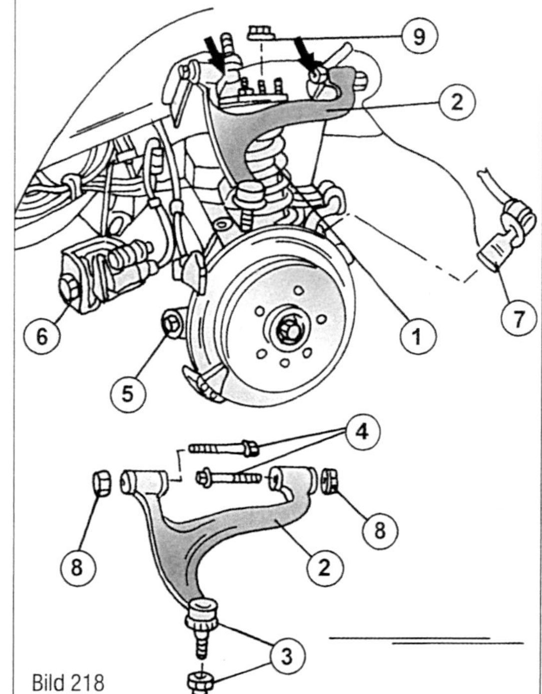

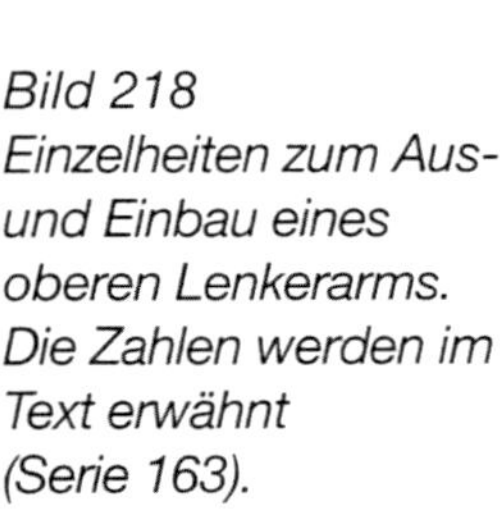

Bild 218
Einzelheiten zum Aus- und Einbau eines oberen Lenkerarms. Die Zahlen werden im Text erwähnt (Serie 163).

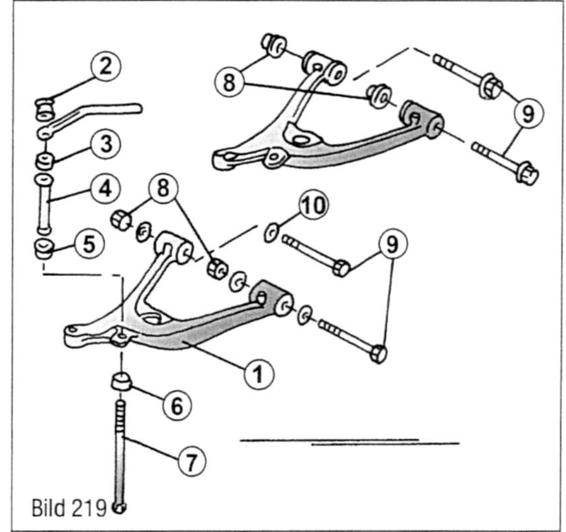

Bild 219
Einzelheiten zum Aus- und Einbau eines unteren Lenkerarms. Die Zahlen werden im Text erwähnt (Serie 163).

- Das Federbein vom unteren Lenkerarm (1) lösen. Die Mutter während dem Einbau mit 85 Nm anziehen.
- Das Lager mit der Mutter (2) und die Schraube (7), d. h. die Koppelstange, vom unteren Lenkerarm (1) trennen, nachdem die Hinterachse angehoben wurde, um die Antriebswelle in horizontale Lage zu bringen. Wird dies versäumt, kann man die Kurvenstabilisatorlager beschädigen. Gummilager (3) und (5) sowie die Abstandshülse (4) herausnehmen.
- Unteren Lenkerarm (1) vom Hinterachsträger abschrauben, indem man die Muttern (8) und Schrauben (9) entfernt. Die Achswelle muss unbedingt in waagrechter Lage liegen. Den Lenkerarm danach am Hinterachsträger nach unten schwingen.
- Die Mutter des Kugelgelenks am unteren Lenkerarm lösen. Der Kugelbolzen kann dabei mit einem Torx-Kopf-Einsatz passender Größe gegengehalten werden, falls er sich mitdrehen sollte (wird kaum vorkommen). Die Mutter beim Einbau mit 125 Nm anziehen. Der Lenkerarm kann jetzt herausgenommen werden.

Der Einbau findet in umgekehrter Reihenfolge statt. Die Gummilager des Lenkerarms können erneuert werden, jedoch sollte man dies in einer Werkstatt durchführen lassen. Die Anziehdrehmomente beachten.

Hinterradaufhängung – Serie 164

Die Hinterradaufhängung dieser Modelle besteht aus oberen und unteren Längslenkern, den Federbeinen, Schraubenfedern, einem Kurvenstabilisator und verschiedenen Streben, welche alle unter verschiedenen Bezeichnungen geführt werden. Aus- und Einbau einiger Teile wird untenstehend beschrieben.

Zugstrebe

Dies ist die Strebe (1) in Bild 220, welche die Aufgabe hat, die Radaufhängung unter Spannung zu halten. Die Strebe ist zwischen dem Hinterachsträger und dem Radträger eingesetzt und wird durch eine Mutter und Schraube auf jeder Seite gehalten. Die Rückseite des Fahrzeuges muss auf sicheren Unterstellböcken sitzen und das Rad abgeschraubt sein. Einen Rollwagenheber unter das Kugelgelenk des unteren Lenkerarms untersetzen, um die Radaufhängung nach Ausbau der Strebe in ihrer Lager zu halten.

Schraube und selbstsichernde Mutter auf einer Seite und die selbstsichernde Mutter, Schraube und eine Scheibe auf der anderen Seite entfernen. Die Gummilager können erneuert werden, jedoch empfehlen wir, die Arbeit in einer Werkstatt durchführen zu lassen. Während dem Einbau die Schraube einsetzen und eine neue Mutter mit der Scheibe auf einer Seite anbringen. Auf der Seite ohne Scheibe muss der Schraubenkopf in Fahrtrichtung weisen, auf der Seite ohne Scheibe entgegengesetzt der Fahrtrichtung. Beide Muttern zuerst handfest anziehen. Hinterradaufhängung mit dem Wagenheber anheben, bis sie in der normalen Stellung steht, und Schraube/Mutter auf beiden Seiten mit 110 Nm anziehen. Rad wieder anbringen und das Fahrzeug auf die Räder ablassen.

Spurstange

Dies ist die Strebe (1) in Bild 221. Die Strebe ist zwischen dem Hinterachsträger und dem Radträger eingesetzt. Die Strebe wird mit einer Schraube und einer Mutter an jedem Ende befestigt.
Zum Ausbau der Strebe zuerst die Montageklemmschelle des Kurvenstabilisators vom Hinterachsträger lösen (110 Nm). Der Kopf der Schraube an der Innenseite muss mit einem Farbstift im Verhältnis zu einer Exzenterscheibe gekennzeichnet werden, damit die Teile beim Einbau wieder in die ursprüngliche Lage kommen.
Schraube und Mutter am anderen Ende lösen (eine Scheibe ist untergelegt) und die Strebe herausnehmen. Die Gummilager können erneuert werden (Werkstattarbeit). Der Aus- und Einbau der Schrauben entspricht den Anweisungen bei der Zugstrebe, jedoch gelten unterschiedliche Anziehdrehmomente. Die selbstsichernde Mutter (immer neu) am Hinterachsträger wird mit 93 Nm angezogen, die Mutter auf der Seite des Hinterradträgers mit 110 Nm. Unbedingt kontrollieren, dass die Kennzeichnungen in Schraubenkopf und Exzenterscheibe wieder gegenüber liegen, ehe Schraube und Mutter angezogen werden.

Sturzstrebe

Die Sturzstrebe (1, Bild 222) ist zwischen dem Hinterachsträger und dem Radträger eingesetzt. Der Aus- und Einbau geschieht in gleicher Weise, wie es für die Zugstrebe beschrieben wurde, jedoch muss ein Kabelstranghalter vom Federbein gelöst und etwas nach vorn gezogen werden. Wiederum ist die Strebe auf einer Seite mit einer Exzenterscheibe befestigt und Scheibe und Schraubenkopf müssen vor dem Ausbau in geeigneter Weise gezeichnet werden.
Beim Einbau die Anziehdrehmomente beachten. Die selbstsichernde Mutter (immer erneuern) am Hinterachsträger wird mit 93 Nm angezogen, die Mutter auf der Radträgerseite

Bild 220

Bild 220
Die Zugstrebe (1) ist in der gezeigten Weise montiert (Serie 164).

Bild 221

Bild 221
Die Spurstange (1) ist in der gezeigten Weise montiert (Serie 164).

mit 110 Nm. Unbedingt kontrollieren, dass die Kennzeichnungen in Schraubenkopf und Exzenterscheibe wieder gegenüber liegen, ehe Schraube und Mutter angezogen werden.

Hintere Antriebswellen – Aus- und Einbau

Serie 163

Bild 223 zeigt die beim Ausbau einer Welle abzuschließenden Teile. Eine Welle folgendermaßen ausbauen.

- Radbolzen lockern, Rückseite des Fahrzeuges auf sichere Unterstellböcke setzen und das Rad abschrauben. Die große Mutter an der Außenseite der Antriebswelle lösen. Die Mutter muss immer erneuert werden. Beim Einbau mit 490 Nm anziehen.
- Die Schraube (5) des Raddrehzahlsensors ausdrehen und den Halter (1) für den Sensor vom Radträger abnehmen. Den Sensor (2) danach abziehen. Die Schraube mit 10 Nm anziehen.
- Die Mutter des Kugelgelenks für den oberen Lenkerarm (3) vom Radträger lösen und das Kugelgelenk mit einem passenden Abzieher ausdrücken. Beim Einbau wird die Mutter mit 50 Nm angezogen. In ähnlicher Weise das Kugelgelenk der Spurstange in der Hinterradaufhängung (4) unter dem Kurvenstabilisator trennen. Die Mutter wird beim Anschließen mit 55 Nm angezogen.
- Mit einem Abzieher, ähnlich wie es in Bild 197 gezeigt ist, die Antriebswelle aus dem Antriebswellenflansch ausdrücken. Die Antriebswelle danach so weit wie möglich zur Innenseite schieben und den Radträger nach außen ziehen.
- Die Antriebswelle muss jetzt aus dem Hinterachsenmittelstück ausgedrückt werden. Ein Reifenhebel kann dazu benutzt werden. Den Hebel hinter dem Wellengelenk ansetzen und das Gelenk vom Gehäuse wegdrücken. Dabei nicht die Gummimanschette beschädigen. Den Sicherungsring am Ende der Welle ausfedern. Muss immer erneuert werden.

Der Einbau findet in umgekehrter Reihenfolge statt. Die Welle so einsetzen, dass der Spalt des eingesetzten Sprengrings nach unten weist. Anziehdrehmomente beachten.

Serie 164

Der Aus- und Einbau geschieht in ähnlicher Weise, wie es bei der Serie 163 beschrieben wurde, mit dem Unterschied, dass man die Spurstange, die Zugstrebe und die Sturzstrebe in der beschriebenen Weise vom Radträger trennen muss. Die Anziehdrehmomente der verschiedenen Streben sind ebenfalls der Beschreibung zu entnehmen. Das Handbremsseil muss an Hinterachsträger und Sturzstrebe gelöst werden. Unterschiedlich ist das Anziehdrehmoment der Bundmutter am Ende der Antriebswelle (immer erneuern), welches bei diesen Modellen 520 Nm beträgt.

Bild 222
An der Oberseite der Radaufhängung ist die Sturzstrebe (1) eingebaut (Serie 164).

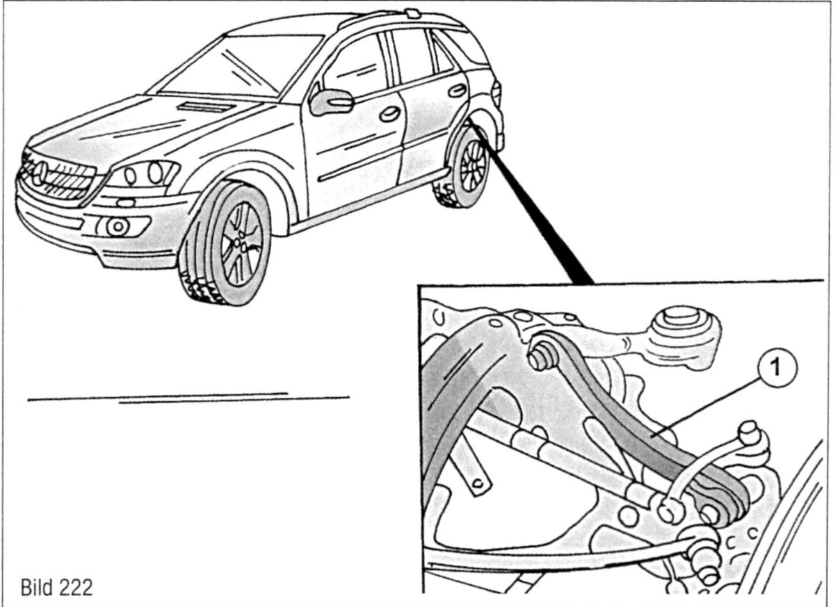

Bild 222

Hinterradlager

Wir schlagen vor, ein Radlager in der Werkstatt erneuern zu lassen. Der Radträger kann ausgebaut und zur Erneuerung des Radlagers in eine Werkstatt gebracht werden. Will man das Lager selbst erneuern, kann man dies anhand Bild 210 durchführen. Die Radnabe und das Radlager setzen sich aus den gleichen Teilen zusammen.

Ölwechsel in der Hinterachse

Die Hinterachse ist bei einem Fahrzeug der Serie 163 mit 1,65 Liter Öl gefüllt. Bei einem Fahrzeug der Serie 164 sind 1,1 Liter eingefüllt (Hinterachse ohne Differentialsperre) oder 1,8 Liter, falls eine Differentialsperre eingebaut ist.

Zum Ausschrauben des Ölablassstopfens und Einfüll/Ölstandstopfens ist ein Innensechskantschlüssel (Inbusschlüssel) mit einer Schlüsselweite von 14 mm erforderlich. Die Achse wird mit Hypoidöl SAE 90 gefüllt. Bild 224 zeigt die Lage des Öleinfüllstopfens (1) und Ablassstopfens (2). Zur Kontrolle des Ölstands den Einfüllstopfen herausdrehen und mit dem Zeigefinger kontrollieren, ob das Öl an der Unterkante der Bohrung steht. Anderenfalls Öl nachfüllen. Beim Ölwechsel folgendermaßen vorgehen:

- Einen geeigneten Behälter unter die Hinterachse unterstellen und den Ölablassstopfen an der Unterseite ausschrauben. Den Öleinfüllstopfen aus dem hinteren Deckel ausschrauben, damit das Öl besser ablaufen kann.
- Abwarten bis alles Öl abgelaufen ist, den Stopfen gut reinigen und wieder einschrauben. Mit 50 Nm anziehen.
- Achsgehäuse mit der erforderlichen Ölmenge füllen, bis das Öl an der Unterkante der Einfüllbohrung steht. Stopfen gut reinigen und einschrauben. Mit 50 Nm anziehen.

Hinterradeinstellung

Kontrolle und Einstellung der Geometrie der Hinterräder erfordern die Benutzung von Spezialeinrichtungen und Spezialwerkzeugen und müssen in einer Werkstatt durchgeführt werden lassen. Falls Teile der Radaufhängung ausgebaut wurden und man die Einbaulage der betroffenen Teile gezeichnet hat, sollte sich die Hinterradeinstellung nicht verstellt haben. Man kann dann in eine Werkstatt fahren und die Vermessung durchführen lassen.

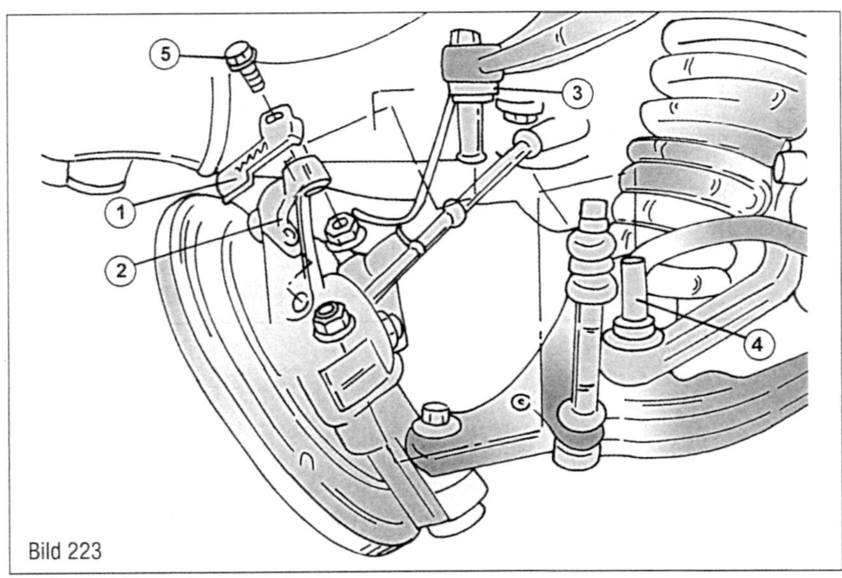

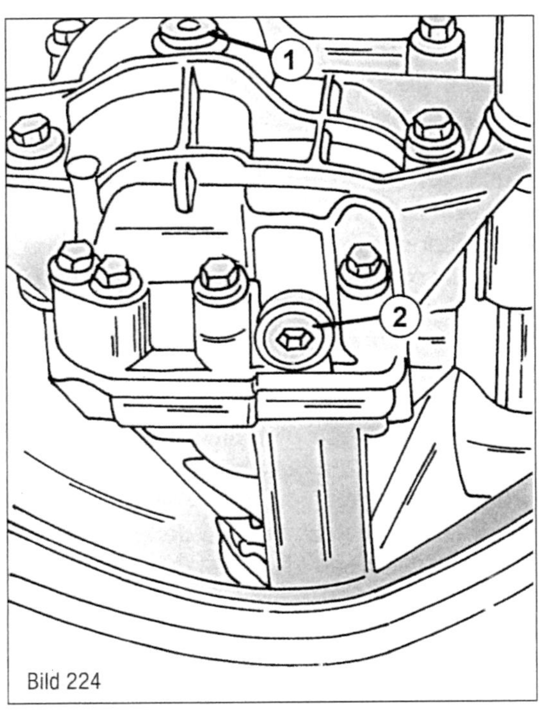

Bild 223
Einzelheiten zum Ausbau einer hinteren Antriebswelle, gezeigt bei der Serie 163.
1 *Halter für Raddrehzahlsensor*
2 *Raddrehzahlsensor*
3 *Kugelgelenk des Lenkerarms*
4 *Kugelgelenk der Spurstange*
5 *Schraube für Halter*

Bild 224
Lage des Öleinfüll/Ölstandstopfens (1) und des Ölablassstopfens (2).

11 Die Lenkung

Eine Zahnstangenlenkung mit Servounterstützung wird bei allen Fahrzeugen eingebaut. Die Füllmenge der Anlage beträgt 1,2 Liter. Die Flüssigkeit ist die gleiche, wie sie in automatischen Getrieben verwendet wird.

Wartungsarbeiten an der Lenkung

Manschetten des Lenkgetriebes kontrollieren: Die Zahnstange der Lenkung wird an beiden Enden mit einer schwarzen Manschette verschlossen, einem so genannten Faltenbalg. Diese müssen regelmäßig kontrolliert werden, da ein rissiger Faltenbalg Wasser, Staub oder Straßenschmutz in das Innere des Lenkgetriebes eindringen lässt. In Verbindung mit dem Schmiermittel der Lenkung wird dadurch eine Art Schleifpaste hergestellt, die zum Abrieb an der Zahnstange und an der Zahnstangenführung führt. Eine regelmäßige Kontrolle erspart Ihnen spätere Kosten.

- Zur Kontrolle den Faltenbalg mit der Hand auseinanderziehen oder die Lenkung vollkommen einschlagen, sodass sich die Manschetten strecken können. Das Material sorgfältig auf Risse kontrollieren. Eine nicht mehr einwandfreie Manschette muss sofort erneuert werden.

Die Befestigungsschellen an den Enden der Faltenbälge müssen fest sitzen.

Staubschutzkappen und Spiel der Spurstangenköpfe prüfen: Die Spurstangengelenke an den äußeren Enden der Spurstangen bestehen aus Stahlkugelköpfen, die mit ein wenig Fett wartungsfrei in eine Kunststoffschale eingesetzt sind. Schutz vor Staub oder Feuchtigkeit gewährleistet in diesem Fall eine Gummikappe. Um den Gelenken eine lange Lebensdauer zu geben, muss man sie im Rahmen der Wartungsarbeiten kontrollieren.

- Die Staubschutzkappen ringsherum auf Rissstellen kontrollieren. Falls man diese feststellen kann, muss man die Spurstangenköpfe erneuern, wie es anschließend beschrieben wird.
- Die Gelenke kann man ebenfalls auf übermäßiges Spiel kontrollieren. Dazu das Fahrzeug vorn auf Böcke setzen und das Rad hin- und herbewegen. Ebenfalls kann man die Spurstange am Rohrstück erfassen und kräftig schütteln. Falls Sie einen Helfer zur Hand haben, erfassen Sie das Gelenk am Eingang in den Lenkhebel (Räder auf dem Boden) und lassen das Lenkrad hin- und herdrehen. Dadurch wird Spiel an den Gelenken angezeigt. Auch in diesem Fall das Spurstangengelenk erneuern.
- Die inneren Gelenke können in ähnlicher Weise kontrolliert werden, jedoch ist dies schwieriger. In diesem Fall muss jedoch die gesamte Spurstange erneuert werden.

Lenkungsspiel kontrollieren: Bei geöffneten Fester das Lenkrad erfassen und kurz hin- und herbewegen. Dabei das linke Vorderrad beobachten. Dieses muss sich sofort mit dem Lenkrad »mitbewegen«. Ist dies nicht der Fall, können folgende Defekte vorliegen:

- Spiel in der Zahnstange des Lenkgetriebes (in der Werkstatt einstellen lassen).
- Ausgeschlagene Spurstangengelenke außen oder innen (äußeres Gelenk erneuern, inneres mit der Spurstange erneuern).
- Ausgeschlagenes Kreuzgelenk an der Verbindung der Lenkwelle.

Lenkung – Aus- und Ausbau

Der Aus- und Einbau der Lenkung ist eine komplizierte Arbeit, da unter anderem der Antrieb der Vorderachse ausgebaut werden muss. Da man eine Lenkung nur in den seltensten Fällen ausbauen muss, sollte man das Fahrzeug dazu in eine Werkstatt bringen. Eine kurze Beschreibung des Ausbaus folgt, falls Sie die Arbeit selbst durchführen wollen.

Die folgenden Vorsichtsmaßnahmen sind bei allen Arbeiten an der Lenkung zu treffen:

- Alle Arbeiten nur unter sauberen Verhältnissen durchführen.
- Nach Abschließen von Leitungen oder Schläuchen von der Lenkungsanlage die Anschlussenden gut reinigen und in geeigneter Weise verschließen, um Eindringen von Schmutz zu vermeiden (können mit Klebeband verschlossen werden).
- Ausgebaute Teile der Lenkung auf einer sauberen Fläche ablegen und mit sauberem Papier oder Lappen abdecken.

Keine flusenden Lappen zum Sauberwischen von Teilen der hydraulischen Anlage benutzen.
Wenn man über einige Erfahrung verfügt, kann man die Lenkung folgendermaßen ausbauen. Das Fahrzeug muss vorn auf Böcken stehen, beide Vorderräder abgeschraubt. Bild 225 zeigt die Einzelheiten der Lenkung bei einem Modell der Serie 163. In Bild 226 kann man die Einzelheiten der Lenkung bei einem Fahrzeug der Serie 164 sehen. Nach Ausbau des Vorderradantriebs folgendermaßen bei Serie 163 und 164 vorgehen:

Bei einigen Fahrzeugen ist ein Kabelstecker am Steuergehäusedeckel aufgesteckt (Fahrzeuge mit Geschwindigkeitsempfindlicher Servolenkung), welcher in diesem Fall abzuziehen ist. Bei einigen Modellen der Serie 164 ist eine so genannte Memory-Einheit eingebaut (Fahrersitz, Lenksäule, Spiegel), welche deaktiviert werden muss. Ihre Betriebsanleitung sollte Ihnen nähere Anweisungen darüber geben.

- Flüssigkeit aus dem Behälter der Lenkungsflüssigkeit aussaugen, wie man es in Bild 192 beim Behälter der Bremsflüssigkeit sehen kann.
- Die Abdeckung unter dem Motorraum ausbauen oder die Geräuschverkapselung unter dem Motorraum ausbauen (z. B. bei Fahrzeugen der Serie 164, Modelle 164.120 und 164.122, 280 und 320 CDI).
- Die Spurstangenkugelgelenke (2) in Bild 225 von den Hebeln an den Achsschenkeln nach Lösen der Mutter mit einem geeigneten Abzieher trennen. Die Mutter immer erneuern. Beim Einbau wird sie mit 55 Nm (Serie 163) oder 50 Nm + 60° (Serie 164) angezogen.
- Lenkrad in die Mittelstellung bringen, d. h. beide Vorderräder müssen in Geradeausstellung stehen. Den Zündschlüssel jetzt abziehen um die Lenkung zu sperren.
- Bei einem Modell der Serie 164 sitzt ein Kabelstecker in der Nähe des Lenkritzels am Steuerventil der Lenkung (5, Bild 226). Abziehen.
- Die nächsten Anweisungen beziehen sich auf Bild 225. Flüssigkeitsrücklaufleitung (11) und den Hochdruckschlauch (10) abschließen. Entweder Schraubanschlüsse oder Hohlschrauben können verwendet werden. Abgeschlossene Leitung/Schlauch in geeigneter Weise verschließen. Dichtringe beim Einbau erneuern, aber die Anziehdrehmomente beachten. Falls eine Schraubverbindung benutzt wird, werden Rücklaufleitung und Hochdruckschlauch mit 15 Nm angezogen. Wird ein Hohlschraubenanschluss verwendet, werden beide Flüssigkeitsleitungen mit 30 Nm angezogen.
- Die Mutter (9) an der Schraube der Lenkungskupplung (8) entfernen und die untere Lenkwelle (13) aus der Kupplung herausziehen. Dabei nicht das Schutzteil beschädigen. Die Mutter (9) muss immer erneuert werden und wird beim Einbau mit 28 Nm angezogen. Daran denken, dass die Lenkung beim Einbau in der Mittelstellung stehen muss.
- Die Zahnstangenlenkung (4) vom Vorderachsträger (1) nach Lösen der Schrauben (5) trennen. Bei der Serie 164 werden Halteplatten benutzt, die in Bild 226 mit (2) angegeben sind. Auf die Einbauweise der beiden Ausgleichsscheiben (6) und (7) auf der rechten Seite achten, welche zwischen dem Gummilager und dem Vorderachsträger eingelegt sind, aber eine unterschiedliche Stärke haben. Die Schrauben werden bei einem

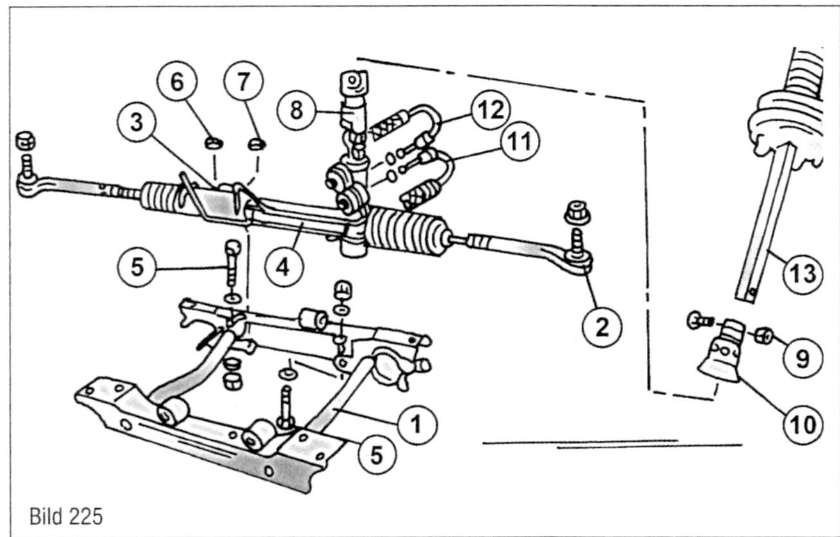

Bild 225

Bild 225 Einzelheiten zum Ausbau und Einbau der Lenkung bei einem Fahrzeug der Serie 163. Die Zahlen werden in der Beschreibung erwähnt.

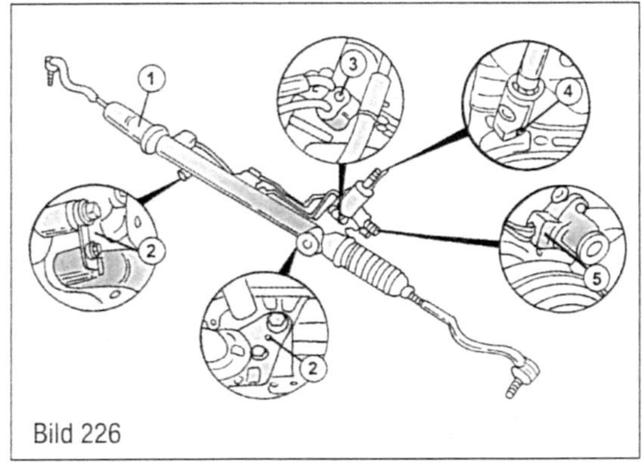

Bild 226

Bild 226 Einzelheiten zum Ausbau und Einbau der Lenkung bei einem Fahrzeug der Serie 164.
1 Zahnstangenlenkung
2 Halteplatten am Vorderachsträger
3 Schraube der Sicherungsplatte
4 Schraube der Lenkungskupplung
5 Elektrischer Kabelstecker

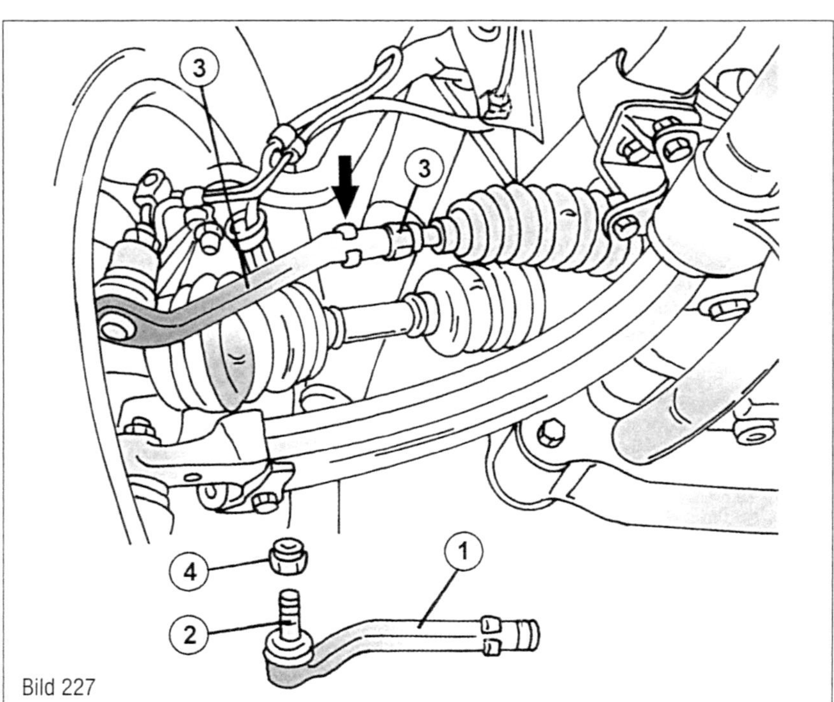

Bild 227

Bild 227
Aus- und Einbau einer Spurstange
1 *Spurstangenendstück (außen)*
2 *Spurstangenkugelgelenk*
3 *Kontermutter der Spurstange*
4 *Mutter des Spurstangengelenkbolzens*

Modell der Serie 163 mit 50 Nm angezogen. Bei einem Modell der Serie 164 findet das Anziehen in vier Stufen statt. Zuerst mit 50 Nm anziehen, danach um eine halbe Umdrehung lockern, erneut mit 50 Nm anziehen und aus der Einstellung um eine weitere Viertelumdrehung festziehen (90°).

■ Nach Herausnehmen der Lenkung das Gummilager (3) auf Beschädigung kontrollieren und erneuern, falls es nicht mehr einwandfrei aussieht.

Der Einbau findet in umgekehrter Reihenfolge unter Beachtung der bereits angegebenen Anziehdrehmomente statt, wobei die Unterschiede zwischen Serien 163 und 164 zu beachten sind. Die Lenkungsanlage nach Einbau der Lenkung mit Flüssigkeit füllen und entlüften, wie es anschließend beschrieben wird. Die Einstellung der Vorderräder sollte man in einer Werkstatt kontrollieren lassen, falls irgendwelche Teile der Lenkung erneuert wurden.

Spurstangen und Spurstangenkugelgelenke

Ehe man sich entschließt, ein Spurstangengelenk oder eine Spurstange zu erneuern, kann man die folgenden Prüfungen durchführen:

■ Die Staubschutzkappen der Gelenke dürfen nicht eingerissen sein.

■ Lenkung nach einer Seite einschlagen, das Spurstangengelenk mit einer Hand erfassen und von einem Helfer das Lenkrad hin- und herdrehen lassen (Motor anlassen, um das Einschlagen zu erleichtern). Falls man ungewöhnliches Spiel feststellt, das Gelenk erneuern.

■ Fahrzeug vorn aufbocken und die Spurstange mit einer Hand erfassen. Bei kräftigem Auf- und Abbewegen der Spurstange darf man kein Spiel am Gelenk feststellen. Andernfalls das Gelenk erneuern.

■ Ähnliche Prüfungen am inneren Gelenk durchführen. In diesem Fall muss man die Manschette von der Lenkung lösen. Festgestelltes Spiel bedeutet hier Erneuerung der kompletten Spurstange.

Die Spurstangenkugelgelenke an den Enden der Spurstangen können getrennt bei eingebauter Lenkung erneuert werden. Der Aus- und Einbau kann unter Bezug auf Bild 227 stattfinden. Das Fahrzeug muss auf sicheren Unterstellböcken stehen, Rad abgeschraubt.

■ Die Mutter (4) des Spurstangenkugelgelenks entfernen und das Gelenk mit einem geeigneten Kugelbolzenabzieher vom Hebel am Achsschenkel abdrücken. Die Mutter (immer erneuern) beim Einbau mit 50 Nm anziehen.

■ Nach Lösen der Kontermutter (3) die Spurstange (1) unter gleichzeitiger Zählung der Umdrehungen abschrauben.

■ Beim Aufschrauben die gleiche Anzahl Umdrehungen beachten (auch halbe Umdrehungen) und die Kontermutter mit 50 Nm (Serie 163) oder 60 Nm (Serie 164) festziehen. Dazu an der mit den Pfeilen gezeichneten Stelle an der Spurstange mit einem Gabelschlüssel gegenhalten. Falls man die Arbeit sorgfältig durchführt, wird man sich in den meisten Fällen ein Einstellen der Vorspur ersparen können. Kontrollieren lassen sollte man die Vorspur in jedem Fall.

■ Abschließend das Kugelgelenk wieder am Hebel des Achsschenkels anschließen: Auch hier gelten unterschiedliche Anziehdrehmomente. 50 Nm bei der Serie 163 oder 45 Nm + 90° (Viertelumdrehung) bei der Serie 164.

■ Bei einem Fahrzeug der Serie 164 die Klemmplatte mit 18 Nm an der Lenkung verschrauben. Die Halteplatte wird mit 23 Nm angezogen.

Die hydraulische Anlage

Füllen der hydraulischen Anlage
Falls die Lenkungsanlage aus irgendeinem Grund entleert wurde, muss sie neu gefüllt und anschließend entlüftet werden. Während dem Ausbau ausgelaufene Flüssigkeit darf nicht wieder eingefüllt werden. Der Filter muss immer erneuert werden, wenn die Lenkung erneuert oder die Flüssigkeit gewechselt wird. Auch beim Nachfüllen müssen die Anweisungen befolgt werden. Folgende Reihenfolge muss eingehalten werden:

- Die Verschraubung des Vorratsbehälters abschrauben. In der Verschraubung sitzt ein Dichtring, welcher herausfallen könnte.
- Vorratsbehälter bis zur Oberkante auffüllen.
- Motor einige Male kurz anlassen, jedoch sofort wieder abstellen, sobald er anspringt. Auf diese Weise wird die gesamte Anlage mit Flüssigkeit gefüllt.

Während diesem Vorgang fällt der Flüssigkeitsstand im Vorratsbehälter schnell ab und muss laufend berichtigt werden. Der Behälter darf niemals leer werden, da andernfalls zu viel Luft in die Anlage gesaugt wird und der Vorgang von vorn zu beginnen ist.

- Wenn der Flüssigkeitsspiegel nicht mehr abfällt, ist die Anlage gefüllt. Die Flüssigkeit muss innerhalb der Markierung am Messstab stehen. Den Messstab werden Sie bereits gesehen haben, nachdem die Verschlusskappe abgenommen wurde. Man wird an diesem einen oberen und einen unteren Strich sehen. Die Flüssigkeit muss innerhalb dieses Bereichs liegen. Die Füllmenge der Lenkung beträgt ca. 1,2 Liter.
- Den Dichtring gut in die Verschraubung eindrücken und wieder auf den Behälter aufschrauben.

Es ist eine gute Angewohnheit, dass man den Stand der Hydraulikflüssigkeit bei jeder Kontrolle des Motorölstands ebenfalls kontrolliert. Auf diese Weise kann man diese Überprüfung nicht vergessen.

Beim Füllen der Anlage darauf achten, dass nichts in den geöffneten Behälter hineinfallen kann, da dies schnell zu Funktionsstörungen führen könnte.

Entlüften der hydraulischen Anlage
Falls der Flüssigkeitsstand nach kurzem Anlassen und wieder Abstellen des Motors nicht mehr absinkt, kann die Anlage folgendermaßen entlüftet werden. Ein Helfer ist zum Verdrehen des Lenkrads erforderlich:

- Das Lenkrad schnell mehrere Male aus einem Anschlag in den anderen drehen, damit die Luft aus dem Lenkungszylinder verdrängt wird. Das Lenkrad dabei aber nicht zu fest verdrehen. Es reicht, wenn der Kolben in beide Einschlagrichtungen gegen den Anschlag anliegt.

Den Flüssigkeitsspiegel des Vorratsbehälters bei dieser Arbeit beobachten. Falls er absinkt, muss sofort wieder Flüssigkeit nachgefüllt werden, da er gleichmäßig an der Max-Markierung bleiben muss. Keine Luftblasen dürfen aufsteigen, während das Lenkrad aus einem Einschlag in den anderen gedreht wird.

Kontrolle der Anlage auf Leckstellen
Da es manchmal vorkommen kann, dass man Flüssigkeit aus der Anlage verliert, kann man durch eine kurze Prüfung feststellen, wo diese herausläuft.

- Die Lenkung von einer zweiten Person in beide Einschläge drehen lassen, bis sie anschlägt, und kurz in dieser Einschlagstellung lassen. Dadurch wird der höchstmögliche Druck in der Anlage aufgebaut und irgendwelche Leckstellen lassen in diesem Moment die Flüssigkeit heraustreten.
- Von der Unterseite des Fahrzeuges die Umgebung des Lenkritzels kontrollieren (Drehschieber), die Gummimanschetten an der Zahnstange lösen und die Enden der Zahnstange kontrollieren (Dichtringe der Zahnstange), die Lenkhilfspumpe überprüfen und alle Schlauchanschlüsse kontrollieren. Auslaufendes Öl an diesen Stellen weist auf Leckstellen hin.

12 Die Bremsanlage

Die Straßenverkehrs-Zulassungsordnung in Deutschland (StVZO) oder entsprechende Gesetze in anderen Ländern schreiben vor, dass ein Pkw stets mit zwei Bremsanlagen – der Feststellbremse (Handbremse) und der hydraulischen Betriebsbremse (Fußbremse) – ausgestattet ist, die unabhängig voneinander arbeiten. Sinn dieser Vorschrift: Fällt ein System aus, kann das andere das Fahrzeug immer noch abbremsen. Die Bremsanlage Ihres Fahrzeuges erfüllt diese Bestimmung mit einer Handbremse sowie einer diagonal geteilten Zweikreisbremsanlage. Dabei ist ein Bremskreis jeweils für ein Vorderrad und das gegenüberliegende Hinterrad zuständig. Fällt ein Bremskreis aus, bleiben Vorderrad und Hinterrad des anderen Kreises bremsfähig. In diesem Fall müssen Sie freilich stärker aufs Bremspedal treten, um die gleiche Wirkung zu erreichen wie bei einer intakten Anlage. Das Pedal lässt sich weiter durchtreten und der Anhalteweg wird wesentlich länger.

Die Konstruktion der Bremsen

Für die Vorderräder und die Hinterräder werden Scheibenbremsen verwendet, die jedoch nicht gleich sind. Für die Vorderräder werden Gleitbremssättel oder Festsättel verwendet. Festsättel werden auch an den Hinterrädern montiert.
Die Anlage ist als Zweikreissystem ausgebildet. Jeder Abschnitt des Hauptbremszylinders übernimmt in geteilter Form die Abbremsung von jeweils zwei Rädern, d. h. einen vorderen Bremssattel und den diagonal gegenüberliegenden hinteren Bremssattel.
Die Bremsanlage ist serienmäßig mit einem Bremskraftverstärker ausgerüstet, welcher seinen Unterdruck aus einer getrennten Unterdruckpumpe erhält.
An der Vorderachse und an der Hinterachse verzögern Scheibenbremsen die Fahrgeschwindigkeit des Fahrzeuges. Beim Tritt aufs Bremspedal presst eine mit dem Pedal verbundene Druckstange zwei hintereinander liegende Kolben in den Hauptbremszylinder, der im Motorraum an den Bremskraftverstärker montiert ist. Die Kolben übertragen die Fußkraft auf die im Hauptbremszylinder eingeschlossene Bremsflüssigkeit. Es entsteht ein hydraulischer Druck, der sich über Rohr- und Schlauchleitungen zu den Bremszangenzylindern fortsetzt: Die Bremsklötze drücken gegen die Bremsscheiben. Drücken ist dabei nur grob gesagt. Da im Fall von eingebauten Gleitsätteln, auch Bremszangen genannt, dieser nur einen Kolben hat, drückt der hergestellte Bremsdruck gegen diesen Kolben, welcher dabei den Bremsklotz gegen die Bremsscheibe drückt. Sobald der Kolben nicht weiter kann, wird der gesamte Bremssattel auf einem Mechanismus von Gleitbolzen auf die andere Seite gedrückt, wobei der zweite Bremsklotz gegen die andere Seite der Bremsscheibe gedrückt wird. Die Bremsung ist damit komplett. Anders sieht es bei den eingebauten Festsätteln aus. Hier drücken die Kolben durch den hydraulischen Druck die beiden Bremsklötze gegen die Bremsscheibe und nehmen dabei die Bremsung vor.
Wo ist aber die Handbremse, welche normalerweise bei Trommelbremsen durch einen Mechanismus aus Seilen und Hebeln auf die Bremsbacken wirkt? Der Mechanismus aus Hebeln und Seilen ist noch vorhanden. Jedoch sind bei der vorliegenden Ausführung die hinteren Bremsscheiben so geformt, dass sie noch Platz für eine herkömmliche Trommelbremse bieten. Wenn das Pedal im Fahrerfußraum getreten wird, spannt sich das vordere Bremsseil. Dies führt zum Seilzugausgleich über der Gelenkwelle. Von dort verläuft je ein Bremsseil zur jeweiligen Hinterradbremse. Die Bremsbacken werden durch einen Spreizhebel auseinanderbewegt.
Vorder- und Hinterradbremsen stellen sich übrigens selbst nach.

Wartungsarbeiten an den Bremsen – im Zweifel in die Werkstatt

Die Bremsen entscheiden im Straßenverkehr über Ihre Sicherheit und die anderer Verkehrsteilnehmer. Deshalb ist eine regelmäßige Kontrolle der Bremsanlage Ihre beste Lebensversicherung.

⚠ Machen Sie sich nur ans Schrauben, wenn Sie sich Ihrer Sache wirklich sicher sind. Überlassen Sie Arbeiten an der Bremse im Zweifelsfall lieber einer Fachwerkstatt.

Falls Ihnen einige der mit der Bremsanlage verbundenen Teile nicht genau bekannt sind, werden Ihnen die folgenden Beschreibungen zum besseren Verständnis helfen:
Zweikreisbremsanlage. Diagonal geteilte hydraulische Anlage. Jeweils ein Bremskreis für Vorderrad und gegenüberliegendes Hinterrad.
Hauptbremszylinder. Wandelt die mechanische Kraft des Bremspedals in hydraulische Kraft um. Sorgt für schnellen Druckabbau im System beim Lösen der Bremsen.
Bremskraftverstärker. Sitzt links im Motorraum hinter dem Hauptbremszylinder. Bringt etwa 60 Prozent der Bremskraft. Beim Dieselmotor gibt's dafür eine separate Unterdruckpumpe. Beim Bremsen reagiert eine elastische Membrane auf den Druckunterschied zwischen dem äußerem Luftdruck und dem Unterdruck aus der Unterdruckpumpe. Sie drückt zusätzlich auf die Kolben im Hauptbremszylinder.
Bremsflüssigkeit. Die Flüssigkeit in den Bremsleitungen und Bremszylindern ist eine Mischung aus Glykol, Polyglykoläther und ein paar weiteren Bestandteilen. Diese gelbliche – übrigens giftige und gegen Autolack aggressive – Flüssigkeit greift die Metall- und die Gummiteile des Bremssystems nicht an, sie bleibt selbst bei -40 °C noch ausreichend dünnflüssig, und sie hat trotz ihrer Dünnflüssigkeit den extrem hohen Siedepunkt von ca. 290 °C.
Aber die Bremsflüssigkeit hat auch eine sehr unangenehme Eigenschaft: Sie nimmt gern Wasser auf, sie ist »hygroskopisch«. Bei lediglich 2,5% Wassergehalt liegt der Siedepunkt nur noch bei 150 °C. Das wird bei starker Belastung der Bremsen gefährlich. In der Nähe der erhitzten Bremsen können sich Dampfblasen in der Hydraulikflüssigkeit bilden, die sich zusammenpressen lassen – das Bremspedal lässt sich tief durchtreten, manchmal tritt man sogar ins Leere (in diesem Fall hilft bisweilen noch schnelles Pumpen mit dem Bremspedal).

Die folgende Beschreibung soll Sie mit den an der Bremsanlage durchzuführenden Wartungsarbeiten vertraut machen, ehe Sie sich an die komplizierteren Arbeiten herantrauen.

Stand der Bremsflüssigkeit prüfen

Der Bremsflüssigkeitsbehälter sitzt im Motorraum links hinten auf dem Hauptbremszylinder an der in Bild 228 gezeigten Stelle.
Im durchscheinenden Behälter muss die Bremsflüssigkeit stets zwischen den Markierungen »Min« und »Max« stehen.
Bedingt durch die im Durchmesser verhältnismäßig großen Kolben in den Bremssätteln sinkt der Flüssigkeitsspiegel ein wenig, wenn die Kolben durch die verschleißenden Bremsklötze weiter herauswandern und Bremsflüssigkeit nachfließt. Ein gewisses, minimales Absinken der Bremsflüssigkeit muss also nicht unbedingt alarmierend sein.
Fällt der Stand der Bremsflüssigkeit innerhalb kurzer Zeitabstände immer wieder unter die »Min«-Marke, muss dringend nach den Ursachen geforscht werden.
Der Stand der Bremsflüssigkeit wird durch eine Warnlampe im Armaturenbrett überwacht. Immer wenn Bremsflüssigkeit nachgefüllt wird, deren Funktion prüfen: Bei eingeschalteter Zündung und gelöster Feststellbremse nacheinander auf die beiden Gummikappen oben am Behälter drücken – die Lampe muss jedes Mal aufleuchten.
Manchmal ist es erforderlich etwas Bremsflüssigkeit aus dem Vorratsbehälter abzusaugen. In diesem Fall schlagen wir vor, dies in der in Bild 192 gezeigten Weise durchzuführen.

Bremsflüssigkeit austauschen

Wie Sie im letzen Abschnitt lesen konnten, spricht einiges dafür, die Bremsflüssigkeit jährlich zu wechseln. Für diese Arbeit sind Sie in der Werkstatt gut aufgehoben. Wer unbedingt den Ehrgeiz zum Selbermachen besitzt, geht ähnlich vor wie beim Entlüften der Bremsanlage:

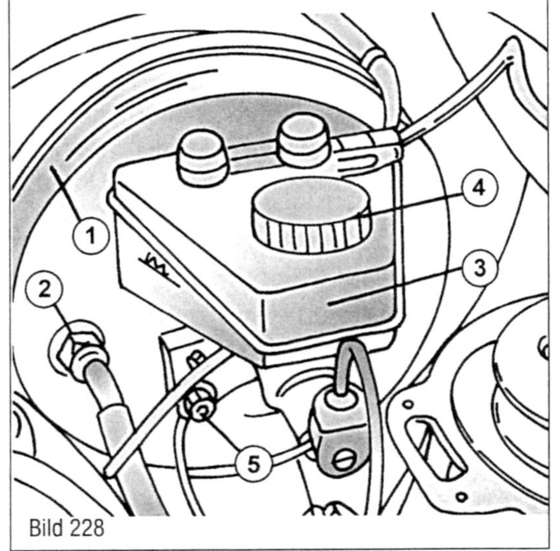

Bild 228

Bild 228
Der Behälter der Bremsflüssigkeit ist auf dem Hauptbremszylinder aufgesetzt. Der Behälter ist an der Außenseite mit »Min« und »Max« gezeichnet. Die beiden Knöpfe können zur Kontrolle des Bremsflüssigkeitsstands gedrückt werden (falls vorhanden).
1 Bremskraftverstärker
2 Unterdruckschlauch
3 Flüssigkeitsbehälter
4 Schraubkappe
5 Hauptbremszylinder

- Den Bremsflüssigkeitsbehälter mit einer Spritze o. Ä. bis auf etwa 1 cm leer saugen.
- Mit neuer Bremsflüssigkeit (DOT 4) auffüllen.
- Nacheinander an jeder Radbremse die Entlüftungsschrauben öffnen und mit dem Bremspedal langsam Bremsflüssigkeit herauspumpen. Das Bremspedal pro Bremse 10 Mal durchtreten.
- Unbedingt auf den Stand der Bremsflüssigkeit im Vorratsbehälter achten und rechtzeitig Bremsflüssigkeit nachfüllen, bevor Luft angesaugt wird.
- An der rechten Hinterradbremse beginnen (am weitesten entfernt).

Bremsen überprüfen

Am besten suchen Sie sich eine wenig befahrene Straße oder einen leeren Parkplatz. Auf solch einer ebenen und trockenen Teststrecke bremsen Sie mehrmals mehr oder weniger stark ab. Zieht der Wagen einseitig nach rechts, ist die Wirkung der linken Vorder- oder Hinterradbremse zu schwach. Ungleich lange Bremsspuren – sie werden durch kurze Vollbremsungen aus ca. 40 km/h erzeugt – weisen ebenfalls auf ungleiche Bremswirkung hin. Bei einer weiteren Prüfung können Sie noch das Lenkrad leicht loslassen (Hände griffbereit!) und fühlen, ob es während des Bremsens einzuschlagen versucht. Die Feststellbremse prüfen Sie beim Ausrollenlassen des Wagens. Bei kräftigem Treten des Pedals müssen sich gleich lange Bremsspuren ergeben. Genauer ist der preisgünstige Bremsentest auf einem Prüfstand in der Werkstatt. Den Test spätestens vor jeder Hauptuntersuchung durchführen lassen.

Durch Streusalzeinwirkung auf Bremsscheibe und Bremsbeläge kann sich besonders bei überwiegendem Stadtverkehr die Bremswirkung deutlich verschlechtern. Zur Abhilfe das Fahrzeug mehrmals aus ca. 80 km/h kräftig abbremsen. Unfallgefahr beachten.

Bremsanlage auf Dichtheit und Beschädigung prüfen

Verfolgen Sie die Bremsleitungen unter dem Wagen: Sie dürfen nicht angerostet, geknickt oder platt gedrückt sein. Schwarzer feuchter Schmutz an den Leitungsanschlüssen deutet auf undichte Stellen hin. Die Bremsschläuche dürfen nicht spröde oder angescheuert sein.

- Feuchter dunkler Schmutz an den Bremssätteln, an den Entlüftungsventilen und am Anschluss des Bremsschlauches lässt Undichtheit vermuten.
- Alle Staubschutzkappen auf den Entlüftungsventilen vorhanden?
- Zuletzt eine provisorische Bremsdruckprüfung: Treten Sie mit großer Kraft (rund 300 Nm) auf das Bremspedal. Der harte Widerstand darf auch nach einigen Minuten nicht nachgeben. Sonst ist das System irgendwo undicht oder der Hauptbremszylinder ist defekt.

Bremsklötze kontrollieren

Für denjenigen, der seine Bremsanlage selbst wartet, ist diese Arbeit mit die wichtigste. Pünktlich ist die Kontrolle durchzuführen. Die Bremsklötze der Vorderachse verschleißen relativ schnell – besonders bei Automatik-Fahrzeugen.

Im Armaturenbrett ist eine Bremsbelagverschleißanzeige zu finden. Diese leuchtet beim Bremsen auf, wenn der bremskolbenseitige Bremsbelag einer Vorderradbremse weniger als 3,5 mm dick ist. In diesem Fall alle vier vorderen Bremsklötze im Satz erneuern.

Die hinteren Bremsklötze sind immer dann zu prüfen, wenn vorne neue eingebaut werden.

Feststellbremse nachstellen

Falls man das Pedal um 5 Rasten hineintreten kann, ohne dass sich eine ausreichende Bremswirkung erzielen lässt, muss eine Einstellung erfolgen. Auf die Einstellung wird im betreffenden Kapitel eingegangen.

Vordere Scheibenbremsen – Gleitsättel

Bei den meisten Modellen sind Gleitsättel (Faustsättel) zum Abbremsen der Vorderräder eingebaut. Diese Bremssattelart besteht aus dem fest am Achsschenkel verschraubten Bremssattelträger und einem Zylindergehäuse. Das Zylindergehäuse ist an der inneren Radseite angebracht und enthält nur einen Kolben. Die Festsättel werden unter getrennter Überschrift behandelt.

Beim Abbremsen drückt der Kolben zuerst mit seinem Bremsklotz gegen die Bremsscheibe. Das Zylindergehäuse bewegt sich

dann auf Gleitbolzen entgegengesetzt der Druckrichtung. Dadurch wird der äußere Bremsklotz ebenfalls gegen die Bremsscheibe gedrückt. Bild 229 zeigt einen eingebauten Bremssattel mit der Lage der Teile. Bild 230 zeigt Einzelheiten des ausgebauten Bremssattels mit Lage der einzelnen Teile.
Wir möchten bereits jetzt darauf hinweisen, dass die Gleitsättel an der Hinterachse in ähnlicher Weise befestigt sind.

Überprüfung und Erneuerung der Bremsklötze – Serie 163

Die Kontrolle der Stärke des verbleibenden Bremsklotzmaterials kann bei abgeschraubten Rädern durchgeführt werden, ohne dass man die Bremsklötze ausbaut. Mit einer Taschenlampe durch die Öffnung im Bremssattel leuchten, wobei man die in Bild 231 gezeigte Ansicht erhalten wird. Ist die Stärke der Bremsklotzstärke bis auf ca. 3,5 mm abgenutzt, sollte man die Bremsklötze im Satz erneuern, obwohl die als Minimum angegebene Stärke 2,0 mm beträgt.

Falls man Bremsklötze wieder verwenden kann, muss man sie vor dem Einbau seitenmäßig und auch »innen« und »außen« kennzeichnen, damit man sie wieder an der gleichen Stelle einbaut. Niemals links eingebaute Bremsklötze rechts einbauen oder umgekehrt, da dies zu ungleichmäßigem Abbremsen führen könnte.

Beim Aus- und Einbau der Bremsklötze kann man sich an Bild 230 halten.

- Die Radbolzen lockern, das Fahrzeug vorn auf Böcke setzen und die Räder abschrauben.
- Den Kabelstecker für den Kontaktsensor vom linken Bremssattel abziehen. Die Lage des Steckers kann man in Bild 234 sehen.
- Die Gleitbolzen, d. h. die Führungsbolzen (3) aus dem Radträger (4) ausschrauben. Die Schrauben müssen immer erneuert werden.
- Den Gleitsattel (1) vom Radträger (Achsschenkel) abnehmen, indem man ihn nach oben bewegt, und mit einer Drahtschlinge an der Vorderradaufhängung festbinden. Nicht am Schlauch herunterhängen lassen. Den Schlauch auf keinen Fall abschließen. Der Bremssattel wird zusammen mit den Bremsklötzen abgenommen. Die Gleitstücke (2) ausbauen, sie müssen immer erneuert werden.

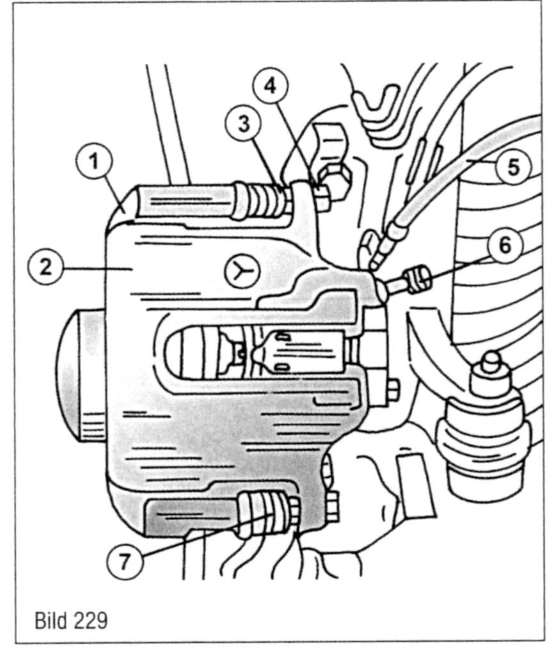

Bild 229
Ein eingebauter vorderer Bremssattel mit Lage der einzelnen Teile.
1 Bremssattelrahmen
2 Bremssattel
3 Sechskant
4 Gleitbolzen
5 Bremsschlauch
6 Entlüftungsschraube
7 Unterer Gleitbolzen

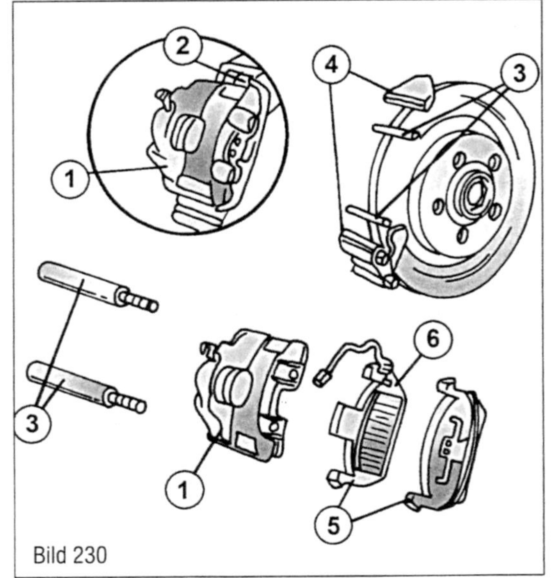

Bild 230
Der Bremssattel mit Lage der einzelnen Teile. Die Zahlen werden im Text erwähnt.

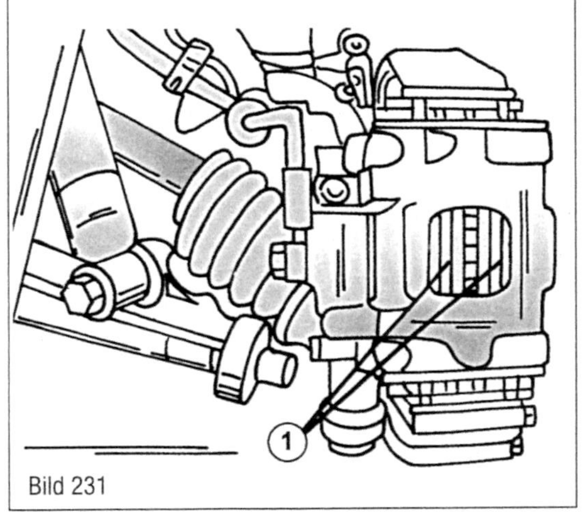

Bild 231
Die Stärke des verbleibenden Bremsbelagmaterials (1) kann an der gezeigten Stelle ausgemessen werden.

■ Die Bremsklötze (5) von den Seiten des Bremssattels abnehmen. Die Bremsklötze sind nicht auf beiden Seiten gleich. Der Kontaktsensor (6) wird aus der Metallplatte des Bremsklotzes (5) ausgedrückt. Das Anschlussstück des Sensors muss aus dem Bremsklotz ausgedrückt werden, wenn neue Bremsklötze eingebaut werden.

Die Stärke des Bremsklotzmaterials ausmessen. Die Anzeigenleuchte im Armaturenbrett leuchtet auf, wenn eine Stärke von 3,5 mm erreicht ist, die Bremsklötze müssen erneuert werden. Niemals nur einen Bremsklotz erneuern, auch wenn der andere noch gut aussieht.
Sind die Bremsklötze übermäßig verschlissen, hängt möglicherweise der Kolben. In diesem Fall muss man den Bremssattel vielleicht überholen, überholen lassen oder erneuern. Das Gleiche gilt, wenn die Staubschutzkappe im Zylindergehäuse eingerissen ist.
Die Fühler für den Bremsbelagverschleiß erneuern, falls der Isolierüberzug an der Kontaktplatte durchgescheuert ist oder irgendein anderes Teil, einschließlich des Kabels, beschädigt ist.

Die Flächen der Bremsscheiben kontrollieren und vor dem Einbau neuer Bremsbeläge gut reinigen. Die Stärke der Bremsscheiben ausmessen. Unterschreitet sie das in der Maß- und Einstelltabelle angegebene Mindestmaß, muss die betreffende Scheibe erneuert werden.

Beim Einbau der Bremsklötze folgendermaßen vorgehen:

■ Die Kontaktflächen für die Bremsklötze im Bremssattelträger reinigen.

■ Den Vorratsbehälter des Hauptzylinders öffnen und etwas Bremsflüssigkeit absaugen, wie es in Bild 192 gezeigt wurde.

■ Den Kolben mit einer Kolbenzange in die Zylinderbohrung zurückdrücken. Dazu wird die in Bild 232 gezeigte Zwinge verwendet oder man benutzt ein Stück Holz und drückt den Kolben vorsichtig mit einer Schraubendreherklinge in die Bohrung zurück.

■ Beide Bremsklötze in die Gleitschienen des Bremssattels einsetzen und den Bremssattel vorsichtig über die Bremsklötze setzen. Zuerst den inneren Bremsklotz mit der angelöteten Feder in den Bremssattelkolben einsetzen und danach den äußeren Bremsklotz in den Bremsklotz einführen. Die Gleitbolzen eindrehen und mit 30 Nm anziehen.

■ Das Kabel des Verschleißfühlers zu einer Spirale zusammenrollen und an der Anschlusszunge des Bremssattels anklemmen. Abdeckung der Steckerverbindung schließen.

■ Bremspedal einige Male sehr fest betätigen, um die Bremsklötze an die Scheibe heranzubringen.

■ Flüssigkeitsstand im Vorratsbehälter des Hauptbremszylinders berichtigen.

Nach dem Einbau das Bremspedal mehrere Male durchtreten, bis der normale Pedalweg wieder hergestellt ist. Versäumen Sie dies, könnte es vorkommen, dass die Bremsen bei der ersten Probe versagen. Außerdem darf man während der ersten Fahrkilometer mit neuen Bremsklötzen die Bremsen nicht zu fest betätigen. Um die Bremsen gut einzubremsen, bremst man das Fahrzeug bei leichtem Pedaldruck mehrere Male von 80 auf 40 km/h ab. Nach jeder Abbremsung warten, bis sich die Bremsen wieder etwas abgekühlt haben, um sie nicht zu überhitzen.

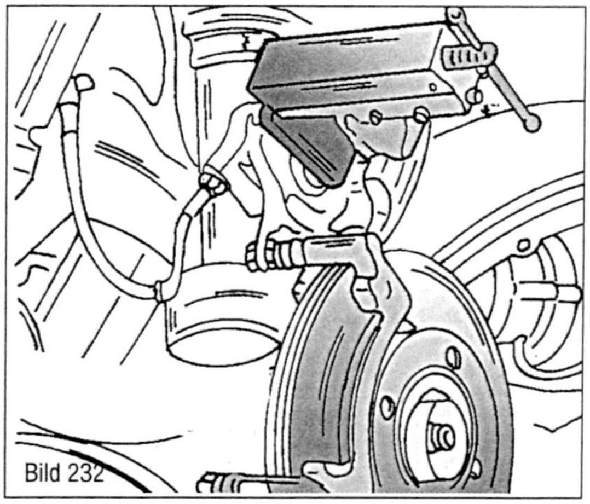

Bild 232
Kolben müssen vor dem Einbau der Bremsklötze in die Bohrung zurückgedrückt werden. Dazu benutzt man eine Kolbenrücksetzzange oder eine Zwinge mit der gezeigten Arbeitsweise.

Bild 232

Bremssattel aus- und einbauen – Serie 163
Das vordere Ende des Fahrzeuges auf sichere Unterstellböcke aufsetzen und das Rad abschrauben. Einzelheiten der Befestigung sind in Bild 233 gezeigt. Bild 234 zeigt eine Draufsicht auf den Bremssattel. Die Anweisungen beziehen sich auf Bild 233.

■ Einen Entlüftungsschlauch auf eine der Entlüftungsschrauben aufstecken (zuerst die Gummikappe entfernen) und das andere Schlauchende in ein Gefäß einhängen.

■ Entlüftungsschraube öffnen und das Bremspedal durchpumpen, bis die Flüssigkeit ausgeschieden ist.

Den Stecker des Kontaktsensors (1) an der gezeigten Stelle abziehen.

Die Hohlschraube (6) für den Bremsschlauch (4) aus dem Bremssattel (5) ausschrauben. Darauf achten, dass kein Schmutz in das Ende des Bremsschlauchs (4) kommen kann. Die Dichtringe (2) müssen beim Einbau immer erneuert werden. Die Hohlschraube wird mit 30 Nm angezogen.

Die beiden Gleitbolzen (3) aus dem Bremssattel ausschrauben. Die Schrauben müssen immer erneuert werden.

Den Bremssattel in Pfeilrichtung nach oben schwingen und zusammen mit den Bremsklötzen herausheben. Die Bremsklötze können jetzt ausgebaut (erneuert) werden. Der Einbau geschieht in umgekehrter Reihenfolge. Zuerst den inneren Bremsklotz in den Bremssattelzylinderkolben einsetzen und danach den äußeren Bremsklotz einführen. Bremssattel in die richtige Lage heben, die neuen Gleitbolzen eindrehen und mit 30 Nm anziehen. Abschließend die Bremsanlage entlüften, wie es später beschrieben wird.

Überholung der Bremssättel

Am besten baut man einen Bremssattel in der beschriebenen Weise aus und bringt ihn zur Überholung in eine Werkstatt. Anderenfalls einen neuen Bremssattel einbauen. Unbedingt Baujahr, Modell, eingebauten Motor, usw. angeben.

Überprüfung und Erneuerung der Bremsklötze – Serie 164

Die Anweisungen für Modelle der Serie 163 gelten ebenfalls für die 164-Modelle, aber die Befestigung des Bremssattels ist unterschiedlich. Eine Sicherungsfeder (Bild 235) ist eingebaut und muss wie gezeigt mit einem Schraubenzieher aus dem Bremssattelzylinder ausgehebelt werden.

An der Innenseite des Bremssattels wird man zwei Gummischutzkappen finden (eine am oberen Ende und eine am unteren Ende). Die Kappen entfernen und die Führungsbolzen herausdrehen. Die Bolzen müssen immer erneuert werden.

Alle anderen Arbeiten werden in gleicher Weise wie bei der Serie 163 durchgeführt.

Bremssattel aus- und einbauen – Serie 164

Die Vorderseite des Fahrzeuges muss auf sicheren Unterstellböcken ruhen und das Rad abgeschraubt sein.

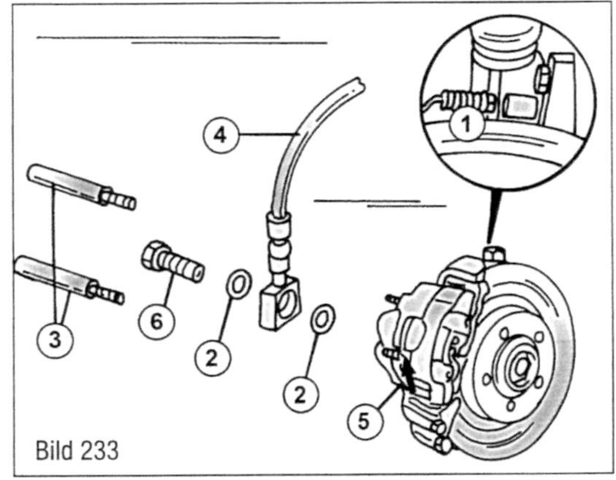
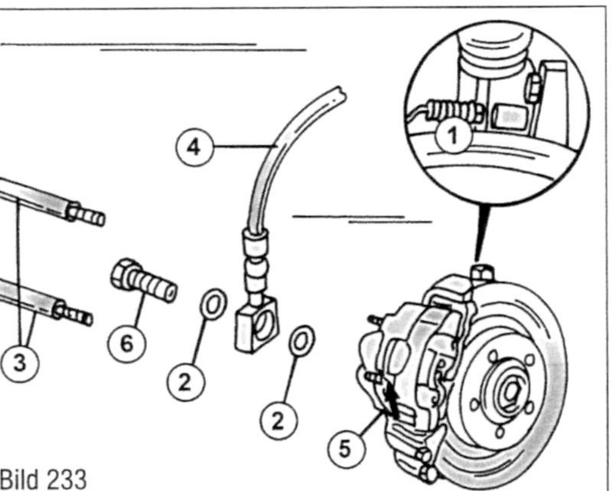

Bild 233

Bild 233
Einzelheiten zum Ausbau eines Bremssattels.
1 Kabelstecker
2 Dichtringe
3 Gleitbolzen
4 Bremsschlauch
5 Bremssattel
6 Hohlschraube

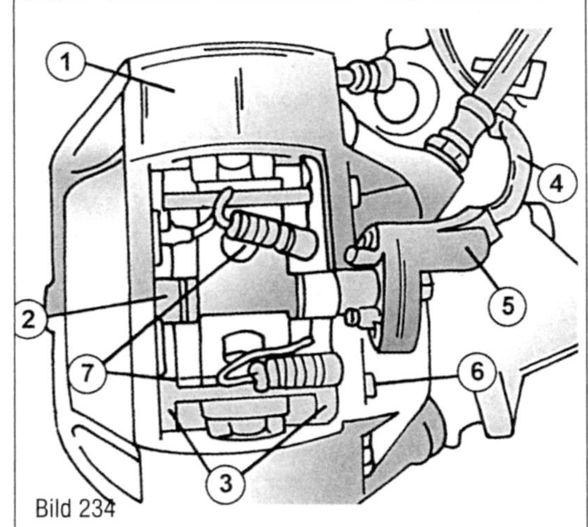

Bild 234

Bild 234
Ansicht des eingebauten Bremssattels nach Abnehmen des Rades.
1 Bremssattel
2 Kreuzfeder
3 Bremsklötze
4 Kabelanschluss
5 Kabelstecker
6 Sicherungsstifte
7 Kontaktsensor, Bremsklotzverschleißanzeige

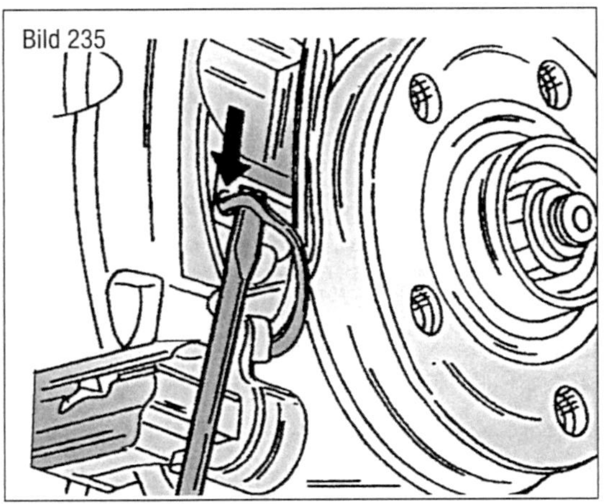

Bild 235

Bild 235
Aushebeln der Spannfeder.

Einen Entlüftungsschlauch auf eine der Entlüftungsschrauben aufstecken (zuerst die Gummikappe entfernen) und das andere Schlauchende in ein Gefäß einhängen.

Entlüftungsschraube öffnen und das Bremspedal durchpumpen, bis die Flüssigkeit ausgeschieden ist.

Die Bremsleitung in der Innenseite des Radkastens vom Bremsschlauch abschließen, indem man die Überwurfmutter ab-

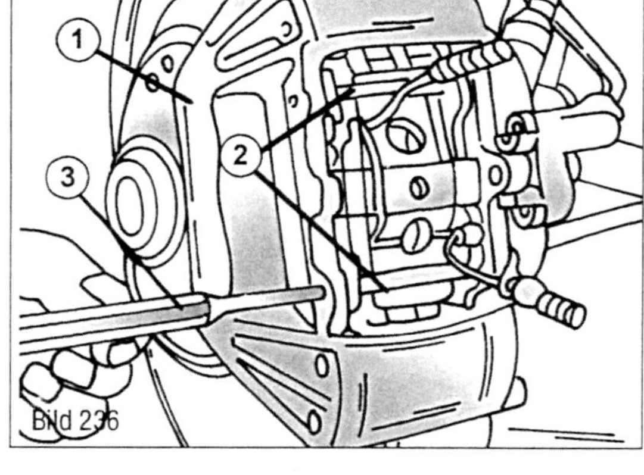

Bild 236
Die Sicherungsstifte werden von außen nach innen ausgeschlagen, wenn die Bremsklötze ausgebaut werden müssen.
1 Bremssattel
2 Sicherungsstifte
3 Durchschlag

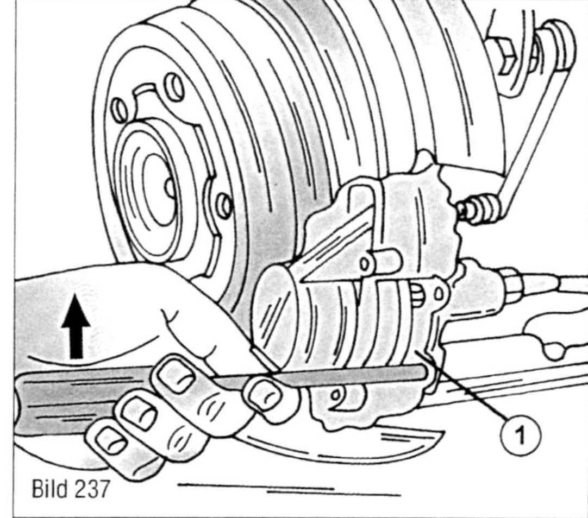

Bild 237
Ausdrücken eines Bremsklotzes (1) mit einem Schraubendreher, falls diese festsitzen sollten.

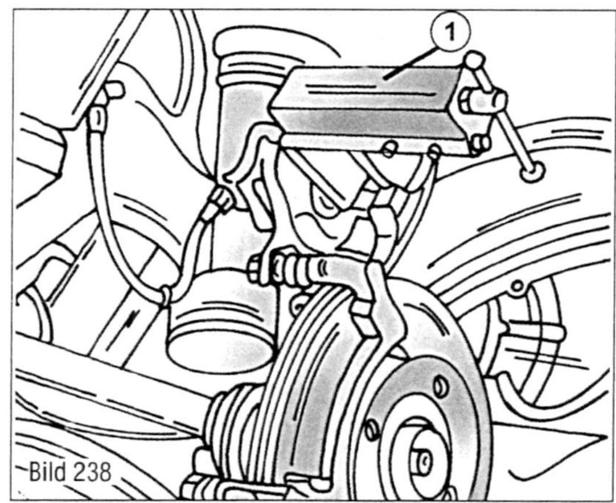

Bild 238
Kolben können mit einer Rücksetzzange (1) in die Bohrungen zurückgestoßen werden. Darauf achten, dass der Vorratsbehälter dabei nicht überläuft.

schraubt. Die Federplatte ausschlagen um den Schlauch zu trennen. Schlauch- und Leitungsende in geeigneter Weise verschließen (Klebband). Der Bremsschlauchanschluss (Überwurfmutter) wird mit 18 Nm angezogen.

■ Die beiden Laschen der Abdeckung für den Bremsbelagverschleißanschluss mit einem kleinen Schraubendreher anheben und den Stecker abziehen. Der Bremsschlauch kann jetzt vom Bremssattel abgeschraubt werden.

■ Die Befestigungsschrauben des Bremssattels lösen und den Sattel abnehmen. Die Schrauben können sofort weggeworfen werden, da man sie erneuern muss. Die Bremsklötze können jetzt vom Bremssattel abgehoben werden.
Der Einbau geschieht in umgekehrter Reihenfolge. Die neuen Bremssattelschrauben mit 200 Nm anziehen. Abschließend die Bremsanlage entlüften.

Vordere Scheibenbremsen – Festsättel

Überprüfung und Erneuerung der Bremsklötze – Serie 163

Wenn die Stärke des Bremsbelagmaterials bis auf 3,5 mm abgenutzt ist, leuchtet eine Warnleuchte im Armaturenbrett auf, neue Bremsklötze müssen eingebaut werden.
Die Kontrolle der Stärke des verbleibenden Bremsklotzmaterials kann bei abgeschraubten Rädern durchgeführt werden, ohne dass man die Bremsklötze ausbaut. Mit einer Taschenlampe durch die Öffnung im Bremssattel leuchten, wobei man die in Bild 231 gezeigte Ansicht erhalten wird.

■ Vorderseite des Fahrzeuges auf sichere Unterstellböcke setzen und die Vorderräder abschrauben. Der Bremssattel wird jetzt das in Bild 234 gezeigte Aussehen haben. Zuerst die Kabelstecker der Kontaktsensoren (7) für die Anzeige des Bremsklotzverschleißes abziehen.

■ Mit einem Durchschlag passenden Durchmessers die Sicherungsstifte von außen nach innen in der in Bild 236 gezeigten Weise aus dem Bremssattel ausschlagen. Die in der Mitte sitzende Feder herausnehmen.

■ Bremsklötze herausziehen. Die Werkstatt benutzt dazu ein Spezialwerkzeug. Falls sie festklemmen sollten, einen Schraubenzieher in ein Loch der »Ohren« des Bremsklotzes einsetzen und den Bremsklotz durch Hebelwirkung herauszwingen, wie es in Bild 237 gezeigt ist.

■ Sollen die Bremsklötze wieder verwendet werden, sind sie in ihrer Einbaulage zu kennzeichnen und danach herauszuziehen. Falls sie erneuert werden, können sie sofort herausgezogen werden. Sitzen die Bremsklötze fest, eine Drahtschlinge an den Ösen anbringen und die Klötze mit einem kurzen Ruck herausziehen.

Die Aufnahmeschlitze der Bremssättel gründlich reinigen und prüfen, dass die Staubschutzabdichtungen oder Zylinder nicht beschädigt sind.

Waren die Bremsklötze sehr abgenutzt, muss man die Kolben in den Zylindern zurückdrücken, ähnlich wie man es in Bild 238 sehen kann. Dabei ist darauf zu achten, dass keine Bremsflüssigkeit aus dem Vorratsbehälter herausgedrückt wird. Falls erforderlich, etwas Flüssigkeit absaugen (Bild 192).

Die Stärke des Bremsklotzmaterials ausmessen. Die Anzeigenleuchte im Armaturenbrett leuchtet auf, wenn eine Stärke von 3,5 mm erreicht ist, die Bremsklötze müssen erneuert werden. Niemals nur einen Bremsklotz erneuern, auch wenn der andere noch gut aussieht.
Sind die Bremsklötze übermäßig verschlissen, hängt möglicherweise der Kolben. In diesem Fall muss man den Bremssattel vielleicht überholen, überholen lassen oder erneuern. Das Gleiche gilt, wenn die Staubschutzkappe im Zylindergehäuse eingerissen ist.
Die Fühler für den Bremsbelagverschleiß erneuern, falls der Isolierüberzug an der Kontaktplatte durchgescheuert ist oder irgendein anderes Teil, einschließlich des Kabels, beschädigt ist.

Die Flächen der Bremsscheiben kontrollieren und vor dem Einbau neuer Bremsbeläge gut reinigen. Die Stärke der Bremsscheiben ausmessen. Unterschreitet sie das in der Maß- und Einstelltabelle angegebene Mindestmaß, muss die betreffende Scheibe erneuert werden.

Beim Einbau der Bremsklötze folgendermaßen vorgehen:

Belagrückenplatte an den mit Pfeilen in Bild 239 bezeichneten Stellen leicht mit Molykote-Paste »U« einschmieren und die neuen Klötze einsetzen.

Die Kreuzfeder auflegen und einen der Haltestifte von außen nach innen in den Bremssattel einschlagen. Die Spannfeder nach innen drücken und den zweiten Haltestift einschlagen, während die Feder nach innen gehalten wird. Kontrollieren, ob sich die Bremsklötze einwandfrei bewegen lassen.

Bremspedal einige Male durchtreten, um die Bremsklötze in die richtige Lage gegen die Bremsscheibe zu bringen.

Räder anbringen und das Fahrzeug auf die Räder ablassen. Flüssigkeitsstand im Behälter kontrollieren und ggf. berichtigen.

Hinweise – Bremsklötze

Ist der Verschleiß an den Bremsklötzen ziemlich stark, muss man kontrollieren, ob sich die Kolben beider Bremszangen einwandfrei bewegen lassen. Andernfalls die Bremszange überholen lassen.
Die Bremsklötze müssen auf jeden Fall erneuert werden, wenn das Belagmaterial bis auf 2,0 mm abgenutzt ist. Verölte oder mit Fett verschmutzte Bremsklötze müssen ebenfalls erneuert werden. Nur von Mercedes-Benz gelieferte Bremsklötze einbauen und nur in Sätzen. Falls sich das Bremsklotzmaterial bis auf die Metallplatte abgeschliffen hat, kann die Bremszange beschädigt werden. Dies muss natürlich unter allen Umständen vermieden werden.
Bremsscheiben mit außergewöhnlichen Belagrückständen an den Bremsflächen müssen einwandfrei gereinigt werden, ehe man die neuen Bremsklötze einbaut.
Neue Bremsklötze müssen langsam eingebremst werden. Dazu das Fahrzeug mehrere Mal von ca. 80 km/h auf 40 km/h bei gefühlvoller Betätigung des Bremspedals abbremsen. Vor jeder neuen Bremsenbetätigung die Bremsen wieder abkühlen lassen. Notbremsungen sollten unbedingt vermieden werden, ehe man die Bremsklötze gut eingebremst hat.

Aus- und Einbau der Bremssättel – Serie 163

Der Aus- und Einbau findet in ähnlicher Weise statt, wie es bei den Gleitsätteln beschrieben wurde. Eine Passschraube und eine normale Schraube halten den Bremssattel am Bremssattelträger. Beide werden beim Einbau mit 180 Nm angezogen, die Hohlschraube der Bremsschlauchbefestigung mit 33 Nm. Dichtringe immer erneuern.

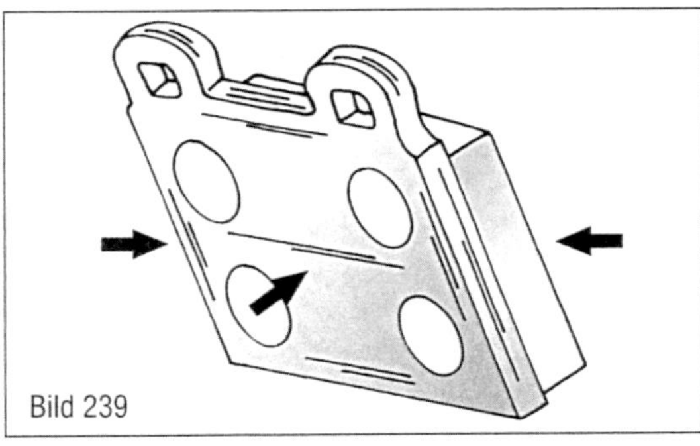
Bild 239

Bild 239 Zum Einbau der Bremsklötze.

Überholung eines Bremssattels
Die Bremssättel sollte man nur in einer Werkstatt überholen lassen. Die beiden Hälften der Bremssättel dürfen nicht getrennt werden.

Hinterrad-Scheibenbremsen

Bremsklötze erneuern
Wie bei den Vorderradbremsen werden auch an der Hinterachse je nach Ausführung Gleitsättel oder Festsättel eingebaut. Alle Ausführungen werden auf den folgenden Seiten beschrieben. Die Hinterräder müssen abgeschraubt werden, um die verbleibende Stärke des Bremsklotzmaterials zu kontrollieren. Die Stärke des Belags kann ausgemessen werden, wie es bereits in Bild 231 gezeigt wurde. Bei allen Ausführungen gilt jedoch:
Die Bremsklötze sollten erneuert werden, wenn die Stärke des Belagmaterials bis auf 2 mm abgenutzt ist.

Gleitsättel
Bild 240 zeigt die Einzelteile eines hinteren Bremssattels und der Bremsklötze bei einem Gleitsattel und kann bei der folgenden Arbeitsbeschreibung hinzugezogen werden. Bei der Beschreibung werden die Arbeiten an einem Bremssattel beschrieben, jedoch sind die Klötze des anderen Sattels in gleicher Weise auszubauen, wenn sie erneuert werden sollen. Wie bei der Vorderachse dürfen die Bremsklötze nur im Satz erneuert werden.

Bild 240
Ansicht eines hinteren Bremssattels. Die Zahlen werden im Text erwähnt.

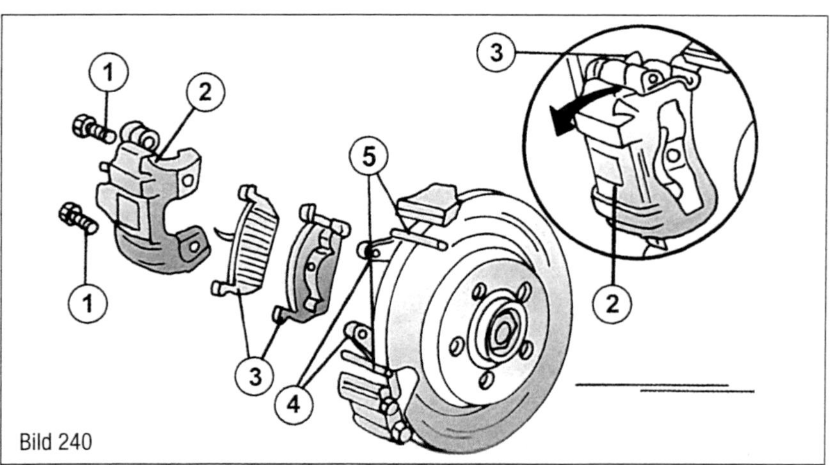

Bild 240

☞ Falls man Bremsklötze wieder verwenden kann, muss man sie vor dem Einbau seitenmäßig und auch »innen« und »außen« kennzeichnen, damit man sie wieder an der gleichen Stelle einbaut. Niemals links eingebaute Bremsklötze rechts einbauen oder umgekehrt, da dies zu ungleichmäßigem Abbremsen führen könnte.

- Rückseite des Fahrzeuges auf sichere Unterstellböcke setzen und die Hinterräder abschrauben.
- Die Schrauben (1) herausdrehen und den Bremssattel in Pfeilrichtung nach unten bewegen um ihn zusammen mit den Bremsklötzen (3) herauszunehmen. Die Bremsklötze können jetzt herausgezogen werden. Die Bremsklötze sind nicht auf beiden Seiten gleich, müssen also gezeichnet werden.
- Die Aufnahmeschlitze der Bremssättel gründlich reinigen und prüfen, dass die Staubschutzabdichtungen oder Zylinder nicht beschädigt sind.
- Waren die Bremsklötze sehr abgenutzt, muss man die Kolben in den Zylindern zurückdrücken, ähnlich wie es bereits bei den Vorderradbremsen gezeigt wurde. Dabei ist darauf zu achten, dass keine Bremsflüssigkeit aus dem Vorratsbehälter herausgedrückt wird. Falls erforderlich, etwas Flüssigkeit absaugen.

Beim Einbau der Bremsklötze folgendermaßen vorgehen:

- Die beiden Gleitschienen (5) für die Bremsklötze (3) im Radträger (4) erneuern.
- Die Kontaktflächen für die Bremsklötze im Bremssattelträger reinigen.
- Aus dem Vorratsbehälter des Hauptzylinders etwas Bremsflüssigkeit absaugen, wie es bereits gezeigt wurde.
- Die Bremsklötze vorsichtig in die Gleitschienen im Bremssattel einschieben und den Bremssattel vorsichtig über die Bremsklötze senken. Zuerst den inneren Bremsklotz in den Bremssattelkolben einsetzen und danach den äußeren Bremsklotz einschieben. Die selbstsichernden Schrauben (1) eindrehen und mit 23 Nm anziehen.
- Bremspedal einige Male sehr fest betätigen, um die Bremsklötze an die Scheibe heranzubringen.
- Flüssigkeitsstand im Vorratsbehälter des Hauptbremszylinders berichtigen.
- Räder anschrauben, das Fahrzeug auf die Räder absenken und die Räder anziehen.

Nach dem Einbau das Bremspedal mehrere Male durchtreten, bis der normale Pedalweg wieder hergestellt ist. Versäumen Sie dies, könnte es vorkommen, dass die Bremsen bei der ersten Probe versagen. Außerdem darf man während der ersten Fahrkilometer mit neuen Bremsklötzen die Bremsen nicht zu fest betätigen. Um die Bremsen gut einzubremsen, bremst man das Fahrzeug bei leichtem Pedaldruck mehrere Male von 80 auf 40 km/h ab. Nach jeder Abbremsung warten, bis sich die Bremsen wieder etwas abgekühlt haben, um sie nicht zu überhitzen.

Modelle der Serie 164 mit Festsätteln

Die Bremsklötze können ausgebaut und erneuert werden, nachdem man die Bremssattel in der unten beschriebenen Weise ausgebaut hat. Festsättel sind nur in später hergestellte Dieselmodelle eingebaut.

Der bei den vorderen Bremssätteln gegebene Hinweis gilt ebenfalls für die Bremsklötze der Hinterradbremsen.

Bremssättel – Aus- und Einbau

Wiederum muss man zwischen Gleitsätteln und Festsätteln unterscheiden. Bilder 241 und 242 zeigen die beiden Ausführungen. Die folgenden Anweisungen beziehen sich auf alle Ausführungen, jedoch sind unterschiedliche Anziehdrehmomente zu beachten,

Mit Gleitsätteln

- Rückseite des Fahrzeuges auf sichere Unterstellböcke setzen und die Räder abschrauben,
- Einen Entlüftungsschlauch über die Entlüftungsschraube des Bremssattels schieben (vorher Gummikappe abnehmen) und das andere Ende des Schlauches in ein mit etwas Bremsflüssigkeit gefülltes Glasgefäß einhängen. Entlüftungsschraube öffnen und das Bremspedal durchtreten lassen, bis die Anlage entleert ist.
- Unter Bezug auf Bild 241 die Bremsleitung vom Bremsschlauch (4) an der Verbindung an der Bremsleitung (1) trennen und die Leitung vom Haltebügel befreien. Offene Leitungs/Schlauchenden in geeigneter Weise verschließen. Den Bremsschlauch vom Bremssattel lösen, solange dieser noch angeschraubt ist.

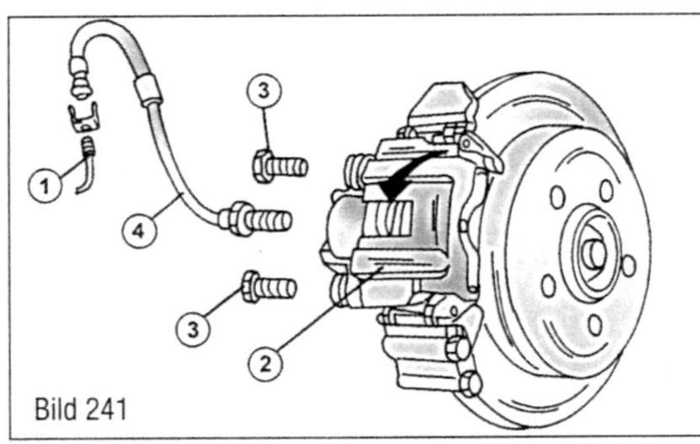

Bild 241

Bild 241
Hinterer Bremssattel und Befestigungsteile.
1 Bremsleitung
2 Bremssattel
3 Befestigungsschrauben
4 Bremsschlauch

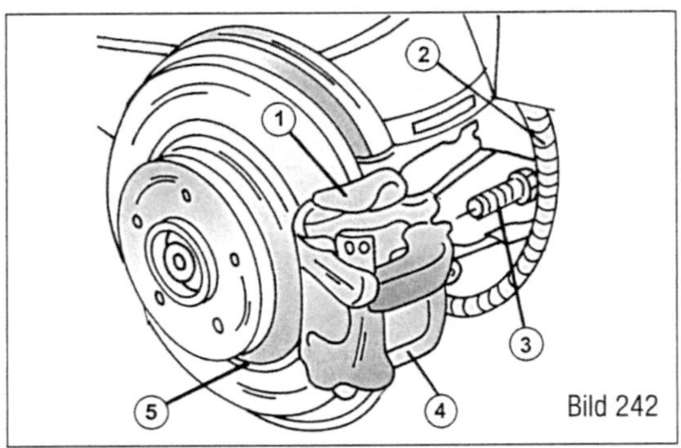

Bild 242

Bild 242
Ansicht eines Gleitsattels an der Achse.
1 Bremssattelmontagerahmen
2 Bremsschlauch
3 Führungsbolzen
4 Gleitsattel
5 Federspange

- Die Bremssattelschrauben (3) herausdrehen und den Bremssattel (2) abnehmen. Die Schrauben müssen immer erneuert werden. Die Bremsklötze können jetzt ausgebaut werden.

Der Einbau findet in umgekehrter Reihenfolge statt. Neue Schrauben (3) werden mit 23 Nm angezogen. Überwurfmutter der Verbindung Bremsschlauch/Bremsleitung wird mit 18 Nm angezogen. Die Bremsanlage nach Einbau des Bremssattels entlüften.

Modelle 163 und 164 mit Festsätteln

Der Aus- und Einbau geschieht in ähnlicher Weise wie bei der anderen Ausführung, jedoch muss der Kabelstecker vom Raddrehzahlsensor abgezogen werden (falls einer eingebaut ist) und der Haltebügel muss abgeschraubt werden (mit 9 Nm anziehen). Zu beachten ist, dass der Bremssattel mit den Schrauben (3) in Bild 241 fest am Radträger angeschraubt ist. Aus diesem Grund wurde auch das Anziehdrehmoment geändert. Bei diesen Bremssätteln werden sie mit 115 Nm angezogen.

Bremssattelreparaturen

Wie bereits erwähnt, empfehlen wir keinerlei Reparaturen, wie z. B. Erneuerung des Dichtringes in der Innenseite des Bremssattels oder Erneuerung der Staubschutzkappe. Erkundigen Sie sich in einer Werkstatt, ob der Bremssattel überholt werden kann. Andernfalls muss ein neuer eingebaut werden.

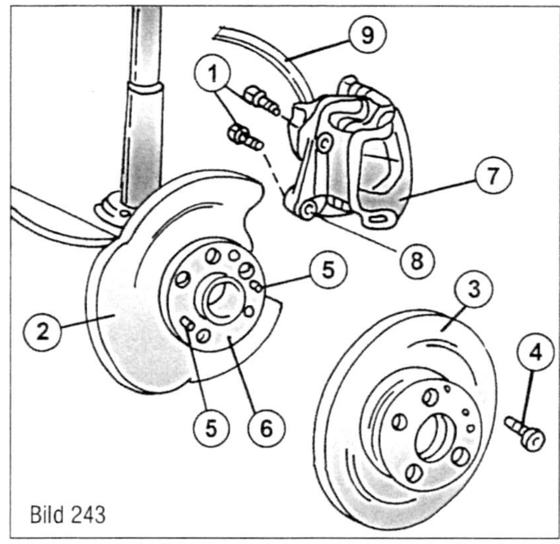

Bild 243
Zum Aus- und Einbau einer vorderen Bremsscheibe (allgemeine Ansicht).
1 Bremssattelschraube
2 Spritzblech
3 Bremsscheibe
4 Bremsscheibenschraube
5 Flansch der Antriebswelle
6 Anschlussflansch für Bremsscheibe
7 Bremssattel
8 Bremssattelmontagerahmen
9 Bremsschlauch

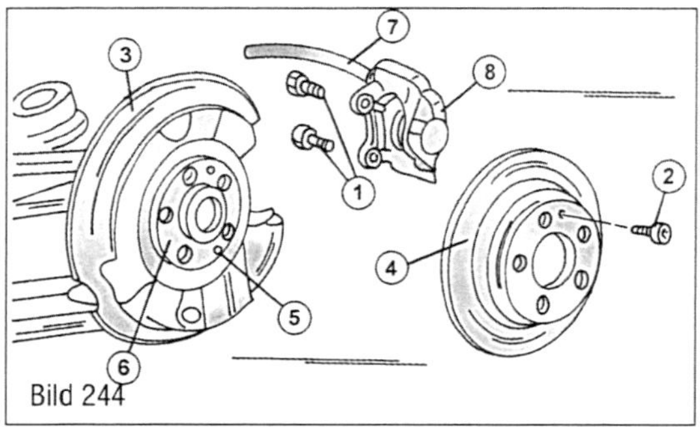

Bild 244
Zum Aus- und Einbau einer hinteren Bremsscheibe (allgemeine Ansicht).
1 Bremssattelschrauben
2 Bremsscheibenschraube
3 Spritzblech
4 Bremsscheibe
5 Passstift (nicht vorhanden)
6 Nabenflansch
7 Bremsschlauch
8 Bremssattel

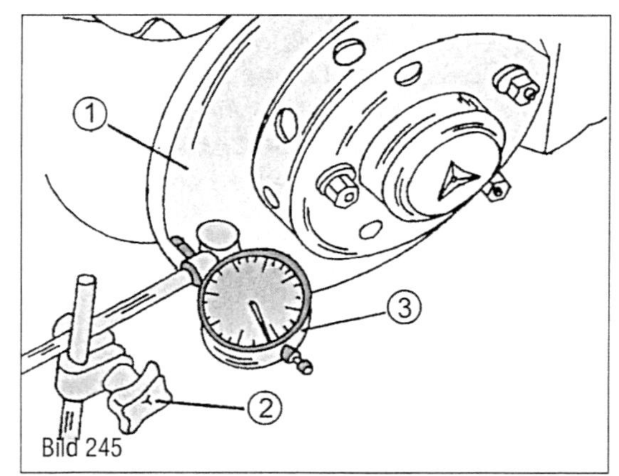

Bild 245
Kontrolle einer Bremsscheibe auf Schlag.
1 Bremsscheibe
2 Messuhrhalter
3 Messuhr

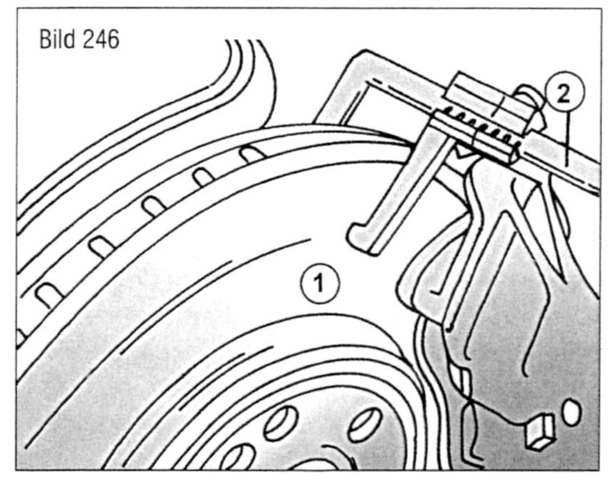

Bild 246
Ausmessen einer Bremsscheibe (1) im eingebauten Zustand mit einer Schublehre (2).

Bremsscheiben

Bremsscheiben kann man nachschleifen lassen. Erkundigen Sie sich in der Werkstatt, ob es noch möglich ist. Bremsscheiben werden manchmal geändert und nur die Werkstattinformationen werden dabei helfen. Eine Bremsscheibe kann folgendermaßen aus- und eingebaut werden. Die Anweisungen beziehen sich im Allgemeinen auf alle Ausführungen.

- Vorder- oder Rückseite des Fahrzeuges auf sichere Unterstellböcke setzen und das Rad abschrauben. Falls eine hintere Bremsscheibe ausgebaut wird die Handbremse lösen.
- Die Befestigungsschrauben des Bremssattels lösen und den Bremssattel abnehmen. Schrauben immer erneuern. Bremssattel mit einer Drahtschlinge an der Radaufhängung festbinden. Nicht am Bremsschlauch herunterhängen lassen.
- Die Bremsscheibe kann jetzt nach Ausschrauben der kleinen Schraube in der Endfläche abgezogen werden. Eine festsitzende Schraube mit einem Kunststoff- oder Gummihammer abschlagen. Bilder 243 und 244 zeigen, wie eine Bremsscheibe montiert ist.

Neue Bremsscheiben sind mit einem Schutzanstrich überzogen, welcher vor dem Einbau entfernt werden muss. Beim Einbau der Bremsscheiben folgendermaßen vorgehen:

- Im Fall der vorderen Bremsscheiben die Befestigungsschraube mit 23 Nm anziehen. Die Befestigungsschrauben des Bremssattels anziehen, wie es beim Einbau der Bremssättel beschrieben wurde. Dabei auf die Unterschiede des Anziehdrehmoments achten (Gleitsättel oder Festsättel).
- Im Fall der hinteren Bremsscheiben die Befestigungsschraube mit 23 Nm anziehen. Die Befestigungsschrauben des Bremssattels anziehen, wie es beim Einbau der Bremssättel beschrieben wurde. Dabei auf die Unterschiede des Anziehdrehmoments achten (Gleitsättel oder Festsättel).
- Nach Einbau der Bremsscheibe(n) eine Messuhr in der in Bild 245 gezeigten Weise ansetzen und die Scheibe langsam durchdrehen. Die Anzeige der Messuhr ablesen. Falls der Schlag einer Bremsscheibe mehr als 0,10 mm beträgt könnte es sein, dass man die Scheibe nicht einwandfrei montiert hat oder ein Fremdkörper zwischen die bei-

den Anlageflächen gekommen ist. Zur Kontrolle die Scheibe wieder abmontieren. Anderenfalls ist es möglich, dass sich die Bremsscheibe verzogen hat.

- Vor dem Wegfahren das Bremspedal einige Male betätigen um den richtigen Abstand zwischen Bremsklötzen und Bremsscheibenflächen herzustellen. Bremsflüssigkeitsstand kontrollieren und ggf. berichtigen.

Nacharbeiten von Bremsscheiben
Bremsscheiben können nachgeschliffen werden, um sie wieder verwendungsfähig zu machen. Ebenfalls auf die Planflächigkeit der Bremsscheiben achten: Beim Abschleifen müssen diese so geschliffen sein, dass die beiden Seiten parallel zueinander liegen. Falls angenommen wird, dass eine Bremsscheibe Schaden erlitten hat, kann sie im eingebauten Zustand mit einer Messuhr an der Außenkante auf Schlag kontrolliert werden, wie es oben beschrieben wurde.
Die Stärke der Bremsscheiben kann im eingebauten Zustand ausgemessen werden, wie es in Bild 246 gezeigt ist.

Hauptbremszylinder

Bei allen Fahrzeugen ist ein Tandem-Hauptbremszylinder eingebaut, welcher mit einem Doppelvorratsbehälter versehen ist (obwohl der Behälter nur eine Einfüllöffnung hat), sodass beide Abschnitte der Zweikreisbremsanlage mit Bremsflüssigkeit versorgt werden können. Die Bremsleitungen sind vorn und hinten geteilt, so dass der Druckkolben, der sich am nächsten zur Stößelstange befindet, die Vorderradbremsen und der Zwischenkolben die Hinterradbremsen versorgt. Der Hauptbremszylinder sollte nicht überholt werden. Ein neuer Zylinder muss eingebaut werden, falls der ursprünglich eingebaute seine Funktion nicht länger verrichtet. Der Stand der Bremsflüssigkeit wird durch eine Warnleuchte in der Instrumententafel überwacht. Die Arbeitsweise der Leuchte sollte man überprüfen, wenn der Bremsflüssigkeitsstand kontrolliert wird. Dazu die Zündung einschalten, die Handbremse lösen und mit dem Daumen die beiden in Bild 228 gezeigten Gummikappen eindrücken.
Je nach eingebauter Bremsanlage (mit oder ohne ESP) kann einer der in Bildern 247 und 248 gezeigten Hauptbremszylinder eingebaut sein. Die beiden Bremsdrucksensoren 1 und 2 (12 und 13 in Bild 248) sind bei der älteren Version nicht eingebaut. Ebenfalls fehlt das Wärmeschutzblech (3).
Der Hauptbremszylinder ist an der Stirnfläche des Bremskraftverstärkers angeschraubt und kann von der Motorraumseite her ausgebaut werden. Die Motorabdeckung muss bei bestimmten Motoren abmontiert werden, um Zugang zu allen Teilen zu erhalten.
Beim Ausbau des Zylinders folgendermaßen vorgehen. Die Zahlen beziehen sich auf Bild 248:

- Die Verschraubung des Vorratsbehälters abschrauben und das darunterliegende Sieb mit einem kleinen Schraubendreher herausheben.
- Einen Entlüftungsschlauch an einer der Entlüftungsschrauben an den vorderen Bremssätteln anbringen, das andere Ende in ein Gefäß hängen, die Schraube öffnen und die Bremsanlage durch Betätigen des Pedals leer pumpen. Andernfalls die Flüssigkeit mit einem Sauger aus dem Vorratsbehälter absaugen, wie es bereits in Bild 192 gezeigt wurde. Dabei einen Lappen unter den Zylinder halten, damit die Bremsflüssigkeit nicht auf Teile im Motorraum tropfen kann.

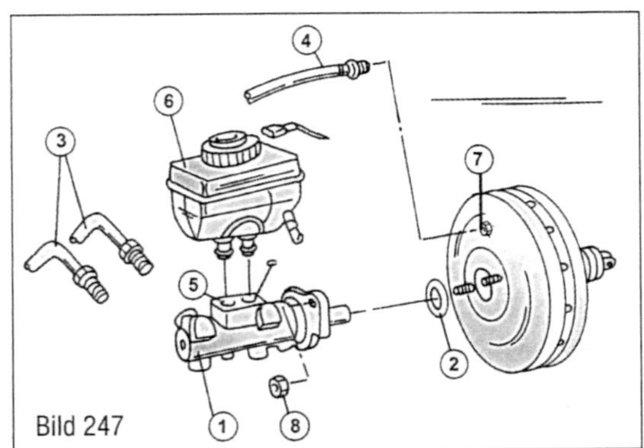

Bild 247

Bild 247
Ansicht des Hauptbremszylinders der älteren Ausführung.
1 Hauptbremszylinder
2 Dichtring
3 Bremsleitungen
4 Unterdruckschlauch
5 Gummitüllen im Zylinder
6 Flüssigkeitsvorratsbehälter
7 Bremskraftverstärker
8 Befestigungsmuttern

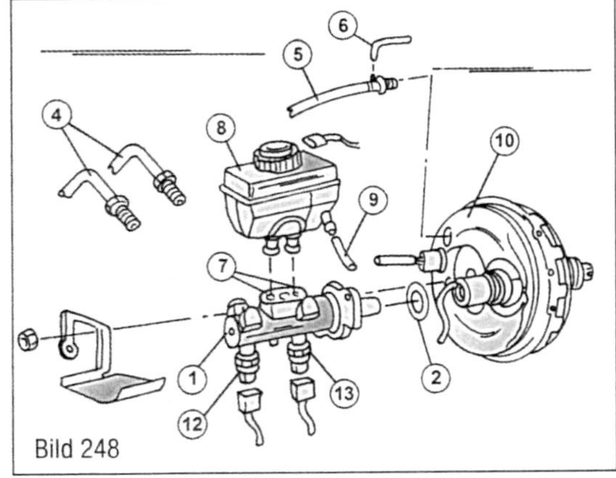

Bild 248

Bild 248
Ansicht des Hauptbremszylinders der späteren Ausführung.
1 Hauptbremszylinder
2 Dichtring
3 Wärmeschutzschild
4 Bremsleitung, 20 Nm
5 Unterdruckleitung
6 Unterdruckleitung (nur beim Diesel)
7 Gummitüllen
8 Flüssigkeitsbehälter
9 Schlauch, nur mit Schaltgetriebe
10 Bremskraftverstärker
11 Befestigungsmutter
12 ESP-Drucksensor 1
13 ESP-Drucksensor 2

■ Zwei Deckel des Sicherungs- und Relaismoduls ausbauen. Der hintere Deckel ist mit 5 Schrauben befestigt.

■ Den Stecker vom Warnschalter für den Bremsflüssigkeitsstand von der Seite des Vorratsbehälters (8) abziehen.

■ Den Unterdruckschlauch (5) vom Bremskraftverstärker (10) und den kleinen Unterdruckschlauch (6) von der Stirnwand des Motorraums abschließen (falls vorhanden). Ebenfalls den Unterdruckschlauch zur Unterdruckpumpe verfolgen und abschließen (nur Diesel).

■ Die Schläuche von der Seite des Sicherungs- und Relaismoduls abschließen und auf der Oberseite des Motors ablegen.

■ Die Bremsleitungen (4) vom Hauptbremszylinder abschließen. Vermerken wo die Leitungen angeschlossen sind, falls man nicht sicher ist. Die Überwurfmuttern werden mit 20 Nm angezogen. Offene Enden der Bremsleitungen in geeigneter Weise verschließen, um Eindringen von Schmutz zu vermeiden.

■ Falls eingebaut die beiden Kabelstecker von den ESP-Sensoren (12) und (13) abziehen. Zum Lösen muss eine Sperre an der Unterseite der Stecker zusammengedrückt werden.

■ Die Befestigungsmuttern (11) des Hauptbremszylinders lösen. Beim Einbau müssen neue Muttern verwendet werden und werden mit 20 Nm angezogen. Falls eingebaut kommt das Wärmeschutzschild (3) dabei heraus.

■ Den Zylinder gerade nach vorn herausziehen. Der Dichtring (2) muss beim Einbau immer erneuert werden.

■ Ist ein Schaltgetriebe eingebaut (nur 230 ML), den Schlauch (9) vom Vorratsbehälter für die Bremsflüssigkeit (8) abschließen. Schlauchende in geeigneter Weise verschließen.

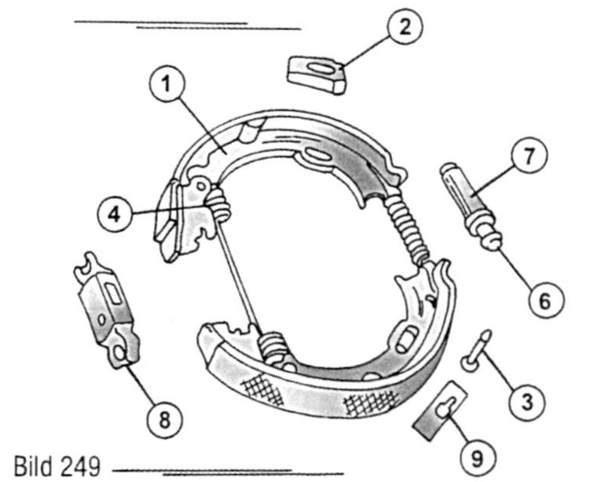

Bild 249

Bild 249
Die Einzelteile der Backen für die Feststellbremse.
1 Bremsbacken
2 Rückzugfeder
3 Einsteller
4 Rückzugfeder
5 Rückzugfeder
6 Druckstück
7 Druckbolzen
8 Spreizschloss
9 Sicherungsfeder

■ Um den Vorratsbehälter (8) auszubauen, den Zylinder nach Entleerung des Vorratsbehälters auf einer Werkband ablegen und vom Zylinder abziehen. Die Gummibüchsen (7) muss man erneuern, wenn sie nicht mehr einwandfrei aussehen,
Der Einbau findet in umgekehrter Reihenfolge statt. Der O-Dichtring (2) muss immer erneuert werden. Der Dichtring wird in die Rille des Zylinders eingesetzt. Die Befestigungsmuttern mit 20 Nm anziehen. Die Stößelstange des Hauptbremszylinders braucht man nicht einstellen. Nach Auffüllen der Bremsanlage diese entlüften, wie es später beschrieben ist.

Hauptbremszylinder überholen
Eine Überholung des Hauptbremszylinders ist nicht vorgesehen. Falls der Zylinder ausgefallen ist, baut man einen neuen Zylinder ein. Beim Bestellen eines neuen Zylinders immer das Modell und das Baujahr angeben, da Zylinder manchmal ohne vorherige Bekanntmachung in ihrem Durchmesser geändert werden und sich verbesserte Zylinder vielleicht in ältere Fahrzeugmodelle einbauen lassen.

Die Feststellbremse

Die Feststellbremse ist als Duo-Servobremse ausgebildet. Die Bezeichnung Duo gibt an, dass die Bremswirkung in beiden Drehrichtungen der Bremsscheibe gleich ist, Servo weist auf die Wirkung der einen Bremsbacke auf die andere hin. Die Bremsbacken der Handbremse können von außen nicht gesehen werden, da sie sich in der Innenseite der Bremsscheibe/Bremstrommel befinden. Der verbleibende Mechanismus der Feststellbremsbetätigung besteht aus einem normalen Handbremshebel und einem Ausgleichshebel und den Anschlusshebeln an den beiden Hinterrädern.

Bremsbacken der Feststellbremse aus- und einbauen
Die Einzelteile der Bremsbacken für die Feststellbremse sind in Bild 249 gezeigt. Das im Text genannte Einbauwerkzeug (116 589 01 62 00) muss vorhanden sein, um die Federn der Bremsbacken aus- und einzuhängen. Andernfalls kann man die Hinterachsnabe ausbauen, um an die Bremsbacken und die Federn heranzukommen. Bild

250 zeigt eine Ansicht der eingebauten Bremsbackenteile. Das System der Feststellbremse ist mit einem automatischen Handbremsseilausgleich versehen, welcher vor dem Ausbau der Teile gespannt werden muss und nach dem fertigen Einbau wieder zu entspannen ist. Die entsprechenden Arbeiten sind später beschrieben. Der Ausbau wird für eine Seite beschrieben, jedoch muss man bei Erneuerung der Bremsbacken immer beide Seiten ausbauen, um die Bremsbacken im Satz zu erneuern.
Beim Ausbau folgendermaßen vorgehen:

- Rückseite des Fahrzeuges auf sichere Unterstellböcke setzen und die Hinterräder abschrauben.
- Den automatischen Handbremsseilausgleich vorspannen, wie es später beschrieben wird. Die Arbeit ist jedoch nicht leicht. Lesen Sie die Anweisungen vorher gut durch.
- Bremssattel und Bremsscheiben auf beiden Seiten ausbauen, wie es bereits beschrieben wurde. Dabei muss man unter eingebauten Gleitsätteln oder Festsätteln nachlesen. Nach Ausbau wird man jetzt das in Bild 251 gezeigte Bild erhalten. Das oben genannte Werkzeug ist jetzt erforderlich, dessen Aussehen man in Bild 252 sehen kann. Es ist möglich, dass man sich einen derartigen Griff, mit einem Haken am Ende, selbst herstellen kann. Den Haken in die Rückzugfeder (4) in Bild 249 einsetzen (in Bild 251 mit »1« angegeben) und die Feder aus dem Eingriff bringen. Beim Einbau muss man darauf achten, dass die Feder richtig sitzt.
- Die Feder (2) aushängen und den Druckbolzen (7) herausnehmen. Wiederum beim Einbau darauf achten, dass die Feder richtig sitzt.
- Die beiden Bremsbacken jetzt ausbauen. Dazu die beiden Backen oben auseinanderdrücken, bis sie über den Achsenflansch gehoben und nach oben herausgezogen werden können. Die obere Rückzugfeder (5) aushängen und das Spreizschloss (8) herausnehmen.

Der Einbau der neuen Bremsbacken geschieht folgendermaßen:

- Sämtliche Lagerflächen am Spreizschloss mit Molykote-Paste einreiben und das Spreizschloss einsetzen. Danach das Spreizschloss zum Abdeckblech drücken.
- Gewinde des Druckstücks und den zylindrischen Teil des Stellrades (6) mit einem Langzeitschmiermittel einschmieren und die Nachstellvorrichtung zusammenbauen und ganz zurückstellen.
- Die Nachstellvorrichtung zwischen die beiden Bremsbacken einsetzen, sodass das Einstellrädchen in die in Bild 249 gezeigte Richtung weist. Obere Rückzugfeder (5) an den beiden Bremsbacken anbringen.
- Bremsbacken unten auseinanderziehen, über den Hinterachswellenflansch führen und in das Spreizschloss einhängen.
- Die Rückzugfeder (4) in einen der Bremsbacken einhängen. Das genannte Einbauwerkzeug einsetzen, die Feder etwas zusammendrücken, um 90° verdrehen und in das Abdeckblech einhängen. Kontrollieren

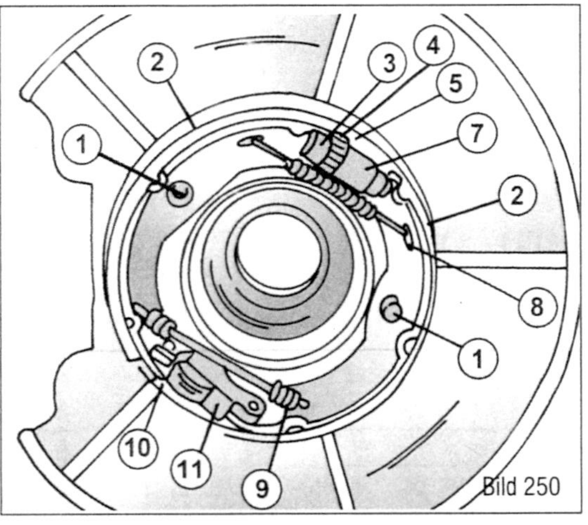

Bild 250

Bild 250
Zum Aus- und Einbau der Bremsbacken für die Feststellbremse (allgemeine Ansicht).
1 *Andrückfeder*
2 *Bremsbacken*
3 *Druckstück*
4 *Einstellrädchen*
5 *Bremsträgerplatte*
6 *Andrückfeder*
7 *Obere Rückzugfeder*
8 *Nachstellvorrichtung*
9 *Untere Rückzugfeder*
10 *Bremsenträger*
11 *Spreizschloss*

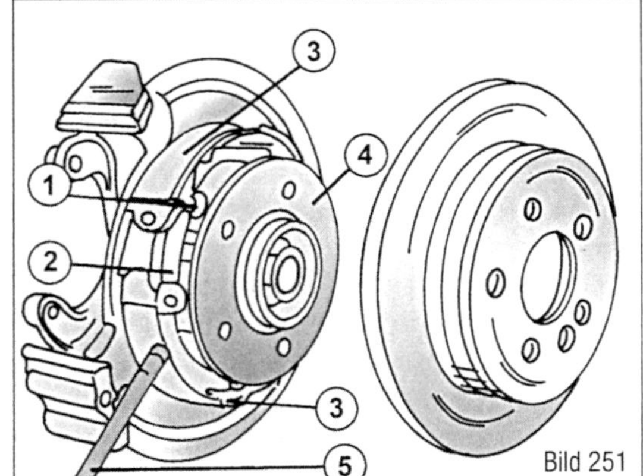

Bild 251

Bild 251
Benutzung des Spezialwerkzeuges in Bild 252 zum Ausbau der Bremsbacken.
1 *Rückzugfeder*
2 *Spreizschloss*
3 *Bremsbacken*
4 *Hinterachsflansch*
5 *Spezialwerkzeug*

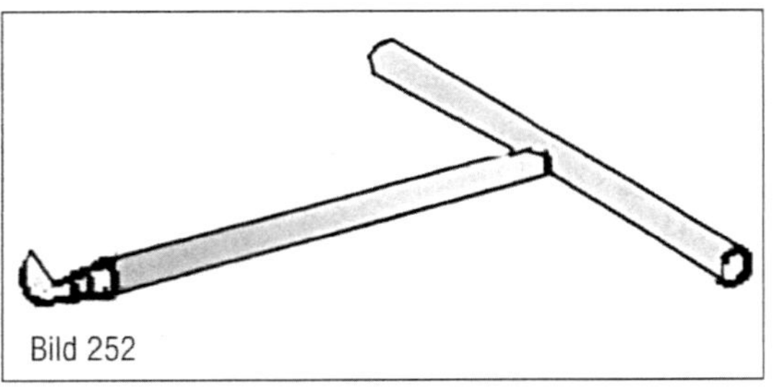
Bild 252

Bild 252
Ansicht des Spezialwerkzeugs zum Aus- und Einbau der Rückzufedern.

Bild 253
Einstellen der Feststellbremse. Die Lage des Verstellers (1). Das Rad muss durchgedreht werden, bis die Radbolzenbohrung gegenüberliegt. Der Pfeil weist auf die Drehrichtung des Einstellrädchens zum Feststellen der Räder.

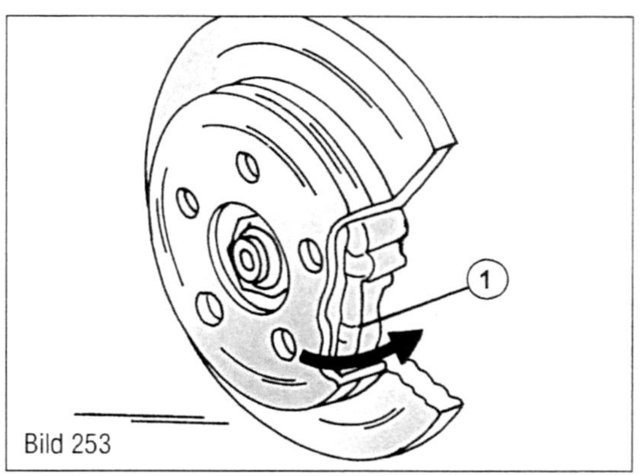

Bild 254
Zum Einstellen der Feststellbremse.
1 Bremsbacken
2 Einstellrädchen
3 Obere Rückzugfeder
4 Bremsscheibe/Bremstrommel
5 Antriebswellenflansch

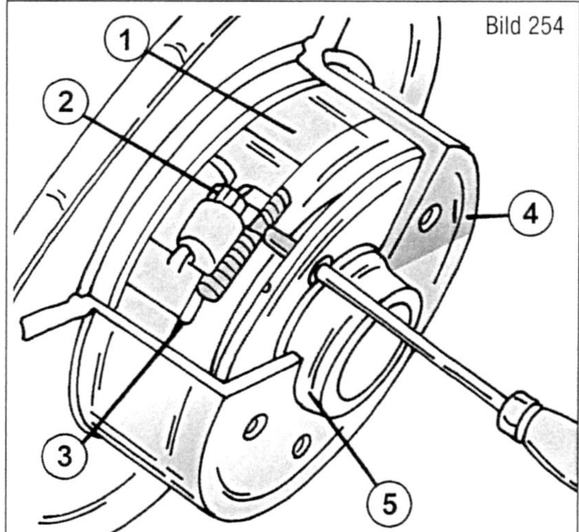

dass die Feder einwandfrei eingehängt ist und die andere Rückzugfeder in gleicher Weise einhängen.

- Die untere Rückzugfeder mit dem kleineren Haken in einen der Bremsbacken einhängen und die Feder strecken, bis man sie in den anderen Backen einhängen kann. Dies kann man mithilfe eines Drahthakens und eines Schraubendrehers durchführen, um die Feder in das entsprechende Loch zu führen.
- Bremsscheibe und Bremssattel in der bereits beschriebenen Weise montieren und die Feststellbremse einstellen, wie es untenstehend beschrieben ist.
- Den automatischen Handbremsseilausgleich entspannen, wie es später beschrieben wird.

Einstellen der Feststellbremse

Die Feststellbremse muss eingestellt werden, falls sie sich um mehr als 5 hörbare »Klicks« betätigen lässt, ohne dass die Hinterräder dabei blockiert werden. Beim Nachstellen der Feststellbremse folgendermaßen vorgehen:

- Handbremspedal betätigen und den Weg des Pedals kontrollieren. Eine Einstellung ist erforderlich, falls die oben erwähnte Einstellung nicht erhalten werden kann.
- Rückseite des Fahrzeuges auf sichere Unterstellböcke setzen und einen der Radbolzen aus jedem Rad ausschrauben. Eingebaute Leichtmetallräder abmontieren, da man sie leicht beschädigen kann. Das Rad durchdrehen, bis das Gewindeloch (aus welchem der Radbolzen ausgeschraubt wurde) ungefähr gegenüber dem Verstellrädchen in der Innenseite der Bremstrommel steht, wie man es in Bild 253 sehen kann.
- Der automatische Nachstellmechanismus für die Feststellbremse muss jetzt vorgespannt werden, wie es nachfolgend beschrieben wird.
- Eine Schraubendreherklinge geeigneten Durchmessers durch das Gewindeloch einführen und mit den Zähnen des Verstellrädchens in Eingriff bringen. Die Klinge wird durch Bremsscheibe/trommel geführt und wird einen Zahn des Verstellers erfassen. Bild 254 veranschaulicht das Einsetzen des Schraubendrehers, obwohl es sich um eine andere Bremsanlage handelt.
- Den Schraubendreher an beiden Rädern von links nach rechts bewegen, wie es durch den Pfeil in Bild 253 zu sehen ist, bis beide Räder feststehen (oder die Trommel/Bremsscheiben, falls die Räder abmontiert wurden).
- Nachdem die Räder feststehen, den Versteller um 5 oder 6 Klicks mit dem Schraubendreher zurückstellen, bis sich die Räder wieder frei durchdrehen lassen.
- Der automatische Nachstellmechanismus für die Feststellbremse muss jetzt entspannt werden, wie es nachfolgend beschrieben wird.
- Räder anschrauben (falls abgeschraubt) und die Einstellung der Feststellbremse nachprüfen.

Der automatische Nachstellmechanismus der Feststellbremse

Der Mechanismus, ebenfalls automatischer Feststellbremsenausgleich genannt, muss vor Ausbau der Bremsbacken oder Einstellen der Feststellbremse vorgespannt und nach den Arbeiten wieder entspannt werden.

- **Das Vorspannen** geschieht unter Bezug auf die linke Ansicht von Bild 255. Ein Innensechskantschlüssel (Inbusschlüssel) ist zur Arbeit erforderlich.

Den Schlüssel in die Exzenterschraube (2) einsetzen und um ca. eine halbe Umdrehung verdrehen und gleichzeitig im Schlitz in Pfeilrichtung zurückdrücken, bis der federgespannte Sperrexzenter (1) mit dem erhöhten Teil (3) im Befestigungsclip (4) eingreift.

Das Entspannen geschieht unter Bezug auf die rechte Ansicht von Bild 255. Mit einem Schraubendreher den mittleren Befestigungsclip an der Pfeilstelle anheben. Die automatische Nachstellvorrichtung wird dabei entspannt und die Handbremsseile werden automatisch nachgespannt. Feststellbremse einige Male betätigen um den Mechanismus in Betrieb zu bringen.

Erneuerung von Seilen der Feststellbremse

Die Erneuerung des vorderen Seils und der hinteren Seile ist eine sehr komplizierte Arbeit, die wir nicht zur Selbstdurchführung empfehlen können. Falls eines der Seite erneuert werden muss, sollten Sie sich an eine Mercedes-Werkstatt wenden.

Bremskraftverstärker

Scheibenbremsen wirken nicht selbstverstärkend, sodass Sie eine hohe Fußkraft aufbringen müssten, wenn Ihr Fahrzeug keinen Bremskraftverstärker hätte. Diese Hilfseinrichtung sitzt links im Motorraum hinter dem Hauptbremszylinder. Die zusätzliche Bremskraft erzeugt eine große Membran, die sich beim Bremsen durch den Unterdruck von der eingebauten Unterdruckpumpe kraftvoll in Richtung Hauptbremszylinder bewegt und dort auf dessen Kolben drückt.

Bei stehendem Motor fehlt dieser Unterdruck und damit auch die Bremskraftunterstützung. Sie müssen, z. B. beim Abschleppen, wesentlich stärker aufs Bremspedal treten, um die gewohnten Bremswerte zu erzielen.

Um zu kontrollieren, ob der Bremskraftverstärker einwandfrei arbeitet, kann man die folgende Prüfung durchführen:

Bremspedal mehrmals durchtreten und zuletzt unten halten. Wenn Sie jetzt den Motor starten, muss sich das Pedal noch ein Stück weiter absenken. Dann ist alles in Ordnung.

Motor laufen lassen und das Bremspedal treten. Nun den Motor abstellen – das Bremspedal darf nicht nach oben zu drücken beginnen.

Den Motor laufen lassen und wieder abstellen. Das Pedal jetzt mehrmals durchtreten. Beim ersten Mal muss der Pedalweg am größten sein und nach und nach kleiner werden.

Arbeitet der Bremskraftverstärker nicht richtig, kann dies an einem undichten Unterdruckschlauch liegen. Auch könnte das Rückschlagventil im Unterdruckschlauch schadhaft sein.

Es arbeitet alles einwandfrei, wenn Sie am Schlauchende einen saugenden Unterdruck fühlen können. Dazu den Schlauch am Bremskraftverstärker losschrauben und dort prüfen.

Beim Einbau eines neuen Ventils beachten, dass es richtig herum eingebaut wird.

Ist der Bremskraftverstärker selbst defekt, muss er komplett ausgetauscht werden.

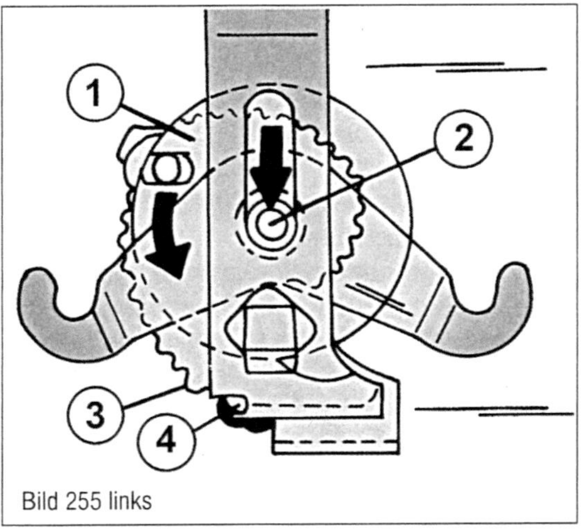

Bild 255 links

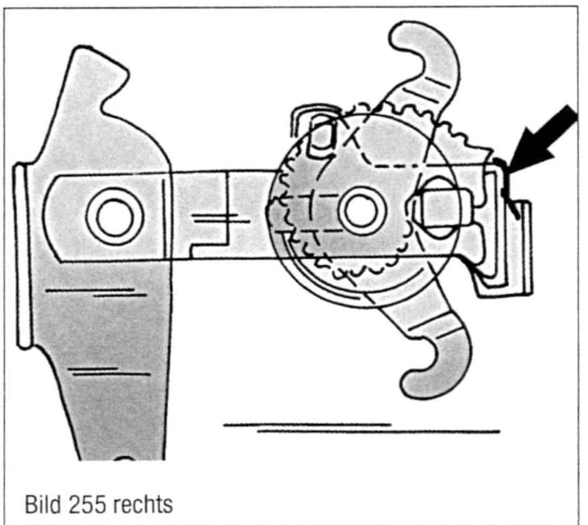
Bild 255 rechts

Bild 255 Zum Vorspannen (links) und Entspannen (rechts) des automatischen Nachstellmechanismus der Feststellbremse.

■ Eine Überholung des Bremskraftverstärkers sollte nicht vorgenommen werden, da zum Zerlegen und Zusammenbauen Spezialwerkzeuge erforderlich sind und auch die Werkstatt kaum noch Bremskraftverstärker überholt. Ein Ausfall des Bremskraftverstärkers bedeutet keinen Verlust der Bremsleistung, lediglich ist der Kraftaufwand am Bremspedal größer, um den gleichen Bremsweg einzuhalten, was natürlich bei einem Kleintransporter Schwierigkeiten mit sich bringen könnte.

Aus- und Einbau des Bremskraftverstärkers

Der Ausbau des Bremskraftverstärkers gleicht dem bereits beschriebenen Ausbau des Hauptbremszylinders, da dieser ausgebaut werden muss, ehe man den Bremsservo ausbauen kann. Die Abbildungen 247 und 248 können beim Ausbau hinzugezogen werden. Zu beachten ist, dass eine ältere Version und eine spätere Version eingebaut sein können. Bild 256 zeigt die ältere Ausführung. Der Aus- und Einbau kann unter Bezug auf das Bild durchgeführt werden. Nach Anlassen des Motors das Bremsservogerät auf Funktion kontrollieren, wie es bereits beschrieben wurde.
Manchmal kommt es vor, dass Bremsflüssigkeit in den Bremskraftverstärker eindringt (durch den Hauptbremszylinder). Falls man nach Ausbau feststellt, dass mehr als 100 ccm im Bremskraftverstärker vorhanden sind, muss man ein neues Gerät einbauen.

Bild 256 Bremskraftverstärker und Befestigungsteile der älteren Ausführung.
1 Hauptbremszylinder
2 Unterdruckschlauch
3 Bremskraftverstärker
4 Dichtung
5 Pedallagerbock
6 Mutter, 25 Nm
7 Sicherungsspange
8 Lagerbolzen, Servo an Pedal
9 Bremslichtschalter

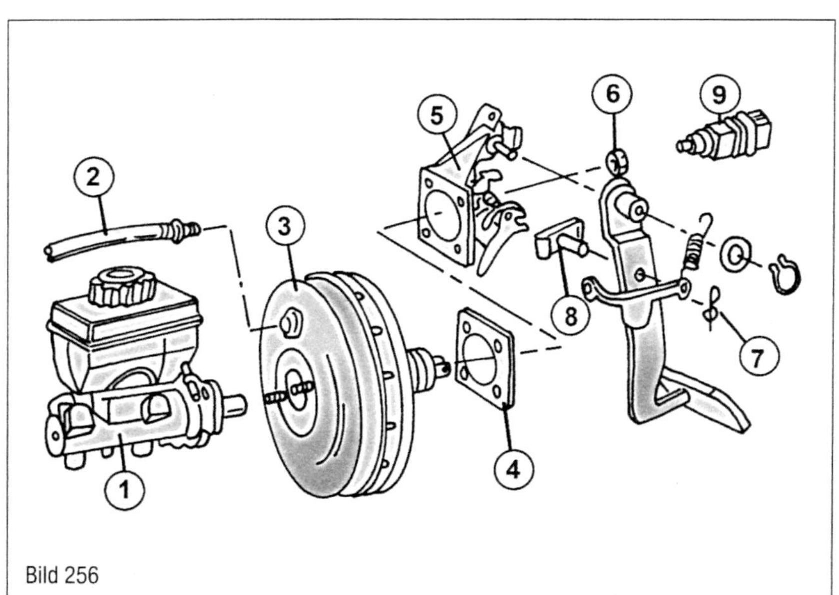

Bild 256

Bremsen entlüften

Ein Entlüften der hydraulischen Anlage ist erforderlich, wenn das Bremsleitungsnetz an irgendeiner Stelle geöffnet wurde oder Luft auf andere Weise in die Anlage gekommen ist.

☞ In der Werkstatt wird die Bremsanlage unter Druck mit einem Entlüftungsgerät entlüftet. Die folgende Beschreibung kann deshalb nur mit bestem Wissen und Gewissen erteilt werden. Auf keinen Fall darf man losfahren, wenn das Pedal nicht den von Ihnen erwarteten Druck hat.

Vor der Entlüftung der Anlage sind Schmutz und Fremdkörper von den Entlüftungsstellen und dem Einfüllverschluss des Vorratsbehälters zu entfernen.
Falls nur ein Bremssattel abgeschlossen wurde, könnte es ausreichen, wenn man nur diesen betreffenden Bremskreis entlüftet. Die Entlüftung kann entweder an den Hinterrädern oder an den Vorderrädern begonnen werden, jedoch ist die vom Hersteller empfohlene Reihenfolge hinten rechts, vorn links, hinten links und vorn rechts. Normalerweise ist die am nächsten am Hauptbremszylinder die letzte Entlüftungsstelle. Einen durchsichtigen Kunststoffschlauch nach Entfernen der Staubschutzkappe auf das betreffende Entlüftungsventil aufstecken. Das andere Ende des Schlauches in ein mit etwas Bremsflüssigkeit gefülltes Glasgefäß einhängen.

■ Bremspedal von einer zweiten Person auf den Boden durchtreten lassen. Die Entlüftungsschraube um eine halbe Umdrehung öffnen (Bild 257), wenn das Pedal auf dem Boden aufsitzt. Den aus dem Schlauch austretenden Flüssigkeitsstrom beobachten.

■ Sobald keine Luftblasen mehr herauskommen, ist alle Luft aus der Anlage ausgeschieden. Das Bremspedal beim letzten Hub auf dem Boden halten und das Entlüftungsventil schließen. Das Pedal langsam zurückkehren lassen.

■ Gleiche Arbeiten in der angegebenen Reihenfolge an den anderen Entlüftungsschrauben durchführen.

☞ Es wird nochmals darauf hingewiesen, dass der Stand der Bremsflüssigkeit laufend kontrolliert werden muss, sodass keine Luft in die Anlage gesaugt wird. Niemals aus der Anlage ausgepumpte Flüssigkeit wieder in den Behälter einfüllen. Auch keine Flüssigkeit verwenden, welche längere Zeit ohne Verschluss gestanden hat.

ABS-Anlage

Arbeiten an der ABS-Anlage werden nicht empfohlen, mit Ausnahme des Aus- und Einbaus der Fühler an der Vorder- und Hinterachse. Vorn sind die Fühler im Achsschenkel montiert, hinten sitzen die Fühler im Radträger.

Die folgenden Vorsichtsmaßnahmen sollten jedoch getroffen werden, wenn Arbeiten an einem Fahrzeug mit ABS-Anlage durchgeführt werden:

- Bei Durchführung von Schweißarbeiten muss der Stecker aus dem elektronischen Steuergerät herausgezogen werden.
- Falls Ihr Fahrzeug außerhalb einer Mercedes-Werkstatt lackiert wird, müssen Sie darauf hinweisen, dass das elektronische Steuergerät nur kurze Zeit einer Temperatur von 95 °C und bis ca. 2 Stunden einer Temperatur von 85 °C ausgesetzt werden darf.
- Beim Anklemmen der Batterie die Klemmen gut festziehen.

Bei allen Arbeiten an der Bremsanlage muss die ABS-Anlage folgendermaßen auf ihre Funktion überprüft werden:

- Motor anlassen und kontrollieren, dass die gelbe, mit »ABS« gekennzeichnete Warnleuchte erlöscht und sich nach einer Fahrgeschwindigkeit von 5 - 7 km/h nicht mehr erhellt.

Auf die Funktion der Anlage einzugehen ist nicht der Zweck dieser Anleitung, jedoch sollten Sie Folgendes wissen:

- Die Fühler für die Raddrehzahl sind so genannte Impulssensoren. Vier Fühler sind im Fahrzeug eingebaut. Je ein Fühler überwacht die beiden Vorderräder und die Hinterräder.
- Die beiden vorderen Fühler sind in die Achsschenkel eingesetzt, hinten in die Hinterachse.
- Die Fühler überwachen die Raddrehzahl mithilfe von Zahnkränzen. Bei der Vorderachse sind diese auf die Radnaben, bei der Hinterachse sind sie auf die Achswelle aufgepresst. Die Fühler bestehen aus einem Magnetkern und einer Wicklung. Die Drehung des Zahnkranzes, welcher in einem bestimmten Abstand vom Fühler entfernt steht, ändert das magnetische Feld, sodass ein Wechselstrom in die Wicklung induziert wird. Dieser Wechselstrom ändert die Frequenz im Einklang mit der Raddrehzahl und der Anzahl der Zähne, d. h. die Frequenz ist proportional zur Raddrehzahl.

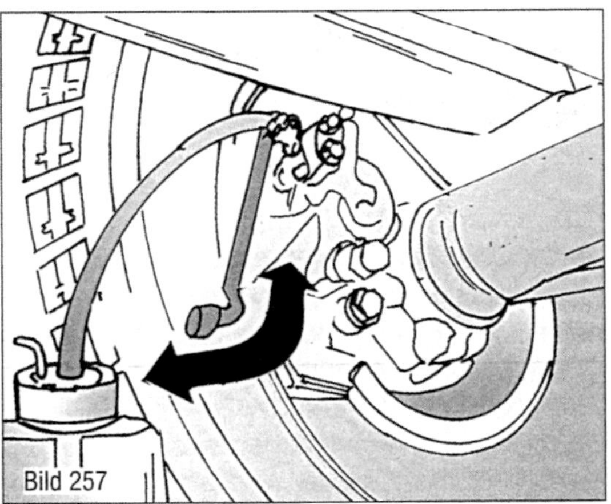

Bild 257

Bild 257 Entlüften eines Bremssattels. Der Schlauch wird in das mit Bremsflüssigkeit gefüllte Glasgefäß eingehängt, die Entlüftungsschraube wird mit einem Ringschlüssel geöffnet oder festgezogen.

Obwohl der Aus- und Einbau der Fühler keine Schwierigkeiten mit sich bringt (Zündung ausschalten, Rad abschrauben), muss man das Kabel des Fühlers an einer leicht zugänglichen Stelle zerschneiden und das Kabel des neuen Fühlers mit dem alten Kabel verbinden. Dies muss natürlich fachmännisch durchgeführt werden. Falls Sie keine Erfahrung im vorschriftsmäßigen Verbinden von elektrischen Kabeln (einwandfreie Isolierung, Schützen gegen Korrosion, usw.) haben, sollten Sie von einer Selbsterneuerung absehen.

Bei den folgenden Arbeiten werden Bauteile der ABS-Anlage direkt oder indirekt betroffen:

Erneuerung der Bremszangen, Bremsklötze, Bremsschläuche, Bremsscheiben, Handbremsseile und Teile der Feststellbremse.

13 Elektrische Anlage

Alle in dieser Ausgabe behandelten Fahrzeuge sind mit einer elektrischen Anlage mit einer Spannungsstärke von 12 Volt ausgerüstet. Die Masserückstromführung erfolgt über die Minusklemme der Batterie. Die Batterie ist im Wesentlichen wartungsfrei. Ein Schubtriebanlasser wird zum Anlassen des Motors verwendet. Der Anlassschalter bildet einen Teil des Zündschalters und erregt bei Betätigung einen im Anlasser montierten Einrückmagnetschalter. Die eingebaute Bosch-Drehstromlichtmaschine hat bei allen eingebauten Motoren eine Leistung von 120 A.
Die Drehstromlichtmaschine wird über einen Polyriemen von der Kurbelwelle aus angetrieben. Ein elektromechanischer Regler dient zur Regulierung des Ladestroms und befindet sich auf dem hinteren Deckel.
Eine in die Instrumententafel eingesetzte Ladekontrollleuchte gibt eine Anzeige über das einwandfreie Funktionieren der elektrischen Anlage, so weit die Aufladung der Batterie betroffen ist.

Allgemeine Begriffe

Batterie, Generator und Anlasser – Die Grundbegriffe der Elektrik
Elektrischer Strom kann nur in einem geschlossenen Stromkreis fließen. Der besteht aus Erzeuger (z. B. Batterie), Verbraucher (z. B. Glühlampe, Anlasser) und den Leitungen (Kabel), mit denen Erzeuger und Verbraucher verbunden sind. Die Grundbegriffe der Elektrik veranschaulicht folgendes Beispiel. Stellen Sie sich eine Wasserleitung vor, durch die unter einem bestimmten Druck eine bestimmte Menge Wasser fließt. Dieses System lässt sich mit einem Stromkreis vergleichen.

Spannung. Sie entspricht dem Druck in der Wasserleitung. Wird in Volt (V) gemessen.
Strom. Entspricht der Wassermenge, die in einer bestimmten Zeit durch die Leitung fließt. Maßeinheit ist Ampere (A).
Leistung. Das Produkt aus Spannung und Strom gibt an, welche elektrische Arbeit ein Stromerzeuger an einen Verbraucher abgibt. Wird in Watt (W) angegeben.
Widerstand. Vergleichbar mit dem Absperrhahn der Wasserleitung. Ist er ganz geöffnet, fließt das Wasser ungehindert (Widerstand 0). Dreht man den Hahn zu, erhöht sich der Widerstand, bis das Wasser nicht mehr fließen kann (Widerstand ∞). Maßeinheit ist Ohm (Ω).
Kabel. Entsprechen der Wasserleitung. Die Dicke der Leitung (Querschnitt) hängt vom Verbraucher ab. Ein Kontrolllämpchen kommt mit einer Kabelstärke von 0,5 mm^2 aus, der Anlasser braucht dagegen eine 16-mm^2-Leitung. Ein zu dünnes Kabel heizt sich auf – die Spannung fällt ab. Dann kommen zum Beispiel am Scheinwerfer nicht 12 Volt, sondern nur 10 oder 9,5 Volt an – das Licht wird trübe.

Spannung, Strom und Widerstand messen
Wenn Sie wissen wollen, ob die verschiedenen elektrischen Systeme Ihres Fahrzeuges in Ordnung sind, brauchen Sie nicht gleich einen Elektriker. Im Handel gibt es eine Reihe von Prüfgeräten, mit denen Sie sich selbst über den Zustand Ihrer elektrischen Anlage informieren können.
Prüflampe (mit Nadelkontakt). Damit testen Sie, ob Spannung in einem Stromkreis anliegt. Je heller die Lampe leuchtet, desto mehr Spannung ist vorhanden. Mit der Nadel der Lampe die Isolierung des zu prüfenden Kabels durchstechen. Die Klemme am Kabel der Lampe wird am blanken Metall angeclipst (Masse).
⚠ Die Prüflampe nimmt viel Leistung auf und eignet sich daher nicht für Messungen an elektronischen Bauteilen. Hier müssen Sie einen Spannungsprüfer mit Leuchtdioden verwenden.
Spannungsprüfer mit Leuchtdioden. Je nach Ausführung zeigt dieses Gerät Gleich- und Wechselspannungen zwischen sechs und rund 700 Volt an. Die Spannungsanzeige erfolgt optisch über die Leuchtdioden. Einfache Geräte gibt's im Handel bereits zu erschwinglichen Preisen.
Multimeter (Vielfachinstrument). Damit lassen sich Spannung, Strom (Gleich-/Wechselstrom) und Widerstand messen. Geeignete Geräte mit digitaler Anzeige gibt's bereits für wenig Geld. Die Stromversorgung des Multimeters erfolgt in der Regel durch eine Batterie.

Spannung messen. Um mit einem Multimeter zum Beispiel die Ruhespannung der Batterie zu messen, müssen Sie das mit »–« gekennzeichnete Kabel an den Minuspol der Batterie oder Masse anklemmen. Das »+«-Kabel des Messgeräts an den Pluspol der Batterie oder die zu messende Leitung klemmen. Zeigt das Instrument nur etwa 10,4 Volt an, deutet das auf einen Kurzschluss in einer Batteriezelle hin. Prüfen Sie einmal die Spannung der Batterie, während der Anlasser betätigt wird – ein Messergebnis von 5 Volt bedeutet, dass es um den Akku nicht mehr gut steht.
Strom messen. Dazu müssen Sie den Stromkreis auftrennen und das Messgerät dazwischen schalten. Bei einer Reihe von Messungen in Ihrem Fahrzeug genügt es, wenn Sie einen Steckkontakt abziehen und dann das Messgerät zwischen Stecker und Kontaktzunge schalten.
⚠ Achten Sie stets auf den Messbereich Ihres Multimeters. In Verbrauchern wie Anlasser und Glühkerzen fließen sehr hohe Ströme, die Ihr Gerät bei einer Messung beschädigen könnten.
Widerstand messen. Mit dem Multimeter prüfen Sie, ob eine Leitung oder ein Schalter Durchgang hat. Fließt der Strom ungehindert, zeigt das Gerät den Messwert 0. Ist der Stromweg jedoch an einer Stelle unterbrochen, erhalten Sie den Messwert unendlich (∞). Außerdem können Sie feststellen, welchen Innenwiderstand ein bestimmtes Bauteil hat.

Der Schub-Schraubtrieb-Anlasser

■ Beim Drehen des Zündschlüssels in Richtung »Start« liefert die Klemme 50 am Zündschloss über das rote Kabel Spannung an den Magnetschalter, der oben auf dem Anlasser sitzt.
■ Eine Einrückgabel schiebt das Zahnritzel des Anlassers auf einem Steilgewinde der Ankerwelle in den Zahnkranz des Motorschwungrads (Schubweg).
■ Das Ritzel greift ein, dann schaltet der Magnetschalter über die Hauptkontakte den vollen Batteriestrom ein (kommt von Klemme 30). Das Ritzel schraubt sich in den Zahnkranz und stellt so den Kraftschluss her (Schraubweg) – der Anlasser dreht den Motor durch.
■ Ist der Motor angesprungen und wird der Zündschlüssel losgelassen, bricht das magnetische Feld in der Haltewicklung des Magnetschalters zusammen. Die Einrückgabel wird durch eine Rückzugfeder in die Ruhestellung gezogen. Das Ritzel spurt aus und die Stromzufuhr zum Anlasser wird unterbrochen.

Die Batterie

Die eingebaute 12-Volt-Batterie besitzt sechs Zellen, die aus positiven und negativen Platten bestehen, welche in eine Schwefelsäurelösung eingetaucht sind. Die Batterie hat die Aufgabe, den Strom zum Anlassen des Fahrzeugs, zur Beleuchtung des Fahrzeugs sowie für andere Stromverbraucher zu liefern. Die in Ihrem Mercedes eingebaute Batterie hat eine bestimmte Kapazität. Falls eine neue Batterie eingebaut wird, muss diese der ursprünglichen Kapazität entsprechen.
Die folgenden Arbeiten sind von Zeit zu Zeit durchzuführen, um der Batterie eine lange Lebensdauer zu geben und deren Leistung immer auf dem Höhepunkt zu halten. Die Batterie wird wesentlich als wartungsfrei bezeichnet, d. h. unter normalen Betriebsbedingungen sollte es nicht notwendig sein sie nachzufüllen. Manchmal passiert es jedoch, dass der Flüssigkeitsspiegel durch bestimmte Umstände absinkt.
■ Batterie und die sie umgebenden Teile immer sauber halten. Die Oberfläche der Batterie muss immer gut trocken sein, da sich sonst zwischen den einzelnen Zellen Kriechströme entwickeln können, wovon sich die Batterie von selbst entladen kann.
■ Die Batteriesäure muss jederzeit bis zur Höhe des unteren Striches an der Außenseite des Batteriegehäuses stehen. Zum Nachfüllen destilliertes Wasser verwenden.
■ Bei kaltem Wetter die Batterie nicht in ungeladenem Zustand stehen lassen, da sie sonst einfriert. Schwach geladene Batterien frieren eher ein als geladene, d. h. man muss der Batterie die notwendige Pflege geben, um dies zu verhindern.

Prüfen der Batterie

Säurestand: Wie bereits erwähnt, ist die Batterie wartungsfrei. Die Batterie ist mit Schwefelsäure gefüllt, die mit destilliertem Wasser verdünnt wurde. Da die Wasseranteile verdunsten können, muss man gelegentlich den Säurestand überprüfen und

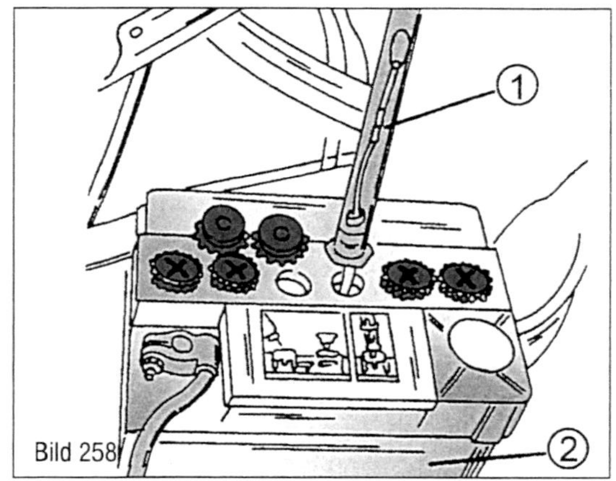

Bild 258
Bild 258
Kontrolle der Säuredichte. Die Schraubstopfen sehen bei der eingebauten Batterie unterschiedlich aus.
1 Säureheber
2 Markierung für Säurestand

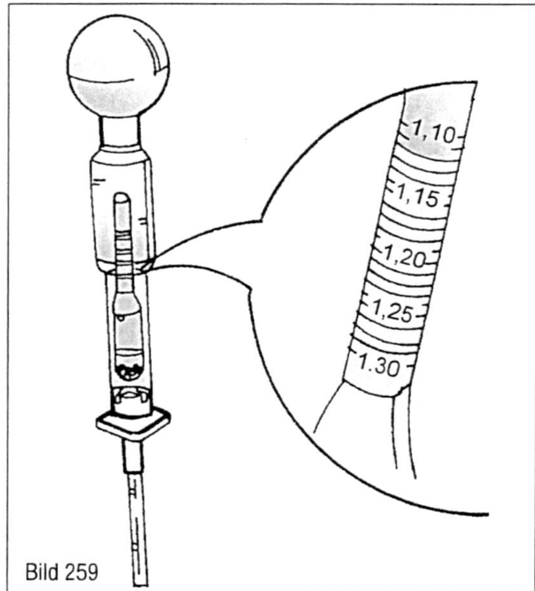

Bild 259
Bild 259
Prüfgerät zur Kontrolle der Säuredichte.

ggf. destilliertes Wasser nachfüllen. Die Batteriesäure muss zwischen den Markierungen am Batteriegehäuse liegen. Die Originalbatterie ist mit einem Überfüllschutz versehen. Zum Nachfüllen den Batteriestopfen herausdrehen und destilliertes Wasser einfüllen, bis dieses sichtbar wird.

Ladezustand: Zur Kontrolle des Ladezustandes ist ein Säureheber erforderlich. Zur Kontrolle die Verschlussstopfen herausdrehen und die Spitze des Säurehebers durch den Gummi des Überfüllschutzes stoßen (Bild 258). Mithilfe des Gummiballs genügend Säure ansaugen, dass der Schwimmer frei schwimmen kann. Dies wird in Bild 259 veranschaulicht. Je nach Ladezustand besitzt die Säure ein unterschiedliches spezifisches Gewicht, welches durch das Eintauchen des Schwimmers in die Säure angezeigt wird. Bei einer Anzeige von 1,28 ist die Batterie voll geladen; bei 1,12 ist die Batterie vollkommen entladen. Dazwischen liegende Werte weisen auf die entsprechende Ladestärke hin. Die Anzeigen am Säureheber sind in kg/l gegeben.

Aufladen der Batterie: Eine sehr entladene Batterie sollte erst nach dem Aufladen mit destilliertem Wasser aufgefüllt werden. Beim Laden steigt der Säurestand an und eine vorschriftsmäßig gefüllte Batterie könnte aus diesem Grund »überkochen«. Der Ladestrom sollte am Anfang 10% der Batteriekapazität nicht überschreiten. Je nach Aufbau des verwendeten Batterieladegeräts, wird sich der Ladestrom allmählich automatisch verringern. Die Batterie ist voll geladen, wenn sich die Säuredichte innerhalb zwei aufeinander folgender Stunden nicht verändert.
Die Verschlussstopfen der Batterie sollten im Allgemeinen herausgeschraubt und lose auf die Einfüllöffnungen gelegt werden. Damit kann das aus Sauerstoff und Wasserstoff entstehende Knallgas entweichen. Da bei lebhafter Aufladung ein Spritzen der Säure unvermeidlich ist, sollte man die Umgebung der Batterie mit Zeitungen oder Ähnlichem schützen. Wird die Aufladung in einem geschlossenen Raum durchgeführt, muss dieser gut belüftet sein. Auf keinen Fall mit nackter Flamme in die Batterieöffnungen leuchten.
Bei Verwendung eines Heimladegeräts kann die Batterie im Auto verbleiben. Auch die Kabel braucht man nicht abzuschließen. Anders ist es bei der Verwendung eines Schnellladegeräts. Beide Batteriekabel abklemmen, um die Dioden der Drehstromlichtmaschine, die elektronischen Schaltgeräte, Autoradio, usw. nicht zu gefährden. In diesem Fall darf der Ladestrom 50% der Kapazität nicht überschreiten und die Ladedauer darf nicht mehr als 30 Minuten betragen.

Aus- und Einbau der Batterie

Die Batterie sitzt im Motorraum an der in Bild 260 gezeigten Stelle. Nicht alle in der Abbildung gezeigten Teile sind bei allen Modellen eingebaut. Die Batterie kann folgendermaßen ausgebaut werden. Die Anweisungen gelten für alle ML-Modelle.

- Zündschlüssel in Stellung »0« drehen.
- Das Massekabel (1) von der Batterie abklemmen.

■ Die Schutzabdeckung vom Pluspol der Batterie abziehen und alle an der Klemme (2) angeschlossenen Leitungen abschließen. Die Klemme danach von der Batterie lösen und abziehen.

■ Abdichtung (3) an der Außenseite der Batterie entfernen und den Schutzschild (4) abnehmen. Falls vorhanden die Leitung der Lichtmaschine (5) vom Schutzschild trennen. Zum Lösen dabei einen Sicherungsclip an der Seite des Schildes lockern, die Leitungen durch das Schild ziehen und auf einer Seite ablegen. Ebenfalls könnte die Kühlmittelumlaufpumpe (15) am Schild am Schild befestigt sein. Auch diese lösen.

■ Kabelbinder an der Seite des Schutzschildes entfernen und den Überlaufschlauch (8) und das Betätigungsseil (9) vom Schild trennen.

■ Falls eingebaut den Haltebügel (10) für den Sauglüfter an der Vorderseite vom Schutzschild trennen und die Leitung vom Schild abziehen.

■ Die Schraube (11) herausdrehen und den Schild abnehmen. Die Schraube wird mit 20 Nm angezogen.

■ Ein Klemmstück (12) am Haltebügel entfernen und den Haltebügel (13) entfernen, indem er nach unten gedrückt wird. Der Schutzschild (4) kann jetzt herausgenommen werden. Dazu den Schild nach vorn bewegen und danach zurückziehen, um ihn von den vorderen Befestigungslaschen zu trennen.

■ Die Batterie kann jetzt herausgehoben werden.

Der Einbau findet in umgekehrter Reihenfolge statt.

Hinweis zur Entsorgung von Batterien:
Falls eine Batterie erneuert wurde, muss man die alte Batterie entsprechend den geltenden, örtlichen oder Landesvorschriften entsorgen. Alte Batterien niemals in den Haushaltabfall werfen. Beim Transport der Batterie in einem Fahrzeug unbedingt darauf achten, dass sie nicht umfallen kann, da dabei die Batteriesäure ausläuft und Ihr Fahrzeug erheblich beschädigen kann. Nach Handhabung einer Batterie sofort die Hände waschen – *Hände nicht an der Kleidung abwischen.*

Start mit leerer Batterie
Am einfachsten ist die Verwendung von

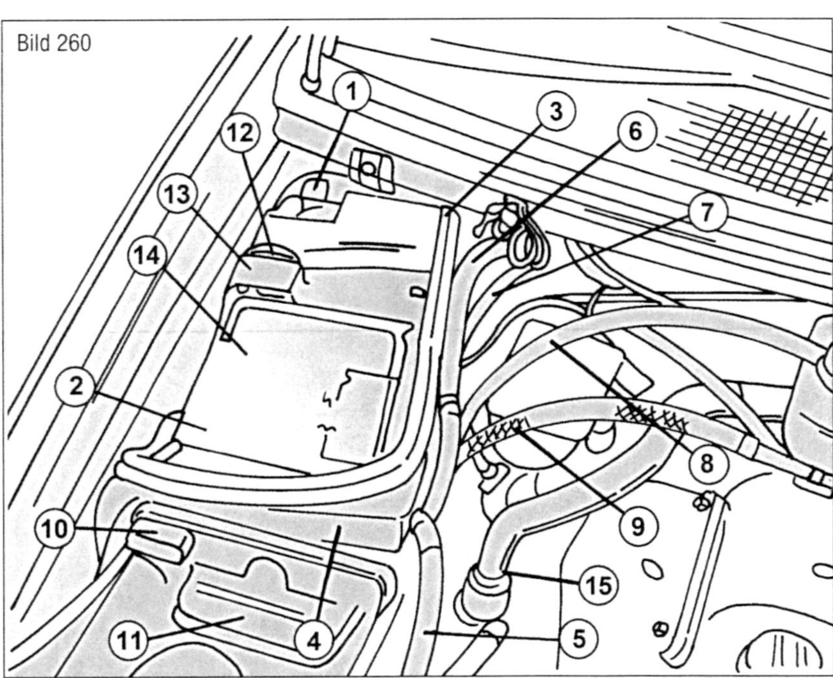

Starthilfekabeln, die aber einen kräftigen Querschnitt und starke Anschlussklemmen haben müssen, um den Strom von einer Batterie zur anderen durchzulassen. Beim Anschaffen solcher Kabel sollte man immer etwas tiefer in die Tasche greifen, um Kupferkabel zu kaufen. Aluminiumkabel sind zwar billiger, werden aber sehr heiß, sodass die Isolierung schmilzt und man sich beim Abnehmen der Klemmen die Finger verbrennen kann. Zuerst das Pluskabel an die beiden Pluskabel anklemmen und danach erst die Minuskabel anschließen. Bild 261 zeigt, wie die Verbindungen aussehen müssen. Der Helfer sollte den Motor anlassen und mit mittleren Drehzahlen laufen lassen, damit die Lichtmaschine zusätzlichen Stromauf bauen kann.

⚠ Die folgenden Vorsichtsmaßnahmen müssen ebenfalls beachtet werden:

■ Die zweite Batterie muss die gleiche Spannung und Kapazität wie die Fahrzeugbatterie haben.

■ Damit keine Masse von einem Fahrzeug auf das andere überspringen kann, dürfen sich die beiden Fahrzeuge nicht berühren.

■ Alle elektrischen Stromabnehmer ausschalten.

■ Das am Minuspol der Batterie angeschlossene Starthilfekabel muss von der eingebauten Batterie entfernt »angeklemmt« werden, nicht an der Fahrzeugbatterie. Im genannten Bild ist das Kabel am Zylinderblock angeklemmt.

Bild 260
Zum Aus- und Einbau der Batterie, jedoch im Bild bei einem Rechtslenker gezeigt.
1 *Masseleitung (negativ)*
2 *Stromleitung (positiv)*
3 *Abdichtung*
4 *Schutzschild*
5 *Leitung zur Drehstromlichtmaschine*
6 *Leitung zum Anlasser*
7 *Unterdruckleitung zum Bremskraftverstärker*
8 *Überlaufschlauch*
9 *Betätigungsseil*
10 *Halter für Saugleitung*
11 *Schraube*
12 *Klemmkeil*
13 *Haltebügel*
14 *Batterie*
15 *Kühlmittelumlaufpumpe*

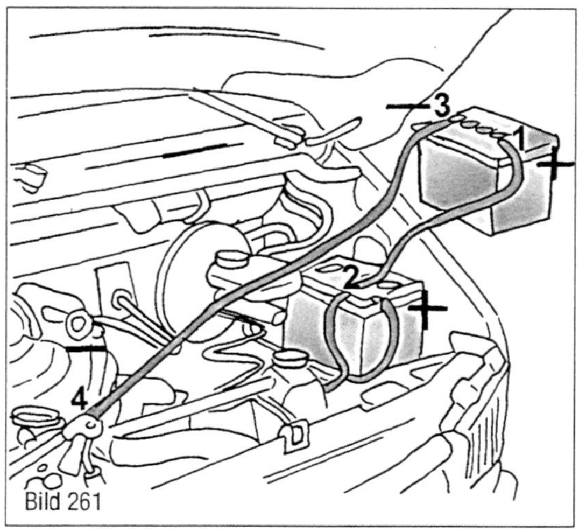

Bild 261
Anschlussweise einer Batterie zum Fremdstarten des Motors.
1 *Stromklemme der Fremdbatterie*
2 *Plusklemme der Fahrzeugbatterie*
3 *Minuspol der Fremdbatterie*
4 *Masseanschluss am Zylinderblock*

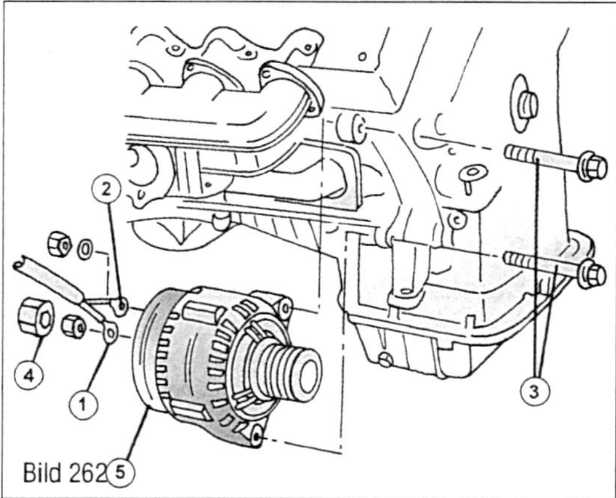

Bild 262
Zum Ausbau der Drehstromlichtmaschine bei einem M111-, M112- und M113-Motor. Gezeigt ist ein M112-Motor.
1 *Anschlusskabel 30 (B+)*
2 *Anschlusskabel 61 (D+)*
3 *Schrauben der Lichtmaschine*
4 *Abdeckung*
5 *Lichtmaschine*

- Der Motor des Strom liefernden Fahrzeuges muss laufen.

Anschieben oder Anrollen lassen sowie Anschleppen, sind die bekanntesten Methoden zum Anlassen eines Motors mit schwacher Batterie.

Die Drehstromlichtmaschine

Vorsichtsmaßnahmen bei Arbeiten an der Ladestromanlage

⚠ Ehe irgendwelche Arbeiten an der Ladestromanlage durchgeführt werden, müssen die folgenden Vorsichtsmaßnahmen unbedingt eingeprägt werden:

- Niemals die Batterie oder den Spannungsregler abklemmen, während der Motor und somit die Lichtmaschine laufen. Ansonsten entstehen Spannungsspitzen, die den elektronischen Geräten schaden können.
- Niemals die Erregerklemme (Feldklemme) der Lichtmaschine oder das daran befestigte Kabel in Berührung mit Masse kommen lassen.
- Niemals die beiden Leitungen des Spannungsreglers verwechseln.
- Niemals den Spannungsregler in Betrieb bringen, wenn er mit Masse verbunden ist (sofortige Beschädigung).
- Niemals die Lichtmaschine ausbauen, wenn die Batterie nicht vorher aus dem Stromkreis genommen wurde (mindestens Minusklemme abschrauben). Andernfalls können irreparable Schäden auftreten.
- Beim Einbau der Batterie darauf achten, dass die Minusklemme an Masse angeschlossen wird.
- Niemals eine Prüflampe verwenden, die direkt an das Hauptstromnetz (110 oder 220 V) angeschlossen ist. Nur eine Prüflampe mit einer Spannungsstärke von 12 V benutzen.
- Falls eine Batterie im eingebauten Zustand mit einem Batterieladegerät aufgeladen wird, müssen die beiden Batteriekabel abgeklemmt werden. Die positive Klemme des Ladegerätes an den positiven Pol der Batterie und die negative Klemme des Ladegerätes an den negativen Pol der Batterie anschließen. Verwechseln kann man die Klemmen kaum, da sie einen unterschiedlichen Innendurchmesser haben.
- Falsches Anschließen der Leitungen führt zur Zerstörung der Gleichrichter und des Spannungsreglers sowie anderer elektrischer/elektronischer Bauteile.

Eingebaute Drehstromlichtmaschine prüfen

Während normaler Fahrt muss die Ladekontrollleuchte erlöschen. Falls dies nicht der Fall ist, liegt ein Fehler in der Drehstromlichtmaschine oder im Spannungsregler vor.

Als Erstes alle Stromverbindungsanschlüsse der Drehstromlichtmaschine prüfen.

Kontrollieren, ob der Antriebsriemen einwandfrei durch die Spannvorrichtung gespannt wird.

Falls man ein Voltmeter und ein Amperemeter zur Verfügung hat, kann man folgende Prüfungen durchführen, vorausgesetzt, dass man einige Erfahrungen mit dem Umgang von Prüfgeräten hat. Denken Sie an die elektronischen Bauteile:

- Die Kabel an der Rückseite der Lichtmaschine ausfindig machen. Die Anschlüsse der roten Kabel werden an der Lichtmaschine an Klemme »B+« angeschlossen, der Anschluss des kleineren blauen Kabels an »D+«. Bei der ersten Prüfung das Voltmeter zwischen »D+« und Masse anschließen (Kabel nicht abziehen und Zündung nicht einschalten). Die Anzeige muss »null« Volt betragen.

- Die Zündung einschalten und kontrollieren, dass die Anzeige zwischen 1 bis 3 Volt liegt. Falls dies nicht der Fall ist, kann man den Spannungsregler oder eine Wicklung in der Lichtmaschine verdächtigen.
- Motor anlassen und auf 2000/min beschleunigen. Bei gleicher Anschlussweise wird jetzt die Regelspannung gemessen. Diese sollte zwischen 13,7 und 14,5 V liegen. Falls dies nicht der Fall ist, muss der Fehler im Regler liegen oder die Kohlen der Lichtmaschine sind abgenutzt. Bei hoher Anzeige (um die 20 Volt herum) können die Dioden ausgebrannt sein.
- Das Amperemeter an Klemme »B+« und Masse anlegen und den Motor anlassen. Motor auf ca. 1200/min beschleunigen und viele Stromverbraucher einschalten. Das Amperemeter muss eine Stromstärke von mindestens 30 A anzeigen. Falls dies nicht der Fall ist, könnte der Schaden in den Dioden liegen. Die weiteren Überprüfungsarbeiten können nur bei ausgebauter Drehstromlichtmaschine durchgeführt werden.

Ergibt die Prüfung, dass die Lichtmaschine defekt ist, können Sie sich günstigen Ersatz auf folgende Arten beschaffen:

- Die defekte Lichtmaschine ausbauen und in eine Autoelektrik-Werkstatt (Bosch-Dienste) bringen. Prüfung und Reparaturen, wie das Ersetzen der Schleifkohlen oder den Einbau eines neuen Spannungsreglers, können Sie dort durchführen lassen.
- Wer schon Erfahrung im Umgang mit Lichtmaschinen hat, kann versuchen, die Lichtmaschine selbst zu reparieren. Der Spannungsregler kann recht einfach getauscht werden, genauso die Schleifkohlen. Zum Zerlegen der ausgebauten Lichtmaschine die Durchgangsschrauben am Gehäuse herausdrehen. Die Diodenplatten, ja selbst der Läufer und die Wicklung können einzeln ersetzt werden.

Aus- und Einbau der Drehstromlichtmaschine

Die Lichtmaschine ist fest am Motor verschraubt, jedoch ist, wie bereits erwähnt eine unterschiedliche Lichtmaschine je nach eingebautem Motor vorhanden. Beim Ausbau muss man deshalb entsprechend der folgenden Anweisungen nachgehen.

Serie 163 mit M111-, M112- und M113-Motor

Der Aus- und Einbau der Lichtmaschine muss als kompliziert angesehen werden, da die unten angegebenen Teile abzuschließen sind, aber vorher lokalisiert werden müssen. Bild 262 zeigt eine Ansicht der Befestigung der Lichtmaschine, in diesem Fall bei einem M112-Motor. Falls man die Arbeiten selbst durchführen will (nicht empfohlen) kann man den folgenden Anweisungen folgen:

- Massekabel der Batterie abklemmen.
- Bei allen Ausführungen das Luftfiltergehäuse ausbauen.
- Bei eingebautem M112- und M113-Motor den Motorabdeckungsdeckel ausbauen, indem man ihn nach oben zieht und von der Zylinderkopfhaube trennt.
- Poly-Antriebsriemen lockern oder ausbauen (Kapitel »Kühlanlage«).
- Unter Bezug auf Bild 262 das Kabel (1) von der Klemme »30« (B+) und das Kabel (2) von der Klemme »61« (D+) nach Lösen der Muttern abziehen. Bei einem Motor M112 und M113 muss man zuerst die Abdeckhülse (4) herunterziehen. Beim Anziehen der Muttern beachten: Klemme »B+« mit 15 Nm beim M111-Motor und 18 Nm bei den anderen Motoren anziehen. Mutter der Klemme »D+« beim M111-Motor mit 4 Nm und bei den anderen Motoren mit 5 Nm anziehen.
- Die Lichtmaschine jetzt unter Bezug auf Bild 262 ausbauen. Die beiden Schrauben (3) an der Oberseite und Unterseite der Lichtmaschine (5) lösen und die Lichtmaschine herausheben. Die Schrauben beim Einbau aller Motoren mit 42 Nm anziehen. Der Einbau geschieht in umgekehrter Reihenfolge wie der Ausbau unter Beachtung der angegebenen Anziehdrehmomente.

Dieselmotor in Modellserie 164 (280/320 CD)

Das Fahrzeug muss an der Vorderseite auf sichere Unterstellböcke gesetzt werden, um von unten an die zu lösenden Teile zu kommen. Die Befestigungsweise der Lichtmaschine kann in Bild 263 gesehen werden. Die Lichtmaschine sitzt, von vorn gesehen, auf der linken Seite des Fahrzeuges an der im Bild gezeigten Stelle. Aus- und Einbau können nicht als leicht bezeichnet werden.

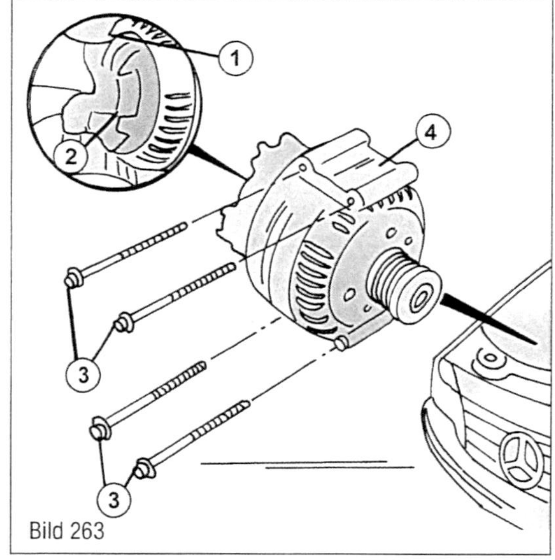

Bild 263
Zum Ausbau der Drehstromlichtmaschine bei einem Dieselmotor.
1 Anschlusskabel
2 Kabelstecker
3 Schrauben
4 Lichtmaschine

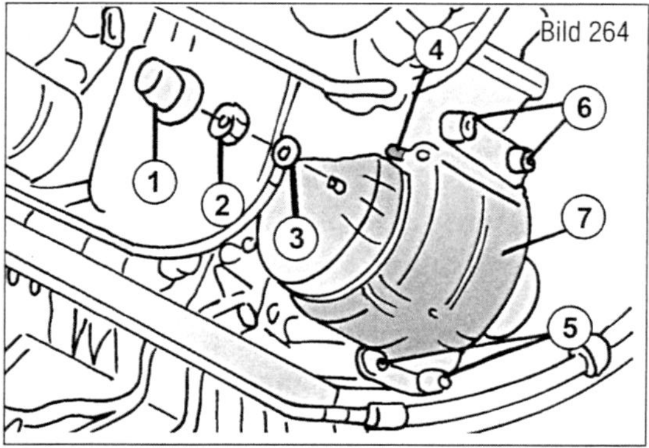

Bild 264
Zum Ausbau der Drehstromlichtmaschine bei M272-Motor in Serie 164.
1 Schutzkappe
2 Mutter
3 Kabel zu Klemme 30 (B+), 15 Nm
4 Kabelstecker zu Klemme 61 (D+)
5 Schrauben an der Unterseite, 20 Nm
6 Schrauben an der Oberseite. 20 Nm
7 Lichtmaschine

- Massekabel der Batterie abklemmen und die Abdeckung des Motors entfernen.
- Den rechten Luftansaugschlauch, den Ladeluftschlauch zum Ladeluftkühler abschließen.
- Den Poly-Antriebsriemen ausbauen, bis er von der Lichtmaschinenriemenscheibe abgehoben werden kann.
- Die vier in Bild 263 gezeigten Schrauben (3) der Lichtmaschine (4) lösen.
- Auf einer Seite der Lichtmaschine das elektrische Kabel (1) abschließen. Dazu die Lichtmaschine mit angeschlossenem Kabel nach vorn ziehen und am die Befestigung zu kommen. Ebenfalls den Kabelstecker (2) abziehen.
- Die Drehstromlichtmaschine nach unten herausheben. Falls der Ölmessstab dabei im Weg sein sollte, kann er herausgezogen werden.

Der Einbau findet in umgekehrter Reihenfolge statt. Schrauben (3) in Bild 263 mit 20 Nm anziehen, Mutter der Klemme »B+« mit 15 Nm anziehen.

Benzinmotor M272 in Modellserie 164 (ML 350)

Der Ausbau und Einbau geschieht in ähnlicher Weise, wie es oben beim Dieselmotor beschrieben wurde. Bild 264 zeigt die eingebaute Lichtmaschine. Wiederum werden vier Schrauben, ähnlich wie in Bild 263 gezeigt, zur Befestigung der Lichtmaschine verwendet.

- Massekabel der Batterie abklemmen und die Abdeckung des Motors entfernen.
- Den rechten Luftansaugschlauch abschließen.
- Den Poly-Antriebsriemen vollkommen ausbauen.
- Die Schutzkappe (1) in Bild 264 abziehen, die Mutter (2) abschrauben und das zur Klemme 30 (B+) führende Kabel (3) von der Lichtmaschine (7) abziehen. Mutter mit 15 Nm an der Klemme B+ anziehen.
- Kabelstecker von der Klemme 61 (D+), mit (4) gezeigt, von der Lichtmaschine (7) abziehen.
- Schrauben (5) und (6) an den gezeigten Stellen ausschrauben und die Lichtmaschine nach unten ziehen und herausnehmen. Die Schrauben beim Einbau mit 20 Nm anziehen.

Der Einbau findet in umgekehrter Reihenfolge unter Beachtung der angegebenen Anziehdrehmomente statt.

Drehstromlichtmaschine reparieren

Die Drehstromlichtmaschine und der damit verbundene Regler sollten nicht eingestellt oder repariert werden. Eine nicht mehr aufladende Drehstromlichtmaschine ist im Austausch gegen Rückgabe des alten Aggregates erhältlich und sollte immer eingebaut werden. Kleinere Reparaturen, wie z. B. das Erneuern der Schleifbürsten, kann man in einer Bosch-Werkstatt durchführen lassen.

Die Drehstromlichtmaschine ist mit Lagern versehen, welche auf Lebenszeit geschmiert sind und keine regelmäßige Wartung verlangen. Die Außenseite der Lichtmaschine sauber halten und kein Wasser oder andere Lösungsmittel darüber laufen lassen.

Die Bürsten der Drehstromlichtmaschine laufen auf glatten Schleifringen und haben aus diesem Grund eine sehr lange Lebensdauer. Zum Prüfen der Bürsten muss die Lichtmaschine ausgebaut sein.

Folgende Arbeiten unter Bezug auf Bild 265 durchführen, welches eine typische Ansicht einer teilweise zerlegten Lichtmaschine zeigt. Falls dieser Bauart eingebaut ist:

- Die Bundmutter (1) und die Mutter (1) lösen. Nach Herausdrehen der Schraube (3) den Deckel (4) abnehmen.
- Die Schrauben (5) und (7) vom Regler (6) abschrauben und den Regler (6) zur Seite herausziehen. Der Spannungsregler muss dazu etwas angekippt werden, um die Bürsten nicht zu beschädigen.

Länge der Bürsten entsprechend Bild 266 ausmessen. Falls die Bürsten bis auf 5 mm abgeschliffen sind, sind die Zuleitungen an den mit Pfeilen gezeigten Stellen abzulöten.

- Neue Bürsten einlöten und Teile in umgekehrter Reihenfolge wieder montieren. Darauf achten, dass die Bürsten einwandfrei auf den Schleifringen aufsitzen können.

Der Einbau geschieht in umgekehrter Reihenfolge. Beim Anziehen des Reglers an der Lichtmaschine die 19 mm langen Schrauben mit 2,5 Nm, die 13 mm langen Schrauben nur mit 1,2 Nm anziehen. Die Deckelmutter mit 12 Nm und die Bundmutter mit 30 Nm anziehen.

Regler der Lichtmaschine beim Motor M111, M112 und M113 erneuern (Serie 163)

Bild 267 zeigt, wie der Regler bei dieser Bauweise angeordnet ist. Die Erneuerung kann bei eingebauter Lichtmaschine durchgeführt werden.

- Die Verkleidung in der Innenseite des rechten vorderen Kotflügels ausbauen.
- Über der Lichtmaschine sitzt ein Wärmeschutzschild. Ausbauen.
- Die Schrauben (1) lösen und den Deckel (2) abnehmen. Dazu muss man die Sicherungslaschen (3) auseinanderdrücken.
- Die Schrauben (4) herausdrehen und den Regler (5) zur Seite herausziehen. Beim Einschieben des Spannungsreglers muss dieser Kontakt mit der Masseklemme (6) herstellen.

Der Einbau findet in umgekehrter Reihenfolge statt.

Kohlebürsten und Bürstenträger überprüfen

Kohlebürsten auf guten Kontakt mit den Schleifringen prüfen. Beweglichkeit der Kohlen in den Bürstenführungen kontrollieren, gegebenenfalls den Bürstenhalter mit einer fettlösenden Flüssigkeit säubern.

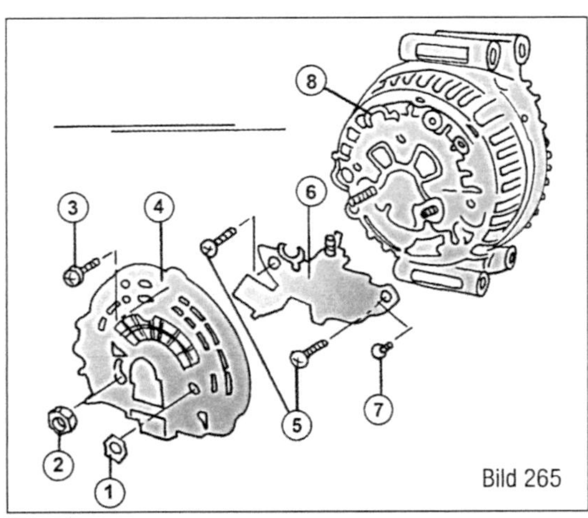

Bild 265
Zum Aus- und Einbau eines Reglers von der Lichtmaschine.
1 Mutter
2 Bundmutter
3 Schraube
4 Deckel
5 Schrauben
6 Spannungsregler
7 Schraube
8 Drehstromlichtmaschine

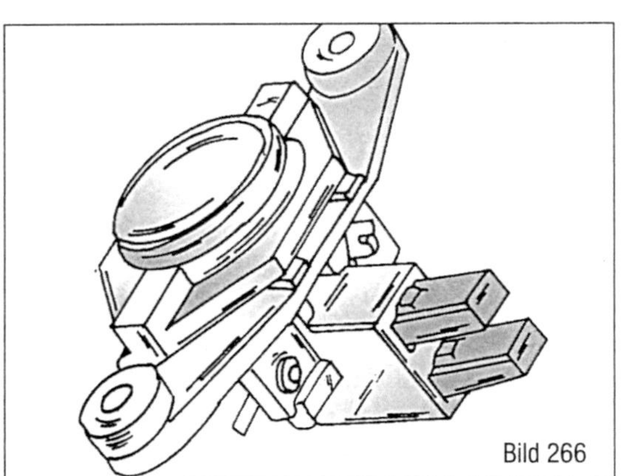

Bild 266
Die Enden der Bürsten müssen mindestens 5,0 mm herausstehen.

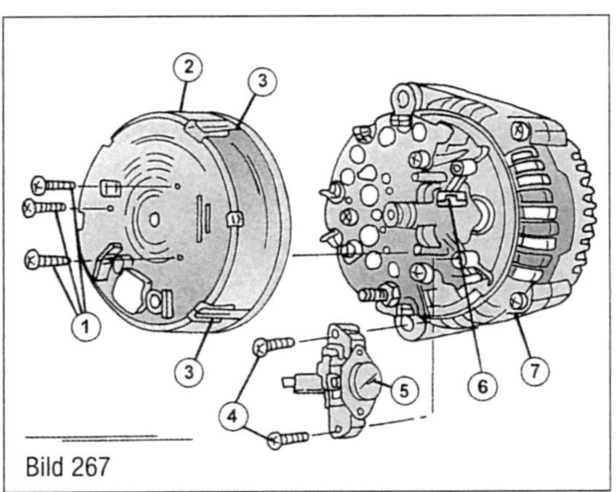

Bild 267
Zum Aus- und Einbau eines Reglers von der Lichtmaschine bei einem M111-, M112- und M113-Motor.
1 Schrauben
2 Deckel
3 Sicherungslaschen
4 Schrauben
5 Regler
6 Masseanschluss
7 Lichtmaschine

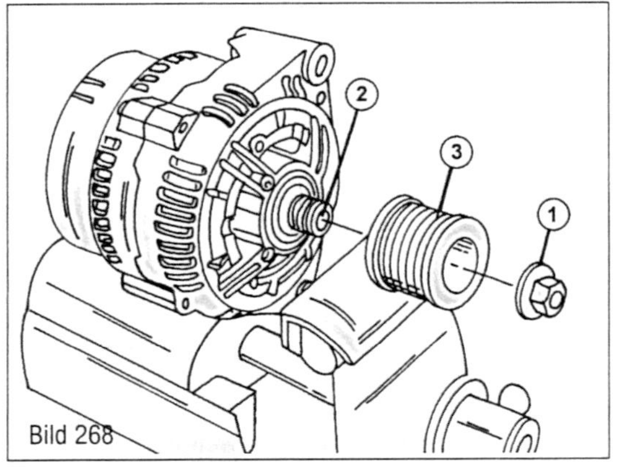

Bild 268
Zum Ausbau der Riemenscheibe einer Lichtmaschine.
1 Bundmutter
2 Welle der Lichtmaschine
3 Riemenscheibe

Falls die herausstehende Länge der Bürste bis auf 5,0 mm abgenutzt ist (Bild 266), muss eine neue Bürste eingelötet werden. Ein Messlineal zum Messen benutzen.

Riemenscheibe erneuern

Bild 268 zeigt, wie die Riemenscheibe ausgebaut werden kann. Um die Bundmutter (1) zu lösen, muss man die Welle der Lichtmaschine in geeigneter Weise gegenhalten. Nach Lösen der Mutter die Riemenscheibe (3) von der Welle (2) abziehen. Die Mutter (1) beim Einbau der Riemenscheibe mit 80 Nm anziehen.

Der Anlasser

Der Anlasser, technisch nüchterner als Schub-Schraubtrieb-Starter bezeichnet, bekommt beim Durchdrehen des Zündschlüssels erst an Klemme »50« Strom. Zunächst wird also der Magnetschalter (auch als Einschaltrelais bezeichnet) aktiviert. Dessen Einrückhebel schiebt das Anlasserritzel in Richtung Zahnkranz auf der Schwungscheibe des Motors. Rutscht das Ritzel direkt in den Zahnkranz, schließt hinten im Magnetschalter eine Kontaktplatte den Stromkreis zum Anlassermotor – der Anlasser dreht kraftvoll los. Stoßen hingegen Zähne von Anlasserritzel und Zahnkranz aufeinander, sorgt ein steiles Gewinde dafür, dass sich das Anlasserritzel etwas verdrehen kann, sich also in den Zahnkranz »hineinschraubt«. Erst anschließend läuft der Anlassermotor an. Diese Wirkungsweise führte zur beschriebenen Namensgebung.
Wenn der Fahrzeugmotor angesprungen ist und sich der Zahnkranz schneller dreht als das Anlasserritzel, sorgt ein Rollenfreilauf dafür, dass sich die Verbindung zwischen Ankerwelle und Anlasserritzel löst. Das Ritzel wird aus dem Zahnkranz ausgespurt, der Kontakt im Magnetschalter öffnet, und der Anlassermotor wird stromlos.

Arbeitet der Anlasser nicht?

Schadhafte Anlasser zeigen oft folgendes Verhalten:

- In Startstellung »klickt« es aus Richtung Anlasser, der Startermotor dreht aber nur kurz mit rauem Laufgeräusch oder gar nicht. Legen Sie den 1. Gang ein und halten Sie den Zündschlüssel in Startstellung, während ein Helfer etwas am Fahrzeug schiebt bzw. daran hin und her ruckelt. Dreht der Anlasser jetzt los, sind entweder seine Kohlen abgenutzt, die Ankerwicklung stellenweise durchgebrannt oder der Kollektor ist stark eingelaufen.
- Bisweilen kommt es auch vor, dass nach langer Fahrt der heiße Anlasser streikt. Dieser Effekt ist auf ungünstige Maßpaarungen von Ankerwelle und Ritzel zurückzuführen. Bei starker Erwärmung klemmen dann diese Teile gegeneinander, das Ritzel kann nicht mehr verschoben werden, und folglich wird auch der Kontakt im Magnetschalter nicht mehr geschlossen. Manchmal hilft dann ein Hammerschlag auf die Seite des Anlassers, während ein Helfer gleichzeitig den Zündschlüssel in Startstellung hält.

Anlasser prüfen

Um den Anlasser unter voller Batteriespannung zu kontrollieren, sind die Klemmen »30« (große Klemme) und »50« (kleines Kabel neben der großen Klemme) mit einem Kabel von mindestens 4,0 mm^2 Querschnitt zu verbinden. Falls der Anlasser jetzt einwandfrei arbeitet, ist die Zuleitung zum Anlasser zu kontrollieren. Spurt der Anlasser nicht ein, muss er ausgebaut und überprüft werden.
Eine einwandfreie Prüfung des Anlassers in einer Prüfbank sollte von einer Elektrowerkstatt durchgeführt werden.

Anlasser aus- und einbauen

Je nach eingebautem Motor sind unterschiedliche Arbeiten durchzuführen.

Der Ausbau des Anlassers kann kompliziert erscheinen. Lesen Sie die Anweisungen vorher gut durch.

M111-Motor, Serie 163

Die Vorderseite des Fahrzeuges sollte auf sicheren Unterstellböcken stehen, da der Anlasser nach unten herausgehoben wird.

- Massekabel der Batterie abklemmen.
- Die Verkleidung in der Innenseite des Vorderkotflügels auf der Seite des Anlassers unter Bezug auf Bild 269 ausbauen.
- Die Kabelanschlüsse an der Rückseite des Anlassers abschließen. Obere Mutter mit 14 Nm, untere Mutter mit 6 Nm anziehen.
- Befestigungsschrauben des Anlassers herausdrehen und den Anlasser nach unten herausnehmen.

Der Einbau findet in umgekehrter Reihenfolge statt. Die Schrauben werden mit 42 Nm angezogen. Unbedingt kontrollieren, dass die Anlageflächen an Anlasser und Motor sauber sind. Kabelverbindungen wieder herstellen und die Batterie anklemmen.

642-Dieselmotor in Modellserie 164 (280/320 CDI)

Der Aus- und Einbau ist bei diesen Modellen schwieriger und Bild 270 muss hinzugezogen werden, falls man die Arbeit durchführen will. Das Fahrzeug muss an der Vorderseite auf Böcken aufsitzen.

- Zuerst das Unterteil der Motorraumabdeckung von unten ausbauen. Der Anlasser wird durch ein Wärmeschutzschild (3) geschützt (darüber angebracht), welches auszubauen ist. Es wird mit einer Hutmutter (1) gehalten, welche mit 9 Nm angezogen wird.
- Eine elektrische Leitung (2) unterhalb der gelösten Hutmutter (1) aus dem Motortragschild ausclipsen.
- Eine Schraube aus der rechten Motoraufhängung herausheben und das Tragschild nach oben herausnehmen. Die Schraube wird beim Einbau mit 53 Nm am Motoraufhängungsträger angezogen.
- Die Schutzkappe von einer der Anschlussklemmen entfernen, die Mutter abschrauben und das Kabel abnehmen (Klemme 30). Mutter beim Einbau mit 14 Nm anziehen. Das zweite Kabel am unteren Anschluss (Klemme 50) kann jetzt ebenfalls abgeschraubt werden (6 Nm).
- Die Schrauben des Anlassers lösen und den Anlasser nach unten herausnehmen, wobei er entsprechend zu verdrehen ist, um an allen Teilen vorbeizukommen. Die beiden Schrauben werden beim Einbau mit 40 Nm angezogen.

M112- und M113-Motor

Bild 271 zeigt, wie der Anlasser bei diesen Motoren eingebaut ist. Beim Ausbau folgendermaßen vorgehen:

- Massekabel der Batterie abklemmen.
- Die Verkleidung in der Innenseite des Vorderkotflügels auf der Seite des Anlassers unter Bezug auf Bild 269 ausbauen.
- Bei einem M112-Motor die Mutter (6) des Schutzschildes (5) an der linken Motoraufhängung lösen und den Schild herausnehmen. Beim Einbau die Mutter (6) mit 65 Nm anziehen.

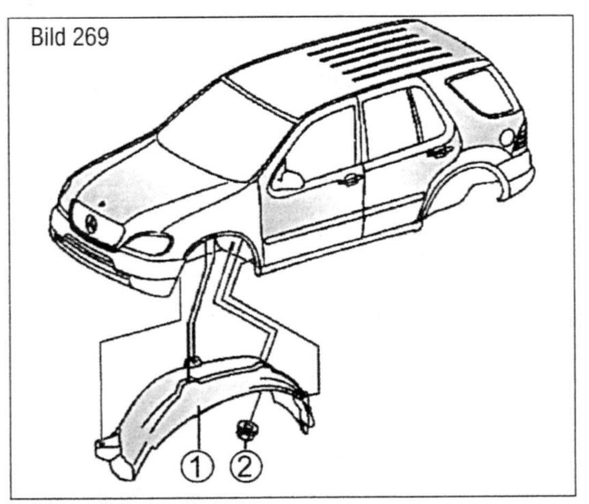

Bild 269
Befestigung der Verkleidung (1) in der Innenseite der Kotflügel. Mit Muttern (2) befestigt.

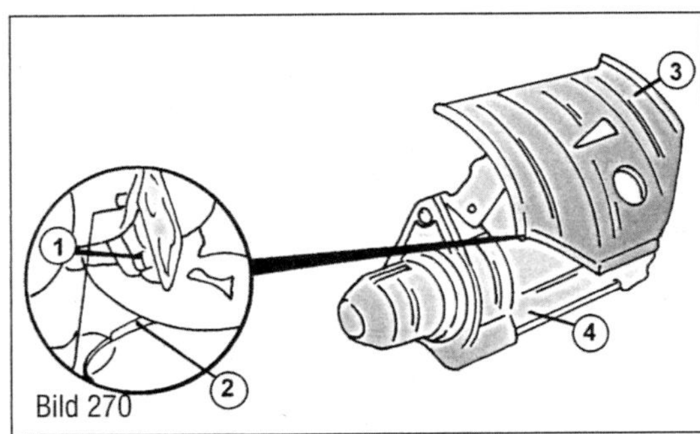

Bild 270
Zum Aus- und Einbau des Anlassers bei eingebautem Dieselmotor (280/320 CDI).
1 Mutter
2 Kabel
3 Wärmeschutzschild
4 Anlasser

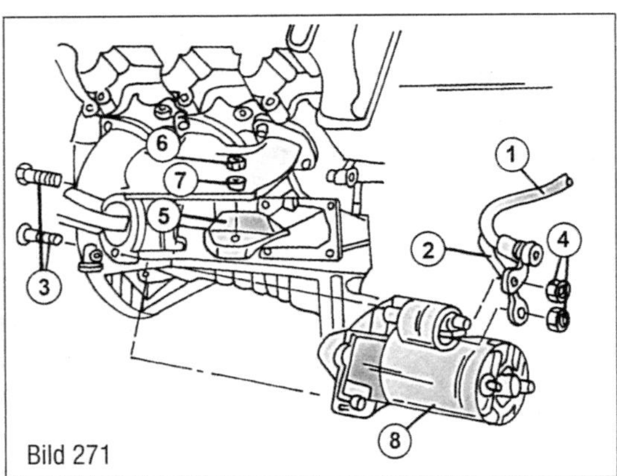

Bild 271
Zum Aus- und Einbau des Anlassers bei eingebautem M112- und M113-Motor (gezeigt bei Serie 163).
1 Kabel an Klemme 30
2 Kabel an Klemme 50
3 Anlasserschrauben, 42 Nm
4 Muttern der Kabelanschlüsse
5 Abdeckung der Motoraufhängung
6 Mutter
7 Unterlegscheibe
8 Anlasser

- Die Kabelanschlüsse an der Rückseite des Anlassers abschließen. Diese sind zur Klemme 30 (1) und Klemme 50 (2) verlegt. Mutter der Klemme (1) mit 14 Nm, Mutter der Klemme (2) mit 6 Nm anziehen.
- Die Schrauben des Anlassers (3) lösen und den Anlasser (9) seitlich herausnehmen, wobei er entsprechend zu verdrehen ist, um an allen Teilen vorbeizukommen. Die beiden Schrauben werden beim Einbau mit 42 Nm angezogen.

Anlasser zerlegen und zusammenbauen

Der Anlasser wurde neu für die Dieselfahrzeuge entwickelt und besitzt ein Vorgelege-Planetengetriebe, wodurch es möglich wur-

Sichtprüfung Messen

de den Anker und damit den Anlasser kürzer zu gestalten. Anlasser haben eine hohe Lebensdauer. Falls ein Anlasser bereits sehr lange in Betrieb war, sollte man von einer Überholung des Anlassers absehen. Am besten bezieht man einen Austauschanlasser von einer Mercedes-Werkstatt oder einem Bosch-Dienst. Der alte Anlasser ist dabei im Austausch zurückzugeben. Manchmal sind es jedoch geringe Anlasserfehler, die man ohne weiteres beheben kann:

Magnetschalter erneuern

- Verbindungskabel zwischen Einrückmagnetschalter und Anlasser abklemmen.
- Von der Vorderseite des Einrückmagnetschalters die Schrauben lösen und den Einspurhebel aus dem Eingriff bringen, um den Schalter abzunehmen.
- Neuen Schalter in umgekehrter Reihenfolge wieder am Anlasser montieren.

Kohlebürsten erneuern

- Von der Rückseite des Anlassers die Abdeckkappe abschrauben und abnehmen.
- Die beiden Schrauben des Kollektorlagerdeckels lösen.
- Sicherungsspange aus dem Ende der Ankerwelle herausdrücken (Schraubendreher), die Kleinteile abnehmen und den Deckel vom Anlasser abziehen. Falls erforderlich, mit einem Schraubendreher abdrücken. Die untergelegten Scheiben aufbewahren.
- Die beiden Kohlebürsten aus den Halterungen ziehen und den Bürstenträger abnehmen. Die Kohlebürsten sind entweder angeschraubt oder angelötet. Falls sie angelötet sind, muss man natürlich versiert sein im Umgang mit einem Lötkolben. Neue Bürsten entweder anschrauben oder anlöten. Den Anlasser wieder in umgekehrter Reihenfolge zusammenschrauben.

☞ Wenn der Anlasser schon einige Jahre in Betrieb ist, sollte man von Reparaturversuchen absehen und besser gleich einen Tausch-Anlasser einbauen. Diesen können Sie auch beim Bosch-Dienst erhalten.

Störungen am Anlasser

Ein nicht arbeitender Anlasser ist wohl die ärgerlichste Angelegenheit am Auto. Im folgenden Text versuchen wir einige Hinweise zu geben, die Ihnen vielleicht helfen, den Fehler an Ort und Stelle zu beheben.

- Beim Drehen des Zündschlüssels dreht sich der Anlasser nur langsam, nichts passiert oder er dreht sich nur kurz und bleibt stehen. Falls die Warnleuchten nur schwach aufleuchten oder überhaupt nicht, als Erstes die Ladestärke der Batterie kontrollieren. Lose oder oxidierte Kabel am Anlasser oder ein auf Masse geschlossener Anlasser können weitere Ursachen sein. Wurde die Batterie kurz vorher wieder in den Stromkreis geschlossen, kann es sein, dass die Batterieklemmen keinen einwandfreien Kontakt herstellen. Zur Abhilfe eine Starthilfe benutzen oder den Wagen anschleppen lassen.
- Bleiben die Warnleuchten erhellt und ein Klicken im Motorraum hörbar ist, kann der Stößel des Einrückmagnetschalters hängen. Mit einem Metallgegenstand gegen den Schalter klopfen, manchmal löst sich der Stößel. Falls kein Erfolg erzielt wird, kann man annehmen, dass die Kohlebürsten abgenutzt oder die Kontakte im Magnetschalter verschmort sind. In diesem Fall muss der Anlasser ausgebaut werden, um Magnetschalter und/oder Kohlebürsten zu erneuern. Bleiben die Warnleuchten erhellt und kein Anlassergeräusch ist hörbar, Leitungen zwischen Batterie und Anlasser überprüfen.
- Falls man hören kann, dass sich der Anlasser durchdreht, ohne aber den Motor zu drehen, kann man einen defekten Magnetschalter vermuten, der Einspurmechanismus oder das Anlasserritzel und die Zähne des Schwungrades sind beschädigt, sodass der Zahneingriff nicht zustande kommt. In diesem Fall einen Gang einlegen, das Fahrzeug ein Stück vorwärts »ruckeln« und den Anlasser erneut betätigen. Falls kein Erfolg erzielt wird, den Anlasser austauschen.
- Wird der Anlasser nach Anspringen des Motors weiterhin von diesem durchgedreht, obwohl der Zündschlüssel in der Betriebsstellung steht, hängt der Einrückmagnetschalter, d. h. die Kontakte öffnen sich nicht (auch das Zündschloss kann schadhaft sein). Falls dies passiert, den Motor sofort abstellen.
- Läuft das Anlasserritzel nach Anlassen des Motors weiterhin mit (durch heulendes Geräusch angezeigt), kehrt der Einspurhebel nicht in seine Ruhestellung zurück oder

bleibt im Zahnkranz des Schwungrades hängen. Ein neuer Anlasser und/oder Schwungradzahnkranz muss höchstwahrscheinlich eingebaut werden. Auf jeden Fall den Anlasser ausbauen und prüfen.

Beleuchtung

Nacht und Nebel machen dem Fahrer das Leben schwer, da ist gutes Licht von höchster Wichtigkeit. Einerseits, damit Sie sehen, wohin Sie fahren und andererseits, damit andere Verkehrssteilnehmer rechtzeitig Ihren Mercedes erkennen. Das sichere Funktionieren der Außenbeleuchtung wird im Mercedes durch ein elektronisches Lampenkontrollgerät überwacht, welches sofort Alarm gibt, wenn eine Glühlampe der Außenbeleuchtung ausfällt. Im Innenraum sorgen viele Lämpchen für gutes Zurechtfinden bei Nacht.

Ständige Kontrolle der Beleuchtung

Der Gesetzgeber schreibt vor, dass Sie sich vor Antritt jeder Fahrt vergewissern müssen, ob auch alle Lampen am Auto brennen. So häufig wird wohl kaum jemand die Beleuchtung prüfen, aber einmal in der Woche ist durchaus angebracht. Bei Dunkelheit geht die Kontrolle am einfachsten vor sich. In einer Kolonne reflektieren Vordermänner das Licht beider Abblendscheinwerfer oft durch die Stoßstange oder die Lackierung.

Kontrolle der Glühbirnen

Diese Aufgabe erfüllt ein elektronisches Schaltgerät. Es ist im Relaiskasten angeordnet. Die Leitungen der überwachten Glühlampen führen alle über das Schaltgerät. Fließt kein Strom zur Glühlampe, obwohl der jeweilige Schalter eingeschaltet ist, wird dies vom Steuergerät erkannt, und die Glühlampenausfalls-Kontrolle im Armaturenbrett leuchtet auf. Welche der Glühlampen durchgebrannt ist, müssen Sie selbst herausfinden. Folgende kommen in Betracht: Abblendlicht links oder rechts, Fernlicht links oder rechts, Standlicht, Nebellicht, Schlusslicht, Nebelschlusslicht, Rückfahrleuchte, Bremslicht und Kennzeichenbeleuchtung. Laut Gesetz muss die Außenbeleuchtung trotz Kontrolleinrichtung nach der oben beschriebenen Methode überprüft werden. Noch Folgendes beachten:

- Beim Einschalten der Zündung muss die Lampe im Armaturenbrett aufleuchten (Selbstkontrolle). Bei laufendem Motor erlöscht sie, wenn alle Lampen in Ordnung sind.
- Leuchtet die Kontrolllampe bei laufendem Motor, ist eine Glühlampe ausgefallen.
- Die Kontrolllampe leuchtet nur so lange auf, wie die jeweilige Lampe auch eingeschaltet ist.
- Ist die Glühlampe im Bremslicht ausgefallen, leuchtet die Kontrolllampe beim Bremsen auf und erlöscht erst wieder, wenn die Zündung ausgeschaltet wird.
- Anhängersteckdose nach Schaltplan anschließen, falls Sie Erfahrungen mit elektrischem Kabelsalat haben. Andernfalls verbleibt die Werkstatt.

Scheinwerfereinsatz erneuern

Da die Erneuerung der Scheinwerfer auch immer deren Einstellung zur Folge hat, und diese in einer Elektro-Werkstatt oder in der Mercedes-Werkstat durchgeführt werden muss, beschreiben wir die erforderlichen Arbeiten nur unter dem Vorbehalt, dass Sie die Einstellung der Scheinwerfer abschließend vorschriftsmäßig überprüfen lassen. Die Befestigung eines Scheinwerfers bei einem Fahrzeug der Serie 163 auf einer Seite ist in Bild 272 zu sehen. Der Ausbau bei der Serie 164 geschieht in ähnlicher Weise, jedoch sollte man die Arbeiten bei eingebauten Xenon-Scheinwerfern einer Werkstatt überlassen. Bei diesen

Bild 272
Die Einzelteile eines Scheinwerfers. Die Buchstaben und Zahlen werden im Text erklärt.

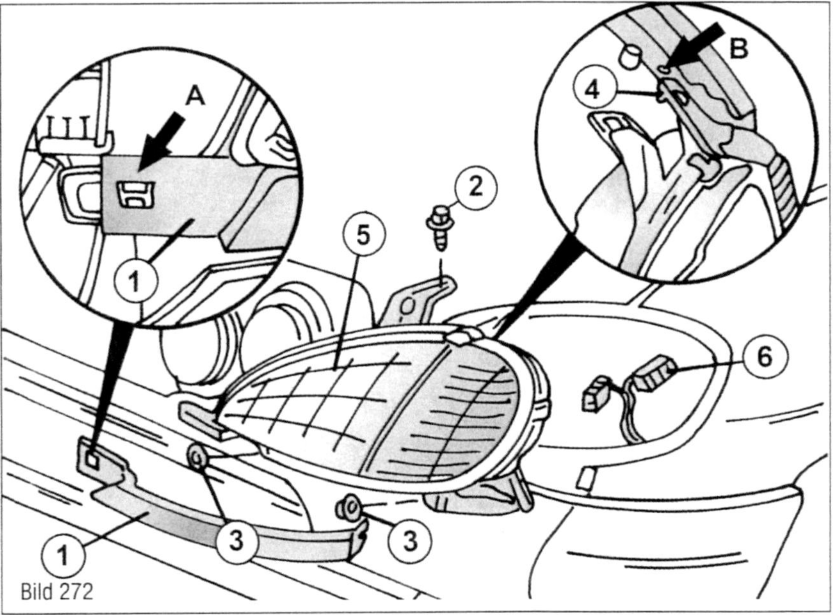

Sichtprüfung

Messen

Bild 273
Lage der einzelnen Glühbirnen im Scheinwerfer.
1 *Lampenabdeckung*
2 *Birnenabdeckung*
3 *Sperrhebel*
4 *Elektrischer Kabelstecker*
5 *Sicherungsspange*
6 *Glühbirne, Fernlicht*
7 *Glühbirne, Abblendlicht*
8 *Glühbirne, Nebelleuchte*
9 *Scheinwerfereinsatz*

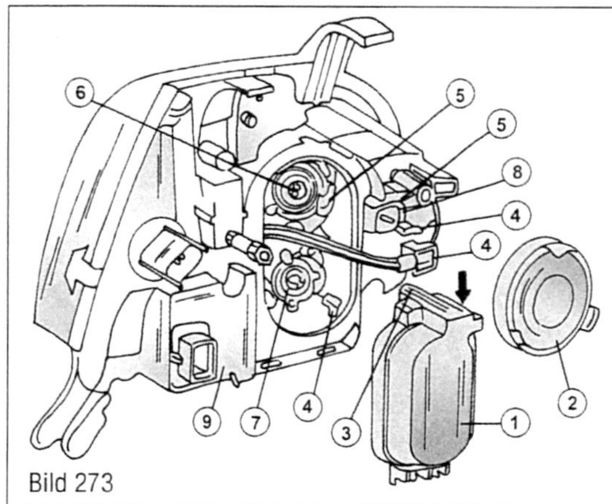

Bild 273

Fahrzeugen muss man die vordere Stoßstange ausbauen.

- Massekabel der Batterie abklemmen.
- Die Abdeckung (1) lösen, indem man den Clip an Stelle (A) unter dem Scheinwerfereinsatz entsperrt und aus dem Einriff bringt. Beim Einbau des Scheinwerfers muss der Clip wieder gesperrt werden.
- Die Schraube (2) herausdrehen und die Muttern (3) lösen. Wenn die Muttern beim Einbau angezogen werden, muss man kontrollieren, dass der Abstand zwischen der Abdeckung und dem Stossfänger gleichmäßig ist.
- Den rechten oder linken Scheinwerfer (5) mithilfe eines zylindrischen Durchschlags, an Stelle (B) eingesetzt, aus dem Eingriff bringen und den Scheinwerfereinsatz nach vorn herausziehen.
- Scheinwerferstecker (6) abziehen und den Scheinwerfer herausnehmen.

Der Einbau findet in umgekehrter Reihenfolge statt. Nach dem Einbau die Einstellung der Scheinwerfer kontrollieren lassen.

Scheinwerferglühbirnen

Bild 273 zeigt, wo die einzelnen Glühbirnen an der Rückseite eines Scheinwerfers sitzen. Beim Erneuern einer Glühbirne bei geöffneter Motorhaube folgendermaßen vorgehen:

- Den Deckel (1) entfernen, indem man den Sperrhebel (3) in Pfeilrichtung drückt und den Deckel abnimmt.
- Die Abdeckung (2) abziehen.
- Die elektrischen Kabelstecker (4) von den Glühbirnen abziehen und die Sicherungsspangen (5) öffnen.
- Die Glühbirne entsprechend Bild 238 herausdrehen. Dabei das Glas der Birne nicht mit bloßen Fingern anfassen, es sei denn dass die Birne erneuert wird. Auch beim Eindrehen der neuen Birne ein Papiertaschentuch oder Ähnliches benutzen, um die Birne nicht zu verschmutzen.

Der Einbau erfolgt in umgekehrter Reihenfolge. Nach Einbau die Beleuchtung durchschalten.

14 Automatisches Getriebe

Bei allen Fahrzeugen ist ein Getriebe des Typs 722 eingebaut, jedoch sind die Endnummern unterschiedlich. Bei allen Getrieben in der Modellreihe 163 handelt es sich um ein Fünfganggetriebe. Fahrzeuge der Modellreihe 164 sind mit einer 7-Stufen-Automatik ausgerüstet.

Aus- und Einbau des Getriebes – Serie 163

Da der Motor ohne Ausbau des Getriebes ausgebaut werden kann, wird ein Ausbau des Getriebes sehr selten vorkommen, es sei denn man beabsichtigt ein Austauschgetriebe einzubauen. Die folgenden Anweisungen gelten für alle Modelle in der Baureihe 163, jedoch wird man einige Unterschiede vorfinden, auf welche es unmöglich ist im Einzelnen einzugehen. Bild 274 zeigt die abzuschließenden oder auszubauenden Teile. Die einzelnen Nummern werden in der Beschreibung erwähnt. Ein Rollwagenheber wird zum Ausbau gebraucht (und zum Einbau).

- Massekabel der Batterie abklemmen und das Fahrzeug auf sichere Unterstellböcke setzen.
- Das Reduktionsgetriebe ausbauen, wie es im Kapitel »Schaltgetriebe« beschrieben wurde, und vom Anbauende (8) des Getriebes trennen.
- Das Öleinfüllrohr (3) vom Kurbelgehäuse abmontieren. Wird durch die Schrauben (22) gehalten. An den Enden sind O-Dichtringe (23) eingesetzt.
- Das Wärmeschutzschild (5) nach Lösen der Schraube (6) abnehmen und den 13-poligen Kabelstecker (2) abziehen. Die Schraube (6) wird mit 8 Nm angezogen.
- Die Schaltstange (20) ausbauen. Die Sicherungsspange (21) muss mit einer Zange herausgezogen werden.

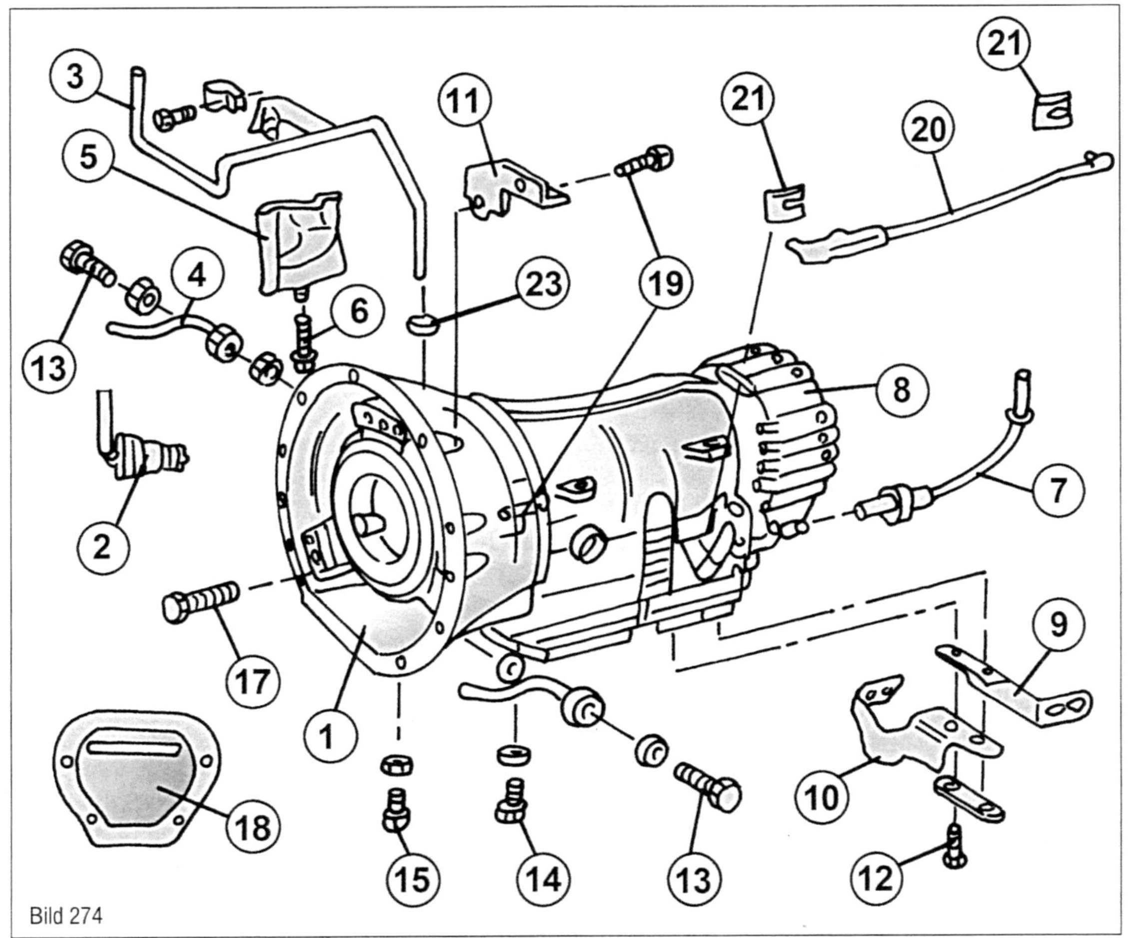

Bild 274 Einzelheiten zum Ausbau und Einbau des automatischen Getriebes. Auf die Zahlen wird im Text verwiesen.

■ Vom hinteren Ende des Getriebes die Halterung (9) für das Auspuffrohr auf der linken Seite und den Haltebügel (10) abschrauben. Dazu die Schraube (12) herausdrehen.

■ Einen geeigneten Behälter unter das Getriebe untersetzen und den Ablassstopfen der Getriebeflüssigkeit (14) aus der Ölwanne des Getriebes ausschrauben. Alle Flüssigkeit ablassen und den Stopfen einschrauben (20 Nm). Ebenfalls den Ablassstopfen (15) ausschrauben, dieses Mal im Drehmomentwandler. Dieser Stopfen wird nur mit 16 Nm angezogen.

■ Das Seil (7) für die Parksperre am Getriebe abschließen. Das Seil ist nur bei bestimmten Getrieben vorhanden. Falls eingebaut den Schalthebel in die Stellung »P« schalten und in dieser Lage lassen, wenn das Seil vom Getriebe getrennt wird.

■ Ölkühlleitungen (4) abschließen. Die Gegend um die Anschlussstellen herum müssen gründlich gereinigt werden, um Eindringen von Schmutz zu vermeiden. Die Hohlschrauben (13) ausschrauben.

■ Den Deckel (18) abschrauben und den Drehmomentwandler von der Antriebsscheibe abschrauben. Die Schrauben (17) beim Einbau mit 42 Nm anziehen.

■ Einen Wagenheber mit einer geeigneten Auflageplatte unter das Getriebe untersetzen und die Schrauben (19) ausschrauben. Der Haltebügel (11) wird durch eine der Schrauben gehalten und muss nach oben gedrückt werden. Alle Befestigungsschrauben des Getriebes am Motor werden gleichmäßig ringsherum mit 40 Nm angezogen. Nicht vergessen den Haltebügel (11) unter eine der Schauben unterzulegen.

☞ Der Drehmomentwandler kann ausgebaut werden, jedoch werden in der Werkstatt dazu spezielle Hebegriffe benutzt. Wir möchten ebenfalls darauf hinweisen, dass die Einbauhöhe des Drehmomentwandlers, d.h. der Abstand zwischen Wandler und Getriebegehäuse, nicht bei allen Getrieben gleich ist – also unbedingt eine Arbeit für die Werkstatt.

Aus- und Einbau des Getriebes – Serie 164

Die folgenden Angaben sind allgemein gehalten. Der Ausbau ist komplizierter als bei den Modellen der Serie 163. Vor Beginn der Arbeiten deshalb die Beschreibung gut durchlesen und danach entscheiden.

■ Massekabel der Batterie abschließen und das Fahrzeug vorn und hinten auf sichere Unterstellböcke setzen. Eine Montagegrube wäre von Vorteil.

■ Komplette Auspuffanlage ausbauen.

■ Unter der Gelenkwelle wird man einige Schutzschilder sehen, welche mit vier Muttern und zehn Schrauben befestigt sind. Muttern und Schrauben lösen und die dreiteiligen Schutzschilder abnehmen.

■ Die hintere Gelenkwelle vom Antriebsflansch des Reduktionsgetriebes abflanschen. Vor Trennen der beiden Flansche die Außenkanten mit einem Farbstift kennzeichnen, um sie wieder in der gleichen Stellung anzuflanschen. Alle Schauben müssen erneuert werden und sind mit 54 Nm anzuziehen.

■ An der Seite des Getriebes ein Wärmeschutzschild abschrauben und in der gleichen Gegend einen Kabelstecker abziehen. Die Schrauben des Wärmeschutzschildes mit 9 Nm anziehen.

■ Auf der Drehmomentwandlerseite des Getriebes einen Deckel abschrauben und den Wandler von der Antriebsplatte abflanschen. Die Antriebsplatte muss dabei durchgedreht werden, um an alle Schrauben zu kommen. Die Schrauben mit 42 Nm anziehen.

■ Eine Befestigungsschraube der Ölkühlerleitung von einem Halter an der Ölwanne lösen.

■ An der Aufhängung der Drehstromlichtmaschine wird man eine zur Befestigung einer Doppelschelle dienende Schraube sehen. Diese herausdrehen. Beim Einbau mit 8 Nm anziehen.

■ An der Seite des Getriebes die beiden Leitungen des Ölkühlers ausfindig machen und vom Getriebe und der Ölwanne lösen. Leitungen auf eine Seite drücken, ohne sie dabei zu verbiegen. Offene Enden der Leitungen in geeigneter Weise verschießen. Beim Einbau die Überwurfmuttern mit 9 Nm anziehen.

■ Einen Rollwagenheber mit einer geeigneten Hebeplatte unter das Getriebe setzen. In der Werkstatt wird natürlich eine spezielle Hebevorrichtung benutzt.

■ Den Querträger der Motoraufhängung ausbauen. Schrauben werden an den Außenseiten und in der Mitte benutzt. Die Motoraufhängung verbleibt am Motor. Die Schrauben müssen immer erneuert werden. Schrauben beim Einbau mit 55 Nm anziehen.

■ Vordere Gelenkwelle vom Reduktionsgetriebe abschließen. Vor Trennen der Flansche die Außenkanten mit einem Farbstift an gegenüberliegenden Stellen zeichnen, damit sie wieder in gleicher Stellung zusammenkommen können. Welle auf eine Seite schieben und mit Draht an der Unterseite festbinden. Alle Schrauben müssen erneuert werden. Beim Einbau mit 54 Nm anziehen.

■ Getriebe vom Motor und der Ölwanne trennen. Vorher jedoch die Halterung der Belüftungsleitung lösen und die Leitung von einer Seite des Getriebes abschließen. Der Anlasser wird dabei frei und muss auf eine Seite geschoben und festgebunden werden (Kabel bleiben angeschlossen). Alle Schrauben werden mit 40 Nm angezogen, einschließlich Anlasserschrauben.

■ Getriebe nach unten herausheben. Der Drehmomentwandler kann dabei herausfallen – Aufpassen!

Der Einbau geschieht in umgekehrter Reihenfolge unter Beachtung der Anziehdrehmomente.

Flüssigkeitsstand und Flüssigkeitswechsel

Der Flüssigkeitsstand im Getriebe verändert sich mit der Temperatur der Flüssigkeit. Am Peilstab der Flüssigkeit sind zwei Markierungen zu sehen, eine gilt für eine Temperatur von 30 °C (kalt) und eine für eine Temperatur von 80 °C (heiß). Dies wird in Bild 275 mit »A« und »B« angegeben. Auf der anderen Seite des Peilstabs sind die entsprechenden Temperaturen in Grad Fahrenheit angegeben. Falls der Flüssigkeitsstand stimmt, muss die Flüssigkeit zwischen den Marken »Min« und »Max« stehen. Das Getriebe ist mit Flüssigkeit für automatische Getriebe (ATF) gefüllt. Empfohlen wird Dexron II. Die Gesamtfüllmenge des Getriebes beträgt 10,0 Liter, beim Ölwechsel wird weniger Flüssigkeit gebraucht.

Bei der Kontrolle des Flüssigkeitstands ist größte Sauberkeit zu beachten. Auch der Eintritt von kleinen Fremdkörpern kann bereits zu Störungen in der Automatik führen. Zum Abwischen des Peilstabs unbedingt flusenfreie Lappen benutzen.

Das Nachfüllen von Getriebeflüssigkeit ist jedoch in bestimmter Weise vorzunehmen: Wie man Bild 276 entnehmen kann, wird die Oberseite des Einfüllrohres mit einem Verschlussstift verschlossen, welchen man zuerst entfernen muss. Dazu die Platte an der Oberseite des Stifts (1) mit einem Schraubendreher abbrechen und den verbleibenden Stift in der Kappe nach unten drücken. Die Kappe (2) danach entfernen. Der Stift (1) muss natürlich erneuert werden.

Beim Nachfüllen von Flüssigkeit durch das geöffnete Rohr muss der Motor laufen. Bei angezogener Handbremse und getretener Fußbremse der Reihe nach alle Gänge durchschalten. Abschließend den Wählhebel in Stellung »P« schalten und den Flüssigkeitsstand erneut nachprüfen.

Abschließend die Kappe auf das Einfüllrohr aufschieben und einen neuen Stift (1) eindrücken, bis er gesperrt wird.

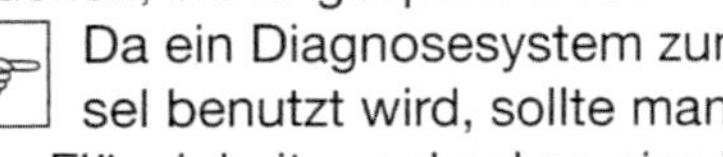

Da ein Diagnosesystem zum Ölwechsel benutzt wird, sollte man sich für den Flüssigkeitswechsel an eine Vertragswerkstatt wenden, die entsprechend ausgerüstet ist.

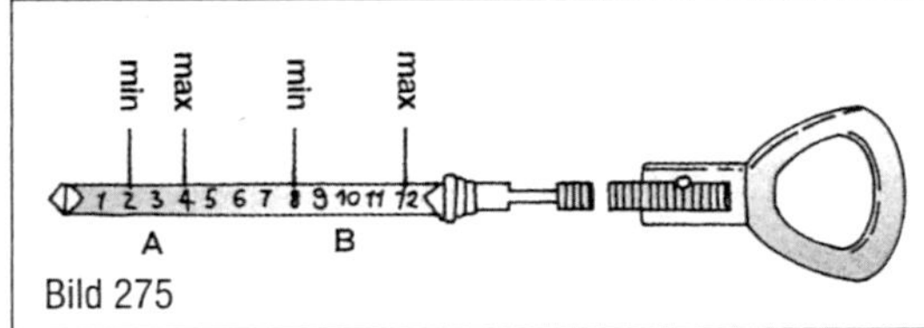

Bild 275

Bild 275
Ansicht des Peilstabs eines automatischen Getriebes. Die Flüssigkeit muss bei heißer Getriebeflüssigkeit (70 bis 80 °C) im Bereich »A« und bei kalter Flüssigkeit (ca. 30 °C) im Bereich »B« stehen.

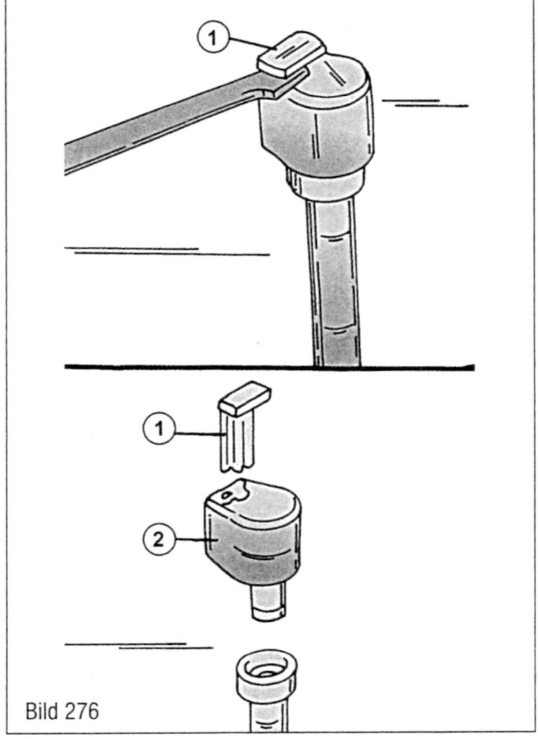

Bild 276

Bild 276
Die Lasche (1) an der Verschlusskappe (2) abbrechen und den Stift nach innen drücken, bis die Kappe abgenommen werden kann.

15 Auspuffanlage

Die Auspuffanlage ist ein wichtiger Teil des Motors. Sie hat die Aufgabe, die Schadstoffe im Abgas möglichst gering zu halten (Katalysatorbetrieb). Außerdem reduziert sie die Geräusche, die bei der Verbrennung entstehen, auf ein Minimum. Alle in dieser Ausgabe behandelten Modelle sind ab Werk mit einer mehrteiligen Auspuffanlage ausgestattet, d. h. vorderer und hinterer Abschnitt und Dreiwegkatalysator. Das vordere Auspuffrohr ist mithilfe einer Klemmschelle mit dem hinteren Abschnitt der Anlage verbunden. Ein Dichtring ist zwischen dem vorderen Rohr und dem Auspuffkrümmer eingesetzt.
Ihre Werkstatt und auch Auspuffzentren haben die verschiedenen Teile im Ersatzteillager. Das hat den Vorteil, dass Sie bei einer Reparatur auch einzelne Abschnitte der Auspuffanlage erneuern können.

Aus- und Einbau der Auspuffanlage

Die Lebensdauer einer Auspuffanlage hängt im Allgemeinen von den Einsatzbedingungen des Fahrzeuges ab. Bei vorwiegenden Kurzstreckenfahrten ist der Anfall von Kondensat und aggressiven Säuren im Inneren des Auspufftopfes wesentlich höher und der Auspuff kann leichter von innen nach außen durchrosten. Langstreckenfahrten bei Betriebstemperatur und günstiger Verbrennung des Kraftstoff-Luftgemischs verringern die korrosiven Bestandteile im Abgas. Außerdem werden in der Innenseite der Auspuffanlage sitzende Fremdkörper durch die hohe Verbrennungstemperatur stets verbrannt. Eine Rostdurchsetzung von außen wird dagegen durch Spritzwasser und Streusalz gefördert. Steinschlag trägt weiterhin zur Beschädigung der Auspuffanlage bei, sodass man diesen vermeiden muss. Lose Motoraufhängungen führen zu Schwingungen des Motors, die sich sofort auf die starre Verbindung der beiden Auspuffrohre und die verbleibende Anlage übertragen.

Gelegentlich sollte man die Auspuffanlage überprüfen, um bald auftretenden Schäden vorzubeugen:

- Verschraubungen am Auspuffkrümmer und an den Halterungen auf festen Sitz kontrollieren, aber nicht mit Gewalt anziehen, falls man lose Befestigungen feststellen kann.
- Gummilager auf Brüchigkeit, Einrisse oder sonstige Schäden überprüfen und ggf. ersetzen.
- Mit einem Lappen in der Hand bei laufendem Motor das Ende des Auspuffrohres zuhalten. Falls der Motor nach kurzer Zeit stehen bleibt, kann man annehmen, dass das Abgas nicht abströmen kann, d. h. der Auspuff ist dicht. Kann man zischende Geräusche hören, ist die Anlage an der Geräuschstelle undicht.
- Tönt der Auspuff ziemlich dumpf, wird es nicht lange dauern, bis man den betreffenden Auspufftopf erneuern muss.
- Der Katalysator ist nach den vorderen Auspuffrohren in die Auspuffanlage eingesetzt. Er sieht wie ein »angeschwollener« Schalldämpfer aus und besteht meistens aus feinen Metall- oder Keramikwaben, welche mit Platin oder ähnlichen Metallen überzogen sind, über welche die Abgase strömen. Das Platin leitet eine chemische Reaktion ein, bei welcher die schädlichen Abgase in harmlose Gase umgewandelt werden.

Der Aus- und Einbau bringt keinerlei Schwierigkeiten mit sich, jedoch ist die eingebaute Anlage nicht bei allen Modellen gleich.

ML 230 mit M111-Motor

Die Arbeiten können unter Bezug auf Bild 277 durchgeführt werden.

- Fahrzeug anheben und auf sichere Unterstellböcke setzen.
- Das Schutzschild (2) nach Lösen der Schrauben (2) an den gezeigten Stellen ausbauen.
- Die Auspuffrohrklemmschelle (1) von der Auspuffanlage lösen. Wir müssen darauf hinweisen, dass die Schelle am Rohr angeschweißt ist.
- Den hinteren Teil der Auspuffanlage aus den beiden Gummiaufhängungen (4) aushängen. Die Aufhängungen werden aus den Haken am Auspuffteil herausgezogen. Falls notwendig die Gummiaufhängungen erneuern.
- Vorderteil der Anlage vom Rückteil abnehmen. Darauf achten, dass keine der

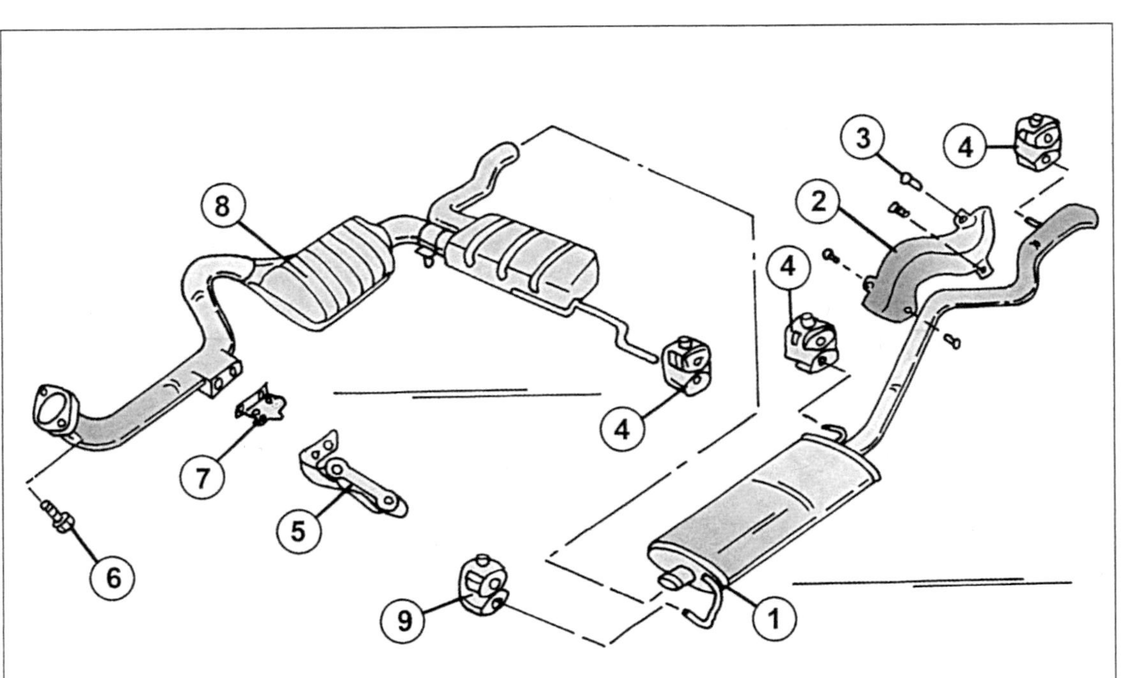

Bild 277

Bild 277
Einzelheiten zum Ausbau und Einbau der Auspuffanlage bei eingebautem M111-Motor (ML 230).
1 Sitz der Auspuffrohrschelle
2 Schutzschild
3 Befestigungsschrauben
4 Gummiaufhängungslager
5 Auspuffrohrhalterung am Getriebe
6 Befestigungsschrauben am Krümmer
7 Muttern
8 Dreiwegkatalysator
9 Gummiaufhängungslager

Schutzschilder an der Unterseite des Fahrzeuges beim Trennen der Anlage beschädigt werden. Das Hinterteil der Anlage kann jetzt herausgehoben werden.

- Einen Wagenheber oder geeignete Hebevorrichtung unter das Getriebe untersetzen und die hintere Motoraufhängung ausbauen.
- Die Muttern (7) an der Auspuffrohrhalterung (5) am Getriebe lösen und die Halterung herausnehmen. Die Muttern müssen immer erneuert werden.
- Das Vorderteil der Auspuffanlage aus der Gummiaufhängung (9) aushängen. Aufhängung kontrollieren und ggf. erneuern.
- Die Schrauben (6) an der Flanschverbindung des Auspuffkrümmers lösen. Die Schrauben werden mit 20 Nm angezogen.
- Den Dreiwegkatalysator (8) zusammen mit dem Vorderteil der Anlage herausheben. Wiederum darauf achten, dass keine der Schutzschilder beschädigt werden.

Beim Einbau Folgendes beachten:

- Gummiaufhängungen erneuern, falls sie nicht mehr einwandfrei aussehen. Ebenfalls die Verbindungsstellen der Rohre auf Korrosion kontrollieren. Leichte Korrosion kann mit etwas Schmirgelleinwand abgerieben werden.
- Alle anderen Arbeiten in umgekehrter Reihenfolge unter Beachtung der bereits angegebenen Anziehdrehmomente durchführen.

ML 320 und ML 350 mit M112-Motor / ML 430 und ML 500 mit M113-Motor (Serie 163)

Ausbau und Einbau eines Katalysators oder des vorderen Abschnitts der Auspuffanlage

Wie Sie vielleicht wissen, sind zwei Katalysatoren eingebaut. Bild 278 zeigt eine Ansicht der eingebauten Teile bei einem M112-Motor. Ehe man die Auspuffanlage ausbaut, muss man die einzelnen Kabelstecker von den Lambda-Sonden abziehen und die Sonden mit einem geeigneten Schlüssel ausschrauben. Wo die Stecker/Sonden sitzen, kann man dem Bild entnehmen. Der Aus- und Einbau der Auspuffanlage ist ziemlich kompliziert, da die Vorderfedern ausgebaut werden müssen. Das Fahrzeug muss auf sicheren Unterstellböcken sitzen oder noch besser über eine Montagegrube gefahren werden.

- Die Auspuffrohrschellen von dem Rückteil der Auspuffanlage lockern. Die Schellen sind angeschweißt.
- Die Muttern (11) von der Halterung lösen. Immer neue Muttern benutzen.
- Bei den Modellen ML 430 uns ML500 mit M113-Motor die Verkleidung in der Innenseite der beiden Vorderkotflügel unter Bezug auf Bild 279 ausbauen.
- Die Schrauben (9) an der Rohrflanschverbindung zum Auspuffkrümmer (Abgaskrümmer) herausdrehen.

Bild 278
Einzelheiten zum Ausbau und Einbau des Katalysators und vorderen Abschnitts der Auspuffanlage bei eingebautem M112- und M113-Motor (ML 320, ML 350, ML 430, ML 500, Serie 163).
1 Linke Lambda-Probe vor Katalysator
2 Stecker für linke Lambda-Sonde (1)
3 Rechte Lambda-Probe vor Katalysator
4 Stecker für rechte Lambda-Sonde (3)
5 Linke Lambda-Probe nach Katalysator
6 Stecker für linke Lambda-Sonde (5)
7 Rechte Lambda-Probe nach Katalysator
8 Stecker für rechte Lambda-Sonde (7)
9 Schrauben, Rohr an Krümmer
10 Hinterer Katalysator
11 Muttern für Haltebügel
12 Vorderer Katalysator

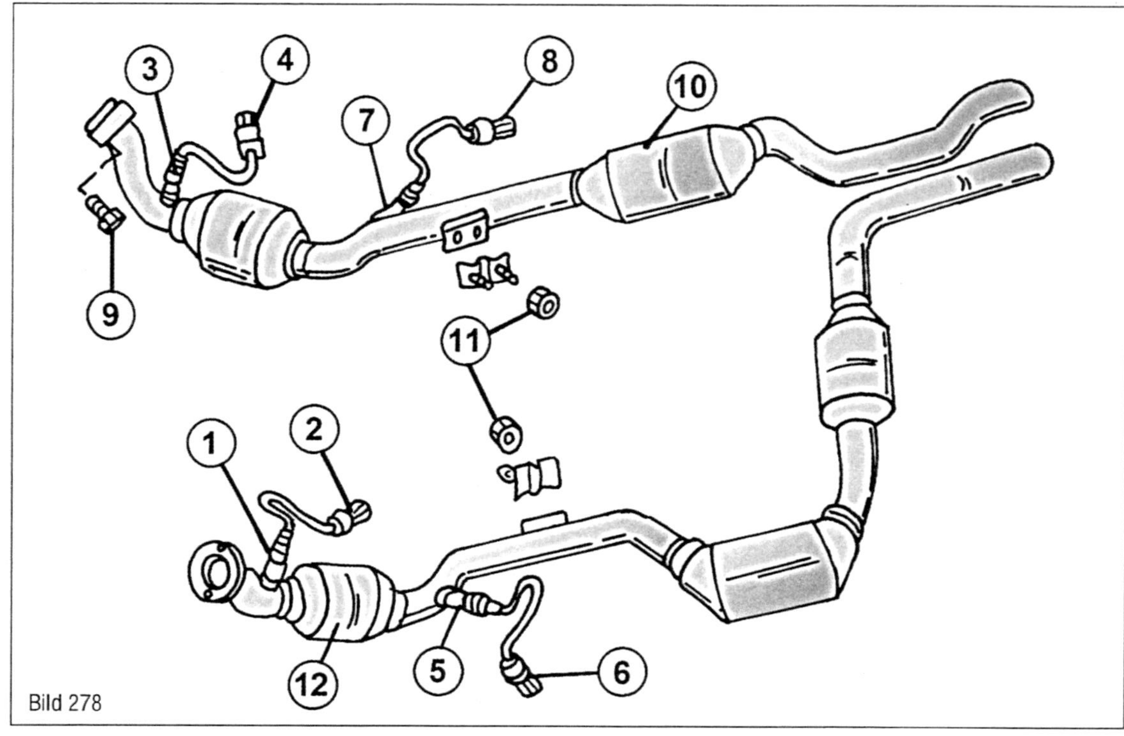

Bild 278

■ Die Dreiwegkatalysatoren (10) und (12) zusammen mit dem vorderen Abschnitt der Auspuffanlage herausheben. Dabei darauf achten, dass keine der Schutzschilder an der Fahrzeugunterseite beschädigt werden. Der Einbau findet in umgekehrter Reihenfolge statt. Die Gewinde der Lambda-Sonden mit einem wärmebeständigen Schmiermittel (Heißlagerfett) einschmieren. Die Sonden mit 45 Nm (M112-Motor) bzw. 55 Nm (M113-Motor) anziehen. Hier darf man keine Fehler machen. Bild 280 zeigt ein Beispiel von zwei der eingeschraubten Sonden und Kabelstecker bei einem M112-Motor.

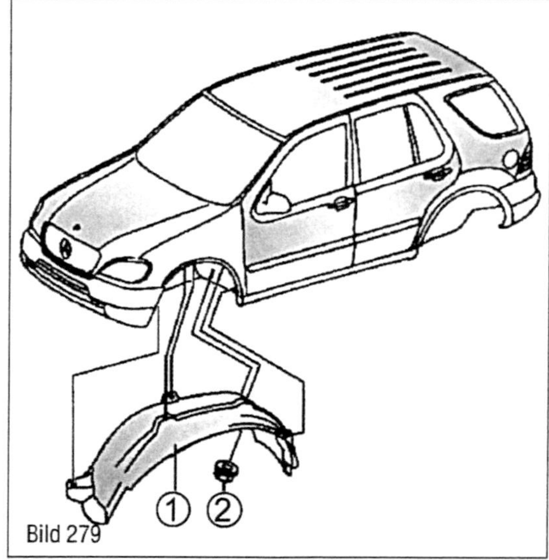

Bild 279

Bild 279
Befestigung der Verkleidung (1) in der Innenseite der Kotflügel. Mit Muttern (2) befestigt.

ML 320 und ML 350 mit M112-Motor / ML 430 und ML 500 mit M113-Motor (Serie 163)

Ausbau und Einbau der kompletten Auspuffanlage

Der Aus- und Einbau erfolgt unter Bezug auf Bild 278. Der hintere Abschnitt der Auspuffanlage ist in Bild 281 gezeigt.

■ Arbeiten durchführen, wie es unter der letzten Überschrift beschrieben wurde, mit dem Unterschied dass man die Lambda-Sonden nicht ausschrauben braucht, d. h. nur die Kabelstecker an den in Bild 278 gezeigten Stellen abziehen.

■ Die Schrauben (3) lösen und das Wärmeschutzschild (4) ausbauen.

■ Die Auspuffschelle (2) an der gezeigten Stelle in Bild 281 vom Rückteil der Auspuffanlage lockern.

■ Die Auspuffanlage aus den Gummiaufhängungen (1) aushängen. Aufhängungen kontrollieren und ggf. erneuern.

■ Vorderen Abschnitt der Anlage vom hinteren Abschnitt trennen. Wiederum darauf achten, dass keine der Schutzschilder beschädigt werden.

■ Alle anderen Arbeiten wie beim Ausbau eines Katalysators durchführen (siehe oben) und die Auspuffanlage herausnehmen. Die Muttern (11) in Bild 278 müssen immer erneuert werden. Auspuffrohr/Krümmerschrauben werden mit 20 Nm angezogen.

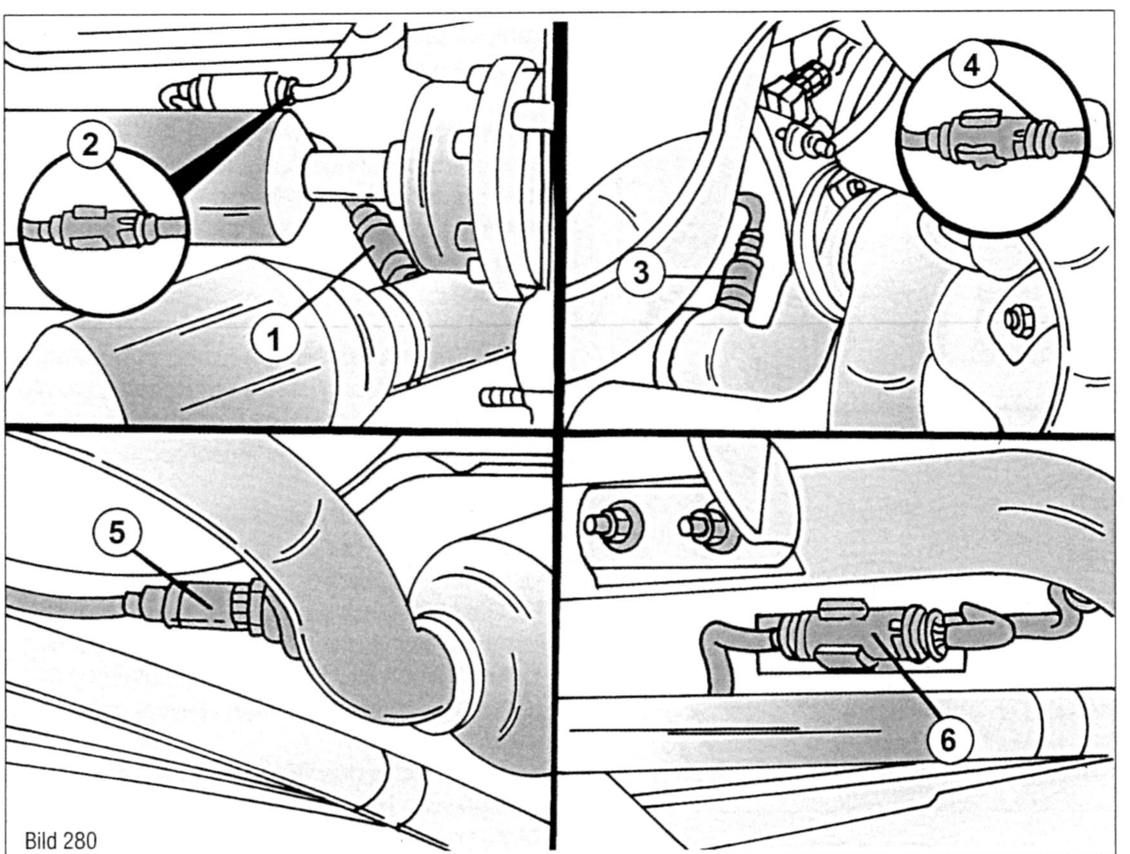

Bild 280

Bild 280
Anschlussweise verschiedener Kabelstecker und Lage verschiedener Lambda-Sonden bei eingebauten Motoren M112 und M113, gezeigt beim M112-Motor.
1 *Linke Lambda-Probe vor Katalysator*
2 *Kabelstecker für linke Lambda-Probe (1)*
3 *Rechte Lambda-Probe vor Katalysator*
4 *Kabelstecker rechte Lambda-Probe (3)*
5 *Linke Lambda-Probe nach Katalysator*
6 *Kabelstecker für linke Lambda-Probe (5)*

Der Einbau erfolgt in ungekehrter Reihenfolge unter Beachtung der angegebenen Anziehdrehmomente. Die Auspuffanlage spannungsfrei einbauen.

ML 350 und ML 500 mit M113-Motor / M272-Motor (Serie 164)
Ausbau und Einbau der kompletten Auspuffanlage
Aus- und Einbau der Auspuffanlage sind ziemlich kompliziert, da man einen Rollwagenheber unter der Anlage untersetzen muss, ehe man die Auspuffanlage ausbauen kann. Bei beiden Motoren die Abdeckung über dem Motor und das Luftfiltergehäuse ausbauen.

Im Allgemeinen geschieht der Aus- und Einbau entsprechend der bei den anderen Motoren beschriebenen Arbeiten. Besonders zu erwähnen wäre die Befestigung der beiden Gummilager an der Innen- und Außenseite des Auspuffs an den in Bild 282 gezeigten Stellen, jeweils auf beiden Seiten. Der Querträger auf der linken Seite über dem Auspuffrohr muss ebenfalls ausgebaut werden. Die Schrauben an den Außenseiten (insgesamt 4 Stück) beim Einbau mit 45 Nm anziehen (bei beiden Motoren). Weiter zu beachtende Anziehdrehmomente: Katalysatorhalterung an Katalysator = 20 Nm, Flanschverbindung zu Auspuffrohr oder Auspuffkrümmer = 20 Nm, Auspuffgummilager an Halterung = 12 Nm.

 Wir empfehlen, die Erneuerung einem Auspuffzentrum zu überlassen.

ML 280 CDI und ML 320 CDI mit 642-Dieselmotor (Serie 164)
Ausbau und Einbau der kompletten Auspuffanlage
Die gesamte Anlage wird als Ganzteil ausgebaut. Eine Ansicht der eingebauten Auspuffanlage, von unten gesehen, ist in Bild 283 gezeigt. Zum Ausbau und Einbau eignet sich am besten eine Montagegrube. Ande-

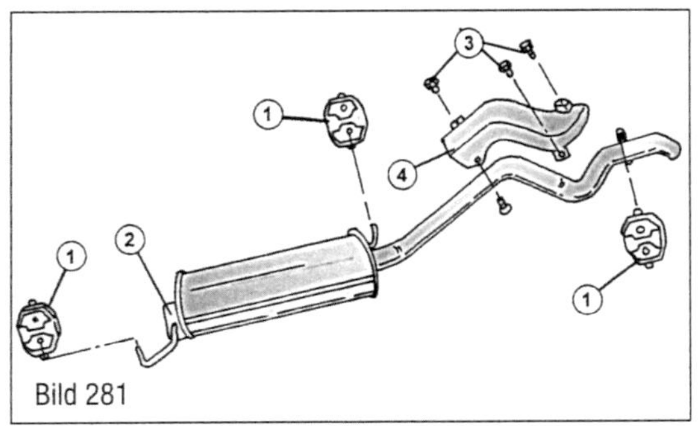

Bild 281

Bild 281
Die Teile des hinteren Abschnitts der Auspuffanlage (M112- und M113-Motor, Serie 163).
1 *Gummiaufhängung*
2 *Auspuffrohrschelle*
3 *Muttern für Wärmeschutzschild*
4 *Wärmeschutzschild*

Bild 282
Befestigung des Auspuffs bei eingebautem M113- und 272-Motor in der Serie 164.
1 Innere Gummiaufhängung
2 Schrauben
3 Äußere Gummiaufhängung

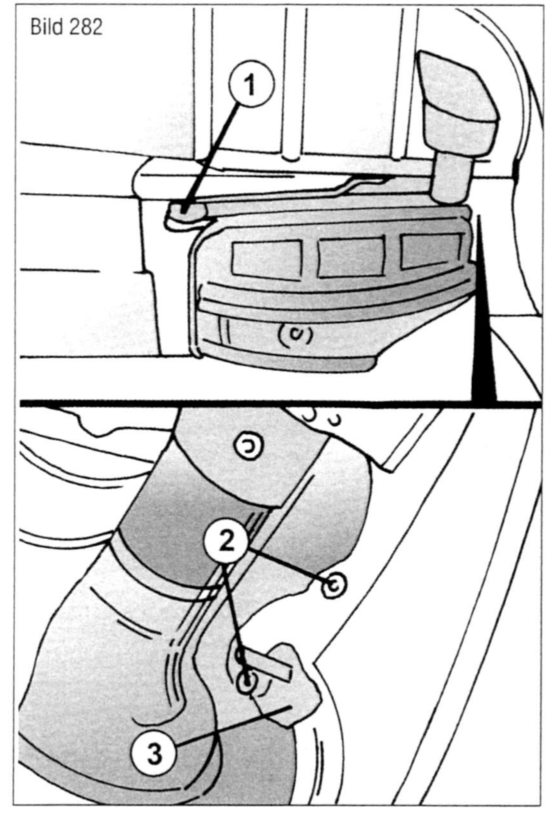

Bild 283
Eingebaute Auspuffanlage (1) beim Dieselmotor in Serie 164.

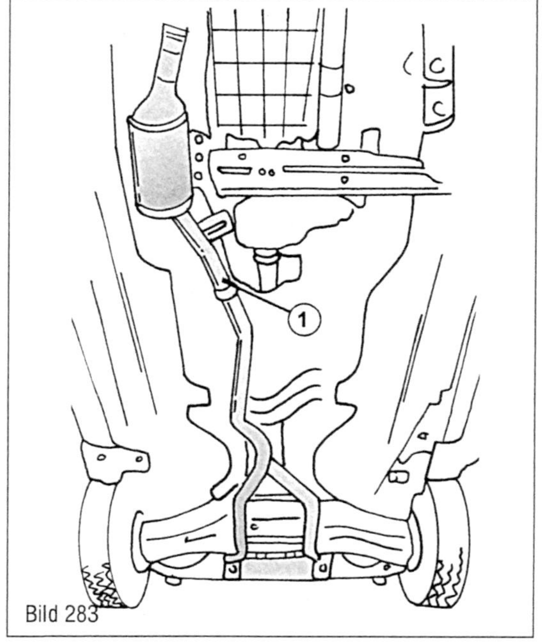

renfalls die Vorder- und Rückseite des Fahrzeuges auf sichere Unterstellböcke aufsetzen. Nachdem das Fahrzeug sicher aufgebockt ist, einen Rollwagenheber mit einer geeigneten Auflage (z. B. Holzplanke) unter die Auspuffanlage untersetzen. Der Katalysator ist mit einer Lambda-Sonde versehen und ein elektrisches Kabel muss abgezogen werden.

Wir empfehlen, die Erneuerung einem Auspuffzentrum zu überlassen, da die erforderlichen Arbeiten nicht einfach sind, wie man der folgenden Beschreibung entnehmen kann.

Die Anlage wird folgendermaßen ausgebaut, jedoch ist ein Helfer erforderlich wenn man die Anlage absenkt.

- Die Halterung der Auspuffanlage am Getriebegehäuse vornehmen und die beiden Schrauben in der Nähe des Schalldämpfers lösen. Die Schrauben beim Einbau mit 20 Nm anziehen.
- In der Nähe des Reduktionsgetriebes die Anlage vom Montagehalter abschrauben. Die Muttern beim Einbau mit 20 Nm anziehen.
- An der Seite des Schalldämpfers einige Schläuche abschließen. Schlauchschellen lockern und die Schläuche abziehen.
- Die Lambda-Sonde ausfindig machen und den Stecker ausclipsen. Ebenfalls das Kabel aus einem Clip befreien. Ein weiteres Kabel ist am Temperatursensor des Katalysators und am Temperatursensor des Dieselpartikelfilters angeschlossen. Beide müssen abgeschlossen werden.
- Die Befestigungsschrauben des äußeren Auspuffgummilagers ausschrauben (12 Nm). Den hinteren Schalldämpfer aus dem inneren Gummilager aushängen und die Auspuffanlage herausheben. Wie erwähnt muss man dazu einen Helfer hinzuziehen um die gesamte Anlage zu halten.

Der Einbau geschieht in umgekehrter Reihenfolge unter Beachtung der angegebenen Anziehdrehmomente.

16 Maß- und Einstelltabelle

Abmessungen und Gewichte

Länge über alles:	
– ML 230, ML 430 – 1998 bis 2001	4590 mm
– ML 320, ML 500 – ab 2002	4535 mm
– ML 350, ML 500 – 2003 bis 2004	4640 mm
– ML 350, ML 500, ML 280 CDI, ML 320 CDI – 2005 bis 2006	4578 mm
Breite über alles:	
– ML 230, ML 320, ML 430 – 1998 bis 2001	1830 mm
– ML 320, ML 500 – 2002	1850 mm
– ML 350, ML 500– 2003 bis 2004	1840 mm
– ML 350, ML 500, ML 280 CDI, ML 320 CDI – 2005 bis 2006	1910 mm
Höhe über alles:	
– ML 230, ML 320, ML 430 – 1998 bis 2001	1780 mm
– ML 320, ML 500– 2002	1840 mm
– ML 350, ML 500 – 2003 bis 2004	1840 mm
– ML 350, ML 500, ML 280 CDI, ML 320 CDI – 2005 bis 2006	1815 mm
Radstand:	
– ML 230, ML 320, ML 430 – 1998 bis 2002	2820 mm
– ML 350, ML 500 – 2003 bis 2004	2820 mm
– ML 350, ML 500, ML 280 CDI, 320 CDI – 2005 bis 2006	2915 mm
Spurweite, vorn:	
– ML 230, ML 320, ML 430 – 1998/ bis 2001	1560 mm
– ML 320, ML 500 – 2002	1555 mm
– ML 350, ML 500 – 2003 bis 2004	1555 mm
– ML 350, ML 500, ML 280 CDI, 320 CDI – 2005 bis 2006	1630 mm
Spurweite hinten:	
– ML 230, ML 320, ML 430 – 1998 bis 2001	1560 mm
– ML 320, ML 500 – 2002	1555 mm
– ML 350, ML 500, – 2003 bis 2004	1555 mm
– ML 350, ML 500, ML 280 CDI, 320 CDI – 2005 bis 2006	1630 mm
Betriebsgewicht	Der Betriebsanleitung zu entnehmen

Füllmengen

Öl- und Filterwechsel – Motor (wie vorhanden):	
– 2.3-Liter-Motor, Vierzylinder (111-Motor)	5,9 Liter
– 3.2-Liter-Motor V6 (112-Motor)	5,9 Liter
– 4.2-Liter-Motor V8 (113-Motor)	8,0 Liter
– 5.0-Liter-Motor V8 (113-Motor)	8,0 Liter
– 3.5-Liter-Motor V8 (272-Motor)	7,5 Liter
– 3.0-Liter-Motor V6 (642-Motor)	8,5 Liter
– Unterschied zwischen Max./Min.	2,0 Liter
Kühlanlage (Frostschutzmittelmengen bis -37 °C):	
– 111-Motor	5,75 Liter
– 112-Motor	6,00 Liter
– 113-Motor	6,50 Liter
– 272-Motor	5,50 Liter
– 642-Motor (Diesel)	5,50 Liter

Schaltgetriebe	1,5 Liter
Automatisches Getriebe (Gesamtfüllmenge)	10,0 Liter
Reduktionsgetriebe	1,5 Liter
Vorderachsantrieb	1,2 Liter
Hinterachsantrieb	1,65 Liter
Lenkungsanlage	1,2 Liter

Motoren – Allgemeines

Eingebaute Motoren:	
– ML 230 (Serie 163)	M111.977
– ML 320 (Serie 163)	M112.942
– ML 350 (Serie 163)	M112.970
– ML 430 (Serie 163)	M113.942
– ML 500 (Serie 163)	M113.965
– ML 350 (Serie 164)	M272.967
– ML 500 (Serie 164)	M113.964
– ML 280/320 CDI (Serie 164)	M642.940
Anzahl der Zylinder:	
– M111-Motor	Vier
– M112-Motor	Sechs, in V-Anordnung
– M113-Motor	Acht, in V-Anordnung
– M272-Motor	Sechs, in V-Anordnung
– M642-Motor	Sechs, in V-Anordnung
Anordnung der Ventile	Hängend
Zylinderbohrung:	
– 2.3-Liter-Motor (M111)	90,90 mm
– 3.2-Liter-Motor (M112)	89,90 mm
– 3.5/3.7-Liter-Motor (M112)	97,00 mm
– 4.3-Liter-Motor (M113)	89,90 mm
– 5.0-Liter-Motor (M113) – Alle	97,00 mm
– 3.5-Liter-Motor (M272) – Serie 164	92,90 mm
– 3.0-Liter-Motor (Diesel M642) – Serie 164	83,00 mm
Kolbenhub:	
– 2.3-Liter-Motor (M111)	88,40 mm
– 3.2-Liter-Motor (M112)	84,00 mm
– 3.5/3.7-Liter-Motor (M112)	84,00 mm
– 4.3-Liter-Motor (M113)	84,00 mm
– 5.0-Liter-Motor (M113) – Alle	84,00 mm
– 3.5-Liter-Motor (M272) – Serie 164	86,00 mm
– 3.0-Liter-Motor (Diesel M642) – Serie 164	92,00 mm
Hubraum:	
– 2.3-Liter-Motor (M111)	2295 ccm
– 3.2-Liter-Motor (M112)	3199 ccm
– 3.7-Liter-Motor (M112)	3724 ccm
– 4,3 Liter-Motor (M113)	4266 ccm
– 5.0-Liter-Motor (M113) – Alle	4966 ccm
– 3.5-Liter-Motor (M272) – Serie 164	3498 ccm
– 3.0-Liter-Motor (Diesel M642) – Serie 164	2987 ccm

Verdichtungsverhältnis:	
– 2.3-Liter-Motor (M111)	10,4 : 1
– 3.2-Liter-Motor (M112)	10,0 : 1
– 3.7-Liter-Motor (M112)	10,1 : 1
– 4.3-Liter-Motor (M113)	10,0 : 1
– 5.0-Liter-Motor (M113) – Alle	10,1 : 1
– 3.5-Liter-Motor (M272) – Serie 164	10,7 : 1
– 3.0-Liter-Motor (Diesel M642) – Serie 164	18,0 : 1
Max. Leistung kW/PS:	
– 2.3-Liter-Motor (M111) – ML 230	110 kW (150 PS) bei 5400/min
– 3.2-Liter-Motor (M112) – ML 320	160 kW (219 PS) bei 5600/min
– 3.7-Liter-Motor (M112) – ML 350 – Serie 163	172 kW (234 PS) bei 3000/min
– 4.3-Liter-Motor (M113) – ML 430	199 kW (271 PS) bei 5500/min
– 5.0-Liter-Motor (M113) – ML 500 – Serie 163	215 kW (292 PS) bei 5600/min
– 5.0-Liter-Motor (M113) – ML 500 – Serie 164	225 kW (306 PS) bei 5600/min
– 3.5-Liter-Motor (M272) – ML 350 – Serie 164	200 kW (272 PS) bei 6000/min
– 3.0-Liter-Motor (Diesel M642) – ML 280 CDI	140 kW (190 PS) bei 3800/min
– 3.0-Liter-Motor (Diesel M642) – ML 320 CDI	165 kW (224 PS) bei 3800/min
Max. Drehmoment:	
– 2.3-Liter-Motor (M111)	220 Nm bei 3800/min
– 3.2-Liter-Motor (M112)	310 Nm bei 3000/min
– 3.7-Liter-Motor (M112)	346 Nm bei 3000/min
– 4.3-Liter-Motor (M113)	400 Nm bei 3000/min
– 5.0-Liter-Motor (M113) – ML 500 – Serie 163	440 Nm bei 2700/min
– 5.0-Liter-Motor (M113) – ML 500 – Serie 164	460 Nm bei 2700/min
– 3.5-Liter-Motor (M272) – Serie 164	350 Nm bei 2400/min
– 3.0-Liter-Motor (Diesel M642) – ML 280 CDI	440 Nm bei 1400/min
– 3.0-Liter-Motor (Diesel M642) – ML 320 CDI	510 Nm bei 1600/min
Kurbelwellenlager – Anzahl der Lager	Reiblager, 5 (Vierzylinder und V8), 4 (V6-Motor)
Kühlanlage	Thermosyphonanlage mit Wasserpumpe, Kühlungslüfter mit Visko-Kupplung, Thermostat, Röhrenkühler
Motorschmierung	Druckschmierung mit Zahnradölpumpe, von Kurbelwelle angetrieben. Mit Vollstrom- und Umleitölfilter.
Luftfilter	Mit Trockenfiltereinsatz
Benzineinspritzanlage	Mit Zündanlage verbunden
Dieseleinspritzanlage	Common Rail-Einspritzanlage(CDI)
Zylinderblock	
Max. Verschleiß in Längs- oder Querrichtung	0,20 mm
Zulässige Unrundheit und Konizität:	
– im Neuzustand	0,014 mm
– Verschleißgrenze	0,07 mm
Zulässige Rautiefe	0,003 – 0,006 mm
Zulässige Welligkeit	50 % der Rautiefe
Messstellen für Bohrungen	Oberkante, Mitte und Unterkante der Bohrung, Längs- und Querrichtung

Zylinderkurbelgehäuse	
Zulässige Unebenheit der Trennflächen:	
– in Längsrichtung	10 mm
– in Querrichtung	0,05 mm
Max. Abweichung der Parallelität zwischen oberer und unterer Trennfläche	0,05 mm
Zulässige Rauigkeit der:	
– oberen Trennfläche	0,006 – 0,016 mm
– unteren Trennfläche	0,025 mm
Zylinderkopf	
Max. Verzug der Zylinderkopffläche:	
– Längsrichtung	0,08 mm
– Querrichtung	0,00 mm
Max. Verzug der oberen und unteren Dichtfläche (parallel zueinander)	0,10 mm
Ventile (wie vorhanden)	
– Einlassventile – M111-Motor	40,00 mm
– Auslassventile – M111-Motor	35,00 mm
– Einlassventile – V6-Motor – M112	36,00/38,00 mm
– Einlassventile – V6-Motor – M272	28,50 mm
– Auslassventile – V6-Motor – M112	41,00/43,00 mm
– Auslassventile – V6-Motor – M272	25,4 mm
– Einlassventile – V8-Motor – M113	38,00 mm
– Auslassventile – V8-Motor – M113	43,00 mm
– Einlassventile – V6-Motor - 642	25,30 – 25,50 mm
– Auslassventile – V6-Motor – 652	28,40 – 28,60 mm
Ventilsitzwinkel	45° + 15'
Ventilschaftdurchmesser:	
– Einlassventile – M111-Motor	6,955 – 6,970 mm
– Auslassventile – M111-Motor	6,938 – 6,960 mm
– Einlassventile – M112/M113-Motor	6,975 mm (M272 = 5,960 – 5,975 mm)
– Auslassventile – M112/M113-Motor	6,970 mm (M272 = 5,955 – 5,970 mm)
Ventilsitzbreite:	
– Einlassventile	1,8 – 3,0 mm
– Auslassventile	1,5 – 2,5 mm
– Einlass- und Auslassventile – V6 und V8	0,8 – 1,2 mm
Ventilsitze	
Ventilsitzwinkel	45° – 15'
Oberer Korrekturwinkel	15°
Unterer Korrekturwinkel	60°
Ventilführungen	
Einlassventilführungen:	
– Länge	35,5 mm (M111), 50,0 mm (V6/V8)
– Außendurchmesser – Sollmaß	14,044 – 14,051 mm
– Außendurchmesser – Reparaturgröße	14,214 – 14,222 mm
– Innendurchmesser	7 oder 8 mm, je nach Motor
– Presspassung in Führungsbohrung	+0,12 – 0,031 mm

Auslassventilführungen:	
– Länge	37,9 mm (M111), 50 mm (V6/V8)
– Außendurchmesser – Sollmaß	14,044 – 14,051 mm
– Außendurchmesser– Reparaturgröße	14,214 – 14,222 mm
– Innendurchmesser	7 oder 8 mm, je nach Motor
– Presspassung in Führungsbohrung	+0,12 – 0,031 mm

Nockenwellen

Nockenwellenaxialspiel – M111:	
– Neu	0,07 – 0,15 mm
– Verschleißgrenze	0,18 mm
Nockenwellenaxialspiel – V6/V8	0,06 – 0,12 mm

Kolben (alle Angaben ohne Gewähr)

Erhältliche Kolben	Standard- und Übergröße (je nach Motor)
Kolbenlaufspiel:	
– Sollmaß (neu) – M111-Motor	0,025 – 0,035 mm
– Sollmaß (neu) – andere Motoren	0,04 mm
– Verschleißgrenze	0,08 mm
Max. Gewichtsunterschied der Kolben in einem Motor:	
– Verschleißgrenze	10 Gramm
Laufspiel der Kolbenbolzen:	
– in Pleuelstangen	0,007 – 0,017 mm
– in Kolben	0,002 – 0,011 mm
Kolbenringstoßspiele (M111-Motor):	
– Obere Kolbenringe	0,30 – 0,45 mm (Verschleißgrenze 1,00 mm)
– Mittlere Ringe	0,30 – 0,45 mm (Verschleißgrenze 0,80 mm)
– Untere Ringe	0,25 – 0,40 mm (Verschleißgrenze 0,80 mm)
Kolbenringstoßspiele (M112/M113-Motor):	
– Obere Kolbenringe	0,20 – 0,35 mm (Verschleißgrenze 0,80 mm)
– Mittlere Ringe	0,20 – 0,40 mm (Verschleißgrenze 0,80 mm)
Kolbenringstoßspiele (M272-Motor):	
– Obere Kolbenringe	0,20 – 0,35 mm (Verschleißgrenze 1,00 mm)
– Mittlere Ringe	0,30 – 0,50 mm (Verschleißgrenze 0,80 mm)
– Untere Ringe	0,20 – 0,70 mm (Verschleißgrenze 0,80 mm)
Kolbenringstoßspiele (642-Motor):	
– Obere Kolbenringe	0,20 – 0,55 mm (Verschleißgrenze 1,00 mm)
– Mittlere Ringe	0,25 – 0,50 mm (Verschleißgrenze 0,80 mm)
– Untere Ringe	0,20 – 0,40 mm (Verschleißgrenze 0,80 mm)
Höhenspiel der Kolbenringe in Kolbennuten (alle Motoren):	
– Nut 1	0,12 – 0,16 mm
– Nut 2	0,065 – 0,011 mm
– Nut 3	0,03 – 0,07 mm
Pleuelstangenlager	Siehe unter »Kurbelwelle«

Kurbelwelle

Bearbeitungstoleranzen (wie vorhanden):	
– Zulässige Unrundheit der Kurbel- und Pleuellagerzapfen	0,005 mm
– Zulässige Konizität der Pleuellagerzapfen	0,010 mm
– Zulässige Konizität der Kurbelzapfen	0,015 mm

– Zulässiger Axialschlag der eingebauten Lager	0,02 mm
Übergangsradien an Hauptlagerzapfen	2,5 – 3,0 mm
Übergangsradien an Kurbelzapfen	3,0 – 3,5 mm
Zulässiger Radialschlag des hinteren Kurbelwellenflansches	0,02 mm*
Zulässiger Axialschlag des hinteren Kurbelwellenflansches	0,02 mm*
Zulässiger Schlag der Hauptlagerzapfen:	
– Lagerzapfen II und IV – 4-Zylinder	0,07 mm*
– Lagerzapfen II und V – V6/V8	0,07 mm*
– Lagerzapfen III – 4-Zylinder	0,10 mm*
– Lagerzapfen II, IV, V – 6-/8-Zylinder	0,10 mm*

** Kurbelwelle mit Endlagerzapfen in Prismen eingelegt, bei einer Umdrehung der Kurbelwelle*

Hauptlagerzapfendurchmesser – M111-Motor:	
– Nenndurchmesser	57,950 – 57,965 mm
– Erste Reparaturstufe	57,700 – 57,715 mm
– Zweite Reparaturstufe	57,450 – 57,465 mm
– Dritte Reparaturstufe	57,200 – 57,215 mm
– Vierte Reparaturstufe	56,950 – 56,965 mm
Hauptlagerzapfendurchmesser – M112/M113-Motor:	
– Nenndurchmesser	63,940 – 63,945 mm
– Untergrößen	Werkstatt befragen

Pleuellagerzapfendurchmesser – M111-Motor:	
– Nenndurchmesser	47,955 – 47,965 mm
– Reparaturgröße	Vier erhältlich
Pleuellagerzapfendurchmesser – V6/V8-Motor:	
– Nenndurchmesser	55,600 – 55,614 mm
– Untergrößen	Werkstatt befragen

Lagerlaufspiele:	
– Hauptlager – M111	0,031 – 0,053 mm
– Hauptlager – M112/M113-Motor	0,026 – 0,050 mm
– Hauptlager – M272-Motor	0,022 – 0,048 mm
– Pleuellager– M111-Motor	0,025 – 0,065 mm
– Pleuellager – M112/M113-Motor	0,022 – 0,067 mm
– Pleuellager – M272-Motor	0,022 – 0,066 mm
Verschleißgrenze – Alle Motoren	0,080 mm
Lageraxialspiel:	
– Hauptlager (M111-Motor)	0,10 – 0,24 mm
– Hauptlager (verbleibende Motoren)	0,10 – 0,266 mm
– Pleuellager (alle Motoren)	0,11 – 0,23 mm
– Verschleißgrenze – Hauptlager	0,30 mm
– Verschleißgrenze – Pleuellager	0,50 mm
Lagerschalen	Werkstattsache

Motorschmierung

Ölfüllmengen	Siehe unter Füllmengen
Öldruck	In Werkstatt prüfen lassen
Bauart	Druckumlaufschmierung mit Zahnradölpumpe

Kühlanlage

Bauart	Thermosyphonsystem mit Flügelradwasserpumpe
Frostschutzmittel	Siehe entsprechendes Kapitel

Kupplung

Bauart	Einscheibentrockenkupplung mit Tellerfeder
Kupplungsbetätigung	Hydraulische Anlage
Kupplungseinstellung	Automatische Nachstellung
Kupplungsausrücklager	Kupplungsausrücklager oder zentraler Kupplungsausrücker mit Ausrücklager, je nach eingebautem Getriebe.

Mechanisches Getriebe

Eingebautes Sechsganggetriebe	Typ 716, unterschiedliche Endnummer

Getriebeübersetzungen:	**ML 230 (163)**
– Erster Gang	3,860 : 1
– Zweiter Gang	2,180 : 1
– Dritter Gang	1,380 : 1
– Vierter Gang	1,000 : 1
– Fünfter Gang	1,000 : 1
– Sechster Gang	0,800 : 1
– Rückwärtsgang	4,220 : 1
– Achsantrieb	4,730 : 1

Ölfüllmenge	1,5 Liter
Schmieröl	Wie in automatischen Getrieben

Automatisches Getriebe

Eingebautes Getriebe (wie vorhanden):	
– ML 230 (163)	722.660
– ML 320 (163)	722.662
– ML 350 (163)	722.674
– ML 430 (163)	722.663
– ML 500 (163)	722.663
– ML 350 (164)	722.906
– ML 500 (164)	722.901
– ML 280/ML 320 (164)	722.902

Getriebeübersetzungen:	**ML 320**	**ML 430**
– Erster Gang	3,93 : 1	3,59 : 1
– Zweiter Gang	2,41 : 1	2,19 : 1
– Dritter Gang	1,49 : 1	1,41 : 1
– Vierter Gang	1,00 : 1	1,00 : 1
– Fünfter Gang	0,83 : 1	0,83 : 1
– Rückwärtsgang	3,16 : 1	3,16 : 1
– Achsübersetzung	3,70 : 1	3,46 : 1

Getriebeübersetzungen:	ML 500	ML 350
– Erster Gang	3,59 : 1	3,60 : 1
– Zweiter Gang	2,19 : 1	2,19 : 1
– Dritter Gang	1,41 : 1	1,41 : 1
– Vierter Gang	1,00 : 1	1,00 : 1
– Fünfter Gang	0,83 : 1	0,83 : 1
– Rückwärtsgang	3,16 : 1	3,17 : 1
– Achsübersetzung	3,70 : 1	3,70 : 1

Getriebeübersetzungen:	ML 350 (164)	ML 500 (164)
– Erster Gang	4,38 : 1	3,38 : 1
– Zweiter Gang	2,56 : 1	2,56 : 1
– Dritter Gang	1,92 : 1	1,92 : 1
– Vierter Gang	1,37 : 1	1,37 : 1
– Fünfter Gang	1,00 : 1	1,00 : 1
– Sechster Gang	0,82 : 1	0,82 : 1
– Siebter Gang	0,73 : 1	0,73 : 1
– Rückwärtsgang	3,42 : 1	3,42 : 1
– Achsübersetzung	3,90 : 1	3,90 : 1

ML 280 CDI und ML 320 CDI (164)	Wie ML 350 und ML 500 der Serie 164 (siehe oben), außer Achsantrieb = 3,45 : 1
Füllmenge	Werkstattsache

Vorderachse und Vorderradaufhängung

Bauart	Doppeldreiecksquerlenker, Torsionsfederstäbe, Teleskopstoßdämpfer und Kurvenstabilisator bei Modellserie 163. Bei Modellserie 164 Torsionsfe derstäbe durch Schraubenfedern ersetzt.

Hinterachse und Hinterradaufhängung

Bauart	Doppelte Querlenker, Schraubenfedern, Teleskopstoßdämpfer und Kurvenstabilisator
Ölsorte	SAE 90
Ölmenge in der Achse	1,65 Liter

Lenkung

Bauart	Zahnstangenlenkung mit Servounterstützung
Füllmenge der Anlage	1,2 Liter (alle Modelle)
Flüssigkeitssorte	Wie in automatischen Getrieben

Bremsanlage

Bauart	Siehe entsprechendes Kapitel
Vorderradbremsen	
Bauart	Unterschiedliche Ausführungen. Siehe entsprechendes Kapitel, Gleitsättel oder Festsättel
Zylinderkolbendurchmesser	60,00 mm
Stärke der Bremsklötze, mit Metallplatte:	
– Innere Bremsklötze – Gleitsättel	16,5 mm
– Äußere Bremsklötze – Gleitsättel	15,5 mm
– Festsättel	17,5 mm
Min. Stärke des Belagmaterials	2,0 mm (ohne Metallplatte)
Stärke der Bremsscheiben	26,0 mm
Bremsscheibendurchmesser	303, 330 oder 345 mm, je nach Modell
Min. Stärke der Bremsscheiben	24,0 mm
Max. Schlag der Bremsscheiben	0,10 mm
Verschleißgrenze der Scheiben, pro Seite	max. 0,05 mm
Hinterradbremsen	
Zylinderkolbendurchmesser	Je nach Modell 38,0 oder 40,0 oder 42,0 mm
Bremsscheibendurchmesser	285 oder 331 mm
Bremsscheibenstärke	10 oder 22 mm (je nach Modell)
Min. Bremsscheibenstärke	8,0 mm oder 20,0 mm
Min. Stärke der Bremsklötze, einschl. Metallplatte	16,0 mm
Min. Stärke der Bremsbeläge	2,0 mm
Feststellbremse	
Min. Stärke der Bremsbeläge	1,00 mm

Anziehdrehmomente

Genaue Drehmomentwerte sind jeweils in den betreffenden Abschnitten beim Aus- und Einbau des in Frage kommenden Teils angegeben, und wir raten Ihnen, dass Sie sich ohne Ausnahme an diese halten. Besonders darauf achten, ob es sich um die Angaben für ein Fahrzeug der Serie 163 oder 164 handelt.

Schaltplanverzeichnis

Legenden zu den Schaltplänen

Schaltpläne 1a bis 1b
Anlasser und Generator – Motoren M111, M112, M113
Serie 163 bis August 2000

Bez.	Stromabnehmer	Koordinate
A1	Instrumententafel	35K
A1e5	Ladekontrollleuchte	35K
F1	Sicherungs- und Relaismodul	1B, 12C, 22C, 32C
K1k8	Anlasserrelais	15C
F1k12	Relais, Stromkreis 15	6C
G1	Batterie	6G
G2	Generator	24L, 31G
M1	Anlasser	21L
N3/4	Motorsteuergerät (HFM)	9L, 16L
N3/9	Steuergerät (nur 612-Motor, Diesel)	12L, 18L
N3/10	Steuergerät (ME), Motorelektronik	14L
N10	Aktivitätsmodul	2A, 12A, 37K
S2	Anlasserschalter	4L
U30	Gültig für alle Dieselmotoren	11E, 18L, 20E, 23G, 26E, 36E
U536	Nur für Benzinmotoren M112/113	13E, 24E
U556	Nur für Benzinmotor M111	9E, 17L
U75	Für alle Benzinmotoren	19E, 20D
W16/4	Masse, Motorraum, rechts	8L
X4/37	Anschlussverbinder, Stromkreis 30	4F
X12/3	Anschlussklemme, Stromkreise 30, 15, 31, Dreipinstecker	5E
X18/7	Steckverbinder, Motorraum/Innenraum	16F
X18/26	Steckverbinder, Motorraum/Innenraum, rechts	18F
X22	Steckverbinder, Motorraum und Motor	9F, 19F, 20F, 26H, 29E

Z50/5	Endhülse, Cockpit, Stromkreis 30	4G
Z50/6	Endhülse, Cockpit, Stromkreis 15C	1H
Z50/9	Endhülse, Cockpit, Stromkreis 15 II	2F
Z50/19	Endhülse, Cockpit, Stromkreis 50	2F

Schaltpläne 2a bis 2c
Anlasser, Generator – M112/M113-Motor ab Sept. 2002

Bez.	Stromabnehmer	Koordinate
A1	Instrumenttafel	43K
A1e5	Ladekontrollleuchte	43K
F1	Sicherungs- und Relaismodul	1B, 12C, 22C, 32C, 42C
F1k12	Relais, Stromkreis 15	7C
K1k8	Anlasserrelais	12C
G1	Batterie	7G
G2	Generator	30L, 38G
M1	Anlasser	23L
N10	Aktivitätsmodul	2A, 12A. 22A, 32A
N14/2	Vorglühausgangsstufe (nur Diesel)	31D
N3/10	ME-SFI-Steuergerät, Benzineinspritzung	13L
N3/9	CDI-Steuergerät (nur Diesel)	15L, 18L
U199	Nur für 612-Dieselmotor gültig	18F
U30	Gültig für alle Dieselmotoren	17D, 22E, 30G, 33E
U320	Nur für Motor im 400 CDI gültig	6J, 15F, 26H, 31D
U536	Nur für Benzinmotoren 112/113	12E, 26E
U75	Für Benzinmotoren	21E, 36ED
W11	Masse (Motor), Anschlussstelle für Massekabel	22L
W16/4	Masse, Motorraum, rechts	25L
W16/6	Masse, Elektronikteile, Motorraum, rechts	25L
X12/12	Anschlussklemme, Stromkreis 30, am Relaismodul 1	5E
X12/13	Anschlussklemme, Stromkreis 15, am Relaismodul 1	6E
X12/14	Anschlussklemme, Stromkreis 31, am Relaismodul 1	7E
X22/1	Steckverbinder, Motorraum und Motor	21F, 22F, 33H, 38E
X25/2	Steckverbinder, Motorraum/Innenraum	18F
X4/37	Anschlussverbinder, Stromkreis 30	5F
Z50/19	Endhülse, Cockpit, Stromkreis 50	3F
Z50/5	Endhülse, Cockpit, Stromkreis 30	5G
Z50/6	Endhülse, Cockpit, Stromkreis 15C	2H
Z50/8	Endhülse, Cockpit, Stromkreis 15R	1H
Z50/9	Endhülse, Cockpit, Stromkreis 15 II	2G

Schaltpläne 3a bis 3d
Instrumenttafel, Anzeigeinstrumente,
Warnanlagen – ab Sept. 2001 – Serie 163

Bez.	Stromabnehmer	Koordinate
A1	Instrumenttafel	14A, 25A, 35A, 45A, 55A, 65A
A1e1	Blinkkontrollleuchte, links	31D
A1e11	Warnleuchte, Kühlmittelstand	51B
A1e12	Warnleuchte, Ölstand niedrig	52B
A1e13	Warnleuchte, Flüssigkeitsstand der Scheibenwaschanlage niedrig	52B
A1e15	Airbag-Warnleuchte	18D
A1e16	Warnleuchte, Vorglühanlage	46B

A1e17	Warnleuchte, ABS-Störung	50B
A1e2	Blinkkontrollleuchte, rechts	33D
A1e28	Anzeigeleuchte »Check« Motor	54B
A1e3	Fernlichtkontrollleuchte	25D
A1e33	LIM-Warnleuchte	32B
A1e34	Warnleuchte, elektronische Dieselsteuerung	46B
A1e35	Warnleuchte, ETS	48B
A1e36	Warnleuchte, ETS	32B
A1e4	Warnleuchte, Kraftstoffreserve	30B
A1e40	Warnleuchte, Lenkschloss	55B
A1e47	Warnleuchte, BAS/ESP-Störungsanzeige	49B
A1e5	Ladekontrollleuchte	40D
A1e53	Warnleuchte, niedriger Gangbereich	53B
A1e56	Warnleuchte, Airbag ausgeschaltet	16D
A1e57	Warnleuchte, Nebelleuchten	57B
A1e6	Warnleuchte, Bremsklotzverschleiß	50B
A1e7	Warnleuchte, Bremsflüssigkeit, Handbremse und Bremskraftverteilung	56B
A1e8	Instrumentbeleuchtung	20A, 24B
A1e9	Warnleuchte, Sicherheitsgurte	56B
A1h1	Warnsummer	26B
A1p1	Fernthermometer	26A
A1p2	Kraftstoffuhr	29A
A1p4	Außentemperaturanzeige	28C
A1p5	Tachograph	40A
A1p6	Elektronische Zeituhr	41C
A1p8	Elektronischer Tachometer	33C
A1r1	Variabler Widerstand für Instrumentbeleuchtung	25D
A1s2	Stellschalter für Zeituhr	23D
A1s3	Rücksetzknopf für Tageskilometerzähler	24D
B14	Geber für Außentemperaturanzeige	50E
F1	Sicherungs- und Relaismodul	8K, 29K, 34K, 41K, 47K
F1f16	Sicherung 16	40J
F1f2	Sicherung 2	31J
F1f25	Sicherung 25	32J
F1f5	Sicherung 5	30J
F1k12	Relais, Klemme 15	10J
F2	Sicherungs- und Relaismodul im rechten Fußkasten	14L, 20L, 25L
F2f1	Sicherung 1	14K
F2f5	Sicherung 5	20K
G1	Batterie	8C
G2	Drehstromlichtmaschine (Generator)	33E, 37E
M3/3	Kraftstoffpumpe mit Tanksensor	64L
M3/3b1	Kraftstofftanksensor	65L
N10	Aktivitätsmodul	6L, 29L, 34L, 45L, 57L
N2/7	Betriebsmodul für Sitzgurtbetrieb	17L
S2	Anlasserschalter	59J
S4	Kombischalter	46J
S41	Elektronischer Schalter für Kühlmittelstandüberwachung	55K
S42	Schalter für Warnleuchte des Flüssigkeitsstands für Scheibenwaschanlage	63K
S4s3	Lichtschalter	45J
S97/1	Lenkschlossschalter	61L
U30	Nur für Dieselmotoren	35E
U75	Nur für Benzinmotoren	33E

W16/4	Masseanschluss	9A
W29/2	Masse, rechte A-Türsäule	21J, 61E
X11/4	Steckverbinder, Datenverbindung	68L
X12/12	Anschlussklemme, Stromkreis 30, am Relaismodul 1	8G
X12/13	Anschlussklemme, Stromkreis 15, am Relaismodul 1	9G
X12/14	Anschlussklemme, Stromkreis 31, am Relaismodul 1	10G
X18	Steckverbinder, Kabelstrang für Innenraum und Schlussleuchten	14H, 16H, 20H, 25H, 64G
X18/27	Steckverbinder, Cockpit und rechter Motorraum	54G
X18/28	Steckverbinder, Cockpit und linker Motorraum	62G
X18/3	Steckverbindung, Innenraum, Kraftstofftank	64H
X22	Motorraum und Motor Steckverbinder	34F, 35F
X4/37	Anschlussblock, Stromkreis 30	8E
Z50/1	Endhülse, Klemme 58d	23F
Z50/11	Cockpit-Endhülse, CAN-Low	67K
Z50/12	Cockpit-Endhülse, CAN-high	66K
Z50/17	Cockpit-Endhülse, Instrumenttafel	68G
Z50/3	Cockpit-Endhülse, Klemme 31, links	22F, 60H
Z50/31	Cockpit-Endhülse, Klemme 58A	25F
Z50/32	Cockpit-Endhülse, Klemme 31, gesichert	19F
Z50/33	Cockpit-Endhülse, Klemme 58, ungesichert	43G
Z50/4	Cockpit-Endhülse, Klemme 31, rechts	22H, 60G
Z50/5	Cockpit-Endhülse, Klemme 30	3H
Z50/6	Cockpit-Endhülse, Klemme 15C	1H, 57G
Z50/8	Cockpit-Endhülse, Klemme 15R	6F
Z50/9	Cockpit-Endhülse, Klemme 15 II	2F

Schaltplan 4
Elektrisches Funktionsdiagramm für Anlasser, Generator, Batterie – Serie 164 – Benzin- und Dieselmotoren

Bez.	Stromabnehmer	Koordinate
A1	Instrumenttafel	5H
A7/7	Bremskraftverstärker	15B
A8/1	Transmitterschlüssel	5C
B14	Temperatursensor für Außentemperaturanzeige	2H
B34	Bremsdrucksensor, ESP	10B
F32	Vordere Vorsicherung	20C
F59kl	Anlasserrelais	15F
G1	Batterie	20E
G2	Generator	18E
M1	Anlasser	16E
N3/9	CDI-Steuergerät	12K
N10	Vorderes SAM-Steuergerät	7B
N22	Steuer- und Betriebsgerät, Klimaanlage	2E
N47/5	ESP-Steuergerät	12B
N73	EIS (EZS)-Steuergerät	5B
N93	Zentrales Gateway-Steuergerät	7H
N151	Gültig für M113-Motor	17G
N475	Gültig für M272-Motor	14G
N880	Gültig für 642-Motor	12G
Y3/8	Elektronisches Steuergerät (VGS)	11D

Schaltplan 5a und 5B
Kraftstoffeinspritzung und Zündanlage – Motor M111

Bez.	Stromabnehmer	Koordinate
A16	Klopfgeber	35L
B2/5	Heißfilmluftmassenmesser	26L
B6/1	Nockenwellen-Hallsensor	28L
B11	Kühlmitteltemperaturgeber	34L
F1	Sicherungs- und Relaismodul	1K
F1f11	Sicherung 11	10J
F1f19	Sicherung 19	12J
F1f26	Sicherung 26	8J
F1k12	Relais, Stromkreis 15	5J
G1	Batterie	6D
L5	Stellungssensor, Kurbelwelle	37L
M16/6	Drosselklappenbetätiger	30L
M16/6m1	Betätigungsmotor	30K
M16/6m2	Realwert-Potentiometer	31K
M16/6m3	Realwert-Potentiometer (Gleitkontakt 1)	30H
M16/6m4	Realwert-Potentiometer (Gleitkontakt 2)	29H
N3/4	HFM-Steuergerät	24A, 37A
N10	Aktivitätsmodul	4L, 10L
R4	Zündkerzen	16L, 17L, 18K, 19L
S2	Anlasserschalter	3A
S43	Ölstandschalter	38L
T1/1	Zündspule, Zylinder 1	16H
T1/2	Zündspule, Zylinder 2	18H
W11	Masse (Motor), Anschlussstelle für Massekabel	38G
W16/4	Masse, Motorraum, rechts	6A
X4/37	Anschlussblock, Stromkreis 30	5F
X12/3	3-Pin-Stecker, Klemmen 30, 15, 21	4G
X22	Motorraum- und Motor Steckverbinder	7E
Y49	Solenoid für Nockenwellensteuerung	14L
Y62y1	Kraftstoffeinspritzventil, Zylinder 1	20L
Y62y2	Kraftstoffeinspritzventil, Zylinder 2	21L
Y62y3	Kraftstoffeinspritzventil, Zylinder 3	23L
Y62y4	Kraftstoffeinspritzventil, Zylinder 4	24L
Z3/29	Steckverbinder, Stromkreis 15, gesichert	27D
Z7/5	Steckverbinder, Klemme 15 II	3F

Schaltplan 6a und 6b
Kraftstoffeinspritzung und Zündanlage – Motor M112 und M113 in Serie 163 ab Sept. 2002

Bez.	Stromabnehmer	Koordinate
A6	STH-Heizgerät	30L
B37	Gaspedalsensor	19L
F1	Sicherungs- und Relaismodul	2B, 28C
F1f22	Sicherung 22	36C
F2	Sicherungs- und Relaismodul im rechten, vorderen Fußraum	25J, 32L
F24/7	Zusatzsicherung, Stromkreis 30	12E
F2f13	Sicherung 13	25K
G1	Batterie	6H, 12D
M3	Kraftstoffpumpe	34L
M3m1	Kraftstoffpumpe 1	34L

M4/7	Elektrischer Sauglüfter	13L
N10	Aktivitätsmodul	2A, 29A, 37A
N3/10	Elektronisches Steuergerät	21A
S16/6	Kick-down-Schalter	23L
S2	Anlasserschalter	4L
U151	Nur für M113-Motor gültig	11A
W16/4	Masse, Motorraum, rechts	7L, 12A
W2	Masse, am rechten Scheinwerfer	13E
W6	Masse, im linken Radhaus im Kofferraum	27L
X12/12	Steckverbinder, Stromkreis 30, Relaismodul 1	5E, 27E
X12/13	Steckverbinder, Stromkreis 15, Relaismodul 1	6E
X12/14	Steckverbinder, Stromkreis 31, Relaismodul 1	7E
X18	Steckverbinder für Innenraum- und Schlussleuchtenkabelstrang, Cockpit	25H
X18/3	Steckverbinder, Innenraum/Kraftstofftank	32H
X22/1	Steckverbinder, Motor/Motorraum	25E
X25/2	Steckverbinder, Motorraum/Innenraum	16E
X36/4	Masseanschluss, Kraftstofffüllrohr	28L
X4/37	Steckverbinder, Stromkreis 30	5F
X74	Steckverbinder, Kraftstoffpumpe	30J
Y23	Kraftstoffförderpumpe	33L
Y58	Absperrventil für Aktivkohlebehälter	36L
Z50/5	Steckverbinder, Stromkreis 30	3G
Z50/6	Steckverbinder, Stromkreis 15C	2G
Z50/9	Steckverbinder, Stromkreis 15 II	2F
Z51/3	Steckverbinder, CAN High 2	21E
Z51/4	Steckverbinder, CAN Low	22E
Z51/5	Interiorsteckverbinder, Stromkreis 15	36F
Z51/8	Interiorsteckverbinder II, Stromkreis 31	22H
Z52/2	Interiorsteckverbinder V, Stromkreis 31	28J
Z57/12	Steckverbinder, Stromkreis 15, Motorraum	14F

Schaltplan 7a bis 7e
Kraftstoffeinspritzung und Zündanlage – Motor M113 in Serie 163 ab Sept. 2002

Bez.	Stromabnehmer	Koordinate
A16/1	Klopfgeber 1, rechts	25L
A16/2	Klopfgeber 2, links	27L
B11/4	Kühlmitteltemperaturgeber	24L
B2/5	Heißfilmluftmassenmesser	9L
B28	Druckgeber	30L
B4/3	Kraftstofftankdruckgeber	78L
B40	Ölsensor (Ölstand, Temperatur, usw.)	32L
B6/1	Nockenwellen-Hallgeber (Sensor)	22L
C4	Kondensator für Radiobetrieb	37K, 50K
F1	Sicherungs- und Relaismodul	2C, 52B, 77L
F1f11	Sicherung 11	7C
F1f19	Sicherung 19	52D
F1f26	Sicherung 26	50D
F1f45	Sicherung 45	51D
F1k12	Relais, Stromkreis 15	5C
F1k28	Relais, Lufteinspritzpumpe	54D
G1	Batterie	6J
G3/3	Linke Lambda-Sonde vor KAT	64L
G3/3x1	Kabelstecker für G3/3	64K

G3/4	Rechte Lambda-Sonde vor KAT	66L
G3/4x1	Kabelstecker für G3/4	66K
G3/5	Linke Lambda-Sonde nach KAT	68L
G3/5x1	Kabelstecker für G3/5	68K
G3/6	Rechte Lambda-Sonde nach KAT	70L
G3/6x1	Kabelstecker für G3/4	70K
L5	Stellungssensor der Kurbelwelle	29L
M16/6	Drosselklappenbetätiger	34L
M16/6m1	Betätigungsmotor	34K
M16/6r1	Realwert-Potentiometer	35J
M16/6r2	Realwert-Potentiometer	35J
M16/6r3	Realwert-Potentiometer (Gleitkontakt 1)	34H
M16/6r4	Realwert-Potentiometer (Gleitkontakt 2)	33H
M33	Elektrische Luftpumpe	51L
N10	Aktivitätsmodul	4A
N3/10	ME-Einspritzsteuergerät	10A, 20A, 30A, 40A, 50A, 60A, 72A
S2	Anlasserschalter	3L
T1/1	Zündspule, Zylinder 1	38L
T1/2	Zündspule, Zylinder 2	40L
T1/3	Zündspule, Zylinder 3	41L
T1/4	Zündspule, Zylinder 4	43L
T1/5	Zündspule, Zylinder 5	44L
T1/6	Zündspule, Zylinder 6	46L
T1/7	Zündspule, Zylinder 7	47L
T1/8	Zündspule, Zylinder 8	48L
U1	Nur für USA gültig	72L
W11/3	Masse, Motor, links	37G, 50G, 52G
W16	Masseanschluss	62D
W16/4	Masse, Motorraum, rechts	6L
X11/4	Datalink-Verbinder	79E
X12/12	Anschlussklemme, Stromkreis 30, Relaismodul 1	3D
X12/13	Anschlussklemme, Stromkreis 15, Relaismodul 1	4E
X12/14	Anschlussklemme, Stromkreis 31, Relaismodul 1	5D
X22/1	Steckverbinder, Motorraum und Motor	5F, 7F, 49F, 64E, 68D
X25/2	Steckverbinder, Motorraum/Innenraum	58E, 68E
X4/37	Anschlussblock, Stromkreis 30	4G
Y22/6	Variables Ansaugkrümmer-Umschaltventil	59L
Y31/1	ARF-Unterdruckverringerer	58L
Y32	Luftpumpen-Umschaltventil	61L
Y58/1	Steuerventil, Motorbelüftung	63L
Y62	Einspritzventile	17L
Y62/1	Einspritzventil, Zylinder 1	13K
Y62/2	Einspritzventil, Zylinder 2	14K
Y62/3	Einspritzventil, Zylinder 3	15K
Y62/4	Einspritzventil, Zylinder 4	16K
Y62/5	Einspritzventil, Zylinder 5	17K
Y62/6	Einspritzventil, Zylinder 6	19K
Y62/7	Einspritzventil, Zylinder 7	20K
Y62/8	Einspritzventil, Zylinder 8	21K
Z3/29	Steckverbinder, Stromkreis 15 (gesichert)	38F, 48F
Z50/5	Cockpit-Endhülse, Klemme 30	3G
Z50/9	Cockpit-Endhülse, Klemme 15 II	1G
Z51/13	Steckverbinder, Lambda-Sonde	71F
Z51/3	Steckverbinder, CAN High 2	74K

Z51/4	Steckverbinder, CAN Low	75K
Z5/6	Masse-Steckverbinder (Sensor vor KAT)	65F
Z6/8	Steckverbinder, Sensormasse	64F
Z7/35	Steckverbinder, Stromkreis 87M1e	12F, 12H
Z7/36	Steckverbinder, Stromkreis 87M2e	58G
Z7/41	Steckverbinder, Sensorstromzufuhr	31E

Schaltpläne 8a bis 8b
Signalanlage

Bez.	**Stromabnehmer**	**Koordinate**
A45	Fanfaren und ABS-Lenkradfeder	6J, 12J
F1	Sicherungs- und Relaismodul	1B, 23B
F1f37	Sicherung 37	20C
F1k2	Relais für Zweiton-Hupe	14C
G1	Batterie	5H
H1	Zweiton-Hupe	19L, 21L
H2	Fanfaren	24L, 26L
N10	Aktivitätsmodul	2A, 12A, 22A
S2	Anlasserschalter	3L
S4/2	Fanfarenschalter	9L, 14L
U291	Nur für Modell 55 AMG	26D
U292	Alle außer Modell 55 AMG	22L
W2	Masse, rechter Scheinwerfer	19E
W9	Masse, linker Scheinwerfer	21E
W16/4	Masse, Motorraum, rechts	6L
W29/2	Masse, rechte A-Türsäule	8D, 15D, 17L
X4/37	Anschlussblock, Stromkreis 30	3G
X12/3	3-Pin-Stecker, Klemmen 30, 15, 21	4E
Z50/3	Cockpit-Endhülse, Klemme 31, links	8G, 15G, 17J
Z50/4	Cockpit-Endhülse, Klemme 31 II, rechts	8F, 15F, 17K
Z50/5	Cockpit-Endhülse, Klemme 30	2H
Z56/1	Endhülse, Motorraum links, Klemme 31	21G, 28G
Z56/7	Endhülse, Fanfaren, Motorraum links	24E
Z57/1	Endhülse, Motorraum, rechts, Klemme 31	20G, 25G

Schaltpläne 9a und 9b
Blinkleuchten und Rundumwarnblinkanlage – Serie 163

Bez.	**Stromabnehmer**	**Koordinate**
A1	Instrumententafel	16L, 27L
A1e1	Linke Blinkkontrollleuchte	16L
A1e2	Rechte Blinkkontrollleuchte	27L
E1	Linker Scheinwerfer	17L
E1e5	Blinkleuchte	17L
E2	Rechter Scheinwerfer	28L
E2e5	Blinkleuchte	28L
E3	Linke Schlussleuchte	20L
E3e1	Blinkleuchte	20L
E4	Rechte Schlussleuchte	31L
E4e1	Blinkleuchte	31L
E6/5	Linke Außenspiegelblinkleuchte	24L
E6/6	Rechte Außenspiegelblinkleuchte	33L
F1	Sicherungs- und Relaiskasten	9B, 20B, 32B
F1f2	Sicherung 2	19C

F1f25	Sicherung 25	20C
F1k4	Linkes Blinkerrelais	15C
F1k7	Rechtes Blinkerrelais	28C
G1	Batterie	13H
M21/1	Linker elektrisch verstellbarer und heizbarer Außenspiegel	25L
M21/1x1	Kabelstecker für linken elektrisch verstellbaren und heizbaren Außenspiegel	23J
M21/21	Rechter elektrisch verstellbarer und heizbarer Außenspiegel	34L
M21/2x1	Kabelstecker für rechten elektrisch verstellbaren und heizbaren Außenspiegel	33J
N10	Aktivitätsmodul	3A, 13A, 27A
S2	Anlasserschalter	11L
S4	Kombischalter	5L
S4s1	Blinkerschalter	4H
S4s10	Schalter, Rundumblinkanlage	6H
W16/4	Masse, Motorraum, rechts	15L
W2	Masse, rechter Scheinwerfer	28F
W29/2	Masse, rechte A-Türsäule	7C
W6	Masse, linkes Radhaus, im Kofferraum	21F
W7	Masse, rechtes Radhaus, im Kofferraum	31F
X12/12	Anschlussklemme, Stromkreis 30, Relaismodul 1	12E
X12/13	Anschlussklemme, Stromkreis 15, Relaismodul 1	13E
X12/14	Anschlussklemme, Stromkreis 31, Relaismodul 1	14E
X35/1	Trennstelle, linke Vordertür	23G
X35/2	Trennstelle, rechte Vordertür	33G
X36/4	Kraftstofftankanschluss/Masseanschluss	21G
X4/37	Anschlussklemme, Stromkreis 30	12F
Z50/3	Cockpit-Endhülse, Klemme 31, links	6F
Z50/4	Cockpit-Endhülse, Klemme 31, rechts	6E
Z50/5	Cockpit-Endhülse, Klemme 30	10F
Z50/9	Cockpit-Endhülse, Klemme 15 II	9F
Z52/2	Endhülse, Innenraum, links hinten	21J
Z53/4	Endhülse, Innenraum (Stromkreis L)	20F
Z53/5	Endhülse, Innenraum (Stromkreis R)	30F
Z56/1	Endhülse links im Motorraum, Stromkreis 31 (1)	18H
Z56/5	Endhülse links im Motorraum, Stromkreis 31 (2)	18J
Z57/1	Endhülse rechts im Motorraum, Stromkreis 31 (1)	29J
Z69/3	Endhülse, Vordertüren, Stromkreis 31	29G, 34G

Schaltpläne 10a bis 10c
Elektrische Außenspiegel

Bez.	**Stromabnehmer**	**Koordinate**
A67	Innenspiegelregler	51L
A67e1	Linke Leseleuchte	50J
A67e2	Rechte Leseleuchte	50K
A67e3	Innenleuchte	50K
A67x1	Kabelstecker für Innenrückblickspiegel	49H
E6/5	Blinkleuchte im linken Außenspiegel	6L
E6/6	Blinkleuchte im rechten Außenspiegel	35L
F1	Sicherungs- und Relaismodul	16B, 34B, 48C
F1f2	Sicherung 2	25C
F1f25	Sicherung 25	28C

F1f31	Sicherung 31	49C
F1f36	Sicherung 36	32C
F1k1	Relais für beheizte Außenspiegel	30C
F1k12	Relais, Stromkreis 15	21C
F1k4	Relais, linke Blinkleuchten	23C, 26C
G1	Batterie	20H
M21/1	Linker elektrisch verstellbarer und beheizbarer Außenspiegel	9L
M21/1h1	Spiegelabblendung	13K
M21/2r2	Potentiometer, Spiegelauf- und -abverstellung	37K
M21/2r3	Potentiometer, Spiegel nach innen und außen verstellen	37K
M21/2x1	Kabelstecker für rechten elektrisch verstellbaren und heizbaren Außenspiegel	34J
N10	Aktivitätsmodul	17A, 33A
N10/1	Erweitertes Aktivitätsmodul (EAM)	54A
N32/1	Verstellregler für linken Vordersitz mit Speicher	2L
N32/2	Verstellregler für rechten Vordersitz mit Speicher	3L
N72	Regelmodul in unterer Betätigungstafel	7A, 40A
N72s19	Schalter, Umschaltung einziehen/ausfahren des Außenspiegels	5A
N72s7	Einstellschalter für Außenspiegel	6B
N72s8	Wahlschalter für Wahl des linken oder rechten Außenspiegels	7N
S2	Anlasserschalter	1B
U12	Nur für Linkslenker	2E, 13E
U13	Nur für Rechtslenker	3E, 41E
U76	Gültig nur für automatische Spiegelabblendung	12E, 41E, 49H
W16/4	Masse, Motorraum, rechts	22L
W18	Masse (Querträger des linken Vordersitzes)	42E
W29/2	Masse, rechte A-Türsäule	32L
W7	Masse (rechts, Radgehäuse im Kofferraum)	48G
X12/12	Anschlussklemme, Stromkreis 30, am Relaismodul 1	19E
X12/13	Anschlussklemme, Stromkreis 15, am Relaismodul 1	20E
X12/14	Anschlussklemme, Stromkreis 31, am Relaismodul 1	21E
X18	Kabelstecker, Kabelstrang für Innenraum und Schlussleuchtengruppe	44C
X18/2	Kabelstecker, Innenraum/Dach	13C, 50F
X35/1	Trennstelle, linke Vordertür	5G
X35/2	Trennstelle, rechte Vordertür	34G
X4/37	Anschlussverbinder, Stromkreis 30	19GF
Z50/5	Endhülse, Cockpit, Stromkreis 30	18G
Z50/6	Endhülse, Cockpit, Stromkreis 15C	16G
Z50/9	Endhülse, Cockpit, Stromkreis 15 II	16G
Z51/7	Endhülse, Innenraum, Stromkreis 31 I (Konsole)	42D
Z51/8	Endhülse, Innenraum, Stromkreis 31 II (vorn rechts)	6E, 32F
Z52/7	Endhülse, Innenraum	40D, 51C
Z52/9	Endhülse, Stromkreis der Rückfahrleuchte	54E
Z53/21	Endhülse, beheizte Innenspiegel	7D, 35E
Z53/4	Endhülse, Innenraum, Stromkreis L	6D, 25F
Z54/1	Endhülse, Dach, Stromkreis 15R	51F
Z54/3	Endhülse, Dach, Stromkreis 31	49G
Z54/9	Endhülse, Dach, Stromkreis 31	47F
Z59/3	Endhülse, Vordertüren, Stromkreis 31	6L, 33L

Schaltpläne 11a bis 11d
Außenbeleuchtung

Bez.	Stromabnehmer	Koordinate
A1	Instrumententafel	31L
A1e3	Fernlichtkontrollleuchte	31K
E1	Scheinwerfer, links	18L, 19L, 33L, 37L, 43L
E19/3	Kennzeichenleuchte, linke Hecktür	2L
E19/4	Kennzeichenleuchte, rechte Hecktür	3L
E19/5	Kennzeichenleuchte, linker Ersatzradträger	5L
E19/6	Kennzeichenleuchte, rechter Ersatzradträger	7L
E1e1	Fernlicht, links	33K
E1e2	Abblendlicht, links	43L
E1e3	Stand- und Parkleuchte, links	18K
E1e6	Seitenbegrenzungsleuchte, links	19K
E1m1	Motor für Leuchtweiteneinstellung, links	37K
E2	Scheinwerfer, rechts	12L, 13L, 34L, 38L, 44L
E21	Hochgesetzte, mittlere Bremsleuchte	64L
E2e1	Fernlicht, rechts	34K
E2e2	Abblendlicht, rechts	44L
E2e3	Stand- und Parkleuchte, rechts	12K
E2e6	Seitenbegrenzungsleuchte, rechts	13K
E2m1	Motor für Leuchtweiteneinstellung, rechts	38K
E3	Schlussleuchtengruppe, links	15L, 17L, 61L, 71L, 76L
E35	Hochgesetzte Bremsleuchte am Ersatzradträger	67L
E3e2	Stand- und Parkleuchte, links	15K
E3e3	Rückfahrleuchte, links	71L
E3e4	Bremsleuchte, links	61L
E3e5	Nebelschlussleuchte, links	76L
E3e6	Seitenbegrenzungsleuchte, links	17K
E4	Schlussleuchtengruppe, rechts	9L, 11L, 62L, 69L, 74L
E4e2	Stand- und Parkleuchte, rechts	9K
E4e3	Rückfahrleuchte, rechts	69L
E4e4	Bremsleuchte, rechts	62L
E4e5	Nebelschlussleuchte, rechts	74L
E4e6	Seitenbegrenzungsleuchte, rechts	11K
E5/1	Nebelleuchte, links	56L
E5/2	Nebelleuchte, rechts	54L
F1	Sicherungs- und Relaiskasten	1B, 11C, 21C, 37C, 48C, 61C, 71C, 78B
F1f12	Sicherung 12	19C
F1f15	Sicherung 15	62C
F1f16	Sicherung 16	70C
F1f24	Sicherung 24	13C
F1f46	Sicherung 46	75C
F1f47	Sicherung 47	56C
F1f9	Sicherung 9	1C
F1k6	ESP-Bremsleuchten-Relais	58C
F1k9	Relais, Stromkreis 58R	7D
F2	Sicherungs- und Relaismodul im rechten Fußkasten	26J
F2f20	Sicherung 20	28H
F2f21	Sicherung 21	29H
F2k6	Relais 6	26H

G1	Batterie	51H
N10	Aktivitätsmodul	1A, 11A, 21A, 31A, 41A, 52A, 61A, 71A
N10/1	Erweitertes Aktivitätsmodul (EAM)	46L
N15/5	Steuermodul für elektronische Betätigung des Wählhebels	71G
N47	Steuermodul für Traktionssystem	59L
S1/1	Elektrische Scheinwerferweitenverstellung	40L
S16/2	Schalter für Rückfahrleuchten	69G
S2	Anlasserschalter	50L
S4	Kombischalter	22L
S4e2	Schalter, Fernlicht und Lichthupe	25J
S4e3	Lichtschalter	21J
S97/6	Doppelschalterkombination	78L
S97/6e1	Warnleuchte, Nebelschlussleuchten	77K
S97/6e2	Beleuchtung der Druckknopfbetätigung	79K
S97/6e3	Anzeige für EDW	79K
S96/6s2	Schalter, Nebelleuchten, Nebelschlussleuchte	89K
U1	Nur gültig für USA	9G, 16L, 75E
U12	Nur für Linkslenker	76HI
U13	Nur für Rechtslenker	74H
U181	Gültig mit Ersatzradträger	4L, 66G
U182	Gültig ohne Ersatzradträger	1L
U24	Nur für Schaltgetriebe	68E
U25	Nur für Getriebeautomatik	71D
U305	Gültig für alle außer mit Xenon-Scheinwerfern	3E
U465	Gültig für Handeinstellung der Leuchtweite	36L
U509	Gültig für alle außer USA-Fahrzeuge	8G, 12L, 18L, 73E, 75H
W16/4	Masse, Motorraum, rechts	52L
W2	Masse, rechter Scheinwerfer	12G, 14G, 34G, 45G
W29/2	Masse, rechte A-Türsäule	80D
W6	Masse, linkes Radhaus, im Kofferraum	7D, 15F, 61F, 65L, 71G
W7	Masse, rechtes Radhaus, im Kofferraum	9F, 62F, 69G, 74G
W8	Masse, Heckklappe	3G, 64G
W9	Masse, am linken Scheinwerfer	18G, 20G, 33G, 43G
X12/12	Anschlussklemme, Stromkreis 30, am Relaismodul 1	49F
X12/13	Anschlussklemme, Stromkreis 15, am Relaismodul 1	50E
X12/14	Anschlussklemme, Stromkreis 31, am Relaismodul 1	51E
X12/6	Anschlussklemme, Stromkreis 31, am Relaismodul 2	30L
X12/7	Anschlussklemme, Stromkreis 15R, am Relaismodul 2	29L
X12/8	Anschlussklemme, Stromkreis 15, am Relaismodul 2	30L
X12/9	Anschlussklemme, Stromkreis 30, am Relaismodul 2	29L
X18	Steckverbinder, Kabelstrang für Innenraum und Schlussleuchten	28F
X18/1	Steckverbinder, Interior und Heckklappe	1G, 64F
X18/5	Kabelstrangverbinder, Interior/Ersatzradträger	4F, 66F
X18/6	Kabelstrangverbinder am Ersatzradträger	4G, 66H
X26	Motorraum/Cockpit-Steckverbinder	32F, 58H
X26/32	Motorraum/Stoßfänger-Steckverbinder	55F
X36/4	Tankeinfüllstutzen/Masseverbindung	15G
X4/37	Anschlussklemme, Stromkreis 30	50G
X52	Steckverbinder, Anhängerkupplung	73L
Z50/1	Endhülse, Klemme 58d	39F, 78F
Z50/3	Cockpit-Endhülse, Klemme 31, links	41F
Z50/31	Cockpit-Endhülse, Klemme 58A	30G

Z50/33	Cockpit-Endhülse, Klemme 58, ungesichert	22E
Z50/34	Cockpit-Endhülse, Klemme 58, gesichert	4E, 40G
Z50/4	Cockpit-Endhülse, Klemme 31, rechts	80F
Z50/5	Cockpit-Endhülse, Klemme 30	46J
Z50/9	Cockpit-Endhülse, Klemme 15 II	48G
Z52/2	Endhülse, Innenraum, Stromkreis 31, links hinten	6E, 15H, 65H, 71J, 76H
Z52/3	Endhülse, Innenraum, Stromkreis 31, rechts hinten	9H
Z52/4	Endhülse, Innenraum, Stromkreis 58R	7F
Z52/5	Endhülse, Innenraum, Stromkreis 58	1F
Z52/6	Endhülse, Innenraum, Stromkreis 54	62E
Z52/8	Endhülse, Nebelschlussleuchte	72G
Z52/9	Endhülse, Rückfahrleuchte	70G
Z53/6	Endhülse, Innenraum, Stromkreis 58L	14F
Z55/1	Endhülse, Heckklappe, Stromkreis 31	3H, 63H
Z55/2	Endhülse, Heckklappe, Stromkreis 58	1G
Z56/1	Endhülse, Motorraum links, Stromkreis 31 (1)	20H, 33H, 37F, 44J, 55E
Z59/1	Endhülse, Ersatzradträger, Stromkreis 31	6H, 66J
Z59/2	Endhülse, Ersatzradträger, Stromkreis 58	4H
Z60/4	Endhülse, Kabelstrang der Nebelleuchten (31)	66H
Z60/5	Endhülse, Kabelstrang der Nebelleuchten	56G

Schaltpläne 12a und 12b
Reduktionsgetriebe

Bez.	**Stromabnehmer**	**Koordinate**
A1	Instrumenttafel	14A
A1e53	Warnleuchte, niedrige Schaltstufe	14B
A55	Motor, Gangwahl des Getriebes	25D
A55e1	Kabelstecker für Motor A55	23H
F1	Sicherungs- und Relaiskasten	2A, 10B
F1f8	Sicherung 8	9C
F1f22	Sicherung 22	11C
F1k12	Relais, Stromkreis 15	6C
G1	Batterie	6H
N10	Aktivitätsmodul (Schaltplan 13)	2A
N78	Steuergerät, Reduktionsgetriebe	6L, 16L, 22L
S2	Anlasserschalter	3L
S97/6	Zweischalter-Kombination	17G
S97/6e2	Schalterbeleuchtung	17G
S97/6s1	Schalter, niedriger Gangbereich	18G
W16/4	Masse, Motorraum, rechts	6L
W18	Masse, Vordersitzquerträger, links	9E
W29/2	Masse, rechte A-Türsäule	17A
X4/37	Anschlussklemme, Stromkreis 30	4F
X12/3	Anschlussklemme, 3 Stifte, Stromkreise 30, 15, 31	5D
X18	Steckverbinder, Kabelstrang für Innenraum und Schlussleuchten	13F, 13G, 21G, 21H
Z50/1	Endhülse, Klemme 58d	16H
Z50/4	Cockpit-Endhülse, Klemme 31, rechts	17C
Z50/5	Cockpit-Endhülse, Klemme 30	4G
Z50/9	Cockpit-Endhülse, Klemme 15 II	2G
Z50/11	Cockpit-Endhülse, CAN-Low	14D
Z50/12	Cockpit-Endhülse, CAN-high	13D
Z51/1	Interiorstecker, CAN-high	13H

Z51/2	Interiorstecker, CAN-low 1	15H
Z51/5	Endhülse, Stromkreis 15, Interior	11G
Z61/9	Endhülse, Stromkreis 31, linker Vordersitz	8G

Schaltplan 13
Entfrostung der Heckscheibe

Bez.	**Stromabnehmer**	**Koordinate**
A2/18	FM/AM-Verstärker	17L
A2/5	Antenne, Radio	14A
C3	Elektrolytischer Kondensator, Geräuschverringerung	11K
C3x1	Kabelstecker für C3	5G
F2	Sicherungs- und Relaiskasten im rechten Fußraum	3F
F2f17	Sicherung 17	5D
F2f4	Relais 4	3D
G1	Batterie	4K
L13/1	Rechte Antennenspule	13G
L13/2	Linke Antennenspule	18G
N22	AAC-Druckknopfbetätigung	2A
N22s1	Schalter, Fensterentfrostung	3A
R1	Heckfensterentfroster	15L
W16/4	Masse, Motorraum, rechts	3L
W6	Masse, linkes Radhaus, im Kofferraum	12D
W8	Masse, Heckklappe	11L, 13C
X12/6	Anschlussklemme, Stromkreis 13, am Relaismodul 2	7G
X12/7	Anschlussklemme, Stromkreis 15R, am Relaismodul 2	5G
X12/8	Anschlussklemme, Stromkreis 15, am Relaismodul 2	6G
X12/9	Anschlussklemme, Stromkreis 30, am Relaismodul 2	6G
X18	Steckverbinder, Kabelstrang für Innenraum und Schlussleuchten	8E
Z52/2	Endhülse, im Fahrraum, Stromkreis 31, links hinten	11F

Schaltpläne 14a und 14b
Signalanlage ab Sept. 2002

Bez.	**Stromabnehmer**	**Koordinate**
A45	Fanfaren und ABS-Lenkradfeder	7J
F1	Sicherungs- und Relaismodul	1B, 18B
F1f37	Sicherung 37	16C
F1k2	Relais für Zweiton-Hupe	11C
G1	Batterie	5H
H1	Zweiton-Hupenanlage	15L, 16L
H2	Fanfaren	19L, 21L
N10	Aktivitätsmodul (AAM)	2A, 9A, 17A
S2	Anlasserschalter	3L
S4/2	Fanfarenschalter	9L
U151	Anschlüsse mit 111-Motor	22D
U681	Anschlüsse für alle außer M113-Motor	18E
W16/4	Masse, Motorraum, rechts	6L
W2	Masse, rechter Scheinwerfer	15E
W29/2	Masse, rechte A-Türsäule	8D
W9	Masse, linker Scheinwerfer	16E
X12/12	Anschlussklemme, Stromkreis 30, am Relaismodul	3E
X12/13	Anschlussklemme, Stromkreis 15, am Relaismodul 1	4E
X12/14	Anschlussklemme, Stromkreis 31, am Relaismodul 1	6E
X4/37	Anschlussblock, Stromkreis 30	3G

Z50/3	Cockpit-Endhülse, Klemme 31, links	7G
Z50/4	Cockpit-Endhülse, Klemme 31 II, rechts	7F
Z50/5	Cockpit-Endhülse, Klemme 30	2H
Z56/1	Endhülse, Motorraum links, Klemme 31(1)	20G, 22G
Z56/5	Endhülse, Motorraum links, Stromkreis 31 (2)	17G
Z57/1	Endhülse, Motorraum, rechts, Klemme 31 (1)	15G

Schaltpläne 15a bis 15f
Aktivitätsmodul (AAM) – ab Sept. 2002

Bez.	Stromabnehmer	Koordinate
A2/34	Zentrale Antenne	9H
A35/8	E-Steuermodul	48L
E15/2	Deckenleuchte mit Abschaltverzögerung und vordere Kartenleseleuchte	67L
E15/8	Linke, hintere Deckenleuchte	68L
E15/9	Rechte, hintere Deckenleuchte	70L
F1	Sicherungs- und Relaiskasten	2B, 55B
F1k12	Relais, Stromkreis 15	6C
F1k15	Zentrales Schließrelais, Entsperrung der Heckklappe	56C
F2	Sicherungs- und Relaiskasten, rechter Fußraum	15K
G1	Batterie	6H
H3/1	Alarmsignalsirene mit Zusatzbatterie	62L
M14/5	Zentralverschließungs-Motor, rechte Vordertür	43L
M14/5s1	Mikroschalter für Zentralverschließungs-Motor der rechten Vordertür	43K
M14/6	Zentralverschließungs-Motor, linke Vordertür	40L
M14/7	Zentralverschließungs-Motor, Heckklappe	56L
M14/8	Zentralverschließungs-Motor, linke Hintertür	46L
M14/9	Zentralverschließungs-Motor, rechte Hintertür	54L
M14/9s1	Mikroschalter für Zentralverschließungs-Motor der rechten Hintertür	54K
M6/4	Scheibenwischermotor, Heckklappe	24L
M6/4k1	Relais für Heckscheibenwischermotor	25L
N10	Aktivitätsmodul (AAM)	2A, 13A, 28A, 36A, 46A, 66A, 74A
N10/1	Erweitertes Aktivitätsmodul (EAM)	17K, 18K, 19K
N2/7	Steuermodul für Sitzgurtsystem	75L
N41	Steuermodul für Trip-Computer	65L
N41b1	Neigungssensor	65L
N41b2	Glasbruchsensor	65L
N72	Steuermodul, unten	77L
N72s23	Zentralverschließungsschalter	77K
S139	Modul für Überkopf-Betätigungstafel	72L
S2	Anlasserschalter	3L
S4	Kombischalter	27L
S4s1	Linker und rechter Blinkerschalter	28L
S4s2	Fernlicht- und Lichthupenschalter	29L
S4s3	Lichtschalter	26L
S4s5	Scheibenwischerschalter	29L
S73	Schalter für Heckscheibenwischer/Wascher	23L
S87/3	Drehmikroschalter, rechte Hintertür	53L
S87/6	Drehmikroschalter, rechte Vordertür	42L
S88/1	Drehmikroschalter, Hecktür	59L
S97/6	Doppelschalter-Kombination	36L

S97/6e3	ATA-Status-Anzeiger	37K
S97/6s2	Schalter, Nebelleuchten und Nebelschlussleuchte	35L
U1	Anschlüsse nur für USA-Fahrzeuge gültig	48D
U180	Anschlüsse nur für ATA mit Sirene gültig	61G
U509	Anschlüsse für alle außer USA gültig	30H
W16/4	Masse, Motorraum, rechts	8H
W18	Masse (Querträger des linken Vordersitzes)	46D
W18	Masse (Querträger des rechten Vordersitzes)	54D
W29/2	Masse, rechte A-Türsäule	21L, 37E, 40D, 42D
W6	Masse, linkes Radhaus, im Kofferraum	31D
W8	Masse, Heckklappe	59G
X12/12	Anschlussklemme, Stromkreis 30, Relaismodul 1	3E, 60E
X12/13	Anschlussklemme, Stromkreis 15, Relaismodul 1	4E
X12/14	Anschlussklemme, Stromkreis 31, Relaismodul 1	6E
X18/1	Steckverbinder, Interior/Heckklappe	24G, 56G
X35/1	Trennstelle, linke Vordertür	38H
X35/2	Trennstelle, rechte Vordertür	41H
X35/3	Trennstelle, linke Hintertür	44H
X35/4	Trennstelle, rechte Hintertür	52H
X36/4	Tankeinfüllstutzen/Masseverbindung	32D
X4/37	Anschlussverbinder, Stromkreis 30	4H
X52	Steckverbinder, Anhängerkupplung	31G
X58	Anhängersteckdose, 13 Pins	31L
X58s1	Mikroschalter, Anhängererkennung	34L
Z42	Endhülse, Parktronic-System für Anhänger	33F
Z50/33	Cockpit-Endhülse, Klemme 58, ungesichert	25E
Z50/4	Cockpit-Endhülse, Klemme 31, rechts	21J, 36G
Z50/5	Cockpit-Endhülse, Klemme 30	2F
Z50/9	Cockpit-Endhülse, Klemme 15 II	2H
Z51/14	Interior-Steckverbinder, Unfallsignal	74G
Z51/8	Interior-Steckverbinder II, Klemme 31 (vorn rechts)	39F, 42F
Z51/9	Interior-Steckverbinder III, Klemme 31 (linker Vordersitz)	45F
Z52/1	Interior-Steckverbinder IV, Klemme 31 (rechter Vordersitz)	53F
Z52/2	Interior-Steckverbinder V, Klemme 31 (linker Rücksitz)	30F
Z53/1	Steckverbinder, Zentralverschließmotor 1	57E
Z55/1	Steckverbinder, Heckklappe, Klemme 31	58J
Z57/3	Steckverbinder, Klemme 31 (2), Motorraum, rechts	62F
Z58/7	Steckverbinder, Anhängersteckdose, Klemme 31	30K
Z59/3	Steckverbinder, Stromkreis 31, Vordertüren	39J, 42J
Z59/4	Steckverbinder, Stromkreis 31, Hintertüren	45J, 53J

Kabelfarbenerklärung

bl	blau
br	braun
el	elfenbein
ge	gelb
gn	grün
gr	grau
nf	naturfarben
rs	rosa
rt	rot
sw	schwarz
vi	violett
ws	weiß

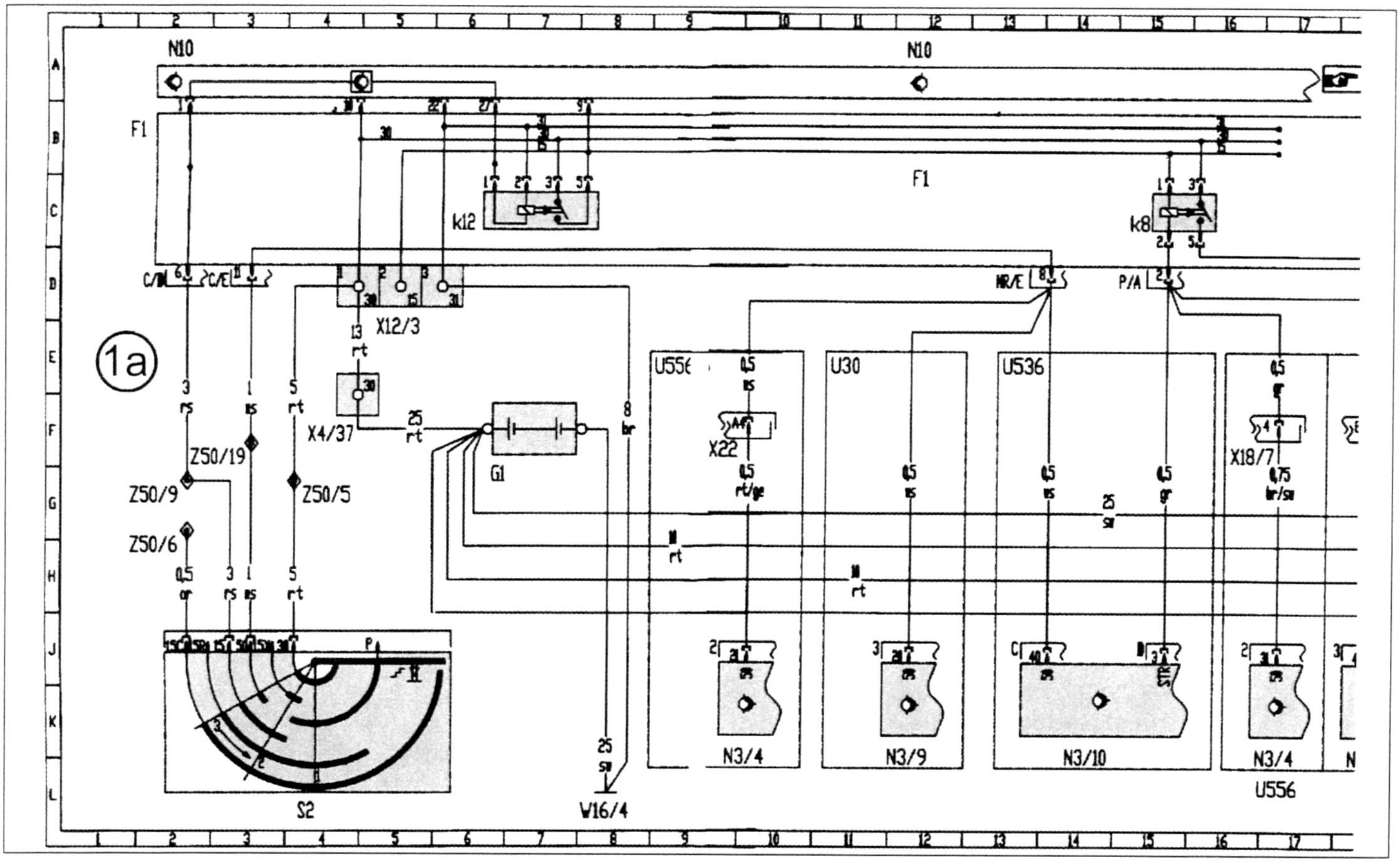

1a
N10
F1
k12
k8
X12/3
X4/37
G1
Z50/19
Z50/9
Z50/5
Z50/6
S2
W16/4
U556
U30
U536
X22
X18/7
N3/4
N3/9
N3/10
N3/4
U556

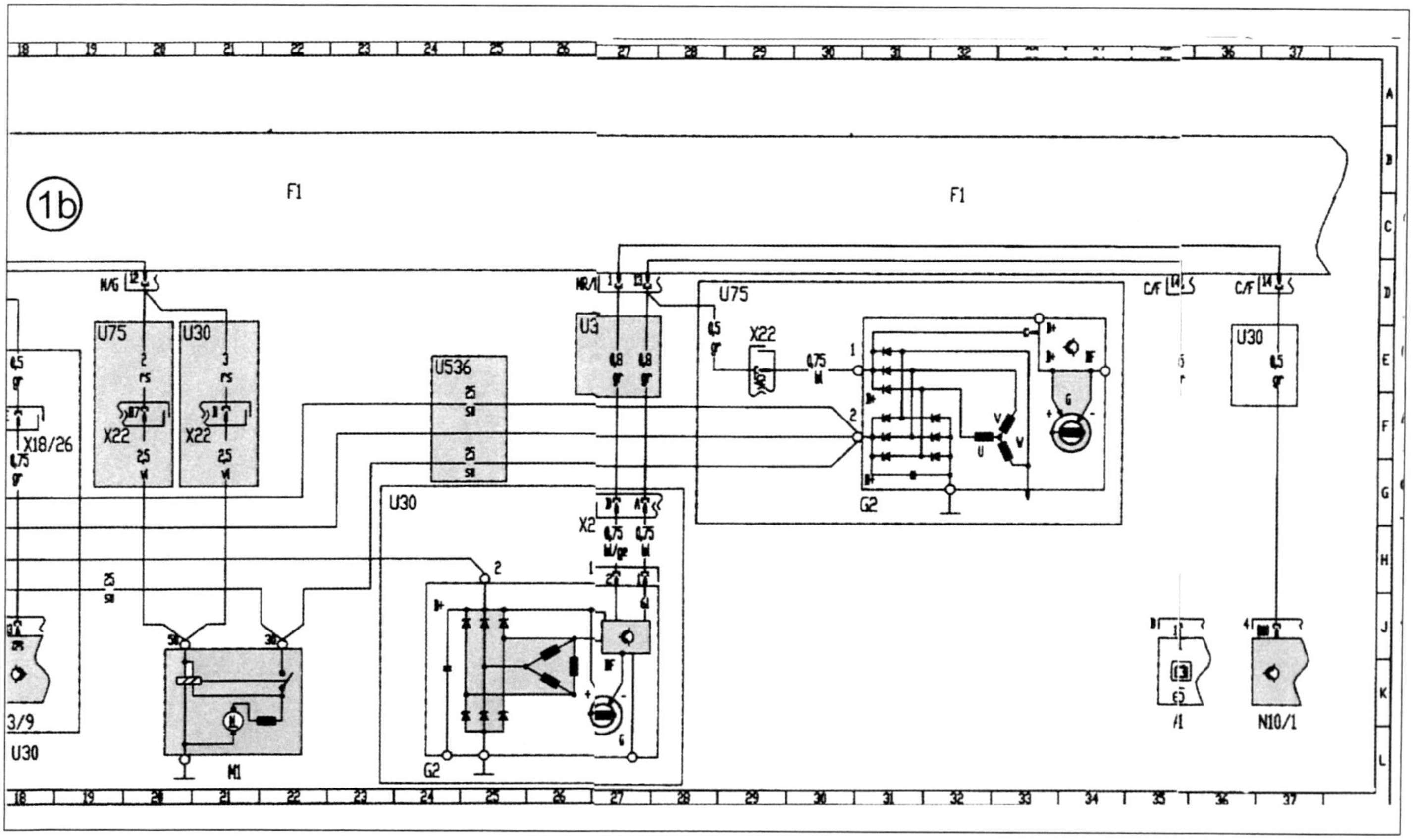

1b
F1
U75
U30
X22
X18/26
U536
U3
U75
X22
G2
U30
X2
G2
M1
U30
N10/1
3/9
U30

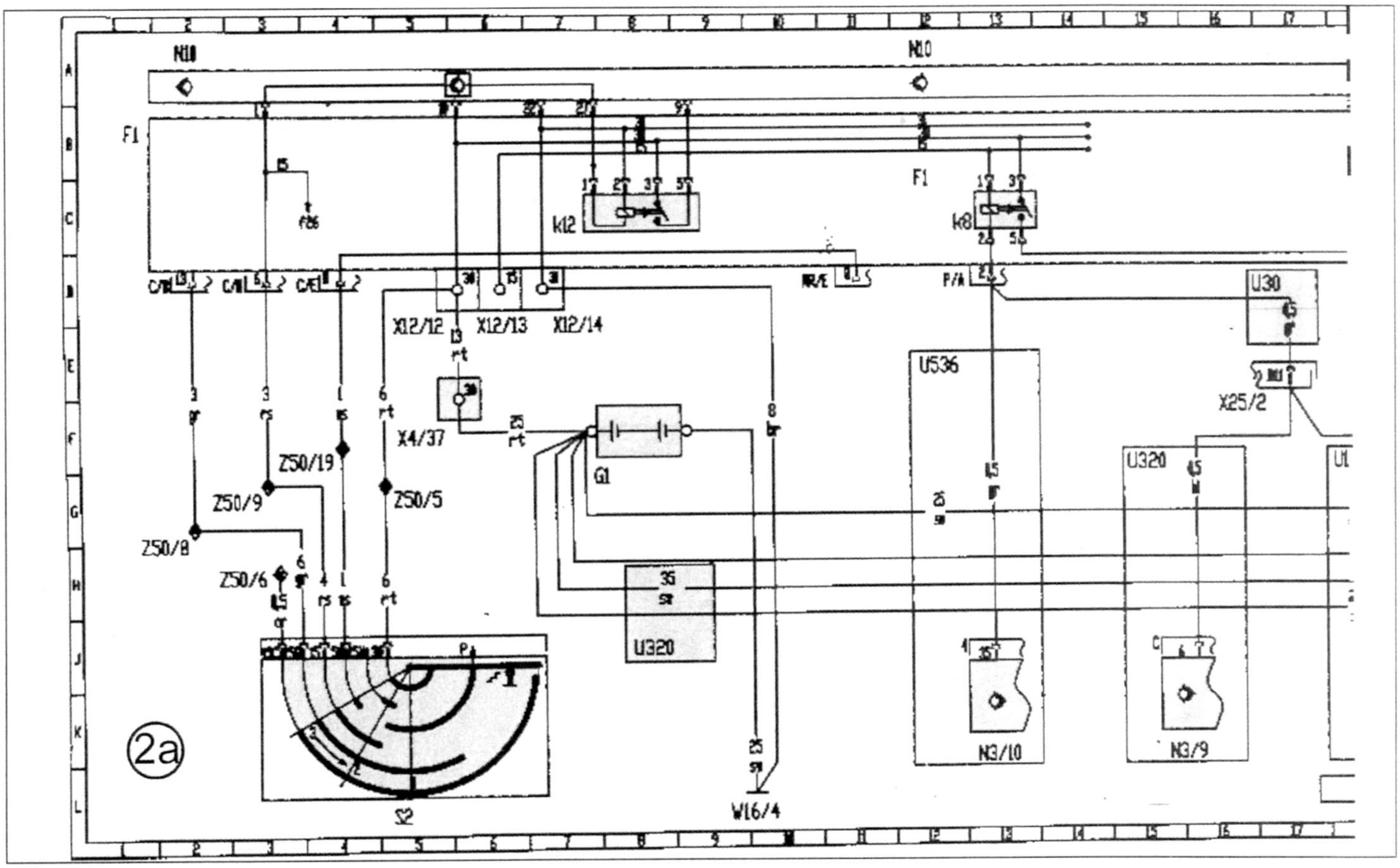

2a

2b

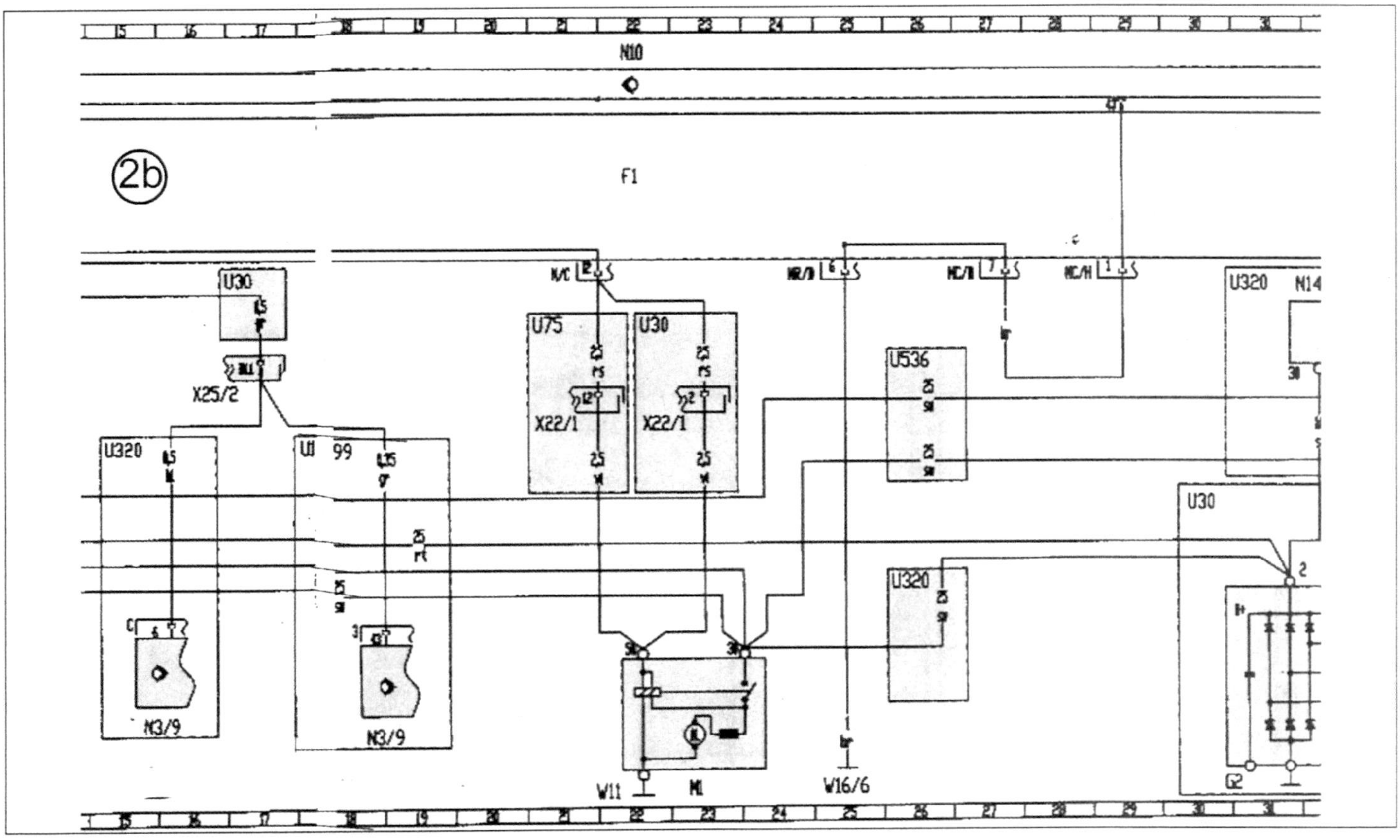

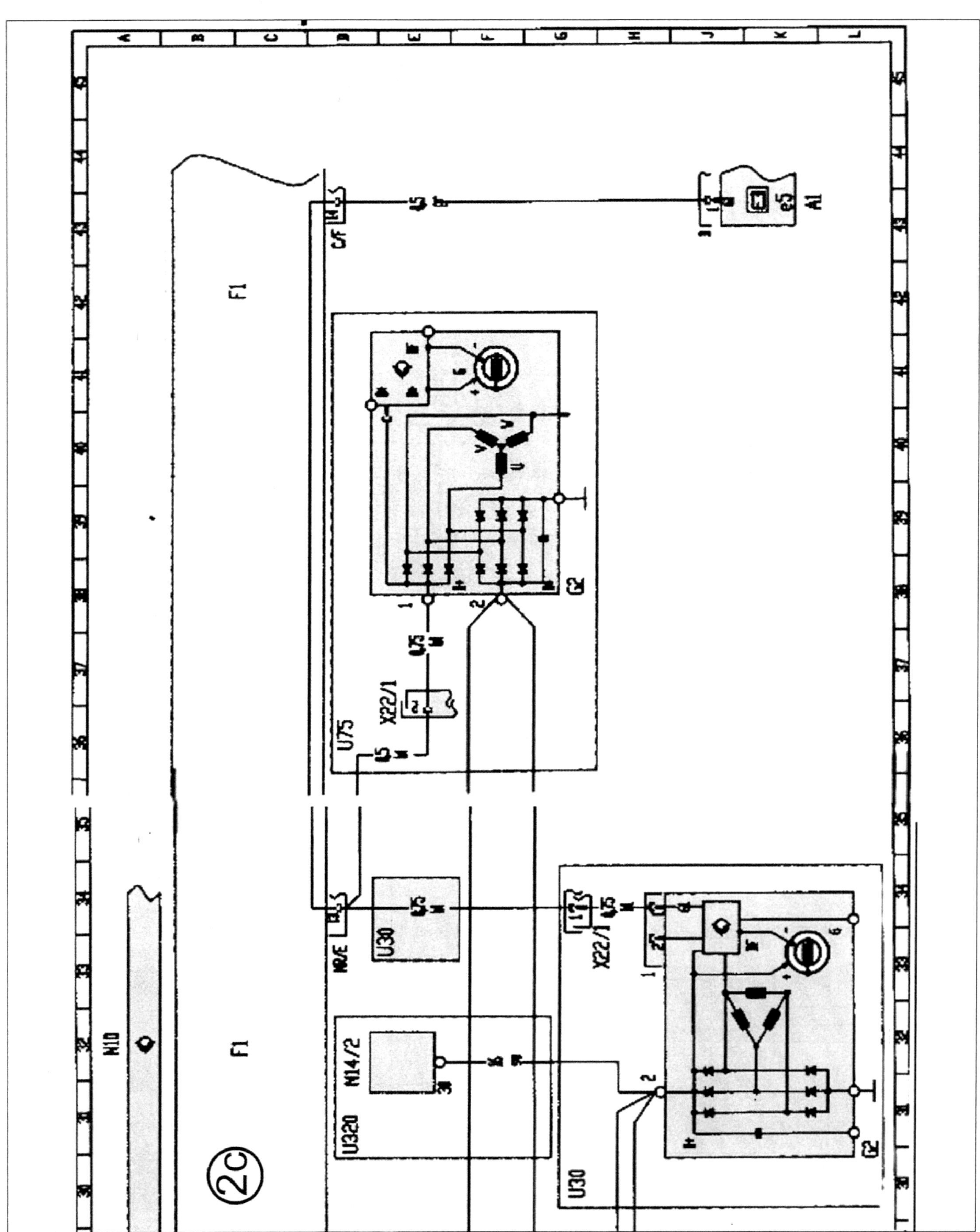

2c
F1
N10
U320
N14/2
U30
X22/1
G2
U75
A1

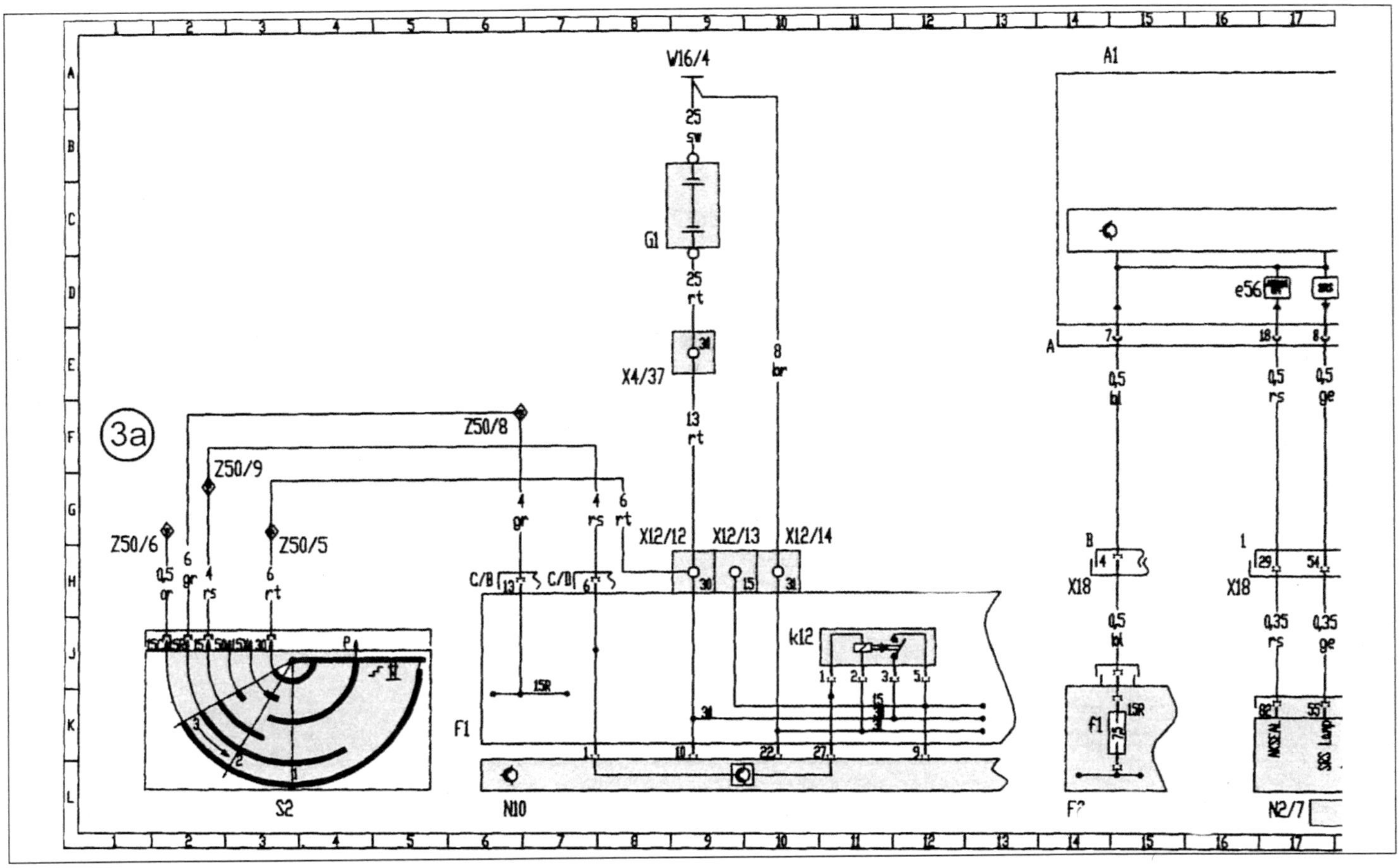

3a

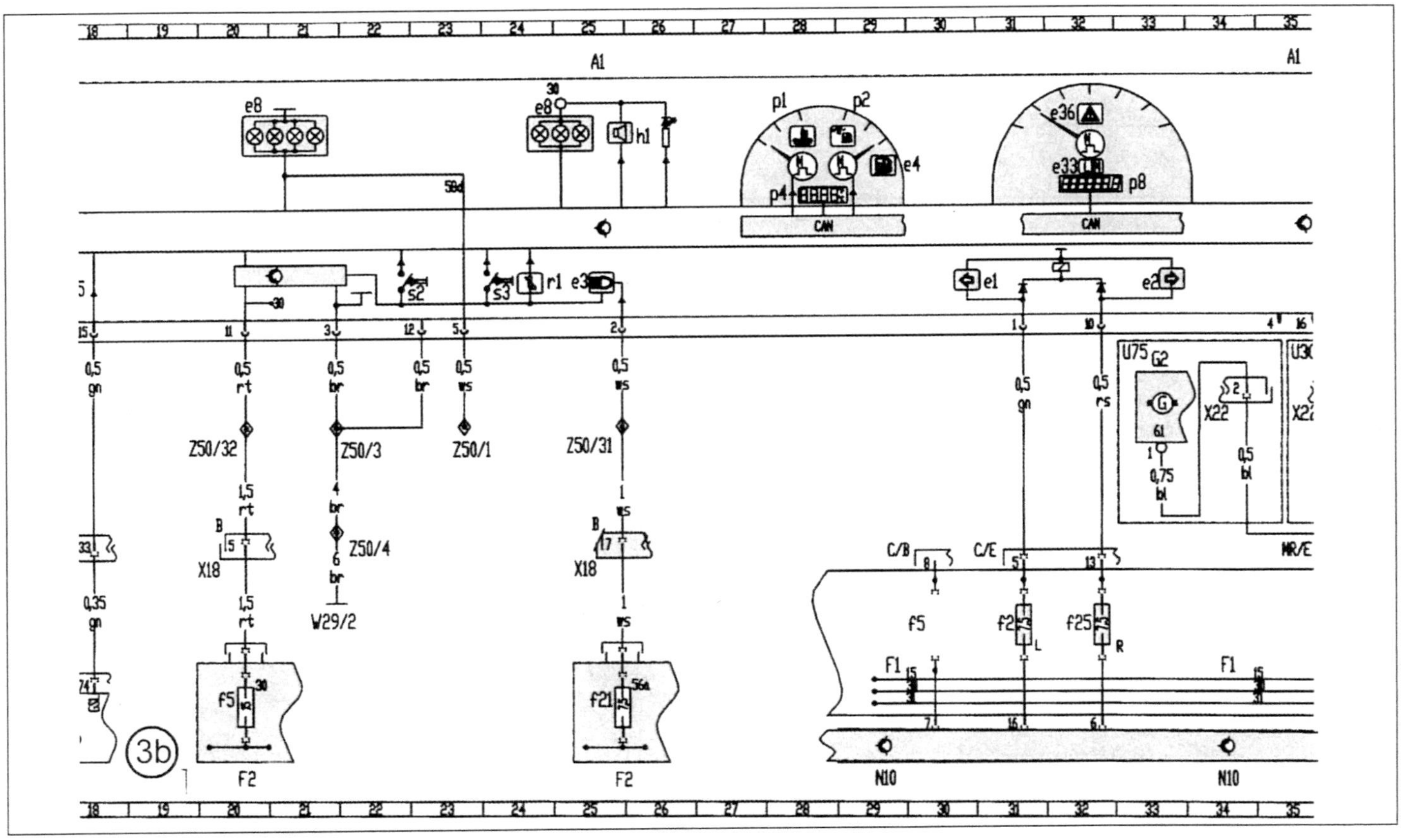

3b

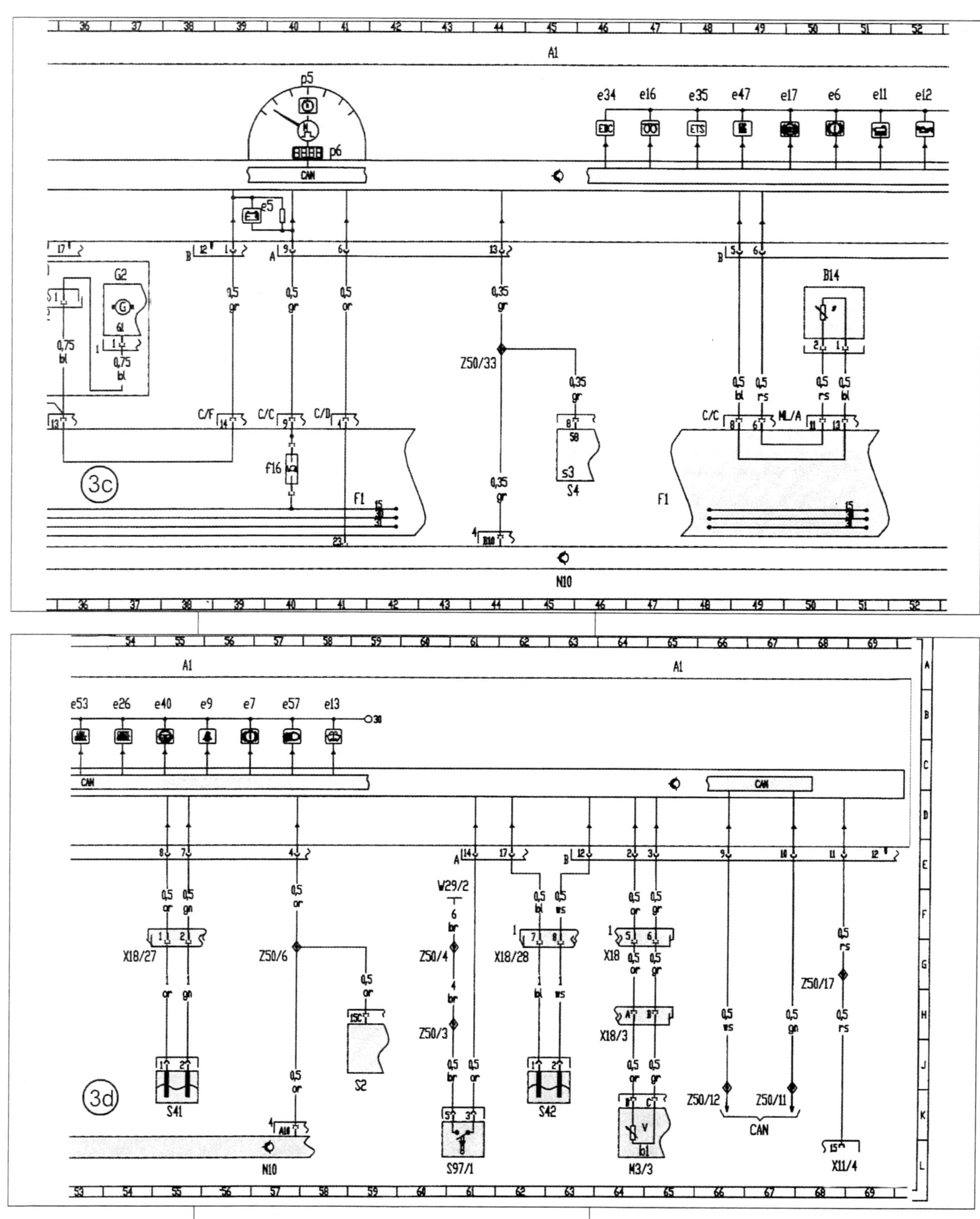
A1
p5
p6
CAN
e5
e34
e16
e35
e47
e17
e6
e11
e12
G2
B14
Z50/33
f16
F1
S4
s3
N10
3c
C/F
C/C
C/D
ML/A
e53
e26
e40
e9
e7
e57
e13
30
X18/27
Z50/6
W29/2
Z50/4
Z50/3
X18/28
X18
X18/3
Z50/17
Z50/12
Z50/11
S41
S2
S97/1
S42
M3/3
X11/4
3d

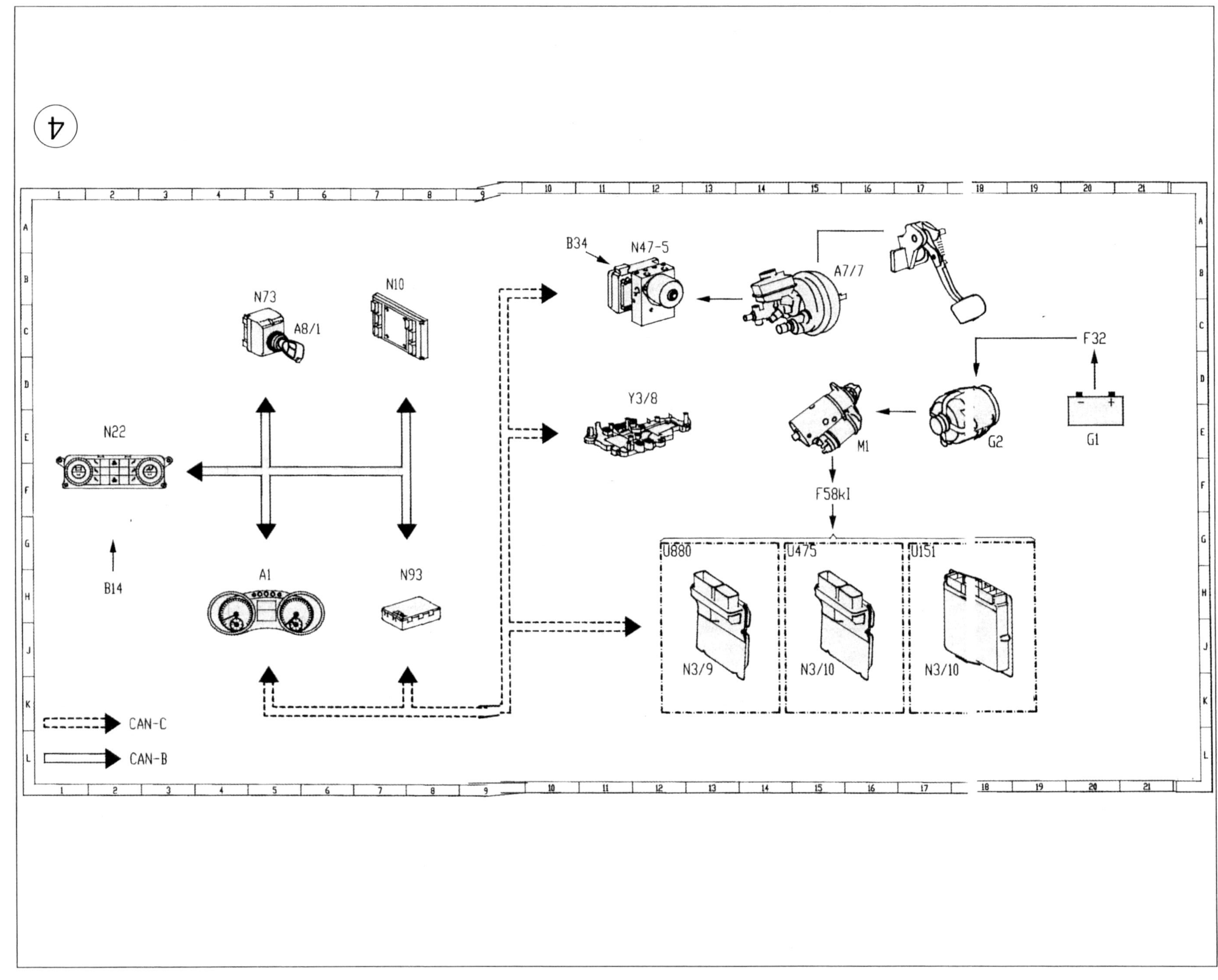
4
B34
N47-5
A7/7
N73
A8/1
N10
F32
Y3/8
M1
G2
G1
N22
F58kI
B14
A1
N93
U880
U475
U151
N3/9
N3/10
N3/10
CAN-C
CAN-B

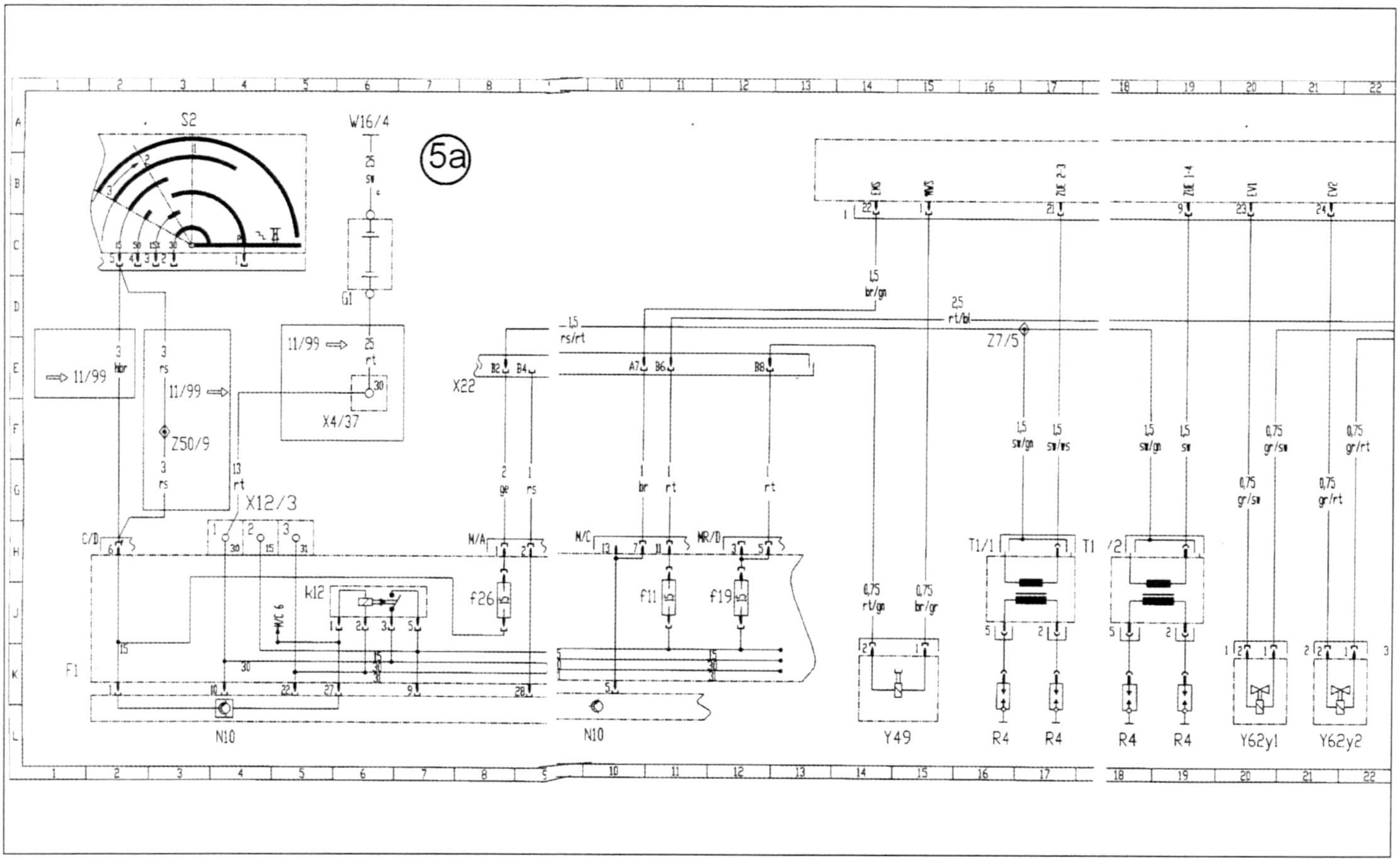

5a

S2
W16/4
G1
X4/37
Z50/9
X12/3
X22
Z7/5
K12
F26
F11
F19
F1
N10
N10
Y49
T1/1
T1/2
R4
R4
R4
R4
Y62y1
Y62y2

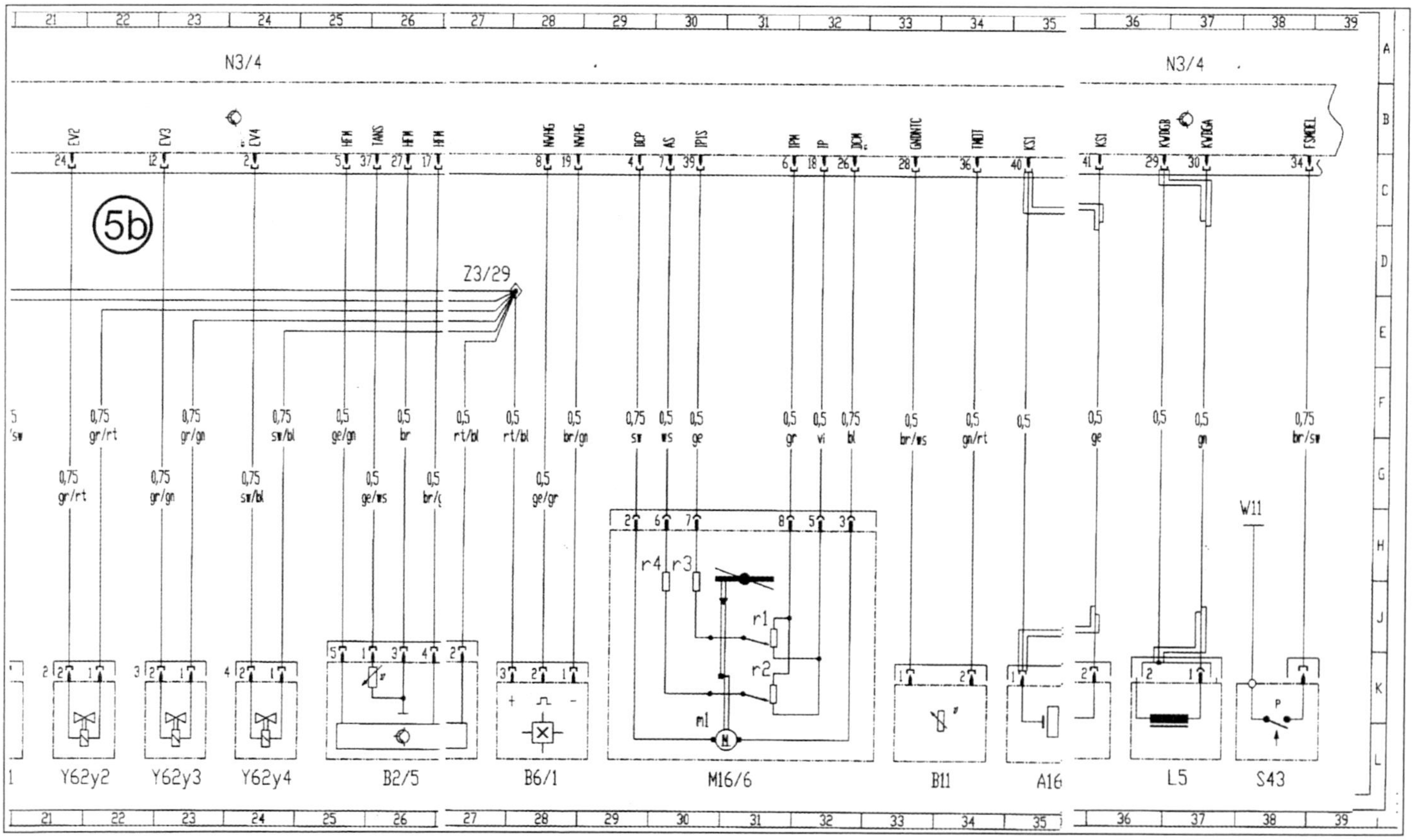

5b

N3/4
N3/4
Z3/29
W11
r4
r3
r1
r2
m1
Y62y2
Y62y3
Y62y4
B2/5
B6/1
M16/6
B11
A16
L5
S43

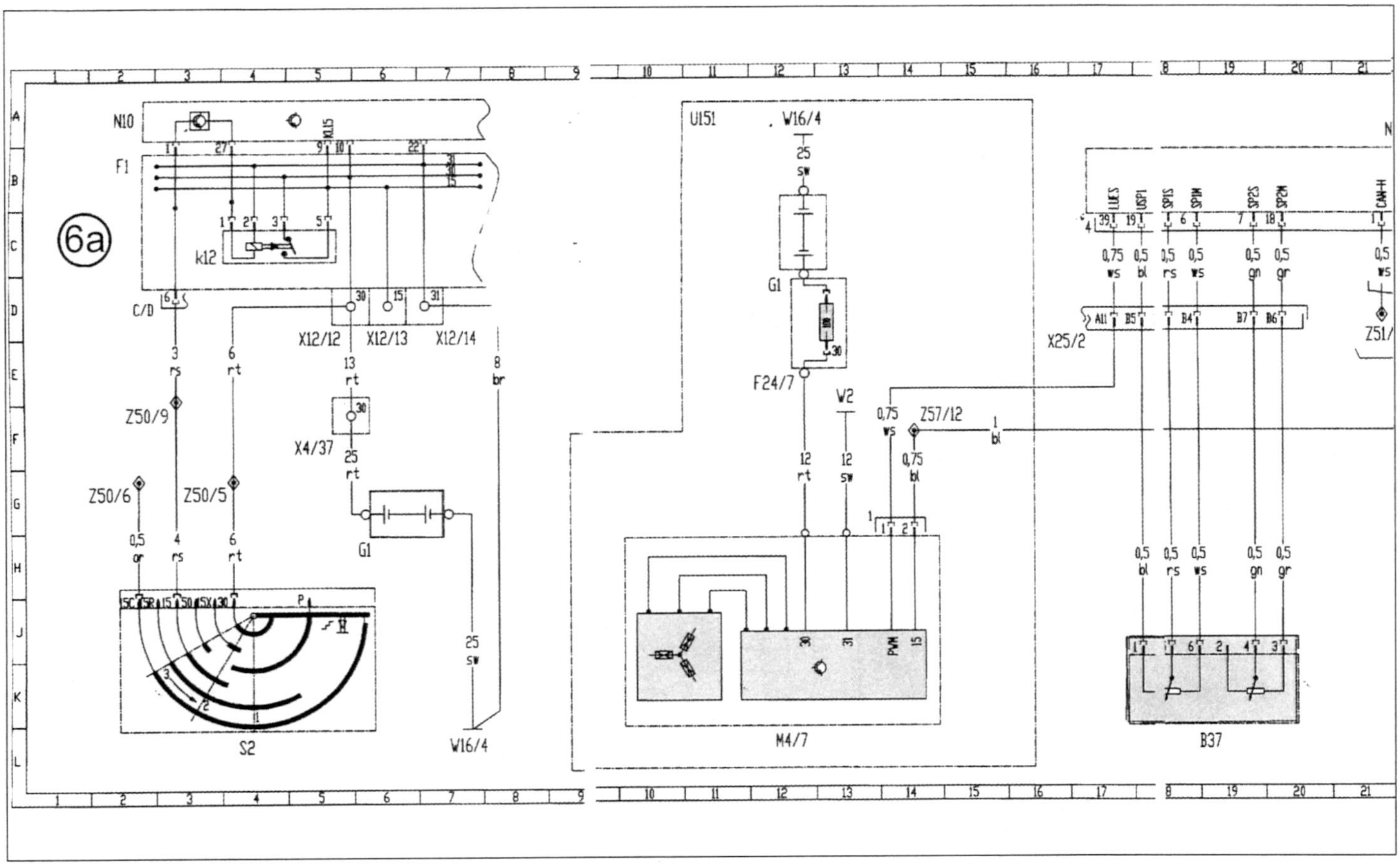

6a

N10 F1 k12 C/D X12/12 X12/13 X12/14 Z50/9 Z50/6 Z50/5 X4/37 G1 S2 W16/4 U151 W16/4 G1 F24/7 W2 Z57/12 M4/7 X25/2 B37 Z51/

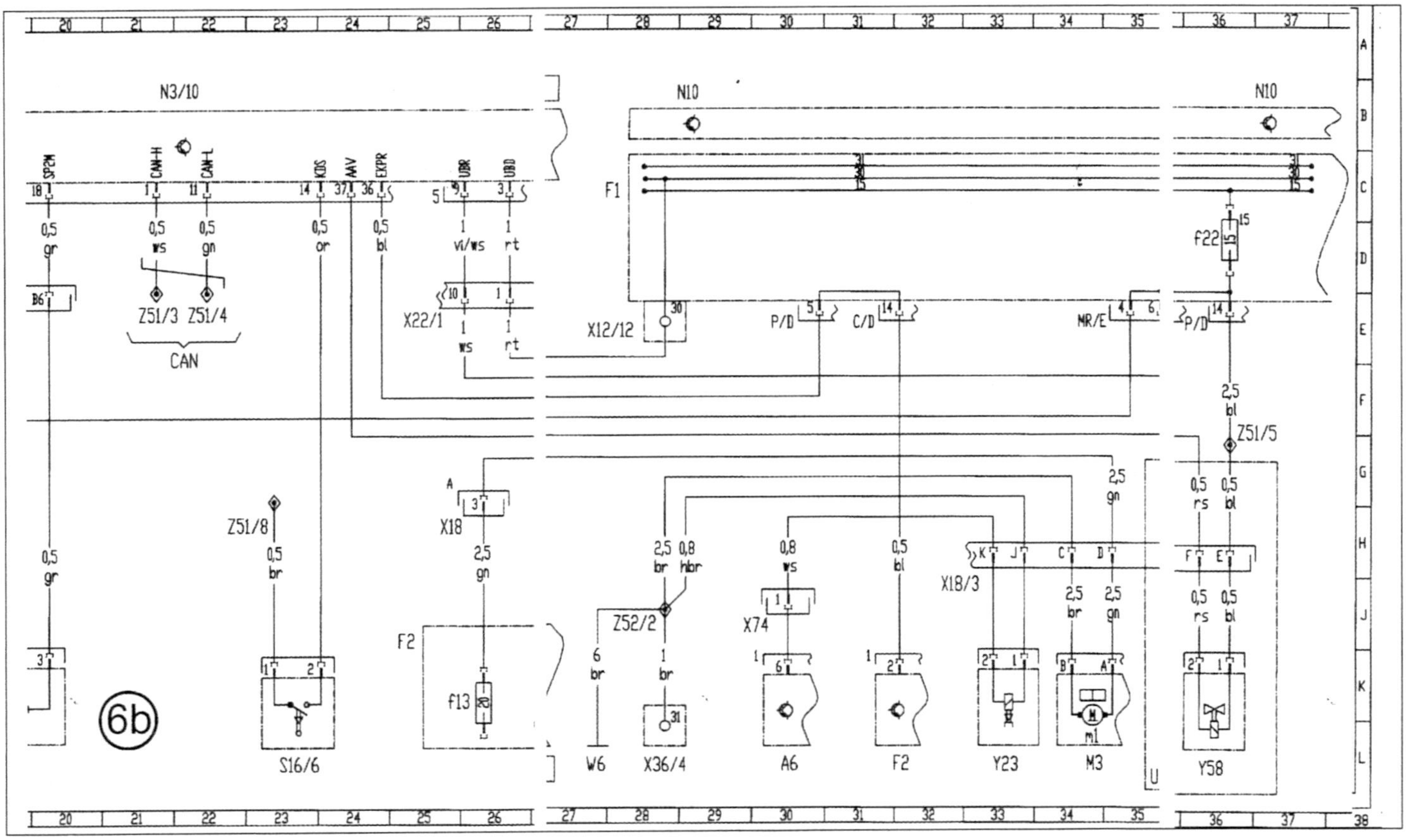

6b

N3/10 Z51/3 Z51/4 CAN X22/1 X12/12 P/D C/D MR/E P/D N10 F1 f22 Z51/5 Z51/8 X18 S16/6 F2 f13 Z52/2 X74 X18/3 W6 X36/4 A6 F2 Y23 M3 Y58

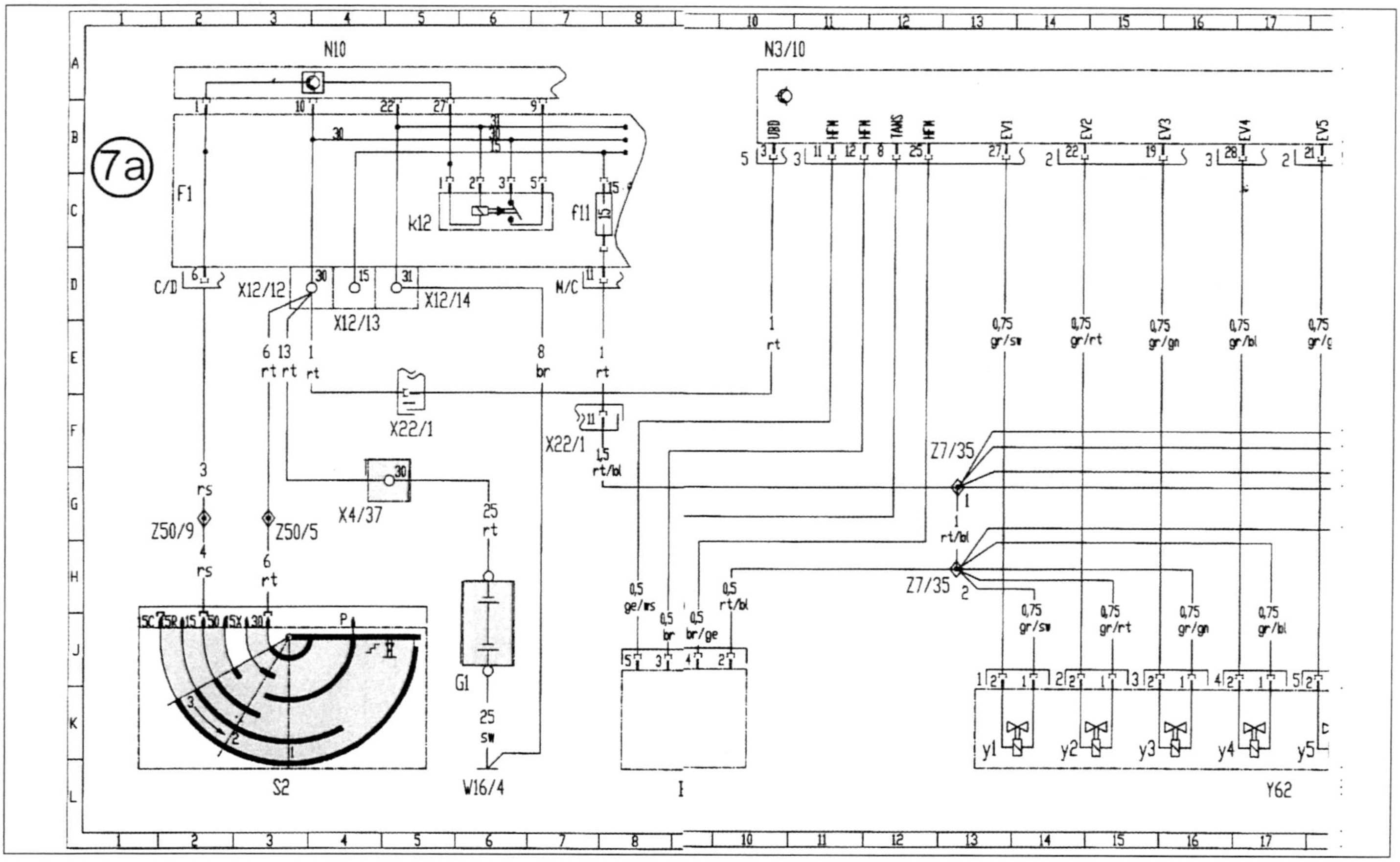
7a
N10
N3/10
F1
k12
f11
C/D
X12/12
X12/13
X12/14
M/C
X22/1
X4/37
Z50/9
Z50/5
Z7/35
G1
S2
W16/4
I
Y62
y1
y2
y3
y4
y5

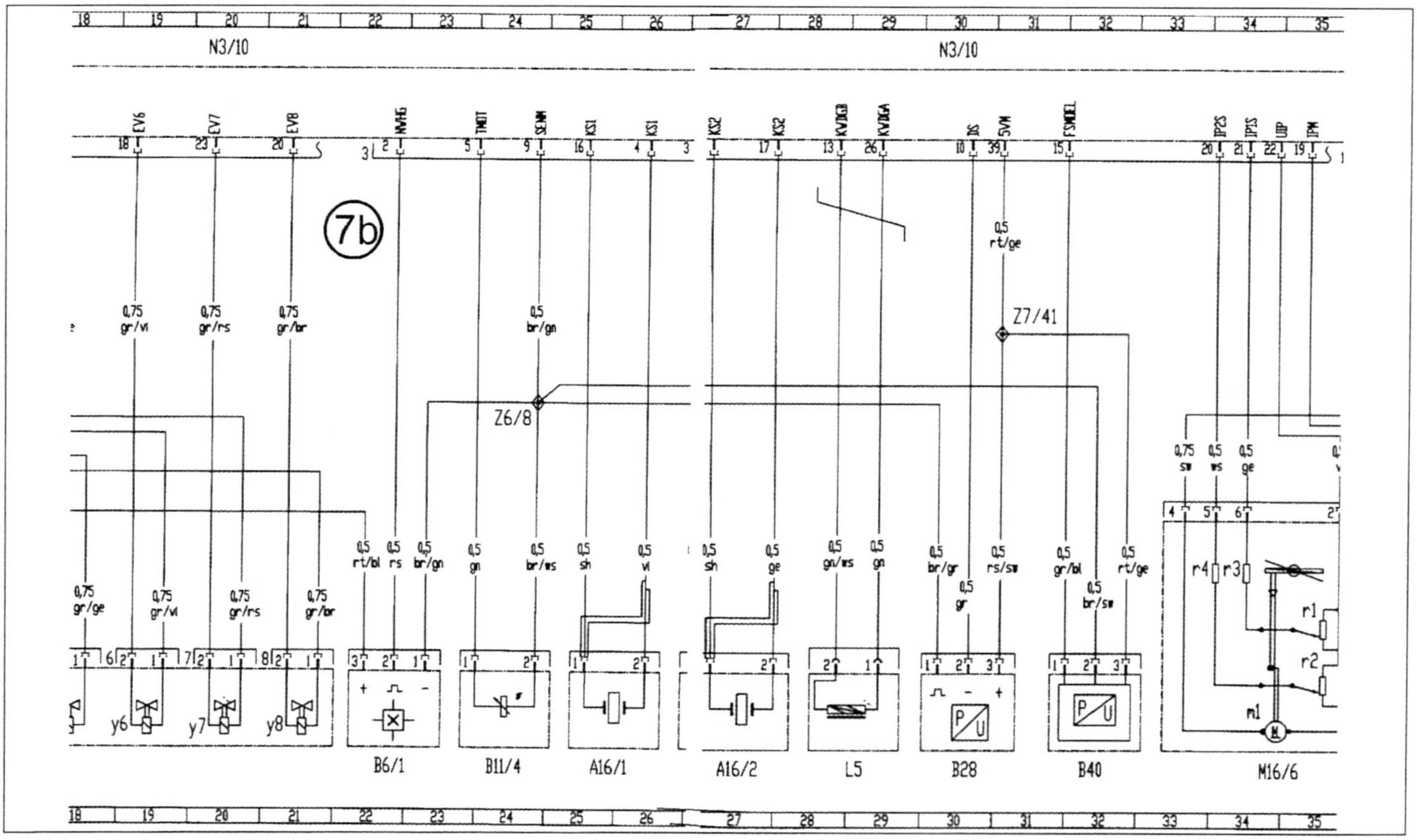
7b
N3/10
Z7/41
Z6/8
y6
y7
y8
B6/1
B11/4
A16/1
A16/2
L5
B28
B40
M16/6

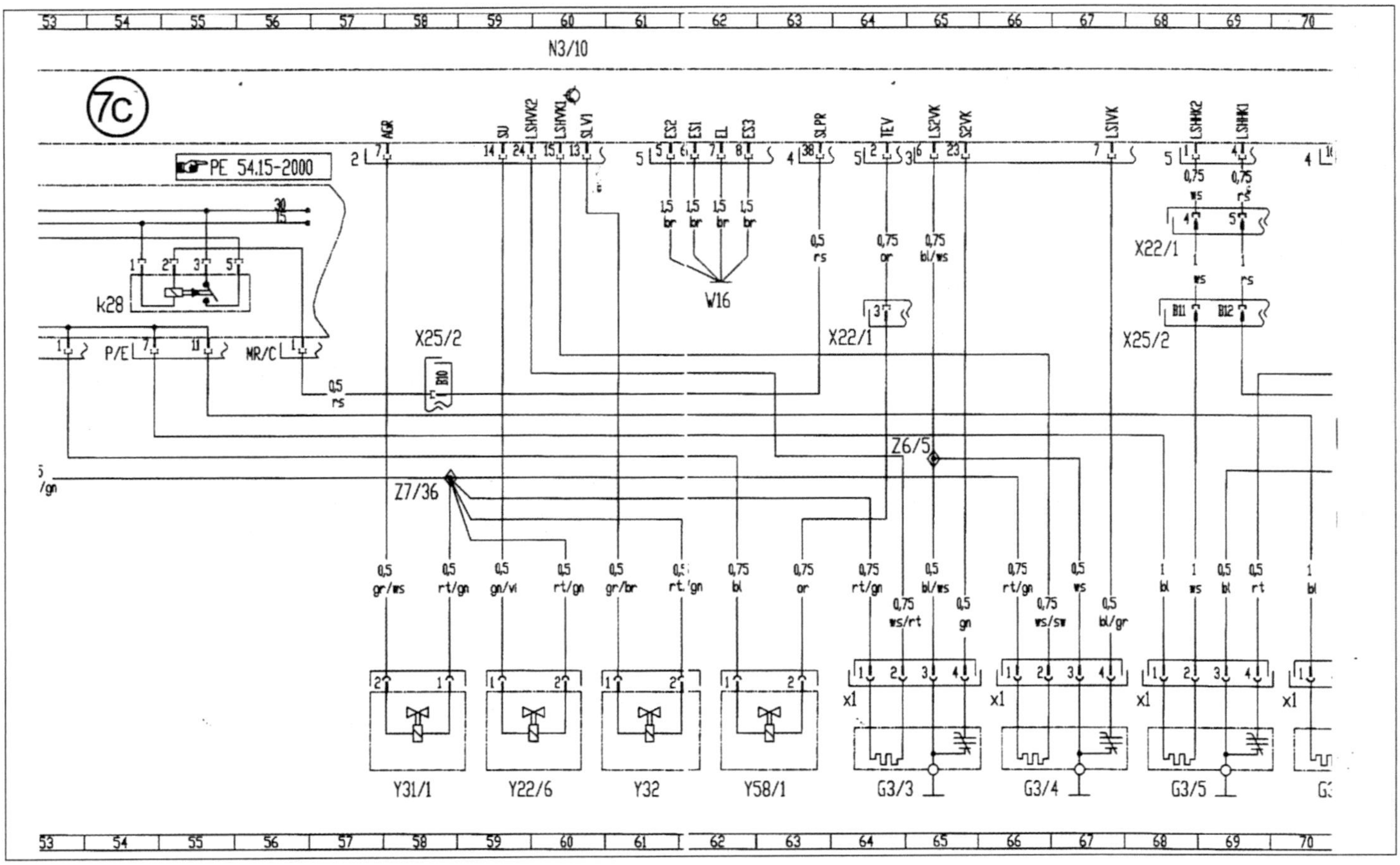
7c
N3/10
PE 54.15-2000
AGR
SU
LSHVK2
LSHVK1
SLV1
ES2
ES1
EL
ES3
SLPR
TEV
LS2VK
S2VK
LS1VK
LSHHK2
LSHHK1
k28
P/E
MR/C
X25/2
X22/1
W16
Z6/5
Z7/36
x1
Y31/1
Y22/6
Y32
Y58/1
G3/3
G3/4
G3/5

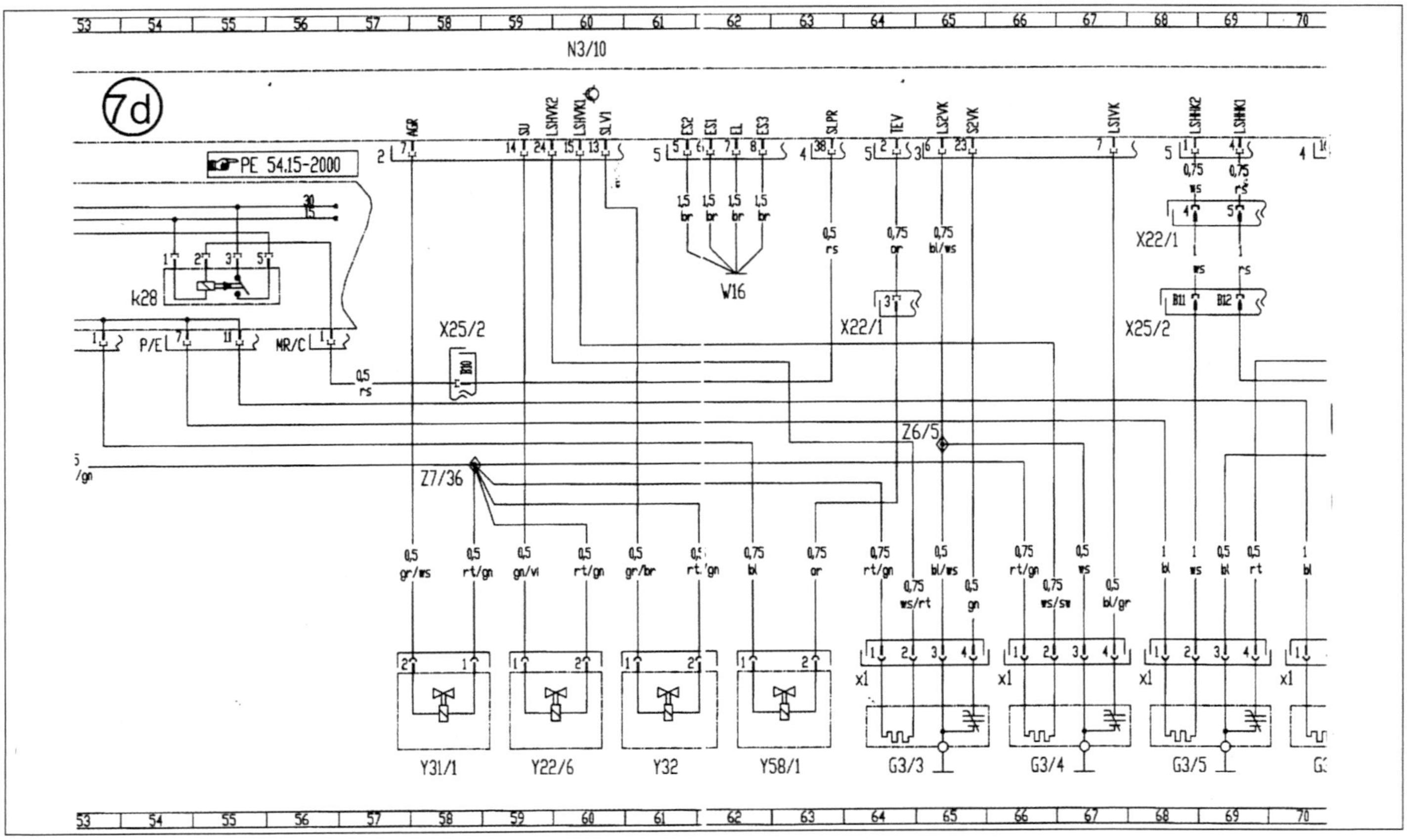
7d
N3/10
PE 54.15-2000
AGR
SU
LSHVK2
LSHVK1
SLV1
ES2
ES1
EL
ES3
SLPR
TEV
LS2VK
S2VK
LS1VK
LSHHK2
LSHHK1
k28
P/E
MR/C
X25/2
X22/1
W16
Z6/5
Z7/36
x1
Y31/1
Y22/6
Y32
Y58/1
G3/3
G3/4
G3/5

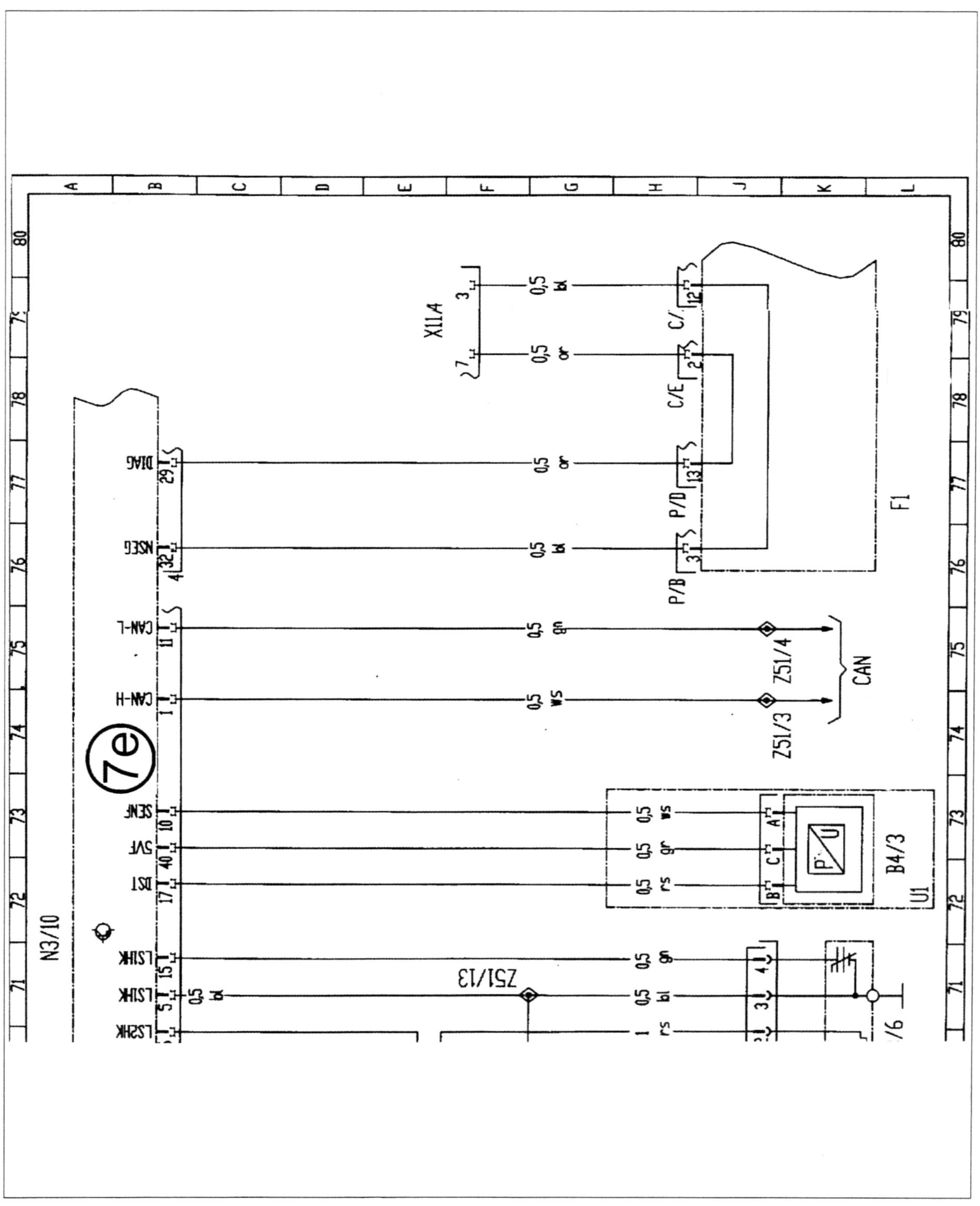

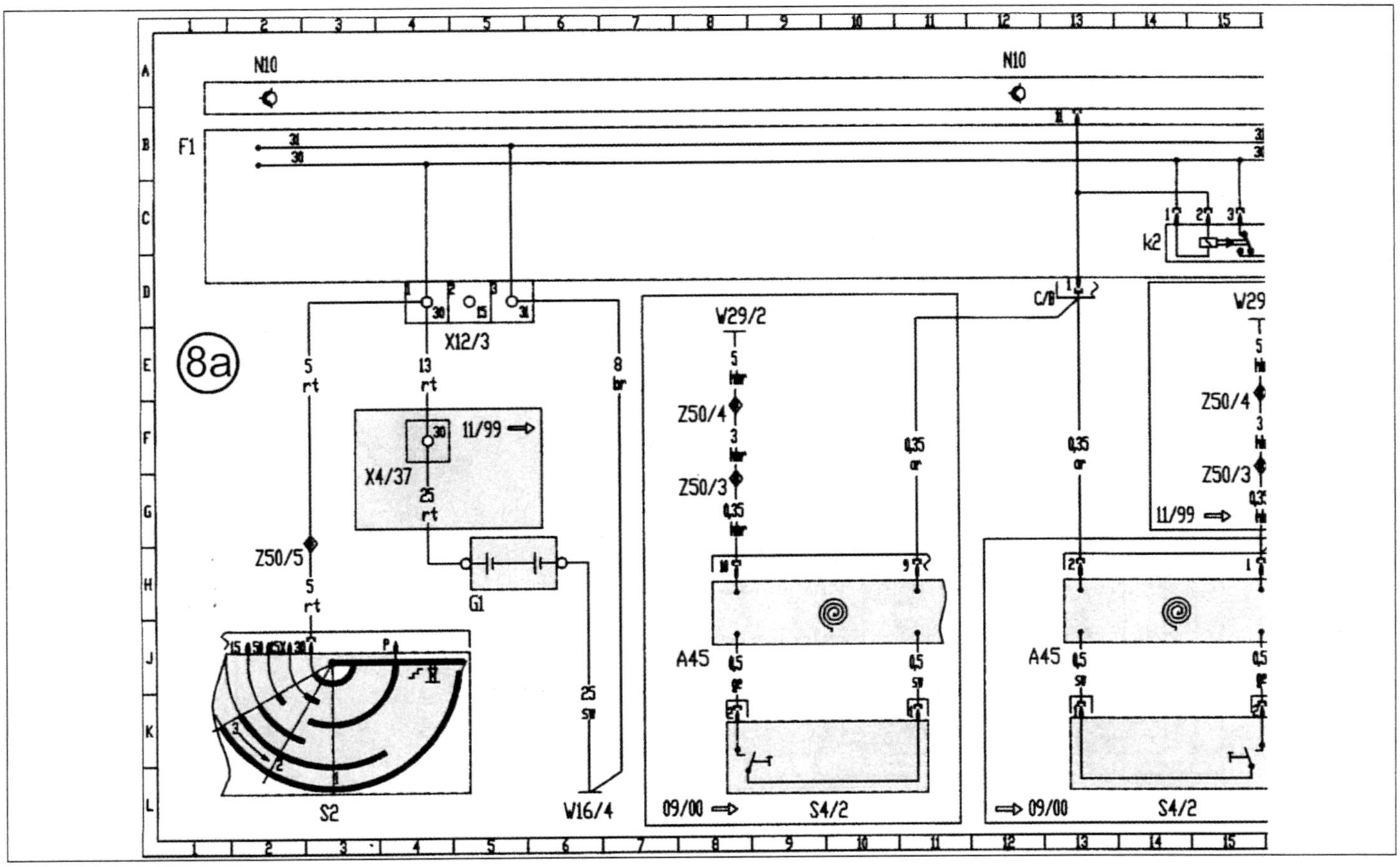

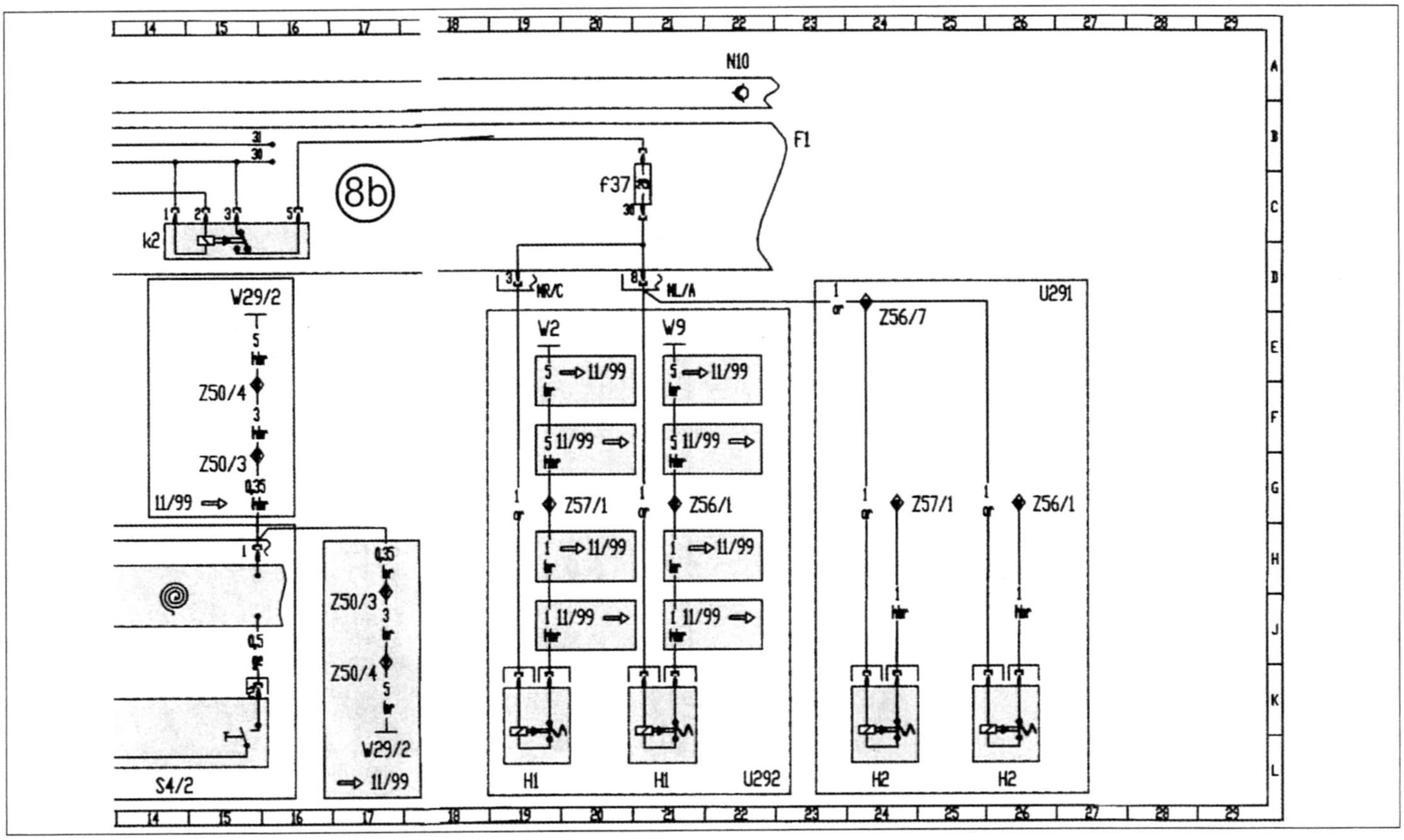

8a

8b

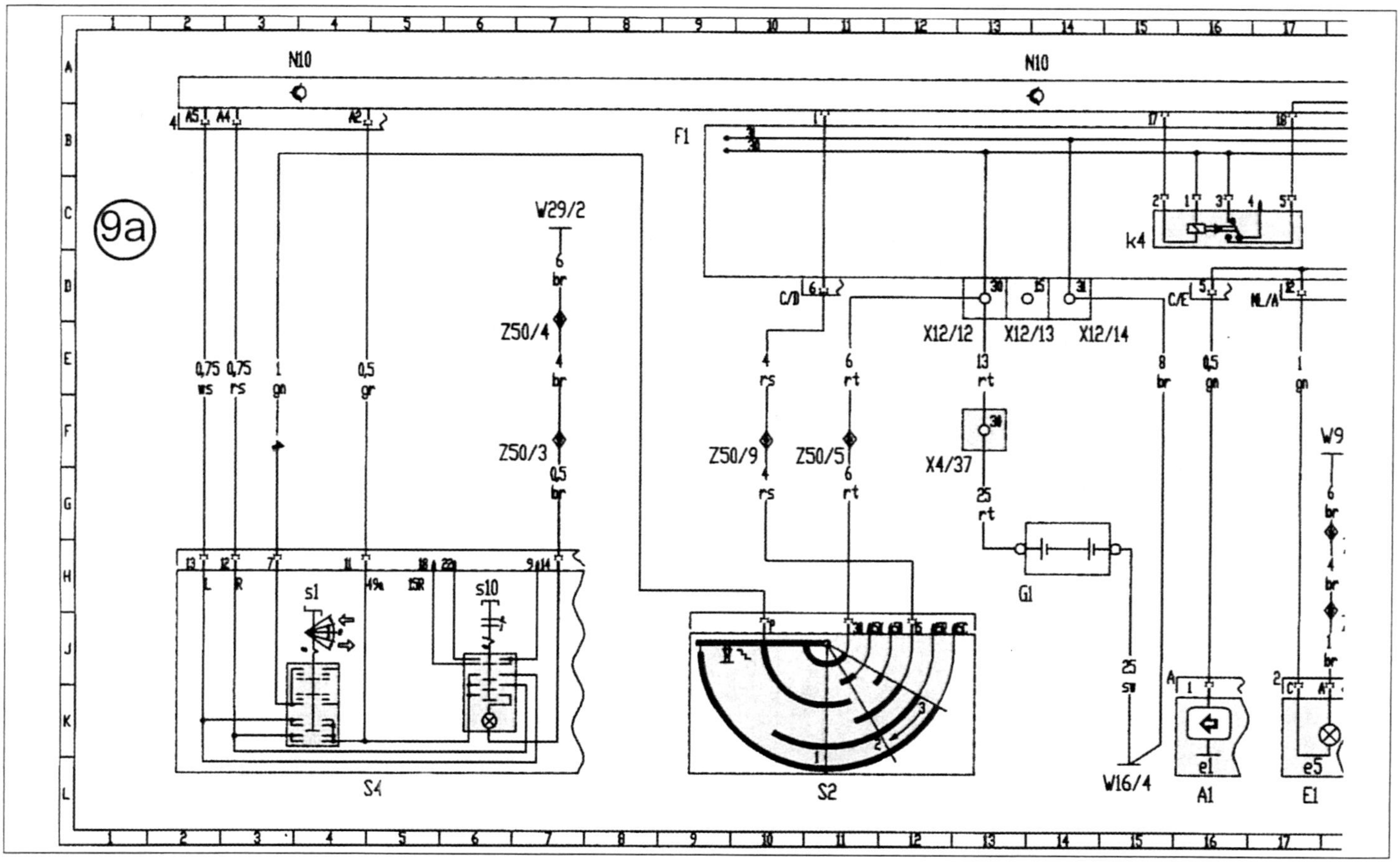

9a

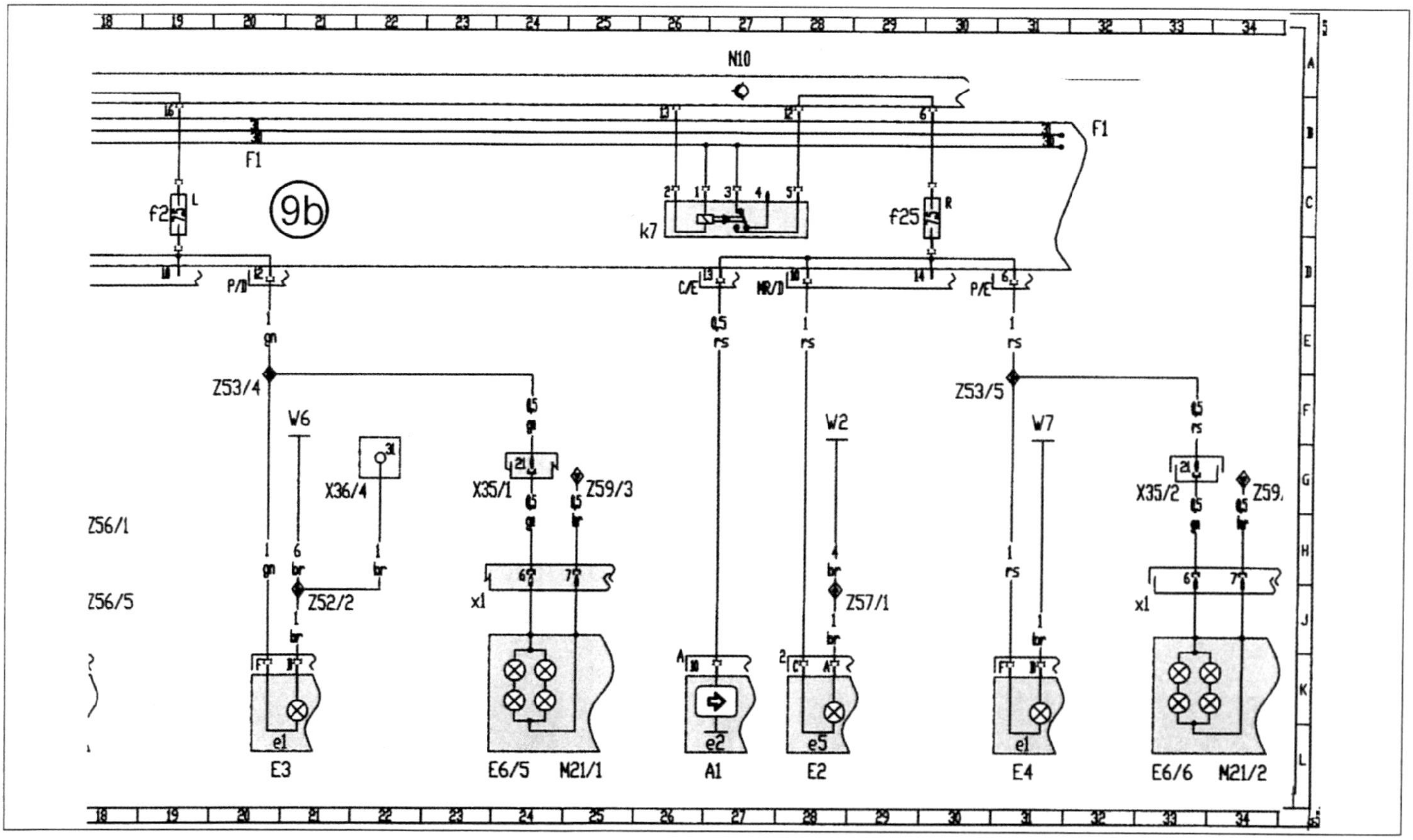

9b

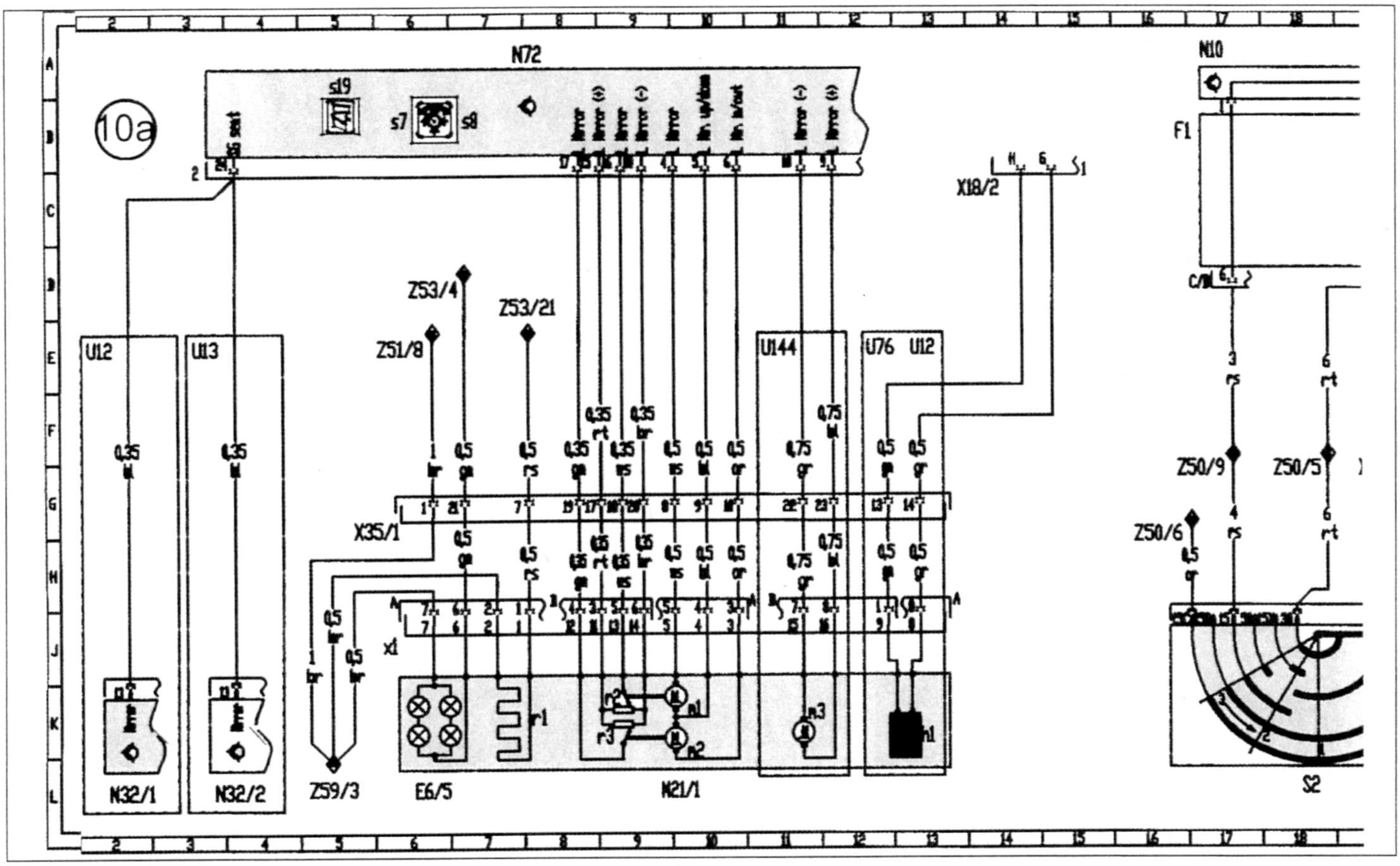

10a
N72
U12
U13
U144
U76 U12
X18/2
X35/1
x1
N32/1
N32/2
Z59/3
E6/5
N21/1
S2
N10
F1
Z53/4
Z53/21
Z51/8
Z50/9
Z50/5
Z50/6

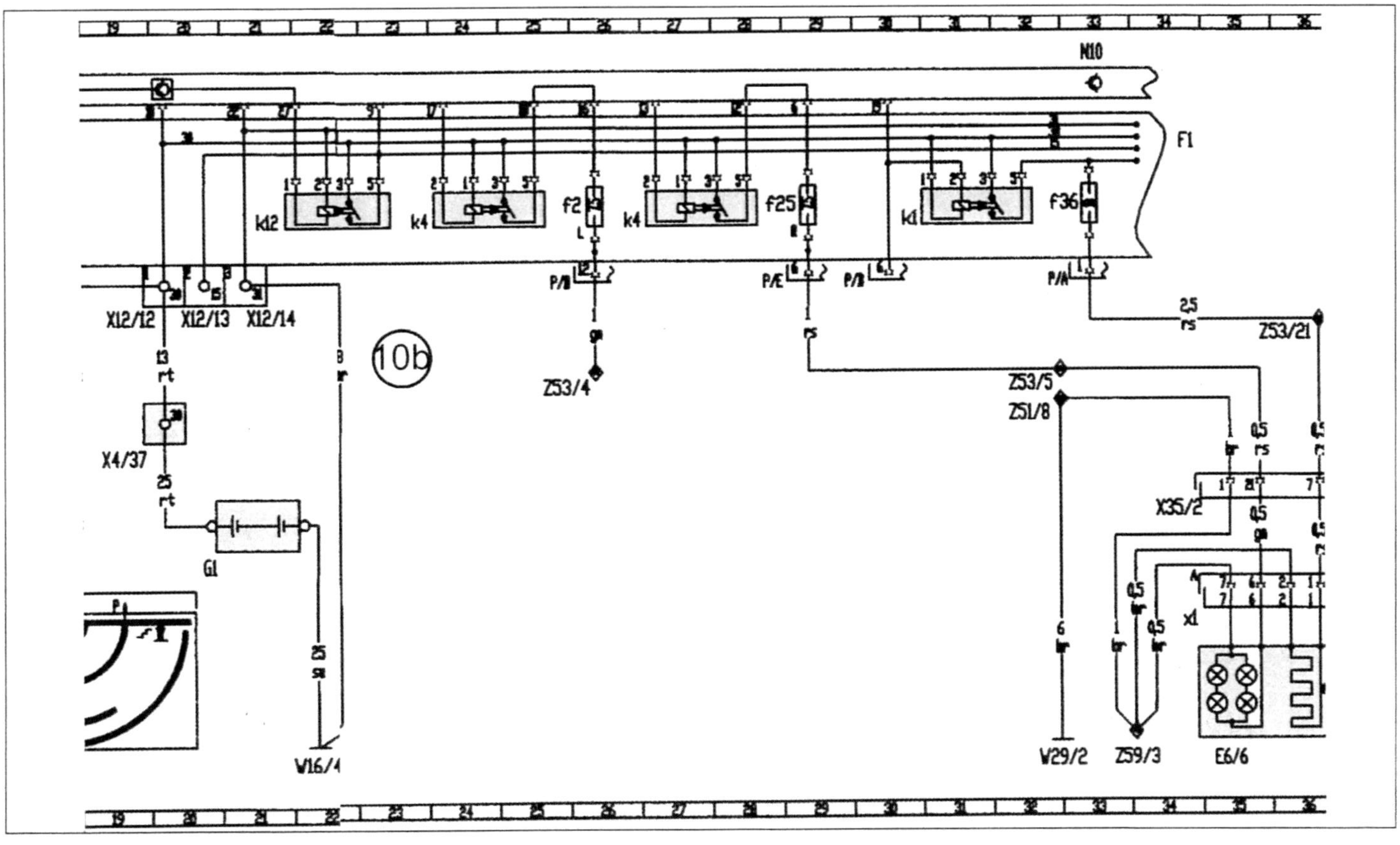

10b
N10
F1
k12
k4
k4
k1
f2
f25
f36
X12/12
X12/13
X12/14
X4/37
G1
W16/4
Z53/4
Z53/5
Z51/8
Z53/21
X35/2
x1
W29/2
Z59/3
E6/6

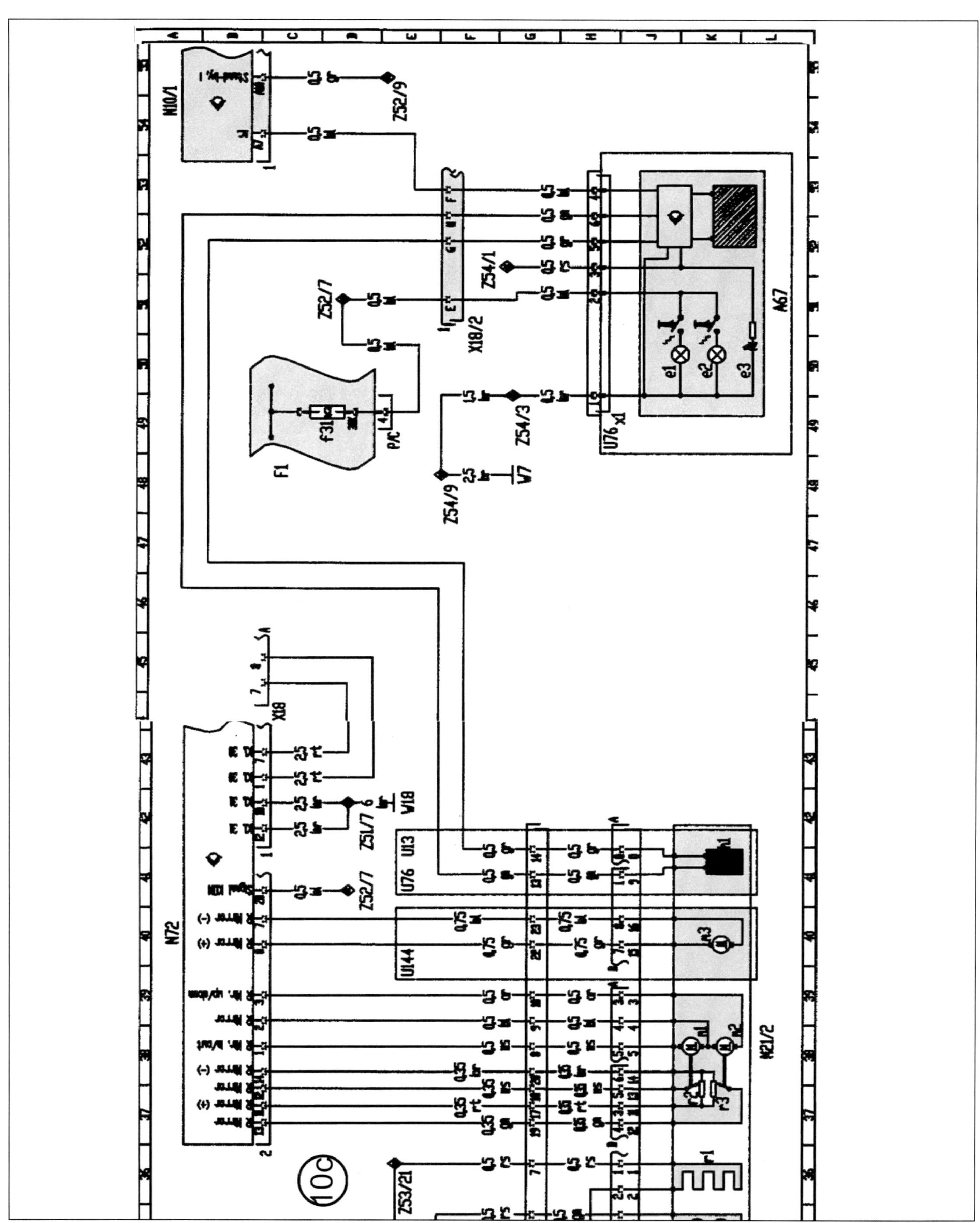

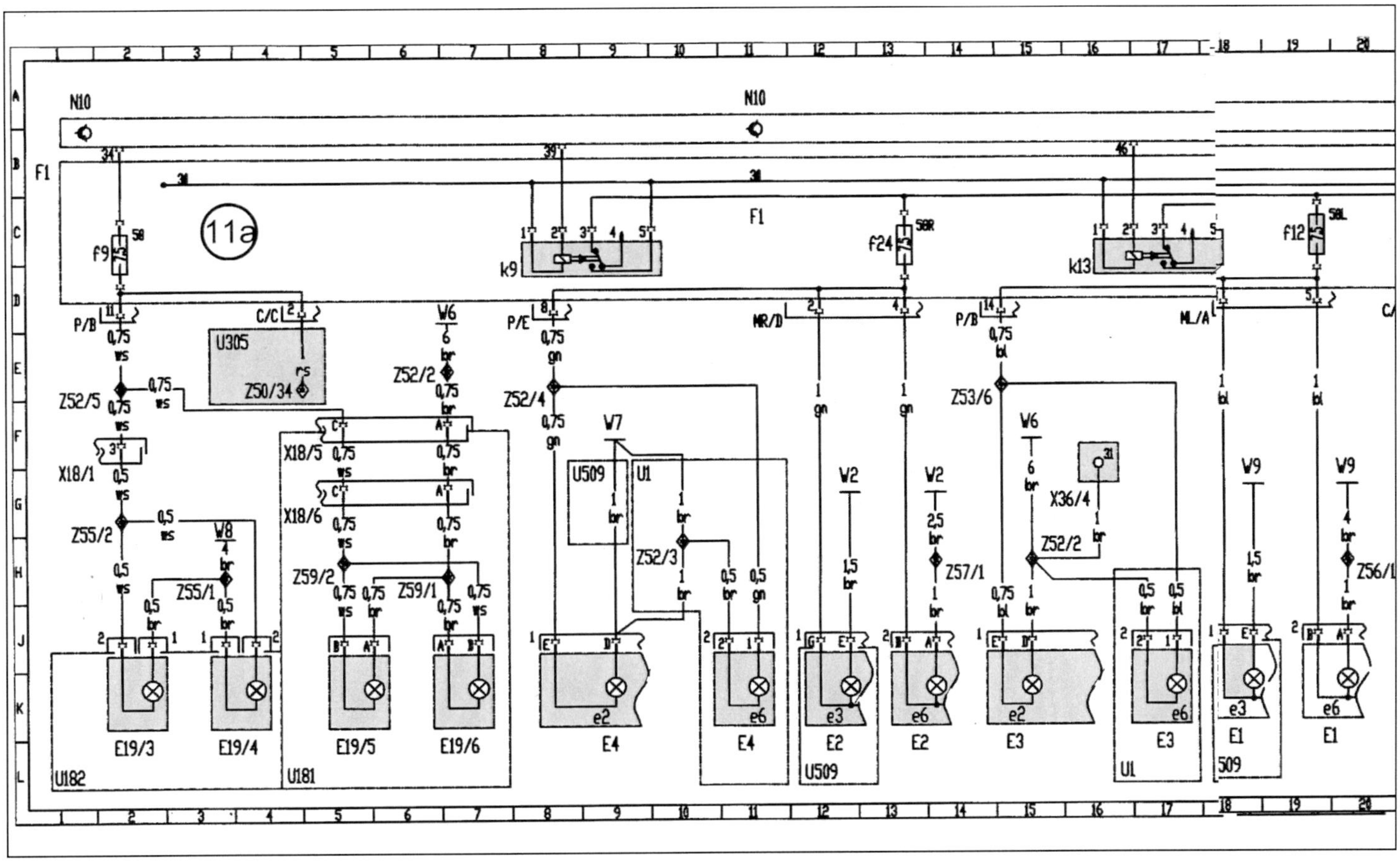
11a
N10
F1
f9
k9
f24
k13
f12
U305
Z50/34
Z52/5
Z52/2
Z52/4
Z53/6
X18/1
X18/5
X18/6
Z55/2
Z55/1
Z59/2
Z59/1
W6
W7
W8
W2
W9
U509
U1
Z52/3
X36/4
Z57/1
Z56/1
E19/3
E19/4
E19/5
E19/6
E4
E2
E3
E1
U182
U181

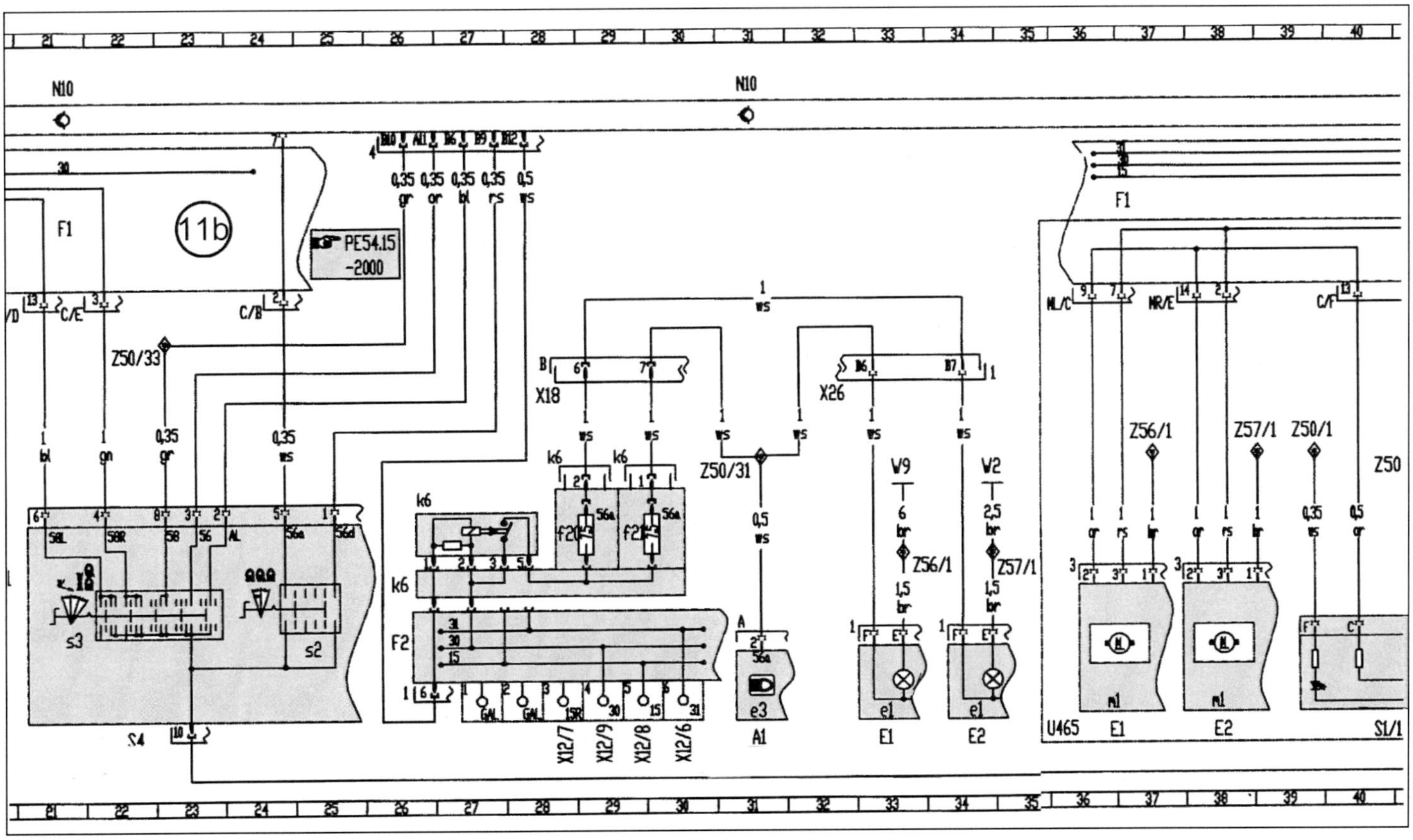
11b
N10
F1
PE54.15
-2000
Z50/33
X18
X26
Z50/31
k6
f20
f21
F2
X12/7
X12/9
X12/8
X12/6
A1
e3
W9
W2
Z56/1
Z57/1
Z50/1
Z50
s3
s2
S4
E1
E2
U465
S1/1

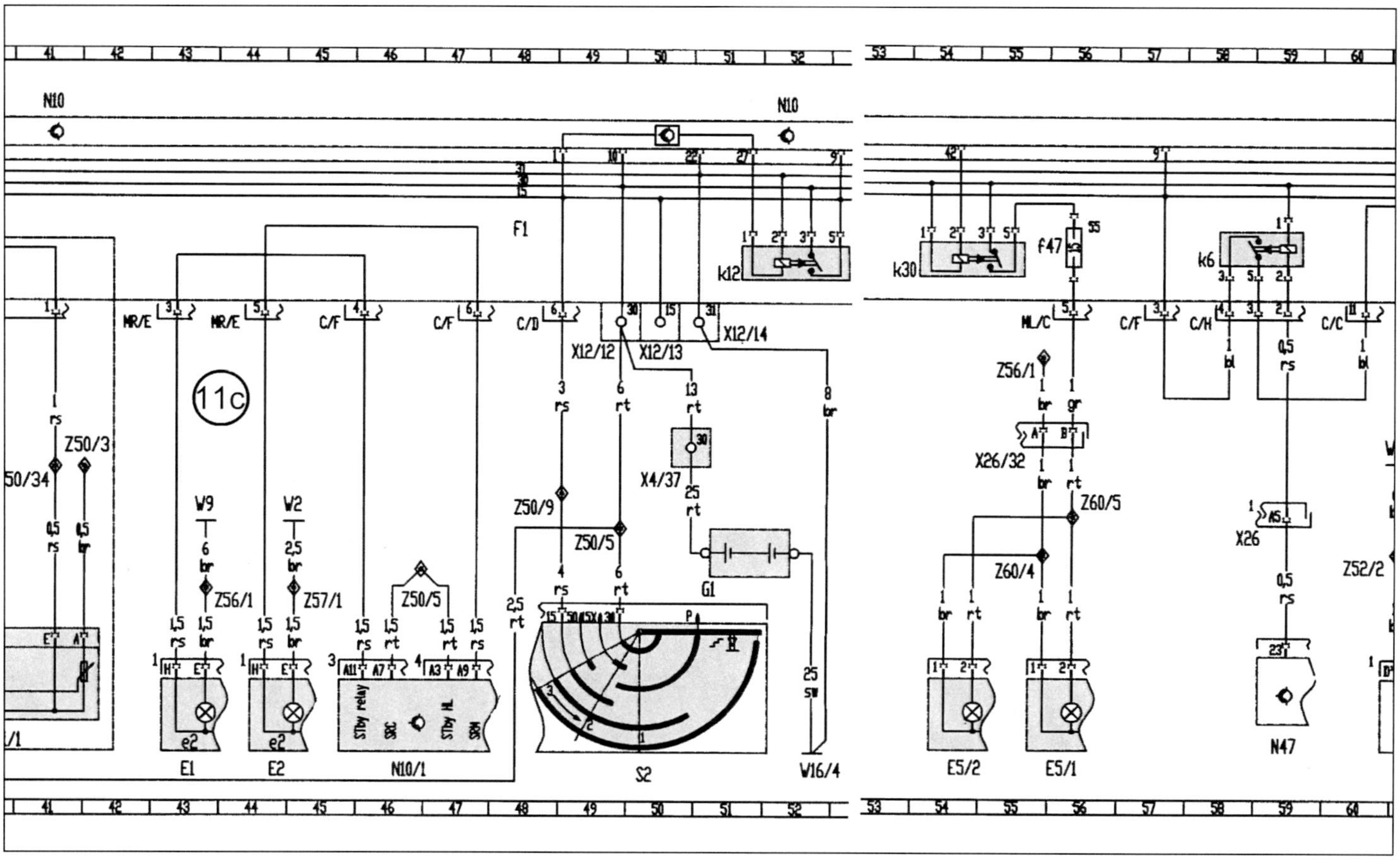
N10
F1
k12
k30
f47
k6
11c
X12/12
X12/13
X12/14
X4/37
G1
Z50/9
Z50/5
Z56/1
Z57/1
Z50/3
W9
W2
X26/32
Z60/5
Z60/4
X26
Z52/2
E1
E2
N10/1
S2
W16/4
E5/2
E5/1
N47
STby relay
STby HL
MR/E
C/F
C/D
ML/C
C/H
C/C

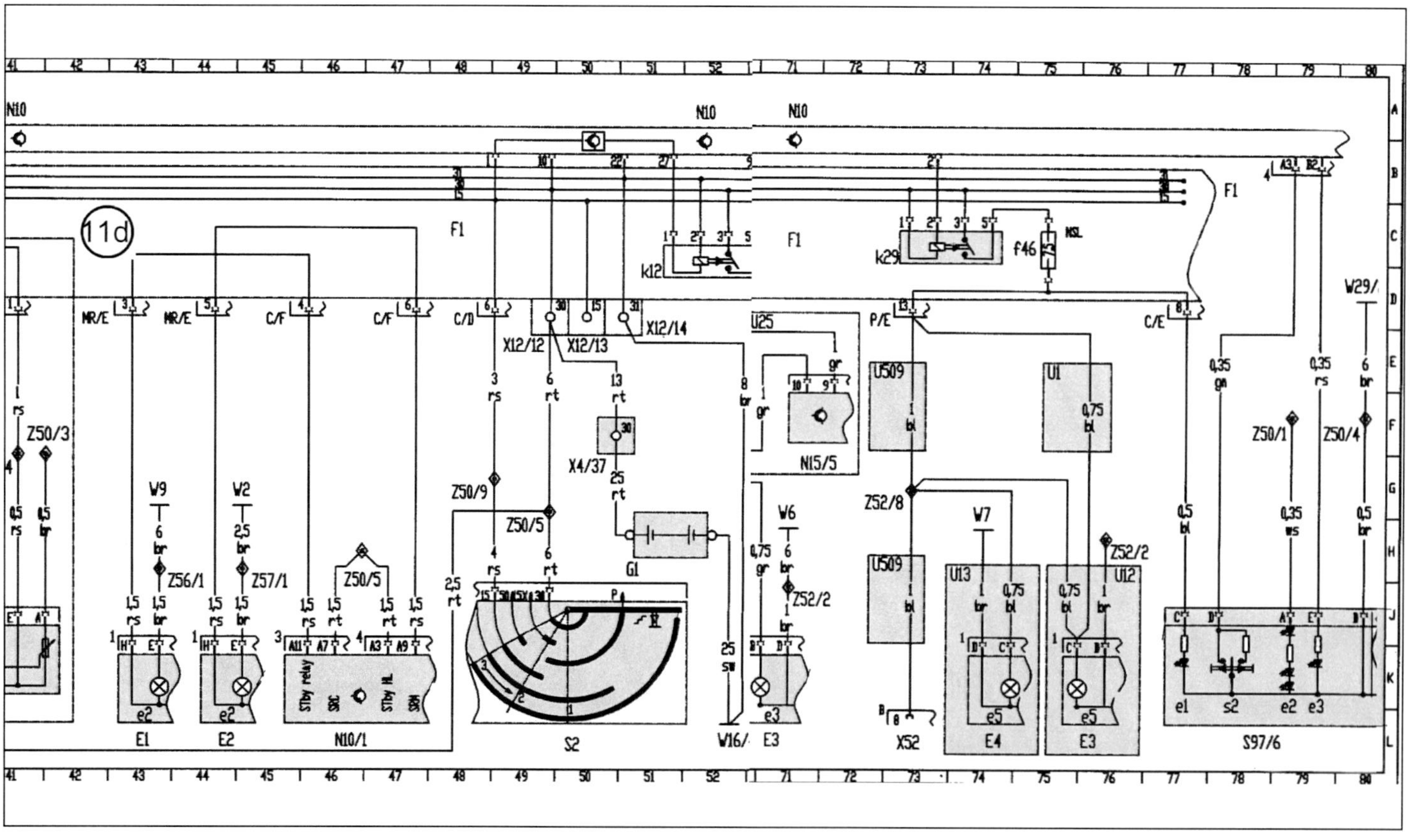
N10
F1
k12
k29
f46
11d
X12/12
X12/13
X12/14
X4/37
G1
Z50/9
Z50/5
Z56/1
Z57/1
Z50/3
W9
W2
W6
W7
W29/
U25
U509
U1
U13
U12
Z52/8
Z52/2
Z50/1
Z50/4
N15/5
E1
E2
N10/1
S2
W16/
E3
X52
E4
S97/6
STby relay
STby HL
MR/E
C/F
C/D
P/E
C/E

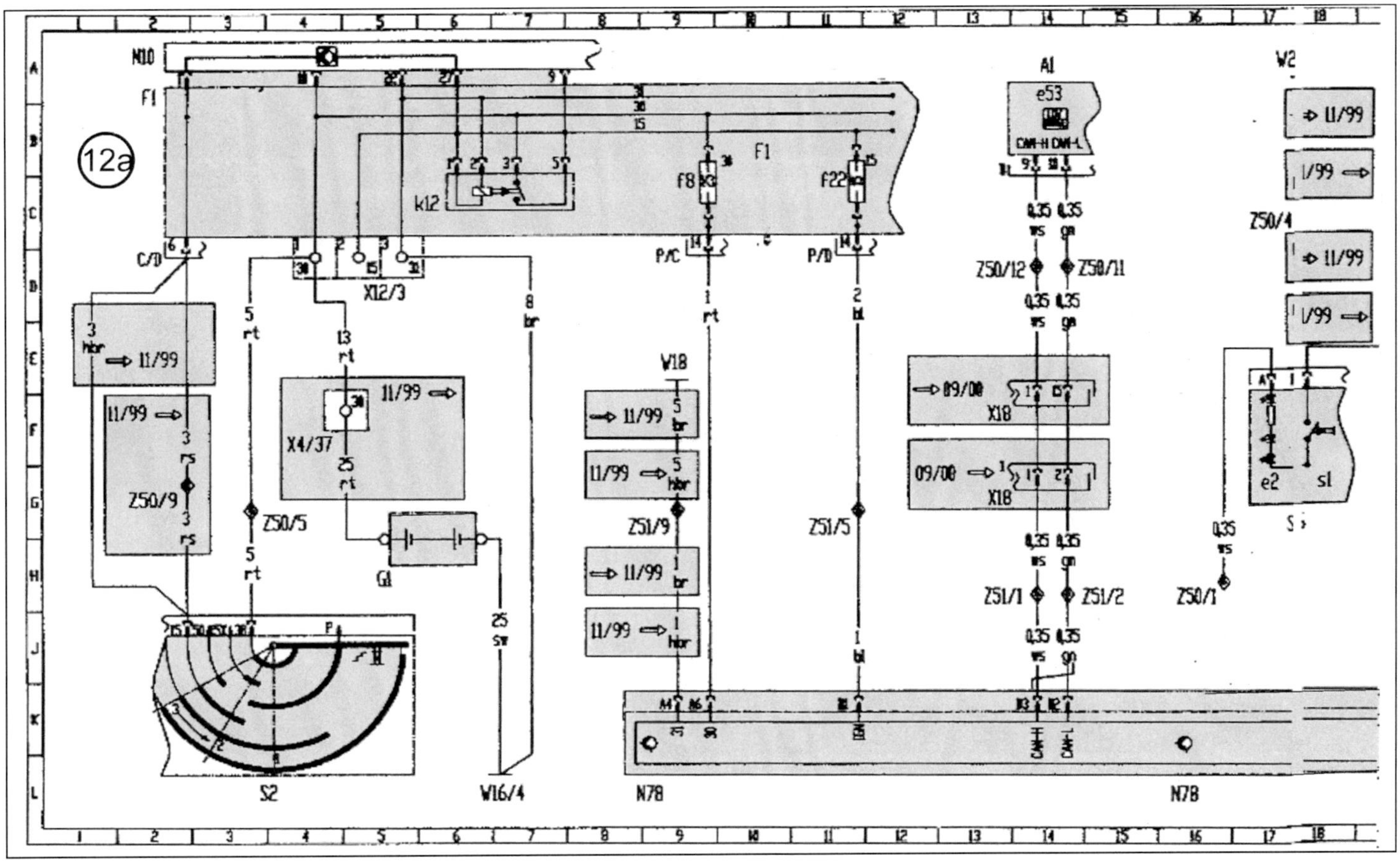

12a

12b

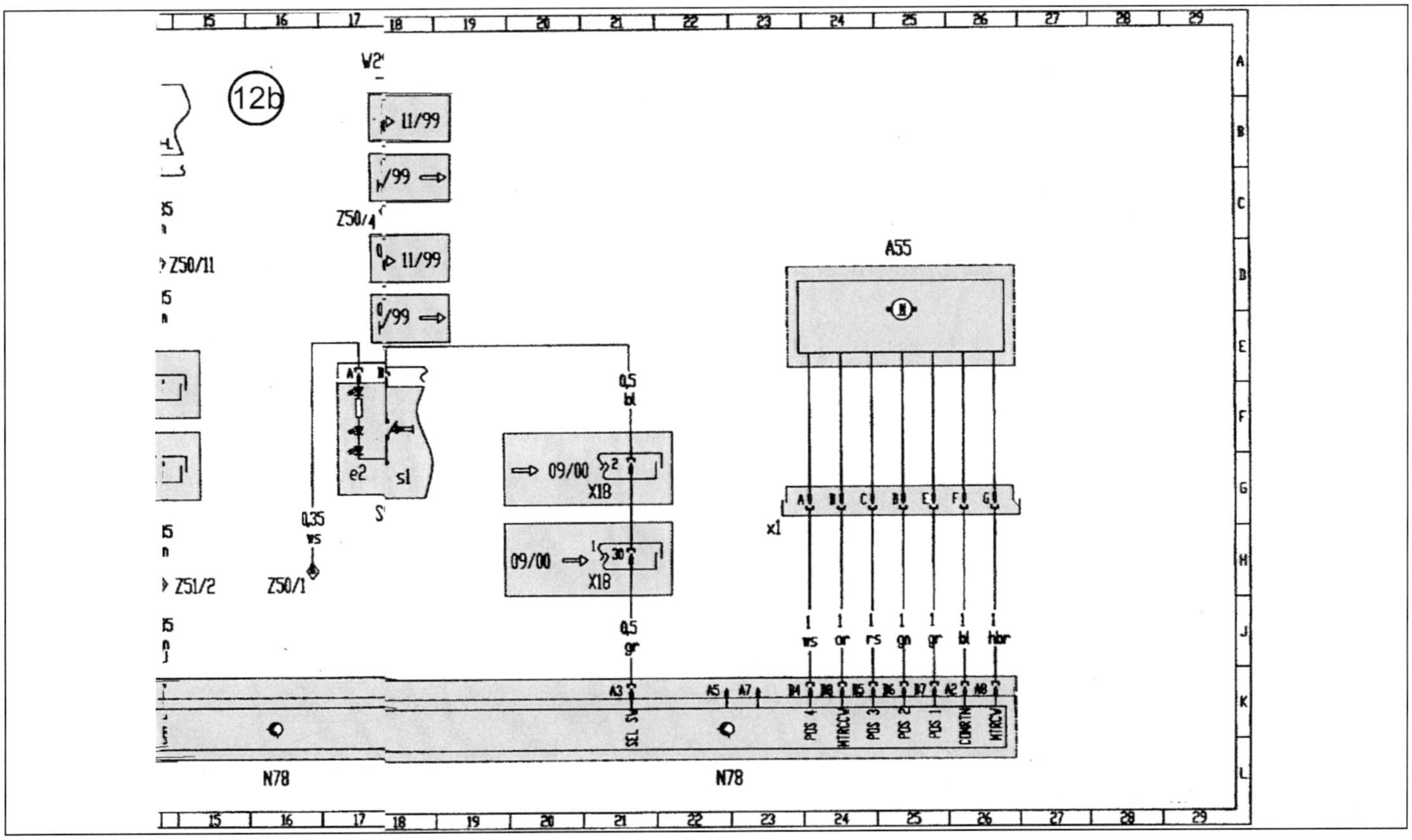

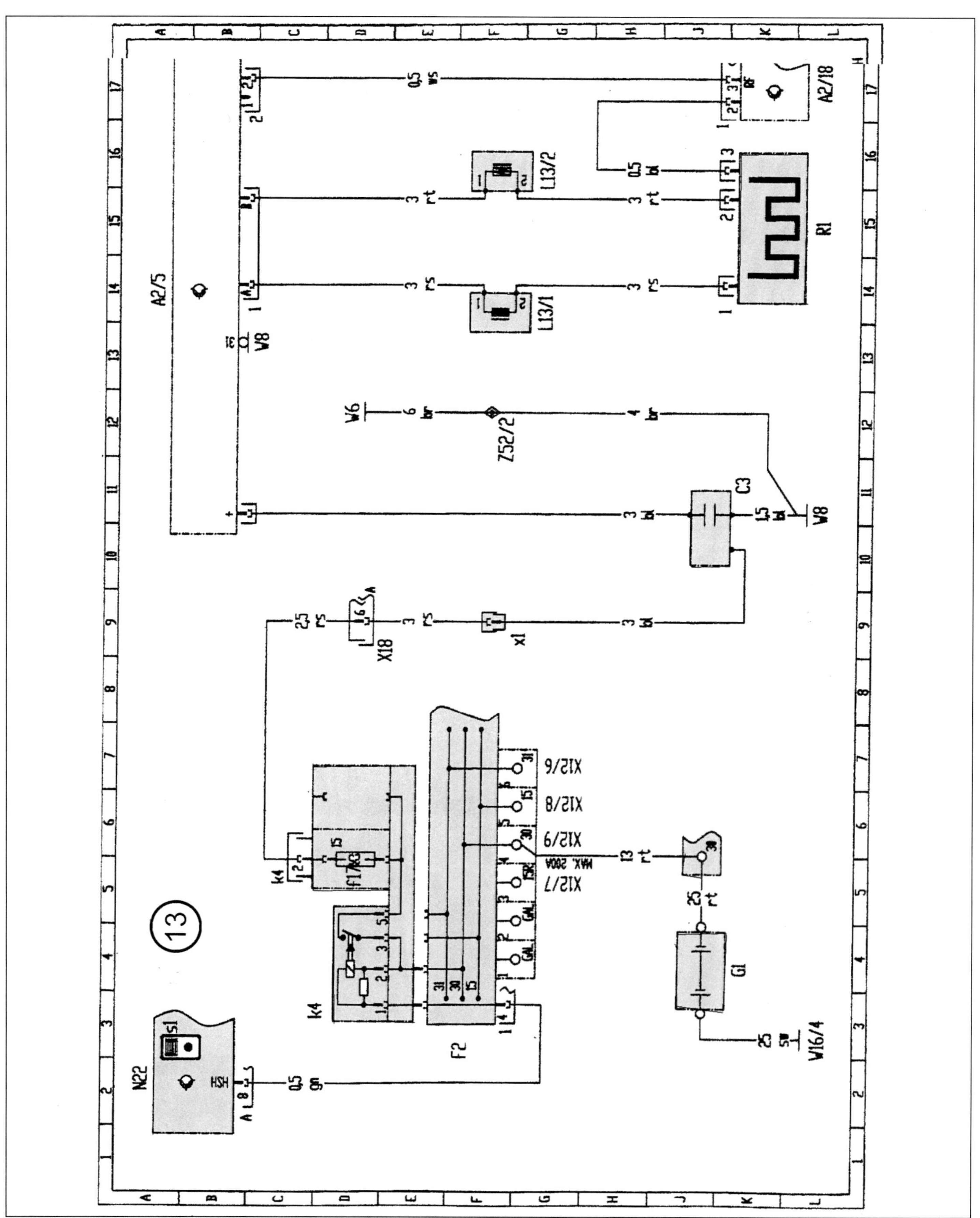

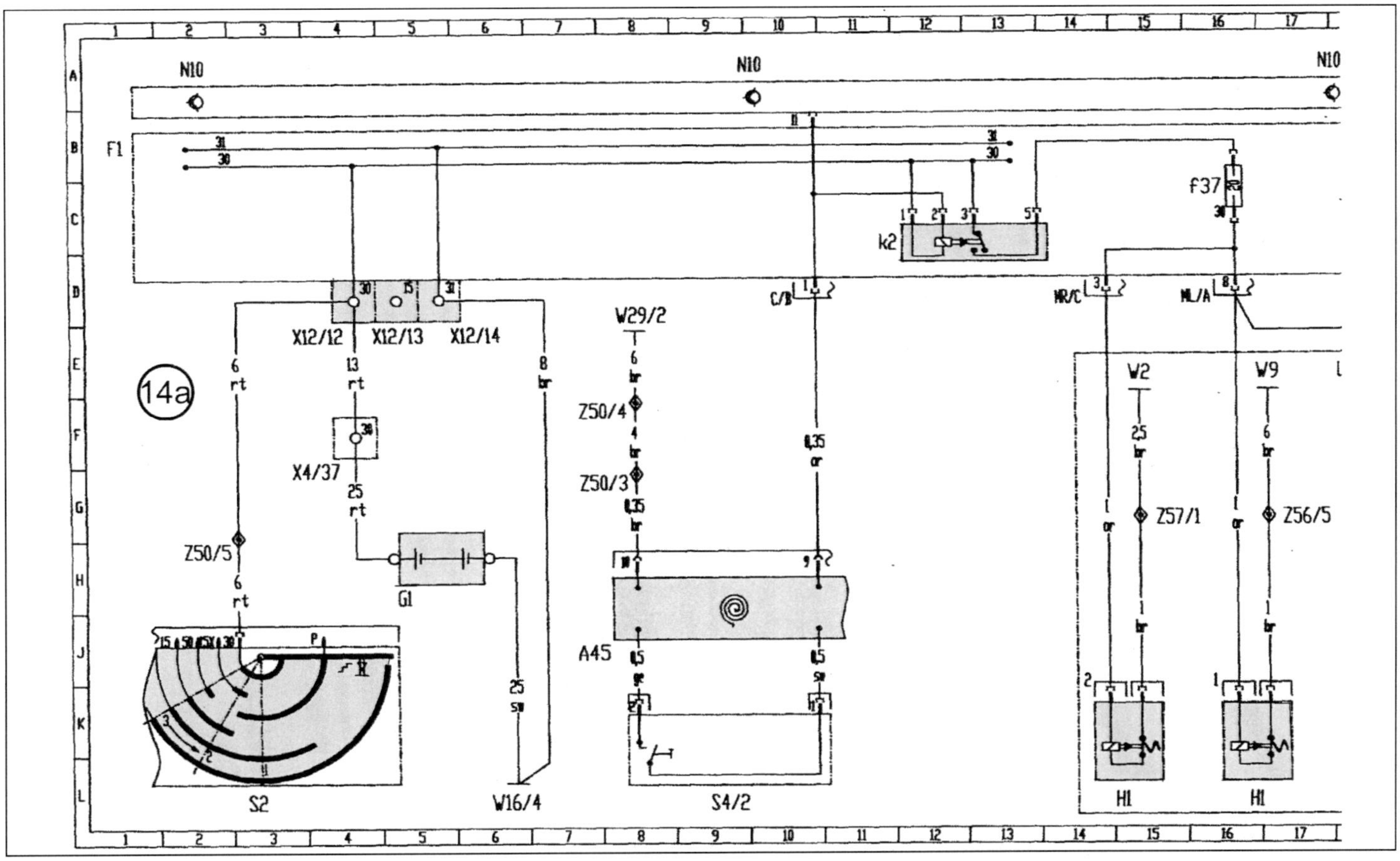

14a

N10 N10 N10

F1

31 30

k2

f37

X12/12 X12/13 X12/14

X4/37

G1

W29/2

Z50/4

Z50/3

Z50/5

C/B

MR/C

ML/A

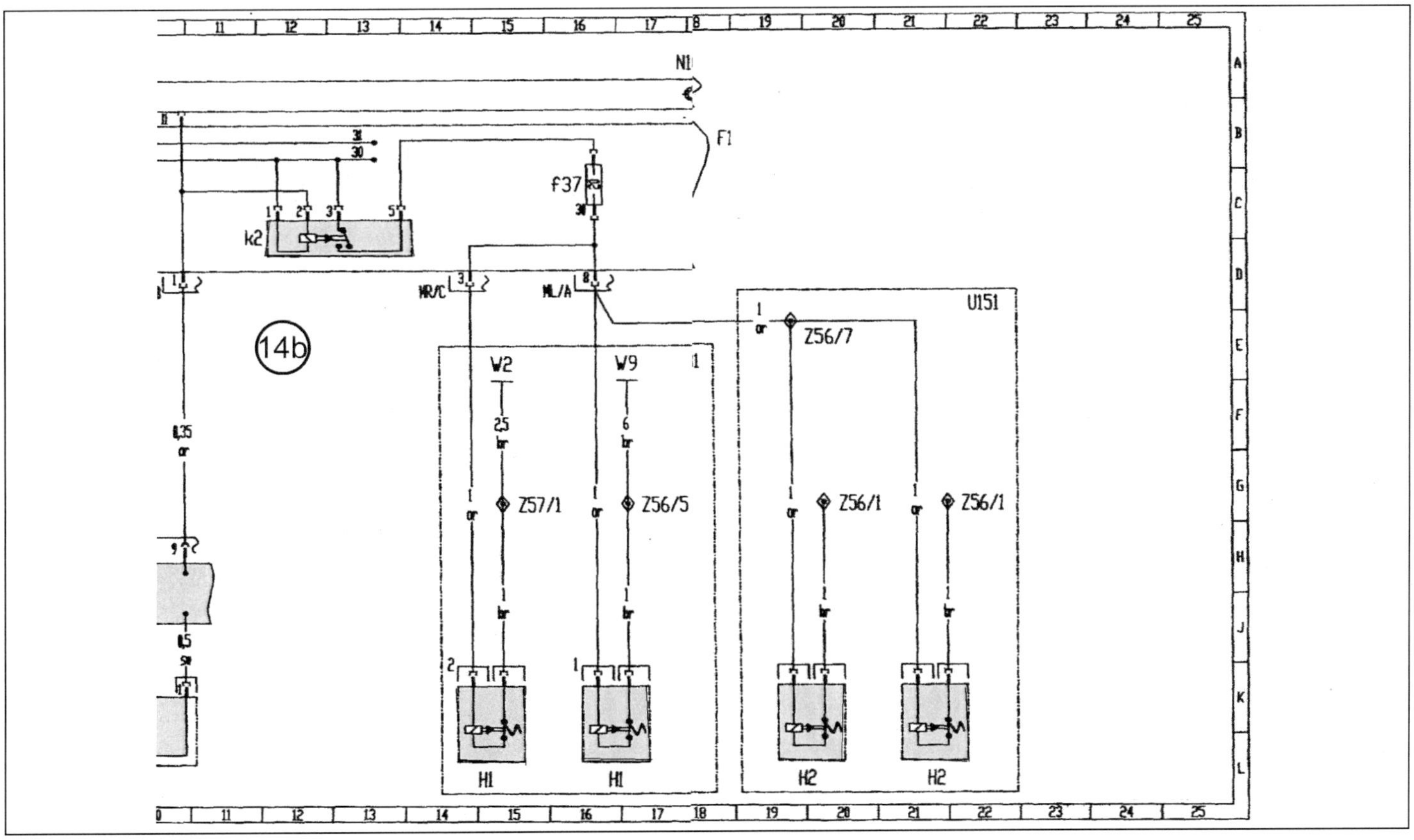

W2 W9

Z57/1 Z56/5

A45

S2

W16/4

S4/2

H1 H1

14b

N10

F1

k2

f37

MR/C

ML/A

W2 W9

Z57/1 Z56/5

U151

Z56/7

Z56/1 Z56/1

H1 H1 H2 H2

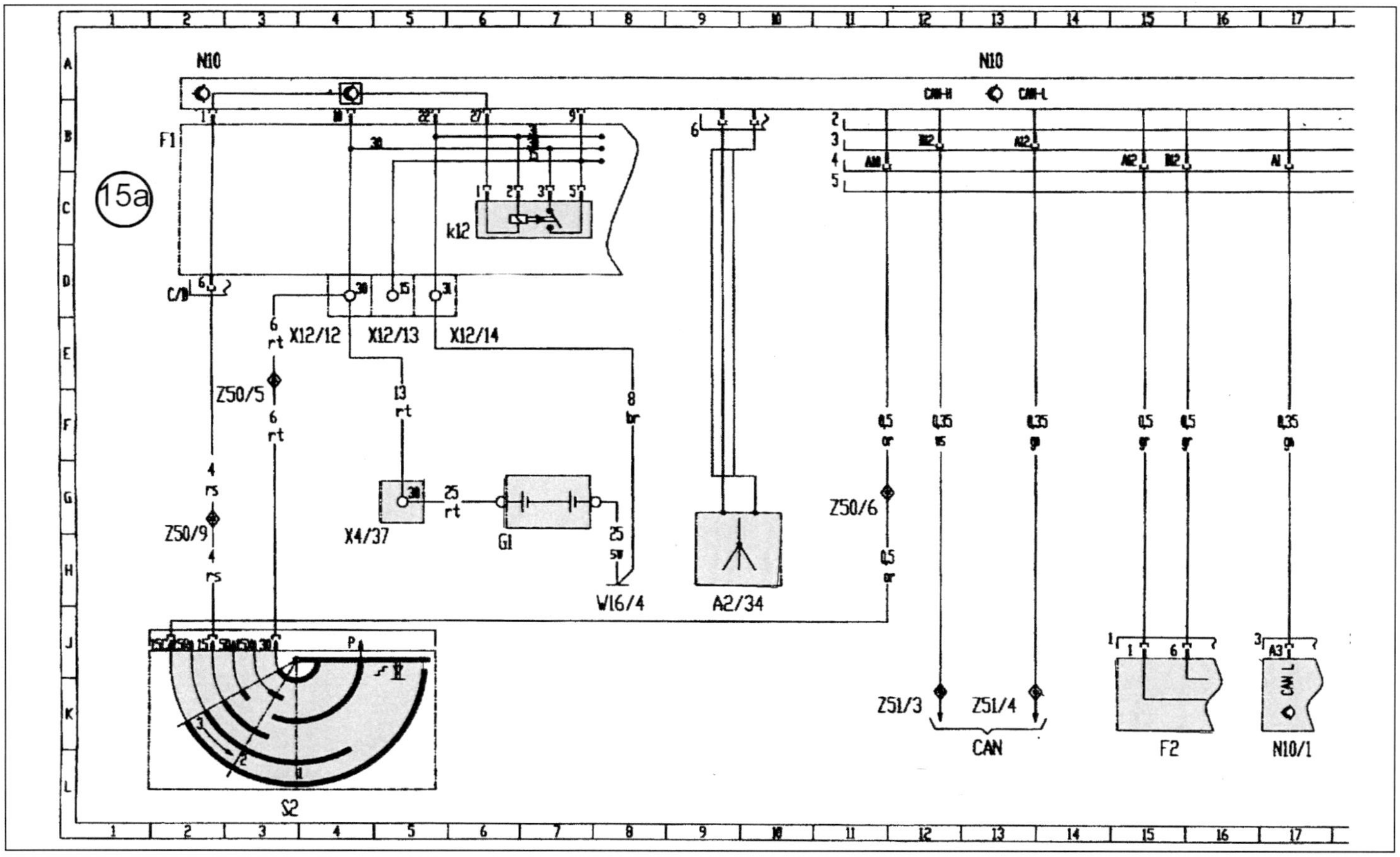

15a

N10
F1
k12
C/D
X12/12
X12/13
X12/14
Z50/5
Z50/9
X4/37
G1
W16/4
A2/34
Z50/6
Z51/3
Z51/4
CAN
F2
N10/1
S2

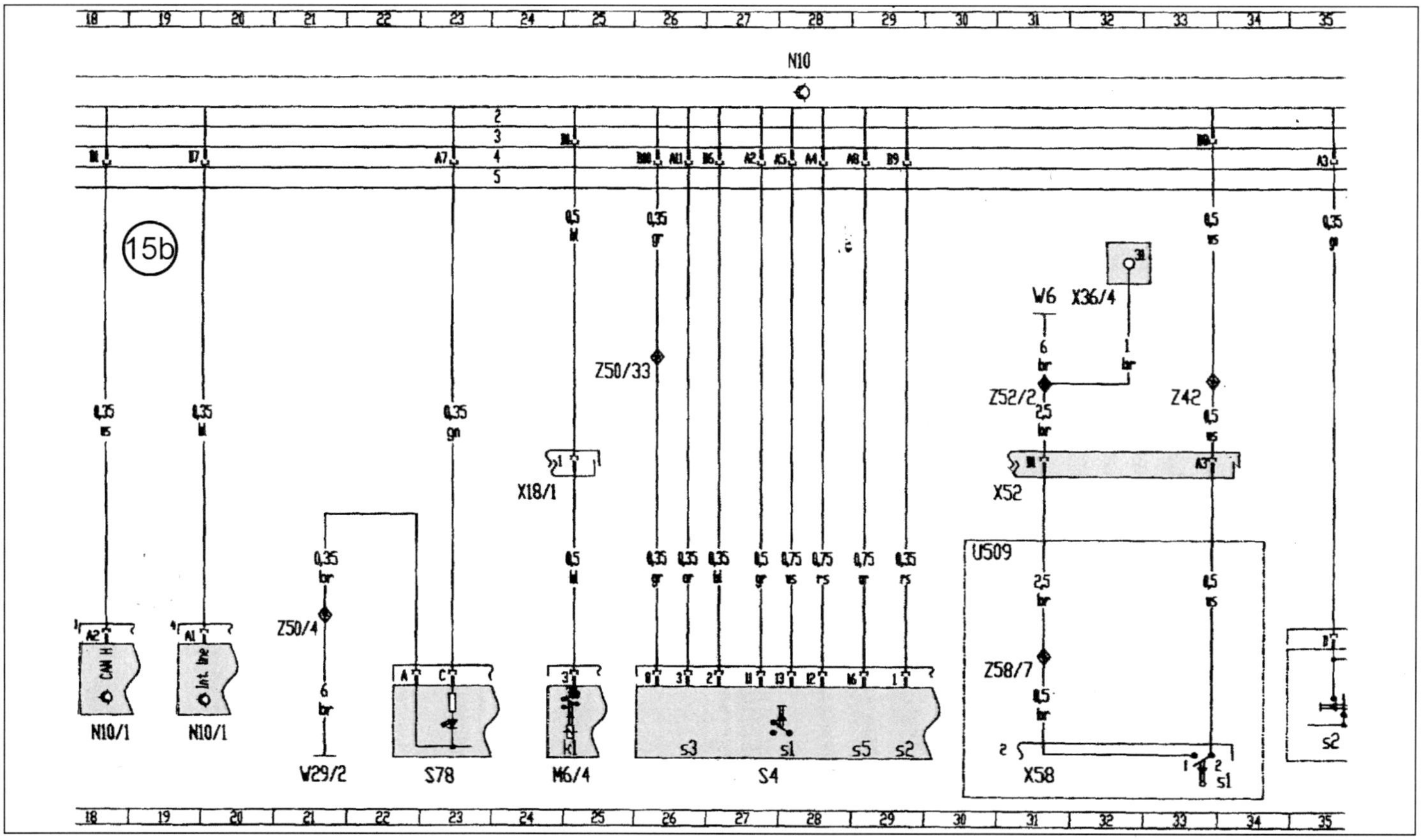

15b

N10
N10/1
N10/1
Z50/4
W29/2
S78
X18/1
M6/4
Z50/33
S4
W6
X36/4
Z52/2
Z42
X52
U509
Z58/7
X58
s1
s2

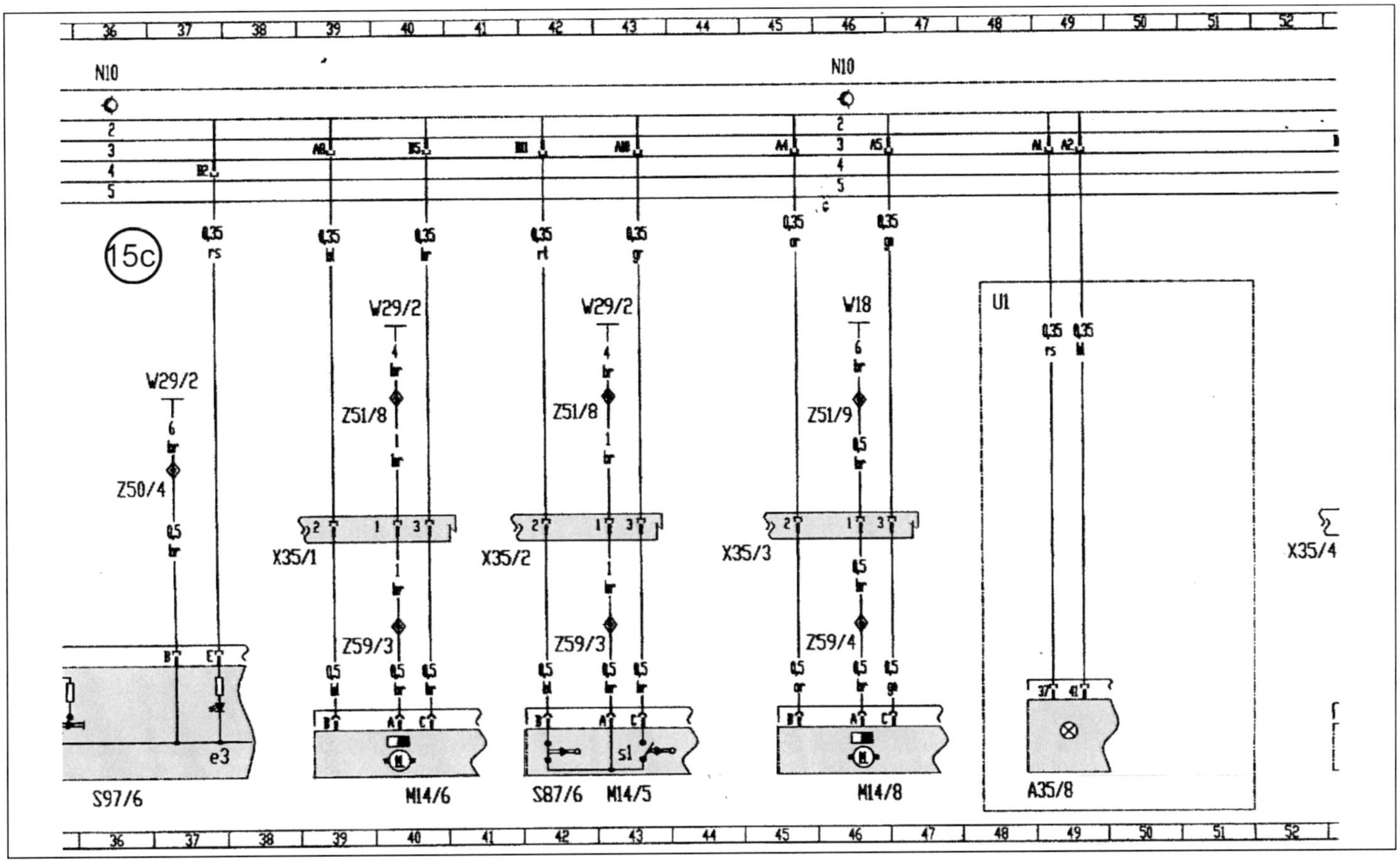

15c

N10 W29/2 Z50/4 Z51/8 Z51/9 Z59/3 Z59/4 W18 X35/1 X35/2 X35/3 X35/4 U1 S97/6 e3 M14/6 S87/6 M14/5 M14/8 A35/8

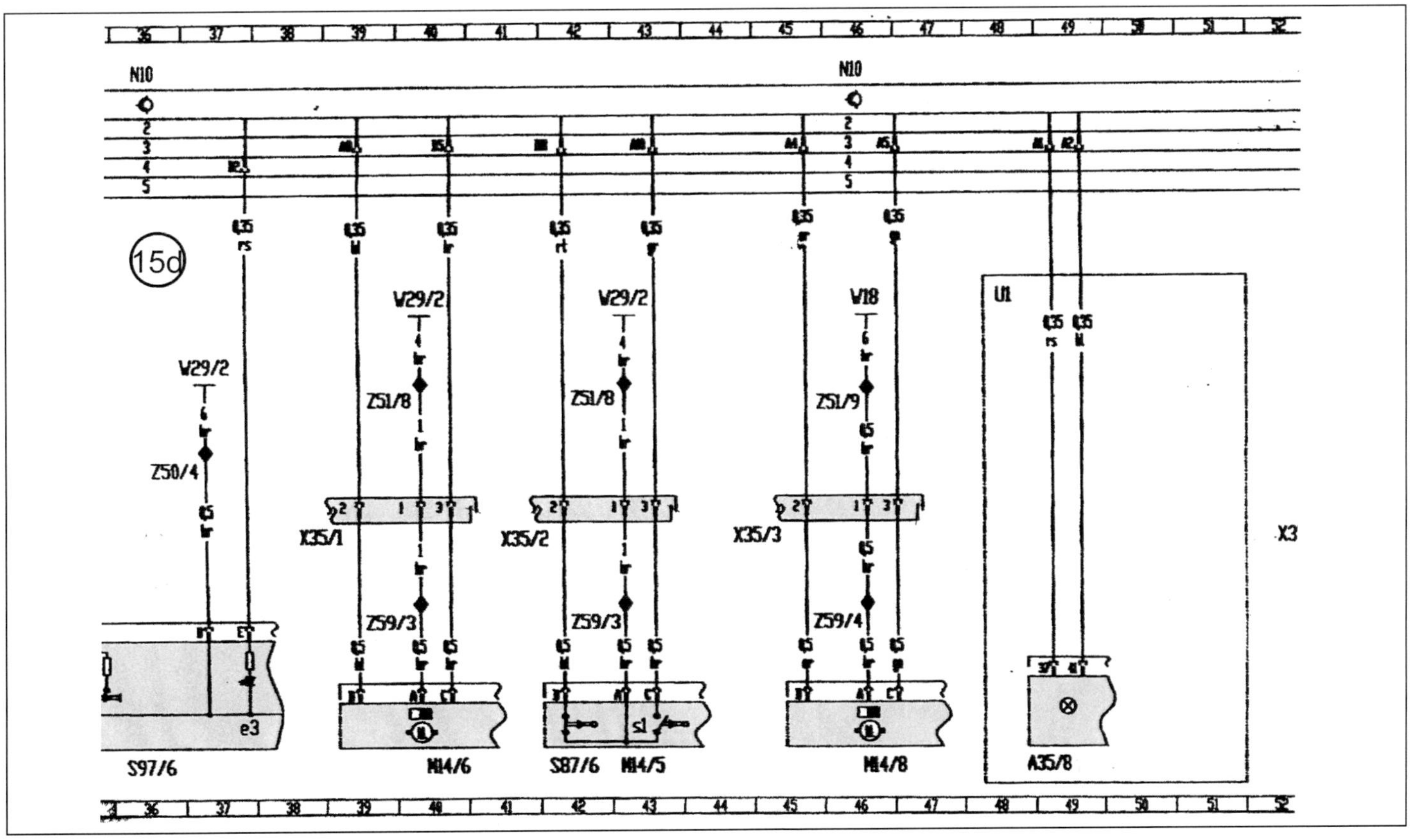

15d

N10 W29/2 Z50/4 Z51/8 Z51/9 Z59/3 Z59/4 W18 X35/1 X35/2 X35/3 X3 U1 S97/6 e3 M14/6 S87/6 M14/5 M14/8 A35/8

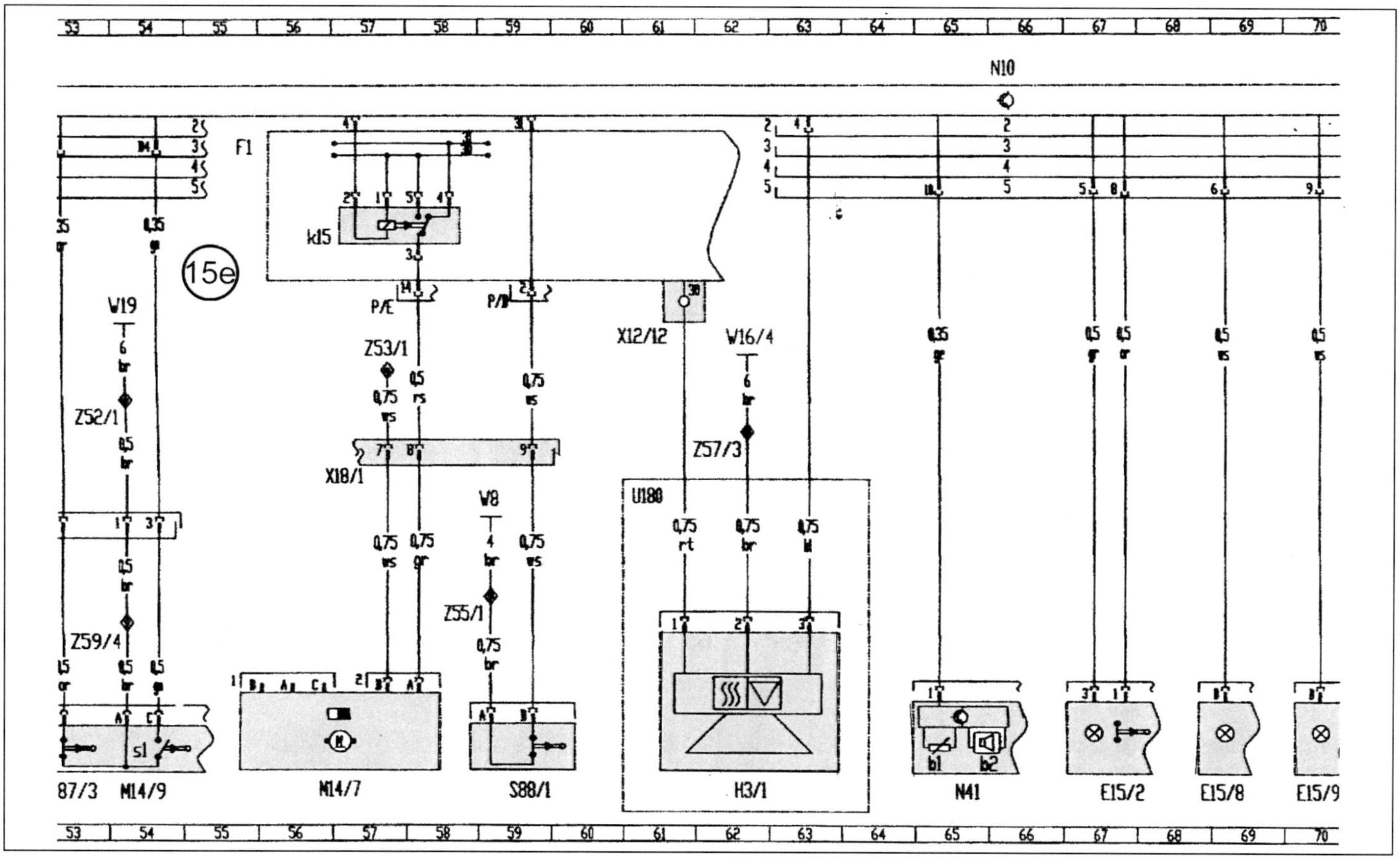

53 54 55 56 57 58 59 60 61 62 63 64 65 66 67 68 69 70

N10

F1

k15

15e

W19

Z52/1

P/E

P/B

Z53/1

X12/12

W16/4

Z57/3

X18/1

W8

U180

Z55/1

Z59/4

N41

E15/2

E15/8

E15/9

87/3

M14/9

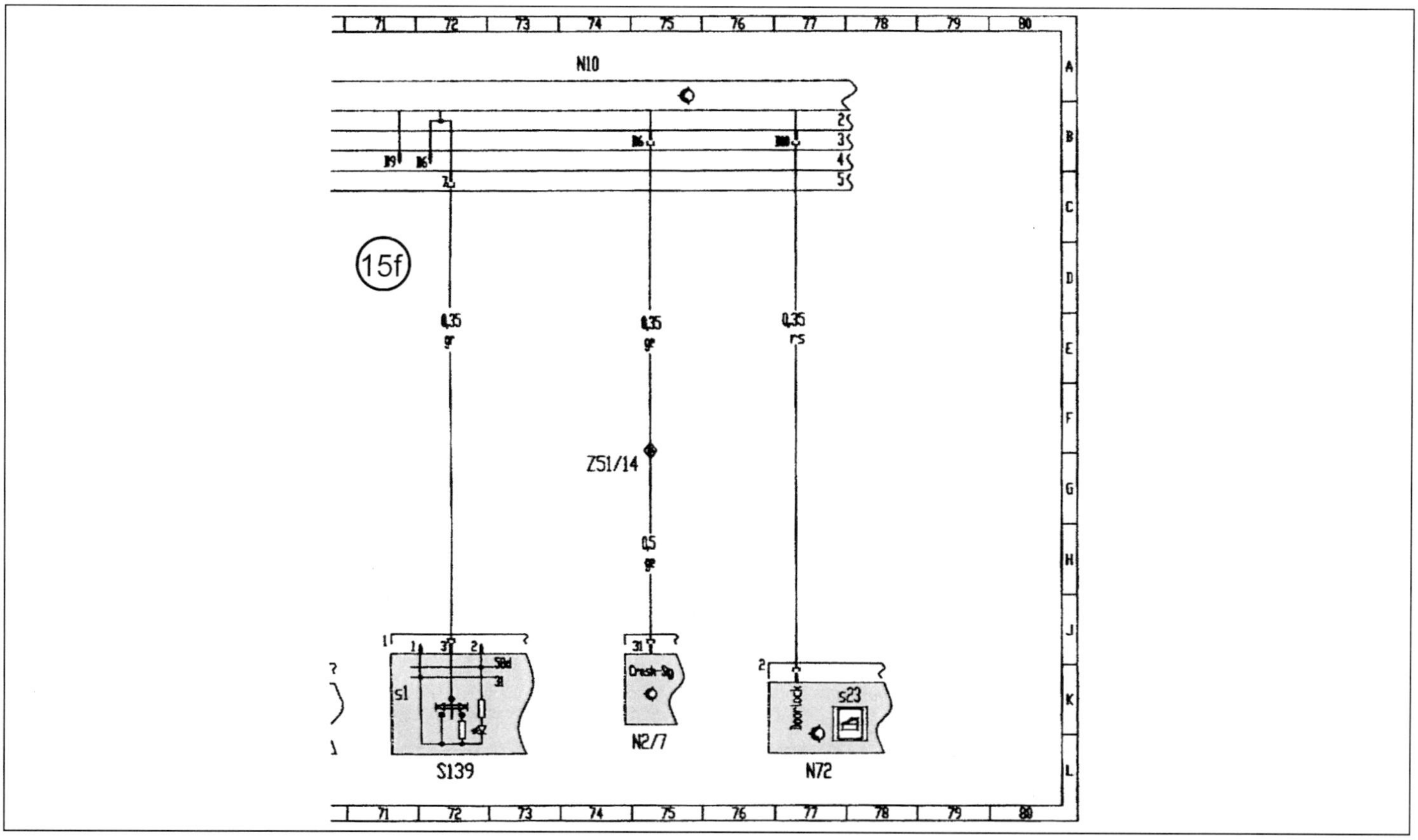

M14/7

S88/1

H3/1

71 72 73 74 75 76 77 78 79 80

15f

Z51/14

S139

N2/7

N72

Zeitfracht Medien GmbH
Ferdinand-Jühlke-Straße 7
99095 Erfurt, Deutschland
produktsicherheit@kolibri360.de

Druck:
CPI Druckdienstleistungen GmbH
im Auftrag der
Zeitfracht Medien GmbH
Ein Unternehmen der Zeitfracht - Gruppe
Ferdinand-Jühlke-Str. 7
99095 Erfurt